# 海岸带环境污染控制实践技术

吴　军　陈克亮　汪宝英　罗　阳　主编

赵由才　王金坑　主审

海洋公益性行业科研专项"入海污染物总量控制和减排技术集成与示范"项目资助（项目编号：200805065）

科学出版社

北　京

# 内 容 简 介

本书分别从城乡生活污水处理及管道铺设、农村生活污水处理及工业污水处理、固体废物减排、点面源污染控制等多个方面，系统地阐述了减少污染物排海的各种工艺和应用实践技术。通过分析近海海域污染的现状，本书特别强调将"减少污染物入海量的各种控制技术"、"防治海洋污染的各种处理工艺"以及"沿海污染控制的实践"有机地结合起来，充分利用海洋环境资源的自净能力，实现陆地与海洋环境容量的平衡，为读者在近海海域污染物的总量控制和减排实践中提供一定的指导。

本书适合于高等院校教学使用，也可供从事环境保护的工程技术人员、国家和地方的环境管理部门的相关人员阅读和参考。

**图书在版编目(CIP) 数据**

---

海岸带环境污染控制实践技术/吴军等主编. —北京：科学出版社，2013
ISBN 978-7-03-035982-7

Ⅰ.①海… Ⅱ.①吴… Ⅲ.①海岸带-污水处理②海岸带-固体废物处理
Ⅳ.①X703②X705

中国版本图书馆 CIP 数据核字（2012）第 265494 号

---

责任编辑：韦　沁 / 责任校对：包志虹
责任印制：钱玉芬 / 封面设计：耕者设计工作室

**科 学 出 版 社** 出版
北京东黄城根北街 16 号
邮政编码：100717
http://www.sciencep.com

源海印刷有限责任公司 印刷

科学出版社发行　各地新华书店经销

\*

2013 年 1 月第 一 版　　开本：787×1092 1/16
2013 年 1 月第一次印刷　　印张：24 3/4
字数：587 000

定价：89.00 元
（如有印装质量问题，我社负责调换）

# 前　言

海洋对污染物的承载能力是有限的。在 2002 年至 2006 年的 5 年间，我国全海域未达到清洁海域水质标准的面积约占我国近岸海域总面积的 55%，主要海湾、河口都处于亚健康状态。根据 2008 年国家海洋环境公报，我国近岸海域总体污染程度依然较高。全海域未达到清洁海域水质标准的面积约 13.7 万 $km^2$，污染海域主要分布在辽东湾、渤海湾、莱州湾、长江口、杭州湾、珠江口和部分大中城市近岸局部水域。88.4% 的入海排污口超标排放污染物，部分排污口邻近海域环境污染严重；部分贝类体内污染物残留水平依然较高。

海洋污染具有污染源广、复合性及持续性强、累积效应大且扩散范围大等特点。据统计，我国海洋环境污染物中，陆源入海污染物约占 90%，船舶污染和海洋养殖占了10%。如环渤海地区常年注入渤海的河流共有 40 余条，很多河流均跨省、市、县域，城市污水和工业废水向这些流域排放，最终汇入渤海；珠江口每年接纳大量未经处理的生活污水、工业废水，排入污水总量超过 20 亿 t，其中约 75% 以上的城镇生活污水未经处理就直接排放入海。九龙江是厦门海域的主要入海河流，其主要的入海污染物有：化学需氧物质、无机氮、总磷、石油类、锌、铜等重金属元素及硫化物。大量的氮、磷污染物的排入，导致了近海海域的赤潮频繁发生，成为近海最突出的环境问题之一。2008 年全年发生赤潮 68 次，累计面积 $13700km^2$。赤潮发生次数较 2007 年明显减少，但累计面积比上年增加 $2100km^2$，赤潮多发区主要集中在东海海域。

海域污染可分为点源污染和面源污染。点源污染是指由于污染物的集中排放引起的海域污染，是可控的污染；面源排放指在径流的淋洗和冲刷作用下，大气、地面和地下的污染物进入海域而造成的污染，其污染源呈面状分布，随机变化大，多为氮、磷等营养物质，是海域污染的主要类型，难以人为控制。面源污染的主要污染源包括化肥流失、水土流失、禽畜养殖、生活污水、农药流失、固体废弃物和城市地表径流等。

沿海地区经济的高速发展、对污染控制的力度不够以及对海域开发缺少整体用海规划等是造成海域环境严重污染的重要原因。海洋污染的"刽子手"一是陆域排污，二是海域开发。沿海一些地方为了发展经济，纷纷建设一些不具备有效污染治理措施的工业生产项目，如化学制浆造纸、化工、印染、制革、炼油等。这些工业生产项目位于海边，直接或者间接地通过管道、沟渠、设施向海域排放污染物，对海洋环境造成了严重的污染。如果解决不了陆上污染物排放超标超量问题，海洋环境问题是无法解决的。

目前消减海洋污染的指导思想是，在"防治结合，以防为主，综合治理"的环保方针指导下，坚持"谁污染，谁赔偿"、"谁开发，谁保护"和海洋及海岸带的开发利用与保护海洋环境协调统一的原则。本书通过分析近海海域污染的现状，将减少污染物入海量的各种控制技术、防治海洋污染的各种处理工艺以及沿海污染控制实践的分析有机地结合起来，充分利用海洋自净能力的环境资源，实现陆地与海洋环境容量的耦合，为近海海域污染物的总量控制和减排提供一定的指导和分析。

本书分为综述、污水处理和固体废物处置 3 篇，共 15 章。第一篇为综述；第二篇分别从城乡生活污水处理技术、污水管道铺设、农村生活污水处理及工业污水处理技术几个部分，系统地阐述了减少污水中污染物排海的各种工艺和应用实践；第三篇则详细地介绍了固体废物减排的各种技术和实例，包括生活垃圾分类和可持续填埋技术、垃圾的焚烧工艺、工业固体废物的综合利用、餐厨垃圾的厌氧发酵技术、污泥的处理处置技术、农村废弃物的处理处置技术、面源污染控制技术及海陆环境容量耦合控制技术。本书收集了赵由才教授、王金坑教授课题组成员的相关研究成果，参阅了众多海洋污染研究者的著作，由汪宝英、王金坑、赵由才参与编写第一章；、陈克亮、汪宝英、罗阳编写第二章；吴军、叶文飞、罗阳、曹加华、王娟、周文敏、胡静、丁亮编写第三章；汪宝英、宋玉、王明超、甄广印编写第四章；陈克亮、汪宝英、罗阳编写第五章。在此，感谢同济大学环境科学与工程学院赵由才教授及课题组成员、国家海洋局第三海洋研究所王金坑教授、同济大学的叶文飞及朱冠楠为本书的编写提供的帮助和付出的辛勤劳动；同时感谢海洋公益性行业科研专项"入海污染物总量控制和减排技术集成与示范"项目的资助（项目编号：200805065）。

由于编者水平有限，书中不妥之处，敬请有关专家和各位读者批评指正。

编　者

2010 年 11 月

# 目　　录

# 第一篇 综 述

# 第一章 绪 论

## 1.1 近海海域污染现状

近海海域（near coastal seawaters）指岸边范围内的海域。《近海海域环境功能区划分技术规范（H/JT82-2001）》中适用的需进行环境功能区划的近岸海域，是指与沿海省（自治区、直辖市）行政区域内的大陆海岸、岛屿、群岛相毗连，《中华人民共和国领海及毗连区法》规定的领海外部界限向陆一侧的海域。近岸海域（alongshore seawater）指我国领海基线向陆一侧的全部海域，尚未公布领海基线的海域及内海，指-10m等深线向陆一侧的全部海域。

近海海域环境功能区（environmental function zone in near coastal seawaters）是指为执行《海洋环境保护法》和《海水水质标准》，环境保护行政管理部门根据海域水体的使用功能和地方经济发展的需要对海域环境划定的按水质分类管理的区域。

近海海域环境功能区划（environmental function zoning in near coastal seawaters）是指近岸海域的环境功能按水质类别划定其分界线，确定其水质保护目标，并制订出有效的管理规章。区划前期可把重点放在城镇生活、经济建设和社会发展关系比较密切的入海河口、海湾及其所涉及的岸线附近海域和必要的依托陆域；随着对海域开发程度的加大，再逐步扩展至全部近岸海域。环境功能区控制站位（monitoring pointing environmental function zone）是指在可控制范围内能反映环境功能区水质的监测站位。该站位上的水质监测值能基本反映出所控制范围内水质状况，控制范围需根据功能区面积大小、当地的水文状况及监测能力确定。

1984年5月，中央和国务院正式决定开放大连、秦皇岛、天津、青岛、上海、宁波、广州、福州、湛江等14个沿海城市，与深圳、珠海、汕头、厦门4个经济特区一起由北到南成为中国对外开放的前沿地带。沿海开放城市是中国改革开放的先锋城市，也是中国经济社会发展的坚实基础。2006年首批沿海开放城市的地区生产总值达到40449亿元，占全国的19.3%。

近年来，伴随我国沿海地区经济的快速发展，我国近海岸海域的海洋环境质量出现逐渐恶化的趋势。虽然国家和各相关地方政府采取了众多的预防和治理海洋环境污染的措施，但我国海洋环境仍然不容乐观。国家海洋局公布的2009年中国海洋环境质量公报显示，在2009年，全国海域未达到清洁海域水质标准的面积为146980km²，比上年增加7.3%。且河流携带入海的污染物总量较上年有较大增长，有73.7%的入海排污口超标排放污染物（国家海洋局，2009）。目前，海洋环境污染已成为威胁人类生存和发展的一大隐患。我国近岸海洋生态系统面临的环境污染、生境丧失、生物入侵和生物多样性低等主要生态问题依然存在，海洋生态环境保护与建设处于关键阶段。

　　自从 20 世纪 90 年代以来，随着我国经济的发展，我国海洋污染问题日益严重。其中，我国近海水质劣于一类海水水质标准的面积，从 1992 年的 10 万 $km^2$，上升到 1999 年的最高值 20.2 万 $km^2$，平均每年以 14.6％的速度增长。1999 年以后，我国的海洋环保工作初显成效，总体污染状况得到初步改善，污染加重的势头得到遏制，全海域未达到清洁海域水质标准的面积由 1999 年的 20.2 万 $km^2$ 逐年下降到 2004 年的 16.9 万 $km^2$，减少了 16.3％（王淼等，2006）。2007 年我国全海域未达到清洁海域水质标准的面积约 14.5 万 $km^2$，比 2006 年减少 0.4 万 $km^2$。2008 年全海域未达到清洁海域水质标准的面积约为 13.7 万 $km^2$，比 2007 年减少了 0.8 万 $km^2$。2009 年，全海域未达到清洁海域（符合国家海水水质标准中第一类海水水质的海域）水质标准的面积约 14.7 万 $km^2$，比 2008 年增加 7.3％。其中，中度污染海域（符合国家海水水质标准中第四类海水水质的海域）和严重污染海域（劣于国家海水水质标准中第四类海水水质的海域）的面积分别为 $20840km^2$ 和 $29720km^2$，分别比 2008 年增加 19.6％和 17.7％，表明我国海域海水环境质量依然不容乐观（表 1.1）。

表 1.1　2005～2009 年全海域污染情况比较

| 年份 | 海域污染面积/$km^2$ | | | | |
| --- | --- | --- | --- | --- | --- |
| | 较清洁 | 轻度污染 | 中度污染 | 严重污染 | 合计 |
| 2005 | 57800 | 34060 | 18150 | 29270 | 139280 |
| 2006 | 51020 | 52140 | 17440 | 28370 | 148970 |
| 2007 | 51290 | 47510 | 16760 | 29720 | 145280 |
| 2008 | 65480 | 28840 | 17420 | 25260 | 137000 |
| 2009 | 70920 | 25500 | 20840 | 29720 | 146980 |

　　虽然我国海洋环境污染的治理近年来取得了一定成效，但是我国近岸海域污染总体形势仍然严峻。污染海域相对集中在经济发展较快、人口密度较大的海湾沿岸和主要河流的入海口附近，如辽东湾、渤海湾、莱州湾、长江口、杭州湾、珠江口和部分大中城市近岸局部水域。海水中的主要污染物是无机氮、活性磷酸盐和石油类。

　　我国海域未来几年仍将以营养盐为主要污染物，受污染的海域面积在短期内不会有明显减小，在某些海域污染状况仍将持续处于严重状态，赤潮的发生次数和影响面积在短期内不会得到有效控制，赤潮仍将是主要的海洋灾害。海洋生态所承受的负重仍然非常沉重，需要加大对海洋环境治理的力度，以实现我国海洋经济的持续发展。

　　20 世纪末以来，由于江河携带大量陆源污染物入海，我国近岸 2/3 的重点海域受到营养盐污染。其中，辽河口、大连湾、胶州湾、长江口、杭州湾、象山湾、三门湾、乐清湾、闽江口、珠江口等海域污染较重，且污染范围不断扩大，大部分河口、海湾以及大中城市邻近海域污染日趋严重。对我国主要入海口海域污染状况研究表明：入海口海域独特的地理位置决定着其直接承受沿海、沿江居民排放的城市生活污水、食品工业废水及残渣、人畜粪便、造纸工业废物等富含有机物质及其他污染物，是污染物最为集中，密度最高的区域。在我国受污染海域中，主要入海口海域污染程度相对严重，主要污染物质是无机氮、磷酸盐、油类以及有机物和重金属。

据国家海洋局发布的《中国海洋环境质量公报》，2006 年监测的入海的主要污染物总量约 1298 万 t，2007 年约 1407 万 t，2008 年约 1149 万 t。2009 年国家海洋局对全国 40 条主要河流实施了污染物入海总量监测，结果显示：全年由河流入海的主要污染物总量为 1367 万 t，比上年增加 218 万 t，其中 $COD_{Cr}$ 1311 万 t，比上年增加 209 万 t，营养盐 47 万 t（其中氨氮 24 万 t、总磷 23 万 t）；石油类 54626t；重金属 33908t（其中铜 3722t、铅 2874t、锌 27027t、镉 226t、汞 59t）；砷 3918t。

2009 年，国家海洋局组织地方海洋行政主管部门对 457 个陆源入海排污口开展监督性监测，并重点监测了 76 个排污口邻近海域的环境质量状况。其中，工业和市政排污口占 67.0%，排污河和其他类排污口占 33.0%。对入海排污口 3、5、8、10 月的监测与评价结果表明，337 个排污口存在超标排污现象，占监测排污口总数的 73.7%。其中，71 个排污口 1 次超标排污；70 个排污口 2 次超标排污；55 个排污口 3 次超标排污；141 个排污口全年 4 次监测均超标。不同类型排污口的超标排放比例依次为：其他类排污口（83.8%）＞市政排污口（81.1%）＞排污河（78.3%）＞工业排污口（58.5%）。

入海排污口排放的主要超标污染物包括总磷、悬浮物、$COD_{Cr}$ 和氨氮，超标排放上述污染物的排污口占监测排污口总数的比例依次为 50.6%、41.1%、40.7% 和 17.7%。

全年对 230 个入海排污口开展了重金属污染物排放状况监测与评价，结果表明：15 个排污口超标排放重金属污染物，主要为工业排污口和排污河；几种主要重金属污染物的超标程度为镉＞汞＞铅＞六价铬＞砷。

根据入海排污口的污染物排放状况及邻近海域功能区的环境保护要求，对 457 个入海排污口各月排污状况综合等级的评价结果表明，3 月入海排污口的超标排放比例最高，排污状况等级为 A 级和 B 级的排污口所占比例也最高；沿海各省（自治区、直辖市）中，浙江、江苏和广西入海排污口的总体排污状况最为严重。

陆源污染物大量排放，致使近海海域污染日益严重，生态环境不断恶化；渔业资源日渐枯竭，生物多样性锐减；海域功能明显下降，资源再生和可持续发展利用能力不断减退（催姣，2008）。

海洋生态监控结果显示，除广西北海、北仑河口、海南东海岸、西沙珊瑚礁 4 处监控区为生态系统健康外，全国其他海域均为亚健康或不健康状态，且变化趋势基本稳定。曾有意大利的《亚洲新闻》撰文描述了我国渤海海域的严重污染情况："渤海岸边被红色的海带淹没了，不断污染着海水，导致许多水生物种的丧生。"该文中的渤海海域星云图（如图 1.1 所示）将渤海的污染问题毫不留情地暴露在世人面前，图中黑色部分为重度污染区域。

海岸带滨岸区是人类居住、农业、工业和旅游用地，也是渔业等海上活动基地，一般经济比较发达；特别是近年来海岸带地区发展较快，使得海岸带规划和管理中存在盲目性和不合理性。在污染负荷总量中，点源污染的比重相对较大，而工业废水和生活污水是点源污染的重要来源。在污染负荷总量中，有 80% 以上的耗氧有机物、N 和 P 来自于工业废水和生活污水。面源污染在污染负荷总量中也占据一定比重。市郊农业、畜禽养殖业和浅海养殖业产生的污水直接排海，对近岸海域水环境质量造成很大影响。上

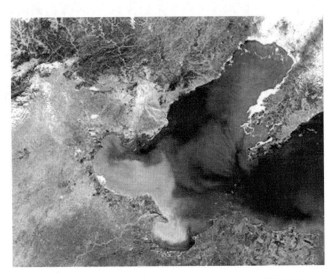

图 1.1 渤海海域污染情况星云图（引自《亚洲新闻》）

述工业、城市生活、旅游业、农业、畜禽养殖业和浅海养殖业构成了近海海域污染涉及的六大行业，如图 1.2 所示。面源污染中还应包括大气沉降、城市地表径流等诸多其他方面，但是这些在污染负荷总量中所占的比重很小。

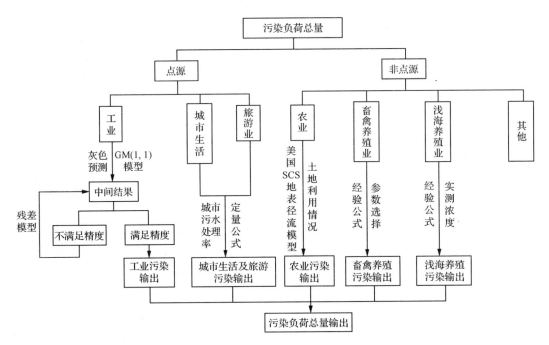

图 1.2 海岸带污染负荷构成图（引自王红莉等，2005）

# 1.2 海洋自净及近海海域环境容量

## 1.2.1 海洋自净

海洋自净是一个错综复杂的自然变化过程，自净能力越强、净化速度越快。净化速度一般表示为浓度下降率或与污染物有关参数的变化率。影响自净能力的因素很多，主要有地形、海水的运动、温度、盐度、酸碱度（pH）、氧化还原电位（Eh）、生物丰度以及污染物本身的性质、浓度等。海洋自净过程按其发生机理可分为：物理净化、化学净化和生物净化。3 种过程相互影响，同时发生或相互交错进行。一般说来，物理净化是海洋自净中最重要的过程。

### 1.2.1.1 物理净化

物理净化主要是通过稀释、扩散、吸附、沉淀或气化等作用而实现的自然净化。海水的快速净化主要依靠海流输送和稀释扩散。在河流入海口和内湾，潮流是污染物稀释扩散最持久的营力。如随河流径流携入河流入海口的污水或污染物，随着时间和流程的增加，通过水平流动和混合作用（主要是湍流扩散作用）不断向外海扩散，使污染范围由小变大，浓度由高变低，可沉性固体由水相向沉积相转移，从而改善了水质。据初步计算 1972～1980 年排入大连湾的石油约 17 万 t，砷约 1.2 万 t，COD 约 67 万 t（COD为化学需氧量，代表有机物在水体中的浓度）。这些污染物在物理净化作用下，约有油10.5 万 t，砷 1 万 t，COD 约 67 万 t 输送出湾外，其扩散系数达 $1.2 \times 10^5 \sim 3.8 \times 10^6$。

在河流入海口近岸区，混合和扩散作用的强弱直接受河流入海口地形、径流、湍流和盐度较高的下层水体卷入的影响（见图 1.3）。另外，污水的入海量、入海方式和排污口的地理位置，污染物的种类及其理化性质（比重、形态、粒径等）和风力、风速、风频率等气象因素对污水或污染物的混合和扩散过程也有重要作用。

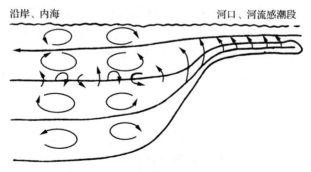

沿岸、内海 　　　　　　　　　河口、河流感潮段

图 1.3 沿岸、内海海水运动模型

根据排污方式，污染物的扩散过程通常可选用下列几种简化扩散模型来模拟：

（1）连续排污的三维湍流扩散模型。设连续排污点源位于海面，污水排放速率为 $I$（单位：$m^3/s$），而污染物质在水平和铅直方向上的湍流扩散系数 $K_1$（单位：$m^2/s$）为一恒量，则在平流输送可以忽略的情况下，污染物质的浓度 $C$（单位：$kg/m^3$）的分布可近似地按下式计算。

$$C(r) = C_0\{1 - \exp[-I/(2\pi K_1 r)]\}$$

式中，$r$ 为以排污点源为中心的径向距离，m；$C_0$ 为排污点源（$r=0$）处的污染物质浓度，$kg/m^3$。

（2）连续排污的二维湍流扩散模型。在自然状态下，海水铅直稳定层结的浮力效应在很大程度上抑制了铅直方向上的湍流扩散过程。因此，在深度较大的海区中，污染物质的扩散仅限于受风浪等搅拌混合作用的上混合层；而在较浅的海区中，由于风力的搅拌作用和底摩擦作用，海面至海底的整个水层基本上呈铅直均匀状态。在这种情况下，污染物质的扩散可近似地作为二维（水平）湍流扩散过程来处理。设水平湍流扩散系数 $K_2$ 为一恒量，水平流动的平流输送效应可以忽略不计，则在距离排污点源 $r$（单位：m）处的污染物质浓度 $C$ 可近似地按下式计算。

$$C(r) = C_0[1 - (r/r_0)\alpha] \quad \alpha = I/(2\pi K_2 r), \quad r_0 = \left(\frac{It}{\pi z} \cdot \frac{\alpha + 2}{\alpha}\right)^{1/2}$$

式中，$z$ 为上混合层的深度或水质铅直均匀的浅水区域深度，m；$t$ 为污染物质的排放时间，s。

（3）瞬间排污的二维湍流扩散模型。对于瞬间排放的点源扩散，通常可近似地作为二维（水平）湍流扩散问题来处理。如设水平湍流扩散系数 $K_2$ 为一恒量，并且平流输送效应可以忽略不计，则在距离排放点 $r$（单位：m）处的污染物质的浓度可近似地按下式计算：

$$C(r,t) = \frac{VC_1}{4\pi K_2 tz} \exp[-\pi r^2 (4\pi K_2 t)]$$

式中，$V$ 为瞬间排放物的体积，$m^3$；$C_1$ 为污染物质的浓度，$kg/m^3$；$t$ 为自排放瞬间起算的时间，s。

在上述几个简化模型中，湍流扩散系数的量值与海面的风力、海浪、海流（包括潮流）、水深、海水层结状况以及岸界和海底地形等因素有密切关系，因此，须按具体情况而定。观测和实验结果表明，在大多数情况下，湍流扩散系数的量值范围一般为 $1\sim100m^2/s$。

研究物理净化的方法通常采用现场观测和数值模拟方法。近年，欧美、日本和中国学者曾分别对布里斯托尔湾和塞文河流入海口、切萨皮克湾、大阪湾、东京湾、渤海湾和胶州湾等作了潮流和污染物扩散过程的数值模拟。

### 1.2.1.2 化学净化

化学净化主要由海水理化条件变化所产生的氧化还原、化合分解、吸附凝聚、交换和络合等化学反应实现的自然净化，如有机污染物经氧化还原作用最终生成二氧化碳和水等。汞、镉、铬、铜等金属，在海水酸碱度和盐度变化影响下，离子价态可发生改变，从而改变毒性或由胶体物质吸附凝聚共沉淀于海底。海水中含有的各种配合体或螯合剂也都可以与污染物发生络合反应，改变它们的存在状态和毒性。离子价态的变化直接影响这些金属元素的化学性质和迁移、净化能力。影响化学净化的因子有 pH、Eh、温度和海水中化学组分及其形态等，如大多数重金属在强酸性海水中形成易溶性化合物，有较高的迁移能力；而在弱碱性海水中易形成羟基络合物如 Cu（OH）$^+$、Pb（OH）$^+$、Cr（OH）$^{2+}$等形式沉淀而利于净化。一般说来，可溶性的化学物质净化能力较弱，难溶性物质因其易沉入底质而净化能力较强。

### 1.2.1.3 生物净化

生物净化指微生物和藻类等生物通过其代谢作用将污染物质降解或转化成低毒或无毒物质的过程，如将甲基汞转化为金属汞，将石油烃氧化成二氧化碳和水。微生物在降解有机污染物时，要消耗水中的溶解氧。因此，可根据在一定期间内消耗氧的数量多少来表示水体污染的程度。目前已知微生物能降解石油、有机氯农药、多氯联苯以及其他各种有机污染物，其降解速率因微生物和污染物的种类和环境条件而异；还有多种类微生物可以转化汞、镉、铅、砷等金属。

## 1.2.2 近海海域环境容量

由于海洋辽阔，自净能力较大，人们一直把它看成是最大的天然净化场所，任意向海洋中倾废或排污的行为屡禁不止。然而，海洋的自净能力是有限的，为了合理利用海洋环境自净功能、保护和改善海洋环境、研究和掌握海洋环境自净机理，确定海洋的环境容量是海洋环境科学研究的一项重要任务。

环境容量是在人类生存和自然生态系统不致受害的前提下，某一环境所能容纳的污染物的最大负荷量；或一个生态系统在维持生命机体的再生能力、适应能力和更新能力的前提下，承受有机体数量的最大限度。环境容量包括绝对容量和年容量两个方面，绝对容量是指某一环境所能容纳某种污染物的最大负荷量；年容量是指某一环境在污染物的积累浓度不超过环境标准规定的最大容许值的情况下，每年所能容纳的某污染物的最大负荷量。环境管理中实行污染物浓度控制，法令规定了各个污染源排放污染物的容许浓度标准，但没有规定排入环境中的污染物的数量，也没有考虑环境净化和容纳的能力。这样，在污染源集中的城市和工矿区，尽管各个污染源排放的污染物达到（包括稀释排放而达到的）浓度控制标准，但由于污染物排放的总量过大，仍然会使环境受到严重污染。因此，在环境管理上开始采用总量控制法，提出了环境容量的概念，把各个污染源排入某一环境的污染物总量限制在一定的数值之内，不超过环境可容纳的污染物总量范围（王修林、李克强，2006）。

环境容量一般可以分为 3 个层次：① 生态的环境容量，生态环境在保持自身平衡下允许调节的范围；② 心理的环境容量，合理的、游人感觉舒适的环境容量；③ 安全的环境容量，极限的环境容量。"十五"期间，我国开始编制国家环境容量指标，国家环保总局制定环境容量总额，然后按年度分配给各省市区，各省市区再往各地市分解；同时，每年环境容量指标都往下削减。污染物的排放必须控制在环境的绝对容量和年容量之内，才能有效地消除或减少污染危害。

海洋环境容量是在充分利用海洋的自净能力和不造成污染损害的前提下，某一特定海域所能容纳的污染物质的最大负荷量，该容量的大小即为特定海域自净能力强弱的指标。海洋环境容量由日本环境厅于 1968 年首先提出，是在海洋环境管理中实行对个别污染物排放浓度的控制过渡为污染物总量控制的标志。排入某一海域的污染物如果只规定各个污染源容许排放污染物的浓度，而不考虑环境的最大负荷量，则有可能各个排放点污染物的排放量虽然符合标准，但特定海域的污染物总量却可能超过标准，造成污染损害。倘若将流入某一海域的污染物总量限制在允许容纳量之内，并在此总量下限制来自各种排放源的污染物负荷量，就可以使海域环境质量维持良好状态。海洋环境容量将海洋环境容纳污染物的能力与允许污染源排放的量联系起来，由此确定允许排海的污染物总量及处理程度，达到防止海洋污染的目的，是污染物排海总量控制的关键。

污染物进入海洋后，在海水中进行复杂的物理、化学和生物反应，并不断被稀释、吸收、沉降或转化。影响海洋污染物变化的海洋学和生态学过程非常复杂，主要因素有海岸地形、水文条件、水中微生物的种类数量、海水温度、溶氧以及污染物的性质和浓度等。在某一特定海域内，根据污染物的地球化学行为计算环境容量的方法，因污染物不同而异，一般有以下几种（王修林、李克强，2006）：

（1）以化学需氧量（COD）或生化需氧量（BOD）为指标计算污染负荷量，通常采用数值模拟中的有限元法和有限差分法，即通过潮流分析计算 COD 浓度场。

（2）重金属的污染负荷量以其在底质中的允许累积量 $M_1$ 表示。即

$$M_1 = (S_i - S_0) \cdot A \cdot B \cdot W_0$$

式中，$S_i$ 为底质中重金属的标准值；$S_0$ 为底质中重金属的本底值；$A$ 为重金属在底质中扩散面积；$B$ 为底质的沉积速率；$W_0$ 为底质的干容量。

（3）轻质污染物（如原油）的环境容量 $M_2$ 则通过换算水的交换周期求得。即

$$M_2 = \frac{1}{T} q \cdot S_1' + C$$

式中，$T$ 为海水交换周期；$q$ 为某海域水深 $1 \sim 2\mathrm{m}$ 的总水量（油一般漂浮于 $1 \sim 2\mathrm{m}$ 水深）；$S_1'$ 为海水中油浓度的标准值；$C$ 为同化能力（指化学分解和微生物降解能力）。

海域的标准自净容量计算需要多年研究工作的积累，一般通过污染物在多介质海洋环境中的迁移转化模型进行计算，继而通过规划海域的污染物蓄存量（$M$）获得该海域的环境容量。中国海洋大学王修林教授课题组应用基于污染物在多介质海洋环境中迁移—转化箱式模型的标准自净容量法，分别计算了渤海溶解无机氮（DIN）、总溶解磷（TDP）、石油烃、Pb（Ⅱ）污染物的基准海洋环境容量，如表 1.2 所示。

**表 1.2　渤海主要化学污染物基准海洋环境容量和水物理迁移环境容量**

（单位：$10^4\,\mathrm{t/a}$）

| 污染物 | | 基准海洋环境容量 | | | | 基准水物理迁移环境容量 | | | |
|---|---|---|---|---|---|---|---|---|---|
| | | 一类 | 二类 | 三类 | 四类 | 一类 | 二类 | 三类 | 四类 |
| 营养盐 | DIN | 74 | 95 | 125 | 158 | 12* | 18* | 24* | 31* |
| | TDP/PO$_4$-P | 5.4/4.8 | 8.3/7.5 | 9.3/8.4 | 13.8/12.6 | /0.9* | /1.8* | /1.8* | /2.8* |
| 石油烃 | | 9.5 | | 57 | 95 | 3.5* | | 21* | 35* |
| COD | | 440* | 660* | 880* | 1100* | 120* | 180* | 240* | 300* |
| 重金属 Pb（Ⅱ） | | 0.48 | 2.4 | 4.8 | 24 | 0.07* | 0.37* | 0.73* | 3.67* |

注：* 为估算结果；数据引自王修林、李克强，2006。

海洋与人类活动息息相关，不仅可以为人类提供生活和生产资料，而且为人类提供各种舒适和娱乐等其他多种功能服务场所。接纳和再循环由人类活动产生的废弃物是海洋的一大功能。海域环境容量使得海洋具有对人类活动的排放物（污染物）的净化能力，具有一定的污染物承受量或负荷量。从环境科学的角度来看，海域环境容量是海洋馈赠与人类的最为宝贵的环境资源（陈伟琪等，1999）。从海域水环境容量的功能及其作用来看，其价值应包括两部分，一部分是由于利用了环境容量使水质达到一定标准而节省的污水人工处理费用；另一部分是由于环境容量的净化作用使水质改善而增加的对人类及自然环境的效益。环境容量资源总量越大，其价值也越大。

人类对海洋的开发必须控制在海域环境容量范围内，它是海洋可持续发展重要的判断依据。人类及其社会经济活动必须与海洋协调，必须实施海洋的可持续发展战略，才能充分合理地利用海洋资源，给沿海地区带来人口、经济、资源环境之间和谐发展的局面。海洋对污染物的容量是有限的，海洋资源环境负荷已经处于过载状态，为此进行海洋承载能力和海域环境容量的研究十分重要。以整个海域为对象，研究各种海洋资源蕴藏的种类数量、位置分布、开发方式及保护利用，研究资源、环境对沿海地区经济社会发展的承载能力，进而提出海洋资源的可持续利用模式。

## 1.3　近海海域污染控制

### 1.3.1　海洋环境管理

国家海洋环境管理部门按照对海洋经济发展进行全面规划、合理布局的原则，运用行政、法律、经济、教育和科学技术手段等，实现合理开发利用海洋资源，综合防治海洋污染，改善海洋环境质量，保持海洋生态平衡的目标。尽管国家环境保护部投入了大量的资金对污染海域进行了清理和治理，但收效甚微。环境保护的相对滞后与不断扩张的沿海工业、不断加快的沿海建设，打破了海洋与陆地的平衡协调发展。因此，需要推进海洋环境保护立法、加强对沿海排放口的监督、增加对沿海污染控制及治理的投入、加大海洋环境保护的宣传，力图让环境保护追赶上经济发展的步伐。

19世纪中叶以来，大规模的工业污染使近海海域尤其是港口水域相继出现污染，为此一些国家制定了一些防治港口等水域污染的法规。早期的海洋环境管理大多仅限于控制和防治海洋污染。20世纪60年代以来，人类对各种自然资源进行大规模的开发利用，造成了海洋某些自然资源的破坏和衰竭。同时由于大量废弃物入海，致使局部海域生态平衡受到严重破坏。海洋环境管理必须将保护海洋资源和控制海洋污染紧密结合起来。海洋环境管理主要包括：① 海洋环境规划管理；② 海洋环境质量管理；③ 海洋环境技术管理。当前海洋环境管理具有下列特征（任以顺，2006）：

（1）综合协调管理。海洋是一个相互连通的整体，其管理涉及包括水质、沉积物、生物、大气等多种环境要素。沿海地区是人口、工业、农业、航运、养殖和旅游活动的汇集场所，涉及多方面的活动和管理，因此必须采取行政、法律、经济、教育和技术等综合性有效措施，协调解决海洋环境问题。

（2）区域性。由于海洋环境的自然背景、人类活动方式及环境质量标准等具有明显的地区差异，所以海洋环境管理的任何重大决策和行动，都必须具体分析不同海域的自然条件和社会条件的区域性特点。

（3）自适应性。海洋环境管理的目标必须体现环境效益与社会经济效益的统一，因此如何充分利用海洋环境对外界冲击的应变能力，即海洋的自适应性，是海洋管理的重要方面，它包括海洋资源可更新的能力、海洋自净能力及其对污染的负荷能力。

海洋环境管理措施包括：① 建立有效的海洋环境保护组织。世界上发达的海洋国家都有比较健全的海洋环境管理机构和实行行政干预的管理手段。中国海洋环境管理机构是国家海洋局，其他如港口、渔业及沿海地方各级环境保护部门也承担部分管理职能。② 制定海洋环境法，强化法制管理能力。我国现已初步形成以《海洋环境保护法》为中心的海洋环境法体系。③ 开展海洋环境经济学研究，充分发挥经济杠杆作用，协调海洋经济发展和环境保护的关系，解决排污者与受污染者之间的矛盾。④ 加强海洋环境教育，普及海洋环境科学知识，提高人们对海洋环境保护意义和政策的认识；有计划地培训各级环境管理专业人员。⑤ 推广海洋环境保护技术，开展国内外技术交流和合作（刘海洋、戴志军，2001）。

## 1.3.2　海岸带综合管理

我国于 1979 年在海岸带和海涂资源综合调查过程中，提出制定《海岸带管理法》的任务，第一次使用"海岸带管理"的概念。2002 年世界银行指出："海岸带综合管理是在由各种法律和制度框架构成的一种管理程序指导下，确保海岸带地区发展和管理的相关规划和环境、社会目标相一致，并在其过程中充分体现这些因素。"我国著名海洋管理专家鹿守本将海岸带综合管理定义为："海岸带综合管理是高层次的管理，是海洋综合管理的区域类型，通过战略区划规划、立法、执法和行政监督等政府职能行为，对海岸带的空间、资源、生态环境及其开发利用的协调和监督管理，以便达到海岸带资源的可持续利用。"

海岸带综合管理是动态的、多学科、多部门的、强调可持续发展和利用的管理过程，涵盖了信息的收集、决策的制定以及管理和监督的实施。具体来说，海岸带综合管理的特征主要包括以下几点：

（1）动态性。海岸带地区是海洋与人类活动交汇碰撞的地区，人口、社会经济、资源需求以及开发利用程度的变化亦会引起海岸带的生态、地貌和水文等状况的变化，海岸带系统也一直处于动态变化之中。海岸带系统的动态性要求在海岸带综合管理中，根据海岸带地区的变化，适时调整海岸带管理的政策、计划和规划，使海岸带开发利用管理和保护处于动态、连续的过程。

（2）综合性。海岸带既包括海域，又包括陆域，涉及的部门除海洋管理部门外，还包括国土资源、农业、林业、旅游、环保、交通等部门。海岸带综合管理主要体现在，海陆间的综合、海岸带的政府部门间的综合以及各学科间的综合，不仅包括地理、环境和生态等自然科学范畴，还包括管理、社会、法律、教育等社会科学范畴。

（3）协调性。海岸带综合管理中涉及的部门、机构、团体、组织、教育机构以及学科等众多，其协调性主要体现在海岸带科学研究与政府行政管理之间的协调，各学科之间的协调，各教育机构、团体之间的协调以及各政府部门之间的协调等。通过这种多部门、多学科之间的协调，可以减少海岸带管理中的矛盾和冲突。

（4）可持续发展性。可持续发展的基本特征是保持生态持续、经济持续和社会持续。海岸带开发与管理中，不仅涉及海岸带自然资源系统和社会经济系统，还涉及各种利益的平衡。海岸带综合管理强调在这些利益关联性和制约性中找到平衡点，以实现海岸带的可持续发展（张青年，1998）。

### 1.3.3　海洋污染监测

海洋污染监测是对海洋环境要素或指标按规定进行观测的一种工作，是控制海洋污染，保护海洋环境和资源的重要措施。其主要任务是定期监测海洋环境中各种污染物质的浓度和其他指标；估量污染物对人体或海洋资源的某些特定成分的影响，并在污染物超过标准时发布警报等。它是为了及时掌握海区的污染状况和动态，按照预先确定的时间和空间，用可以相互比较的技术和方法进行的。海洋污染的调查、监测和研究是海洋环境保护不可分割的 3 个组成部分。海洋污染监测工作通常是对特定海区进行了污染调查并初步掌握了海洋污染状况之后开始的。

海洋污染监测按环境介质可分为水质监测、底质监测、大气监测和生物监测；按地域可分为沿岸近海监测和远海监测。由于沿岸海域污染较重，污染状况复杂多变，故沿岸监测具有设站密、项目全的特点，而且每月至少进行一次监测。有些在水中含量甚微、不易检出的污染物质可利用底质或生物与水质污染的关系，及生物体富集某种污染物质的特性来间接监测水质。

海洋污染监测方法可分为常规监测和遥感遥测。常规监测是指现场人工采样、观测、室内化学分析测试及某些相关项目的现场自动探测。遥感遥测则指利用遥感技术监测石油、温排水和放射性物质的污染。其主要仪器设备有：用于航空遥感的红外扫描仪、多光谱扫描仪、微波辐射计、红外线辐射计、空中摄影机和机载侧视雷达等。人造地球卫星也已经广泛用于海洋污染监测。

1916 年，德国学者首先发现多毛类小头虫可作为海洋底质污染的指示生物。进入 20 世纪 50 年代以来，随着海洋污染日趋严重，有关生物污染监测的研究也得到了较快的发展（薛雄志、杨喜爱，2004）。目前海洋污染的生物监测，已由采用单种生物个体数量的变化，发展到用各种生物指数揭示群落种类组成的变化；由采用个体形态、生理和生化变化的指标，进展到用染色体等亚显微结构的变化；由局部水域的生物监测，发展到地区乃至全球的生物监测。能用于海洋污染监测的生物学指标包括：生化效应、遗传效应、生理效应、形态和病理效应、行为效应和生态效应。

自 1962 年以来、各海洋国家相继开展了海洋污染监测。目前，国际性的海洋污染监测计划主要有："全球环境监测系统"的"海洋污染状况的监测"、"全球联合海洋台站网海洋污染（石油）监测试行计划"及"开阔大洋水域选定污染物本底水平监测计划"等。区域性海洋污染调查和监测活动较多，其中最活跃的区域是北大西洋、波罗的海、地中海、加勒比海及毗邻水域和西太平洋等。我国在 1984 年 5 月，建立了"全国海洋环境污染监测网"，对沿岸海域实行全面的监测。

由于地理环境不同和污染物种类较多，故各海域的监测项目不尽相同。1975年6月开始执行的"全球联合海洋台站网海洋污染监测"的项目主要有：海洋温热结构、盐度、海流、风、波浪、降水、气温、pH、溶解氧、氨盐、亚硝酸盐、硝酸盐、硅酸盐、总有机碳、油类（可溶油、乳化油）、铅、汞、铜、锌、滴滴涕、多氯联苯和悬浮固体等。

我国的海岸带北起辽宁省的鸭绿江口，南至广西壮族自治区的北仑河口，长度达18000km，大体呈向东南外凸的弧形。我国拥有海岸线的沿海省市区达12个，自北面南依次是辽宁、河北、天津、山东、江苏、上海、浙江、福建、台湾、广东、广西、海南。沿海地区生活着4亿多人口，是我国经济活力最充沛的狭长经济地带，工农业总产值占全国总产值的60％左右。通过各项合理的海洋与海岸管理措施和有效的污染控制技术，充分开发与合理利用海岸带自然资源，治理海岸带环境灾害，以期实现海洋与海岸带的可持续发展。

# 第二章　海岸带与海洋污染

海岸带一般认为是海陆交错或过渡区域，通常包括近岸浅海区域及沿海陆地部分。海岸带接受陆地输入的大量营养物质，养分丰富，生产力高，但最易受到陆地污染物的污染。海岸带是个相对独立的地球表层系统，物理、化学、生物及地质过程交织耦合，陆海相互作用强烈。海岸带是个开放的复杂系统，受到人类活动影响强烈，是典型的脆弱生态区，生态系统易被破坏且难以修复。目前不同的研究者对海岸带范围有不同的认识和理解。我国海洋与海岸带资源综合调查规程规定，海岸带的范围为，陆域为内延伸10km等距线，海域为海岸带向海洋延伸－15～－10m等深线。地貌学家认为，海岸带是位于低潮位和高潮位之间的潮间带（刘瑀等，2008）。联合国经济与社会理事会（1998）认为，海岸带的一般定义是陆地与海洋相互作用的地带，它包括向陆部分、大陆架被淹没的土地及其上覆水域。这个定义对海岸带向陆域一侧的范围是模糊的和不明确的，向海洋一侧却延伸到大陆架和专属经济区。

## 2.1　海岸带陆地入海污染物种类与危害

海洋污染物是指主要经由人类活动而直接或间接进入海洋环境，并能产生有害影响的物质或能量。人们在海上和沿海地区排污可以污染海洋，而投弃在内陆地区的污染物亦能通过大气的搬运，河流的携带而进入海洋。海洋中累积着的人为污染物不仅种类多、数量大，而且危害深远。自然界如火山喷发、自然油溢也造成海洋污染，但相比于人为的污染物影响小，不作为海洋环境科学研究的主要对象。

### 2.1.1　入海污染物的分类

排入海洋的污染物按照其来源、性质和毒性，可有多种分类法。目前，入海污染物通常分为石油类污染物、金属和酸碱类污染物、农药类污染物、放射性污染物、生活污水、固体废物和热污染等（刘锦明，1987；戴志军、任杰，1999）。

（1）石油及其产品。包括原油和从原油分馏成的溶剂油、汽油、煤油、柴油、润滑油、石蜡、沥青等以及经裂化、催化重整而成的各种产品。进入海洋环境的石油及其炼制品主要来自：经河流或直接向海洋注入的各种含油废水；海上油船漏油、排放和油船事故等；海底油田开采溢漏及井喷；逸入大气中的石油烃的沉降及海底自然溢油等。目前每年经由各种途径进入海洋的石油烃约600万t，排入中国沿海的石油烃约10万t。石油类污染物是当前海洋污染中主要的一类污染物，其易被感官觉察，且排放量大、污染面积广、对海洋生物会产生有害的影响，并会破坏海滨环境。

（2）金属和酸碱类污染物包括：铬、锰、铁、铜、锌、银、镉、锑、汞、铅等金属和硫、砷等非金属以及酸、碱等。该类污染物主要来自工、农业废水，亦可由酸碱废气转移入海，是河流入海口、港湾及近岸水域中的重要污染物。金属类污染物会直接危害海洋生物的生存，蓄积于海洋生物体内而影响其利用价值。

（3）农药类污染物主要由森林、农田等施用农药而随径流迁移入海，或逸入大气，经搬运而沉降入海。包括：汞、铜等重金属农药，有机磷农药，百草枯、蔬草灭等除莠剂，滴滴涕、六六六、狄氏剂、艾氏剂、五氯苯酚等有机氯农药以及多在工业上应用而其性质与有机氯农药相似的多氯联苯等。有机氯农药和多氯联苯的性质稳定，能在海水中长期残留，对海洋的污染较为严重，并且这些农药疏水亲油易富集在生物体内，对海洋生物危害很大。

（4）放射性物质。主要来自核工业和核动力船舰等的排污，有铈-114、钇-239、锶-90、碘-131、铯-137、钌-106、铑-106、铁-55、锰-54、锌-65 和钴-60 等。其中以锶-90、铯-137 和钇-239 的排放量较大，且这些放射性物质半衰期较长，对海洋的污染较为严重。

（5）生活污水中的污染物来源于日常生活中洗涤、卫生洁具使用过程，包括粪便、洗涤剂和各种食物残渣等。生活污水中除含有寄生虫、致病菌外，还带有氮、磷等营养盐类，可导致水体富营养化，甚至形成赤潮。

（6）入海固体废物主要有来自造纸、印染和食品等工业的纤维素、木质素、果胶、醛类、糠醛、油脂等，也包括工程渣土、城市垃圾及河道湖泊疏浚泥等。造纸、食品等工业的废物入海后会消耗大量的溶解氧，威胁海洋生物的生存；投弃入海的渣土垃圾等会破坏海滨自然环境及生物栖息的生境。

（7）热污染主要来自电力、冶金、化工等工业冷却水的排放，它会导致局部海区水温上升，使海水中溶解氧的含量下降，影响海洋生物的新陈代谢，严重时甚至可使海洋动植物的群落发生改变，对热带水域的影响较为明显。

一种物质入海后，是否成为污染物，与物质的性质、数量（或浓度）、时间和海洋环境特征有关。有些物质，入海量少，对海洋生物的生长有利；入海量大，则成为对海域生态环境有害的物质，如城市生活污水中所含的氮、磷，工业污水中所含的铜、锌等元素等。一种污染物入海后，经过一系列物理、化学、生物和地质过程，其存在形态、浓度、在时间和空间上的分布，乃至对生物的毒性亦会发生较大的变化。在多数情况下受污染的水域往往有多种污染物，因此，污染物的交互作用也会影响各自对海洋的污染程度。如无机汞入海后，若被转化为有机汞，毒性显著增强；但若有较高浓度硒元素或含硫氨基酸存在时，毒性则会降低。有些化学性质较稳定的污染物，当排入海中的数量少时，其影响不易被察觉，但由于这些污染物不易分解，能较长时间地滞留和积累，一旦造成不良的影响则不易消除。海洋污染物对人体健康的危害，主要是通过食用受污染海产品。

### 2.1.2 入海污染物的危害

海洋环境污染对生物的个体、种群、群落乃至生态系统造成的有害影响，也称海洋污染生态效应。海洋生物通过新陈代谢同周围环境不断进行物质和能量的交换，使其物质组成与环境保持动态平衡，以维持正常的生命活动。然而，海洋污染会在较短时间内改变环境理化条件，干扰或破坏生物与环境的平衡关系，引起生物发生一系列的变化和负反应，甚至构成对人类安全的严重威胁。

海洋污染对海洋生物的效应，有的是直接的，有的是间接的；有的是急性损害，有的是亚急性或慢性损害。污染物浓度与效应之间的关系，有的是线性，有的呈非线性。对生物的损害程度主要取决于污染物的理化特性、环境状况和生物富集能力等。海洋污染与生物的关系是很复杂的，生物对污染有不同的适应范围和反应特点，表现的形式也不尽相同。

高浓度或剧毒性污染物可以引起海洋生物个体直接中毒致死或机械致死，而低浓度污染物对个体生物的效应主要是通过其内部的生理、生化、形态、行为的变化和遗传的变异而实现的。污染物质对生物生理、生化的影响，主要是改变细胞的化学组成，抑制酶的活性，影响渗透压的调节和正常代谢机制，并进而影响生物的行为、生长和生殖。有些污染物还能使生物发生变异、致癌和致畸。比如，DDT 能抑制 ATP 酶的活性；石油及分散剂能影响双壳软体动物的呼吸速率及龙虾的摄食习性；低浓度的甲基汞能抑制浮游植物的光合作用等等。

海洋受污染通常能改变生物群落的组成和结构，导致某些对污染敏感的生物种类个体数量减少甚至消失，造成耐污生物种类的个体数量增多。如美国加利福尼亚近海，因一艘油轮失事流出的柴油杀死大量植食性动物海胆和鲍鱼，致使海藻得以大量增殖，改变了生物群落原有的结构。通过控制生态系实验，发现许多海洋生物对重金属、有机氯农药和放射性物质具有很强的富集能力，它们可以通过直接吸收和食物链（网）的积累、转移，参与生态系统物质循环，干扰或破坏生态系统的结构和功能，甚至危及人体健康。

海洋污染生物效应的研究，是认识和评价海洋环境质量的现状及其变化趋势的重要依据，是海洋环境质量生物监测和生物学评价的理论基础，对于防治污染、了解污染物在海洋生态系统中的迁移、转化规律和保护海洋环境均具有理论意义和实际意义（薛雄志、杨喜爱，2004）。

### 2.1.2.1　石油污染的危害

石油及其炼制品（汽油、煤油、柴油等）在开采、炼制、贮运和使用过程中进入海洋环境，是一种世界性的严重的海洋污染。海上石油污染主要发生在河流入海口、港湾及近海水域，海上运油线和海底油田周围。海洋石油污染已经引起人们极大的关注，联合国和我国都已将海洋溢油污染治理列入"21 世纪重大议程"。

**1. 生态危害**

海面和海水中的石油会溶解卤代烃等污染物中的亲油组分，降低其界面间迁移转化速率。长期覆盖在极地冰面的油膜会增强冰块吸热能力、加速冰层融化，对全球海平面变化和长期气候变化造成潜在影响。石油在海面形成的油膜阻碍大气与海水之间的气体交换，影响海面对电磁辐射的吸收、传递和反射，减弱太阳辐射透入海水的能量，影响海洋植物的光合作用。高浓度的石油会降低微型藻类的固氮能力，阻碍其生长，最终导致其死亡。沉降于潮间带和浅水海底的石油，使一些动物幼虫、海藻孢子失去适宜的固着基质或使其成体降低固着能力。石油可以渗入大米草和红树等较高等的植物体内，改变细胞的渗透性等生理机能，严重的油污染甚至会导致潮间带和盐沼植物的死亡。若海兽的皮毛和海鸟羽毛沾染了油膜，导致其中的油脂物质被石油溶解，从而失去保温、游泳或飞行的能力。石油污染物会干扰生物的摄食、繁殖、生长、行为和生物的趋化性等能力。受石油严重污染的海域还会导致个别生物种丰度和分布的变化，从而改变群落的种类组成。

石油中含有数百种化合物，主要由烷烃、芳香烃及环烷烃组成，约占石油含量的50%～98%，其余为非烃类含氧、含硫及含氮化合物。石油对海洋生物的化学毒性，依油的种类和成分而不同。通常，炼制油的毒性要高于原油，低分子烃的毒性要大于高分子烃。在各种烃类中，其毒性一般按芳香烃、烯烃、环烃、链烃的顺序而依次减弱。这些石油物质进入海洋后的浮油极易形成油膜，油膜将水与空气隔绝，使水体缺氧、变臭，同时，溶解于水中的油的氧化需要消耗水中的溶解氧，从而使水体缺氧致使水生生物窒息死亡，甚至使某些危害性后果延续多年。石油烃对海洋生物的毒害，主要是破坏细胞膜的正常结构和渗透性，干扰生物体的酶系，进而影响生物体的正常生理、生化过程。如油污能降低浮游植物的光合作用强度，阻碍细胞的分裂、繁殖，使许多动物的胚胎和幼体发育异常、生长迟缓；油污还能使一些动物致病，如鱼鳃坏死、皮肤糜烂等。更为严重的是，油类及其分解产物中存在有多种有毒物质，这些物质危害水生生物，造成水生生物畸变并通过食物链进入人体，使人的肠、胃、肝等发生病变，危害人体健康。

(1) 影响海气交换。溢油在海面迅速散开，形成油膜，油膜会阻断 $O_2$、$CO_2$ 等气体的交换，破坏海洋中溶解气体的循环平衡。$O_2$ 的交换被阻碍导致海洋中的 $O_2$ 被消耗后无法由大气中补充，造成海水缺氧，使浮游动物、鱼类、虾、贝、珊瑚及其卵和幼体等水生生物窒息死亡。同时 $CO_2$ 交换被阻，妨碍海洋从大气中吸收 $CO_2$ 形成 $HCO_3^-$、$CO_3^{2-}$ 缓冲盐，从而影响海洋水体的 pH。

(2) 影响光合作用。大面积的油膜阻碍阳光射入海洋；同时，破坏了海洋中 $O_2$、$CO_2$ 的平衡，这也就破坏了光合作用的客观条件。同时，分散和乳化油侵入海洋植物体内，破坏叶绿素，阻碍细胞正常分裂，堵塞植物呼吸孔道，进而破坏光合作用的主体，海洋食物网的中心环节——浮游植物不再生长，将破坏食物链，导致水生生物死亡。

(3) 消耗海水中溶解氧。石油的降解大量消耗水体中的氧，在海洋环境中，1L 的石油完全氧化达到无害化程度，大约要消耗掉 $320m^3$ 海水中的溶解氧，然而海水复氧的主要途径——大气溶氧又被油膜阻碍，直接导致海水的缺氧，引起海洋中大量藻类和微生物死亡，厌氧生物大量繁衍，海洋生态系统的食物链遭到破坏，从而导致整个海洋生态系统的失衡。

(4) 毒化作用。石油中所含的稠环芳香烃（PAHs）对生物体呈剧毒，由于其潜在的毒性、致癌性及致畸变作用，这些污染物质进入海洋环境会对水生生物的生长、繁殖以及整个生态系统发生巨大影响。石油泄漏到海面，几小时后便会发生光化学反应，生成醌、酮、醇、酚、酸和硫的氧化物等，对海洋生物有很大的危害。污染物中的毒性化合物可以改变细胞的渗透性，影响鱼卵和鱼类的早期发育，使藻类等浮游生物急性中毒死亡。同时沉积物的污染水平增高可导致水生生物体丰度的降低和毒性的增加，溢油平台或排污源附近生长的生物体受影响的程度比较严重，表现在生理代谢异常、组织生化改变等，从而扰乱物种的生物繁殖，改变生物群落的生态结构和生活特性。石油还会使海鸟中毒而死。

海洋石油污染所造成的慢性生态学危害更难以评估。由于向海洋排放的含有污油废水的比重大于海水，以及泄漏后的油滴会黏附在海洋悬浮的微粒上沉落海底，这些有毒物质常常沿海底流动，污染了海底的底质和生物等，使底栖生物大量死亡，破坏了海洋的生物多样性。另外，石油开采过程中原油中的重金属可在生物体内富集，从而对整个生物链造成严重危害。

（5）影响人类健康。石油的化学组成极其复杂，其中燃料油类对人体健康的危害有麻醉和窒息、化学性肺炎、皮炎等。另外，石油成分中许多有害物质进入海洋后不易分解，经生物富集使得被污染海域内的鱼、虾等生物体内的致癌物浓度明显增高，最终通过食物链传递进入人体，危害人的肝、肠、肾、胃等，使人体组织细胞突变致癌，对人体及生态系统产生长期的影响。

（6）全球温室效应。海洋是大气中$CO_2$的汇，石油污染隔绝了水气的$CO_2$交换，必将加剧温室效应，也可能促使厄尔尼诺现象的频繁发生，从而间接加重"全球问题"。

（7）破坏滨海湿地。溢油因其物理影响和化学毒性，会导致海岸带初级生产力降低，植物枝叶枯萎，湿地侵蚀，许多鸟类等珍稀动物的生存受到严重威胁，从而严重危害海岸带生态。

**2. 社会危害**

油污会改变某些鱼类的洄游路线；沾染油污的鱼、贝等海产食品，难于销售或不能食用。石油污染会破坏海滨风景区和海滨浴场。如1983年12月，"东方大使"号油轮在青岛胶州湾触礁搁浅，溢油3343t，230km的海岸线受到影响，数万人历时9个多月才把沿岸油污基本清除，油污至今依稀可见。

（1）高昂的治污费用。1989年，美国阿拉斯加州威廉王子湾"埃克松·瓦尔迪兹"油轮触礁事故，泄漏原油3.5万t，石油覆盖超过$32600km^2$的海岸和海域，清油除污费用高达22亿美元，海洋生态环境恢复需要20～70年。2002年在我国发生的"塔斯曼海"号油轮在渤海的漏油事故给渤海及周边地区造成的环境损失达1亿多元。

（2）石油污染危害渔业生产。在被污染的水域，油膜和油块能粘住大量的鱼卵和幼鱼，使鱼类和滩涂贝类大量死亡。存活下来的也因含有石油污染物而有异味，导致无法食用。由于石油污染抑制光合作用，降低海水中的溶解氧含量，破坏生物生理机能，导致海洋渔业资源逐步衰退，部分鱼类濒临灭绝。在捕捞过程中，海洋中的石油易附着在渔船网具上，加大清洗难度，降低网具使用效率，增加捕捞成本。

鱼、虾、蟹、龟等一些海洋生物的行为，例如觅食、归巢、交配、迁徙等，是靠某些烃类来传递信息的。油膜分解所产生的某些烃类可能与海洋动物的化学信息和化学结构相同或类似，从而会影响到这些海洋生物动物的正常行为。

（3）刺激赤潮的发生。石油污染影响多种海洋浮游生物的生长、分布、营养吸收、光合作用及浮游植物参与二甲基硫（DMS）的产生和循环的过程，低浓度石油烃可对海洋浮游生物的生长产生促进作用，而引发赤潮。在受到石油污染的海区，赤潮的发生概率增加。

（4）对工农业生产的影响。对海滩晒盐厂，受污海水将难以使用，造成巨大经济损失，而对于海水淡化厂和其他需要海水为原料的企业，受污海水必然大幅增加生产成本。

（5）对旅游业的影响。海洋石油受洋流和海浪的影响，极易聚积于岸边，使海滩受到污染，许多海鸟因为翅膀黏附石油而不能飞行或在海中浮游以及食用被石油污染的鱼虾而生病死亡，破坏了风景区及其景观，影响滨海城市形象，给当地旅游业造成沉重打击。

油轮失事和海上油田井喷事故是恶性海洋污染最重要的因素。1967年3月"托利卡尼翁"号油轮在英吉利海峡触礁失事是一起严重的海洋石油污染事故。该轮触礁后，10天内所载的11.8万t原油除一小部分在轰炸沉船时燃烧掉外，其余全部流入海中，近140km的海岸受到严重污染。污染导致了25000多只海鸟死亡，50%～90%的鲱鱼卵不能孵化，幼鱼也濒于绝迹。为处理这起事故，英、法两国出动了42艘船，1400多人，使用了10万t消油剂，两国为此损失800多万美元。相隔11年，1978年超级油轮"阿莫戈·卡迪兹"号在法国西北部布列塔尼半岛布列斯特海湾触礁，22万t原油全部泄入海中。墨西哥湾"伊克斯托克-I"（"Ixtoc-I"）油井井喷是一起严重的海上油田井喷事故，该井1979年6月发生井喷，直到1980年3月24日才被封住，共漏出原油47.6万t，使墨西哥湾部分水域受到严重污染。2010年4月20日夜间，英国石油公司租赁的位于美国墨西哥湾的一座半潜式钻井平台爆炸起火。36小时后，平台沉没，11名工作人员遇难。钻井平台底部油井自4月24日起漏油不止并引发了大规模原油污染。2010年5月29日，英国石油公司表示，试图以大量水泥封住墨西哥湾漏油地点的"灭顶法"已经宣告失败。该"深水地平线"钻井平台是在没有按照矿产资源管理局的要求提供安全认证的情况下运作的。在管理人员弱化了测试要求后，多个钻井平台的切断阀发生故障。而"深水地平线"钻井平台的切断阀出现故障是导致它爆炸沉没的原因。墨西哥湾原油泄漏事故正在演变成美国历史上最严重的环境灾难。

为了控制含油污水对海洋的污染，避免原油泄漏造成的大规模海洋灾难的发生，各国家和世界组织需要制定严格的法规，执行和完善现有的法规和国际公约，制止海洋活动过程中非法排放含油污水，严格控制沿岸炼油厂和其他工厂含油污水的排放。加强监测监视海区石油污染状况，改进油轮的导航通讯等设备的性能，防止海难事故。发生石油污染后，应及时用围油栏等把浮油阻隔包围起来，防止其扩散和漂流，并用各种机械设备尽量加以回收，对无法回收的薄油膜或分散在水中的油粒，可以喷洒各种低毒性的化学消油剂。鉴于港湾和近海地形复杂，且回收和消除海上油污的技术和方法尚待改进，因此，目前尚难以全部消除海上油污。

### 2.1.2.2　营养物污染

赤潮是浮游生物在一定条件下暴发性繁殖、复杂的生态异常现象，其成因至今虽尚未定论。但大多数学者认为，近海水域富营养化是形成赤潮的主因。发生赤潮的海水常带有黏性和腥臭味，故又称之为"臭水"、"厄水"。在正常情况下，海洋环境中营养盐（氮、磷）含量低，往往成为浮游植物繁殖的限制因子。但当大量富含营养物质的生活污水、工业废水（主要是食品、印染和造纸有机废水）和农业废水入海，加之海区的其他理化因子（如温度、光照、海流和微量元素等）对生物的生长和繁殖又有利，赤潮生物便急剧繁殖而形成赤潮。研究表明，有些赤潮生物，在有足够氮盐的海水中可增殖两倍，若同时加入足够的磷盐可增殖 9 倍，如再加入维生素 $B_{12}$ 则可增殖 25 倍。当加入超过正常海水含量 10～20 倍的铁、锰时，有些赤潮生物可增殖 10 倍。这种由污染引起的赤潮，称为"人为赤潮"。由于不同海区的物理化学特性，以及不同种类赤潮生物的生理特性有较大的差异，因此有关赤潮的成因有待作更深入的研究。

赤潮是一种海洋污染现象。人们很早就发现赤潮现象，在中国古书和西方圣经《旧约·出埃及记》中都有记载。732 年，日本记录了相模湾和伊豆内海发生的赤潮现象。1831～1836 年 C. R. 达尔文在"贝格尔"号航海记录中记述了巴西、智利海面由蓝藻门束毛藻引起的赤潮。20 世纪以来，赤潮发生的次数逐年增多，如日本濑户内海在1955 年以前的几十年期间，赤潮只出现 5 次，1955～1976 年竟多达 326 次。中国浙江镇海、定海和台州一带海域在 1933 年曾发生过夜光藻赤潮；1952 年在黄河流入海口也曾发生过夜光藻赤潮；70 年代以来发生赤潮的海域和次数逐渐增多，先后在渤海湾、大连湾、长江口、湛江港、香港近海等水域发生过赤潮。

赤潮大多数发生在内海、河流入海口、港湾或有上升流的水域，特别是暖流内湾水域。发生的季节随水温等环境因子和生物种类而异，一般以春夏为发生盛期。形成赤潮的生物主要是微型或小型浮游植物和原生动物，已知有 40 多属、120 多种。例如：甲藻类的原甲藻（*Prorocentrum*）、卵甲藻（*Exuviella*）、裸甲藻（*Gymno-dinium*）、膝沟藻（*Gonyaulax*）、多甲藻（*Peridinium*）、角藻（*Ceratium*）、硅藻类中的骨条藻（*Skeletonema*）、根管藻（*Rhizosolenia*）、角刺藻（*Cheatoceros*）、菱形藻（*Nitzschia*），金藻类中的小等刺硅鞭藻（*Dictyocha fibula*）和蓝藻类的束毛藻（*Trichodesmium*）等属的一些种类。不同海区、不同季节形成赤潮的生物种类有差异，其中以夜光藻（*Noctiluca miliaris*）、骨条藻（*Skelet-onema costatum*）、膝沟藻、短裸甲藻（*Gymno-dinium breve*）、红海束毛藻（*Trichodesmium erythraeum*）和原生动物的中缢虫（*Mesodinium rubrum*）等较为常见。赤潮的颜色是由形成赤潮占优势的浮游生物种类的色素决定的。如夜光藻形成的赤潮呈红色，而绿色鞭毛藻大量繁殖时却呈绿色，硅藻往往呈褐色。

密集的赤潮生物或其胞外物质堵塞鱼类的鳃，使其窒息致死。赤潮生物尸体分解消耗大量溶解氧，引起海水严重缺氧，甚至形成硫化物危及海洋生物生存。另外，海洋动物摄食、吸收了含有毒素（如石房蛤毒素 Soxitoxin）的赤潮生物及其休眠孢子，或赤潮生物死亡分解时释放出来的毒素，会造成中毒死亡。人若食用了含这种毒素的海产生物，也可能中毒或致死。人们称这种中毒现象为贝类麻醉性中毒。

对营养盐的污染要以预防为主，严格控制过量含营养盐废水废弃物排放入近海水域，尤其是港湾水域，防止水体富营养化；要加强赤潮发生机理和预测方法的研究，以便及早发现和治理。

### 2.1.2.3 重金属污染

目前污染海洋的重金属元素主要有 Hg、Cd、Pb、Zn、Cr、Cu 等。海洋中的重金属有 3 个来源：天然来源、大气沉降和陆源输入。天然来源包括地壳岩石风化、海底火山喷发；大气沉降是人类活动和天然产生的各种重金属释放到大气中，经大气运动进入海洋；陆源输入是指人类各种采矿冶炼活动、燃料燃烧及工农业生活废水中的重金属物质由各种途径间接或直接注入海洋。这些来源构成了海洋重金属的本底值（田金等，2009）。

据估计，全世界每年因人类活动而进入海洋中的 Hg 达约 1 万 t，与目前世界 Hg的年产量相当。其中，每年由于矿物燃烧而进入海洋中的 Hg 有 3000 多 t；此外，含Hg 的矿渣和矿浆，也将一部分 Hg 带入了海洋。自从 1924 年开始使用四乙基铅作为汽油抗爆剂以来，大气中 Pb 的浓度急速地增高，通过大气输送的 Pb 是海洋污染的重要途径。经气溶胶带入开阔大洋中的 Pb、Zn、Cd、Hg 和 Se，较陆地输入总量还多50%。表 2.1 为我国近海部分海湾的重金属含量。重金属在海水中能与无机和有机配位体作用生成络合物和螯合物，使重金属在海水中的溶解度增大。重金属在海水中经水解反应生成氢氧化物或被水中胶体吸附，因此在河流入海口或排污口附近沉积，这些海区的底质中常蓄积着较多的重金属。一定条件下这些重金属可以重新释放，进入水体，对海洋造成二次污染。沉积物亦是水生生物，特别是底栖动物重金属摄入的重要来源。

### 表 2.1　我国近海部分海湾重金属含量

（单位：水体 mg/dm³，沉积底物 mg/kg）

| 海域 | | Hg | Cd | Pb | Zn | Cu | Cr |
|---|---|---|---|---|---|---|---|
| 渤海湾 | 水体 | 痕量～0.049 | 0.02～0.4 | 0.02～0.18 | 1.3～30 | 0.28～1.55 | 痕量～1.63 |
| | 底质 | 0.005～0.56 | 0.04～5.4 | 11.6～41.2 | 35.3～51.2 | 7.8～36.2 | 26.7～66.7 |
| 胶州湾内 | 水体 | 0.02～0.22 | 0.04～1.39 | — | — | — | 0.1～10.9 |
| | 底质 | 0.04～1.003 | 0.07～3.13 | — | — | — | 29.3～554.6 |
| 厦门港 | 水体 | 0.012～0.015 | 0.03～0.04 | 2.0～3.2 | 6.4～10.0 | 1.3～1.6 | |
| | 底质 | 0.07～0.03 | 0.004～0.125 | 28.5～52.1 | 78～143 | 12.1～32.7 | |
| 珠江口 | 水体 | 0.03～0.04 | 0.8～1.2 | 30～40 | 30～50 | 4～7 | 0.4～1.6 |
| | 底质 | 0.2～0.3 | 0.2～1.0 | 10～30 | 80～100 | 20～40 | 60～120 |
| 南沙海域 | 水体 | 0.002～0.056 | — | 0.6～7.7 | 5.0～35.9 | — | |
| | 底质 | 0.049 | 4.5 | 37.7 | 103.8 | 16.2 | — |

注："—"表示低于检测限。

Hg、Cd、Pb、Zn、Cr、Cu 等金属对人和其他生物的都会产生危害。海洋生物通过吸附、吸收或摄食将重金属富集在体内外，并随生物的运动而产生水平和垂直方向的迁移，或经由浮游植物、浮游动物、鱼类等食物链（网）而逐级放大，致使鱼类等高营养阶的生物体内富集着较高浓度的重金属，或危害生物本身，或由于人类取食而损害人体健康。此外，海洋中的微生物能将某些重金属转化为毒性更强的化合物，如无机汞在微生物作用下能转化为毒性更强的甲基汞。海洋中的重金属一般是通过食用海产品的途径进入人体。Hg（甲基汞）可以引起水俣病；Cd、Pb、Cr 等亦能引起机体中毒，或有致癌、致畸等作用；其他的重金属剂量超过一定限度时，对人和其他生物都会产生危害。

重金属对生物体的危害程度，不仅与金属的性质、浓度和存在形式有关，而且也取决于生物的种类和发育阶段。对生物体的危害一般是 Hg＞Pb＞Cd＞Zn＞Cu，有机汞＞无机汞，$Cr^{6+}＞Cr^{3+}$。一般海洋生物的种苗和幼体对重金属污染较之成体更为敏感。此外，两种以上的重金属共同作用于生物体时比单一重金属的作用要复杂得多，归纳起来有 3 种形式，① 相加作用，即两种以上重金属的混合毒性等于各重金属单独毒性之和；② 相乘作用或协同作用，两种以上重金属的混合毒性大于各重金属单独毒性之和；③ 拮抗作用，两种以上重金属的混合毒性低于各重金属单独毒性之和。两种以上重金属的混合毒性不仅取决于重金属的种类组成，亦与其浓度、温度及 pH 等条件有关。一般来说，Cd 与 Cu 有相加或协同作用，Se 对 Hg 有拮抗作用。生物体对摄入体内的重金属有一定的解毒功能，如体内的巯基蛋白与重金属结合成金属巯基排出体外。当摄入的重金属剂量超出巯基蛋白的结合能力时，会出现中毒症状（见表 2.2）。

表 2.2　海洋重金属的来源和污染途径

| 元素 | 世界产量/($10^3$t/a) | 大气输入/($10^3$t/a) | 河流输入/($10^3$t/a) | 残留时间/$10^3$a | 污染途径 |
|---|---|---|---|---|---|
| Ag | 10 | 0.07 | 10 | 12.3 | 河流输送 |
| As | 39 | 0.7 | 37 | 85 | 废物倾倒 |
| Cd | 17 | 10 | 1.1 | 62 | 大气、河流输送 |
| Co | 22 | 0.7 | 15 | 3.7 | 河流输送 |
| Cr | 2800 | 20 | 240 | 22 | 河流输送 |
| Cu | 6000 | 250 | 250 | 22 | 废物倾倒，大气、河流输送 |
| Hg | 10 | 3.2 | 3.5 | 26 | 大气、河流输送 |
| Ni | 660 | 300 | 170 | 246 | 河流输送 |
| Pb | 3000 | 300 | 150 | 0.4 | 大气、河流输送 |
| Se | 1 | 0.5 | 7 | 84 | 大气输送 |
| Zn | 5300 | 6700 | 600 | 18.5 | 废物倾倒，大气、河流输送 |

重金属污染具有蓄积性、难降解、不易修复、易生物富集、污染来源广、潜在毒性时间长等特征，对海洋生物物种及其多样性具有直接和间接的威胁。海洋一旦受重金属污染，治理十分困难。防止海洋重金属污染的最有效办法，是在废水等废弃物排放入海前进行处理，以预防为主，控制污染的源头；改进落后的生产工艺，回收废弃物中的重金属，防止重金属流失；切实执行有关环境保护法规，经常对海域进行监测和监视，是防止海域受污染的几项重要措施。

### 2.1.2.4　有机物污染

海洋化学所研究的有机物，主要为海水中海洋生物的代谢物、分解物、残骸和碎屑等，它们是海洋中固有的；还有一部分是陆地上的生物和人类在活动中生成的有机物，通过大气或河流带入海洋中的。以有机物在海水中的存在状态而言，可分为三类：溶解有机物（DOM）、颗粒有机物（POM）和挥发性有机物（VOM）。通常以孔径为

0.45$\mu$m 的玻璃纤维滤膜或银滤膜过滤海水，滤下的海水中所含的有机物称为溶解有机物，留在滤膜上的有机物为颗粒有机物。由于大部分海水有机物的化学组成尚不清楚，在研究海水有机物分布时多以溶解有机碳（DOC）、颗粒有机碳（POC）分别代表 DOM 和 POM。有时尚用溶解有机氮（DON）、溶解有机磷（DOP）、颗粒有机氮（PON）和颗粒有机磷（POP）表示。

入海有机污染物指进入河流入海口近海的生活污水、工业废水、农牧业排水和地面径流污水中过量的有机物质，包括碳水化合物、蛋白质、油脂、氨基酸、脂肪酸酯类等，是世界海洋近岸河流入海口普遍存在的一种污染。与石油、重金属、农药等污染物不同，有机污染物不会在生物体内积累。进入河流入海口沿岸的有机污染物在潮流的作用下，不断稀释扩散，其中大多数都可以为细菌所利用并分解为二氧化碳和水等。

有机物污染的危害作用，主要取决于入海污水的类型和数量，以及接纳水体的净化能力。其直接或间接的危害作用主要有：遮光、耗氧、致病、致死等。过量有机物在微生物降解过程中会消耗大量溶解氧。据测定每生产 1t 纸浆所排出的木质素要消耗 200～500kg 氧气，即可以耗尽 2～7 万 t 普通海水中的氧，而入海的木质素多数沉于海底，造成近底层海水缺氧，引起硫化物的形成，直接危害生物。大量有机物排放入海，促使水体富营养化，导致生物区系组成简单化，污水生物大量生长，干扰或破坏海洋生态平衡。过量营养盐排入海洋，成为各种细菌和病毒的养料而使之大量繁殖，病毒可以进入鱼贝类体内，直接危害鱼贝类的生长发育，或通过食物进入人体内，引起各种疾病。过量的营养盐能使紫菜患癌肿症；具有毒性的糠醛，还能使鱼的鳃和肝出血，导致其死亡；含短纤维的造纸废水能使对虾苗死亡。

有机物较之其他污染较易治理，只要对入海污水加以处理或排放量不超过被受纳海区的环境自净能力，海域的污染就可以很好地控制和治理。例如，英国泰晤士河曾由于有机物污染，鱼虾绝迹，水体臭不可闻。经过长时间的治理，目前已有 100 多种鱼类在河中繁殖生长。

### 2.1.2.5 农药污染

污染海洋的农药可分为无机和有机两类，前者包括无机汞、无机砷、无机铅等重金属农药，其污染性质相似于重金属；后者包括有机氯、有机磷和有机氮等农药。有机磷和有机氮农药因其化学性质不稳定，易在海洋环境中分解，仅在河流入海口等局部水域造成短期污染。从 20 世纪 40 年代开始使用的有机氯农药（主要是 DDT 和六六六），是污染海洋的主要农药。据美国科学院 1971 年的估计，每年进入海洋环境的 DDT 达 2.4 万 t，该值为当时世界 DDT 年产量的 1/4。

工业上广泛应用于绝缘油、热载体、润滑油以及多种工业产品添加剂的多氯联苯（PCB）和有机氯农药一样，都是人工合成的长效有机氯化合物（按其化学结构可统称为卤代烃或氯化烃），由于它们在化学结构、化学性质方面有许多近似处，所以它们对海洋环境的污染通常放在一起研究。20 世纪 60 年代末，各国认识到 PCB 对环境的危害，纷纷停止或降低 PCB 的生产和应用。

有机氯农药和 PCB 主要通过大气转移，雨雪沉降和江河径流等携带进入海洋环境，其中大气输送是主要途径，因此即使在远离使用地区的雨水中，也有有机氯农药和PCB的踪迹。如：南极的冰雪、土壤、湖泊和企鹅体内都检出过残留有机氯农药和PCB。进入海洋环境的有机氯农药，特别容易聚积在海洋表面的微表层内。据美国对大西洋东部的测定，在表层水中PCB的含量比DDT含量高20～30倍。海洋微表层中的DDT受到光化学作用发生降解，其速度受阳光、湿度、温度等环境条件的制约。在热带气候条件下，降解速率一般较高。沉积于海洋沉积物中的PCB和DDT在微生物作用下会发生降解作用，但速率相当缓慢。人们认为，PCB的稳定性比DDT高。DDT的降解中间产物DDE比DDT挥发性高，持久性也更长，对环境的危害更大。沉降到沉积物中的DDT和PCB会缓慢地释放入水体，造成对水体的持续污染。

DDT和PCB进入生物体内主要是通过生物的摄食、吸附和吸收作用。动物体中DDT的残留量反映了吸收与代谢间的动态平衡。不同种生物对DDT积累和代谢各不相同，牡蛎和蛤仔等软体动物对DDT的富集因子可达2000（富集因子是生物体中的浓度除以环境介质中的浓度值），而甲壳类和鱼类的富集因子则为102～105。

海水中DDT浓度一般低于1ppb[①]。近岸海域鱼体中的DDT浓度高于外海同类鱼类，达0.01～10mg/kg（湿重）。鱼类不同器官中DDT残留量的浓度各不相同，其中以脂肪中的含量最高。摄食鱼类的海鸟DDT残留量最高，摄食淡水及河流入海口区鱼类的鸟类，DDT残留量高于摄食大洋鱼类的鸟类。DDT及其代谢产物对海洋生物有明显的影响。比如，干扰海鸟的钙代谢使蛋壳变薄，降低孵化率；0.1ppb浓度的DDT就会抑制某些海洋单细胞藻类的光合作用；ppb浓度的DDT即能杀死某些种类的浮游动物或幼鱼。

PCB对生物的毒害作用与其异构体的氯原子数有关。氯原子越少，毒性越大，在食物链中的蓄积程度越高。无脊椎动物对于PCB要比鱼类敏感，幼体比成体敏感。PCB对生物的危害作用包括致死、阻碍生长、损害生殖能力和导致鱼类甲状腺功能亢进，以及对外界环境变化及疾病抵抗力的下降等。PCB会导致哺乳动物性功能紊乱，波罗的海和瓦登海海豹的繁殖失败同其体内高浓度的PCB直接相关。PCB在生物体中的积累与其脂溶性和对酶降解的抗力成正比，而与其水溶性成反比。生物体对PCB的主要代谢过程是羟基化，即将PCB转化为水溶状的酚类化合物后排出体外。羟基化速率取决于酶（肝微粒体混合功能氧化酶）的活性。鱼体中这种酶的数量大大低于哺乳动物，并随PCB的氯化作用的提高而降低。

鉴于有机氯农药进入海洋后无法回收，有些国家已停止生产或限制其使用。中国在20世纪60年代初开始禁止在蔬菜、水果和烟草上喷撒DDT或六六六，同时研制高效低毒，易在环境中分解的生物性农药（如外激素性农药），又采取以虫治虫等综合性防治病虫害措施；自20世纪70年代开始就已基本停止PCB的生产。

### 2.1.2.6　病原菌

由于人类活动使致病性细菌、病毒和寄生虫等进入海洋水体、底质和生物体而造成

---

① 1ppb＝$1 \times 10^{-9}$＝$1\mu g/L$。

的污染。它降低或破坏海水和海产品的使用价值，并经一定途径造成对人体健康及海洋生物的危害。海洋环境中的病原体主要来源于未经消毒处理的人畜粪便等排泄物、城市生活及医院污水、工农业及养殖业废水等。进入海洋环境的病原体，大部分因不适应环境条件的改变而很快死亡，但有一部分能存活一段时间，条件适宜时甚至可以繁殖，成为疾病的传染源。此外，海洋中一些天然存在的微生物，可因人为造成的环境条件变化，大量繁殖而成为危害海洋生物或人类的病原体。海洋病原体进入人体的途径是生食或食用烹调不当的染菌海产品，或在海水浴时接触了受病原体沾污的海冰。至于病原体进入海洋生物体内，除接触传染外，摄食是一个重要的途径。病原体的致病作用主要取决于病原微生物的致病能力、机体的抵抗力以及环境条件等因素。

目前已知的海洋病原体主要有：沙门氏菌属、志贺氏菌属、霍乱弧菌、副溶血弧菌、龙虾加夫基氏菌、假单胞杆菌、病毒、线虫等。人粪等排泄物及生活污水中的志贺氏菌进入海洋环境后，可在沿岸海水中存活较长的时间（水温13℃时生存25日，37℃时生存4日），并可污染海洋中的鱼、贝类。人接触污染的海水或生食污染的海产品后，可引起症状轻重不等的腹泻或急性痢疾，有时甚至引起水型痢疾暴发流行。副溶血弧菌是沿海居民食物中毒的最常见病原菌，是海洋环境中正常的菌群之一，在沿海水域和鱼、虾、贝等海洋生物体内经常分离到。当环境条件不利，如养殖密度过高、水温突然变化时，该菌可大量繁殖而引起生物病害或大量死亡。霍乱弧菌是"国境卫生检疫传染病"之一，沿海和港湾附近的居民发病率较高，该菌能在水体和贝类等海洋生物中生存。

一些引起人类传染病的病毒，可随着粪便等排泄物污染海水并能存活于牡蛎等海洋生物体中，成为疾病的传染源。海洋环境中的这类病毒主要包括：肝炎病毒、轮状病毒和诺瓦克病毒等。这些病毒经常在沿岸水体中分离出来，如美国得克萨斯海湾经常有数以百计的人，因在污染病毒的海水中游泳或吃了染毒的海产品后而发病。上海等地也有因食用染毒毛蚶而发生甲型肝炎流行的报告。

水体中病原体污染目前常以大肠杆菌总数表示，也可以人体体表存在的葡萄球菌和绿脓假单胞菌作为指示菌，大肠杆菌噬菌体可作为水质病毒污染的指标。由于受分离和计数方法的限制，选择这些微生物作为水体污染的指标只有相对的意义，如某些肠道病毒就不能完全被指示出来。防治措施应以预防为主，对含病原体的医疗污水、生活废水和养殖废水等，必须经过处理和严格消毒后，方能排入海域。提倡不生吃海产品，对含有病原体的海产品，按《食品卫生法》，进行检疫和处理。对渔业区域和海滨风景及海水浴场区域，定期进行卫生监测。

### 2.1.2.7 放射性污染

海洋中的天然放射性核素，主要有 $^{40}K$、$^{87}Rb$、$^{14}C$、$^{3}H$、Th、Ra、U 等 60 余种，它们不是人为产生，不作为污染研究的范畴。1944 年，美国汉福特原子能工厂通过哥伦比亚河把大量人工核素排入太平洋，从而开始了海洋的放射性污染。海洋的放射性污染主要来自：

（1）核武器在大气层和水下爆炸使大量放射性核素进入海洋。核爆炸所产生的裂变核素和诱生（中子活化）核素共有 200 多种，其中 $^{90}Sr$、$^{137}Cs$、$^{239}Pu$、$^{55}Fe$ 以及 $^{54}Mn$、$^{65}Zn$、$^{95}Zr$-$^{95}Nb$、$^{106}Ru$、$^{144}Ce$ 等最引人注意。据估算，到 1970 年为止，由于核爆炸注入海洋的 $^{3}H$ 为 $10^8$Ci[①]，裂变核素约达（$2\sim6$）×$10^8$Ci（其中 $^{90}Sr$ 约为 $8\times10^6$Ci，$^{137}Cs$ 为 $12\times10^6$Ci）使整个海洋都受到污染。

（2）核工厂向海洋排放低水平放射性废物。建在海边或河边的原子能工厂，包括核燃料后处理厂，核电站和军用核工厂在生产过程中，将低水平放射性废液直接或间接排入海中。英国温茨凯尔核燃料后处理厂，每天大约把 100 万 gal[②] 含有 $^{137}Cs$、$^{134}Cs$、$^{90}Sr$、$^{106}Ru$、$Pu$、$^{241}Am$ 和 $^{3}H$ 等核素的放射性废水排入爱尔兰海，年排放总量近 20 万 Ci，该厂 $^{137}Cs$ 的排放总量逐年增加，1975 年高达 141360Ci，已成为爱尔兰海、北海和北大西洋局部水域的放射性主要污染源。

（3）向海底投放放射性废物。美国、英国、日本、荷兰以及西欧其他一些国家从 1946 年起先后向太平洋和大西洋海底投放不锈钢桶包装的固化放射性废物，到 1980 年底为止，共投放约 100 万 Ci。据调查，少数容器已出现渗漏现象，成为海洋的潜在放射性污染源。

（4）核动力舰艇在海上航行也有少量放射性废物泄入海中。突发事故，如用同位素作辅助能源的航天器焚烧、核动力潜艇沉没等，也是不可忽视的污染源。

核工厂向近海排放的低水平液体废物，大部分沉积在离排污口几千米到几十千米距离的沉积物里。海流、波浪和底栖生物还可以使沉积物吸着的核素解吸，重新进入水体中，造成二次污染。近海和河流入海口核素沉积的速率高于外海。由于前苏联和美国核武器试验在北半球进行，所以北太平洋放射性污染比南太平洋严重。在 20 世纪 50 年代中期，北太平洋西部水域放射性强度高于东部。由于大洋水的混合，20 世纪 60 年代中期，北太平洋东、西水域海水的放射性强度即趋于相等。

环境条件能改变核素的存在形式。在 pH=8 时，$^{65}Zn$ 在海水中以离子、微粒子和络合物的形式存在；当 pH=6 时，仅以离子和络合物的形式存在。核素在海水中的存在形式，与核素在海洋中的迁移归宿密切相关。核素可以用作示踪剂，帮助阐明诸如海流运动，海气相互作用、沉积速率、生物海洋学和污染物扩散规律等一些重要海洋学问题（见核素在海洋学中的应用）。

放射性强度的降低仅遵循各核素的衰变规律，而不受外界理化条件的影响。自 1964 年以后，由于核武器试验主要在地下进行，因此除核工业排污海域外，海洋放射性污染逐渐减轻。如，日本沿海表层海水中放射性强度在 70 年代初为 $15\sim20$pCi[③]/100L，70 年代末降为 $7\sim15$pCi/100L。

海洋生物能直接从海水或通过摄食的途径吸收和累积核素，其累积能力通常用生物浓缩系数（CF）表示。CF 的大小因核素的理化特性、生物种类和环境条件的不同有较大的差异，波动在 $1\sim10^6$。牡蛎对 $^{65}Zn$ 的 CF 可达 $10^5\sim10^6$。核素能沿着海洋食物链

---

① Ci（居里）=$3.7\times10^{10}$Bq（贝可勒尔）。

② gal（加仑）有英加仑和美加仑之分，1 英加仑=4.545L，1 美加仑=3.785L。

③ pCi（皮居里）是用来衡量辐射能的单位，1 皮居里等于每分钟内有 2 个放射性原子衰减辐射的能量。

（网）转移，有的还能沿着食物链扩大。在受污染的环境，海洋生物受到体内外射线的照射。不同种类生物，对照射的抗性有较大的差异。低等生物对辐射的抗性比高等生物强。胚胎和幼体对射线辐射的敏感性高于成体。海水低浓度放射性污染是否对鱼类胚胎发育有影响，尚无定论。

在沿海地区兴建原子能工厂，必须事先进行包括对海域影响的环境预评价，严格执行国家颁发的有关原子能工厂管理规定，加强环境监测，深入进行低水平放射性污染对海洋生态系统和人体健康影响的研究，严格控制向海域排放放射性废物等。

# 2.2 入海污染物在海洋环境中的迁移转化

## 2.2.1 入海污染物的迁移转化概述

在海洋环境中污染物通过参与物理、化学或生物过程而产生空间位置的移动，或由一种地球化学相（如海水、沉积物、大气、生物体）向另一种地球化学相转移的现象称为污染物的迁移；污染物由一种存在形态向另一种存在形态转变则称为污染物的转化。迁移与转化是两个不同的概念，但迁移过程往往同时伴随发生形态转变，反之亦然。例如工业废水中的六价铬在迁移入海过程中可以被还原为三价铬，三价铬在河流入海口水域由于介质酸碱度的改变形成氢氧化铬胶体，后者在海水电解质作用下发生絮凝，沉降在河流入海口沉积物中。上例说明：由于化学反应和水流搬运，铬在迁移中价态和形态均发生了变化，并由水相转入沉积相。

沉积的物理化学环境对元素的迁移、存在形式、演化等方面有着制约的关系。在现代海洋条件下，介质的酸碱度（pH）和氧化还原条件（Eh）明显控制元素的分布，因此通常研究 pH、Eh 及若干变价元素（如 Fe、Mn、U 等）用于指示沉积环境的酸碱度和氧化还原状况。其次大陆与海洋沉积环境的差异，必然导致某些化学成分的差异，故常研究一些微量元素、同位素和有机化合物用于指示海陆变迁，如温度是影响氨基酸外消旋化作用的一个参数，所以可通过氨基酸测古温度。随着稳定同位素研究的进展，利用氧、氢同位素测定古温度已成为沉积环境地球化学研究的前沿课题。

化学元素沉积之后不是一成不变的，在松散沉积物的深埋—压实—成岩过程中，伴随着压力、温度、pH、Eh、孔隙度的变化以及间隙水的排出和形成，会引起某些元素的重新迁移和再分配，甚至有些元素可以高度集中而形成矿产。如 Fe、Mn 沉积后，多以难溶的高价态 $Fe^{3+}$、$Mn^{4+}$ 存在，当沉积物被埋藏后，由于逐渐缺 $O_2$，加之有机质分解和细菌还原 $SO_4^{2-}$ 产生 $H_2S$，可使原来的氧化环境变为还原环境，于是高价的 $Fe^{3+}$、$Mn^{4+}$ 被还原为易溶的低价的 $Fe^{2+}$、$Mn^{2+}$ 而进入间隙水，这样间隙水中铁锰离子的浓度增大，造成与表层的浓度差，因而 $Fe^{2+}$、$Mn^{2+}$ 就向上扩散迁移，至表层即重新被氧化而富集，这种过程不断进行，就可以形成铁锰结核。可见，间隙水在成岩过程中是个很重要的因素，许多元素只有通过这种介质，才能较大量的扩散和迁移。

### 2.2.1.1 污染物的迁移转化

海洋环境是一个复杂的系统，它包括海洋本身及其邻近相关的大气、陆地、河流等区域。污染物在实际的海洋环境中的迁移转化过程主要与两种介质发生关系，一是非生物介质，主要指外边界（陆源排污口、外海海水、大气）和内边界（海底沉积物、悬浮颗粒、目标海域等），污染物在外边界中主要发生物理迁移过程，在内边界中主要发生物理、化学、生物迁移和转化过程；二是生物介质，污染物在生物介质中除了发生化学、生物迁移转化过程，亦同时发生生物的生长代谢过程。

（1）物理过程。污染物被河流、大气输送入海，在海气界面间的蒸发、沉降；入海后在海水中的扩散和海流搬运；颗粒态污染物在海洋水体中的重力沉降等，都属于物理迁移过程。

（2）化学过程。由于环境因素的变化，污染物与环境中的其他物质产生化学作用，如氧化、还原、水解、络合、分解等，使污染物在单一介质中迁移或由一相转入另一相，都属于化学迁移过程。它常常伴随有污染物形态的转变。

（3）生物过程。污染物经海洋生物的吸收、代谢、排泄和尸体的分解，碎屑沉降作用以及生物在运动过程中对污染物的搬运，使污染物在水体和生物体之间迁移，或从一个海区或水层转到另一海区或水层，以及在海洋食物链中的传递，都属于生物转运过程。微生物对石油等有机物的降解作用和对金属的烷基化作用则是重要的生物转化过程。

污染物在海洋环境系统中的物理、化学和生物迁移转化过程可以按不同区域和不同界面分类（见表2.3）。

**表2.3　污染物在海洋环境中迁移转化过程**

| 类　别 | 区域或界面 | 迁移转化过程（举例） |
|---|---|---|
| Ⅰ与海洋相邻的其他区域 | 大气 | 迁移、转化（光氧化作用） |
| | 河流 | 迁移、转化（沉积作用） |
| | 陆地 | 迁移、转化（生物还原作用） |
| | 沉积物 | 迁移、转化（致密作用） |
| Ⅱ海洋与相邻的区域界面 | 大气-海洋 | 迁移、转化（海气交换作用） |
| | 河流-海洋 | 物理、化学、生物迁移、转化（混合、絮凝） |
| | 陆地-海洋 | 物理、化学、生物交换（溶解） |
| | 沉积物-海洋 | 物理、化学、生物交换（沉积、扩散） |
| Ⅲ海洋内不同区域 | 沿岸水域 | 潮汐、海流（混合、生物迁移） |
| | 深海层 | 物理迁移、化学转化（沉积作用） |
| | 表面混合层 | 潮汐、海流（混合、生物迁移） |
| Ⅳ海洋内界面 | 沿岸水域-大洋 | 海流搬运、生物迁移、液相-固相反应 |
| | 表面混合层-深海 | 垂直反应、混合、生物迁移、液相-固相反应 |
| Ⅴ生物体系 | 水-生物 | 生物迁移（吸收） |
| | 生物-生物 | 生物间迁移（生物放大作用） |
| | 沉积物-生物 | 生物迁移（摄食） |

资料来源：Windon and Duce，1976。

第Ⅰ类过程发生在污染物入海前,影响和决定入海污染物的性质和形态特征。第Ⅱ类各界面过程支配着污染物进入海洋或从海洋输出的场所(大气或沉积物)和速率。第Ⅱ、Ⅲ、Ⅳ类过程支配和决定污染物在海洋中的分布和最终归宿。第Ⅴ类过程决定污染物在海洋生态系中的分布,是制定最终环境质量标准的基础。1976年国际海洋污染物迁移讨论会将最重要的迁移过程总结归纳为空气-海洋、河流-海洋、颗粒物-海洋、沉积物-海洋和生物-海洋5个界面,并提出入海污染物在海洋中迁移转化的主要研究内容是:污染物的形态及其迁移过程中的转变;界面输出、输入速率,通量和机制;各类污染物在海洋环境中的最终归宿。

### 2.2.1.2　污染物在海洋环境各界面的迁移

(1)海-气界面。大气输送是陆源污染物入海的重要途径之一,大气输送往往是某些污染物的主要入海途径,如重金属Pb和Hg。陆源重金属、微量元素、放射性核素、微生物及包括某些石油烃和有机氯在内的有机物等都可以通过大气沉降进入到海洋中,富集在海洋表面微层(小于0.1mm厚度的薄层)。一方面,大部分物质在海-气界面都以两个方向进行迁移,当微表层气泡破碎时,污染物也可从海水回到大气中;另一方面,通过海-气交换作用,近海倾废区的某些污染物也可通过大气向陆地输送。微表层对控制海-气间物质的交换速率起着支配作用。

(2)河-海界面。河流入海口海域是人类活动对海洋环境影响最大的区域。污染物质大多是通过河流的输送入海的。河-海界面的物理混合过程较快,其化学变化过程受酸碱度、盐度等环境因素影响,也较为复杂。每年经河流进入海洋的淡水量约$4 \times 10^{13}$ $m^3$,包括溶解盐类和颗粒态金属、有机污染物等悬浮物质约$2 \times 10^{10}$ t,其中18%左右是溶解盐类,82%左右是悬浮物质。

溶解态和悬浮态污染物的迁移转化行为取决于物质的理化性质和复杂的环境因素的相互作用。环境的酸碱度、盐度、氧化-还原态、有机物和胶体的含量等都对污染物的迁移有影响,而且其影响与海湾的环境条件密切相关。一般说来,随河水进入海湾的颗粒物质,只有一部分可以到达深海,大部分都滞聚在入海口海域和沿岸沉积物中。河流入海口海域的氧化-还原电位和溶解氧含量在水平和垂直方向上均有差异,使变价元素在同一海域的不同位置有不同的价态(如$As^{3+}$和$As^{5+}$,$Cr^{3+}$和$Cr^{6+}$,$Mn^{2+}$和$Mn^{4+}$等),迁移能力也随之发生变化。一些重金属离子(如$Cu^{2+}$、$Zn^{2+}$、$Cd^{2+}$、$Pb^{2+}$)可以被河流中胶体或颗粒物吸附,或被河流入海口区的氢氧化物胶体吸附,或在海水电解质的作用下产生絮凝、沉降,富集在河流入海口沉积物中;另一些重金属离子形成氢氧化物沉淀(如氢氧化铬)。有机污染物可以改变胶体和颗粒物质的电位和离子交换性能,盐度可以影响絮凝作用的速率,从而影响污染物的迁移和归宿。

(3)颗粒物-海洋界面。颗粒物质在污染物进入海洋后向海底的迁移过程中起着重要的作用。在入海口海域,一方面颗粒物可以吸附离子或分子态污染物使之从水相转入沉积固相;另一方面由于颗粒物表面积缩小,或吸附平衡改变,或与海水中高浓度的钙、镁离子交换,被吸附的污染物离子或分子也可以解吸,从颗粒物中重新进入水体。颗粒物在水中的沉降速率与粒径大小成正相关,海洋中大多数颗粒物的粒径范围为1～

$100\mu m$。据测定，$100\mu m$ 粒径石英球在 $10℃$ 时的沉降速率为 $0.7cm/s$。海洋中颗粒物质的成分主要是无机碎片和生物尸体、粪粒等，它们的丰度取决于从海面和大陆边缘进入海洋的无机物的总量和海洋生物的数量及活动。另外，在颗粒物沉降过程中，还伴随着对海水中溶解元素的吸附和解吸作用。

（4）沉积物-海洋界面。沉积物是大多数海洋污染物的最后归宿。在这个界面发生着复杂的物理、化学和生物过程。到达海底的颗粒态污染物也可以由于底层流和波浪的作用再悬浮回到水体中，或被底层流搬运而再迁移，再迁移的污染物在底层流减弱后可以在另一地点再次沉积。进入沉积物的部分污染物经过长期的成岩作用可以最终埋藏在底层沉积物中，表层沉积物中有机结合态污染物可被氧化、分解而进入间隙水。由于污染物浓度在间隙水中高于上覆水，浓度梯度产生的扩散作用可使污染物从间隙水向上覆水扩散而形成对水体的"二次污染"。沉积物的缓慢蓄积过程还受到底栖生物扰动作用的影响。底栖动物不仅可以搅动沉积物改变底层理化环境，如改变溶解氧含量和氧化还原电位，增强沉积物-间隙水间的交换作用等。底栖动物对某些污染物的摄入、积累和排泄作用是深海污染物的一种重要迁移过程。

（5）生物-海洋界面。海洋生物通过不同的方式从海洋环境中吸收和累积污染物，并经过同化和转化作用，在海洋食物链中传递以及向体外排泄等，构成了污染物的生物迁移转化系统。海洋生物对许多种重金属元素和有机氯农药的浓缩系数可达 $10^3 \sim 10^5$。污染物进入生物体后，有的不经过同化作用，也没有改变形态即向体外排泄，有的经过同化作用，改变了形态后再排泄。如有的生物吸收有毒的离子态金属，排出无毒或低毒的有机结合态金属。底栖生物如贻贝和牡蛎对重金属、烃类、石油和农药都有较大的积累作用，被用来作为海洋污染的指示生物。

为了更准确地描述污染物在海洋环境介质中的迁移转化过程和浓度变化规律，王修林、李克强等结合模型模块结构，以海洋环境介质为基本单元，归纳了除水动力运输过程外的重要迁移转化过程数学方程，包括石油烃大气挥发过程、重金属有机络合过程、污染物微生物降解过程、浮游植物生长过程、浮游植物吸收营养盐过程、污染物生物富集过程、重金属在海水-浮游植物界面上的分配过程、浮游动物捕食-摄食及生长过程、悬浮颗粒沉降过程、污染物在海水-悬浮颗粒界面上的吸附过程、重金属在海水-悬浮颗粒界面上的分配过程、石油烃在海水-海底沉积物界面上的吸附过程、重金属在海水-海底沉积物界面上的吸附过程、营养盐在海水-海底沉积物界面上的交换过程。

研究海洋污染物的迁移转化过程不仅可以了解污染物从污染源排入海洋环境的输送途径、迁移转化过程和最终归宿，还可以了解海洋污染物对海洋水产资源的影响，为海洋倾废区域的选择提供依据；对研究海底石油等矿产资源开发造成对海洋环境质量的影响，为海水水质标准的制订、海洋环境影响评价和海洋环境管理等提供科学依据。各类污染物迁移转化规律的研究具有海洋地球化学的理论意义。

## 2.2.2 石油

石油入海后即发生一系列复杂变化，包括扩散、蒸发、溶解、乳化、光化学氧化、微生物氧化、沉降、形成沥青球以及沿着食物链转移等过程。这些过程在时、空上虽有先后和大小的差异，但大多是交互进行的。

### 2.2.2.1 海洋水体中原油的转化与归宿

从长期考虑，石油烃类在海洋环境中的转化比较复杂，其寿命取决于当时当地的海空动力因素、地理状况、海洋环境的化学和生物因素、油的物理化学性质及油的数量等。石油烃类的数量、化学组成、物理性质及化学性质都随着时间不断地发生变化，这一过程称为风化。这些变化过程包括扩散、蒸发、光化学氧化、分解、溶解、表层水体混合乳化、颗粒物吸附、沉降及微生物降解等复杂的物理、化学、生化、地质过程，如图2.1所示。

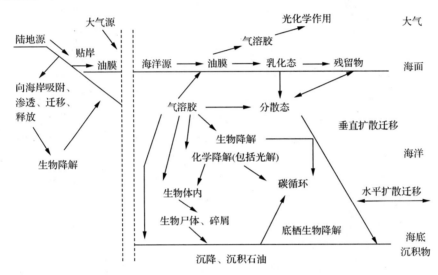

图2.1 海洋环境中石油烃类的迁移、转化、降解过程

（1）扩散。入海石油首先在重力、惯性力、摩擦力和表面张力的作用下，在海洋表面迅速扩展成薄膜，进而在风浪和海流作用下被分割成大小不等的块状或带状油膜，随风漂移扩散。扩散是消除局部海域石油污染的主要过程。风是影响油在海面漂移的最主要因素，油的漂移速度大约为风速的3%。中国山东半岛沿岸发现的漂油，冬季在半岛北岸较多，春季在半岛的南岸较多，也主要是风的影响所致。石油中的氮、硫、氧等非烃组分是表面活性剂，能促进石油的扩散。

（2）蒸发。石油在扩散和漂移过程中，轻组分通过蒸发逸入大气，其速率随分子量、沸点、油膜表面积、厚度和海况而不同。含碳原子数小于12的烃在入海几小时内便大部分蒸发逸走，碳原子数在12~20的烃的蒸发要经过若干星期，碳原子数大于20的烃不易蒸发。蒸发作用是海洋油污染自然消失的一个重要因素。通过蒸发作用大约消除泄入海中石油总量的1/4~1/3。

（3）光化学氧化、降解。海面油膜在光和微量元素的催化下发生自氧化和光化学氧化反应，氧化是石油化学降解的主要途径，其速率取决于石油烃的化学特性。扩散、蒸发和氧化过程在石油入海后的若干天内对水体石油的消失起重要作用，其中扩散速率高于自然分解速率。石油中一般含 30%～40% 的可挥发物质，分子量在 150 左右或更小的轻组分会蒸发进入大气，同时发生光氧化和光降解。在阳光照射下原油会发生不同程度的光氧化分解，在强烈光照下有 <10% 的油类被氧化为可溶性物质溶于水中，在经过一系列光氧化作用后，最后形成 $CH_4$、$C_2H_6$ 等简单有机物和 $CO_2$、$H_2O$、$SO_2$ 等无机物。

低分子量的芳香烃和脂肪烃等组分可溶解进入海水，海洋中天然存在着的大量微生物可对石油烃进行生物降解，吸附和沉淀作用还可使石油沉入海底进入沉积物中。此外，石油还会随波浪、海流等漂移到海滩或湾内。

（4）溶解。低分子烃和有些极性化合物还会溶入海水中。正链烷在水中的溶解度与其分子量成反比，芳烃的溶解度大于链烷。溶解作用和蒸发作用尽管都是低分子烃的效应，但它们对水环境的影响却不同。石油烃溶于海水中，易被海洋生物吸收而产生有害的影响。

（5）乳化。石油入海后，由于海流、涡流、潮汐和风浪的搅动，容易发生乳化作用。乳化有两种形式：油包水乳化和水包油乳化，前者较稳定，常聚成外观像冰淇淋状的块或球，较长期在水面上漂浮；后者较不稳定且易消失。油溢后如使用分散剂有助于水包油乳化的形成，加速海面油污的去除，也加速生物对石油的吸收。

（6）物理吸附、沉淀、沉降。石油烃类残留物随挥发和溶解，水温下降，其密度增加可附在海洋中悬浮颗粒物上沉淀，形成固体小球。焦油球是石油风化产物，通常呈黑色或棕黑色不规则球状，小到几毫米，大到马铃薯般焦油块。在世界大洋里到处都可以发现漂浮的焦油球，全世界大洋中焦油球的含量为 $0.1mg/m^2$。

由于各海域海洋学条件的影响，海面的石油烃类经过蒸发和溶解后，形成致密的分散离子，聚合成沥青块，或吸附于其他颗粒物上，最后沉降于海底，在河流入海口地区和远岸油井区会发生沉积作用，进入沉积物的石油烃类也会受到底质中的微生物降解。在海流和海浪的作用下，沉入海底的石油或石油氧化产物，还可再上浮到海面，造成二次污染。

（7）生物富集、降解。生物转归分为两个方面，一是海洋环境中微生物的降解作用；二是海洋生物对石油烃的摄取作用。此外，海洋中的植物也能富集和降解部分石油烃。影响石油烃降解速率的因素有很多，其中，最主要的是微生物（海洋环境中主要是细菌）降解作用。石油烃类的生物化学作用为其决定性降解作用。此外温度、盐度、氧浓度、营养盐浓度、压力、pH 都会影响微生物降解速度。

浮游海藻和定生海藻可直接从海水中吸收或吸附溶解的石油烃类。海洋动物会摄食吸附有石油的颗粒物质，溶于水中的石油可通过消化道或鳃进入它们的体内。由于石油烃是脂溶性的，因此，海洋生物体内石油烃的含量一般随着脂肪的含量增大而增高。在清洁海水中，海洋动物体内积累的石油可以比较快地排出。迄今尚无证据表明石油烃能沿着食物链扩大。

石油泄入海后，从海中消失的速度及影响的范围，依入海的地点、油的数量和特性，油的回收和消油方法，海洋环境的因素而有很大的差异。如较高的水温有利于油的消失。实验证明，油从水中消失一半所需的时间，在温度为 10℃ 时大约为 1 个半月；

当水温升至 18～20℃时，为 20 天；而在 25～30℃时，降至 7 天。渗入沉积物的石油消除较难，所需时间要几个月至几年（见表 2.4）。

表 2.4　石油的转化比例及时间

| 转化方式 | 经历时间/天 | 百分率/% |
|---|---|---|
| 挥发 | 1～10 | 25 |
| 溶解 | 1～10 | 5 |
| 光化学反应 | 10～100 | 5 |
| 生物降解 | 50～500 | 50～500 |
| 分散和沉降 | 100～1000 | 100～1000 |
| 残渣 | >100 | >100 |

### 2.2.3　营养盐

海水中一些含量较微的磷酸盐、硝酸盐、亚硝酸盐、铵盐和硅酸盐。严格地说，海水中许多主要成分和微量金属都是营养成分，但传统上在化学海洋学中只指氮、磷、硅元素等盐类为海水营养盐。这些营养盐是海洋浮游植物生长繁殖所必需的成分，也是海洋初级生产力和食物链的基础。营养盐在海水中的含量分布，受海洋生物活动的影响，而且营养盐的分布，通常和海水的盐度关系不大。

20 世纪初期，德国人布兰特发现海洋中磷和氮的循环和营养盐的季节变化，都与细菌和浮游植物的活动有关。1923 年，英国人 H. W. 哈维和 W. R. G. 阿特金斯系统地研究了英吉利海峡的营养盐在海水中的分布和季节变化与水文状况的关系，并研究了它的存在对海水营养度的影响。我国学者伍献文和唐世凤等，曾于 20 世纪 30 年代对海水营养盐的含量进行过观测，朱树屏对海水中营养盐与海洋生物生产力的关系做了长期的研究。从 20 世纪初以来，海水营养盐一直是化学海洋学的一项重要的研究内容。

海水营养盐的来源，主要为大陆径流带来的岩石风化物质、有机物腐解的产物及排入河川中的废弃物。此外，海洋生物的腐解、海中风化、极区冰川作用、火山及海底热泉，甚至于大气中的灰尘，也都为海水提供营养元素。

大洋之中，海水营养盐的含量分布，包括垂直分布和区域分布两方面。在海洋的真光层内，有浮游植物生长和繁殖，它们不断吸收营养盐；另外，它们在代谢过程中的排泄物和生物残骸，经过细菌的分解，又把一些营养盐再生而溶入海水中；那些沉降到真光层之下的尸体和排泄物，在中层或深层水中被分解后再生的营养盐，也可被上升流或对流带回到真光层之中，如此循环。总的说来，依营养盐的垂直分布特点，可把大洋水体分成 4 层：① 表层，营养盐含量低，分布比较均匀；② 次层，营养盐含量随深度而迅速增加；③ 次深层，深 500～1500m，营养盐含量出现最大值；④ 深层，厚度虽然很大，但是磷酸盐和硝酸盐的含量变化很小，硅酸盐含量随深度而略为增加（如图 2.2 所示）。就区域分布而言，由于海流的搬运和生物的活动，加上各海域的特点，海水营养盐在不同海域中有不同的分布。例如，在大西洋和太平洋间的深水环流，使营养盐由大西洋深处向太平洋深处富集；南极海域的浮游植物在生长繁殖过程中，大量消耗营养盐，但因来源充足，海水中仍然有相当丰富的营养盐。近海区由于夏季时浮游植物的繁殖和生长旺盛，使表层水中的营养盐消耗殆尽；冬季浮游植物生长繁殖衰退，而且海水的垂直混合加剧，使沉积于海底的有机物分解而生成的营养盐得以随上升流向表层补充，使表层的营养盐含量增高。

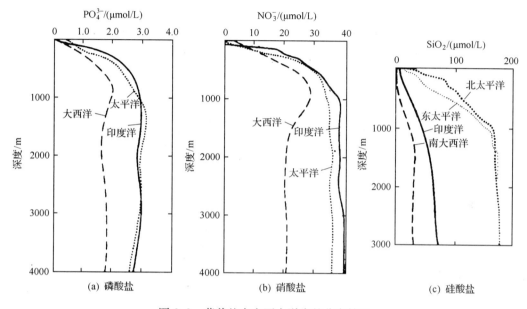

图 2.2　营养盐在主要大洋中的分布情况

近岸的浅海和河流入海口区与大洋不同，海水营养盐的含量分布，不但受浮游植物的生长消亡和季节变化的影响，而且和大陆径流的变化、温度跃层的消长等水文状况，有很大的关系。海水营养盐含量的分布和变化，除有以上一般性规律之外，还因营养盐的种类不同而异。

（1）硅，海水中的硅以悬浮颗粒态和溶解态存在。前者包括硅藻等壳体碎屑和含硅矿物颗粒，后者主要以单体硅酸 $Si(OH)_7$ 的形式存在，故可以 $SiO_2$ 表示海水中硅酸盐的含量。硅的再生过程与磷和氮不同，它不依赖于细菌的分解作用，但若这些碎屑经过海洋生物摄取后消化而排泄出来，溶解速度会较快。在大洋的表层水中，因有硅藻等生长繁殖，使硅的含量大为降低，以 $SiO_2$ 计，有时可低于 $0.02\mu mol/L$；南极和印度洋深层水中 $SiO_2$ 的含量都约为 $4.3\mu mol/L$；西北太平洋深层水中 $SiO_2$ 的含量则高达 $6.1\mu mol/L$。总的说来，硅酸盐的含量随深度而增大，无明显的最大值。但在深海盆地和海沟水域中，硅酸盐的含量的垂直分布往往出现最大值，此最大值可能处于颗粒硅被溶解的主要水层之中。

（2）磷，海水中的磷以颗粒态和溶解态存在。前者主要为含有机磷和无机磷的生物体碎屑，及某些磷酸盐矿物颗粒；后者包括有机磷和无机磷两种溶解态，溶解态的无机磷是正磷酸盐，主要以 $HPO_3^-$ 和 $PO_4^-$ 的离子形式存在。在磷的再生和循环过程中，生物体碎屑和排泄物中的无机磷，经过化学分解和水的溶解，生成的磷酸盐能够迅速返回上部水层，但一般的有机磷必须经过细菌的分解和氧化作用，才能变成无机磷而进入循环。细菌的活动，对沉积物中难溶的磷酸盐的再生，也起着很重要的作用（图2.3）。

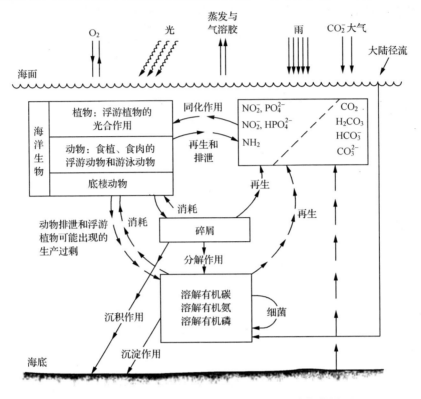

图 2.3　海洋中氮、磷等营养元素的生物地球化学循环

大西洋中磷酸盐含量由南向北递减。南极海域的磷酸盐含量，约为北大西洋的两倍；太平洋中磷酸盐含量高于大西洋；印度洋的含量则介于太平洋和大西洋之间。在垂直分布方面有一个特点：在大西洋磷酸盐含量达最大值的水层之下，尚有含量达最小值的水层。

（3）氮，海洋中生物碎屑和排泄物的含氮物质中，有些成分经过溶解和细菌的硝化作用，逐步产生可溶的有机氮、铵盐、亚硝酸盐和硝酸盐等。同时，硝酸盐可被细菌作用而还原为亚硝酸盐，它可进一步转化成铵盐，也可由脱氮作用被还原成 $N_2O$ 或 $N_2$。在氮的循环中，生物过程起主导作用。此外，光化学作用能使一些硝酸盐还原或使铵盐氧化。溶解在海水中的无机氮，除 $N_2$ 外，主要以 $NH_4^+$、$NO_3^-$ 和 $NO_2^-$ 等离子形式存在。

铵盐在真光层中为植物所利用，但在深层中则受细菌作用，硝化而生成亚硝酸盐以至硝酸盐。因此，在大洋的真光层以下的海水中，铵盐和亚硝酸盐的含量通常甚微，而且后者的含量低于前者，它们的最大值常出现在温度跃层内或其上方水层之中。硝酸盐含量一般高于其他无机氮，它在上层水中的含量比深层水中低。在温带浅海水域中，铵盐的含量在冬末很低；春季逐渐增加，有时成为海水中无机氮的主要形式；入秋之后，含量降低。故在秋冬两季，硝酸盐成为温带浅海中无机氮的主要溶存形式。此外，在还原性的条件下，铵盐常为无机氮在海水中的主要溶存形式。

由于排海营养盐可同时发生水动力运输、生物迁移转化，地球化学迁移等过程，因此，目标海域具有一定的海洋环境容量。为此，王修林根据营养盐在多介质海洋环境中的迁移转化一般原理，以渤海地区为例，建立了氮、磷营养盐在多介质海洋环境中迁移转化的概念模型，如图 2.4 所示。

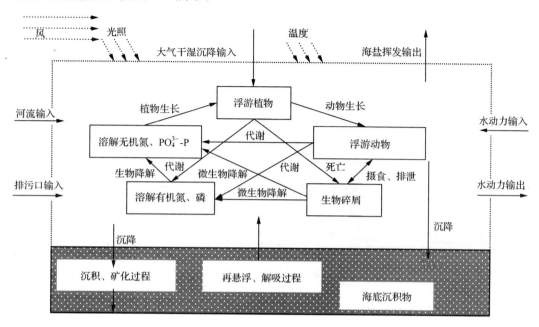

图 2.4　氮、磷营养盐在多介质海洋环境中的迁移转化过程

在营养盐的再生和循环过程中，常伴随着氧的消耗和产生的过程。研究海水中溶解氧和营养盐的含量及其分布变化的关系，可估算上层水域的初级生产力，了解深水层水流混合运动的状况。

### 2.2.4　重金属

进入海洋的重金属，一般要经过物理、化学及生物等迁移转化过程。重金属污染物在海洋中的物理迁移过程主要是指海-气界面重金属的交换，在海流、波浪、潮汐的作用下随海水的运动而经历的稀释、扩散过程。由于这些作用的能量极大，可以将重金属迁移到很远的地方。重金属污染物在海洋中的化学过程主要是指重金属元素在富氧和缺氧条件下发生电子得失的氧化还原反应，及其化学价态，活性及毒性等变化过程。如图 2.5 所示，重金属在多介质海洋环境中的迁移转化过程。

由于重金属污染来源和迁移转化的特点，一般认为重金属污染物在海洋环境中的分布规律如下：① 河流入海口及沿岸水域高于外海；② 底质高于水体；③ 高营养阶生物高于低营养阶生物；④ 北半球高于南半球。

天然水中存在大量天然与人工合成的无机、有机的络合基，它们能与水合的金属离子发生有效反应，生成稳定的络合物或螯合物，这对于重金属在水环境中迁移有很大的影响。天然水中最常见的无机配位基包括 $Cl^-$、$SO_4^{2-}$、$HCO_3^-$、$OH^-$、$F^-$、$S^{2-}$；有机配位体指腐殖质和生物分泌物等有机高分子。排放到河流、湖泊和海洋等自然水环境

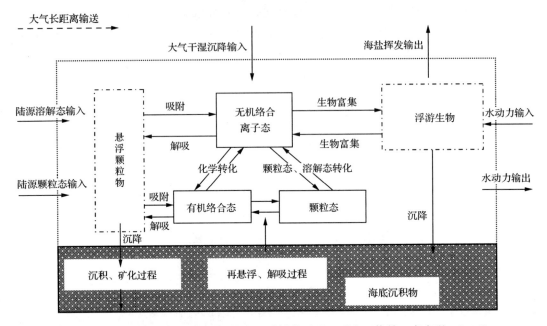

图 2.5　重金属在多介质海洋环境中迁移转化过程（引自王修林、李克强，2006）

中的重金属与水体中有机配位体之间进行的络合（或螯合）作用的能力，通常称为金属络合容量，计算方法如下：

一种金属和一种配位体的体系　　$M + L \Leftrightarrow ML$；$K = [ML]/[M][L]$

根据质量平衡，

$$[M]_T = [M] + [ML]$$
$$[L]_T = [L] + [ML]$$

当用金属离子来滴定配位体时，若 $[M]_T \geqslant [L]_T$，而 $K$ 又足够大，则 $[L]$ 就很小，就有

$$[L]_T \approx [ML]$$

通常把 $[L]_T$ 定义为水体的金属络合容量（$C \cdot C$），即水体所能络合金属的最大限度。

根据质量平衡，水体中所含金属和配位体的总浓度为

$$[M]_T = [M] + [ML] \tag{2.1}$$
$$[L]_T = [L] + [ML] \tag{2.2}$$

式（2.1）和式（2.2），得

$$[M]_T - [L]_T = [M] - [L]$$
$$= [M] - [ML]/(K[M]) \tag{2.3}$$
$$[L]_T = [ML] = (C \cdot C)$$

由式（2.3）得

$$[M]_T - (C \cdot C) = [M] - (C \cdot C)/(K[M])$$
$$[M]_T - [M] = (C \cdot C)([M]K - 1)/(K[M])$$
$$1/(C \cdot C) = 1/([M]_T - [M]) \cdot ([M]K - 1)/(K[M])$$

多金属体系 $M_1 + M_2L \Leftrightarrow M_1L + M_2$
$$K = [M_1L][M_2]/[M_2L][M_1]$$
$$= [M_1L]/([M_1][L]) \cdot [M_2][L]/[M_2L]$$
$$= K_1/K_2$$

若 $K_1 \geqslant K_2$，则 $M_1$ 可把原被络合的 $M_2$ 配位体也夺去，即当 $[M_1]_T \geqslant [L]_T$ 时，
$$[L]_T = [L] + [M_1L] + [M_2L] \approx [M_2L] = (C \cdot C)$$

### 2.2.5 有机物

海水中颗粒有机碳含量为 $20 \sim 200 \mu gC/L$，多数在数十 $\mu gC/L$ 左右。在上层海水中，颗粒有机碳的含量大约只有溶解有机碳的 1/10，而在深水中，则只有 1/50。大洋中的溶解有机碳，通常在深度 100m 以内的上层海水中的含量较高，有季节性变化，用湿法测得的含量，高时可达 1.3mgC/L；深度越大，含量越小，在深度超过 300m 的海水中，含量几乎没有季节性变化。有些海区的溶解有机碳含量，可低至 0.2mgC/L。在海洋沉积物间隙水中，溶解有机碳的浓度很高，可达 $100 \sim 150mgC/L$。近岸海域中颗粒有机碳的含量，可比大洋水高 $1 \sim 2$ 个数量级。一般，初级生产力高的海域，颗粒有机碳含量也高，如在秘鲁流和北大西洋海水中，其含量在夏季可大于 $100 \mu gC/L$。海水中挥发性有机碳的含量，大约为总有机碳的 2%～6%。河流入海口海域的生物生产力高，海水中有机物的含量普遍高于大洋。如图 2.6 所示，有机碳通过海洋植物的光合作用、细菌的分解作用、大气的搬运作用等，在海洋中的循环过程。

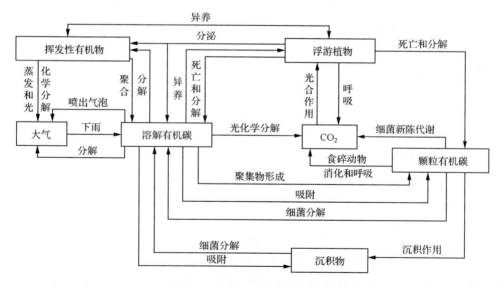

图 2.6　有机碳在海洋中的循环

溶解有机物在海水中的含量虽低，但它与海水的物理性质和化学性质有很大的关系，且对海洋生物的生长和繁殖有重要的作用，研究有机物的迁移转化过程及其影响，对海洋环境管理，制定污水排放标准，均有重要意义。

（1）有机物被无机悬浮物吸附后，增加了悬浮物的稳定性，从而影响海水的颜色和

透明度。

（2）海水中碳酸盐所以呈过饱和状态，其原因之一是有机物被吸附在碳酸钙微晶表面上，阻碍晶体的生长，故悬浮在海水之中而不沉淀，可使碳酸盐的含量超过通常的溶解度。溶解有机物的存在，也能提高其他一些难溶的金属盐类和烃类在海水中的溶解度。

（3）无机悬浮物上所吸附的有机物，能进一步吸附和浓缩细菌，在颗粒表面上进行生物化学过程，使被吸附的有机物降解和转化。另外，有机物的氧化还原作用，影响海洋环境的氧化还原电位，也影响着海水中的生物过程和化学过程。

（4）海水的微表层富含有机物，其含量超过海水中含量的 $10\sim1000$ 倍，有促使微表层起泡沫的性能，且能降低海-气交换的速度。溶解有机物与气泡作用，可使表层水中颗粒有机物的含量增加；反过来，颗粒有机物也可分解而生成溶解有机物。两者之间相互转化并达到平衡。

（5）溶解有机物中的氨基酸和腐殖质等物质，含有各种活性官能团，能通过共价键或配位键与多价金属离子发生络合作用，形成有机络合物，如使铜离子等有毒的重金属离子的毒性降低，甚至转化成无毒的物质；阻碍磷酸盐和硅酸盐等物质沉淀，延长它们在水体中的停留时间，更好地被生物利用，从而对海洋生态系有重要的意义。另一方面，海水中的许多重金属，都是由河流带来的。当河水流入河流入海口海区时，形成的金属有机络合物，因水体的酸碱度和盐度发生急速的变化而逐渐沉淀下来。从这一点来说，河流入海口区对重金属污染物有自然的净化能力。

（6）近岸底栖的褐藻，分泌出大量的多酚化合物，根据其在海水中含量的多少，对生物的生长有促进或抑制作用。在溶解有机物中，有微量的化学传讯物质，它们是一些海洋生物所分泌的，能支配生物的交配、洄游、识别、告警、逃避等种内的和异种之间的各种生物过程的成分。

## 2.2.6　放射性物质

放射性物质排入海洋后，同时向水平和垂直两个方向扩散，一般水平方向扩散较快，污染物随水流稀释。污染物经过物理、化学、生物和地质等作用，改变了时空分布。其中海流是转移放射性物质的主要动力，风能影响放射性物质在海中的侧向运动。由于温跃层的存在，上混合层海水中的离子态核素难于向海底方向转移，只有通过水体的垂直运动，被颗粒吸着，与有机或无机物质凝聚、絮凝、或通过累积了核素的生物的排粪、蜕皮、产卵、垂直移动等途径才能较快地沉降于海洋的底部。沉积物对大多数核素有很强的吸着能力，其富集系数因沉积物的组成、粒径、环境条件有较大的差异，据室内试验，沉积物从海水中吸着核素的能力大致是：$^{45}Ca < {}^{90}Sr < {}^{137}Cs < {}^{86}Rb < {}^{65}Zn < {}^{59}Fe, {}^{95}Zr\text{-}{}^{95}Nb < {}^{54}Mn < {}^{106}Ru < {}^{147}Pm$。

放射性物质在水中或以离子形式呈溶解状态，或呈悬浮状态。溶解态放射性物质主要以物理扩散为主，悬浮态放射性物质主要被吸附沉降。放射性物质从环境中的消除只能随时间自行衰变，其迁移扩散主要受同位素的半衰期和海水流动方向、速度的影响。放射性核素在悬浮颗粒上的吸附和共沉淀也是影响放射性核素在水体中运动的一个重要机制。

放射性污染物在海洋环境中的输送和交换分别发生在水柱层和底质层。运输过程为两种不同的类型，即水溶性输送和悬浮物输送。水溶性输送分为对流输送和扩散两种形式。悬浮物输送主要指吸附解吸及垂直方向的沉浮。生物富集也是放射性污染物在海洋中的重要归宿。

## 2.3　海岸带环境的管理

海洋环境通过它本身的物理、化学和生物作用，具有使污染物的浓度自然地逐渐地降低乃至消失的能力。海洋净化污染物的能力是一种可贵的资源。陆源输入是海洋污染物的主要来源。认识海洋净化污染物的规律，计算目标海域的环境容量，限制入海污染物的总量，通过陆源输入与海洋自净能力的耦合控制，从源头上避免海洋污染的发生。

### 2.3.1　入海河流的疏浚

沿海地区排放的工业、农业和生活污水通过河流将大量的污染物带入海域，给近岸海域尤其是入海口邻近海域的生态环境造成巨大的压力。一方面，河道底泥是水环境中污染物的源与汇，其主要污染物包括如镉、镍、铬、铜、锌、铅等重金属和如多环芳烃（PAHs）等难降解有毒有机物。当水体中输入的污染物来源逐渐减少时，污染底泥仍然可以使水体质量恶化，进而对水生生态和人类生产生活等产生不利影响。另一方面，早在19世纪80年代，我国就开始了河道疏浚物向海域倾倒的活动，随着沿海经济的发展和经济全球化进程的加快，我国沿海港口、航道和河口的疏浚工程以及海岸工程建设产生的疏浚淤泥每年都在增加。1997年全国沿海地区疏浚泥倾倒量为3000万 $m^3$，2002年增加到了1亿多 $m^3$。疏浚泥已成为海岸发展和海洋利用的一个障碍和制约因素。疏浚工程中产生疏浚淤泥通常采用堆放或抛弃的方法处理，此法会占用大量的土地，并造成对环境的二次污染。而将疏浚泥送入更远的外海区倾倒，会大幅度提高运输成本，也会严重影响海洋资源的有效利用，对海洋环境会造成不可弥补的破坏。目前，再生资源化利用是疏浚泥处理处置的一个有效途径。

而对于已被重金属或有机物污染的河道底泥，通常在清淤疏浚后需要对其进行无害化处理。掩蔽、覆盖等原位修复技术会增加底泥量，减小水体环境的库容并且影响航道通行，因而不适用于河流、湖泊和港口；目前对河流污染底泥最常用的方法是疏浚异位处理。如果疏浚泥得不到适当的处置，则可能对周围环境的土地和地下水造成污染，进而对环境的生态造成破坏。

#### 2.3.1.1　疏浚泥的无害化

**1. 重金属修复**

疏浚底泥的重金属修复技术一般均来自土壤的重金属污染处理方法。土壤重金属污染的修复途径主要有两种：第一种是固化作用，通过改变重金属在基质中的存在形态，使其由活化态转变为稳定态，减少基质中重金属的质量迁移率；第二种是活化作用，即从基质中去除重金属，以使其存留浓度接近或者达到背景值。目前重金属污染的修复主要采用生物修复技术和物理化学法修复技术（苏良湖，2010）。

（1）生物修复技术。生物修复是利用天然或者人工改造的生物整体或者组分来处理环境污染物的方法，具有投资少、效率高的特性。虽然微生物不能降解和破坏金属，但可通过改变它们的化学或者物理特性而影响金属在环境中的迁移与转化。微生物金属修复的机理包括细胞代谢、表面生物大分子吸收转运、生物吸附、空泡吞饮、沉淀和氧化还原反应等。但是微生物修复重金属污染目前仍大多数技术局限在实验室水平。

（2）物理化学法。物理化学法修复重金属污染主要包括化学固化稳定化、淋洗法等。土壤淋洗法是通过逆转重金属与土壤组分发生的各种反应，包括离子交换、吸附、沉淀和螯合作用，把土壤固相中的重金属转移到土壤液相，而富含重金属的废水可进一步处理以回收重金属和提取剂。

化学稳定技术，是指向污染土壤中添加一些活性物质，如石灰、沸石、磷酸盐、有机物料等，这些物质或者改变土壤的理化性质导致重金属在土壤中的吸附增加或者表面沉淀生成，或者直接与重金属作用生成溶解性小的沉淀或络合物，从而降低重金属在土壤中的有效浓度，使其生物有效性和毒性显著下降，以维持健康的粮食生产，达到修复污染土壤的目的。

含磷化合物常作为肥料在农业中得到广泛应用，是保证作物增产的主要措施之一。一些研究发现，含磷化合物在稳定重金属方面有非常明显的效果。磷酸盐作为一种修复添加剂治理重金属污染土壤时，不能改变重金属的总量，而是通过改变重金属的形态来降低重金属的生物有效性或毒性。磷酸盐加入污染土壤后，可以显著降低重金属有效态浓度，促使重金属向残渣态转化。磷酸盐稳定重金属的反应机理十分复杂，目前的研究认为主要包括有磷酸盐诱导重金属吸附、磷酸盐与重金属生成沉淀或矿物和磷酸盐表面直接吸附重金属。

苏良湖等采用浸出毒性方法研究了生石灰、镁系胶凝剂（M1）以及磷酸二氢铵（MAP）、磷酸二氢钙（MCP）、磷酸氢二铵（DAP）、磷酸二氢钠（MSP）对底泥重金属的稳定化效果。将各添加剂按表2.5所示的不同加入量和底泥样品充分混合，于室内放置，每天搅拌一次，连续7天，四分法取样进行浸出毒性测定。

表 2.5　各种添加物的加入量

| 添加物 | 添加量/(g/kg) |
| --- | --- |
| CaO | 30；50；75 |
| M1 | 50；100；150；200 |
| MAP | 25；50；75；100 |
| MCP | 25；50；75；100 |
| DAP | 25；50；75；100 |
| MSP | 25；50；75；100 |

在底泥的浸出毒性测定中浸出重金属主要为 Zn，Mn，Pb，Ba。因此主要考虑各不同添加物对这 4 种元素的稳定化效果，如图 2.7、2.8 所示。

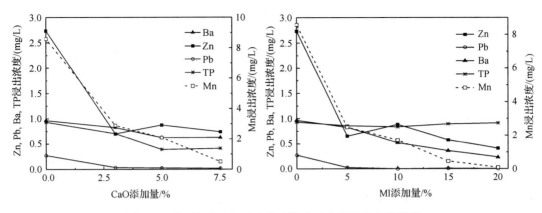

图 2.7　生石灰和 $M_1$ 对疏浚底泥中重金属的稳定化效果

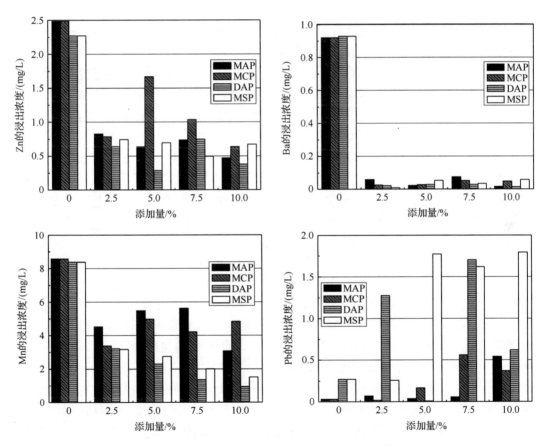

图 2.8　磷酸盐对疏浚底泥中重金属的稳定化效果

氧化钙可以有效固定底泥中的重金属离子，特别是对 Mn 具有较好的稳定化效果。当 CaO 的添加量为 75g/kg，底泥中 Zn，Pb，Ba，Mn 的浸出浓度，分别降低了 72.8%，67.6%，34.9%，94%。随着 CaO 添加量从 3% 增加至 7.5%，底泥中 Mn 的浸出浓度不断降低，但是 Zn 和 Ba 的浸出浓度并没有显著下降。

M1 镁系凝胶剂添加量为 100g/kg，底泥中 Zn，Ba，Mn 的浸出浓度，分别降低 67.8%，46.4%，80%。当 M1 的添加量为 200g/kg，底泥中 Zn，Ba，Mn 的浸出浓度，分别降低 85.1%，76.1%，99%。M1 的添加 100g/kg 和 200g/kg，底泥中 Pb 的浸出浓度可以降低 95% 以上。因此，M1 镁系胶凝剂对底泥重金属具有稳定化作用。

当 MAP、MCP 添加量为 100g/kg，底泥中 Zn 的浸出浓度分别降低 81.1%，74.4%；底泥中 Mn 的浸出浓度分别降低 64.1%，43.4%；底泥中 Ba 的浸出浓度降低 95% 以上。当 DAP、MSP 的添加量为 100g/kg，底泥中 Zn 的浸出浓度分别降低 83.3%，70.6%，底泥中 Mn 的浸出浓度分别降低 88.7%，82%；底泥中 Ba 的浸出浓度降低 95% 以上。从以上图中可以看出，DAP 和 MSP 对 Mn 的稳定化作用显著高于 MAP 和 MCP。MAP、MCP、DAP、MSP 的加入使底泥中 Pb 浸出浓度不同程度上增大。

### 2. 多环芳烃修复

多环芳烃（PAHs）是指具有两个或者多个稠环芳香环的一类有机化合物的统称。PAHs 大多是无色或者淡黄色的结晶，个别具深色，溶点及沸点较高，蒸汽压很小，水溶性低，辛醇-水分配系数（Kow）高，被认为是最难处理的持久性有机污染物之一。PAHs 是一类惰性较强的碳氢化合物，主要是通过生物作用和光氧化而降解。

疏浚底泥中多环芳烃污染的修复方法主要涉及物理、化学、生物等方面。物理修复主要采用客土法，或用焚烧、填埋等方法去除或固定污染物。化学修复通常是向基质中注入表面活性剂等增效试剂，提高 PAHs 等有机污染物的流动性而脱离基质，或者强化污染物的滞留性和稳定性，降低其迁移能力。但物理化学修复易造成地下水等环境介质的二次污染，且处理费用昂贵，不宜大规模应用。生物修复包括微生物修复、植物修复、植物-微生物联合修复。与物理化学修复相比，生物修复成本低、处理效果好且无二次污染。微生物修复是利用筛选、驯化的专性微生物或基因工程菌降解土壤有机污染物，以实现修复的目的。

影响 PAHs 降解的环境因素包括温度、湿度、pH、氧含量、盐分等。温度、湿度、pH 等直接影响降解菌的活性，这些因素对 PAHs 降解具有很大影响。微生物代谢 PAHs 有两种方式：一种是以 PAHs 为唯一碳源；另一种是 PAHs 与其他有机质进行共代谢。通常低分子量的 PAHs（萘、菲、蒽、芴等）能较快被降解，在环境中存在时间较短，而高分子量的 PAHs 由于其化学结构的复杂性以及在水环境中的较低溶解度，难以作为唯一碳源和能源而被微生物降解，在环境中较为稳定，通常通过共代谢的方式进行降解。共代谢底物多为低分子量的 PAHs、水杨酸、邻苯二酚等中间代谢产物。由于葡萄糖具有来源广泛、无毒害和 PAHs 无竞争性抑制作用等的优点，目前很多研究都选择葡萄糖作为外加碳源，以促进 PAHs 降解。

PAHs 生物修复的强化方法包括接种微生物、添加表面活性剂、添加营养物、提供共代谢底物以及使用化学氧化剂。PAHs 的水溶性小，强烈吸附在土壤或底泥上而且生物可利用性较差，是其降解率低的重要原因。表面活性剂可降低疏水性物质的界面张力，提高与水相的亲和力，以促进 PAHs 的溶解，从而提高生物的降解效率。表面活性剂除了显示对 PAHs 的增溶效应还可能对土壤或底泥微生物具有毒害作用。在各种合成表面活性剂中，非离子表面活性剂通常比离子型表面活性剂的毒性小，且具有易生物降解、在固体表面不易发生较强吸附等优点，应用比较广泛。

多环芳烃的增溶量取决于表面活性剂浓度超过临界胶束浓度（CMC）的多少，当浓度大于 CMC 时，溶液中 PAHs 的溶解度随表面活性剂浓度的增加而显著增加，且呈正比例线性关系。常见的非离子表面活性剂对 PAHs 的增溶能力为 Tritonx 100＞Tween 80＞Tween 20。但是，当表面活性剂的浓度太高则可能对微生物的生长代谢产生抑制作用，或者优先于 PAHs 而被降解利用，进而减缓 PAHs 的降解速率。表面活性剂自身在土壤中的可降解性也是一个关键因素，生物降解性过高会抑制 PAHs 的降解，过低则可能引起土壤的二次污染。

当环境基质的营养物质缺乏时，会限制微生物的生长。因此可以为微生物提高适合的营养条件，以促进微生物的繁殖代谢，进而提高 PAHs 的降解。调节基质中营养物质的种类和浓度等，可以促进微生物的降解。目前研究中常使用的营养物质包括有磷酸盐、尿素、有机肥等。

多环芳烃的降解实质上是在微生物参与下的氧化还原反应。微生物氧化还原反应的最终电子受体可分为三大类：溶解氧、有机物分解的中间产物和无机酸根，它们的种类和浓度对污染物生物降解的速度和程度有很大影响。PAHs 的生物降解主要是好氧条件下的生物降解。为了增加溶解氧，采取的方式包括：生物通气，即将压缩空气送入土壤，一般可使氧浓度达到 $8 \sim 12 mg/L$；加入产氧剂，通常使用 $H_2O_2$，其浓度在 $100 \sim 200 mg/L$ 时对微生物没有毒性反应，微生物经逐渐驯化后可忍受至 $1000 mg/L$ 的 $H_2O_2$；通过情况下耕作使土壤保持一定孔隙度，增加氧含量。

有些复杂有机物不能作为微生物的唯一碳源和能源，其必须以另外的有机物提供碳源和能源时才可以被降解，该现象称之为共代谢。其中提供碳源和能源的物质称之为共代谢底物。共代谢底物的选择是该技术应用的关键之一，一般可以选择毒性较低、价格低廉、容易获得且不易被其他非多环芳烃降解菌利用的物质作为多环芳烃共代谢底物，也可选择其代谢中间产物或者与目标底物相似、能明显提高其降解率的物质作为共代谢底物。

采用物理和化学技术修复污染底泥，不仅需要较高费用，而且常常导致底泥结构的破坏、生物活性降低甚至带来二次污染。现在采用生物修复主要有接种 PAHs 降解菌修复、强制通风强化修复、堆肥强化修复等。但是接种 PAHs 降解菌修复面临菌种的扩大培养困难、基质中环境条件无法满足以及在与土著微生物竞争中无法优势生长等问题。强制通风可以强化底泥中多环芳烃的降解，但是由于过程需要铺设通风管道和长时间通风，因此处理成本高，难以大规模实施。而采用堆肥等方式修复污染底泥，经常需要外加大量的有机质，因此无法得到广泛应用。最新研究发现，多环芳烃可以在诸如自然堆置或者填埋状态下，即堆体内呈缺氧状态下，被微生物降解。因此可以在缺氧条件下，通过加入富含微生物添加剂或者其他添加物，以强化底泥中多环芳烃的降解。该方法经济上成本低廉，具有大规模处置疏浚底泥多环芳烃污染的潜质。

苏良湖等将污染底泥、风干矿化垃圾（DAR）和 $NaN_3$ 进行配制混合，研究矿化垃圾中的微生物对污染底泥中的菲和蒽的去除效果，其中 $NaN_3$ 用于抑制微生物的生长。

如表 2.6 所示，将 A，B，C，D 含水率调至 30% 左右，置于 37℃ 恒温暗室，容器为敞开体系；过程中质量的减量被认为是水分蒸发量，及时添加水分保持含水率稳定，并定期搅拌；分别于 1 天、4 天、8 天、16 天、40 天进行取样分析。

表 2.6　污染底泥、风干矿化垃圾 (DAR) 和 NaN₃ 配制

| 序列 | 污染底泥/g | 矿化垃圾/g | NaN$_3$/(g/kg) |
| --- | --- | --- | --- |
| A | 500 | 0 | 4 |
| B | 500 | 0 | 0 |
| C | 500 | 100 | 4 |
| D | 500 | 100 | 0 |

底泥中多环芳烃中的去除包括由于微生物的降解引起的减量和由于挥发等物理化学作用引起的减量。多环芳烃通过物理化学机制向空气迁移，实际上是污染的转移，进而造成大气的污染。而多环芳烃的降解则是通过各种微生物的作用将 PAHs 矿化或者转化为低生物毒性代谢产物。因此分析底泥中多环芳烃的去除途径具有重要意义。通过添加 NaN₃ 抑制微生物的生长，且暗室培养大大减少了 PAHs 的光解作用，进而分析底泥多环芳烃去除过程中的非生物性迁移。

从图 2.9 中可以看出，在敞开体系中经过 40 天，添加矿化垃圾前后底泥的菲的非生物迁移分别为 47.2% 和 35.6%，这说明在底泥菲的去除中，迁移作用效果明显。经过 40 天后，添加矿化垃圾前后底泥的蒽的非生物迁移分别为 23.0% 和 7.0%。由此可见，蒽的非生物迁移的速率明显小于菲的非生物迁移速率。此外，矿化垃圾的加入使底泥中菲和蒽在 40 天内的非生物迁移分别降低 11.6% 和 16%。矿化垃圾具有较大的比表面积和较强的吸附性能，强化了底泥对菲和蒽的吸附能力，减缓了底泥中菲和蒽向空气中迁移作用，进而减轻对大气的污染。

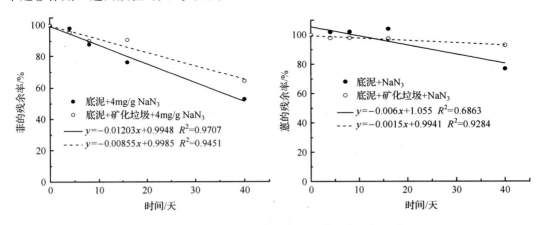

图 2.9　添加 DAR 前后底泥中菲和蒽的非生物迁移

从图 2.10 可以看出，矿化垃圾的添加对底泥中菲的生物降解率没有明显影响。经过 40 天后，添加矿化垃圾使蒽的生物降解率减少 11.8%。由于矿化垃圾对蒽的降解活性不强，对蒽的强化吸附弱化了底泥微生物和蒽的结合能力。

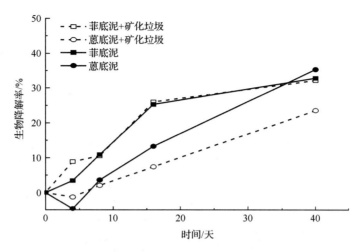

图 2.10　添加 DAR 后底泥中菲和蒽的生物降解率

矿化垃圾含有大量降解性微生物，具有很强的生物降解活性，可以有效处理含酚废水和垃圾渗滤液。在对 PAHs 污染底泥处理中，矿化垃圾体现了较强的吸附能力，而其生物降解能力较弱。

### 2.3.1.2　疏浚泥的资源化利用

海洋疏浚泥根据粒径分为砾、砂、粉砂和黏土 4 种，含水率一般在 80% 以上，多为液限含水量的 1.2～2.0 倍，有机质含量一般为 0.10%～4.00%。河口海区的疏浚泥以粉砂-黏土为主，且有机质含量较高；反之，非河口海区砾-砂的比例较高且有机质含量相对较低。

表 2.7　部分疏浚泥性质概况

| 采样地点 | 样品数 | 粒级含量/% | | | | 有机质/% | 硫化物/(mg/kg) |
| | | 砾 >2mm | 砂 2～0.063mm | 粉砂 0.063～0.004mm | 黏土 0.004～0.001mm | | |
| --- | --- | --- | --- | --- | --- | --- | --- |
| 深圳 | 10 | — | 6.53～32.22 | 25.66～46.87 | 35.47～55.61 | 0.95～3.56 | 7400～200500 |
| 香港 | 4 | 2.79 | 12.84～20.90 | 33.48～39.72 | 41.12～47.44 | 3.04～3.60 | 46.13～330.12 |
| 澳门 | 8 | — | 1.62～11.50 | 31.14～41.77 | 47.43～60.06 | 1.90～3.0 | — |
| 大亚湾 | 2 | — | 7.00 | 28.00 | 65.00 | 2.19～2.20 | 3600～6200 |
| 汕尾港 | 2 | 0.51～1.86 | 86.5～98.51 | 0.98～11.29 | — | 0.17～0.43 | — |
| 水东港 | 2 | 9.34 | 85.68～98.23 | 1.77～4.98 | — | 0.10～0.25 | — |
| 湛江港 | 3 | — | 25.02～40.36 | 28.81～41.37 | 30.82～40.43 | 0.89～1.50 | — |

## 1. 疏浚泥资源化分类

根据疏浚泥的性质和目前疏浚泥的处理情况，可以将疏浚泥的资源化再利用方式分为物理法和化学法两大类。

(1) 物理方法包括干燥脱水和热处理。干燥脱水后的疏浚泥可以固结达到一定的强度，而后作为一般的填土材料，用于围海造地或填埋覆土。疏浚泥含水量比较大，强度很低，无侧限抗压强度在 $50kN/m^2$ 以下。因此，要将疏浚泥作为填方材料使用，必须改良其高含水量、低强度的性质。通常先将疏浚泥回填，然后对地基实施排水、加固等措施，但这一方法存在固结时间长和处理成本高的缺点，在施工技术上也存在机械进入困难等问题。

自然晾晒是最简单的疏浚污泥预处理方法，适于可长期闲置土地的工程，如长江口航道疏浚工程，珠江八大口门整治工程等。由于场地、时间和气候等方面的影响，一般自然晾晒的实施较为困难。机械脱水是较为常见的疏浚污泥脱水方法。采用离心脱水机或压滤机进行脱水存在处理地点固定、一次性投资较高、脱水疏浚泥有时需要进行二次处理等缺点。机械脱水法对含砂量大，水分少的疏浚泥比较适用。

热处理法通过加热、烧结的方法将疏浚泥转化为建筑材料，其原理可以分为烧结和熔融两种。烧结是通过加热至 $800\sim1200℃$，使疏浚泥脱水黏结。若疏浚泥的含水量适宜可以用来制砖，也可作为制造水泥的原材料使用。熔融是通过加热至 $1200\sim1500℃$，使疏浚泥脱水熔化，熔浆通过冷却处理可以制作成陶粒。烧结所得的陶粒可作为一种新型的建筑骨料，具有重量轻、硬度高、施工方便等优势，它可作为路面材料、轻质砖或代替砂石作为骨料使用，也可以用于建筑物天台绿化、无土栽培营养载体，还可用陶粒做成轻质混合砖替代红砖用作建筑材料。热处理法的优点是成品的附加价值大，但这种方法对疏浚泥有较大的选择性，要求疏浚泥含砂量和含水量要小，而黏土成分和有机质含量要高，比较适用于河口海区的低盐疏浚泥。

(2) 化学方法也称为固化处理法，是从传统的地基处理技术发展而来。向疏浚泥中添加水泥、石灰等固化材料，进行搅拌混合，通过孔隙水与固化材料发生水合反应使孔隙内的自由水变为结合水，加强了土粒子之间的结合力，提高了疏浚泥的强度。固化剂包括：普通硅酸盐水泥、高炉硅酸盐水泥、一些特殊水泥、其他固化剂等。目前国内外专家研制开发或已投入使用的有 NCS 系列、DLL、EN21、HS 系列、硫酸盐系列、Aught-Set 系列等。这些新型固化材料固化效果强于传统固化材料，但一般成本较高。同济大学赵由才教授课题组研发的 M1 和 S1 固化剂，因价格低廉、固化效果显著，获得了广泛的应用和认可。

固化处理的效果在很大程度上受到疏浚泥的性质、混合方法的影响，应根据程疏浚泥的特点进行固化剂的配方实验。固化处理机械的处理能力较为灵活，小型处理量为 $20\sim30m^3/h$，大型机械处理能力可达 $1000m^3/h$，适合于各种规模的、尤其是大量的疏浚泥处理工程。施工上方法可灵活选择固定式或车载移动式。

疏浚泥固化造地技术在国外已投入使用，如日本伏木富山港疏浚填海工程、新加坡"长基"国际机场第二跑道工程、印尼 P-C 高速道路建设工程等。固化技术可以广泛地用于填海工程，但前期设备投入较大、成本较高、不适合小规模的填海工程。

**2. 吹填造陆技术**

许多沿海国家与地区都将填海造地作为解决土地资源不足的重要途径。我国沿海地区可用于经济建设的土地资源越来越紧张，填海造陆的步伐也在不断加快，其工程技术也不断发展和成熟。填海造陆主要有两种方式，一种是开山填海，另一种是吹填淤泥填海造陆技术。

吹填淤泥填海造陆技术在整治和疏通江河航道时，用挖泥船和泥浆泵把江河和港口底部的淤泥切削、输送到指定地点，然后以一定的比例（通常 1：5～1：4）将淤泥与海水混合成泥浆，并用吹管将其输送至指定区域，再经过落淤、泌水、固结后形成陆域的土地开发技术。吹填后的淤泥含水率高、孔隙比大、压缩系数大、抗剪强度低、透水性差，因此必须进行地基加固处理。采用疏浚淤泥吹填造陆不仅成本低、且环境友好，避免了二次污染，在大大降低疏浚成本和工程投资的同时，使本应成为废弃物的疏浚淤泥作为填海资源，产生了大量廉价的土地资源。目前吹填造陆技术已被广泛应用于沿海地区的填海造陆工程中，如深圳妈湾嘉实多吹填造陆区，吹填淤泥厚度为 310m；深圳海星港吹填造陆区吹填淤泥厚度为 215m 等（姬凤玲等，2007）。

**3. 轻量化处理技术**

1996 年日本的 Tsuchida 等提出疏浚泥轻量化处理技术，将疏浚淤泥、固化材料、轻质材料和水在搅拌机械中进行搅拌混合后，制出具有高附加值的新型轻质土工材料—轻质混合土。其中轻质材料包括聚苯乙烯泡沫塑料（简称 EPS）颗粒或气泡。按照所添加的轻质材料的不同，轻质混合土可分为两种类型：添加泡沫塑料颗粒的称为泡沫塑料颗粒轻质混合土（简称 BTS），添加气泡的称为气泡轻质混合土（简称 FTS）。EPS是一种轻型高分子聚合物，它的堆积密度是土密度的 1/100～1/80，加入混合土中后可通过 EPS 来置换相同体积的淤泥，从而显著降低混合土的密度。

轻量化处理技术适用于大量、大规模的疏浚淤泥处理；具有快硬性，可缩短填土施工工期；轻质、高强；具有流动性，适于圆形管道和不规则洞穴的密实回填；几乎不产生侧向土压力；可利用废弃泡沫塑料、粉煤灰、废石膏等废弃物；密度较低，可有效降低地基中的附加应力。另外轻量化处理技术也存在前期设备投入较大、成本较高、不适合小规模的填筑工程的缺点。

疏浚淤泥是一种很有利用价值的潜在资源，吹填淤泥填海造陆、淤泥轻量化处理等资源化技术，可以处理我国沿海大量产生的废弃疏浚淤泥，解决了淤泥抛海造成的环境污染问题和工程建设用土的问题，保护了资源和环境，具有广阔的应用前景。

## 2.3.2　污染物总量控制

环境污染总量控制（或简称为总量控制）是根据一个地区的自然环境特点和自净能力，根据环境质量标准，控制污染源的排放总量（不是浓度），把污染源负荷总量控制在自然环境的承载能力范围之内。近岸海域污染物排海总量控制，就是通过限制排污单位的污染物排放总量，将排入某一特定海域的污染物的总量控制或削减到某一要求的水平之下，从而使该海域环境质量达到规定的要求（朱静，2007）。

水污染总量控制是国外 20 世纪 70 年代初期发展起来的一种比较先进的水环境保护管理方法。其核心内容是研究规划区域污染物的产生、治理、排放规律和保护资金的需求与经济、人口发展的协调关系，以便从客观上定量地把握经济、人口发展对水资源的影响，提出保护对策，促进水资源的可持续利用和社会经济与环境的协调发展。采用水环境污染物排放总量控制，可以有效地克服多年来我国一直实行的水污染物浓度控制遗留的弊端，从宏观上把握水污染情势，确保环境质量得到逐步改善和提高。目前，发达国家已从总量控制过渡到排污口控制和离岸排放，采用总量控制和污染源控制相结合的方法。实现这一目的的科学依据是对海洋环境容量现状的评价和对未来变化趋势的预测，并且在环境容量理论的基础上，根据同一海域不同地点海水自净能力的差异，合理布局排污点，并控制各排污点的排放量，实施定量排放，从而达到对海洋环境保护的目的。

近岸海域污染物排放总量控制的实施是一项复杂的系统工程，需要有法律作为依据，还包括两个主要关键步骤：一是近岸海域污染物排放总量指标的确定及分配；二是污染物总量控制的监督和落实。

### 2.3.3　海洋可处置度区域划分

目前实际应用的海洋环境容量计算方法有 4 种：基于污染物在多介质海洋环境中迁移转化箱式模型的标准自净容量法，计算结果代表基准海洋环境容量；基于污染物对流扩散输运箱式模型的水动力交换法，计算结果只代表基准水物理迁移环境容量；基于污染物三维对流扩散输运模型的排海通量最优化法，计算结果只代表极小水物理迁移环境容量；基于污染物主要迁移过程的三维水动力输运耦合模型的排海通量最优化法，计算结果代表极小海洋环境容量。这 4 种计算方法计算目标各异，却具有一定的内在关联性，如第一种方法需要将第三种方法计算得到的迁移速率常数嵌入到其模型中，才能计算海洋环境容量；4 种方法间可以互相检验互相转化（赵章元等，1997）。

海域纳污能力主要由近岸海域环境容量赋存的数量所决定。环境容量的差异对污水海洋处置量的承载能力、人类利用海域环境发展经济的潜力及海域环境管理对策等，均有明显差异。因此纳污能力的差异性是污水海洋处置度分区的基本原则。可处置度即利用海洋处置工程来处置污染物的能力。一个可处置点的可处置度 $D$ 大小，应与该点的水深 $H$、流速 $V$、离岸距离 $r$、所在功能区环境目标及某些地方因素相关。其中流速与水深的相关性最大，离岸距离 $r$ 能从宏观上影响到选择污水海洋处置工程的可行性。此外，所在地的环境功能区决定着其排污口的水质目标，它直接限制着污水预处理程度和污水总量。一个可处置点上的可处置度，可从不同角度分为以下 3 种。

（1）自然可处置度，反映了海水通过纳污量的大小，表现了纳污海水的自然属性。

（2）管理可处置度，从环境管理角度，规定人类允许向纳污海域中排放污染物的多少，与纳污海域环境功能区的保护目标和污染物现状浓度值的大小有关。管理可处置度反映了允许排放污染物量的多少，其表达式为

$$D_m = D_n \cdot \Delta C = \alpha V \cdot H \cdot l \cdot \Delta C$$

式中，$D_n$ 为自然可处置度；$\Delta C = C - C_0$，$C$ 为海域主要污染物现状浓度值，$C_0$ 为环境功能区规定的目标浓度；$H$ 为水深，m；$V$ 为海流流速，m/s；$l$ 为扩散器长度，m；$\alpha$ 为可处置系数；它包含了稀释扩散及降解等因素，$\alpha$ 应小于 1。

（3）应用可处置度，在实际操作过程中，海洋处置污染物的可处置度还应从环境容量及经济角度分析，即所谓应用可处置度，可按下式计算：

$$D_{\mathrm{p}} = \frac{D_{\mathrm{m}}}{r} \simeq \frac{\alpha V \cdot H \cdot l \cdot \Delta C}{r} = \frac{\alpha V \cdot H \cdot l(C - C_0)}{r}$$

式中，$r$ 为出水点到岸边的距离，m，它近似等于放流管的长度 $L$ 与扩散器长 $l$ 之和。

应用可处置度的物理意义为单位放流管长度的管理可处置度，包含了工程造价大小，它实际反映了最终的和可操作的纳污海域的可处置能力。

污染物海洋处置度与可处置量丰裕度指数是划分海域处置能力一级和二级区界线的基本依据。可处置量丰裕度指数是可处置量在一个可处置点上集中的程度，计算时取单位岸线可处置量与全国沿海单位岸线可处置量之和的比值，是一相对值，它在各处置点上的值不同。丰裕度越大，表明可处置量越大，反之可处置量越小。赵章元等将距海岸线在数十公里以内的、具有一定经济规模的所有沿海城镇，分别量取其至某一等深线（如取 10m、20m 或 30m 等深线）的最近距离点，这些点均可选为污水海洋处置的可处置点；将可处置度从大到小排列，计算大于某可处置度的所有最大可处置点的百分比，以 20%、45%、70%、90% 为界划度，大于 90% 定为 0 度，其后依次定为 1 度、2 度、3 度和 4 度，共划分为 5 度，即 0～4 度。度数越高，表示可处置度越大，即该可处置点的处置能力越强；进而根据这些沿海地区可处置点上的可处置度大小的分布规律及我国近岸海域环境功能区划成果，将我国海岸线上所有可处置点上的可处置度划分成 3 个一级可处置区和 13 个二级区。

(1) 一级可处置区。一级可处置区包括高处置度区（Ⅰ区）、中处置度区（Ⅱ区）、低处置度区（Ⅲ区）。其中Ⅰ区为分布在长江口以南的广大近岸海域，包括我国东海和南海近岸海域。在此区内 3～4 度可处置点占全国高处置点总数的 50% 以上，而低度区仅占 10.5%，具有优良的污染物海洋处置条件。Ⅱ区主要分布在黄海沿岸，包括大连—丹东一线、山东半岛和江苏沿海。本区内的沿海城镇处置点的可处置度大多在 1～2 度之间，局部为 3～4 度区。Ⅲ区主要分布在渤海沿岸海域，0～1 度可处置点占全国低处置点总数的 50% 以上，主要分布在 3 个湾的湾顶部，而 2～3 度的高度区仅占 4.5%。本区在现有处置条件下，宜适度控制污染物的排放，控制污染物增长量，适当修建污水海洋处置工程仍比岸边乱排有明显环境效益，但应注意逐步提高预处理程度。

(2) 二级可处置区（亚区）。处置亚区包括渤海沿岸海域-Ⅲ区、黄海沿岸海域-Ⅱ区、东海沿岸海域-Ⅰ区、南海沿岸海域-Ⅰ区。

渤海水流交换条件差，污染严重，10m 等深线以内的氮与油类全部超过三类海水水质标准，其沿岸环境容量有限。可处置度为 0～1 度的可处置点占该海域统计可处置点总数的 84.6%，2～3 度可处置点占 15.4%。如秦皇岛属 3 度区，兴城属 2 度区，三大海湾均为低处置度区。该区分为 3 个亚区：a 区位于大连—锦西一线海域，主要为 0～1 度可处置区；b 区位于兴城—秦皇岛沿岸海域，主要为 2～3 度可处置区，兴城与秦皇岛 10m 等水深线离岸较近，从经济考虑较为有利；c 区位于唐津蓬地区，主要为 0～1 度可处置区。

黄海大部分地区水流条件较好，无 0 度区，可处置度为 1 度的可处置点占该海域沿海统计可处置点总数的 18.8%，大于 1 度的点占 81.2%，其中 2 度区占 15%，3～4 度高处置区占 62.5%。该区由北往南分为 5 个亚区：a 区位于大连—丹东海域，该区为

3 度可处置区；b 区位于胶东半岛东部近岸海域，主要为 1~2 度可处置区，其中威海近岸海域为 4 度区，烟台的深水区离岸距离很近，处置工程造价低；c 区为即墨—青岛—日照海域，为 3~4 度可处置区；d 区位于江苏省连云港至盐城近岸海域，主要为 1~2 度可处置度区，其中盐城地区离岸距离较远，从经济角度不适于污水海洋处置；e 区为跨海域的亚区，包括长江口—杭州湾近岸海域，该区排污量很大，主要为 1 度和 3 度的中可处置区。杭州湾内潮汐现象非常显著，南、北两岸差异较大，进行污水海洋处置时要充分考虑潮汐作用对污染物输移的影响。

东海沿岸海域-Ⅰ区海域水较深，离岸近，流速大，水交换条件好。该区属于高处置度区，主要为 2~4 度可处置度区，占 86.4%。该区由北往南分为两个亚区：a 区位于宁波—浙闽界近岸海域，除椒江近岸海域为 3 度可处置度区外，绝大部分海域为 2 度可处置度区；b 区从浙闽界海域至汕头近岸海域，主要为 3~4 度可处置度区，局部地区为 2 度。石狮、莆田、泉州等沿岸海域流速大，离岸近，水质状况良好，污水海洋处置条件好。

南海沿岸海域-Ⅰ区海域水较深，水流条件较好，流速比东海小。由于排污量较小，环境容量潜力较大，故基本上属于高处置度区，属于 2~4 度的可处置点占 81.8%。钦州地区及阳江地区属 1 度可处置度区，占该海域统计可处置点的 18.2%。该区由东向西分为 3 个亚区，c 区位于汕尾—珠海—阳江一线海域，其中阳江地区离岸距离偏远，可处置度为 1 度，污水海洋处置条件较差；d 区包括茂名、湛江、北海及海口、三亚等近岸海域，可处置度较高，基本属于 3~4 度高处置度区（除湛江海域为 2 度区外）。三亚海域虽然海流流速较小，但其环境容量潜力大；e 区位于钦州地区近岸海域，为 1 度可处置度区，该区流速较小，离岸较远，污水海洋处置条件相对较差。

可处置度不能完全代表某个具体点上的确切可处置度，但可以代表一种宏观决策的平均状态，它对于我国海域环境的管理有着重要的参考价值。我国近岸海水具有较强的自净能力，目前我国污染严重的海域主要集中在岸边附近，但离岸一定距离后水质大多较好，有较大的环境容量。目前我国沿海地区污水入海几乎全部为无组织漫排，必须采取有组织、有计划、可行的污水海洋处置技术，改善我国近岸海域的环境质量。我国长江口以南的广大海域大多为敞性，水交换性能较强，进行污染物海洋处置有较大的潜力。

根据上述可处置度区域的划分，可按管理可处置度将这些海域划为 3 个类别。Ⅰ类区为可排区，一般具备了较好的污水海洋处置条件，利用海洋的纳污自净能力处置污染物，可以节省较多污染物处理费用。Ⅱ类区为控排区，沿海水域具备一定的可处置条件，水流较好，但排污量大，因此需进行控制排污。决策者经过经济分析后，可以有计划地进行污染物海洋处置可行性研究和工程设计。Ⅲ类区为慎排区，一般水交换能力较差，环境容量较小。若进行污水海洋处置工程建设，需要安装较长的放流管，工程建设投资较高，可根据当地的环境规划，适当安排污水海洋处置工程建设。

针对我国的实际情况，沿海污染物处置可由目前无组织漫排，逐步实行有组织排放和向深水离岸排放，同时逐步提高污染物的预处理程度，最终实现全二级处理后排放。

无组织漫排是目前我国近岸海域污染严重的重要原因。因此，建议根据我国的环保政策，将所有入海污染源进行注册登记，逐步实行入海污染物的总量控制制度。同时积极创造条件，修建污染物海洋处置工程，将岸边排放改为离岸处置，控制污染物入海总量，改善我国近岸海域的环境质量。

### 2.3.4　海岸带的综合利用

海岸带综合利用是政府通过制订计划和法规，综合管理和安排海岸带各种资源开发和空间利用的布局、比重和次序的一种管理手段，既能保护资源和环境，又能获得最大的社会经济效益。海岸带开发利用的一个重要方面是建造港口，发展海运事业。目前世界各国共有 2300 多个海港，国际贸易货运量 99% 通过这些港口，其中年吞吐量在 100 万 t 以上的约有 200 个。随着各国经济的发展，海港数量和吞吐量迅速增加。

海岸带往往拥有丰富的土地资源——海涂。利用海涂发展水产养殖业为沿海各国所重视。目前世界海洋养殖业年产鱼类约 50 万 t，海藻栽培年产 130 万 t。一些海岸带由于河流挟带泥沙入海，每年海涂都有自然增长。如中国的大河每年入海泥沙达 20 余亿 t，大部分沉积在河流入海口海岸，一些岸段的岸线每年向外延伸数十至数百米。荷兰从 13 世纪开始围垦海涂，至今总面积达 7100km²，占全国陆地面积的五分之一。

海岸河流入海口水域饵料丰富，是大量鱼类生长和孵化的场所，海岸带的渔业生产在海洋捕捞业中占有重要地位，如美国海洋渔业生产有 70% 在海岸带进行。海盐也是重要的化工原料。在海岸带开辟盐场提取海盐，是人类食盐的主要来源。此外，一些工业发达国家从海水中提取碘、钠、镁、溴等重要元素和铀、锶等稀有元素，发展工业生产。开发利用海岸带的石油、天然气资源是目前世界上正在发展的重要产业。海岸带还蕴藏有大量可供开采的煤、铁、钨、锡、砂砾矿以及稀有元素矿物金红石、金、金刚石等。海岸带蕴藏有潮汐能、波浪能等可再生海洋能。据初步计算，全世界海洋潮汐能约 10 亿 kW，主要集中在浅海区。中国沿海潮汐能蕴藏量约 1 亿 kW。海岸带在水利建设和国防建设上也占有重要地位，并且是建立海滨和海上旅游、疗养区的场所。

由于海岸带具有各方面开发利用的价值，而不同的开发利用目的之间往往相互牵制甚至发生矛盾。长期以来大多是由各地区、各经济部门进行单目标开发利用，以致某些资源遭到破坏或污染环境。例如，海岸工程建成后，海岸动力因素发生变化，可能引起新的工程技术问题；水流、滩涂的演变也会对鱼类洄游和贝类生长发育条件产生影响；采油和排污工程有污染环境的危险，并对稀有动植物、珍贵文物、名胜、古迹和游览胜地产生影响，等等。如埃及阿斯旺水坝的修建使入海口海岸迅速蚀退，沙丘体阻塞溯河性鱼虾洄游通道，仅沙丁鱼减产每年即损失几百万美元。直到 20 世纪 60 年代，海岸带的综合利用问题才被明确提出，许多沿海国家开始采取措施，对海岸带实行综合管理和开发，如荷兰于 1953 年开始进行的"三角洲计划（The Delta Project）"，完成后能防止高潮洪水灾害，改善鹿特丹港和安特卫普港的航运条件，并使莱茵河下游两侧河网完善，形成的淡水湖能确保工业和生活用水，还可以开辟新的游览区。

　　海岸带综合利用的工作主要包括：① 开展海岸带调查，全面掌握自然、社会和经济条件。② 通过对海岸带资源进行综合评价，制定旨在保护环境并获取最大经济效益的综合开发利用的规划，进行多目标开发，尽可能创造资源保存和再生的条件。③ 加强海岸带管理。制定管理法规，建立专门机构，协调各种资源开发和工程建设，进行环境监测和保护，监督综合开发利用方案的实施。

# 第二篇　污水处理

# 第三章　沿海城镇污水处理

## 3.1　沿海城镇排水

### 3.1.1　沿海城市排污状况

中国四大海域中,渤海面积 7.7 万 km²,黄海面积 38 万 km²,东海面积 77 万 km²,南海面积 350 万 km²,总面积达 472.7 万 km²。而近岸海域的污染情况不容乐观。

根据中国海洋环境质量公报,2009 年沿海地区赤潮累计受灾面积约 14100km²,其中,500km² 以上的大面积和较大面积赤潮 6 次,分别发生在渤海湾、长江口外和浙江舟山北部、浙江中部渔山列岛至台州列岛、浙江台州外侧海域、山东日照、海阳至乳山附近海域,累计面积 9120km²,约占全年累计面积的 65%。对全国海洋生态监控区基本情况表明,除广西北海、北仑河口、海南东海岸、西沙珊瑚礁生态监控区处于健康状态,其他 14 个生态监测区均处于亚健康或不健康状态。表 3.1 为 2009 年海区海水水质评价结果。

表 3.1　2009 年海区海水水质评价结果

| 项目 | 总计 | 渤海 | 黄海 | 东海 | 南海 |
|---|---|---|---|---|---|
| 较清洁海域面积/km² | 70920 | 8970 | 11250 | 30830 | 19870 |
| 轻度污染海域面积/km² | 25500 | 5660 | 7930 | 9030 | 2880 |
| 中度污染海域面积/km² | 20840 | 4190 | 5160 | 8710 | 2780 |
| 严重污染海域面积/km² | 29720 | 2730 | 2150 | 19620 | 5220 |
| 首要超标污染物 | 无机氮 | 无机氮 | 无机氮 | 无机氮 | 无机氮 |
| 无机氮含量/(mg/L) | | 0.38 | 0.30 | 0.75 | 0.29 |

注:海水水质标准无机氮限值:0.10mg/L(一级),0.20mg/L(二级),0.30mg/L(三级)。

2009 年中国环境状况公报显示,近岸海域监测面积共 279940km²,其中一类、二类海水面积 213208km²,三类为 18834km²,四类、劣四类为 47898km²。四大海区中,黄海、南海近岸海域水质良,渤海海质一般,东海水质差。

2009 年全国近岸海域环境网对全国 204 个入海河流断面、466 个日排污量大于 100m³ 的直排海污染源进行了主要污染物入海量监测,结果表明:入海河流水质总体较差,河流污染物入海量大于直排海污染源污染物入海量。

204 个入海河流监测断面中,主要污染物为 $COD_{Mn}$、氨氮和总磷,四大海域污染物排放量如表 3.2 所示。

表 3.2　近岸海域污染物排放情况　　　　　　　（单位：万 t）

| | 总计 | 渤海 | 黄海 | 东海 | 南海 |
|---|---|---|---|---|---|
| COD$_{Mn}$ | 448.4 | 7.8 | 26.0 | 302.8 | 111.8 |
| 氨氮 | 60.5 | 2.2 | 2.8 | 39.3 | 16.2 |
| 石油类 | 6.34 | 0.09 | 0.28 | 3.49 | 2.48 |
| 总磷 | 25.8 | 0.19 | 0.78 | 21.15 | 3.68 |

466 个日排污量大于 100t 的直排海工业污染源、生活污染源和综合排污口的污水排放总量为 47.60 亿 t，各项污染物排放总量为：化学需氧量 27.25 万 t、石油类 1412t、氨氮 32757t、总磷 3608t。全国近岸海域主要污染因子是无机氮和活性磷酸盐。所以对于直排生活源污水，选择的处理工艺必须考虑有机物、氮、磷等的去除以控制污染物排放对海域水质影响。

### 3.1.2　沿海城镇排水管网概论

城市是人类创造的一种新的生态系统即人工城市生态系统，这种生态系统不同于传统的自然经济和农耕文化的生态系统，它是一种基于高密度能量流动和物质循环的新的生态系统。在人工城市生态系统中生活的居民，每天会产生远高于传统自然生态系统中生活的居民产生的污染物包括污水、固体废物和废气。如果不能及时排除和有效处理这些污染物，不仅影响生活在城市这个人工城市生态系统里居民的正常生活，而且还会造成严重的环境灾难，例如目前仍然困扰着我国诸多城市的内河黑臭、垃圾围城和城市大气污染等问题。

在人们的日常生活中离不开水，在几乎所有工业企业的生产中均离不开水，人类生活以及生产活动中每时每刻都产生废水，不及时排出必然会影响正常的生产和生活。人工城市生态区域为了满足高密度能量流动和物质循环的需要，不透水地表所占比例很大，从而改变了自然生态条件下原有的降雨径流过程，植物截留以及下渗的降水量减少，地表径流量明显增大。如不及时排除降水产生的径流，不仅会给城市的生产和生活带来不便，而且可能形成洪涝灾害并造成严重后果。为此城市必须采用排水管网系统收集、输送生产和生活产生的排水和降水形成的地表径流。

内陆城市排水的受纳水体是江河湖泊，而沿海城市排水的受纳水体是海洋。世界各国沿海城市污水处置和排放的发展大体都经历过以下 3 个阶段：

（1）污水不经预处理，岸边自由排放。我国相当一部分沿海城市基本上还处于这个阶段，对我国近海海域造成严重的环境污染；

（2）污水一级处理后，离岸排放。近几十年来，沿海世界各国兴建了许多污水海洋处置工程，美国已有几百处之多，我国大陆和香港台湾地区也兴建了几十处污水海洋处置工程，这些工程中相当多数是一级处理后再排海；

（3）二级污水处理后，离岸排放。在经济实力雄厚的国家，随着海洋处置污水负荷增加和环境保护要求提高，已逐步采用污水经二级处理后再离岸排放。上海市城市污水就是从初期的经一级处理后离岸排放，发展到现在的二级处理后离岸排放。

长远来看，二级处理后离岸排放是比较理想的，在经济实力有限的情况下，近期采用一级处理离岸排放，远期再升级至二级处理后离岸排放是切实可行的，总体方案需要经过认真的技术经济比较后方可确定。

污水的深海排放海洋处置是利用海洋自净容量进行污染物控制的一种重要的工程技术措施，它是在严格控制排污混合区的位置和范围，符合排放水域的水质目标要求，不影响周围水域使用功能和生态平衡的前提下，选定合适的排放口位置，选取设计合理、运行可靠的污水排放方式，采取科学的工程系统措施，合理利用海域自净能力的一种污水处置技术。污水经过规定要求的预处理后，通过铺设于海底的放流管，离岸输送到一定水下深度，再利用具有相当长度和特殊构造的多孔扩散器，使污水与周围水体迅速混合，在尽可能小的范围内高度稀释，达到相关功能区海洋水质标准。

对于污水海洋处置技术的认识要注意避免两个误区，一是否认污水海洋处置技术是沿海水污染控制技术的重要组成部分，忽视污水海洋处置技术的重要性。事实上污水海洋处置技术是沿海城市一种行之有效的复杂系统的水污染控制技术。二是盲目夸大污水海洋处理技术的作用和地位：① 不是含有任何污染物的污水都可以进行海洋处置，对于无法自然生态净化和危及生态环境的污染物，如工业废水中的重金属和放射性物质、可显著减少进入海洋生态系统自然光的物质以及城市污水中过量的固体悬浮物和漂浮物等，都是禁止排放海洋的，所以在进行海洋处置前上述污染物都按照要求通过预处理技术予以去除；② 不是任何地点都可以进行海洋处置，一般来说，不宜在近岸排放，而应离岸排放，尽量选择开敞的对流交换能力强的深海水域进行海洋处置。

### 3.1.2.1　排水管网系统分类

城市居民生活排水、工业企业生产生活废水及降水形成的地表径流等收集和排除的方式称为排水系统的体制。通常根据生产生活废水收集排除系统与降水形成地表径流的收集排除系统的关系，将排水系统的体制划分为合流制和分流制。合流制是将生产生活废水与雨水混合在同一套管渠系统中收集和排除；分流制则将生产生活废水、雨水分别在各自独立的管渠系统中收集和排除。

（1）分流制排水系统。分流制排水系根据排除雨水方式的不同，又分为完全分流制和不完全分流制。完全分流制排水系统具备全套完整的排水管渠和雨水管渠系统；不完全分流制只有完整的排水系统，未建或仅仅在雨水流域的下游区域建设部分雨水管网系统，雨水暂时利用自然地面、街道边沟、明渠等原有天然雨水排放体系排泄，待城市进一步发展且基建资金到位时再逐步完善雨水排水系统，最终建成完全分流制排水系统。

（2）合流制排水系统。合流制排水管网是将生活排水、工业废水和雨水混合在同一套管渠系统中收集和排除的排水系统。它又分为直接排入受纳水体的旧合流制、截流式合流制和全处理合流制 3 种实现形式。

直接排入受纳水体的旧合流制是国内外老城市过去采用的主要排水体制，城市的混合排水不经任何处理，直接就近排入受纳水体。由于城市规模扩大，人口密度及人口总数快速增加，也就意味着能量流动和物质循环的强度增加，未经任何处理的混合排水逐渐超出城市水体的环境容量，必然造成愈演愈烈的环境污染。上海市的苏州河从最初城市的水源地到河流黑臭的变迁就反映了这样一个历史过程。

为了解决旧的合流制排水体制造成的城市河段的污染问题，产生了截流式合流制，它是在旧合流制排水系统基础上，建设沿河岸敷设的排水截流干管，在城市下游建排水处理厂，并在适当位置即原有排水干管与排水截流干管相交之处设置溢流井。溢流井可以保证晴天的排水全部进入排水处理厂处理，雨天时则一部分混合排水进入排水处理厂处理，其余部分的混合排水则通过溢流井溢流后直接就近排入受纳水体。

在降水量较小且对水体水质要求较高的地区，可以采用全部处理式合流制，将生活排水、工业废水和降水全部送到排水处理厂处理后再排入受纳水体。这种方式可以有效解决分流制排水系统无法解决初降水污染的问题以及截流式合流制雨天部分混合排水直接排放水体造成污染的问题，对环境水质影响最小，但要求排水处理厂规模较大，投资及运营成本高。

### 3.1.2.2　排水管网的规划和设计

建设城市排水系统是维持城市人工生态系统并实现城市可持续发展的重要工程措施，城市排水管网规划设计的基本原则如下：

（1）合理选择排水系统的体制。排水体制的选择是排水系统规划设计首先需要考虑的重要问题，它不仅从根本上影响排水系统的设计、施工和维护管理，而且影响排水工程总投资和维护管理费用。通常排水系统体制的选择首先应满足环境保护的需要，然后才是根据当地条件通过技术经济的方法进行方案比较。一般新建和改建新城区均采用分流制或不完全分流制的排水体制；而老城区则在旧合流制排水系统基础上，改造成截流式合流制。

总之，排水系统体制选择是一项复杂且非常重要的工作，应结合城市及工业企业的规划、环境保护的要求、排水利用情况、原有排水设施、水质、水量地形、气候和水体等条件综合考虑。

（2）应符合城市和工业企业总体规划，并与其他单项工程规划设计密切配合，互相协调，应统筹考虑相邻区域排水和污泥处置；城市排水处理应以点源治理和集中处理相结合，以集中处理为主的原则实施；规划中要考虑排水再生后回用的方案；排水工程与给水工程协调；雨水工程与防洪工程协调；排水工程的设计应全面规划，按近期设计，现时考虑远期扩建的可能性。

### 3.1.3　沿海城镇排水管网设计优化

传统的排水管网设计过程中，通常是凭借设计者的经验对排水管网的布置及水力学参数进行初步优化。技术经济分析一般只对排水管网布置的几个不同方案进行方案比较，但不涉及水力学参数的优化。传统的排水管网设计方法中存在的问题可以归结为两点：一是排水管网平面布置方案的优化方法还比较初级，缺乏系统优化理论的支持；二是排水管网水力学设计参数的优化仅仅是凭借个人经验，随意性大，优化的实际效果也无法评估。因此需要优化理论和优化手段两个方面相结合，才可能实现真正意义上的优化设计。

中国近三十年来进入了经济高速增长期，城市化进程加快，人民物质生活水平逐步提高，对环境质量的要求也越来越高，相应排水管网的普及率也在不断提高。无论是老城区改造，还是城乡结合部、小城镇的城市化改造，都面临大量排水管网设计建设过程中的优化问题，因此排水管网设计优化也具有重要的现实意义。

### 3.1.3.1　排水管网设计优化的概念

排水管网系统的设计方案是由一系列设计参数构成，包括管长、管径、坡度、埋深等。在设计计算过程中，有些参数是由设计条件或设计规范规定且不能随意改变的。如规划面积、规划人口数等，对于这些在设计过程中保持不变的参数称为预定参数。另外一些参数则随设计方案的调整而改变，如管线走向、管径等，诸如此类与设计方案调整相关联，在设计中可以调整和变化的基本参数称为设计变量。一个设计方案如有 $N$ 个设计变量，则这 $N$ 个设计变量可组成一个 $N$ 维的向量空间或设计变量集合。设计空间的一组向量组即对应一个设计方案（周玉文、赵洪宾，2000）。

设计方案必须满足一定的设计要求，说明并非设计空间的每一个点都代表一个可用的设计方案，也就是说一个可用的设计方案必须满足一系列条件，这些条件即为约束条件。满足约束条件的设计空间称为可行空间。约束条件一般用约束方程表示，也可用集合的形式给出。约束方程又分为等式约束和不等式约束两种。

在确定可行空间后，最优化问题则演变成为在可行空间中寻找最佳 $N$ 维设计变量即最佳设计方案的问题。由于评判设计方案优劣时必须依据一个评比标准，即要求最优方案在满足所有约束条件下，能使排水管网系统的某种属性（约定的性能指标）为最佳。这个约定的性能指标必然是设计变量的函数，因而称为目标函数或评价函数。

求最优解的过程转变为求目标函数的极大值或极小值，一般目标函数都表示成费用，因此常用极小值。即求出折算费用为最小值对应的设计向量。当以环境效益为目标函数时，最大值可用加负号的方法转化为极小值。

单变量函数的极值可以通过求导的方法求解，但多变量、有约束条件的极值一般不能用简单的方法求得，当然大部分都可以通过运筹学中的方法加以解决。

### 3.1.3.2　排水管网设计优化的内容

排水管渠的优化设计一般涉及 3 个方面的内容：① 城市最佳排水分区数量和集水范围的确定；② 排水管网平面布置方案的优化；③ 在排水管网平面布置方案确定的条件下，管道设计参数的优化。

所谓“最优化”设计就是从完成某一任务的所有可能方案中选出最佳方案的过程，因此只要完成某一任务存在不同的解决方案，就存在最优化问题。“排水管网系统优化设计”就是在遵循现有设计规范的前提条件下，使排水管网系统的某项性能指标（通常是环境效益、社会效益或经济效益等）达到最优，即确定并选取所有可用方案中按某一标准为最优的方案。

传统排水管渠设计方法可以理解为一种依靠个人经验为主的初步优化设计方法，很明显这种简单的初步优化很难达到理想的总体最优化。优化设计方法是从总体出发，从全局考虑问题，从而获得全局最优化方案。例如在进行水力计算设计参数优化时，优化设计方法可从整个系统考虑，由此得出的最优解一般可比传统法节省工程投资 5%～15%。排水管渠优化设计方法通常建立在现代优化计算技术基础上，必须借助计算机编程才能完成优化计算过程。得出最优方案后，再结合工程实施的经验对优化方案进行必要的校核和修改。

### 3.1.3.3　排水管网水力计算优化的基本方法

排水管网水力计算过程的优化是在排水管网平面布置形式确定的前提下进行的，采用优化设计方法进行设计计算不仅可节省投资，而且可减少设计人员的劳动强度。排水管网水力计算优化通常由几个部分的工作内容组成。

#### （一）排水管网系统布置的描述

排水管网系统布置形式的描述是为了方便计算机识别和理解，排水管网系统包括很多设计管段、检查井、跌水井、倒虹管、排水中途提升泵站、雨水口、排放口等。假设每一个设计管段的起点为"点"，两点之间的设计管段为"线"，检查井、泵站均设在"点"上，因此一个管网系统就可以用一系列的"点"和"线"来描述。

（1）节点编号法。这种方法是把节点分成几种类型，用以描述管网的布置形式。

管网的起点为第一类节点，其特点是没有上游设计管段。中间连接点为第二类节点，其特点是没有旁侧管接入。有一个旁侧管接入的为第三类节点，其检查井类似于三通；有两个旁侧支管接入的为第四类节点，其检查井类似于四通，其余类推（图 3.1）。

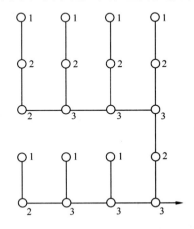

图 3.1　管网平面布置节点编号法示例

节点编号法计算的顺序是首先选择一根流量最大或管线最长的管线为主干管，其余管线为支管，从主干管的起点向下游计算。如果遇到支管接入时，再从支管的起点进行计算，计算到主干管后再依次向下游计算。这种方法在输入原始数据的同时输入一个节点类型矩阵，计算程序就可以完成对管网的描述。

（2）排水管网结构拓扑分析。排水管网系统由支管、干管和主干管组成，管渠内流量由小到，呈现树枝状网络结构。网络拓扑的基本形态大致可以分为链状结构和树状结构，一般网络通常是通过两者的组合和深化而来。多个链状进行组装就是树状，将树状拆分就变成多个链状。基于图论的基本原理，排水主干管可以抽象为链状结构，而多根支管汇集的检查井，则可抽象为树状结构，整个排水管网可抽象为一棵有向树，根节点表示排水总排放口（排水处理厂），叶节点为管网起始节点，树枝代表排水管道，树的方向为排水流向。相邻两根管段，定义上游管段是下游管段的子管段，下游管段是上游管段的父管段（史义雄，2009）。

在对排水管网节点和管段进行编号时，根节点放在最后编号，定为 0，管段编号与该管段起点编号相同，这样节点与管段可以建立直观的一一对应关系。如图 3.2 所示的排水管网为例说明管段和节点编号的原则。

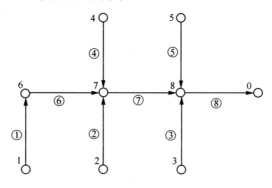

图 3.2 排水管网结构拓扑分析示例

根据树形图的欧拉公式：$P = J - 1$，式中 $P$ 为管段数，$J$ 为节点总数，可以建立完全关联矩阵描述排水管网系统。设有一个树状排水管网节点数为 $J$，管段数为 $P$，令

$$a_{ij} = \begin{cases} 1 & \text{节点 } i \text{ 是管段 } j \text{ 的起点} \\ -1 & \text{节点 } i \text{ 是管段 } j \text{ 的终点} \\ 0 & \text{节点 } i \text{ 与管段 } j \text{ 不相连} \end{cases}$$

式中，$i = 1, 2, 3, \cdots, J$；$j = 1, 2, 3, \cdots, P$。定义由元素 $a_{ij}$ 构成的 $J$ 行 $P$ 列矩阵 $\boldsymbol{A}$，$J \times P$ 为排水管网的完全关联矩阵，记为 $\boldsymbol{A}_e$。矩阵 $\boldsymbol{A}_e$ 中的每行反映了该节点与各管段的连接关系，因此定义为节点向量；每列反映了该管段与各节点的连接关系，因此定义为管段向量。如图 3.2 所示排水管网的关联矩阵为

$$\boldsymbol{A}_e = \begin{bmatrix} 1 & 0 & 0 & 0 & 0 & 0 & 0 & 0 \\ 0 & 1 & 0 & 0 & 0 & 0 & 0 & 0 \\ 0 & 0 & 1 & 0 & 0 & 0 & 0 & 0 \\ 0 & 0 & 0 & 1 & 0 & 0 & 0 & 0 \\ 0 & 0 & 0 & 0 & 1 & 0 & 0 & 0 \\ -1 & 0 & 0 & 0 & 0 & 1 & 0 & 0 \\ 0 & -1 & 0 & -1 & 0 & -1 & 1 & 0 \\ 0 & 0 & -1 & 0 & -1 & 0 & -1 & 1 \\ 0 & 0 & 0 & 0 & 0 & 0 & 0 & -1 \end{bmatrix}$$

通过关联矩阵中节点向量和管段向量就可以准确描述管网中节点与管段的关联关系，矩阵 $A_e$ 的每个列向量即管段中，总有一个元素为 1，另一个元素为 $-1$，其他元素均为 0，反映管段向量的起点和终点；矩阵 $A_e$ 的每个行向量即节点向量中，起始节点只有一个元素为 1，其他均为 0，根节点只有一个元素为 $-1$，其他元素均为 0，公共节点有多个不为 0 的元素，反映其与不同管段的关系，即为某些管段的终点时为 $-1$，为某些管段起点时为 1，否则均为 0。

定义从完全关联矩阵 $A_e$ 中去掉一行后的矩阵为排水管网的基本关联矩阵，也称为关联矩阵，记为 $A$。所去掉行对应的节点为参考节点，通常选择根节点 0 为参考节点，因此得到 $P$ 阶方阵的关联矩阵 $A$。很显然，对于关联矩阵 $A$ 无论是行向量还是列向量都是线性无关的，即 $A$ 为满秩矩阵。由此建立了排水管网与关联矩阵一一对应关系，即有管网图就可以写出关联矩阵，反之，有关联矩阵也可以画出管网图。

由于实际排水管网工程设计过程中的管段节点并非纯数字形式，而是采用数字和字母相结合的形式，因此必须将节点的混合编号改为纯数字编号。设一个 $J$ 个节点，$P$ 条管段的排水管网图 3.3，定义一个 $P$ 行 3 列矩阵 $B_{p \times 3}$ 为排水管网的管段原始信息矩阵，记为 $B_e$。矩阵中第 1 列存放管段编号即管段起点编号，第 2 列存放管段起点编号，第 3 列存放管段终点编号。图 3.2 所示排水管网的管段原始信息矩阵如下：

$$B_e = \begin{bmatrix} 1 & W1 & W6 \\ 2 & W2 & W7 \\ 3 & W3 & W8 \\ 4 & W4 & W7 \\ 5 & W5 & W8 \\ 6 & W6 & W7 \\ 7 & W7 & W8 \\ 8 & W8 & W9 \end{bmatrix}$$

$$B = \begin{bmatrix} 1 & 1 & 6 \\ 2 & 2 & 7 \\ 3 & 3 & 8 \\ 4 & 4 & 7 \\ 5 & 5 & 8 \\ 6 & 6 & 7 \\ 7 & 7 & 8 \\ 8 & 8 & 0 \end{bmatrix}$$

按照已有的编号原则，将管段按 1，2，3，4… 的顺序编号，管段起点的编号与管段编号相同，将根节点的编号换为 0，使得整个排水管网的节点编号完全变换过来，管段原始信息矩阵则变换成模拟信息矩阵，或称为信息矩阵，记作 $B$（式）。

排水管网的关联矩阵 $A$ 和管段信息矩阵 $B$ 可以通过编程求得。对于信息矩阵 $B$，先有原始信息矩阵 $B_e$ 是作为原始数据输入的，若 $B(i, 3) = B(j, 2)$，则 $B(i, 3) = B(j, 1)$，否则 $B(i, 3) = 0$（$i = 1, 2, 3, \cdots, P$；$j = 1, 2, 3, \cdots, P$），根据这个

原则即可求得管段信息矩阵 $\boldsymbol{B}$；$\boldsymbol{A}$ 为 $P$ 阶方阵，初始化其所有元素均为 0，对于任一管段 $i$，其起点为 $j$，终点为 $k$，则对矩阵 $\boldsymbol{A}$ 中元素赋值 $A(j, k)=1$，$A(k, i)=-1$，遍历所有管段，即可确定关联矩阵 $A$。

（二）优化设计的目标函数

在大多数情况下，目标函数均是费用函数。费用函数依据给水排水工程技术经济指标、概预算定额推求，根据不同的设计阶段分别选用。费用函数通常表示成两种不同的形式，分别是矩阵形式和函数形式。

**1. 矩阵形式的费用函数**

将表格形式给出的技术经济指标或经济指标整理后以矩阵的形式给出，输入计算机后可根据要求按阶段函数取值或内插法取值。这种方法虽然比较简单，不需要推导费用函数解析表达式，但在优化过程难以通过编程实现。

**2. 函数形式**

排水管网系统费用函数的组成与是否设有提升泵站有关，当系统不设排水提升泵站，全部采用重力流排水时，费用函数只包括排水管网建设费用和维护管理费用；如果系统设置排水提升泵站，则还要包括提升泵站的建设费用和运行管理费。由于影响管道工程的建设费用的因素十分复杂，大多根据各地实际工程的经验总结而来，所用的费用函数应该具有以下特点：

$$C^1 = k_1' + k_2' D^{k_3}$$
$$C^2 = k + MD$$

① 能比较客观地描述实际情况，与实验资料的拟合差最小；

② 费用函数中各项参数都能通过一定的数学方法求得；

③ 解析式简单实用。

因此需要对已有的技术经济资料进行分析，正确选用函数形式，然后再求参数，得出实用的费用函数。下面以年折算费用函数为例介绍费用函数推求方法。

单位长度管道建设费用由两部分组成：管道材料费 $C^1$ 和管道安装费 $C^2$。根据实际技术经济资料分析，$C^1$ 和 $C^2$ 可以分别表示为

$$C_1 = \frac{1}{T}(C^1 + C^2) + C^3 = \frac{1}{T}(k_1' + k_1'' + k_2' D^{k_3} + k_4' H^{k_5} + k_6' D + k_7' DH^{k_8}) + k_9 D$$
$$= k_1 + k_2 D^{k_3} + k_4 H^{k_5} + k_6 D + k_7 DH^{k_8}$$

参数 $K$ 和 $M$ 均可以表示成管道埋设深度 $H$ 的函数：

$$k_1 = (k_1' + k_1'')/T$$
$$k_2 = k_2'/T$$
$$k_4 = k_4'/T$$
$$k_6 = k_6'/T + k_9'$$
$$k_7 = k_7'/T$$

管道年管理费用可以表示为管径的线性函数。

综合以上各式，可以写出单位管道长度的年折算费用公式为

$$C_i^1 - k_1' = k_2' D_i^{k_3}$$

$$\ln[C_i^1 - k_1'] = \ln k_2' + k_3 \ln D_i$$

式中，$T$ 为投资偿还期，a；$D$ 为管径；$H$ 为管道的平均埋深，m；$C_1$ 为单位管长的年折算费用万元/km。

其中，管道年管理费用的系数 $k_9'$ 通过线性回归很容易进行估算，而对 $k_1'$，$k_2'$ 和 $k_3'$ 可以通过以下步骤进行估算：

管道材料费表述成如下形式：

每给出一个 $k_1'$ 值，就可以通过线性回归求出 $\ln k_2'$ 和 $k_3'$ 值。最佳的 $k_1'$ 值可以使公式计算出的费用与实际费用之间的偏差最小。

$$K = k_1'' + k_4' H^{k_5}$$

$$M = k_6' + k_7' H^{k_8}$$

$$C^3 = k_9' D$$

求 $k_1'$ 的方法很多，可用试算法求解，还可以用梯度法（最速下降法）求解：

设 $k_1'$ 的一个初始值为 $(k_1')^0$，应使

$$Z_1 = \sum_{i=1}^{m} \{[\ln C_i^1 - (k_1')^0] - [\ln k_2' + k_3 \ln D_i]\}^2 \to \min$$

由 $\dfrac{\partial Z_1}{\partial(\ln k_2')} = 0$ 得

$$\ln k_2 = \frac{\displaystyle\sum_{i=1}^{m}[C_i^1 - (k_1')^0] - k_3 \sum_{i=1}^{m} \ln D_i}{m}$$

由 $\dfrac{\partial Z_1}{\partial(k_3)} = 0$，得

$$\sum_{i=1}^{m} \ln D_i \{\ln[C_i^1 - (k_1')^0] - [\ln k_2' + k_3 \ln D_i]\} = 0$$

整理得

$$k_3 = \frac{\displaystyle\sum_{i=1}^{m} \{\ln D_i \ln[C_i^1 - (k_1')^0]\} - \frac{1}{m} \sum_{i=1}^{m} \ln D_i \sum_{i=1}^{m} \ln[C_i^1 - (k_1')^0]}{\displaystyle\sum_{i=1}^{m}(\ln D_i)^2 - \frac{1}{m}\left(\sum_{i=1}^{m} \ln D_i\right)^2}$$

每给出一个 $k_1'$ 值都可通过上公式求出 $k_3$ 和 $\ln k_2'$，可通过梯度法不断修正 $(k_1')^0$。方法为

$$Z = \sum_{i=1}^{m} [C_i^1 - (k_1' - k_2' D_i^{k_3})]^2$$

$$\frac{\partial Z}{\partial k_1} = -2 \sum_{i=1}^{m} [C_i^1 - (k_1' - k_2' D_i^{k_3})]^2$$

$$(k_1')^1 = (k_1')^0 - \rho Z_0 \Big/ \left(\frac{\partial Z}{\partial k_1'}\right)\Big|_{k_1'=(k_1')^0}$$

式中，$\rho$ 为步长，最简单的方法是采用定步长迭代法，取 $\rho$ 为小于 1 的常数，迭代计算

到二次目标差小于规定的数值为止。计算框图见图 3.3。

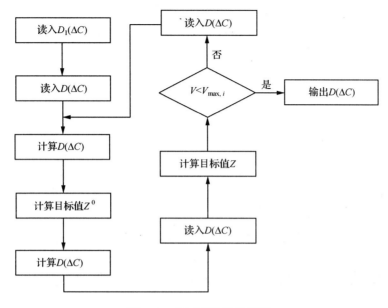

图 3.3　费用函数计算框图

对于 $k_1''$, $k_4'$, $k_5$, $k_6'$, $k_7$ 和 $k_8$, 可先通过线性回归求出各种埋深条件下的 $K$ 和 $M$, 然后再建立 $K$ 和 $H$ 与 $M$ 和 $H$ 的关系, 求出上述参数。

如果排水管网系统还包括污水中途提升泵站, 费用函数则还需要考虑按服务年限折算的污水提升泵站建设费用和运行费用。

（三）目标函数在不同设计阶段的选取

在初步设计阶段, 主要关注排水管网系统的总投资, 可以采用比较简单的目标函数:

$$F = \min\left\{\sum_{i=1}^{m} C_{1,i} L_i\right\}$$

当考虑年折算费用时, 则还要计算管网的年折旧率, 目标函数的形式为

$$F = \min\left\{\sum_{i=1}^{m} (1 + e_1 T) C_{1,i} L_i\right\}$$

式中, $e_1$ 为管网的年折旧率; $T$ 为投资偿还期, 年。

在技术设计或施工图设计阶段, 需要考虑管网的构筑物费用, 目标函数的形式为

$$F = \min\left\{\sum_{i=1}^{m} C_{1,i} L_i + \sum_{j=1}^{N} C_{2,j}\right\}$$

式中, $F$ 为目标函数的最优解; $C_{1,i}$ 为第 $i$ 管段的费用; $L_1$ 为第 $i$ 管段的管长; $C_{2,j}$ 为第 $j$ 个构筑物的费用; $N$ 为构筑物的数目。

年折算费用的目标函数:

$$F = \min\left\{\sum_{i=1}^{m} (1 + e_1 T) C_{1,i} L_i + \sum_{j=1}^{N} (1 + e_2 T) C_{2,j}\right\}$$

式中，$e_2$ 为构筑物的年折旧率。

对于设有中途提升泵站的管网系统，其泵站的年折算费用为

$$F_2 = \min\left\{\sum_{k=1}^{s}\left[(1+e_3 T)C_{3,k}+Y_k\right]\right\}$$

式中，$e_3$ 为泵站的年折旧及维修率；$C_{3,k}$ 为第 $k$ 个泵站的建设年折算费用；$Y_k$ 为第 $k$ 个泵站的运行费用。此时排水管网系统的优化就是一个多目标优化问题，目标函数为

$$F = \min\{F_1 + F_2\}$$

（四）优化过程的约束条件

在进行排水管网水力计算时，必须同时满足流体力学计算理论和设计规范对设计参数的约束，具体概括如下：

**1. 污水管道**

（1）管径：污水管道的管径的增减是非连续和非均匀的，当管径小于 500mm 时，管径的增减以 50mm 为一档，当管径大于 500mm 时，则以 100mm 为一档；另外设计规范中对不同区域污水管道的最小管径分别给出规定，即在小区或厂区内为 200mm，街道下面为 300mm。即

$$D_i \geqslant D_{\min}$$
$$D_i \in \Omega_D$$
$$D_{i+1} \geqslant D_i \sim (0.05 \sim 0.10) \quad (D_i = 0.2 \sim 0.5\text{m})$$
$$D_{i+1} \geqslant D_i \sim (0.1 \sim 0.02) \quad (D_i \geqslant 0.6\text{m})$$

（2）流量：在确定管径时，应避免小流量选大管径，故应给出各种管径对应的最小流速和最小流量，当管段设计流量小于某一管径的最小流量时，只能选小一级的管径，但不能小于最小管径。

（3）流速：管段的设计流速应介于最小流速和最大流速之间。数据输入时，最大流速不宜过高，应根据地形而定，地形坡度大时可取高值，反之取低值。

（4）充满度：考虑到有害气体扩散的便利，不可预见流量的发生，污水管道按照非满流设计，不同管径对应不同的最大设计充满度。为合理利用管道断面，减少投资，在满足设计规范最大设计充满度上限的同时，还须确定一个最小充满度作为下限值，建议最小充满度值不宜小于 0.25。在最大和最小设计充满度之间选择设计充满度，达到优化的目的。

（5）设计坡度：设计规范限定了不同管径的最小设计坡度，为保证管道的运行和维护管理，还应考虑确定各种管径的最大设计坡度，即对各种管径的管道，当其充满度达到最大值时，且流速接近和小于最大流速时所对应的设计坡度。在平坦地区，污水管道的设计坡度按照最小设计坡度约束，而在地形坡度大的地区，则按照最大设计坡度约束。

（6）埋深：埋深约束从 3 个方面考虑，一是管道起点最小埋深，根据地面荷载、土壤冰冻深度和支管衔接要求确定；二是管道最大埋深，根据管道通过地区的地质条件确定，当管道计算埋深达到或超过该值时，应设中途提升泵站，提升后管道埋深仍按最小

埋深设定；三是当管道坡度小于地面坡度时，为保证下游管段的最小覆土厚度和减少上游的管段埋深，应采用跌水连接。

（7）连接形式：污水管道在检查井处的连接形式通常有水面平接和管顶平接两种。无论采用哪种方式连接，均要求检查井下游水面和管内底标高不能高于上游水面和管内底标高，并且宜尽量减少下游管段的埋深，以降低管道敷设的费用。

**2. 雨水管道**

（1）管径：最小管径为 300mm，管径增减的规律与污水管道相同。

（2）流量：当降水历时较长，计算中出现下游管段设计流量小于上一管段流量时，仍采用上一管段的设计流量。

（3）设计充满度：雨水管道按满流设计，设计充满度为 1。

（4）流速：设计流速介于最小流速和最大流速之间。

（5）设计坡度：对于最小管径 300mm 的最小设计坡度为 0.003，管径增大，设计坡度相应减小。当管道坡度小于地面坡度时设跌水井。

（6）连接方式：采用管顶平接。

（7）埋深：约束与污水管道相同。

（五）排水管网水力计算优化模型求解方法

由于目标函数常用的费用函数均为非线性函数，且约束条件中的管径必须取自标准管径系列的集合，所以排水管网水力计算优化模型属于非线性整数规划问题。这类问题求解过程比较复杂，不能用连续函数简单求极值方法可溶解。现在常用的方法有枚举法、动态规划法、拟差动态规划法和遗传算法等。

**1. 枚举法**

枚举法求解排水管道最优管径利用管径是在一定范围内取值的离散值，并且等级不多，这样可以避免采用复杂的非线性迭代技术，同时又可以准确迅速选出优化的管径。单管段最优管径计算的程序如图 3.4 所示。在计算开始时首先给费用 $C_0$ 赋一个大于估计的可能最大费用的数值。

多管段排水管道各段设计流量不同，地面坡降也不同，各管段的起点埋深不再是常数，而是前一管段终点埋深的函数。上游每一个管段设计参数发生变化，都会影响下游每一个管段，进而影响整个系统的费用。

多管段排水管道系统水力计算的优化通常从一组初始可行解开始，用坐标轮换法寻求最优解。初始可行解是从上游开始对每一个管段都做一个独立单管枚举法优化，求出最优管径，使各管段自身的费用最低，但要注意各管段起点埋深应等于其上游的终点埋深。

以初始可行解及相应的系统总费用为基础，寻求全局最优解。寻优是从最上游的管段开始，仍用枚举法改变该管段的管径，而其他管段的管径保持不变，计算下游管段的设计坡度和费用，算出新的系统总费用，找出总费用中最小解作为当前最优解。如果管径改变后的费用都大于原来的费用，则保留原先的解作为最优解。这种方法从上游推进至下游，经过一个循环得到解的总费用与上一次循环的总费用之差小于允许迭代误差

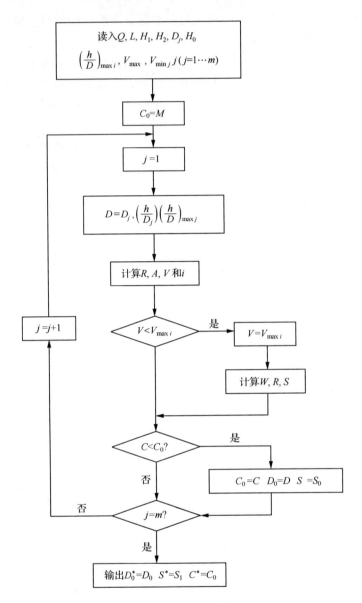

图 3.4  最优排水管径计算流程图

时，计算结束，输出最优解和最低费用，否则重新开始循环计算。

　　对于含有分支管道汇入的排水管网，则可以将其简化成若干多管段和单管段组成的管网系统，即将多管段汇流时决定下游管段起点标高的管段与下游管段联合组成多管段系统，而将不影响下游管段标高的管段作为独立管段系统，然后进行设计优化。具体的设计优化流程仍然是从上游管段开始，按独立多管段逐步向下游推进，到达汇流点时暂停，然后从该汇流点的另一上游管段开始向下游计算，至同一汇流点时暂停。比较汇流点两次计算的终点埋深和汇水时间（对于雨水管道须考虑），取其中埋深较大者作为该汇流点下游管段起点埋深的约束条件，继续下游管段的计算。

　　由于每一次优化过程中管道埋深可能发生变化，因而汇流点处的埋深也需要校核，上下游管段之间的独立或非独立的关系有可能因此发生变化。

　　无论是单管道还是多管段系统，采用枚举法优化计算的速度均较快，优化的效果也很好，文献报道的枚举法优化计算较传统可以节省建设费用 5%～30%。

**2. 动态规划法**

　　动态规划是运筹学的一个分支，它是解决多阶段决策过程最优化问题的一种方法，已经在工程技术、经济、工业生产和军事等部门得到广泛应用。特别对于离散型问题，由于解析数学无法发挥作用，而动态规划法成为解决这类问题的一个有力的工具。

　　具体到排水管网水力计算优化问题，就是一个典型多阶段决策问题，它可以将优化过程划分为若干个相互联系的阶段，每一个阶段都需要作出决策，且每个阶段作出决策后将影响下个阶段的决策，从而影响整个优化的结果。各个阶段的决策构成一个决策序列，称为一个策略。而每一阶段的决策不止一个，所以就有一个策略集合。优化的目标就是要在策略集合中选择最好的一个策略。

　　排水管网系统水力计算的优化过程就是从上游向下游逐个设计管段进行的多阶段决策过程，整个排水管网系统各个管段的设计管径和设计坡度就构成一个策略，所有可行设计参数构成一个策略集合，可以采用动态规划法进行水力计算优化求解。

　　把一个实际问题抽象为一个动态规划模型是用动态规划法优化求解的关键，构造动态规划模型应符合的条件为：

　　① 正确选择状态变量，使其能描述过程的状态，又要满足无后效性；

　　② 确定决策变量及每阶段可行决策的集合；

　　③ 写出状态转移方程，它能表达从 $k$ 阶段到 $k+1$ 阶段状态转移的规律；

　　④ 列出能够满足递推关系的目标函数。

　　根据以上要求建立排水管网动态规划模型如下：

　　（1）阶段：排水管网的平面布置均为树枝状，将每一个设计管段作为一个阶段，设计管段编号即为阶段编号；每一个分支管道系统作为一个子系统，当几个分支管道系统汇合时，根据流量大小和水流方向确定主干管和支管的相互关系。因此一个管网系统可分为 $K$ 个子系统和 $M$ 个阶段。

　　（2）状态：描述过程状态的变量称为状态变量，取设计管段的管顶标高为状态变量，既能够描述受控过程的演变特征，又满足无后效性并具有可知性。

　　（3）决策：决策是某阶段状态给定后，从该状态演变到下一阶段状态的抉择。描述决策的变量称为决策变量，取设计管段的坡度为决策变量，选择最佳的坡度实现排水管网系统费用函数最低。

　　（4）策略：由第一阶段到终点的决策过程称为问题的全过程，每一个阶段决策组合起来构成一个决策序列即全过程策略，所有可行的决策构成一个可行策略集合。排水管网系统水力计算的优化求解过程就是在可行策略中寻求最优策略的过程。

　　（5）状态转移方程：设计管段 $i$ 上游和下游状态变化的关系可以表示为

$$Z_{2,j} = Z_{1,j} - S_i L_i$$

式中，$Z_{2,i}$，$Z_{1,i}$ 分别为第 $i$ 设计管段下游和上游管顶标高；$S_i$，$L_i$ 分别为第 $i$ 设计管段设计坡度和管长。

第 $i$ 设计管段向第 $i+1$ 设计管段转移的方程为

$$Z_{1,i+1} = Z_{2,j} + \Delta_i$$

式中，$\Delta_i$ 为与设计管段之间连接形式有关的参数。管顶平接：$\Delta_i=0$；设跌水井：$\Delta_i=-H$，为跌水高度；设泵站：$\Delta_i=H$，为泵站提升高度。

（6）动态规划递推方程式：动态规划递推方程式有两种：逆序法和顺序法。

逆序法的特点是寻优方向与计算方向相反，要求排水管网系统全部计算完成后再从终点向起始点寻优，因此计算工作量大，通常是采用顺序法优化求解。

顺序法寻优方向与计算方向一致，从起始点向终点依次进行，其递推方程式如下：

$$\begin{cases} F_{i,k} = \min\{C_{i,k} + F_{i-1,k}\} \\ S_j \in \Omega_{i,k}^{\tau} \\ F_{0,k} = 0 \end{cases}$$

式中，$\Omega^\tau$ 为可行坡度集合，即可行决策集合；$S_j$ 为决策变量，即设计坡度；$C_{i,k}L_i$ 为第 $i$ 设计管段第 $k$ 个决策的费用，即单位管道长度的费用函数与管道长度的乘积。

**3. 遗传算法**

遗传算法最早由 John Holland 于 1975 年提出，是一种通过模拟自然进货过程解决最优化问题的计算模型。它将繁殖、杂交、变异、竞争和选择等概念引入算法，克服了传统优化方法容易陷入局部极值的缺点，是基于自然选择和遗传学原理的高级并行、随机、自适应、自组织和自学习性的优化和搜索方法，具有并行性和对全局信息的有效利用的特点，适合解决离散组合优化问题和复杂非线性问题。排水管网优化问题正是属于这一类组合优化问题（蓝方、张友纯，2004）。

遗传算法的主要思想是：首先对待解决的问题进行编码；然后随机初始化群体 $X(0) = x_1, x_2, \cdots, x_n$；再对当前群体 $X(t)$ 中每个个体 $x_i$ 计算其适应度 $F(x_i)$（适应度表示了该个体的性能好坏）；根据其适应度应用选择算子产生中间代 $X_r(t)$；对 $X_r(t)$ 应用交叉和变异算子，产生新一代群体 $X(t+1)$；重复选择交叉和变异算子，直到迭代收敛（适应值趋于稳定）即找到最优解或准最优解。遗传算法在排水管网水力计算优化中具体实现形式如下：

（1）编码：根据管径优化问题的目标函数，确定求解变量的定义域，选择适当的编码格式，表示优化问题的解。遗传算法的编码方式有很多种，编码方式的选择会影响到遗传算法的性能。通常将根据具体问题进行抽象化处理，分析判断选择编码方式。对于排水管网水力计算优化，使用有较强全局搜索能力的二进制编码，用一定位数的二进制数与商品化管道管径系列一一对应。这样每一组管网设计的管径组合对应着一组二进制编码组合即一个染色体的基因型组合。多个带有染色体的个体就组成一个种群。

（2）初始化：确定遗传算法计算的各种基本参数（种群大小、自适应杂交概率系数 $P_c$、自适应变异概率系数 $P_m$、染色体长度、迭代次数 GenMax、控制点的埋深等），形成初始种群。种群的规模可以与初始群体规模相同，也可以小于初始群体规模。排水管网优化时选取与初始种群相同的规模，并且用产生的子代个体全部替换父代个体，但对父代的最优个体采取保护策略。

（3）计算适应度并进行评价：将种群中的每个个体进行解码，还原出相应管网信息，调用水力计算模块进行管网水力计算，将结果带入适应度的评价函数，求出每个个体的适应度 $F_i (i = 1, 2, \cdots, N)$。个体适应度 $F_i$ 值的大小是衡量相应优化方案优劣的标准。$F_i$ 值越大说明对应个体适应度越大，其在进化过程中的生存能力和产生后代的概率越高。

$$F_i = \frac{f(c)_{max} - f(c)}{f(c)_{max} - f(c)_{min}}$$

式中，$f(c)$ 代表种群中个体的投资值；$f(c)_{max} f(c)_{min}$ 代表种群中最大、最小的个体投资值。

（4）选择：根据生物进货的自然选择功能，从群体中选取一对个体作为繁殖后代的双亲。一般是适应度 $F_i$ 越大的个体，赋予的选择概率 $P_i$ 越大。适应度高的个体有更多的繁殖后代的机会，以使优良特性得以遗传和保留。选择策略是根据每个染色体的适应度，用轮转法从父代染色体中选择数目相同染色体组成新的子代染色体。

（5）交叉：交叉是把两个染色体个体重组的操作，一般常用一点交叉法。排水管网水力设计优化通常也采用双亲双子两点交叉法，即按交叉概率 $P_c$ 选中 $P_c \times N/2$ 对个体作为双亲，以两个随机位进行位之间的基因对换，对换后形成两个后代。通过交叉操作，遗传算法的搜索能力迅速提高，交叉操作的作用在于将原有的优良基因遗传给下一代个体，并形成包含更复杂基因结构的新个体。操作中交叉概率 $P_c$ 通常为 $70\% \sim 100\%$。

（6）变异：变异是用来模拟生物在自然的遗传环境中，由于各种偶然因素引起的基因突变，即将个体染色体编码串中的某些基因值用其他等位基因来代替，从而形成新的个体。先按一定比例 $P_m$ 从群体中随机选取 $P_m \times N$ 个个体，再随机对个体中的一位进行取反运算，从而产生新的个体。变异本身是一种随机搜索，可以恢复染色体操作过程中丢失的重要信息。它与选择交叉结合在一起，保证遗传算法的有效性，防止出现非成熟收敛，从而维持了群体的多样性，增强了遗传算法的全局求优能力。

（7）重复以上（4）、（5）、（6）步骤，直至满足遗传算法终止条件（迭代次数达到最大迭代步数 GenMax）。

通过选择、交叉、变异得到的新一代群体，将替代上一代群体，一般来说新的群体的平均素质比上一代群体素质好。不断重复迭代上述过程，各代群体的优良基因成分逐渐积累，群体的平均适应度和最优个体的适应度不断上升，直至迭代过程收敛（适度值趋于稳定），即由最终的遗传群体确定出管网优化设计的方案。

遗传算法的优点很明显：① 将局部搜索和全局搜索协调起来，既可以完成值点邻域内解的求解，也可以在整个问题空间实施探索，而且给出的是一组而不是一个优化解，得到问题全局最优解的概率提高，并能提出多个接近最优解的方案以便比较。② 由于排水运行工况环境复杂造成目标函数变化，而遗传算法用的是基于目标函数值的评价信息，无需了解目标函数的导数或待求解问题领域内的相关知识，对问题的依赖性较小，适用于任何大规模、高度非线性的不连续多峰函数的优化，以及无解析表达式的目标函数的优化，并且能够得到一组直接以商品化管道管径表示的满足要求的优化解，更适应管网计算要求。③ 从微观看，遗传算法是一种随机算法；从宏观看它又是有一定的方向性。由于它在一定的约束条件下采用启发式搜索，而不是盲目的穷举，因而兼顾了搜索的广度和方向性，搜索效率高、收敛性和稳定性好。④ 遗传算法本身并不要求对优化问题的性质做深入的数学分析，操作简单。⑤ 遗传算法的操作始于解的一个种群，而非单个可行解，搜索轨道有多条，而非单条，因而具有显著的并行性。父代与子代相混合的方法，使父代一子代具有同样的生存竞争机会，保证了种群的健壮性，保持了种群的多样性。

### 3.1.3.4　最佳排水分区的确定

城市排水管网系统平面布置形式与地形、竖向规划、污水处理厂选址、雨水出水口位置、工程地质条件、河流分布等诸多因素相关。一般在丘陵或地形起伏的地区，可按等高线划出分水线，以分水线作为排水区界的分界线，将一个城市的排水管网系统分成几个排水区界，每个分区内即一个相对独立的子系统。在地形平坦无明显起伏和分水线的城区，可根据面积进行排水区界的划分，使所有排水分区的子系统能够合理分担排水面积，使干管在最大合理埋深情况下，流域内绝大部分污水能以自流方式接入。

最佳排水分区的问题是在一定条件下，选择排水分区子系统的个数和范围以使整个系统的效益最佳。新规划区的排水管网和污水处理厂或雨水出水口可以同时考虑，考虑时应注意：

① 污水处理厂或雨水排放口的数量直接影响排水管渠的造价；

② 污水处理厂的数量会影响处理厂的运行管理费和环境效益；

③ 要考虑将来发展的各种可能。

对于改建和扩建城区的最佳排水分区，主要考虑改建扩建部分是自成体系还是并入原有系统，以及在建设污水处理厂时，对原有排水管网系统改造方法的决策，涉及原有排水分区和排水体制等问题。

最佳排水分区的决策方法目前还只限于通过方案进行论证，还没能建立起系统的数学模型和求解方法。

### 3.1.3.5　排水管网系统平面布置优化设计

排水管网系统平面布置的优化问题是在一定的排水分区条件下，设计最优的排水管网的走向和总长度，使整个管网系统的投资最省。已有对此类问题的研究大部分是利用图论知识，根据排水区域的路网和地势的信息，生成污水有向网络图，给图中的管段赋予不同的权值（通常是管道的费用），运用 Dijkstra 算法和 Krushal 算法求得管网布局的最优方案。这种方法的问题是：在排水管网系统平面布置没有确定时，下游管道的费用权值会随上游管道形式的改变而改变，因此它是一个变权值问题。而在图论中对于变权值问题还没有一个令人满意的解决方法（杨宏军、吴学伟，2005）。

在实际工程中，污水的实际流向和规定流向常有一定的差别，管段权值随着敷设方案的变化而变化，造成最终优化结果存在一定的误差。城市排水管道敷设于纵横交错的路网之下，污水由各的起端进入，经干管收集汇入主干管，最终进入污水处理厂进行处理后才能排放，这样排水管网就形成了以污水处理厂为根节点的不含圈的树形图。对于有 $N$ 个污水处理厂的排水管网系统就形成 $N$ 棵以污水处理厂为根节点的独立的树。采用最小生成树理论可以对排水管网平面布置进行优化，根据该理论，污水管网平面布置优化可以简化为构造 $N$ 棵以污水处理厂为根节点的最小生成树，优化目标是使污水收集管网的投资费用最省。

在权值固定且大于零的条件下，Dijkstra 算法是构造最小生成树简单而有效的方法，但污水管道平面布置优化过程中，网络权值不是固定的，标准的 Dijkstra 算法不能胜任变权值最小生成树的计算，为此对标准的 Dijkstra 算法进行改进。在最小生成树生成过程，考虑新管段的引入对排水管网系统下游管段费用的影响，使管段的权值随着增节点的添加而变化，污水流向总是从新增节点流向生成树与新增节点相连的节点。随着 $N$ 棵不相连通最优树的生成，每个污水处理厂的服务范围和规模也就相应确定，从而实现排水管网系统平面布置的优化。

由于污水处理厂数目、位置和排水区域都不是排水工程总投资的显函数，无法直接进行优化。通过分析可知，当污水处理厂数目增加时，污水处理厂投资费用增加，而污水收集管网的投资费用减少；反之，当污水处理厂数目减少时，其投资费用减少，而污水收集管网的费用将增加。必然存在一个最优的污水处理厂数目，使得排水工程的总投资最少。

根据这个特点及城市总体规划的要求，可以初步确定拟选污水处理厂厂址，通过对拟选厂址进行排列组合，现结合管网平面布置的优化结果求出投资估算值。可以先假定建设一个污水处理厂，再检验增建一个污水处理厂的可能性，分别得到建 1 个，2 个，3 个…$N$ 个污水处理厂可能性，通过"递增检验法"，按照使排水系统总投资最低的原则，确定污水处理厂的数目、位置和排水区域。

排水管网平面布置优化的目标就是在约束条件下，最终生成以污水处理厂为根节点的最小生成树的优化布置结构。其中生成树每条边的费用与其管段流量、埋深、提升泵站数量有关，并且随着生成树节点数目的增加而发生变化。在生成树优化过程中，按照最大设计充满度、最小流速控制下的最小坡度，确定管段流量和选取管径之间的对应关系，并按最小坡度进行埋深的递推计算，当管道埋深达到最大埋深时，增设提升泵站，后续管线埋深从提升泵站开始以最小埋深继续进行递推运算；另外，管段遇到较宽河流时，亦增设提升泵站。

整个管网系统的投资费用可以用下面公式表示，它是由管道费用、提升泵站费用和检查井费用构成。

$$C = \sum_{i=1}^{N} \sum_{i=1}^{M_i} k_1 D_{ij}^{k_2} H_{ij}^{k_3} L_{ij} + \sum k_4 q_p^{k_5} + \sum_{i=1}^{N} \sum_{i=1}^{M_i} \left[ \frac{L_{ij}}{J_{ij}} + 1 \right] C_{ij}$$

式中，$D_{ij}$ 为管段 $ij$ 的管径；$H_{ij}$ 为管段 $ij$ 的长度；$H_{ij}$ 为管段 $ij$ 的平均埋深；$L_{ij}$ 为管段 $ij$ 的长度；$q_p$ 为提升泵站 $p$ 的提升流量；$J_{ij}$ 为管段 $ij$ 的检查井间距；$C_{ij}$ 为管段 $ij$ 的单位检查井造价；$k_1, k_2, k_3, k_4, k_5$ 为常数，由最小二乘法确定。

综合上面因素，以整个排水管网系统的投资为目标函数进行系统优化，具体优化算法为：

（1）初始化，加载河流、节点流量、节点间距离的原始数据；

（2）根据污水处理厂的位置，确定根节点，并建立生成树包含根节点的集合 $U_0$，根节点外的节点构成不包含于生成树的节点的初始集合 $U_1$；

（3）若 $U_1$ 为空集，则转至（6）；若 $U_1$ 不为空集，则继续进入下一步；

（4）在集合 $U_1$ 中寻找与集合 $U_0$ 中的节点相邻的所有节点，按上面投资费用函数公式计算各种生成树的费用；

（5）确定与 $U_0$ 中节点生成最小费用树的 $U_1$ 中的节点，并将该节点 $v_i$ 置于 $U_0$ 中，同时从集合 $U_1$ 中去除该节点；

（6）判断 $U_1$ 是否为空集，或为空集则计算结束；若不为空集，则返回（4）。

上述算法既可以用于单污水处理厂排水管网的优化，也可以用于多污水处理厂排水管网的优化。当用于多污水处理厂管网优化时，需将 $U_0$ 分解成 $U_{01}$、$U_{02}$，$\cdots$，$U_{0x}$，同时从 $N$ 个根节点生成总费用最小的 $N$ 棵相互独立的树（王之晖等，2006）。

### 3.1.4　沿海城镇污水管网的改造和完善

#### 3.1.4.1　沿海城市污水管网存在的问题

排水管网缺乏系统规划，一些老城区缺乏超前、可操作性强的排水专项规划，排水管网管网不成系统。常有大管接小管以及区与区之间，上下游之间排水管道标高不能衔接等问题。污水处理厂与污水管网建设不匹配的矛盾也比较普遍和突出：污水处理厂建设相对集中和简单，牵涉面小，建设周期短；而污水管网建设相对较复杂，牵涉面广，建设周期长。本应污水管网建设到一定程度，再建污水处理厂。而目前多出现相反现象，造成污水处理厂变成"无米之炊"。

排水系统不完整，大部分采用雨污合流直排体制，各种污水及雨水混合后未经任何处理，直接排入就近的水体。老城区排水管网大部分年久失修，老化现象普遍存在，排水管道渗漏比较严重，严重影响环境。排水管理制度不够健全，该分流的未按要求分流，或该截流的未按要求截流，乱接乱排现象较严重，导致分流制系统失效，污水量增加，污水浓度下降。排水管网缺乏维护，不能及时疏通，无法满足原设计的输水能力。

排水管网改造最突出的问题是改造难度大，因为市政建设过程中公用工程其他专业独立建设的电信、电力、煤气、热力和给水等分项工程，通常没有统一的规划和综合设计，增加了排水管网系统改造的难度。

由于历史原因，大部分沿海城市多为合流制排水系统，如果要改造为分流制系统，牵涉面广，难度极大，故采用截流合流制，而截流井采用现行通常用的溢流式截流井。现行的溢流式截流井存在四大问题：① 收集到的污水浓度偏低，造成污水处理厂运行困难；② 雨天时仅部分污水和雨水一起混流至污水处理厂处理，大部分溢流至水体，对水体造成污染；③ 即使上游排水体制采用分流制，也是浪费，下雨时溢流式截流井不断将上游分流制污水与雨水混合、稀释、溢流，实际上大部分污物已排入水体；④ 污水截流干管溢流井的溢流口没达到城市防洪要求，汛期洪水通过沿江设置的溢流口倒灌进城镇污水管道系统，致使污水处理厂停止运行，也造成洪水通过溢流口倒灌入城区，致使城市防洪堤失效。

### 3.1.4.2　沿海城市污水管网改造的要点

城市排水管网系统通常与城市同步发展，早期城市人口密度较小、人类活动强度不大的情况下，往往采用合流制明渠将雨水和污水在一个管道系统内就近排放到水体；随着城市的发展以及改善城市卫生条件的要求，明渠改为暗渠直接排放水体；由于城市进一步发展，未经处理的混合污水造成严重的水体污染，诸如伦敦的泰晤士河、上海的苏州河变迁都是典型的案例。

目前我国城市排水体制中新建、改建管道大都采用雨污水分流制系统，即新建管道采用雨污分流制，分别修建污水管道系统和雨水管道系统；对于改建排水管道，通常采用保留原有合流制管道作为雨水管道，再新建污水管道。对于大部分沿海城市原有排水管道错综复杂，如果要改造为雨污分流制的排水管网系统，不仅工程复杂，涉及大量拆迁等棘手问题，而且投资巨大，造成城市有限资源的浪费，所以一般采用截流式合流制改造是比较切实可行的。

（一）改造合流制为分流制

将合流制排水体制管网系统改造为分流制排水体制管网系统，可以杜绝雨季时混合污水下河对水体造成的污染。此时由于雨污水分流后，污水量相对较少，污水浓度提高，成分相对稳定，有利于污水处理厂长期稳定运行和管理。合流制改分流制的条件：

（1）建筑内部有完善的卫生设备，源头可发实现污水和雨水的分流；

（2）工业企业内部具备比较完善和彻底的清污分流管道系统，可将达到纳管标准的生产污水接入市政排水管道系统，将处理后达到要求的生产废水接入城市的雨水管道系统或循环、循序使用；

（3）城市道路横断面有足够的位置，允许设置由于改制增加污水管道，且不至于对城市的交通造成过大影响。

由于老城区一般街道比较狭窄，且各种管道纵横交错，交通繁忙，新建管道系统施工极为困难。以美国芝加哥市区为例，若将合流制全部改为分流制，需投资22亿美元，不仅如此，施工工期将延续十几年。因此合流制改造为彻底的分流制理论上没问题，但实施起来非常困难。

（二）合流制改为截流式合流制

由于存在上述诸多困难，老城区排水管道系统通常由合流制改为截流式合流制，这种形式可以保证旱季所有污水进入污水处理厂处理后排放，但雨季时溢流的污水直接下河，仍然对城市水环境的保护构成威胁。为了保护水体，可对溢流的混合污水进行适当的处理，以减轻混合污水下河对水环境的影响。这些处理措施包括细筛滤、沉淀以及加氯消毒，等等。也可增设蓄水池、地下人工水库或利用现有的湿地，将溢流的混合污水储存起来，然后对雨季混合污水进行处理，这样能较好解决溢流污水污染水体的问题。

（三）雨污水全部处理的合流制

对于降水量很少的干旱地区，或对水体水质要求很高的地区，可以修建合流制管道将全部雨污水送至污水处理厂，在污水处理厂前部设置一个大型调节池。

# 3.2　沿海城市污水处理

## 3.2.1　物理处理

污水物理处理的对象主要是漂浮物、悬浮物和部分胶体物质。一般用于污水的预处理或后处理。采用的处理方法根据其原理可分为两类：一是筛滤截留法，主要为筛网和格栅、过滤、膜分离法；二是重力分离法，主要为沉砂池、沉淀池等。格栅、筛网用于预处理，过滤法用于污水深度处理，常见于传统的中水回用工艺（混凝沉淀、过滤、消毒）；随着膜技术的发展，越来越多的污水深度处理及中水回用工艺采用膜分离法；沉砂池、初沉池主要是用于城市污水的一级处理，二沉池用于泥水的分离（张自杰，2000）。

### 3.2.1.1　预处理

（一）格栅

格栅是安装在进水沟渠、泵房集水井进口处或污水处理厂前端的一组平行金属栅条，用以截留可能能堵塞水泵机组及管道阀门的较粗大的悬浮物或漂浮物，如纤维、碎皮、毛发、木屑、果皮、蔬菜等，以保证后续处理构筑物的正常运行（中国市政工程东北设计研究院，2000）。

按格栅栅条的净间隙，可分为粗格栅（50～100mm）、中格栅（10～40mm）、细格栅（3～10mm）3 种。污水处理厂可设置中、细两道格栅，大型污水处理厂亦可设置粗、中、细三道格栅。当每日栅渣量大于 0.2m³，一般应采用机械格栅。格栅除污机的选型可参照表 3.3。

表 3.3　格栅除污机基本选型

| 参数 | 格栅除污机类型 |
| --- | --- |
| 格栅宽度≤3m | 固定式除污机 |
| 格栅宽度＞3m | 移动式除污机或多台固定式除污机 |
| 格栅深度≤2m | 弧形格栅除污机 |
| 格栅深度＞7m | 钢丝绳除污机 |

按格栅的安装位置，格栅除污机可分为三类：前置式（前清式），除污齿耙设在格栅前（迎水面）清除栅渣，如三索式格栅除污机，旋臂式弧形格栅除污机等；后置式（后清式），除污齿耙设在格栅后，向格栅前伸出清除栅渣，如背耙式格栅除污机；自清

式，无除污池耙，格栅的栅面携截留的栅渣一起上行，至卸料段时，栅片之间相互差动和变位，自行将污物卸除，同时辅以橡胶刷或压力清水冲洗，干净的栅面回转至底部，自下不断上行，替换已截污的栅面，周而复始，如回转型固液分离机。

按安装方式，格栅除污机分为固定式和移动式。按传动方式，格栅除污机分为液压式、臂式、钢丝绳、链式、曲柄式。按格栅形状，格栅除污机分为弧形、平面、阶梯形。

表 3.4 列出了几种典型格栅除污机的适用范围和优缺点。

**表 3.4　不同格栅除污机比较**

| 名称 | 适用范围 | 优点 | 缺点 |
|---|---|---|---|
| 链条回转式多耙格栅除污机 | 1. 深度不大的中小型格栅<br>2. 主要清除长纤维、带状物等生活污水中的杂物 | 1. 构造简单，制造方便<br>2. 占地面积小 | 1. 杂物易于进入链条和链轮之间，易卡住<br>2. 套筒滚子链造价高 |
| 高链式格栅除污机 | 1. 深度较浅的中小型格栅<br>2. 主要清除生物污水中的杂物、纤维、塑料制品废弃物 | 1. 链条链轮均在水面上工作，易维护<br>2. 使用寿命长 | 1. 只适应浅水渠道，不适用超越耙臂长度的水位<br>2. 耙臂超长咬合力差，结构复杂 |
| 背耙式格栅除污机 | 1. 深度较浅的中小型格栅<br>2. 主要清除生活污水的杂物 | 耙齿从格栅后面插入，除污干净 | 1. 栅条在整个高度之间不能有固定的连接，由耙齿夹持力维持栅距，刚性较差<br>2. 适用于浅水渠道 |
| 三索式格栅除污机 | 1. 固定式适用于各种宽度、深度的格栅<br>2. 移动式适用于宽大的格栅，逐格清除 | 1. 无水下运动部件，维护方便<br>2. 可应用于各种宽度、深度格栅，应用广泛 | 1. 钢丝绳在干湿交替处易腐蚀，需采用不锈钢丝绳<br>2. 钢丝绳易延伸，温差变化时敏感性强，需经常调整 |
| 回转式固液分离机 | 1. 适用于后道格栅，清除纤维和细小的生活或工业污水的杂物，栅距自 1～25mm，<br>2. 适用于深度不深的小型格栅 | 1. 有自清能力<br>2. 动作可靠<br>3. 污水中杂物去除率高 | 1. ABS 的梨形齿耙老化快<br>2. 当绕缠上棉丝，易损坏<br>3. 个别清理不当的杂物返回栅内<br>4. 格栅宽度较小，池深较浅 |
| 移动式伸缩臂格栅除污机 | 中等深度的宽大格栅，主要清除生活污水中的杂物 | 1. 不除污时，设备全部在水面上，维护方便<br>2. 可不停水检修<br>3. 寿命较长 | 1. 需三套电动机，减速器，构造较复杂<br>2. 移动时耙齿与栅条间隙的对位较困难 |
| 弧形格栅除污机 | 1. 适用于水浅的渠道中除污<br>2. 主要清除头道格栅清除不了的污水中杂物 | 1. 构造简单，制作方便<br>2. 动作可靠<br>3. 易维护 | 1. 占地面积较大<br>2. 除回转式的外，动作较为复杂<br>3. 弧栅制作较难 |

格栅的设计内容包括尺寸计算、水力计算、栅渣量计算以及清渣机械的选用等。根据 GB50014-2006 室外排水设计规范及给排水设计手册，格栅计算的一般规定如表 3.5 所示，计算方法见表 3.6，图 3.5。

表 3.5　格栅的一般规定

| | | | |
|---|---|---|---|
| 间隙宽度 | 粗格栅 | 16～25mm | 机械清除 |
| | | 25～40mm | 人工清除 |
| | 细格栅 | 1.5～10mm | |
| | 水泵前 | 根据水质、水泵类型及叶轮直径决定 | |
| | | 一般污水格栅间隙 20～25mm，雨水格栅间隙＞40mm | |
| | | 应小于水泵叶片间隙，一般轴流泵＜D/20 | |
| | | 混流泵和离心泵＜D/30 | |
| 流速 | 过栅流速 | 0.6～1.0m/s | |
| | 栅前流速 | 0.6～0.8m/s | |
| | 栅后到集水池流速 | 0.5～0.7m/s（轴流泵不大于 0.5m/s） | |
| 设计面积 | 一般不小于进水管渠有效面积的 2 倍（人工清渣） | | |
| | 一般应不小于进水管渠有效面积的 1.2 倍（机械清渣） | | |
| 格栅安装角度 | 机械清渣 | 60°～90° | （除转鼓式格栅除污机） |
| | 人工清渣 | 30°～60° | |
| | 格栅上部必须设置工作平台，其高度应高出格栅前最高设计水位 0.5m | | |
| | 工作平台上应有安全和冲洗设施 | | |
| 清渣方式的选择 | 一般栅渣量大于 0.2m³/d 时，考虑采用机械清渣 | | |
| 工作平台 | 工作平台两侧边道宽度宜采用 0.7～1.0m | | |
| | 工作平台正面过道宽度，采用机械清除时不应小于 1.5m | | |
| | 采用人工清除时不应小于 1.2m | | |
| | 工作台的高程应高出最高设计水位以上 0.5～1.0m，并应不低于溢流管水位 | | |
| | 工作台应有安全和冲洗设施 | | |
| 栅渣输送 | 带式输送机（粗格栅） | | |
| | 螺旋输送机（细格栅） | | |
| 栅渣量估算 | 0.10～0.05m³/10³m³（栅条间距为 16～25mm） | | |
| | 0.03～0.01m³/10³m³（栅条间距为 40mm 左右） | | |
| | 栅渣的含水率约为 80%，密度约为 960kg/m³ | | |

### 表 3.6 格栅计算公式

| 名称 | | 公式 | 符号说明 |
|---|---|---|---|
| 尺寸计算 | 栅槽宽度 | $B = S(n-1) + bn$（m） | $S$. 栅条宽度（m） |
| | 栅条间隙数 | $n = \dfrac{Q_{\max}S\sqrt{\sin\alpha}}{bhv}$ | $b$. 栅条间隙（m）<br>$n$. 栅条间隙数（个）<br>$Q_{\max}$. 最大设计流量（m/s） |
| | 栅条数目 | $n-1$ | $\alpha$. 格栅倾角（°）<br>$h$. 栅前水深（m）<br>$v$. 过栅流速（m/s） |
| | 格栅总长度 | $L = L_1 + L_2 + 1.0 +$<br>$\quad 0.5 + \dfrac{H_1}{\tan\alpha}$<br>$L_1 = \dfrac{(B - B_1)}{2\tan\alpha_1}$<br>$H_1 = h + h_1$ | $L_1$. 进水渠道渐宽宽度（m）<br>$L_2$. 格栅槽与出水渠道连接处的渐窄部位长度，一般 $L_2 = 0.5L_1$（m）<br>$H_1$. 栅前渠道深度（m）<br>$B_1$. 进水渠宽（m）<br>$\alpha_1$. 进水渠道渐宽部分的展开角度，一般可采用 20° |
| 水力计算 | 水头损失 | $h_1 = h_0 \times k$<br>$h_1 = \dfrac{\xi v^2}{2g}\sin\alpha \times k$ | $h_0$. 计算的水头损失（m）<br>$k$. 系数，格栅受污物堵塞时水头损失增大倍数，一般采用 3<br>$\xi$. 阻力系数，其值与栅条断面形状有关，可按表 2.9 计算 |
| | 栅后槽的高度 | $H = h + h_1 + h_2$ | $h_2$. 格栅前渠道超高，一般 $h_2 = 0.3$m |
| 栅渣量计算 | 每日栅渣量 | $W = \dfrac{Q_{\max}W_1 \times 86400}{k \times 1000}$ | $W_1$. 栅渣量（m³/10³ m³ 污水） |

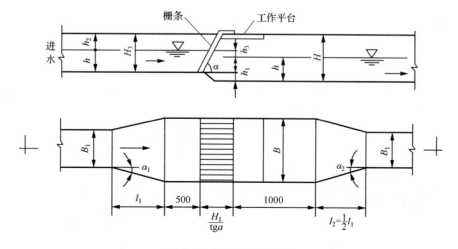

图 3.5 格栅计算示意图

（二）筛网

筛网用于截留去除细小悬浮固体杂质，如纤维、纸浆、藻类等。根据水中污染物的尺寸和性质，可以选择不同尺寸的筛孔和不同材质的金属丝网。筛网过滤设备有很多种类型，如转盘式、转鼓式、振动式等。

筛网占地面积小，运行维护简便。在选型及使用过程中应注意几个问题：
① 筛网的孔径应根据截留的微粒尺寸选定；
② 废水呈酸性或碱性时，应选用耐腐蚀材料制成的筛网；
③ 废水中若含有油类物质，应先进行除油预处理，以防止筛网堵塞。

### 3.2.1.2　固液分离

（一）沉淀

沉淀法是污水处理中最基本的方法之一，它是利用水中悬浮颗粒的可沉降性，在重力作用下产生沉降作用，而达到固液分离的一种过程（张自杰，2000）。

根据固体颗粒在沉降过程中出现的不同物理现象分为 4 类，如表 3.7 所示。

表 3.7　沉淀类型

| 沉淀类型 | 特点和现象 | 形成条件 | 应用 |
| --- | --- | --- | --- |
| 自由沉淀 | 悬浮固体之间互不干扰，沉降速度不变 | 悬浮固体浓度低 | 沉砂池 |
| 絮凝沉淀 | 颗粒相互聚集，粒径和沉降速度逐渐变大 | 悬浮固体浓度较高，且具有絮凝特性 | 混凝沉淀 |
| 成层沉淀 | 颗粒相对位置保持不变，整体下沉，形成泥水界面 | 悬浮固体浓度很高 | 二沉池 污泥浓缩池 |
| 压缩沉淀 | 下层颗粒受重力挤压 | 悬浮固体浓度极高 | 污泥浓缩池 |

**1. 沉砂池**

沉砂池的功能是去除比重较大的无机颗粒。沉砂池一般设于泵站、倒虹管前，以便减轻无机颗粒对水泵、管道的磨损；也可设于初次沉淀池前，以减轻沉淀池负荷及改善处理构筑物的处理条件。常用的沉砂池有平流沉砂池、曝气沉砂池、旋流式沉砂池。表 3.8 列出了不同类型沉砂池的优缺点和适用范围。

表 3.8　不同类型沉砂池比较

| 沉砂池类型 | 优点 | 缺点 | 适用范围 |
| --- | --- | --- | --- |
| 平流沉砂池 | 截留无机颗粒效果较好；工作稳定；构造简单；排砂方便 | 沉砂中约夹杂有 15% 的有机物，使沉砂的后续处理增加难度 | 小型、中型污水厂 |
| 曝气沉砂池 | 构造简单，沉砂效果较好；沉砂清洁易脱水，起预曝气作用 | 占地面积大；投资大；运行费用较高 | 中型、大型污水厂，厌氧工艺前不适用 |
| 旋流沉砂池 | 沉砂效果好且可调节；适应性强；占地少，投资省 | 构造复杂；运行费用高 | 大、中、小型污水厂 |

### 2. 沉淀池

沉淀池一般分为平流式、竖流式、辐流式和斜管（板）式沉淀池。每种沉淀池均包含 5 个区，即进水区、沉淀区、缓冲区、污泥区和出水区。表 3.9 为 4 种类型的沉淀池优缺点、适用范围和排泥方式的比较。

表 3.9　沉淀池类型比较

| 池型 | 优点 | 缺点 | 适用范围 | 排泥方式 |
|------|------|------|----------|----------|
| 平流式 | 沉淀效果较好；耐冲击负荷；平底单斗时施工容易造价低 | 配水不易均匀；多斗式构造复杂，排泥操作不方便，造价高；链带式刮泥机维护困难 | 适用地下水位高，大中小型污水厂 | 链板式刮泥机；行车式刮泥机、吸泥机 |
| 竖流式 | 静压排泥系统简单；排泥方便；占地面积小 | 池深池径比值大，施工困难；抗冲击负荷能力差；池径大时，布水不均匀 | 适用地下水位高，地质条件好，大中型污水厂 | 静水压力排泥 |
| 辐流式 | 沉淀效果较好；周边配水时容积利用率高；排泥设备成套性能好；管理简单 | 中心进水时配水不易均匀；机械排泥系统复杂，安装要求高；进出配水设施施工困难 | 适用地下水位高地质条件好，大中型污水厂 | 中心传动刮泥机、吸泥机；周边传动刮泥机、吸泥机 |
| 斜板式 | 沉淀效果效率高；停留时间短；占地面积小；维护方便 | 构造比较复杂；造价较高 | 适用地下水位低，小型污水厂 | 行车式吸泥机 |

沉淀池排泥方式主要有斗式静压排泥、穿孔管排泥、吸泥机和刮泥机。不同排泥方式的优缺点和适用范围见表 3.10。

表 3.10　沉淀池排泥方式比较

| 方法 | 优点 | 缺点 | 适用范围 |
|------|------|------|----------|
| 斗式静压排泥 | 单斗时操作方便不易堵塞；设备简单造价低 | 增加池深，池底构造复杂；多斗操作不方便；排泥不彻底 | 中小型、含泥量少污水厂 |
| 穿孔管排泥 | 操作简单排泥历时短；系统简单造价低 | 孔眼易堵塞池宽太大时不宜采用；泥沙量大时效果差；有时需配排泥泵 | 小型、含泥沙量少污水厂 |
| 吸泥机 | 排泥效果好；可连续排泥 | 机械构造复杂安装困难；造价高；故障不多但维修麻烦 | 大、中型污水厂 |
| 刮泥机 | 排泥彻底效果好；可连续排泥；操作简单 | 机械构造较复杂；水力部分设备维修量大；还需配排泥管或泵 | 大、中型污水厂 |

对于城市生活污水的处理，沉淀池设计的参数选择可参照表 3.11。

**表 3.11　沉淀池设计的一般规定**（中国市政工程东北设计研究院，2000）

| 参数 | 初次沉淀池 | 二次沉淀池 | |
| --- | --- | --- | --- |
| | | 生物膜法后 | 活性污泥法后 |
| 沉淀时间/小时 | 0.5～2.0 | 1.5～4.0 | 1.5～4.0 |
| 表面水力负荷/[m³/(m²·h)] | 1.5～4.5 | 1.0～2.0 | 0.6～1.5 |
| 每人每日污泥量/[g/(人·d)] | 16～36 | 10～26 | 12～32 |
| 污泥含水率/% | 95～97 | 96～98 | 99.2～99.6 |
| 固体负荷/[kg/(m²·d)] | | ≤150 | ≤150 |
| 水平流速/(mm/s) | ≤7 | ≤5 | |
| 污泥区容积 | ≤2 天污泥量<br>4 小时污泥量（机械排泥） | 4 小时污泥量 | ≤2 小时污泥量 |
| 静水头（静水压排泥）/m | ≥1.5 | ≥1.2 | ≥0.9 |
| 出口堰最大负荷/[L/(m·s)] | 2.9 | 1.7 | 1.7 |
| 超高/m | | ≥0.3 | |
| 有效水深/m | | 2.0～4.0 | |
| 排泥管直径/mm | | ≥200 | |
| 污泥斗斜壁与水平面的倾角/(°)<br>（污泥斗排泥时） | | 60（方斗）<br>55（圆斗） | |

（二）膜分离

**1. 概述**

用于城市污水深度处的膜分离法主要包括微滤（MF）、超滤（UF）、纳滤（NF）和反渗透（RO）。膜分离法是利用特定膜材料的透过性能，以压力差作为驱动力，实现对水中颗粒、胶体、分子、离子的分离。图 3.6 为不同种类的膜分离范围。目前，双膜法（UF/NF＋RO）开始应用于中水回用工程中。

膜组件知名厂家多为国外厂商，如日东电工（Nitto Denko）1987 年收购美国海德能公司（Hydranautics），在中国建立了膜元件生产基地；陶氏（DOW）于 1985 年收购了欧美环境工程有限公司（Filmtec Corp）。

**2. 工程案例分析**

由于新加坡淡水资源非常短缺，为了摆脱对马来西亚的水源依赖，新加坡政府开展了海水淡化、雨水收集和中水回用等工程。Bedok NeWater 新生源水厂是新加坡公用事业局承建的 4 个中水回用新生源水厂之一。Bedok NeWater 新生源水厂最初设计规模为42500m³/d，二期、三期的工程完成后，总规模将达到 117000m³/d。首期工程于 2002年 12 月建成投产。

Bedok NeWater 新生源水厂的原水是本地污水处理厂二沉池的出水，为使处理后的出水达到电子工业和其他冷却用水水质要求，采用以下处理工艺：

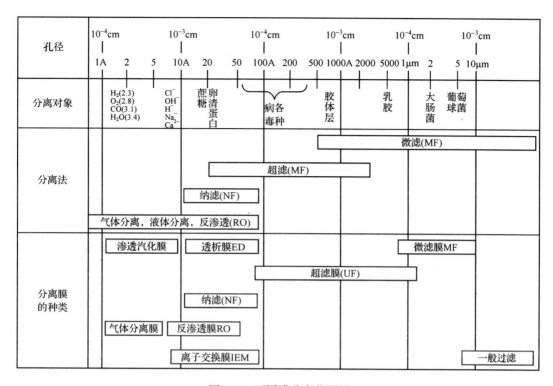

图 3.6 不同膜分离范围图

根据水质检验结果，原水浊度 5.0NTU，SDI，经膜过滤处理的出水水质浊度 <0.2NTU，SDI<3。

### 3.2.2 化学处理

#### 3.2.2.1 混凝处理

（一）混凝机理

天然水中和各种废水中，物质在水中存在的形式有 3 种：离子状态、胶体状态和悬浮状态。一般认为，颗粒粒径小于 1nm 的为溶解物质，颗粒粒径在 1~100nm 的为胶体物质，颗粒粒径在 100nm~1mm 为悬浮物质。其中的悬浮物质是肉眼可见物，可以通过自然沉淀法进行去除；溶解物质在水中是离子状态存在的，可以向水中加入一种药剂使之反应生成不溶于水的物质，然后用自然沉淀法去除掉；而胶体物质由于胶粒具有双电层结构而具有稳定性，不能用自然沉淀法去除，需要向水中投加一些药剂，使水中难以沉淀的胶体颗粒脱稳而互相聚合，增加至能自然沉淀的程度而去除（张自杰，2000）。

　　混凝是凝聚和絮凝的总称，是水体中胶体粒子以及微小悬浮物聚集的过程。其中，胶体失去稳定性的过程称为凝聚，脱稳后胶体互相聚集的过程成为絮凝。胶体的稳定性是其在水中长期保持分散悬浮状态的特性，分为动力学稳定性和聚集稳定性两种。

　　影响胶体动力学稳定性的是胶体粒子的强烈无规则布朗运动；聚集稳定性的影响力包括胶体间的静电斥力、胶体表面的水化作用以及胶体间互相吸引的范德华力。胶体粒子的凝聚取决于布朗运动、静电斥力和范德华力等综合作用的结果。一般胶体带电越多，电位就越大，胶粒和反离子与胶体周围水分子发生水化作用越大，水化层越厚，胶体的稳定性越强。

　　胶团呈电中性，基本结构包括校核、吸附层和扩散层，其中校核与吸附层组成胶粒。胶核是由胶体分子聚合而成的胶体微粒，在其表面吸附了某种离子而带有电荷；而胶核周围吸引了与其相异电荷的反离子，一部分反粒子紧紧依附在胶核表面随其移动，组成吸附层；另一部分不随胶核移动的反离子形成了扩散层。当胶体微粒运动时，扩散层与吸附层之间出现一个滑动面，滑动面上的电位称为 $\zeta$ 电位。$\zeta$ 电位越高，胶体稳定性越高，一般为 $10 \sim 200 \mathrm{mV}$。胶体颗粒的双电层结构如图 3.7 所示。

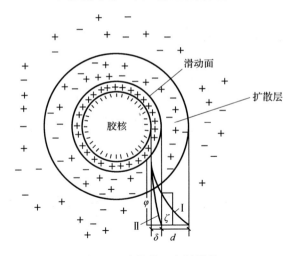

图 3.7　胶体的双电层结构

　　关于胶体的混凝作用机理，较为公认的是双电层理论和吸附架桥理论。压缩双电层是指在胶体分散系中投加能产生高价反离子的活性电解质，通过增大溶液中的反离子强度来减小扩散层厚度，从而使 $\zeta$ 电位降低的过程。当胶体溶液中投加了电解质，溶液中与胶体反离子相同电荷的离子浓度增加，并进入扩散层和吸附层，使得胶粒的电荷数减少，降低了 $\zeta$ 电位。当胶粒间的斥力越来越小，引力成为主导力时，胶粒互相聚合凝聚。压缩双电层过程的实质是新增的反离子与扩散层内原有反离子之间的静电斥力把原有反离子程度不同地挤压到吸附层中，从而使扩散层减薄。

　　吸附架桥理论主要是指高分子物质与胶粒的吸附桥连作用。高分子絮凝剂具有线型结构，含有某些化学基团，可以与胶粒的表面产生特殊反应而相互吸附，从而形成较大颗粒的絮凝体。

（二）混凝剂分类

混凝剂可分为无机混凝剂和有机混凝剂两大类。无机混凝剂中应用最广泛的是铝盐和铁盐混凝剂，如硫酸铝、聚合氯化铝、硫酸亚铁、聚合氯化铁等。铝盐混凝剂腐蚀性较小，净化效果好。铁盐混凝剂形成的矾花较重，易于沉淀，适于处理低温低浊度水。

有机混凝剂分为有机合成和天然两种。合成的有机高分子混凝剂一般为水溶性线型高分子聚合物，分子呈链状，每一链节为一个单体，各单体间以共价键结合，单体的总数为混凝剂的聚合度，约为 1000～5000。按照高分子聚合物在水中的离解情况，可分为阳离子、阴离子和非离子 3 种。在我国使用最广泛的高分子混凝剂是聚丙烯酰胺（PAM），分子量一般在 $15×10^5$～$60×10^5$ 范围内。使用时先配成 0.1%～1.0% 的溶液；当与铝盐等无机混凝剂合用时，一般先加入 PAM 溶液，1～5min 后投加无机混凝剂。天然高分子混凝剂包括淀粉、蛋白质、木质素等，具有混凝或助凝作用。

在使用混凝沉淀法处理废水时，通常需要加入一些辅助药剂，帮助形成粗重易于沉降的矾花絮体。这些辅助药剂成为助凝剂，包括酸碱物质、水玻璃、活性炭、氧化剂等。

（三）混凝处理的影响因素

**1. 水温**

水温对混凝剂的水解和絮体的形成过程有较大的影响。水温较低时，水的黏度较大，粒子的布朗运动减弱，不易形成絮体。水温对铝盐的影响尤为显著。通常混凝处理的水温宜控制在 20～30℃。

**2. 水的 pH 与碱度**

水中的碱度用于中和混凝剂在水解过程中产生的 $H^+$。若水中碱度不足，水的 pH 会随 $H^+$ 浓度的增加而逐渐下降，从而影响混凝剂的水解反应。另外，水的 pH 对混凝剂水解产物的形态亦有影响，产生的混凝效果也各不相同。因此在使用混凝剂时，要注意调节水质的 pH，补充水的碱度。

**3. 水力条件**

混凝过程可分为两个阶段，药剂的混合阶段和反应阶段。混合的作用是使药剂迅速均匀地扩散到全部水中。在此阶段不要求形成大的絮凝体，要求快速、剧烈完成搅拌，通常在几秒钟或 1 分钟内完成。对于高分子混凝剂，混合过程的快速和剧烈并不重要。反应阶段的作用是创造良好的水力条件使细小的絮体在一定时间内形成大的、具有良好沉淀性能的絮凝体。一般要求具有适当的紊流程度和足够的反应时间。

3.2.2.2　吸附处理

废水处理中，吸附法主要是利用多孔型固体物质，使废水中的一种或多种物质同时吸附在固体表面而去除的方法。它包括物理吸附和化学吸附两种。常用的吸附剂有活性炭、沸石、焦炭、钒土、焚烧炉底灰等。活性炭由于具有 500～1700m²/g 的巨大比表面积，有很强的吸附能力而被广泛使用。在垃圾渗滤液的处理中，吸附法主要去除水中

难降解的有机物、重金属离子和色度。一般情况下，对 COD 和 NH₃-N 的去除率为
50%～70%。值得指出的是，由于深度处理中仍含有大量的微生物及部分可降解有机
物，可实现有机物吸附和降解的同时进行，出水水质明显比两者单独作用要好。

活性炭吸附法吸附处理程度高，吸附容量大，对水中大多数有机物都有较强的吸附
能力，可适应水量和有机物负荷的变化，设备紧凑，管理方便。但活性炭吸附易受
pH、水温及接触时间等因素的影响，再生较困难，易产生二次污染。

### 3.2.2.3　离子交换处理

离子交换是利用固体离子交换剂中的离子与废水中的离子进行交换，以达到去除废
水中某些离子，并净化废水的目的，是一种属于传质分离过程的单元操作。离子交换是
可逆的等当量交换反应。早在 1850 年就发现了土壤吸收铵盐时的离子交换现象，但离
子交换作为一种现代分离手段，是在 20 世纪 40 年代人工合成了离子交换树脂以后的
事。离子交换操作的过程和设备，与吸附基本相同，但离子交换的选择性较高，更适用
于高纯度的分离和净化。

离子交换是一种液固相反应过程，涉及物质在液相和固相中的扩散过程。在常温
下，交换反应的速度很快，不是控制因素。如果进行交换的离子在液相中的扩散速度较
慢，称为外扩散控制，如果在固相中的扩散较慢，则称为内扩散控制。早期的研究系从
斐克定律出发，所导出的速率方程式只适用于同位素离子的交换。实际上，离子交换过
程至少有两种离子反向扩散。如果它们的扩散速率不等，就会产生电场，此电场必对离
子的扩散产生影响。考虑到此电场的影响，F. G. 赫尔弗里希导出相应的速率方程为

$$N = D\Big(\mathrm{grad}C + ZC\,\frac{\mathrm{F}}{RT}\mathrm{grad}\varphi\Big)$$

式中，$N$ 为物质通量；$D$ 为扩散系数；F 为法拉第常数；$\varphi$ 为电极电位。

用于离子交换的主要设备类型有：① 搅拌槽，适用于处理黏稠液体。当单级交换
达不到要求时，可用多级组成级联。② 固定床离子交换器，也称离子交换柱，是用于
离子交换的固定床传质设备，应用最广。③ 移动床离子交换器，是用于离子交换的移
动床传质设备，由于技术上的困难尚未得到工业应用。

## 3.2.3　活性污泥法

### 3.2.3.1　概述

随着活性污泥法的发展（见表 3.12），出现多种变型工艺，主要是体现在以下参数
的变化。

（1）流态：有推流式，完全混合式和封闭环流式即氧化沟（兼有推流和完全混合的
特点）。

（2）供氧方式：曝气池的供氧以空气为主。自 20 世纪 70 年代以来，随着制氧工艺
的进步，出现了纯氧曝气，目前还未占据主流。

（3）池深：浅层曝气采用低压风机（风压在 10kPa 左右），将出风口设在水面下

0.6～0.8m 左右的浅层位置，而水深仍保持 3～4m，动力效率可达 1.8～2.6kgO₂/(kW·h)。采用 5m 以内风压的风机，出风口设在池深中层（水面下 3～4m）时，池深可达 7m 以上，称深水中层曝气。深井曝气水深可达 150～300m，充氧能力可达 0.5～1.0kg/(m³·d)。

（4）运行方式：早期的污水处理，由于水量小，技术水平较低，多采用间歇法处理。随着水量渐增，技术水平的提高，连续流工艺逐渐称为主流。近年来，由于自动化技术的发展，间歇流序批法（SBR）的应用日渐广泛。

（5）曝气时间：对于城市污水，常规曝气的曝气时间一般为 4～8 小时。延时曝气其曝气时间可长达 1 天。氧化沟多为延时曝气。

（6）进水布置：之前曝气多为一点进水，阶段曝气改为多点进水，以减少负荷冲击和供氧不均。

（7）进气布置：渐减曝气的进气布置随污水进程减少，以使供气量与负荷始终适用。目前实践应用已不多见，不如阶段曝气广泛。

**表 3.12　活性污泥法发展历史**（李亚新，2006）

| 年代 | 事件 |
| --- | --- |
| 1914 年 | Ardern 和 Lockett 在英国化学工业学会发表活性污泥法的论文，此年为活性污泥法的创始年 |
| 1917 年 | 在英国曼彻斯特和美国休斯敦建立了活性污泥法污水处理厂 |
| 1921 年 | 在上海建成了我国第一座活性污泥法污水处理厂——北区污水处理厂 |
| 1936 年 | Kessler 提出了渐减曝气法 |
| 1942 年 | Gould 在纽约城首次采用了阶段曝气法 |
| 1944 年 | 塞特尔和爱德华兹首先实践了高负荷曝气法（即减量曝气法） |
| 1945 年 | Kraus 提出了克劳斯处理法 |
| 1950 年 | 麦金尼提出了完全混合污泥法 |
| 1951 年 | 美国 Uirich 和 Smith 提出了生物吸附活性污泥法，并在美国德克萨斯州奥斯汀实施了此工艺 |
| 1953 年 | 波杰斯、贾思威茨和胡佛等提出了延时曝气活性污泥法 |
| 1954 年 | 荷兰 Pasveer 创建了氧化沟污水处理系统 |
| 1958 年 | 英国布鲁因研究并在生产中采用了深层曝气法 |
| 1962 年 | Ludzack 和 Ettinger 提出 Ludzack-Ettinger 工艺 |
| 1968 年 | 纽约州 Ratavia 建立了第一座纯氧曝气活性污泥法污水处理厂 |
| 1974 年 | Billingham 市建成首座深井曝气池生产试验装置 |
| 1975 年 | 联邦德国业琛大学 Boehnke 教授创立吸附降解工艺（AB 法） |
| 1976 年 | 世界上第一座 ICEAS 法（间歇式延时曝气活性污泥法）废水处理厂建成投产 |
| 1980 年 | 美国 Notre Dame 大学 Irvine 教授将 Indiana 州 Culver 市污水处理厂的传统连续流活性污泥系统改建为序批式活性污泥法 SBR |
| 1987 年 | 国际水污染研究与控制协会（IAWPRC）发表活性污泥数学模型 ASM1 |
| 1995 年 | 国际水协（IAWQ）发表活性污泥数学模型 ASM2 |
| 1999 年 | 国际水协（IAWQ）发表活性污泥数学模型 ASM3 |

（8）回流污泥再生：吸附再生法增设再生池，使回流污泥微生物进入内源呼吸期，使污泥的活性得到充分恢复，使其在进入吸附池与污水接触后，能够充分发挥其吸附能力。

当以去除碳源污染物为目的时，几种常见的传统活性污泥法主要设计参数可参照表 3.13（室外排水设计规范，GB50014-2006）。

表 3.13　传统活性污泥法去除碳源污染物的主要设计参数

| 类别 | $L_s/[\mathrm{kg}/(\mathrm{kg \cdot d})]$ | $X/(\mathrm{g/L})$ | $L_v/[\mathrm{kg}/(\mathrm{m^3 \cdot d})]$ | 污泥回流比/% | 总处理效率/% |
|---|---|---|---|---|---|
| 普通曝气 | 0.2～0.4 | 1.5～2.5 | 0.4～0.9 | 25～75 | 90～95 |
| 阶段曝气 | 0.2～0.4 | 1.5～3.0 | 0.4～1.2 | 25～75 | 85～95 |
| 吸附再生曝气 | 0.2～0.4 | 2.5～6.0 | 0.9～1.8 | 50～100 | 80～90 |
| 合建式完全混合曝气 | 0.25～0.5 | 2.0～4.0 | 0.5～1.8 | 100～400 | 80～90 |

活性污泥法是以活性污泥为主体的废水生物处理技术。在曝气过程中，利用活性污泥的吸附和生化氧化作用，以分解去除废水中溶解的和胶体的有机物质，使废水得以净化。为维持活性污泥系统的稳定运行，将增长的污泥（剩余污泥）从沉淀池中排出，并回流部分污泥至曝气池。

基本的活性污泥工艺流程由曝气池、曝气系统、沉淀池、污泥回流和剩余污泥排除系统所组成，如图 3.8 所示。

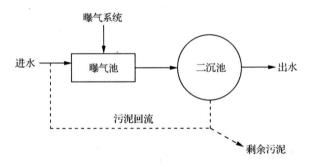

图 3.8　活性污泥基本工艺流程图

曝气池为活性污泥的核心部分，是微生物悬浮生长型生化反应器，废水及回流污泥进入曝气池。曝气系统包括曝气设备、空气管道和曝气器。曝气的作用一是向废水充氧，提供微生物生长所需的氧；二是混合作用使得活性污泥与废水相互充分混合、接触。沉淀池用于混合液的固液分离，澄清水作为处理后的出水排出系统。回流污泥的目的是使曝气池内保持一定的悬浮固体浓度，也就是保持一定的微生物浓度。从系统中废弃一部分生物固体的手段，废弃污泥与在反应器内增长的污泥，在数量上应保持平衡，使得反应器内的污泥浓度相对地保持在一个较为恒定的范围内。

### 3.2.3.2　A/A/O

（一）概述

随着对排入水体的污水水质要求的提高，尤其是引起富营养化氮、磷的排放值更为严格。当进水含有一定量的氨氮、磷，传统的活性污泥法便无法满足出水水质要求。而A/A/O可实现生物脱氮除磷，且工艺简单，易于在原有的工艺上进行改造。

（二）工艺设计

**1. A/A/O工艺类型**

图3.9为不同类型的A/A/O工艺流程示意图，表3.14将这些工艺的特点进行比较。

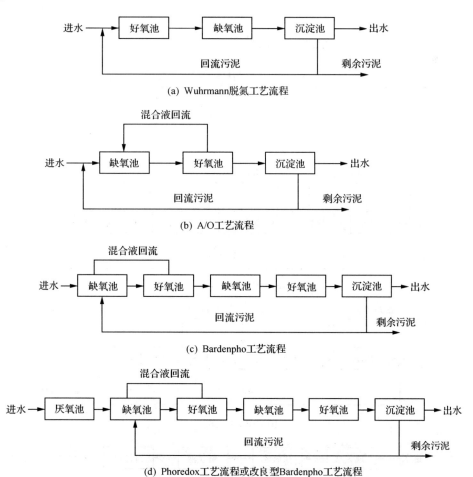

（a）Wuhrmann脱氮工艺流程

（b）A/O工艺流程

（c）Bardenpho工艺流程

（d）Phoredox工艺流程或改良型Bardenpho工艺流程

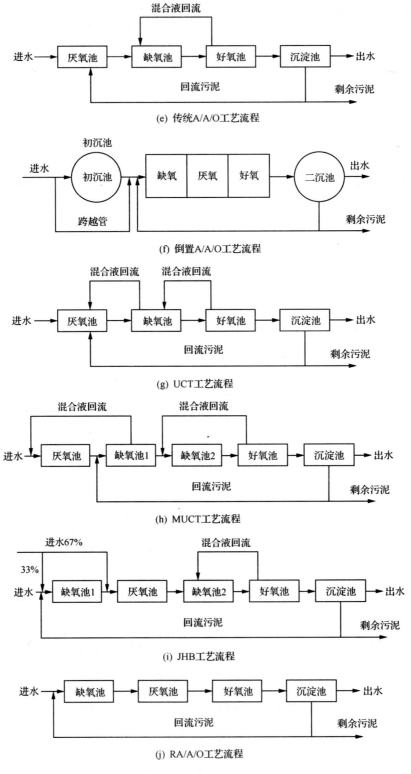

(e) 传统A/A/O工艺流程

(f) 倒置A/A/O工艺流程

(g) UCT工艺流程

(h) MUCT工艺流程

(i) JHB工艺流程

(j) RA/A/O工艺流程

图 3.9　不同类型 A/A/O 工艺流程图

**表 3.14　不同类型的 A/A/O 工艺特点比较**

| 工艺类型 | 工艺特点 | 优点 | 缺点 |
|---|---|---|---|
| Wuhrmann | 遵循硝化、反硝化顺序设置 | 为以后脱氮除磷的工艺发展奠定基础 | 脱氮效率低，在工程上不实用 |
| A/O | 前置反硝化（缺氧）—硝化（好氧） | 利用进水中可生物降解物质为碳源 | 好氧池总流量的一部分没有回流到缺氧池，不能达到完全脱氮的效果；除磷效果不佳 |
| Bardenpho | 缺氧—好氧—缺氧—好氧，Wuhrmann工艺和 A/O 工艺的结合 | 脱氮效果好 | 混合液回流中的硝酸盐和亚硝酸盐对生物除磷有非常不利的影响 |
| Phoredox | 在 Bardenpho 前增设一厌氧池 | 脱氮除磷效果好，适合低负荷污水厂的脱氮除磷 | — |
| 传统 A/A/O | 厌氧—缺氧—好氧 | 较好的除磷效果 | 脱氮能力依靠回流比保证 |
| UCT | 厌氧—缺氧—好氧，混合液回流至缺氧池进行反硝化，再从缺氧池回流至厌氧池 | 减少了硝酸盐和亚硝酸盐对生物除磷的不利影响 | 当进水 TKN/COD 较高时，缺氧池无法实现完全的脱氮，仍会有部分硝酸盐进入厌氧池，影响生物除磷 |
| MUCT | 厌氧—缺氧 1—缺氧 2—好氧，设置两个缺氧池，缺氧池 1 接受二沉池回流污泥，缺氧池 2 接受好氧池硝化混合液，使污泥的脱氮和混合液的脱氮分开 | 进一步减少了硝酸盐和亚硝酸盐对生物除磷的不利影响 | — |
| JHB | 缺氧—厌氧—缺氧—好氧，在传统的 A/A/O 工艺前增加一个缺氧池，来自二沉池的污泥可利用 33% 进水的有机物作为碳源进行反硝化。其余 67% 的进水进入厌氧池 | 可消除硝酸盐和亚硝酸盐对生物除磷的不利影响 | — |
| RA/A/O | 缺氧—厌氧—好氧，省却混合液回流，适当增加污泥回流比 | 前置缺氧池的反硝化，消除了硝酸盐和亚硝酸盐对后续厌氧池的不利影响 | 存在碳源问题聚磷菌的释磷水平明显低于传统的 A/A/O |

**2. A/A/O 工艺特点**

A/A/O 及其变形工艺在实际的工程应用中，与污水处理的其他生物技术相比，主要具有以下特点：

（1）A/A/O 及其变形工艺由于能同时满足当前脱氮除磷的污水处理要求，且处理构筑物少，处理工艺相对简单，从而在大多数国家和地区得到了广泛的应用。

（2）设计处理规模多样，能满足不同污水处理规模的工艺要求。

（3）脱氮除磷功能的固有矛盾，聚磷菌、硝化菌和反硝化菌在碳源要求、泥龄、有机负荷上存在着矛盾和竞争。一是厌氧环境下反硝化菌与聚磷菌对碳源有机物的竞争；二是脱氮和除磷对泥龄要求的矛盾，泥龄越长越有利于脱氮，但系统排泥量小，不利于除磷。在实际运行中，根据进水氮磷浓度及处理要求，设计不同泥龄。

（4）混合液/污泥回流比变化范围大。一般该系统中设计混合液回流比为 200%～400%，污泥回流比为 60%～150%。

（5）厌氧、缺氧、好氧三段体积比差异大

厌氧、缺氧、好氧三段体积比直接决定着各段的水力停留时间，而这三段停留时间相互制约、相互影响。

（三）设计计算

**1. $A_N/O$ 工艺生物除氮**

进入生物脱氮除磷系统的污水，应符合以下要求：① 脱氮时，污水中的五日生化需氧量与总凯氏氮之比宜大于 4；② 好氧区（池）剩余总碱度宜大于 70mg/L（以 $CaCO_3$ 计），当进水碱度不能满足上述要求时，应采取增加碱度的措施；③ 当进入反应池的 BOD5/TKN 小于 4 时，应在缺氧区（池）投加碳源。$A_N/O$ 工艺的设计计算可按照表 3.15，设计参数选择可参照表 3.16（室外排水设计规范，GB50014-2006）。

表 3.15　$A_N/O$ 工艺计算公式

| 参数 | 计算公式 | 符号说明 |
|---|---|---|
| 好氧区容积 $V_0$（m³） | $V_o = \dfrac{Q(S_o - S_e)\theta_{co}Y_t}{1000X}$ <br><br> $\theta_{co} = F\dfrac{1}{\mu}$ <br><br> $\mu = 0.47\dfrac{N_a}{K_N + N_a}e^{0.098(T-15)}$ | $Q$. 设计流量（m³/d）<br>$S_0$. 进水 BOD5（mg/L）<br>$S_e$. 出水 BOD5（mg/L）<br>$\theta_{co}$. 设计污泥龄（天）<br>$X$. 反应池内混合液浓度（gMLSS/L）<br>$Y_t$. 污泥产率系数（kgMLSS/kgBOD5），宜根据试验资料确定，无试验资料时，系统有初沉池时取 0.3，无初沉池时取 0.6～1.0<br>$F$. 安全系数，为 1.5～3.0 |
| 缺氧区容积 $V_n$（m³） | $V_n = \dfrac{0.001Q(N_k - N_{te}) - 0.12\Delta X_v}{K_{de(20)}1.08^{(T-20)}X}$ <br><br> $\Delta X_v = fY_t\dfrac{Q(S_o - S_e)}{1000}$ | $\mu$. 硝化细菌比生长速率（1 天）<br>$N_a$. 反应池中氨氮浓度（mg/L）<br>$K_N$. 硝化作用中氮的半速率常数（mg/L）<br>$T$. 设计温度（℃）<br>0.47～15℃时，硝化细菌最大比生长速率（1 天）<br>$N_K$. 进水总凯式氮浓度（mg/L） |

续表

| 参数 | 计算公式 | 符号说明 |
|---|---|---|
| 混合液回流量 $Q_{Ri}$ （$m^3/d$） | $Q_{Ri}=\dfrac{1000V_n K_{de(T)} X}{N_t-N_{te}}-Q_R$ | $N_{te}$. 出水总氮浓度（mg/L）<br>$\Delta X_v$. 剩余污泥量（kgMLVSS/d）<br>$K_{de}$. 脱氮速率［kgNO₃-N/(kgMLSS·d)］，无试验资料式，20℃的 $K_{de}$ 值可采用 0.03～0.06<br>$f$. MLSS 中 MLVSS 所占比例<br>$t_p$. 厌氧区（池）停留时间（小时），宜为 1～2<br>$Q_R$. 回流污泥量（$m^3/d$）<br>$N_{ke}$. 出水总凯式氮（mg/L）<br>$N_t$. 进水总氮浓度（mg/L） |

表 3.16 A<sub>N</sub>/O 工艺生物脱氮的主要设计参数

| 项目 | 单位 | 参考值 |
|---|---|---|
| $BOD_5$ 污泥负荷 $L_s$ | kgBOD₅/(kgMLSS·d) | 0.05～0.15 |
| 总氮负荷率 | kgTN/(kgMLSS·d) | ≤0.05 |
| 污泥浓度（MLSS）$X$ | g/L | 2.5～4.5 |
| 污泥龄 $\theta_c$ | 天 | 11～23 |
| 污泥产率系数 $Y$ | kgVSS/kgBOD₅ | 0.3～0.6 |
| 需氧量 $O_2$ | kgO₂/kgBOD₅ | 1.1～2.0 |
| 水力停留时间 $HRT$ | 小时 | 8～16 |
|  | 小时 | 其中缺氧段 0.5～3.0 |
| 污泥回流比 $R$ | % | 50～100 |
| 混合液回流比 $Ri$ | % | 100～400 |
| 总处理效率 $\eta$ | % | 90～95（BOD₅） |
|  | % | 60～85（TN） |

**2. A<sub>P</sub>/O 工艺生物除磷**

A<sub>P</sub>/O 工艺生物除磷时，污水中的 5 日生化需氧量与总磷之比宜大于 17。A<sub>P</sub>/O 工艺设计计算公式见表 3.17，设计参数选择参照表 3.18。

表 3.17 A<sub>P</sub>/O 生物除磷工艺计算公式

| 参数 | 计算公式 | 符号说明 |
|---|---|---|
| 好氧区容积 $V_0$ （$m^3$） | 按污泥负荷计算<br>$V_0=\dfrac{Q(S_0-S_e)}{1000L_s fX}$<br>按污泥龄计算<br>$V_0=\dfrac{Q(S_0-S_e)\theta_\infty Y_t}{1000X_v[1+K_{de(20)}1.08^{(T-20)}\theta_\infty]}$ | $L_s$. BOD₅ 污泥负荷［kgBOD₅/(kgMLSS·d)］<br>$t_p$. 厌氧区（池）停留时间（小时），宜为 1～2<br>其他符号同表 3.15 |
| 厌氧区容积 $V_p$ （$m^3$） | $V_p=\dfrac{t_p Q}{24}$ | |

表 3.18　厌氧/好氧法生物除磷的主要设计参数

| 项目 | 单位 | 参考值 |
|---|---|---|
| $BOD_5$ 污泥负荷 $L_s$ | $kgBOD_5/(kgMLSS \cdot d)$ | 0.4～0.7 |
| 污泥含磷率 | $kgTP/kgVSS$ | 0.03～0.07 |
| 污泥浓度（MLSS）$X$ | g/L | 2.0～4.0 |
| 污泥龄 $\theta c$ | 天 | 3.5～7 |
| 污泥产率系数 $Y$ | $kgVSS/kgBOD_5$ | 0.4～0.8 |
| 需氧量 $O_2$ | $kgO_2/kgBOD_5$ | 0.7～1.1 |
| 水力停留时间 $HRT$ | 小时 | 3～8 |
|  | 小时 | 其中厌氧段 1～2 |
|  | 小时 | $Ap:O=1:3～1:2$ |
| 污泥回流比 $R$ | % | 40～100 |
| 总处理效率 $\eta$ | % | 80～90（$BOD_5$） |
|  | % | 75～85（TP） |

### 3. A/A/O 生物脱氮除磷工艺

A/A/O 生物脱氮除磷工艺污水进水需满足 $A_NO$ 和 $A_PO$ 的要求。A/A/O 生物脱氮除磷工艺计算方法可参照表 3.16 和表 3.18，主要设计参数可根据表 3.19 选取。

表 3.19　厌氧/缺氧/好氧法生物脱氮除磷的主要设计参数

| 项目 | 单位 | 参考值 |
|---|---|---|
| $BOD_5$ 污泥负荷 $L_s$ | $kgBOD_5/(kgMLSS \cdot d)$ | 0.1～0.2 |
| 污泥浓度（MLSS）$X$ | g/L | 2.5～4.5 |
| 污泥龄 $\theta c$ | 天 | 10～20 |
| 污泥产率系数 $Y$ | $kgVSS/kgBOD_5$ | 0.3～0.6 |
| 需氧量 $O_2$ | $kgO_2/kgBOD_5$ | 1.1～1.8 |
| 水力停留时间 $HRT$ | 小时 | 7～14 |
|  | 小时 | 其中厌氧段 1～2 |
|  | 小时 | 缺氧 0.5～3 |
| 污泥回流比 $R$ | % | 20～100 |
| 混合液回流比 $Ri$ | % | ≥200 |
| 总处理效率 $\eta$ | % | 80～90（$BOD_5$） |
|  | % | 75～85（TP） |
|  | % | 55～80（TN） |

### 4. A/A/O 变型工艺设计参数

A/A/O 变型工艺设计参数可参照表 3.20 选取。

表 3.20 A/A/O 变型工艺设计参数

| 参数 | UCT | MUCT | JHB | RA/A/O | MA/O |
|---|---|---|---|---|---|
| 污泥负荷/[kgBOD₅/(kgMLSS·d)] | 0.05～0.15 | 0.05～0.2 | 0.05～0.2 | 0.05～0.15 | 0.05～0.15 |
| 污泥浓度/(gMLSS/L) | 2～4 | 2～4.5 | 2～4.5 | 2～5 | 2～5 |
| 污泥龄/天 | 10～18 | 10～16 | 10～16 | 10～18 | 10～18 |
| 污泥回流/% | 40～100 | 40～100 | 40～110 | 40～120 | 40～100 |
| 好氧区回流/% | 100～400 | 200～400 | 200～400 | — | — |
| 缺氧区回流/% | 100～200 | 100～200 | — | — | — |
| 水力停留时间/小时 | | | | | |
| 厌氧区 | 1～2 | 1～2 | 1～2 | 1～2 | 1～2 |
| 缺氧区 | 2～3 | 0.5～1.0<br>1.0～2.0 | 0.5～1.0<br>2～4 | 2～4 | 2～4 |
| 好氧区 | 6～14 | 6～14 | 6～14 | 6～12 | 6～12 |
| 进水分配比/% | — | — | 70～90（厌氧）<br>10～30（缺氧） | — | 30～50（厌氧）<br>50～70（缺氧） |

（四）工程实例

**1. A/O 工程案例分析——北京北小河污水处理厂**

北小河污水处理厂是第十一届亚运会工程的配套工程，也是北京第一个城市污水处理厂。位于北郊北小河北岸，亚运村东北部。总流域面积约为 1639hm²，远期平均污水量为 34×10⁴m³/d，近期规划污水量 16×10⁴m³/d，本期工程按 4×10⁴m³/d 设计。处理厂总体布局按处理能力 16×10⁴m³/d，分四组，每组 4×10⁴m³/d（丁亚兰，2000，见表3.21）。

表 3.21 设计进出水水质

| 项目 | BOD₅/(mg/L) | SS/(mg/L) | TN/(mg/L) | NH₃-N/(mg/L) |
|---|---|---|---|---|
| 设计进水水质 | 200 | 250 | 30 | 20 |
| 设计出水水质 | ≤20 | ≤30 | — | — |

污水──→机械格栅──→巴式计量槽──→曝气沉砂池──→平流式初沉池──→曝气池──→平流式二沉池──→消毒接触池──→北小河

本工程自1990年开始运行，各项出水指标均达到了设计要求，运行良好。

**2. A²O 工程案例——青岛市团岛污水处理厂工程设计**

该工程主要是解决团岛排水系统——青岛市市南区西部（即老市区和市中心区）污水随意排放的问题，改善和治理污水对胶州湾的严重污染问题。收水面积为 5.6km²，服务人口为 26 万人，工程建设规模为 10×10⁴m³/d。设计进水水质为 BOD₅＝450mg/L，COD_Cr＝900mg/L，SS＝650mg/L，TKN＝124mg/L，TP＝10mg/L。出水水质根据国家《污水综合排放标准》（GB8978-88）中一级标准和城市二级污水处理厂出水标准综合确定（见表 3.22、表 3.23，图 3.10）。

**表 3.22　主要处理构筑物**

| 构筑物 | 参数 | 备注 |
|---|---|---|
| 污水泵站及出水井 | 18.6m×15.9m×10m<br>250WDL 型污水泵 5 台（4 用 1 备）<br>$Q=260$L/s，$H=12.5$m，$N=70$kW<br>8PWL 型污水泵 1 台<br>$Q=160$L/s，$H=12$m，$N=40$kW<br>进水格栅设 2 台宽度为 1.5m 的机械格栅<br>集水池有效面积为 140m²，有效水深 1.3m | 分两层，底层为水泵间和集水池，上层为控制室、配电室和变电室 |
| 计量槽 | 咽喉式两条，每条设计过水量为 $5.6×10^4$m³/d<br>喉宽 0.5m，前后渠宽 1.2m | 下游装设超声波流量计 |
| 曝气沉砂池 | 分两格，15m×2m×2m（每格）<br>水力停留时间 3min<br>水平流速 0.08m/s<br>砂重 30m³/10⁶m³<br>供气量 0.2m³ 空气/m³ 水 | 除砂机　行车式结构<br>曝气设备　罗茨鼓风机 3 台<br>$Q=15$m³/min，$H=3.5$m，$N=17$kW |
| 初沉池 | 分 6 条，每 3 条为 1 组，29m×7m×4.2m（每条）<br>水力负荷 1.4m³/(m²·h)<br>停留时间 1.86 小时 | 每条池设一台桁车式刮泥机<br>往返 2h 刮泥 1 次<br>每组设 2 台污泥泵（1 用 1 备）$Q=2\sim$4.44L/s，$H=12\sim14$m，$N=3$kW |
| 曝气池 | 分 3 组，每组分三廊道，47m×7m×5.5m（每廊道）<br>MLSS=3000mg/L，MLVSS=2100mg/L<br>总停留时间 9.77 小时，缺氧时间为 1.1 小时<br>回流比 100%～150%<br>气水比 7:1 | 曝气装置为微孔曝气器，前设空气净化装置<br>4 台离心鼓风机（3 用 1 备）<br>$Q=80$m³/min，$P=63.7$kPa，$N=132$kW<br>缺氧段每组安装两台搅拌机 |
| 二沉池 | 共 8 条，38m×7m×2.6m（每条）<br>沉淀时间 3.3 小时<br>表面负荷 0.78m³/(m²·h)<br>出水槽溢流率 130m³/(m·d) | 每两条池设 1 台 14m 宽桁车式吸泥机 |
| 回流污泥泵房 | 回流污泥量 100%～150%<br>螺旋泵 6 台<br>$Q=660$m³/h，$H=3$m | |
| 接触池、加氯间 | 加氯量 10mg/L<br>接触池接触时间 30min<br>接触池 6 条 15m×3.4m×3.4m（每条） | |

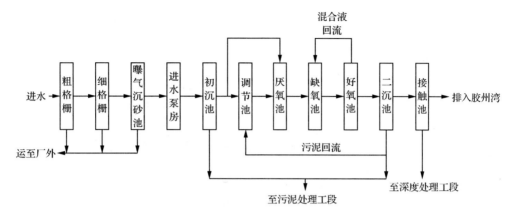

图 3.10 青岛市团岛污水处理厂工艺流程图

表 3.23 主要构筑物一览表

| 构筑物 | 设计参数 | 备注 |
|---|---|---|
| 粗格栅 | 设计流量 $Q=1.5m^3/s$<br>栅渠宽度 $B=0.8mm$<br>栅条间距 $Sp=20mm$<br>栅条厚度 $\delta=8mm$ | 高链式机械除渣粗格栅（2用1备） |
| 细格栅 | 设计流量 $Q=1.5m^3/s$<br>栅渠宽度 $B=0.8mm$<br>栅条间距 $Sp=6mm$<br>栅条厚度 $\delta=4mm$ | 高链式机械除渣细格栅（2用1备） |
| 曝气沉砂池 | 设计流量 $Q=1.5m^3/s$<br>停留时间 $T=4min$<br>水平流速 $V=0.1m/s$<br>池长 $L=25m$<br>曝气量 $1.6m^3/(m^3 \cdot h)$ | 桥式刮砂机 |
| 初沉池 | 设计流量 $Q=5400m^3/h$<br>表面负荷 $q=2m^3/hm^2$<br>停留时间 $T=1.5h$<br>有效水深 $H=3m$<br>水平流速 $V=8mm/s$<br>池长 $L=43m$，池宽 $b=8m$<br>格数 $n=8$ 格 | 每池设链条式刮泥机 |

| 构筑物 | 设计参数 | 备注 |
|---|---|---|
| 曝气池 | 硝化区泥龄　5.8～6 天<br>系统总泥龄　11.5 天<br>污泥产率　1.05kgSS/kgBOD<br>MLSS　4kg/m³<br>停留时间：好氧硝化 10 小时；回流污泥反硝化区停留时间 1 小时；缺氧反硝化 6.5 小时；厌氧释磷 1.5 小时<br>BOD 负荷 0.08kgBOD/(kgSS·d)<br>DO　好氧段 2mg/L，缺氧段<0.7mg/L，厌氧段<0.5mg/L<br>回流比 150% | 回流污泥泵 6 用 1 备<br>$Q=6250$m³/h，$H=6$m<br>剩余污泥泵 3 用 1 备<br>曝气系统选用板式曝气头<br>水下搅拌器，硝化和反硝化两用区 5W/m³，其余 3W/m³<br>离心式鼓风机 4 台<br>$Q=16625$m³/h，$P=7500$mm，$N=425$kW |
| 二沉池 | 表面负荷 1.0m³/(m²·d)<br>停留时间 3.5 小时<br>水平流速 8mm/s<br>格宽 10m，格长 66m，格数 12 格<br>有效水深 3.5m | 二沉池出水经加氯后进接触池，接触 30min 后排出厂外 |
| 混合液回流 | 最大混合液回流比 $q=400\%$ | 回流泵 4 台<br>$Q=4180$m³/h，扬程 $H=0.8$m |
| 污泥浓缩池 | 剩余污泥采用双带式浓缩机 4 台，3 用 1 备<br>初沉池采用重力式浓缩池：<br>表面固体负荷 93kgSS/(m·d)<br>共两池，每池 $\phi16$m×4m<br>停留时间 24 小时 | 采用悬挂式中心传动栅条式刮泥机 |

　　该工程 1999 年 4 月正式交付使用，经生产运行结果表明，团岛污水处理厂的出水水质各项指标达到了国家污水综合排放标准（GB8978-88）一级标准指标要求，排入胶州湾。污水处理厂运行稳定，除磷外其他出水指标达到了预期的目标（见表 3.24）。

表 3.24　实际运行进出水水质

| 项目 | 进水/(mg/L) | 出水/(mg/L) | 去除率/% | 设计出水指标/(mg/L) |
|---|---|---|---|---|
| BOD | 701.7 | 22.9 | 96.7 | 30 |
| COD | 1362 | 63.6 | 95.3 | 100 |
| SS | 1103.2 | 18.2 | 98.4 | 30 |
| NH$_3$-N | 92.9 | 8.6 | 91 | 25 |
| TP | 29.3 | 5.8 | 80 | 3 |

### 3.2.3.3　SBR

（一）概述

序批式活性污泥法是活性污泥法的一种，在序批式反应器（Sequencing Batch Reactor，简称 SBR）中完成进水、反应、沉淀、滗水和闲置等工序。

SBR 法是活性污泥法的先驱。1914 年在英国的 Salford 市建造的第一座活性污泥法污水处理厂就是间歇操作的，但由于当时控制技术的限制，使其未能得到发展和应用。随着自控技术的发展，自 20 世纪 70 年代初，美国的 Natredame 大学 Irvine 教授对 SBR 法进行了较为系统的研究，1980 年 Irvine 等将美国印第安纳州 Culver 市规模为 1437m³/d 的连续活性污泥法系统改建成世界上第一座 SBR 法污水处理厂。之后澳大利亚、日本等国也进行了研究。至 1991 年，美国已有 150 座污水处理厂采用 SBR 工艺。澳大利亚近 10 年来建成 SBR 工艺的污水处理厂近 600 座。我国于 80 年代中期开始对 SBR 进行研究，目前许多城市污水厂采用 SBR 工艺。随着研究的深入，新型 SBR 工艺不断出现。20 世纪 80 年代初，出现了 ICEAS，后来 Goranzy 教授相继开发了 CASS 和 CAST。20 世纪 90 年代，比利时 SEGHERS 公司开发了 UNITANK 系统（王凯军，贾立敏，2001；张优，2003；李亚新，2006）。

（二）普通 SBR 法

**1. SBR 运行周期**

如图 3.11 所示，SBR 的运行周期包括进水期、反应期、沉淀期、排水期及闲置期。

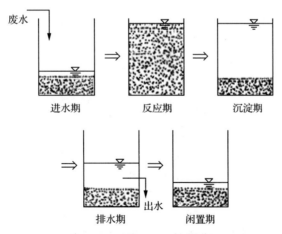

图 3.11　SBR 运行周期时段

（1）进水期：进水期是反应器接纳污水的过程。充水前，反应池内留有沉淀下来的活性污泥，相当于传统活性污泥工艺的污泥回流作用。污水注入时，反应池起到调节的作用。污水流入的方式有单纯注水（调节作用）、曝气（恢复污泥活性和预曝气）、缓慢搅拌（脱氮和释磷）3 种，根据设计要求选定。

（2）反应期：进行曝气或搅拌以达到反应目的（去除 BOD、硝化、脱氮除磷）。

（3）沉淀期：相当于传统活性污泥法的二沉池，SBR 在沉淀时的优点在于停止了进、出水，也停止了曝气，污泥的沉降过程是在相对静止的状态下进行的，因而受外界的干扰甚小，沉降效率高。沉淀时间一般为 1～1.5 小时。

（4）排水期：排除上清液至最低水位，沉降的活性污泥大部分作为下个处理周期的回流污泥。剩余污泥被引出排放，一般 SBR 中的活性污泥量占反应器容积的 30% 左右，另还剩下一部分处理水，可起循环水和稀释水的作用。

（5）闲置期：通过搅拌、曝气或静置使微生物恢复活性，并起到一定的反硝化作用。闲置后的活性污泥处于一种营养物的饥饿状态，进入下个周期的进水期时，活性污泥可充分发挥其吸附能力。闲置期所需的时间也取决于所处理的污水种类、处理负荷和所要达到的处理效果。在闲置期应采取措施以避免污泥的腐化。

**2. 滗水器**

滗水器是 SBR 反应器沉淀阶段用于排除上清液的专用设备。滗水器滗水时应不扰动已沉淀的污泥层，同时挡住浮渣不外溢，应有清除浮渣的装置和良好的密封装置。浮筒式滗水器的滗水器型式主要有虹吸管式、套筒式、旋转式、堰门式滗水器等。表 3.25 为常见滗水器的工作原理及特点见图 3.12。

表 3.25　滗水器的工作原理及特点（张伉，2003）

| 滗水器类型 | 浮筒式滗水器 | 旋转式滗水器 | 套筒式滗水器 | 虹吸式滗水器 | 直堰式滗水器 | 弧堰式滗水器 |
|---|---|---|---|---|---|---|
| 负荷 /[L/(m·s)] | — | 20～32 | 10～12 | 1.5～2.0 | — | — |
| 滤水范围/m | 1.2～2.5 | 1.1～2.4 | 0.8～1.2 | 0.4～0.6 | 0.4～0.9 | 0.3～0.5 |
| 工作原理 | 通过浮筒上的出水口将水引至池外 | 经过一个旋转臂上出水堰将水引至池外 | 由可升降的堰槽（T 部类似于可伸缩天线）引出管将水引至池外 | 利用电磁阀排掉 U 型管与虹吸口之间的空气，通过 U 型管将水引至池外 | 通过堰板向下开启，将水溢流至池外 | 通过堰门旋转降低将水引至池外 |
| 基本结构 | 浮筒、出水堰口、柔性接头、弹簧塑胶软管及气动控制拍门组成 | 回转街头、支架堰门、丝杆、方向导杆及减速机等组成 | 启闭机、丝杆出水槽堰及伸缩导管等组成 | 主要由管、阀组成 | — | — |
| 控制形式 | 气动（可编程控制） | PLC 控制电动螺杆 | 钢丝绳卷扬或丝杆升降 | 电磁阀（可编程控制） | 电动头螺杆 | 电动头螺杆 |
| 主要优点 | 动作可靠、滗水深度大、自动化程度高 | 运行可靠、负荷大、滗水深度较大 | 滗水负荷量大，深度适中 | 无运转部件、动作可靠、成本较低 | 滗水负荷大 | 密封效果好，如与其他装置组合可完成较深范围的滗水 |

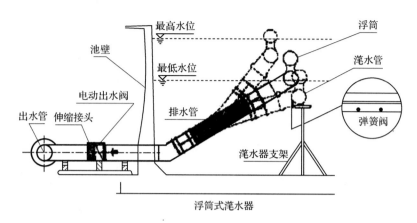

图 3.12  浮筒式滗水器构造

目前在国内较大规模的 SBR 水处理工程旋转式滗水器应用较为广泛，主要由集水管（槽）、支管、主管、支座、旋转接头、动力装置、控制系统等组成。一般采用重力自流，当滗水器降至最低位置时，堰槽内最低水位与池外水位（或出水口中心）差 ΔH 通常为 500mm 左右。其集水堰长度一般不宜超过 20m，滗水深度不宜小于 1m。其优点是滗水量和滗水范围大，便于控制。

浮筒式滗水器主要由浮筒、滗水管、排水管、电动出水阀、伸缩接头、出水管和滗水器支架构成。浮筒由玻璃钢填充聚氨酯制成，漂浮于水面，使其下悬的滗水器在水面以下，并使滗水器在变化的水位中工作。滗水管由增强玻璃钢制成，在管的底部 45°位置设有若干排水孔，孔内设有弹簧阀。弹簧阀为压力感应阀，由锥形的阀板、支撑件、弹簧、阀杆和阀头组成。排水管为适应水位变化由一段可曲挠软管组成，并在软管两侧安装带活动节点的管架以限制排水管侧面运动。

**3. SBR 工艺的优点**

SBR 工艺与传统活性污泥法相比，具有以下优点。

① 具有时间上理想的推流反应器特征；

② SVI 值低，沉降性能好，具有抑制丝状菌生长的特征，不易发生污泥膨胀现象；

③ 适应水量水质变化；

④ 工艺简单，不需二沉池及回流污泥泵房，一般不设调节池；

⑤ 泥水分离效果好；

⑥ 具有脱氮除磷功能，有利于难降解有机物的降解；

⑦ 运行灵活，可根据进水水质和水量的变化来改变各处理阶段的运行时间与操作，达到硝化、脱氮除磷等目的。

SBR 工艺的缺点：① 自动化控制要求高；② 由于排水时间短且要求不搅动污泥层，需专门的排水设备（滗水器），且对滗水器的要求高；③ 后处理设备要求大；④ 滗水深度一般为 1～2m，增加了总扬程。

（三）ICEAS

间歇式延时曝气活性污泥法（Intermicttent Cyclic Extended Aeration Systems,

ICEAS)，1968 年澳大利亚的新南威尔大学与美国 ABJ 公司合作开发了 ICEAS 法。1976 年，世界上第一座 ICEAS 法废水厂建成投产。与传统的 SBR 相比，ICEAS 工艺的最大特点是在 SBR 前增加预反应区，连续进水间歇排水。运行周期为曝气、沉淀、滗水组成，周期较短，一般为 4～6 小时（如图 3.13 所示）。

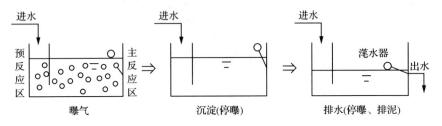

图 3.13　ICEAS 工艺的运行周期

如图 3.14 所示，预反应区和主反应区底部孔洞连通，过孔流速为 0.03～0.05m/s。预反应区可为缺氧或兼氧状态，主反应区在好氧、缺氧、厌氧不断交替的条件下完成对含碳有机物和 N、P 的去除，但除磷效果有限。但 ICEAS 工艺沉淀时受进水干扰，丧失了理想沉淀的优点，同时也失去了经典 SBR 理想推流的优点。

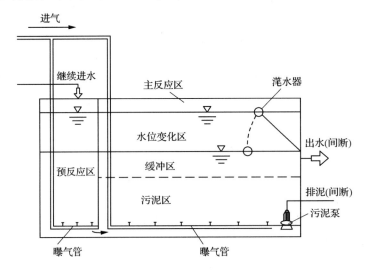

图 3.14　ICEAS 工艺示意图

（四）CASS

循环式活性污泥法（Cyclic Activated Sludge Systems，CASS）是在 ICEAS 工艺基础上开发出来的，将生物选择器和 SBR 反应器有机结合。通常 CASS 反应器分为两个区：生物选择区、主反应区，CASS 的运行过程包括进水-曝气、沉淀、滗水和进水-闲置，一般一个运行周期为 4 小时。与 ICEAS 相比，CASS 且在沉淀阶段不进水，泥水分离效果好。而与经典 SBR 工艺不同的是在进水阶段，CASS 不设单独的充水过程或缺氧进水混合过程。

CASS 与经典 SBR 相比具有以下特点：① 由于生物选择器的设置，有效抑制丝状菌生长，不发生污泥膨胀；② 可变容积运行提高了对水质、水量的适应性；③ 良好的脱氮除磷性能。

各区容积之比为 1：5：30。生物选择区的设置和回流污泥保证了活性污泥不断在选择期中经历一个高负荷阶段，有效抑制丝状菌的生长。

（五）CAST

CAST 是 CASS 的基础上发展起来的，运行过程与 CASS 相同（如图 3.15 所示）；与 CASS 所不同的是将生物选择区再次划分为厌氧区和缺氧区，同时增加了回流污泥至厌氧区，强化了 N、P 的去除。所以 CAST 工艺的反应池设 3 个反应区：生物选择器（厌氧）、缺氧区和好氧区（主反应区），容积比为 1：5：30。

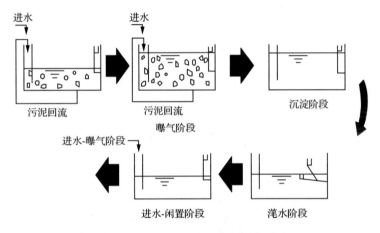

图 3.15　CAST 工艺的运行周期阶段

CAST 工艺的反应池设 3 个反应区：生物选择器（厌氧）、缺氧区和好氧区。增加污泥回流至厌氧区将主反应区的污泥回流到生物反应器中，加大了缺氧区的体积，强化了 N、P 的去除。

（六）DAT-IAT

DAT-IAT（Demand Aeration Tank Intermittent Aeration Tank）工艺是澳大利亚的专利技术，20 世纪 90 年代引入中国，是一种连续进水的 SBR 工艺。DAT-IAT 工艺主体构筑物有 DAT 和 IAT 池串联而成。污水连续进入 DAT 池，连续曝气完成活性污泥对有机物的吸附，同时具有调节水质的作用，之后通过双层导流设施进入 IAT 池，同时从 IAT 池回流的污泥也进入 DAT 池。在 IAT 池内完成曝气、沉淀、滗水和排除剩余污泥，相当于传统的 SBR。

DAT-IAT 工艺运行周期包括进水阶段、反应阶段、沉淀阶段、排水排泥阶段、待机阶段。DAT-IAT 工艺具有以下特点：工艺稳定性高，对水质水量变化有较强的抗冲击能力；污泥龄长，能保持很高污泥浓度；处理构筑物少，可省却初沉池、二沉池和回流污泥泵房；通过调节 IAT 的曝气和间歇时间，可实现脱氮除磷的功能。

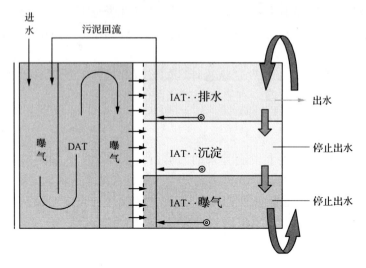

图 3.16　DAT-IAT 工艺示意图

（七）MSBR

MSBR（Modified Sequencing Batch Reactor）是 C. Q. Yang 等开发的 SBR 变形工艺。它实质是 $A^2O$ 和 SBR 串联而成。MSBR 无需初沉池、二沉池及回流设备，且在恒水位下连续运行。

如图 3.17、图 3.18 所示，污水首先进入厌氧池，回流污泥中的聚磷菌在此充分放磷，然后混合液进入缺氧池进行反硝化。污水进入好氧池，有机物被氧化分解、硝化和吸磷。之后部分混合液，进入 SBR 池，沉淀排放；有一部分进行内循环（回流量一般为 $1.3\sim1.5Q$），进入另一个 SBR 池进行反硝化、硝化和静置沉淀，然后进入浓缩池，上清液进入好氧池，而浓缩污泥则先进入缺氧池进行反硝化，为后面的厌氧放磷创造条件，再进入厌氧池；另一部分混合液进行外循环，回流到缺氧池（回流量一般为 $1.3\sim1.5Q$）。一般 MSBR 运行周期分为 6 个时段，每 3 个时段为半个周期，两个相邻半个周

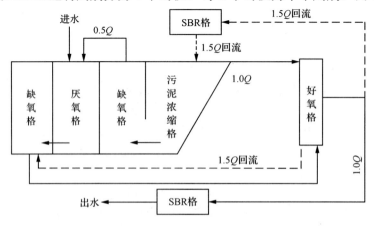

图 3.17　MSBR 工作原理

期，除 SBR 池运行方式互换之外，其余各池运行方式完全一样。前半个周期 SBR1 的工作状态依次为搅拌、曝气、预沉，SBR2 的工作状态则为均为沉淀；下半个周期两个 SBR 的工作状态交换。

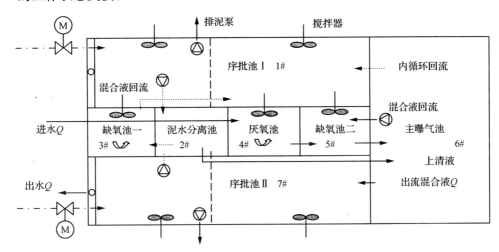

图 3.18　MSBR 平面布置图

与经典 SBR 相比，MSBR 具有以下特点：① MSBR 从连续运行的厌氧池进水，而不是从 SBR 进水，这样将大部分好氧从 SBR 池转移到连续运行的主曝气池中，提高设备利用率；② 系统 F/M 值和容积负荷大大提高；③ MSBR 采用低水头、低能耗回流设施，极大改善了系统中各单元污泥的均匀性。

（八）UNITANK 系统

UNITANK 系统是一体化活性污泥法工艺，是 20 世纪 90 年代比利时 Seghers Engineering Waters 公司开发的一种 SBR 变型工艺。目前世界各地已有 160 多个工程成功的应用了该项技术。典型的 UNITANK 系统，其主体为三格池结构，三格之间通过孔洞相连，不需泵输送（如图 3.19 所示）。每池设有曝气系统，可用鼓风曝气或机械表面曝气，并配以搅拌器。外侧两池设出水堰及污泥排放装置，交替作为曝气池和沉淀池，中间池子始终曝气。进入系统的污水，通过进水闸控制可分时序分别进入 3 个池中的任意一个。UNITANK 工艺的每个运行周期包括两个主体运行阶段和两个过渡阶段。主体阶段运行过程如图 3.20 所示。过渡阶段为中间进水，两边池子作为沉淀池。

当需要脱氮处理时，可通过在同一周期内时间和空间的控制或进水点的变化，来形成好氧或缺氧的状态。但其除磷效果差。从单池看 UNITANK 与 SBR 一致，具有 SBR 的特点，但从整体看，与交替三沟式氧化沟相似，更接近传统活性污泥法。因而 UNI-TANK 工艺集合了 SBR、三沟式氧化沟和传统活性污泥的特点，连续进水，无需污泥回流系统，采用固定堰排水，排水简单，构筑物结构紧凑。但由于中池始终作为曝气池，造成污泥浓度远低于边池。

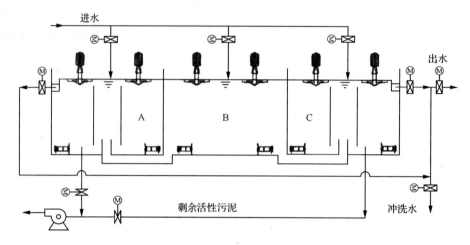

图 3.19　UNITANK 工艺示意图

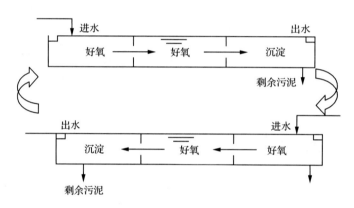

图 3.20　UNITANK 工艺主体运行阶段运行过程

### 3.2.3.4　氧化沟

（一）概述

氧化沟是一种改良的活性污泥法，其曝气池呈封闭的沟渠，污水和活性污泥混合液在其中循环流动，并因此得名，又称为"连续循环曝气池"，"无终端的曝气系统"。其有机负荷一般低于 $0.10\text{kgBOD}_5/(\text{kgMLSS}\cdot\text{d})$，水力停留时间为 10～40 小时，属于延时曝气之列。

自 1954 年 Pasveer 设计第一座氧化沟，当时服务人口只有 340 人，采用间歇流，BOD 的处理效率达到 97% 左右。到 20 世纪 60 年代开始单独建造二沉池，并采用连续流。近年来，随着控制技术的发展和生物脱氮除磷的需要，又发展成双沟式和三沟式交替运行方式，可不设二次沉淀池。20 世纪 80 年代初，美国最早提出将二沉池直接设置在氧化沟中的一体化氧化沟概念，是指充分利用氧化沟较大的容积与水面，在不影响氧化沟正常运行的情况下，通过改进氧化沟部分区域或在沟内设置一定的装置，使泥水分离沟内完成（孙力平，2001；区岳州，2005）。

**表 3.26　氧化沟历史大事记**

| 年代 | 事件 |
|---|---|
| 1920 年 | 英国 Sheffield 首次建成氧化沟，采用桨板式曝气机 |
| 1925 年 | Kessener 开始研制转刷曝气机，被称为 Kessener 转刷 |
| 1954 年 | Pasveer 将 kessener 转刷用在荷兰 Voorschoten 的氧化沟中，从此才有"氧化沟"这一术语 |
| 1959 年 | 荷兰公共卫生研究所的 Baars 和 Muskat 报道了应用笼形转刷（也称 TNO 转刷） |
| 1968 年 | DHV 公司将立式低速表曝机应用于氧化沟，后称 Carrousel 氧化沟，并将之首次成功应用于荷兰 Oosterwolde |
| 1967 年 | Lecompte 和 Mandt 发明了射流曝气氧化沟（JAC） |
| 1973 年 | 第一个生产规模的 JAC 在美国建成，处理水量为 $1.1 \times 10^4 \mathrm{m^3/d}$ |
| 1970 年 | Huisman 在南非开发了使用转盘曝气机的奥贝尔（Orbal）氧化沟 |
| 1993 年 | 开发了 Carrousel 1000 |
| 1993 年 | 我国首次将船形一体化氧化沟技术应用于工程 |
| 1999 年 | 开发了 Carrousel 3000 |

纵观氧化沟的发展历史和变革，主要是体现池型、水深、曝气设备和功能的的改革和变化。其主要的类型有荷兰 DHV 公司的 Carrousel 氧化沟，丹麦 Kruger 公司的交替式氧化沟，美国 Envirex 公司的 Orbal 多环型，Armco 环境企业公司带沟内分离器的一体化氧化沟（BMTS 式），联合工业公司（United Industries Inc）船形一体化氧化沟（BOAT），侧沟或中心岛式一体化氧化沟（表 3.26）。

（二）普通氧化沟

**1. 氧化沟的构成和设备**

采用氧化沟处理城市污水时，可不设初次沉淀池。氧化沟构造和工艺流程如图 3.21所示。氧化沟系统的基本构成包括氧化沟池体，曝气设备，进、出水装置，导流和混合装置。

（1）氧化沟池体：

氧化沟一般是环形，沟渠可为椭圆或圆形，水深与所采用的曝气设备有关，在 2.5～8m 范围内不等。

（2）曝气设备：

曝气设备的主要功能有供氧、推流、混合。使活性污泥混合液保持悬浮状态，防止污泥沉积。曝气设备主要为曝气转刷、立式表曝机、JAC、导管式曝气机、微曝气系统、曝气转盘等。

（3）进出水装置：

进出水装置包括进水口、回流污泥口和出水调节堰等。氧化沟的进水和回流污泥进入点应该在曝气器的上游，使它们与沟内混合液能立即混合。氧化沟的出水应该在曝气器的上游，并且离进水点和回流污泥点足够远，以避免短流。

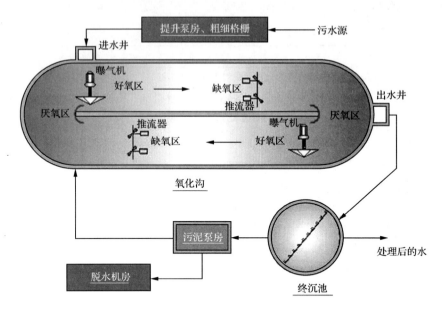

图 3.21　氧化沟工艺流程

（4）导流装置：

在弯道设置导流墙可以减少水头损失，防止弯道停滞区的产生和防止对弯道过度冲刷。为了降低混合液表面流速，提高传氧速率，通常在曝气转刷上、下游设置导流板，同时为了保持沟内的流速，可以设置水下推进器。

**2. 氧化沟的特点**

（1）工艺特点：

氧化沟结合了推流和完全混合两种流态特征。废水进入氧化沟后，在曝气设备的作用下快速均匀地与沟中活性污泥混合液混合，然后在封闭的沟渠内循环流动。在短时间（一个循环中）呈现推流式，而从长时间看则有完全混合的特征。推流和完全混合两种流态的结合可减少短流，从而提高系统的缓冲能力，使系统抗冲击负荷强，能适应多种水质要求。

溶解氧梯度有利于脱氮。合理选择曝气设备安装位置，实现在同一池子中好氧区和缺氧区的交替出现的目的，有利于系统的脱氮。氧化沟工艺流程简单，处理城市污水可不设初沉池，而一体化氧化沟集氧化与沉淀于一体，使流程更为紧凑。氧化沟的污泥龄较长，其排放的剩余污泥量少且较为稳定，可不设污泥消化装置。氧化沟处理效果稳定，出水水质好。氧化沟工艺在有机物和悬浮物去除方面，处理效果稳定，且基建运行费用低。美国 EPA 公布的数据表明，考察基建费用时，如仅去除 $BOD_5$ 时，则氧化沟基建费用与传统生物处理工艺大致相当，但需要考虑脱氮时，氧化沟的基建费用和运行费用明显低于传统生物处理工艺。

（2）技术特点：

氧化沟处理系统具有多种不同的构造形式，其沟体的平面形状一般呈环形沟渠型，也可以是长方形、L 型、马蹄形、圆形或其他形状；断面多为矩形和梯形；可以是单沟系统或是多沟系统；有与沉淀池分建也有合建的。多种多样的构造形式赋予了氧化沟灵活的运行性能，满足不同出水水质要求。几种常见氧化沟构造形式如图 3.22 所示。

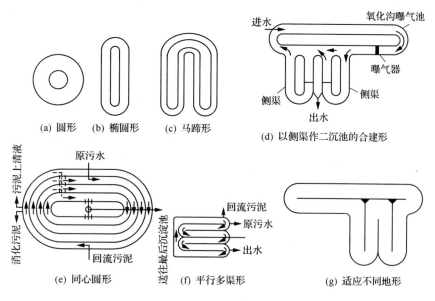

图 3.22　常见氧化沟构造形式

曝气设备是氧化沟的核心机械设备，是影响氧化沟占地面积，处理效率，能耗等的关键因素。每一个新的曝气设备的研制应用都推动氧化沟的变革。主要的曝气设备有曝气转刷、立式表曝机、JAC、导管式曝气机、微曝气系统、曝气转盘等。每一种曝气设备都具有自身的优缺点和适用范围，应根据具体条件选型。氧化沟的曝气强度可通过两种方式来调节，一是调节出水堰高度改变沟渠水深；二是调节曝气设备的转速，从而改变曝气强度和推动力。

（三）Orbal 型

Orbal 氧化沟构造如图 3.23 所示，由多个同心的呈椭圆或圆形的沟渠组成，在沟

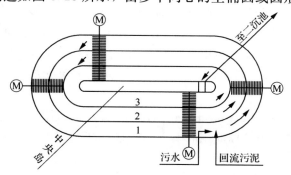

图 3.23　Orbal 氧化沟构造

中设有多孔水平曝气圆盘装置。废水从最外面或最里面的沟渠进入氧化沟,在其中不断循环流动的同时,通过淹没式孔口,从一条沟渠流入相邻的下一条沟渠,最后从中心的或最外面的沟渠流入二沉池进行固废分离。

与同类型的氧化沟相比,Orbal 氧化沟具有其独特的特点:① 圆形或椭圆沟渠利用水流惯性,可节省推动水流的能耗;② 采用多沟串联可减少水流短路现象;③ 氧化沟的溶解氧梯度较大,典型的设计为第一沟 0~0.5mg/L,第二沟 0.5~1.5mg/L,第三沟 2~2.5mg/L;④ 减少供氧量,节约能耗。

（四）Carrousel 式

1967 年,DHV 公司开发普通 Carrousel 氧化沟,采用立式低速表面曝气机,使水深可达 4.5m,主要以去除 $BOD_5$ 为主要目的,并且也能去除部分氨氮。Carrousel-AC 工艺是在氧化沟上游增设厌氧池,提高活性污泥的沉降性能,有效抑制活性污泥膨胀,同时能有效释磷。出水的含磷量通常在 2mg/L。

DHV 公司和其在美国的专利特许公司 EMCO 在普通 Carrousel 氧化沟的基础上发明了 Carrousel 2000 系统,构造见图 3.24。在普通氧化沟前增加了厌氧区和缺氧区。与其他反硝化工艺相比,最突出的有点是可充分利用渠道流速,实现高回流比,而无需任何回流提升动力。

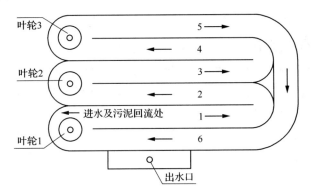

图 3.24　Carrousel 2000 构造图

Carrousel 3000 是在 Carrousel 2000 前增加一个生物选择区,利用高有机负荷筛选菌种,提高有机物的去除率。该系统使用 Oxyrator 表曝机,水深达到 7.5m,同时采用一体化设计,减少占地面积和土建投资;其各功能单元环形依次排列(见图 3.25),不需额外管线,可实现回流污泥在不同工艺单元的分配,使得其控制操作更为灵活。

截至 2003 年 10 月,Carrousel 氧化沟在国内外广泛应用,尤其是在美国和加拿大,共建立 505 座氧化沟,占全球应用的 52%(见表 3.27)。

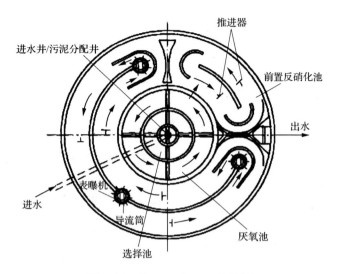

图 3.25　Carrousel 3000 构造图

**表 3.27　Carrousel 氧化沟在全球的应用情况**

| 地区 | Carrousel 业绩数 | 百分比 |
| --- | --- | --- |
| 欧洲 | 326 | 24% |
| 阿拉伯国家和地区 | 17 | 2% |
| 非洲 | 19 | 2% |
| 亚洲 | 57 | 6% |
| 大洋洲 | 10 | 1% |
| 南美洲和加勒比地区 | 29 | 3% |
| 美国和加拿大 | 505 | 52% |

（五）交替工作型

交替工作型氧化沟由丹麦 Kruger 公司开发，包括双沟型和三沟型。双沟型包括 DE 型和 VR 型。DE 型氧化沟，一般由池容完全相同的两个氧化沟组成，串联交替形成曝气区和沉淀区。其工作周期一般为 8 小时，水质稳定，但曝气转刷的实际利用率低。VR 型将氧化沟分为两部分，通过定时改变曝气转刷的旋转方向，来改变沟内水流方向，使得两部分氧化沟交替作为曝气区和沉淀区。DE 型和 VR 型氧化沟主要用于碳的去除，如需脱氮除磷，需另设缺氧池和厌氧池。三沟型氧化沟（T 型）由 3 个等容积的氧化沟组建成一个单元运行。两侧氧化沟起曝气和沉淀双重作用，中间的氧化沟始终进行曝气，一般采用水平曝气转刷。与两沟型氧化沟相比，具有两大特点：一是提高了曝气转刷的利用率；二是可在同一反应器内完成脱氮除磷。

### 3.2.3.5　MBR

**（一）MBR 简介**

MBR 工艺是将膜分离技术与生物处理相结合而成的一种新型污水处理工艺。MBR 具有许多其他生物处理工艺无法比拟的优势，主要是以下几点：

①污泥浓度可高达 10g/L，对污染物的去除率高；

②能够高效的进行固液分离，出水水质良好，悬浮物和浊度接近于零，可直接回用，实现污水资源化；

③MBR 工艺流程简单，不需设置二沉池，可节省基建费用和占用空间；

④膜的高效截留作用使得生物反应器内可保持较高的污泥浓度，从而降低污泥负荷，提高容积负荷和抗冲击负荷能力；

⑤由于膜的截留作用可延长污泥龄（SRT），使得污泥产率低，剩余污泥产量低，可大大减少污泥处置费用；

⑥膜的截留有利于世代期长的硝化菌生长，提高对氨氮的去除效率，通过运行方式的改变还可有脱氮除磷的功能；

⑦膜生物反应器实现了污泥龄和水力停留时间的彻底分离，设计、操作大大简化；

⑧膜生物反应器易于实现自动控制，操作管理方便；

⑨膜生物反应器出水水质优良，可广泛回用于冲厕、道路清扫、城市绿化、车辆冲洗、建筑工地和景观环境用水等。

MBR 典型工艺流程如图 3.26 所示。

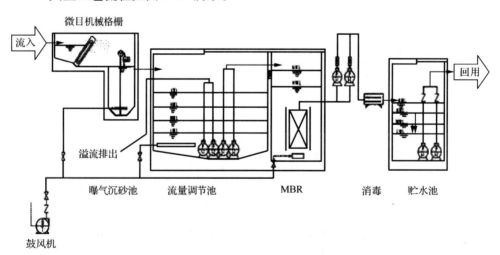

图 3.26　MBR 典型工艺流程示意图

MBR 可替代传统的活性污泥法对城市污水进行二级处理，也可用于深度处理中水回用。MBR 一般由膜组件，生物反应池、曝气系统，出水抽吸泵，在线清洗装置，控制系统等构成，见图 3.27。

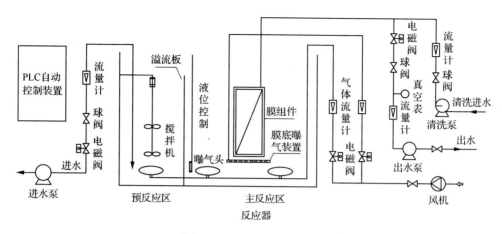

图 3.27　MBR 构成示意图

表 3.28 列出了国外知名厂商研发的膜元件特点。

**表 3.28　国外知名厂商膜元件特点**

| 名称 | 膜元件形式 | 材料 | 膜通量 | 膜孔径 |
|---|---|---|---|---|
| Kubota（久保田） | 平板膜 | PE | 20~25L/(m²·h) | 液中膜 |
| Toray（东丽） | 平板膜 | PDVF | 15L/(m²·h) | 0.08μm |
| Mirsubishi Rayon（三菱丽阳）-SUR 系列 | 中空纤维膜 | PE | 12L/(m²·h) | 0.4μm |
| Mirsubishi Rayon（三菱丽阳）-SADF 系列 | 中空纤维膜 | PVDF | 26.7L/(m²·h) | 0.4μm |
| GE Zenon（GE 泽能）-ZeeWeed 系列 | 中空纤维膜 | PVDF | 40~70L/(m²·h) | 0.02~0.04μm |
| Koch（科式）Puron | 中空纤维膜 | PES | ~55L/(m²·h) | 0.05μm |
| Asahi Kasei（旭化成）-Microza 系列 | 中空纤维膜 | PVDF | 16.7L/(m²·h) | 0.1μm |
| Norit（诺芮特）-Airfit | 外置膜 | PVDF | — | — |
| Norit（诺芮特）-Crossflow | 外置膜 | PVDF | 60~160L/(m²·h) | — |
| Hyflux-CeraCep 系列 | 中空纤维膜 | 陶瓷 | — | — |

**（二）工艺设计**

一体化 MBR 设计参数选择可参照表 3.29。曝气量可根据厂家的 MBR 技术参数来设计，以满足微生物所需和控制膜污染所需的水力条件。

**表 3.29　一体化 MBR 设计参数**

| 项目 | 污泥负荷 Fw /[kg/(kg·d)] | MLSS /(g/L) | 容积负荷 Fv /[kg/(m³·d)] | 处理效率 /% | 原污水水质 /(mgBOD/L) |
|---|---|---|---|---|---|
| 杂排水中水处理 | 0.1~0.2 | 1.0~4.0 | 0.2~0.5 | 90~95 | 50~150 |
| 城镇污水回用 | 0.2~0.4 | 2.0~8.0 | 0.4~0.9 | 95~98 | 100~500 |
| 综合生活污水回用 | 0.1~0.2 | 2.0~8.0 | 0.4~0.9 | 95~98 | 100~500 |

### 3.2.3.6 AB法

**(一) 概述**

AB（Adsorption Biodegradation）是联邦德国亚琛大学 B. Bohnke 教授于 70 年代中期所发明，80 年代初开始应用于工程实践，如联邦德国 Krefeld、Rheinhaousen、Eschweiler 污水处理厂，奥地利 Salzbarg-Slaggerwleson、Salzach-Pongao 城市污水处理厂。随着对污水脱氮除磷要求的提高，出现 AB 法的改进工艺，即将 AB 法的 B 段设计成具有脱氮除磷效果的工艺，如 AB-A$^2$O，AB-SBR，AB-氧化沟等。

**(二) 构造和设备**

AB 工艺流程如图 3.28 所示，AB 法无需设初沉池，A 段能充分利用排水系统中存活的微生物，形成开放性生物动力系统。A 段有机负荷高，利用微生物的生物吸附作用，B 段接受的污水水质水量相对稳定，几乎不用考虑冲击负荷影响，得以充分发挥生物降解功能，负荷低，以原生动物和后生动物为主，菌胶团量少。

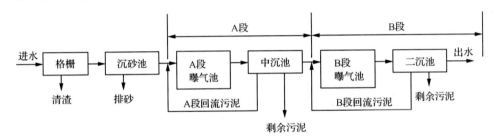

图 3.28　AB 工艺流程图

与传统活性污泥法相比，AB 工艺具有以下特点：① 无需设初沉池；② 运行稳定，抗冲击负荷能力强；③ 出水水质好，BOD 去除率可达到 90%～98%；可将 B 段设计为生物脱氮除磷工艺，达到良好的脱氮除磷效果；④ 占地面积少节省基建投资，运行节能；⑤ A 段和 B 段有各自的污泥回流系统，能保持各自的活性污泥系统的生物相，互不干扰，充分发挥每个生物相的去除污染物特点；⑥ A 段污泥产率高，AB 法剩余污泥量较传统活污泥法高 10%～15%，同时污泥稳定性差。所以 AB 段的污泥处理特点比较突出。

该工艺可用于一般的城市污水处理，而对于某些工业废水比例较高的城市污水，由于其适应污水环境的微生物浓度低，不宜采用 AB 工艺。

虽然 AB 工艺可在 B 段增设厌氧段、缺氧段达到脱氮除磷效果，但在设计和运行中会遇到 A 段 BOD 去除率和 B 段脱氮除磷效果之间的矛盾。一般而言，对于城市污水处理厂，当需要进行脱氮除磷而原水 BOD<250mg/L，TN>50mg/L 时，一般不宜用 AB 工艺，否则会造成 B 段进水碳氮比不足，造成反硝化效果不理想。如果废水 BOD≤300mg/L，A 段的去除率不应超过 50%，宜为 30%～40%，以保证 B 段有足够的碳源进行反硝化。

### 3.2.4　生物膜法

#### 3.2.4.1　生物滤池

**（一）概述**

生物滤池是生物膜法污水处理技术中最早开创的生物处理构筑物。生物滤池开创于英国，20 世纪初期开始用于城市污水处理实际，并在欧洲一些国家得到广泛应用。类型可分为普通生物滤池、高负荷生物滤池、塔式生物滤池。

生物滤池的工艺流程如图 3.29 所示，生物滤池运行系统基本上由初沉池、生物滤池和二沉池组成。污水先进入初沉池，在去除可沉性悬浮固体后，进入生物滤池。经过生物滤池的污水与脱落的生物膜一起进入二沉池，再经过固液分离排放。

图 3.29　生物滤池工艺流程

**（二）构造与系统**

**1. 普通生物滤池（低负荷生物滤池）**

普通生物滤池一般为方形或矩形，主要的构造包括池体、滤料、布水系统和排水系统（张自杰，2000）。

（1）池体和滤料：

普通生物滤池在平面上多呈方形或矩形，池壁可用砖石砌造或混凝土筑造。池壁一般高出滤料表面 0.5～0.9m。池壁下部通风孔总面积不应小于滤池表面积的 1%。早期的滤料多采用碎石、卵石、炉渣、焦炭等，粒径为 25～100mm，滤层厚度为 0.9～2.5m，平均 1.8～2.0m。自 20 世纪 60 年代中期塑料工业发展起来以后，生物滤池多采用塑料滤料，主要由聚氯乙烯、氯乙烯、聚苯乙烯、聚酰胺等加工成波纹板、蜂窝管、环状及空圆柱等复合式滤料。

（2）布水装置：

普通生物滤池的布水装置是固定式喷嘴式布水装置。由投配池、虹吸装置、布水管道和喷嘴所组成（见图 3.30）。污水经过初次沉淀池后，进入投配池，当池内水位达到一定高度，虹吸装置开始作用，污水泄入池面下 0.5m 处的布水管道，以水花形式从竖管上的喷嘴喷出。当水位降落到一定程度时，虹吸被破坏，喷水停止。由于投配池的调节作用，固定式喷嘴布水系统供水是间歇的，间歇时间约为 5～15min。

（3）排水系统：

生物滤池的排水系统设于池底，主要作用是：收集滤床流出的污水与生物膜；支撑滤料；保证通风。排水系统包括渗水装置、汇水沟和总排水沟。

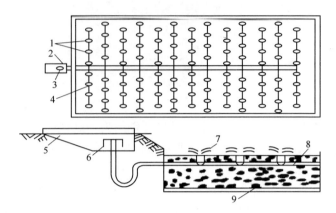

图 3.30　固定式喷嘴布水系统

1，7. 喷嘴；2，5. 投配池；3，6. 虹吸装置；4，8. 布水管系；9. 排水设备

**2. 高负荷生物滤池**

在构造方面，高负荷生物滤池与普通生物滤池的区别之处主要有：采用粒径较大的粒状滤料，一般为 40～100mm，空隙率高；滤层深度一般 1～4m；宜采用旋转布水器，滤池表面多呈圆形；在某些情况下，如滤层高 4.0m。采用鼓风方式，池底构造与排水装置应设水封以防空气外溢；水力负荷和有机负荷高，水流紊动性强，生物膜更新速度快；多采用处理水回流，以适应提高水量负荷和降低进水 BOD 值的要求，并将进水 BOD 值限制在 200mg/L 以下。

旋转式布水装置由进水固定竖管、可以转动的竖管和布水横管等组成，污水以一定的压力流入位于池中央处的固定竖管，再流入布水横管，横管沿一侧的水平方向开有直径为 10～15mm 的喷水孔口。当喷水孔向外喷水时，在反作用力的推动下可使横管向喷水方向相反的方向旋转。旋转布水器所需水头较小，一般介于 0.25～0.8m，旋转速度为 0.5～9r/min。

**3. 塔式生物滤池**

塔式生物滤池是 20 世纪 50 年代，由当时的民主德国（东德）所开发。塔式生物滤池包括塔身、滤料、布水设备、通风装置和排水系统。

（1）塔身：

塔身起围拦滤料作用，可砖砌、钢筋混凝土、钢结构或钢框架和塑料板面的混合结构。沿高度分层建设，每层高度则视所采用的滤料而定，一般介于 2～4m，每层都应设检修孔，以便检修和更换滤料；每层设有钢制格栅以支撑滤料和生物膜，上层格栅距下层滤料应有 200～400mm，以留作观测、取样及清洗的位置。

（2）滤料：

由于构造上的特点，要求滤料容重小、比表面积大、空隙率大，一般采用塑料滤料。为避免上层滤料压坏下层滤料及装卸方便，每层滤料的填充高度以不大于 2m 为宜。

（3）布水装置：

塔式生物滤池多采用旋转布水器或固定式穿孔管，前者适用于圆形滤池，后者适用于方形滤池。

（4）通风装置：

塔式生物滤池宜采用自然通风方式，塔底有 0.4～0.6m 的空间，周围设通风孔，总面积不少于滤池面积的 7.5%～10%。

（5）排水系统：

塔的出水汇集于塔底的集水槽，然后通过渠道流往沉淀池进行生物膜与水的分离。

高负荷生物滤池具有以下特点：① 塔型构造（高 8～24m，直径 1～3.5m），高径比为 6∶1～8∶1。形成拔风，加强氧传递；水流紊动剧烈，传质效果良好。② 水力负荷高，宜为 80～200m³/(m²·d)；BOD 负荷也高，可达 $1.0～3.0kgBOD_5/(m^3·d)$。进水 $BOD_5$ 应控制在 500mg/L 以下，否则处理出水应回流。③ 由于负荷高生物膜生长迅速，又受到强烈水力冲刷，从而使生物膜不断脱落，更新加速。④ 不需专设供氧设备。⑤ 耐冲击负荷能力强。

### 3.2.4.2　曝气生物滤池

（一）概述

曝气生物滤池（Biological Aerated Filter，BAF）开发于 20 世纪 80 年代至 90 年代初，结合了接触氧化工艺和悬浮物过滤工艺开发的污水处理新工艺，集曝气、高滤速、截流悬浮物、定期反冲洗等特点于一体。最初用于污水的三级处理，后发展为直接用于二级处理。我国于 20 世纪 90 年代初开始对曝气生物滤池进行试验研究和开发，中冶集团马鞍山钢铁设计研究总院环境工程公司、北京环境保护科学研究院、清华大学等是我国研究开发该技术较早的单位，并将之应用于多个大、中、小型工程（熊志斌、邵林广，2009）。

曝气生物滤池类型按功能分，可分为除碳池、除碳/硝化池、除碳/硝化/反硝化池。按污水流向分为下向流或上向流。

（二）应用实例——平洲污水处理厂（BIOSTYR）

南海平洲污水处理厂总纳污面积约 47m²，服务人口约 18.7 万人。远期规划总处理规模为 20 万 m³/d，一期工程处理规模为 5 万 m³/d。在国内首次引进 BIOSTYR，设计进出水水质及工艺流程如图 3.31 所示（司马勒等，2002）：

平洲一期工程于 2005 年 12 月正式投入生产，截至 2006 年 4 月的进出水监测数据，BOD、COD、$NH_3$-N、TP 等处理率达到 90% 以上（见表 3.30）。但在进水水质不稳定时，生物膜生长不好或曝气量过大的情况下，容易发生生物膜的脱落，影响出水 SS 值。生物滤池运行费用较高，滤池水头损失较大，增加了能耗；同时为保证处理效果，需在前增加化学加药絮凝沉淀，增加加药费用。

（三）计算设计举例——厦门第二污水处理厂

厦门市第二污水处理厂，由于实际污水量 23×10⁴m³/d 远大于设计处理能力（10×

$10^4 \mathrm{m}^3/\mathrm{d}$），自 2004 年开始改造，考虑占地受限，采用得利满公司的 BIOFOR 曝气生物滤池。设计进出水水质及工艺流程见表 3.31，图 3.32。

**表 3.30 平洲污水处理厂设计进出水水质**

| 项目 | BOD$_5$ | COD | SS | NH$_3$-N | TP |
|---|---|---|---|---|---|
| 进水水质/(mg/L) | 150 | 300 | 250 | 35 | 5 |
| 出水水质/(mg/L) | 30 | 60 | 30 | 20 | 1 |

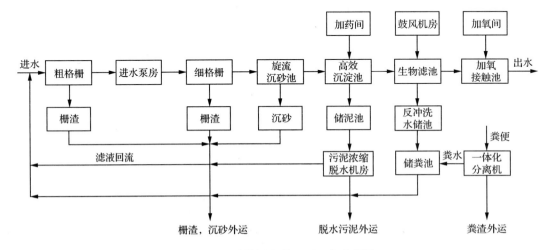

图 3.31 平洲污水处理厂工艺流程图

**表 3.31 厦门第二污水处理厂设计进出水水质**

| 项目 | BOD$_5$ | COD | SS | NH$_3$-N | TP |
|---|---|---|---|---|---|
| 进水质/(mg/L) | 130 | 300 | 180 | — | 3.5 |
| 出水水质/(mg/L) | 20 | 60 | 20 | 8 | 1.5 |

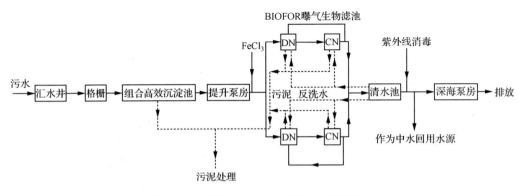

图 3.32 厦门第二污水处理厂工艺流程图

由于曝气生物滤池的进水 SS 值要求控制在 60mg/L 以内，因此在前端设组合高效沉淀池，该池集除油、沉砂和斜管沉淀于一身。BIOFOR 滤池采用前置反硝化工艺，

CN 池控制出水水质，池内硝化液回流到 DN 池。其曝气生物滤池设计参数见表 3.32，工艺运行结果如表 3.33 所示。

**表 3.32 厦门第二污水处理厂曝气生物滤池设计参数**

| 设计参数 | DN 池 | CN 池 |
|---|---|---|
| 滤池面积/m² | 86.5 | 86.5 |
| 滤速/(m/h) | 20 | 9 |
| 最大流量/(m³/h) | 2000 | 1000 |
| 水力停留时间/min | 9 | 25 |
| 滤料高度/m | 3.0 | 3.7 |
| 滤料粒径/mm | 4.5 | 2.7 |
| 滤料密度/(kg/L) | 1.8～2.0 | 1.4～1.7 |
| 气水比 | — | 4:1 |
| 曝气强度/(m³/h) | — | 600 |
| 反冲洗气洗强度/(m/h) | 100 | 100 |
| 反冲洗水洗强度/(m/h) | 30 | 20 |

**表 3.33 厦门第二污水处理厂进出水水质**

| | 项目 | $BOD_5$ | COD | SS | $NH_3\text{-}N$ | $NO_3\text{-}N$ | TP |
|---|---|---|---|---|---|---|---|
| | 进水/(mg/L) | 37.8 | 88.9 | 39.1 | 16.9 | 5.46 | 2.53 |
| DN 池 | 出水/(mg/L) | 18.6 | 50.6 | 12.3 | 17 | 3.56 | 1.88 |
| | 去除率/% | 50.8 | 43.1 | 68.5 | −0.6 | 34.8 | 25.7 |
| | 进水/(mg/L) | 50.6 | 18.6 | 12.3 | 17.0 | 3.56 | 1.88 |
| CN 池 | 出水/(mg/L) | 30.1 | 4.7 | 6.2 | 3.8 | 17.1 | 1.42 |
| | 去除率/% | 40.5 | 74.7 | 49.6 | 77.6 | −380.3 | 24.5 |

该工艺的生物除磷效果不理想，需在曝气生物滤池前端投加 $FeCl_3$；总氮去除效果不佳，其原因，一是反硝化碳源不足，二是根据在线 $NH_3\text{-}N$ 监测来控制曝气和反冲洗时间，使得 CN 池回流到 DN 池的 DO 发生波动，导致 DN 池环境变化，抑制反硝化菌的生长。

### 3.2.4.3 生物接触氧化法

（一）概述

生物接触氧化法是将填料浸没在水中，部分微生物以生物膜形式固着在填料表面，部分是悬浮生长在水中，因此兼有活性污泥和生物滤池两者的优点，又称为浸没式生物滤池。早在 19 世纪末 Bach 就开始此工艺的试验研究，不过由于填料的堵塞问题未曾得到大规模的推广应用。随着塑料工业的迅速发展，大大改进的填料的性能，推进了接触氧化法的发展。而填料的选择上，早期主要使用悬浮物截留能力高的填料以省略二沉池，这就不可避免的产生堵塞现象。之后的重点是使用不产生堵塞现象的填料，如果这种填料上的生物膜易于脱落，这种考虑是现实和适宜的。

（二）机理

生物接触氧化池由池体、填料层、布水装置、曝气系统和排泥系统组成，其构造如图 3.33 所示。

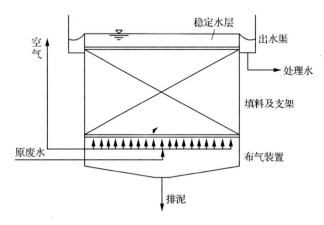

图 3.33　生物接触氧化池构造图

**1. 池体**

反应器的结构形状，在表面上可为圆形、方形和矩形，表面尺寸以满足配水布气均匀，便于填料充填和便于维护管理等要求确定，并应尽量考虑与前处理构筑物及二次沉淀池的表面形式相协调，以降低水头损失。

**2. 填料**

填料是接触氧化反应器的核心部分，是微生物的载体，其特性对生物固体量、氧的利用率、水流条件等起重要作用，因此是影响生物接触氧化池处理效果的重要因素。用于生物接触氧化池的填料应具备的条件：① 生物膜生成、固着性能良好；② 比表面积大；③ 空隙率高；④ 具有一定的强度，坚固耐用；⑤ 化学及生物学稳定性强；⑥ 耐腐蚀、耐老化；⑦ 比重与水接近，尺寸均一；⑧ 价格适宜，便于安装和运输。常用的填料分为硬性填料、软性填料和弹性填料。表 3.34 列出了不同类型填料的特点，填料支架安装部位与方式则根据填料类型与安装方式确定，材料可用钢材（防腐措施）或塑料。

表 3.34　不同类型填料特点

| 名称 | 材质 | 形状 | 优点 | 缺点 |
| --- | --- | --- | --- | --- |
| 硬性填料 | 塑料，玻璃钢 | 蜂窝形，球形，波纹形 | 比表面积大，质轻高强，管壁光滑无死角，生物膜易于脱落 | 价格较高，设计运行不当易堵塞 |
| 弹性填料 | 聚丙烯和助剂制成弹性丝 | 柱状形，平板串行 | 比表面积大，孔隙率高，充氧性能好，价格较低 | — |
| 软性填料 | 化学纤维制成纤维束 | — | 不易堵塞，价格低廉 | 易产生断丝和结球 |

**3. 曝气系统**

曝气作用：① 提供微生物所需氧；② 充分搅动，形成紊流；③ 对生物膜冲刷作用，促进生物膜更新。接触氧化反应器的曝气方式有分流式的中心曝气和一侧曝气；直流式的全面曝气。按供气方式有鼓风曝气、表面机械曝气及射流曝气等。目前应用较多的是鼓风曝气。

**4. 布水装置**

布水的作用使生物接触氧化池的进出水均匀。处理水量较小时，可采用直接进水方式；当处理水量较大时，可采用进水堰或进水廊道方式。出水系统采用溢流堰和出水槽。

（三）工艺特征

与其他生物膜法相比，生物接触氧化法有如下特点：填料比表面积大，体积负荷高，处理时间短，节约占地面积；兼有活性污泥法的特点；无需污泥回流系统，也不存在污泥膨胀问题，运行管理简便；由于填料的存在，增大氧的传递系数，动力消耗降低。

### 3.2.4.4 生物转盘

（一）工作原理与特征

生物转盘法是微生物生长在旋转的圆盘上，而废水处于半静止状态，转盘不断缓慢转动而与废水接触。盘体与废水和空气交替接触，微生物从空气中摄取必要的氧，并对废水中污染物质进行生物氧化分解。生物膜的厚度因废水的浓度和底物不同而有所不同，一般介于 0.5~1.0mm。转盘外侧附着液膜，好氧生物膜和厌氧生物膜。

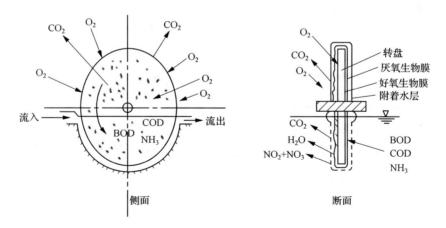

图 3.34 生物转盘的工作原理

与活性污泥法相比，生物转盘具有以下特点：① 供氧所需动力小，节能；② 维护管理简单，不产生污泥膨胀和二次污染等特点；③ 水量、水质变化抗冲击负荷能力强；④ 具有硝化、反硝化功能，可直接向反应槽投加药剂除磷；⑤ 无需污泥回流装置；

⑥ 污泥产量少；⑦ 可考虑不设二沉池。

（二）组成

生物转盘主要由盘体、氧化槽、转轴和驱动装置构成。盘体是生物转盘的主体。盘体的规格和参数如表 3.35 所示。

表 3.35　盘体的特点

| 名称 | 规格参数 |
| --- | --- |
| 盘面形状 | 平板、凹凸板、波形板、蜂窝、网状板、平板和波形板的组合、波形板和凹凸板组合等 |
| 材质 | 聚苯乙烯、聚乙烯、聚丙烯、纤维增强塑料 |
| 外周形状 | 圆形、多角形、圆筒形、多角形和圆形组合 |
| 直径 | 一般为 2～3m |
| 盘体厚度 | 要求质轻而薄、耐腐蚀。一般为 1～15mm。采用聚苯乙烯泡沫塑料时，厚度为 10～15mm；采用硬质聚苯乙烯板，厚度为 3～5mm；采用金属板时，厚度为 1mm 以下 |
| 盘体间距 | 标准值为 30mm，一般进水段为 25～35mm，出水段为 10～20mm。进行硝化反应的生物转盘间距也可取 15mm |

（三）反应器设计参数

氧化槽是生物反应池，其设计参数见表 3.36。

表 3.36　氧化槽的设计参数

| 名称 | 规格参数 |
| --- | --- |
| 形状 | 一般制成与盘体外形相吻合的半圆形 |
| 材质 | 钢板（内壁防腐）、钢筋混凝土 |
| 转盘外缘与槽壁间距 | 20～50mm |
| 容积 | 按水位达到转盘直径的 40% 计算 |
| 水位 | 槽内水面至槽顶约 20～30cm。出水多采用齿形溢流堰，宜设计为可调堰口高度 |
| 其他 | 底部应设排泥管和放空管 |

转轴一般为实心钢轴或无缝钢管，外壁防腐，轴长一般为 1.5～7.0m。转轴不能太长，否则容易绕曲变形，发生磨断或扭断。驱动装置包括动力设备和减速装置。

### 3.2.5　污泥的处理与处置

#### 3.2.5.1　概述

随着人们对环境污染控制认识的加深，污水处理厂在各主要城市相继建成并投入运行。目前大部分城市污水处理厂采用生化工艺处理污水，在此过程中，必然会产生大量污泥，其数量约占处理水量的 0.3%～0.5% 产生大量的生化污泥。其通常组分复杂，变异性大，水分含量高（通常在 99% 以上），经浓缩处理的污泥其含水率仍在 85%～

90％左右，体积庞大，给运输、贮存、使用带来不便，并可能对环境造成二次污染，因而脱水是污泥处置一般经历的过程。但生化污泥是呈胶状结构的亲水性物质，由于微粒的布朗运动、胶体颗粒间的静电斥力和胶体颗粒表面的水化膜作用，大部分的污泥颗粒不易聚结而分散悬浮于水中，由于污泥颗粒特殊絮体结构及高度亲水性，使其包含的水分很难被脱除。目前我国污泥处理费用已占污水处理厂总运行费用的 20％～50％，有效解决污水污泥处理处置问题已成为一件刻不容缓的事。目前，污泥脱水已成为污泥处理及处置流程中一个非常重要的过程，为提高污泥厌氧消化、过滤和脱水处理的有效性，以及改善污泥的土力学特性，以便后续的运输、堆肥、焚烧、填埋及土地利用，对污泥进行调理就显得十分必要了。

### 3.2.5.2　污泥的浓缩

典型的污泥处理处置工艺流程一般包括 4 个阶段：污泥浓缩、污泥消化、污泥脱水及污泥处置。因而，污泥预处理，主要是指为了污泥处理过程中后一个处理环节正常进行而进行的处理。一般而言，污泥调质（调理）是污泥浓缩、污泥脱水或污泥消化的预处理；污泥浓缩是污泥脱水的预处理；污泥脱水是污泥最终处理与处置的预处理。

污泥浓缩是降低污泥含水率，减少污泥体积，以利于后续处理与利用的一种污泥预处理方法，主要目的是使污泥初步减容，缩小后续处理构筑物或设备的容量。污泥浓缩的方法，主要有重力浓缩、气浮浓缩和离心浓缩等。

（一）重力浓缩

重力浓缩是利用污泥颗粒与水的密度差实现泥水分离污泥浓缩方法。本质上是一种沉淀工艺，属压缩沉淀。重力浓缩分为连续式和间歇式两种，间歇式重力浓缩主要用于小型污水处理厂，连续式重力浓缩主要用于大、中型污水处理厂。

（二）气浮浓缩

气浮浓缩与重力浓缩相反，它是使污泥颗粒附上微细气泡比重减少而被强制上浮至水面，实现泥水分离的污泥浓缩方法。该法适用于颗粒比重仅略大于 1 的污泥，如活性污泥。根据气泡形成的方式，气浮可以分为：压力溶气气浮、生物溶气气浮、涡凹气浮、真空气浮、化学气浮、电解气浮等，在污泥处理中压力溶气气浮工艺已广泛应用于剩余活性污泥浓缩中，生物溶气气浮工艺浓缩活性污泥也已有应用。

（三）机械浓缩

通过机械设备进行浓缩的方法，主要有带式浓缩机浓缩、转鼓式浓缩机浓缩、螺旋式浓缩机浓缩、离心式浓缩机浓缩等。前三者是借助自然重力场的作用通过投加化学絮凝药剂实现污泥浓缩。离心式浓缩是借助于人工重力场的作用，利用污泥颗粒与水比重不同，有不同离心倾向，实现泥水分离的一种污泥浓缩方法。

**1. 带式浓缩机浓缩**

带式浓缩机一般与带式脱水机联合使用，根据浓缩机与脱水机的安装关系，可分为一体机、组合机和分体机 3 种。带式浓缩机一般由框架、进泥配料装置、脱水滤布、可调泥耙和泥坝组成。其浓缩过程为污泥被均匀摊铺在滤布上，形成薄薄的泥层，在重力作用下实现污泥与空隙水的分离，污泥固体颗粒留在滤布上进入压榨脱水阶段。深圳罗芳污水处理厂，肇庆污水处理厂等采用了带式机械浓缩机。

**2. 转鼓浓缩机浓缩**

转鼓浓缩机或类似装置浓缩污泥的过程是：先通过聚合电解质絮凝形成大颗粒絮团，随后，絮团进入转鼓浓缩机的转鼓中（转鼓表面覆盖一层合成滤布），转鼓以大约 10rpm 的速度旋转。水能透过滤布，絮凝后的污泥则留在滤布上。一般而言污泥可以被浓缩到 5%～12%。天津经济技术开发区污水处理厂已经应用转鼓浓缩。

**3. 螺旋式浓缩机浓缩**

螺旋式浓缩机的工作原理类似于转鼓浓缩机，其不同之处在于螺旋式浓缩机绷有滤网的圆柱体外壳固定不动，其内部设置螺旋推进器可转动。

**4. 离心式浓缩机浓缩**

离心式浓缩机浓缩原理是利用污泥中固液两相的密度不同，在高速旋转的离心机受到不同的离心力而使两者分离，达到浓缩的目的。离心浓缩工艺的动力是离心力，离心力是重力的 500～3000 倍。

各种污泥浓缩方法的优缺点比较见表 3.37，供读者设计或选用时参考。

**表 3.37　各种污泥浓缩方法的优缺点比较表**

| 浓缩方法 | 优点 | 缺点 |
|---|---|---|
| 重力浓缩 | 贮存污泥能力强，操作要求较低，运行费用低，动力消耗小 | 占地面积大，污泥易产生臭气；对于某些污泥工作不稳定，浓缩效果不理想 |
| 气浮浓缩 | 浓缩效果较理想，出泥含水率较低，不受季节影响，运行效果稳定；所需池容积仅为重力法的 1/10 左右，占地面积较小；臭气问题小；能去除油脂和砂砾 | 运行费用高于重力浓缩法，但低于离心浓缩；操作要求高，污泥贮存能力小，占地比离心浓缩大 |
| 带式浓缩机浓缩 | 空间要求省；工艺性能的控制能力强；投资和能耗相对低；添加很少聚合物便可获得高固体收集率，可以获得高的固体浓度 | 会产生现场清洁问题；依赖于添加聚合物；操作水平要求较高；存在潜在的臭气和腐蚀问题 |
| 转鼓机械浓缩 | 空间要求省；投资和能耗相对低；容易获得高的固体浓度 | 会产生现场清洁问题；依赖于添加聚合物；操作水平要求较高；存在潜在的臭气和腐蚀问题 |
| 离心浓缩 | 相同处理能力占地最小；几乎不存在臭气问题 | 要求专用的离心机，电耗大；对操作人员要求较高 |

### 3.2.5.3　污泥的稳定化

污泥稳定是指去除污泥中的部分有机物质或将污泥中的不稳定有机物质转化为较稳定物质，使污泥的有机物含量减少 40% 以上，不再散发异味，即使污泥在以后较长时间堆置后，其主要成分也不再发生明显的变化。污泥稳定方法主要采用厌氧消化、好氧消化和堆肥等方法。

厌氧消化是在无氧条件下，污泥中的有机物由厌氧微生物进行降解和稳定的过程。为了减少工程投资，通常将活性污泥浓缩后再进行消化，在密闭消化池内的缺氧条件下，一部分菌体逐渐转化为厌氧菌或兼性菌，降解有机污染物，污泥逐渐被消化掉，同时放出热量和甲烷气。经过厌氧消化可使污泥中部分有机物质转化为甲烷，同时可消灭恶臭及各种病原菌和寄生虫，使污泥达到安全稳定的程度。在污泥厌氧消化工艺中，以中温消化（33～35℃）最为常用。

在欧洲和北美洲的污水处理厂，污泥厌氧消化的成功案例较多。在我国，杭州四堡污水处理厂、北京高碑店污水处理厂、天津东郊污水厂采用中温厌氧消化；上海市白龙港污水处理厂的污泥中温厌氧消化工程正在建设。

污泥好氧消化的基本原理就是对污泥进行长时间的曝气，污泥中的微生物处于内源呼吸而自身氧化阶段，此时细胞质被氧化成 $CO_2$、$H_2O$、$NO_3^-$ 得到稳定。好氧消化的动力消耗较高，适用于小型污水厂。

大部分污泥堆肥是在有氧的条件下进行，利用嗜温菌、嗜热菌的作用，使污泥中有机物分解成为 $CO_2$、$H_2O$，达到杀菌、稳定及提高肥分的作用。为了使堆肥有良好的通风环境，通常采用膨胀剂与污泥混合，以增加空隙度、调节污泥含水率和 C、N 比。堆肥时间大约需一个月。因此，污泥堆肥适用于小型、周边环境不敏感的污水厂。

### 3.2.5.4　污泥的机械脱水

污泥脱水的机械主要分过滤式和产生人工力场式两类。过滤式分负压过滤，如真空过滤和正压过滤，如带式压滤机和板框压滤机。产生人工力场式是在人工力场的作用下，借助于固体和液体的密度差来使固液分离。

在选择机械脱水形式时应考虑到污泥的调理方式以及脱水之后的处置方式，干燥，焚烧和最终处置方式。含固率大于 20％～25％ 的污泥才能被直接用于农业。如果选择污泥卫生填埋，则必须同时考虑到含水率和承载力两方面的要求。国外经验证明，要达到填埋场的要求，需使用无机药剂的化学调理和板框压滤机相结合才能达到要求。此外，还应结合当地情况，考虑污泥调理剂的种类，价格，和投资及运行成本等因素。污泥生物稳定的时间，方式，程度对污泥的脱水性能有着明显的影响。污泥稳定时间越长，稳定程度越好，脱水效果越好。就污泥的生物稳定方式来说，厌氧消化稳定的污泥比好氧消化稳定的污泥效果要好。对于稳定时间不长和稳定程度不好的污泥来说，要想达到与正常稳定的污泥同样的脱水效果，所需要的化学调理剂更多，脱水时间更长。即便是使用同一种脱水机械，由于污泥的理化性质的不同，也可能产生不同的脱水效果，在脱水方式的选择时应慎重考虑，已有的污水厂的经验只能作参考用。

### 3.2.5.5　污泥的干化

污泥干化就是利用人工或自然能源为热源，在工业化设备中，基于干燥原理而实现去除湿污泥中水分的目的的技术，即将一定数量的热能传给物料，物料所含湿分受热后汽化，与物料分离，失去湿分的物料与汽化的水分被分别收集起来。其基础机理是水分的蒸发过程和扩散过程，这两个过程持续、交替进行。蒸发过程：物料表面的水分汽化，由于物料表面的水蒸气压低于介质（气体）中的水蒸气分压，水分从物料表面移入介质。扩散过程是与汽化密切相关的传质过程。当物料表面水分被蒸发掉，形成物料表面的湿度低于物料内部湿度，此时，需要热量推动力将水分从内部转移到表面，继而进行蒸发过程。

**1. 污泥干化的热能消耗**

污泥干化意味着水的蒸发。水分从环境温度（假设 20℃）升温至沸点（约 100℃），每升水需要吸收大约 80kcal 的热量，之后从液相转变为气相，需要吸收大量的热量，每升水大约 539kcal（标准大气压力下），因此蒸发每升水最少需要约 620kcal 的热能。

在常用的污泥干化工艺中，为了安全，常将工作温度控制在 85℃左右，每升水从 20℃升温至 85℃需吸热 65kcal，在 85℃汽化需耗热量相差不大，因此常以 620kcal/L 水蒸发量作为干化系统的"基本热能"。

输入干化系统的全部热能有四个用途：加热空气、蒸发水分、加热物料和弥补热损失。蒸发水分耗热量和输入热能之比为干化系统的热效率，通过尽量利用废气中的热量，例如用废气预热冷空气或湿物料，或将废气循环使用，也将有助于热效率的提高。

**2. 污泥干化的加热方式**

污泥干化是依靠热量来完成的，热量一般都是由能源燃烧产生的。热量的利用形式有直接加热和间接加热两类：

（1）直接加热。将高温烟气直接引入干化器，通过高温烟气与湿物料的接触、对流进行换热。该方式的特点是热量利用效率高，但是会因为被干化的物料具有污染物性质，而带来废气排放问题。

（2）间接加热。将热量通过热交换器，传给某种介质，这些介质可能是导热油、蒸汽或者空气。介质在一个封闭的回路中循环，与被干化的物料没有接触。如以导热介质为热油的间接干化工艺为例：热源与污泥无接触，换热是通过导热油进行的，相应设备为导热油锅炉。

导热油锅炉在我国是一种成熟的化工设备，其标准工作温度为 280℃。这是一种有机质为主要成分的流体，在一个密闭的回路中循环，将热量从燃烧所产生的热量中转移到导热油中，再从导热油传给介质（气体）或污泥本身。导热油获得热量和将热量给出的过程会产生一定的热量损失。一般而言，含废热利用的导热油锅炉的热效率为 85%～92%。

**3. 污泥干化的热源**

干化的主要成本在于热能，降低成本的关键在于是否能够选择和利用恰当的热源。按照能源的成本，从低到高一般为烟气、燃煤、蒸汽、沼气、燃油和天然气。

（1）烟气：来自大型工业、环保基础设施（垃圾焚烧厂、电站、窑炉、化工设施）的废热烟气是可利用的能源，如果能够加以利用，是热干化的最佳能源，但温度必须较高，地点必须较近，否则难以利用。

（2）燃煤：相对较廉价的能源，以燃煤产生的烟气加热导热油或蒸汽，可以获得较高的经济性。但目前国内大多数大中城市均限制除电力、大型工业项目以外的其他企业使用燃煤锅炉。

（3）蒸汽：清洁，较经济，可以直接全部利用，但是将降低系统效率，提高折旧比例。

（4）沼气：可以直接燃烧供热，价格低廉，也较清洁。

（5）燃油：较为经济，以烟气加热导热油或蒸汽，或直接加热利用。

（6）天然气：清洁能源，热值高。

所有干化系统都可以利用废热烟气运行，其中间接干化系统通过导热油进行换热，对烟气无限制性要求；而直接干化系统由于烟气与污泥直接接触，虽然换热效率高，但对烟气的质量具有一定要求，这些要求包括：含硫量、含尘量、流速和气量等。

### 3.2.5.6　污泥焚烧

（一）焚烧基本原理

污泥中含有大量的有机质，所以污泥具有一定的热值，污泥焚烧就是利用焚烧炉在有氧条件下高温氧化污泥中的有机物，使污泥完全矿化为灰烬的处理方式，污泥焚烧后会产生约 1/10 固体质量的无菌、无臭的灰渣。近年来焚烧法由于采用了合适的预处理工艺和焚烧手段，达到了污泥热能的自持，并能满足越来越严格的环境要求。以焚烧为核心的处理处置方法是最彻底的污泥处理处置方法，它能使有机物全部碳化，杀死病原体，最大程度地减少污泥体积。其产物为无菌、无臭的无机残渣，含水率为零。而且占地小，自动化水平高，几乎不受外界影响，在恶劣的天气条件不需存储设备。污泥焚烧产生的焚烧灰具有吸水性、凝固性，因而可用来改良土壤、筑路等。

从国内外污泥焚烧技术的发展现状和上海这几年的工程实践，污泥焚烧在技术上是比较可靠的，而且能最大程度地实现污泥的减量化、稳定化和无害化。随着土地资源的日益紧缺，进入填埋场污泥的含水率要求和有机物含量要求不断提高，污泥填埋的比例可能逐步减少。污泥焚烧是一条比较完全的污泥处理处置途径。焚烧法的主要缺点是：① 处理设施一次性投资大，处理费用较高；② 焚烧过程可能会产生一定量的有害气体，污泥中的重金属会随着烟尘的扩散而污染空气，需要配置完备的烟气净化处理设施。

（二）污泥焚烧设备

对应于不同的焚烧工艺，有不同的焚烧设备。国内外污泥焚烧厂目前所采用的焚烧设备主要有机械炉排炉、立式多段炉（多段竖炉）、流化床焚烧炉及回转窑焚烧炉四种。目前常用流化床焚烧炉。

流化床焚烧炉是借助不起反应的惰性介质（如石英砂）的均匀传热和蓄热效果，使污泥达到完全燃烧。因为砂粒尺寸较小，污泥饼必须先破碎成小颗粒，以便燃烧反应能顺利进行。

流化床焚烧炉的工艺流程可简单描述为污泥经适当的预处理后，由给料系统送入循环流化床焚烧炉，调节进入燃烧室的一次风（燃烧空气多由底部送入），使其处于流化燃烧状态，由于循环流化床中的介质处于悬浮状态，气、固能充分混合接触，整个炉床燃烧段的温度相对较为均匀；细小物料由烟气携带进入高温分离器，收集后返回燃烧室，烟气经尾部烟道进入净化装置净化后排入大气。如果在进料时同时加入石灰粉末，则在焚烧过程中可以去除部分酸性气体。

流化床焚烧炉的流动层根据污泥颗粒的运动和风速可分为固定层、沸腾流动层和循环流动层。利用流化床焚烧处置污泥，与其他焚烧法相比具有如下优点：

（1）对废料适应性特别好，其良好的焚烧特性表明其更适合燃烧低热值、高水分，在其他焚烧装置中难以稳定燃烧的废弃物。

（2）流化床焚烧炉内无活动部件，炉墙结构比较简单，整个设备结构紧凑，运行故障较少。

（3）流化床焚烧炉采用分级燃烧技术，温度一般控制在850℃左右，属低温燃烧。低温燃烧有许多优点，如实现$NO_x$的低排放，不易结渣等。此外，流化床焚烧过程中其他有毒气体（氯化氢、氯气等）以及重金属的含量也可以得到有效的控制。

（4）流化床炉内优良的燃尽条件使得灰渣含碳量低，属于低温烧透，易于实现灰渣的综合利用，同时也有利于灰渣中稀有金属的提取。

（三）干化与焚烧计算实例

国内第一个城市污水厂污泥干化焚烧项目是上海石洞口污泥干化焚烧项目，目前因处理规模等多种原因，石洞口污泥处理工程正在着手进行二期扩建改造。下面介绍2004年建成运行的一期工程。

上海市石洞口城市污水处理厂一期工程每天产生含水率为70%的污泥量为213t/d，采用污泥干化＋焚烧处理工艺，并利用污泥本身热量对污泥进行干化。

污泥在低温约85℃下干化至约10%含水率，进入流化床污泥焚烧炉在850℃以上进行焚烧。干化后的污泥具有约14880kJ/kg的热值，回收此能量，用于加热导热油，使之成为污泥干化所需热源。正常运行时不必加辅助燃料能保持热量平衡，多余的热量尚可对外供热。

一般城市污水处理厂未经消化的新鲜脱水污泥，一般根据污泥焚烧特性试验，污泥（干基）在物理性质、元素分析和工业分析等方面与褐煤有许多相似之处，固定碳的含量则较低，干基污泥的低位发热量约为14630kJ/kg（3500kcal/kg），并且污泥中含有一定量的重金属，详见表3.38。

表 3.38　污泥中重金属含量　　　　　　　　　　（单位：$\mu g/g$）

| 类目 | 汞 | 镉 | 铅 |
| --- | --- | --- | --- |
| 上海石化污泥 | 3.55 | 2.80 | 3.15 |
| 北京高牌店污泥 | 8.06 | 3.34 | 27.66 |

通过分析和比较，该工艺采用的污泥低位发热量为14880kJ/kg（干固体）。该工艺的所有计算及设计参数按表3.39和表3.40参照进行。

**表 3.39 污泥特性表**

| 项目 | 干基灰分 | 干基可燃分 | 热值 |
|---|---|---|---|
| 参数/% | 34.37 | 65.63 | 14859kJ/kg（干） |

**表 3.40 污泥元素组成表**

| 元素 | C | ·H | O | N | S |
|---|---|---|---|---|---|
| 含量/% | 53.3 | 6.8 | 30.3 | 6.0 | 1.5 |

污泥干化＋焚烧处理的工艺过程为：从脱水机上排出的脱水污泥经过干燥机干化，将水分从 70％降低到 10％后进入焚烧炉焚烧。污泥焚烧产生的热量通过余热锅炉加热导热油并作为污泥干燥机的加热介质用于加热及干化脱水污泥。导热油通过污泥干燥机内的热交换器将热量传递给污泥，并被冷却，然后送回余热锅炉内加热循环利用。污泥焚烧产生的高温烟气经过导热油余热锅炉冷却后再经过烟气净化装置和烟囱排入大气。污泥干化＋焚烧处理典型的工艺流程如图 3.35 所示。

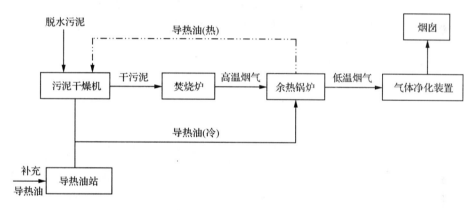

图 3.35 污泥干化＋焚烧处理典型工艺流程

**1. 工艺流程说明**

（1）脱水污泥处理：

石洞口污水处理装置机械脱水后的 213t/d、含水率 70％的脱水污泥输送至储存仓，然后由污泥泵输送至污泥干燥机和螺旋混合器。

储存仓中设有料位探头，当储存仓的料位为低位时，干化装置自动停车；当储存仓的料位为高位时，自动报警，表示可以正常开车。料仓底部设有往复运动的耙齿以防污泥架桥，耙齿通过液压系统不停地往复运动，将脱水污泥刮到料仓底部 5 台污泥泵的其中 4 台中，并压送至污泥干燥机中进行干燥。

（2）干化过程：

整个污泥干化过程在污泥干燥机中进行，并且污泥干燥机是在一个密封循环的惰性气体回路中，所有的污泥传递设备包括各个界面均为密封，整个回路在操作时保持惰性气氛及负压操作。污泥干燥机蒸发出的水汽将在循环回路之中采用先除尘后经冷凝换热器洗涤及冷凝，然后经汽水分离器排出水分，循环惰性气体由风机重新送回到污泥干燥机。

（3）污泥焚烧处理工艺和污泥热源工艺：

需焚烧的干污泥被送入流化床焚烧炉，干污泥被砂层托起翻浪并被迅速加热焚烧，焚烧后的灰大部分随烟气携带走，只有一小部分从炉底排渣口排出（由炉压控制）。所产生的850℃烟气排出并进入烟气净化区。与此同时，导热油由220℃被加热至250℃，空气由20℃被加热至140℃并再送入焚烧炉。该流化床焚烧炉还设计成既可烧干污泥，同时又可烧煤，在出现无干污泥焚烧情况下由燃煤提供加热导热油所需之热。

（4）烟气净化处理工艺：

烟气净化系统由酸性气体的脱除和颗粒物捕集两大部分组成。该工程设计无论来自燃煤热源系统或污泥焚烧系统产生的烟气，都经过烟道系统进入此烟气净化系统。烟气净化装置包括半干法喷淋塔和布袋除尘器及喷活性炭装置预留组合系统。整个污泥处理系统只配置一套完整的烟气净化装置、石灰浆供应装置、冷却水设备供应系统及飞灰输送、贮存系统。

整套工艺适用于来自压滤机经机械脱水后可用泵抽取的污泥。产生的干燥颗粒可以作填埋处理或进一步处理，譬如，作为发电厂、水泥工业或垃圾焚烧炉的辅助燃料。这种颗粒易于装运或中间存放在任何地区。

**2. 工厂设计**

每周7天，每天24小时运行（8000h/a）；水蒸发量为5980kg/h；30％的干物质，污泥干燥量为8875kg/h；至少90％的干物质，干燥污泥的产出量至少为2879kg/h。

污泥处理厂机械脱水的污泥从用户送至污泥计量储存仓（150m³），用5台污泥泵从该储存仓运送污泥至流化床污泥干燥机及螺旋混合器。泵通过加料口把污泥打进干燥机进料口，这些污泥被装在每个加料口的破碎装置打碎。在干燥机内，产生的污泥颗粒被循环气体流化并产生激烈的混合。

流态化床层的特性保证了连续一致的温度和干燥特性。由于流化床内依靠其自身的热容量，滞留时间长和产品数量大，因此，即使供料的质量或水分有些波动，也能确保干燥均匀。用循环的气体流将污泥细粒和灰尘带出流化层，这样，无尘的污泥颗粒采用旋转气锁阀通过正常排放离开干燥机。

采用旋风分离器使灰尘和污泥细粒与流化气体分离。计量螺旋输送机及螺旋输送机把灰尘从灰仓输送到螺旋混合器。在那里，灰尘与脱水污泥进行混合，并通过螺旋输送机再送回到流化床干燥机。

干燥机系统和冷却器系统的流化气体均保持一个封闭式防尘气体回路。起流化作用的循环气体将污泥细粒和蒸发的水分带离流化床干燥机。污泥细粒在旋风分离器内进行分离，而蒸发的水分在一个冷凝换热器内采用直接逆流喷水方式进行冷凝。

冷却回路中的氧含量由一台氧分析仪连续测量。通过连续补充焚烧系统的烟道气，使冷却气体保持低氧环境。干燥所必需的能量有两种热媒介质可选择，一种是蒸汽，另一种是导热油。目前国际上先进的干燥技术都采用导热油为热媒介质，下面以该工程为实例，当采用流化床干燥机来干燥污泥时对热媒介质作一比较（见表3.41）。

表 3.41　导热油和蒸汽热媒比较

| 序号 | 内容 | 导热油 | 蒸汽（1.27MPa，192℃） |
|------|------|--------|------------------------|
| 1 | 流化床面积 | 7m² | 10.6m² |
| 2 | 干燥机设备价格 | — | 约增加 30% |
| 3 | 干燥系统（包括冷却器、输送机械等辅助设备）的投资 | — | 约增加 23% |
| 4 | 热媒介质年运行费 | 导热油使用寿命 5 年，一次使用量约为 2t，计 1920 元/年 | 汽水损失按 3% 计算，年运行费约 21600 元/年 |
| 5 | 电能消耗 | — | 约增加 185kW |
| 6 | 厂房面积 | 小 | 大 |

注：上述比较仅考虑自产蒸汽而言，若蒸汽外购价格优越则另当别论。

　　根据上述比较，本工程设计采用导热油作为热媒介质。

　　干燥颗粒在流化床冷却器冷却后通过输送机（斗式提升机和螺旋输送机）输送到一个净容积为 200m³ 左右的干污泥料仓内进行储存，然后输送到焚烧炉或作为产品外运销售。此外，干燥颗粒的容器（储存仓）也与一个惰性气体通风系统相连接。

　　采用此干燥工艺有如下优点：

　　① 封闭式全密封气体回路操作，氧浓度低（<3Vol%），在燃点以下，故十分安全。

　　② 干燥装置完全自动化运行。每条线只要每天一班有 1 个熟练工人来监督并控制。在其他运行时间，干燥设备不需人员监督。

　　③ 可利用率高：在荷兰 Beverwijk 的污泥干燥工厂，有两条成功运行的生产线，每条蒸发容量为 6000kg/h，年可利用率达 8000 小时。

　　④ 高灵活性：所设计的污泥干燥设备具有水蒸发范围灵活的特点。对于实际装置运行，从经济角度看，推荐在 50%～100% 的蒸发量。

　　⑤ 流化床干燥机本身无动部件，故无需维修。我们流化床干燥机的特点是使用寿命非常长。目前仍在运行的时间最长的脱水污泥干燥机，已运行 15 年左右，从未更换过主要部件，如热交换器、气体分布板等。

　　⑥ 包括气体回路系统在内的整个流化床干燥机均由标准设备（风机、气锁阀）构成。这种构想使其维修保养费用低和可利用率高。

　　⑦ 这种封闭式密封气体回路系统通过包含在污泥中的气体和蒸发的水分本身可自行处于惰性状态。氧含量在正常操作情况下为 1%～3%。

　　⑧ 热量输入采取间接方式，即通过流化床内的热交换器进行的，产品和能量传输介质是不接触的。

　　⑨ 干燥机中的污泥颗粒在任何运行状态下，并且在紧急情况下都有一个安全的温度（85℃）和湿度。

　　⑩ 干颗粒几乎是无灰尘和无细粉的，因为，流化床也起到了一个筛分器的作用。

　　⑪ 干燥和冷却分开使得干燥控制更加方便快捷，并使干燥污泥更加安全。

该工程设置三台焚烧污泥的流化床锅炉（两用一备），当干化污泥外运时（即不采用焚烧处理）或污泥处置工厂刚开始启动时，流化床锅炉可用燃煤来提供干燥机所需的热量，此时燃料为Ⅱ类烟煤。

石洞口污水处理厂污泥焚烧系统是为 213t/d 污泥（含水率70％）干燥后（含水率10％）进行焚烧处理而设计的。焚烧炉设有炉内脱硫所需的石灰石加料装置。设计条件如表 3.42 所示。

**表 3.42　石洞口污水处理厂污泥焚烧炉设计参数**

| 污泥处理量（干污泥） | 71t/d |
| --- | --- |
| 进焚烧炉污泥含水率 | ≤10％ |
| 负荷波动范围 | 60％～125％ |
| 污泥热值 | 14880kJ/kg |
| 热能利用 | 加热导热油 |
| 焚烧炉设计运行温度 | ≥850℃ |
| 炉内烟气有效停留时间 | ＞2s |
| 炉内运行压力 | 负压 |

流化床污泥焚烧炉主要由炉本体、尾部受热面、床面补燃系统、喷水减温装置、螺旋输送机、排渣阀、燃油启动燃烧室、烟气处理系统和鼓引风机等组成。其中，炉本体由流化床密相区和稀相区构成，在稀相区布置有受热面。流化床污泥焚烧炉采用一定粒度范围的石灰石/石英砂作床料，一次风由风室经布风板进入焚烧炉，使炉内的床料处于正常流化状态。污泥和石灰石/石英砂由螺旋给料装置送入炉内，污泥入炉后即与炽热的床料迅速混合，受到充分加热、干燥并完全燃烧。

流化床床温控制在 850～900℃，污泥呈颗粒状在流化床内燃烧，其所占床料重量比很小。污泥进入流化床内即被大量处流化状态的高温惰性床料冲散，因此，污泥在流化床内焚烧时不会发生黏结。针对污泥中含有的 S 及 Cl 等成分，在污泥中混入一定比例的石灰石一同加入炉内，石灰石分解后生成的 CaO 与上述物质反应，实现炉内固硫和固氯，可大大减少 $SO_2$ 和 HCl 的生成，并可减轻烟气净化设备的负荷。循环流化床及鼓泡流化床污泥焚烧炉因其卓越的性能在国外污泥处理行业中得到了广泛的应用。

烟气净化系统由酸性气体的脱除和颗粒物捕集两大部分组成。该工艺采用半干法喷淋塔和布袋除尘器组合系统。半干法脱酸是在烟气中喷入一定量的石灰浆，使之与烟气中酸性物质反应，并控制水分使达到"喷雾干燥"的反应过程。脱酸反应生成物基本上为干固态，不会出现废水及污泥。烟气中颗粒物捕集措施采用布袋除尘器。在进入布袋除尘器前，再向烟气中喷入一定量活性炭粉粒，吸附烟气中重金属和二噁英等有害物质，而后在布袋除尘器中有效捕集去除。

焚烧烟气自余热锅炉出口进入烟气净化装置，在净化装置内烟气中有害物质得到有效的去除，达到规定的标准后排入大气。

烟气净化采用半干法喷淋塔和布袋除尘器组合系统。整个污泥处理系统只配置一套烟气净化装置，石灰浆供应装置、冷却水供应系统及飞灰输送、储存系统。无论哪一种运行方式（焚烧污泥或燃煤）产生的烟气，都经过烟道进入此烟气净化系统。烟气净化处理工艺流程框图如图 3.36 所示，物料消耗量见表 3.43。

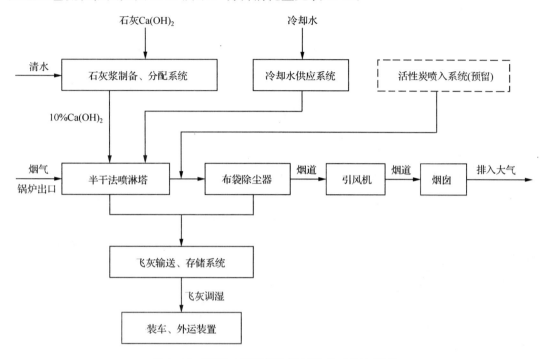

图 3.36　石洞口污泥焚烧烟气处理工艺流程图

**表 3.43　石洞口污泥处理厂公用及物料消耗量**

| 物料名称 | 小时耗量 | 天消耗量 |
| --- | --- | --- |
| $Ca(OH)_2$ | 22.8kg | 574.2kg |
| 电（动力） | 210kW | 5040kW·h |
| （电伴热） | 75kW | — |
| 自来水 | 1.86m³ | 44.62m³ |
| 压缩空气（$P=5\sim7bar$） | 180m³ | 间隙用 |

### 3.2.5.7　污泥固化

污泥固化稳定化技术是通过向脱水污泥（含水率 75%～85%）中添加固化/稳定化材料，通过化学反应使使污泥的物理性质、化学性质趋于稳定的方法。固化是指通过提高污泥的强度、降低透水性来改变污泥的物理性质的过程。稳定化是指转化污泥中含有的重金属污染物的形态，构建内封闭系统而改变污泥化学性质的过程。因而，固化/稳定化后的产物具有较高的强度以及较低的透水性，能够满足卫生填埋的要求，也可以直接安全填埋在低洼地方。同时也可以作为不同资源化利用的预处理手段，而且固化/稳定化后能够对诸如重金属类，有机污染物以及病原菌形成封闭效应并对其生物化学条件进行控制。

### 3.2.5.8 污泥的最终处置与利用

（一）农林/土地利用

污泥的土地利用是将污泥作为肥料或土壤改良材料，用于园林、绿化、林业、农业或贫瘠地等受损土壤的修复及改良等场合的处置方式。污泥中含有丰富的有机质和营养元素以及植物生长所必需的各种微量元素，是一种很好的肥料和土壤改良剂，所以土地利用越来越被认为是一种积极、有效、有前途的污泥处置方式。根据最终用途，土地利用主要分为农用、园林绿化和土地改良等。土地利用的污泥处理方式主要是堆肥化处理。

但污泥土地利用需要具备的一个重要的条件是：其所含的有害成分不超过环境所能承受的容量范围。污泥由于来源于各种不同成分和性质的污水，不可避免地含有一些有害成分，如各种病原菌、重金属和有机污染物等，这都在一定程度上限制了污泥在土地利用方面的发展。因此，污泥土地利用需要充分考虑污泥的类型及质量、施用地的选择，并且一般需要经过一定的处理，来降低污泥中易腐化发臭的有机物，减少污泥的体积和数量，杀死病原体，降低有害成分的危险性。

污泥土地利用可能会造成土壤、植物系统重金属污染，这是污泥土地利用中最主要的环境问题。一般城市污水含有 20%～40% 的工业废水，重金属含量或有机污染物超标概率高，污泥的土地利用带有一定风险性。污泥中存在相当数量的病原微生物和寄生虫卵，也能在一定程度上加速植物病害的传播。

污泥天天排放，而土地利用却是有季节性的，这种矛盾使得污泥必须找地方贮存，这既增加了管理与场地费用，同时污泥又得不到及时处置。

污泥用于土地利用必须经过稳定化、减量化、无害化处理，即使如此，污泥的产量也无法与土地所需要的污泥量在时间上匹配，通过土地利用途径能够消耗的污泥量是非常有限的。因此，污泥土地利用处置不适合大型项目，且没有大型项目在成功运行的实例。

另外，污泥碳化是近年来新兴的污泥热处理工艺，是在缺氧条件下被加热，由于水分的蒸发和分解其他的挥发，在污泥表面形成了众多的小孔，在进一步升温后，有机成分持续减少，碳化缓慢进行，并最终形成了富含固定碳的碳化产物。国外成熟的碳化技术可以在较短的时间内，大幅度减少污泥的体积和质量，减量化至约为十分之一。且碳化后的产物被证明是安全无污染的有用原料，甚至还可以作为普通肥料用于农业。碳化技术在国外，如日本、韩国等国家有一定的发展，在国内已有一些企业引进了污泥碳化技术，但目前还处于实验阶段，国内暂没有应用实例。

（二）建材利用

污泥建材利用是指将污泥作为制作建筑材料的部分原料的处置方式。研究表明，污泥制成建材后，污泥中的重金属等有毒有害物质，一部分会随灰渣进入建材而被固化其中，重金属失去游离性，因此，通常不会随浸出液渗透到环境中，从而不会对环境造成较大的危害。污泥中含有大量的灰分、铝、铁等成分，可作为应用于制砖、水泥、陶粒、活性炭、熔融轻质材料以及生化纤维板的制作。

根据最终用途，建材利用主要分为作水泥添加料、制砖、制轻质骨料和制其他建筑材料。此外，将污泥焚烧灰压缩成型，再在1050℃高温下烧结，制备地砖等建筑材料的方法也已开发成功。

目前应用较多的是制砖。污泥制砖的方法有两种，一种是用干化污泥直接制砖，另一种是用污泥焚烧灰渣制砖。污泥灰及黏土的主要成分均为$SiO_2$，这一特性成为污泥可作制砖材料的基础。

污泥焚烧灰的基本成分为$SiO_2$、$Al_2O_3$、$Fe_2O_3$和$CaO$，在制造水泥时，污泥焚烧灰加入一定量的石灰或石灰石，经煅烧即可制成灰渣硅酸盐水泥。利用污泥焚烧灰为原料生产的水泥，与普通硅酸盐水泥相比，在颗粒度、比重、反应性能等方面基本相似，而在稳固性、膨胀密度、固化时间方面较好。污泥制造纤维板是由污泥中的蛋白质经变性作用和一系列物化性质的改变后，与预处理过的废纤维一起压制而成。此法在日本已经有许多工程实例。

污泥除了可以用来生产砖块、水泥外，还可用来生产陶瓷、轻质骨料等。从经济角度看，污泥建材利用不但具有实用价值还具有经济效益。近些年来一些发达国家将污泥制作建材作为污泥处理和资源化的手段之一，不仅解决了城市污水厂污泥的处理和处置问题，还取得了很好的效益。然而污泥建材利用最大的缺点便是需要大力开拓市场，而且需要建设复杂昂贵的系统。

（三）能量回收

污泥中含有的大量有机物，成为污泥热值的主要来源。因此，能量回收就是通过一定的处理方法，将污泥转化为可燃的物质，如沼气等。常见的能量回收手段有污泥消化、热解和碳化等。

# 3.3 沿海农村生活污水处理

## 3.3.1 沿海村镇生活污水问题现状和特点

我国村镇人口已达超过8亿，每年产生生活污水80多亿t，绝大部分未经处理就直接排放，随着我国村镇经济和城市化进程的快速发展，村镇地区的水环境问题日益突出，同时影响村镇地区饮用水安全。据调查，我国村镇有3.2亿人口的饮用水不安全，其中1.9亿人口的饮用水中有害物质超标，存在严重的饮用水安全隐患；大部分地区湖泊富营养化，直接危害村镇居民身体健康。

目前我国村镇的污水治理工作尚处于起步阶段，且发展不平衡，东部经济发达地区的部分村镇已经开始重视和实施村镇生活污水的收集和处理，其他绝大部分地区还没有引起足够重视。对目前大部分村镇来说，污水收集模式和处理技术的正确选取关系到污水的收集率和处理设施能否长期稳定运行，关系到能否真正改善村镇居民生产生活环境和饮用水水质。

村镇生活污水问题是在村镇居民居住相对集中，普及改水改厕，居民生活水平提高后日益凸现出来的，特别是在水网发达地区。主要表现在污水收集管网不完善，作为预处理方式的三格式化粪池渗漏问题普遍存在，维护管理不够规范，污水直接排放造成居住区周边水体和土壤污染严重；村镇经济基础相对薄弱，缺乏污水处理工程投资和运行的专项资金；建成的污水处理设施缺乏专业维护管理，一旦发生故障，极易出现长期瘫痪无法运行的现象。

村镇生活污水主要为居民厨房洗涤废水、洗浴废水、洗衣废水和冲厕污水。大部分村镇没有污水收集管网，污水就近排放，通过地表径流流入沟渠、水塘、湖泊水库等地表水体或汇入土壤的地下水体。

村镇生活污水的特点有：① 村镇生活污水水量小，浓度低、水量不连续变化系数大。② 与城市生活污水水质相差不大，水中基本上不含有重金属和有毒有害物质（但随着人们生活水平的提高，部分生活污水中可能含有重金属和有毒有害物质），含有一定量的 N、P，有机物含量高，可生化性好。

### 3.3.2　沿海村镇生活污水处理原则

根据村庄所处区位、人口规模、集聚程度、地形地貌、排水特点及排放要求、经济承受能力等具体情况，采用适宜的污水收集模式和处理技术。

（1）接管优先。靠近城区、镇区且满足城镇污水收集管网接入要求的村庄，污水宜优先纳入城区、镇区污水收集处理系统。

（2）分类处置。对人口规模较大、集聚程度较高、经济条件较好的村庄，宜通过敷设污水管道集中收集生活污水，采用生态处理、常规生物处理等无动力或微动力处理技术进行处理。对人口规模较小、居住较为分散、地形地貌复杂的村庄，宜就地就近收集处理农户生活污水。

（3）资源利用。充分利用村庄地形地势、可利用的水塘及闲置地，提倡采用生物生态组合处理技术实现污染物的生物降解和氮、磷的生态去除，降低能耗，节约成本。结合当地农业生产，加强生活污水削减和尾水的回收利用。

（4）经济适用。污水处理工艺的选择应与村庄的经济发展水平、村民的经济承受能力相适应，力求处理效果稳定可靠、运行维护简便、经济合理。

根据我国村镇的农户分布特点及村镇水质水量特点，研发分散处理小水量的村镇生活污水处理工艺，不仅可以节省因建设庞大的收集管网的资金投入，而且工艺可满足建设和管理运行费用低廉、低耗能、操作管理简便、处理稳定可长期使用、部分污水可再利用等要求。因此较为经济可行的方法是对村落或者居民点的污水进行就地分散式处理。

目前国内外应用于村镇生活污水分散处理技术多种多样，但从工艺原理上可分为三大类：第一类是自然及人工生态处理系统，即在人工控制的条件下，将污水投配到自然或人工组建的处理系统上，利用土壤（或填料）-植物-微生物构成的生态系统，进行物理化学和生物化学的净化过程，使污水得到净化。其常用系统有：土地处理系统、稳定塘处理系统和蚯蚓生态滤池处理系统。第二类是生物生态组合处理系统，解决单个工艺处理生活污水难以满足日益严格的氮磷排放标准的问题，前段生物处理主要去除有机物和一部分营养物质，后续生态处理则是对前序单元出水进一步脱氮除磷。主要工艺有"厌氧-跌水充氧接触氧化-人工湿地"、"厌氧-滴滤-人工湿地"、"自回流生物转盘-人工湿地"等。第三类是一体化设备处理系统，即集预处理、二级处理和深度处理于一体的中小型污水处理一体化装置。主要工艺有日本的净化槽技术、挪威的如 Uponor、Bio-Trap 和 Biovac 技术，其中净化槽技术由厌氧滤池与接触氧化或生物滤池组合，再组合沉淀池及混凝沉淀除磷工艺；挪威的技术则采用一体化的 SBR 工艺或 MBBR 工艺为主（成先熊、严群，2005；袭德昌，2009）。

### 3.3.3　沿海村镇污水收集管网建设

村镇生活污水主要采用分散就近直接排放。部分靠近城市、经济发达的农村建有合流制排水管网；一些地方则利用自然沟渠或铺设简易的排水管道，污水就近排入水体；大部分农村的污水以地表径流形式无序排放；造成住房周边环境脏乱差。建设部《村庄人居环境现状与问题》调查报告，对我国具有代表性的 9 个省 43 个县 74 个村庄的入村入户调查显示，96％的村庄没有排水渠道和污水处理系统，生产生活污水随意排放。

完善的村镇污水收集系统包括排水体制的正确选择和收集管网的建设。

**1. 排水体制选择**

排水体制的选择应结合当地经济发展条件、自然地理条件、居民生活习惯、原有排水设施以及污水处理和利用等因素综合考虑确定。

排水体制一般分为三类：雨污分流制，雨污合流制和主体雨污分流、庭院雨污合流制。在村镇城市化发展过程中，如对现有污水收集系统进行改造，第三种是最为便宜的方法。主体雨污分流、庭院雨污合流制是一种不完全分流制，也称混合制。在农村，居民多是独门独院，在污水管网改造中考虑到工程量、工期、施工难度等因素，居民内部排水由出户管负责转输进入管网，出户管的建设以实地条件、工程实施可行，就近接入和庭院雨水混入量最小化为原则选择管道或暗沟等形式。较大单位内部和主体街道排水系统改造为雨污分流制。同时村镇生活污水排放管道应根据新农村建设总体规划，道路和建筑物的布置、地形标高、雨污水去向等条件，按管线短、埋深小、自流排放的原则布置。宜沿道路和建筑物周边平行布置；主排水管道应布置在接支管较多一侧（梁喜晋、董申伟，2009）。

**2. 收集管网**

（1）雨水收集。雨水应就近排入水体，选择沟渠排放时宜采用暗沟形式，断面一般采用梯形或矩形，排水沟渠的纵坡不应小于 0.3％，沟渠的底部宽度一般不小于300mm，深度一般在 300～400mm。

选择管道排放时雨水管宜根据地形沿道路铺设，行车道下覆土不应小于 0.7m。雨水管道管径一般不小于 $D=300mm$，管道坡道不应小于 0.3％，每隔 30～40m 应设置雨水检查井。雨水检查井宜选用 600mm×600mm～800mm×800mm 方井或直径 700mm 的圆井，雨水检查井距离建筑外墙应大于 2.5m，距离树木中心大于 1.5m。

（2）污水收集。污水应采用管道收集，管道管径一般为 $D=150\sim300\text{mm}$，每隔 $20\sim30\text{m}$ 应设置污水检查井，污水检查井宜选用 $600\text{mm}\times600\text{mm}$ 方井或直径 $700\text{mm}$ 的圆井，其他要求同雨水管道设计要求。生活污水接户管应接纳厨房污水和卫生间的冲厕、洗涤污水。卫生间冲厕排水管径不宜小于 $100\text{mm}$，坡度宜取 $0.7\%\sim1.0\%$；生活洗涤、洗浴水排放管管径不宜小于 $50\text{mm}$，坡度不宜小于 $2.5\%$。生活污水接户管埋深不宜小于 $0.3\text{m}$。

（3）注意事项：

① 管材可采用混凝土管、PVC-U 塑料管、HDPE 塑料管等，在经济条件允许的情况下，应优先选用塑料管材。PVC-U 排水管与传统钢筋混凝土排水管相比具有重量轻、价格低、阻力小、耐腐蚀、不易堵塞、安装维修方便、使用寿命长等优点，新农村污水治理工程的排水管大都采用 PVC-U 双壁波纹管。

② 沟槽底部必须平整，管道周围宜填充砂或石粉等，不得使用建筑渣土和块石回填。铺设的质量常常是埋地塑料排水管成败的关键，埋地塑料管是柔性管材，对回填要求较高，施工控制不当，易出现管位偏移。

③ 把降低整个村庄污水管网埋深作为设计目标之一，保证施工的可操作性。建议村庄街巷内主干管埋深控制在 2m 以内，宽敞马路上和村外主干管埋深控制在 3m 以内。如果地形不利无法做到，建议考虑分散处理。

④ 管道坡度一致，严防出现倒坡。接口必须严实，无渗漏。承插口管道安装时应将插口顺水流方向，承口逆水流方向由下游向上游依次安装。

⑤ 检查井需做好防渗处理，检查井与管道的接口部位尤需注意。尤其在我国苏南地区，地下水位偏高，如果管道接口施工不严，导致地下水渗入管道，降低污水浓度，增大处理水量，势必影响工艺处理效果。

近期，上海浦东投入 7.96 亿元治理农村生活污水，最终将完成 17 个镇、69 个村、惠及 11 万人的农村生活污水治理工程。其污水处理主要方式有两种：一是对邻近城市污水管网 2km 范围内的农村区域生活污水实行纳管，并输送到污水处理厂进行集中处理；二是对较分散的偏远农村区域生活污水进行分散式生态处理。厦门市则对农村污水实行截污处理。

### 3.3.4 腐殖填料滤池技术

#### 3.3.4.1 腐殖填料来源和特性

由于我国生活垃圾的高含水率、低发热量特性以及卫生填埋技术的经济性，绝大部分城市生活垃圾都采用填埋的方法，但随着生活水平的提高和城市化进程的快速发展，填埋场用地十分紧张，如何高效的利用现有填埋场填埋容量和有效的延长填埋场使用寿命，是如今亟待解决的问题。而开挖填埋场稳定化垃圾，能增加现有填埋场库容，延长填埋场的使用寿命，是解决上述问题的最佳途径。

根据同济大学赵由才课题组多年的研究发现，填埋场封场数年后，垃圾中易降解的有机物已经完全或接近完全降解，垃圾填埋场表面沉降非常小，垃圾自然降解的渗滤液和垃圾填埋气很少或几乎不产生，垃圾填埋场达到稳定化状态，也即无害化状态，此时的垃圾称为稳定化垃圾或矿化垃圾（郭强等，2006）。对于不同填埋场，由于所处的地理位置、气候条件、垃圾成分等不同，其达到稳定化所需时间不同。稳定化程度由于没有统一标准，所以矿化垃圾只是一个广义上的概念。

生活垃圾在填埋场条件下，经历好氧、兼氧、厌氧微生物作用，经过渗滤液的产生和淋溶作用，逐渐形成一个微生物相丰富，种群繁多、水力渗透性能优良、多相多孔污水处理生物介质。其中除黏土、砂砾、玻璃、金属、橡胶等一些无机或有机难降解骨架物质外，其余则为腐殖化过程的产物即附着在骨架物质上的腐殖质，所以矿化垃圾有效组分可以理解为类腐殖土物质，因此又称为腐殖垃圾。

腐殖垃圾不仅具有松散的结构、较大的吸附比表面积、较好的水力传导性能、较强的阳离子交换能力等，而且存在着数量庞大、种类繁多，以多阶段降解性微生物为主的微生物，可降解诸如纤维素、半纤维素、多糖和木质素等难降解有机物，无二次污染，因此是一种性能优越的生物介质，利用腐殖垃圾加工制备的腐殖填料具有其他人工介质（如人工改性土）无法比拟的优越性能。

### 3.3.4.2 腐殖填料滤池工艺原理

腐殖填料滤池（Humus Media Filter，HF）工艺由腐殖填料结合人工强化手段构建的一种生活污水分散处理新技术。它针对村镇生活污水来源分散，经济基础相对薄弱，缺乏专业维护管理人员的特点，以工程投资省，运行成本低，处理效果好，维护管理简便为终极目标，选用稳定化腐殖垃圾制备腐殖填料，利用腐殖填料优良的水动力学特性、物理化学特性以及丰富的生物相和生物量，使生活污水在一个构筑物内实现有机物及氮磷营养元素的有效去除。

HF工艺介于无机砂滤池和有机生物滤池之间，通过生活污水分散处理和就近回用，有助于缓解我国许多地区水资源短缺的矛盾，同时还可节省大量污水收集管渠投资建设费用和建设周期，在短时间内大幅削减污染物排放总量，迅速改善周边水环境。HF工艺主要的技术特点为：

（1）腐殖填料以稳定化腐殖垃圾为主生产制备，原料易于就近获取，可以实现有效的"以废治废"；

（2）腐殖填料结合人工强化的工艺结构形式和工艺组合方式，系统运行时不产生剩余污泥，不需要固液分离构筑物，使系统简化，降低了工程造价及污泥处置费用；

（3）不需要曝气充氧系统，简化了系统的管道和设备，运行管理简易，可实现自动控制无人值守，运行成本远低于传统生物法；

（4）处理后出水水质达到《城镇污水处理厂污染物排放标准》（GB18918-2002）一级B标准；

（5）可有效地控制臭气产生的二次污染问题；占地面积小于人工湿地等传统生活污水分散处理工艺。

### 3.3.4.3　HF 工艺处理生活污水实验室中试研究

（一）试验装置与方法

腐殖填料滤池工艺实验装置采用 DN200 PVC 管串联构成，每段管高 600mm，管内装填 400mm 高的腐殖垃圾，底部铺设有 50mm 厚的碎石层作为出水层。采用二段厌氧和二段好氧的工艺组合。HF 工艺设有一根中心管，用于收集系统内产生的气体，并通过安装在顶端的轴流风机强制通风。腐殖垃圾取自南京市轿子山垃圾填埋场封场龄十年的填埋单元，自然风干后剔除塑料、玻璃等大颗粒杂质，取 10mm 筛下细料作为腐殖填料。腐殖填料 2mm 筛下物筛分曲线如图 3.37 所示，总有机碳 TOC 含量 5.74%。

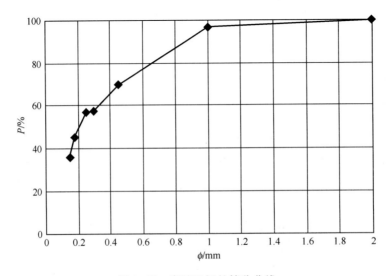

图 3.37　腐殖垃圾的筛分曲线

试验装置采用间歇式进水方式，夏季每天连续进水 8 小时，湿干比为 1∶2，水力负荷为 1m³/(m²·d)；冬季进水时间缩减为 4 小时，湿干比为 1∶5，水力负荷为 0.5m³/(m²·d)。

试验用生活污水采自南京大学南园生活区，取水点位于化粪池出水口，其水质（静态沉淀 5 小时后的上清液）见表 3.44。

表 3.44　南京大学南园生活区生活污水水质

| 项目 | 浓度范围 |
|---|---|
| COD/(mg/L) | 114.0～252.2 |
| TN/(mg/L) | 70.9～133.2 |
| $NH_4^+$-N/(mg/L) | 22.1～108.2 |
| TP/(mg/L) | 4.0～10.2 |
| pH | 7.5～8.2 |

（二）试验结果

**1. 有机物去除效率及影响因素**

HF 工艺对 COD 的去除效率稳定（77.9%～98.6%），且抗冲击负荷能力强，当进水 COD 在 114.0～255.9mg/L 变化波动时，出水的 COD 一直维持在 50mg/L 以下。

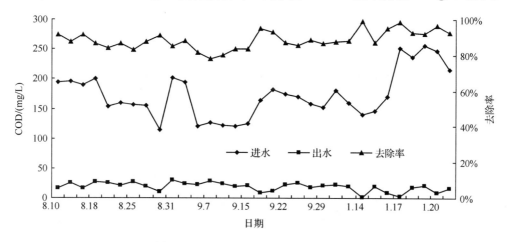

图 3.38　HF 工艺对 COD 的去处效果

装置进水的 COD 表面负荷在 67.04～194.42gCOD（m² · d）内波动，COD 的去除率通常稳定在 80%以上，平均去除率达到 85.7%。HF 工艺对 COD 的高去除能力源于 HF 工艺中填料优异的性能，腐殖垃圾本身微生物种群丰富，又具有较高的腐殖质含量和较大的比表面积，因此更利于生物膜的形成和 COD 的大容量吸附。进入系统的有机污染物首先被腐殖填料截留和吸附，然后由附着生长的微生物进行降解。

温度对 HF 工艺的影响主要表现在堵塞问题：当环境温度小于 5℃时，HF 工艺需要调低进水水力负荷，否则会出现壅水堵塞现象。在整个试验期间，实验室温度在 2.6～33.5℃。夏季 HF 工艺对 COD 的平均去除率为 86.5%；冬季运行时，由于降低了工艺的水力负荷，因此对 COD 的去除效果有所提高，平均去除率达到 93.5%。

**2. 氮磷营养元素的去除效率及影响因素**

HF 工艺对 $NH_4^+$-N 具有优异的去除效率，在系统进水的 $NH_4^+$-N 表面负荷为 14.60～69.96g$NH_4^+$-N（m² · d）时，平均去除率达到 96.3%，大多数情况下出水中检测不到 $NH_4^+$-N，说明 HF 工艺具有很强的硝化能力，这与其他利用腐殖垃圾作为填料的反应器的结果相似。腐殖垃圾具有较大的阳离子交换容量，进入系统的 $NH_4^+$-N 先被腐殖填料和微生物截留，在好氧环境下实现硝化过程，从而得到去除（图 3.39）。系统进水 TN 的表面负荷为 32.12～91.92gTN（m² · d），去除率在 4.5%～44.0%，平均去除率为 25.6%。HF 工艺在形式上设置为厌氧—充氧—充氧模式，由于充氧段填料内部存在着氧气梯度，所以存在适宜的缺氧环境，从而可以完成反硝化过程，实现 TN 的去除（图 3.40）。

系统进水 TP 的表面负荷为 2.32～6.87gTP（m² · d），HF 工艺对 TP 的去除率在

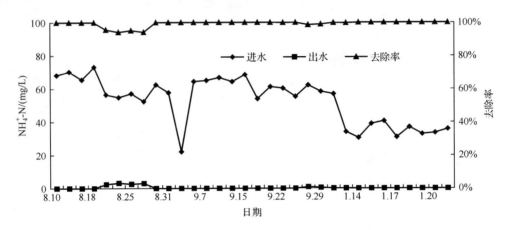

图 3.39　HF 工艺对 $NH_4^+$-N 的去除效果

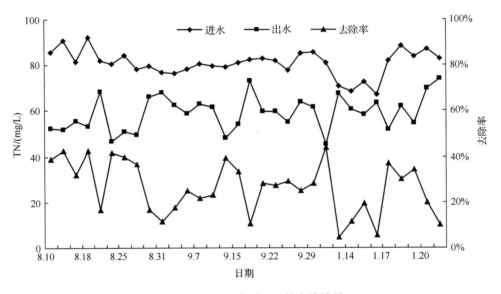

图 3.40　HF 工艺对 TN 的去除效果

52.8%～84.3%，平均去除率为 63.5%。运行初期，HF 工艺对 TP 的去除率较高，平均达到 80% 以上，后期稍微下降（图 3.41）。化学沉淀和吸附是磷最主要的去除途径，污水中的磷大多以 $H_2PO_4^-$（酸性条件）和 $HPO_4^{2-}$（碱性条件）形式存在。磷酸根离子容易与腐殖填料中的钙、铝和铁等离子发生化学反应，生成各种难溶性磷酸盐。腐殖垃圾中的腐殖酸可以与铝和铁等离子生成稳定的腐殖酸-铁（铝）-磷三元复合体，进一步强化对磷的去除。

　　氮磷等营养元素是引起水体富营养化的限制因子，因此加强污水处理工艺脱氮除磷的能力一直是研究的重点。HF 工艺对 TN 的去除率较低，主要原因是反硝化阶段碳源不足（表 3.45）。COD/TN 小于 1，远低于反硝化过程所需的最佳碳氮比条件（Ahn，2006）。

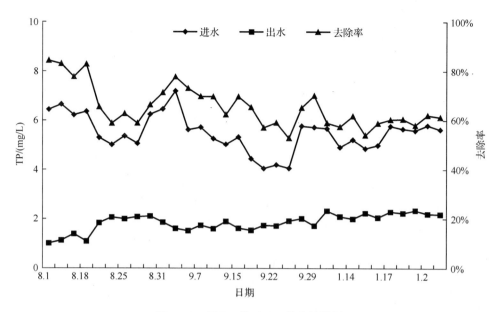

图 3.41　HF 工艺对 TP 的去处效果

表 3.45　好氧段出水水质

| 项目 | 范围 |
|---|---|
| COD/(mg/L) | 9.18～54.35 |
| TN/(mg/L) | 41.13～92.22 |
| COD/TN | 0.17～1.05 |

为此进行了出水回流利用进水碳源实现反硝化的试验。将系统的最终出水分别回流 10% 和 20%，此时水力负荷为 1.1m³/(m²·d)，则 HF 工艺处理效果见表 3.46。

表 3.46　出水回流和未回流时 HF 工艺 TN 去除效果比较

| TN 去除效果 | 未回流 | 回流 10% | 回流 20% |
|---|---|---|---|
| 去除率/% | 10.7～44.0 | 42.5～56.8 | 48.6～82.4 |
| 平均去除率/% | 29.2 | 49.8 | 63.8 |

通过出水回流可以明显提高 HF 工艺的 TN 去除效果，夏季运行时 TN 平均去除率由 29.2% 分别提高至 49.8% 和 63.8%，而对于其他污染物的去除效果三种运行模式相当。

低温环境（<10℃）对 HF 工艺的硝化能力没有显著影响，冬季系统对 $NH_4^+$-N 的平均去除率仍达到 99.9%。这期间系统对 TP 的去除率维持在 60% 左右，低温对 HF 工艺的 TN 去除率影响较大，TN 去除率在 2.69%～36.84% 内波动，平均去除率为 16.8%，明显低于常温条件时的 29.2%。

### 3.3.4.4　工程示范应用研究

**（一）示范工程概况**

示范工程所在扬中市新坝镇华威村，位于新坝镇南端，东至扬中长江大桥，南与景色秀丽的圌山隔江相望。全村 27 个村民小组，800 多农户，2600 多人口，总面积 2.65km²。在以省级企业"江苏天源华威集团"为代表的 15 个优秀企业的带领下，2007 年度创造了 4.2 亿元的三业产值，其中工业产值 3.9 亿元，村级集体收入达到 120 万元。

在村镇建设上，华威村长期坚持规划在先的原则，使得华威村的居民点建设成为新农村建设的一大特色。15 年来，华威新村、永治新村始终坚持不断完善村建规划，全村已有 60% 的农户入住两大新村。其中华威新村由村先后投入 1600 余万元，用于基础设施与公共服务建设。整个小区内水、电、广、视、下水道等主支管道全部埋入地下，天然气管道已接入每家每户，小区内布局整齐划一。并且自 2003 年以来，华威村物业管理站有 8 名专职环卫人员，专门负责管理全村 108 只垃圾箱（桶），17.6 公里硬化路面，29 条河面岸坡，18000m² 绿岛草坪和两大新村的日常环卫工作，全村村容常年整洁。

**（二）华威村居住小区排水系统现状**

华威村居住小区现有排水系统采用雨水、污水合流排水体制，小区已经全部实现了改水和改厕。自来水普及率达到 100%，居民生活污水主要来自于冲厕、洗浴和洗涤（洗涤包括洗菜和洗衣服），通常洗浴水和冲厕水进入三格式化粪池预处理后排入室外排水支管，厨房洗涤水则直接排入室外排水管道。居住小区合流制排水主干管为 DN800 的钢筋混凝土管，沿居住小区主干道敷设至排涝泵站集水井。排水主干管沿途与河港连通，有部分居民的排水管道也直接与河港相通。在旱季以及降水量不大的时期，生活污水以及合流污水通过河港外排，雨季降水量较大时期则借助排涝泵站外排。

由于污水未经处理排入河港，导致河港水质变差，水环境恶化，居民反响强烈。示范工程按 1000 人服务人口考虑，采用 HF 工艺建设 100m³/d 的生活污水分散处理系统，依托该示范工程进行 HF 工艺处理村镇生活污水的工程应用研究。

**（三）HF 工艺流程**

示范工程 HF 工艺流程见图 3.42。居民生活污水中粪便污水进入三格式化粪池，绝大部分的固体残渣被去除，化粪池出水与其他生活污水排入合流制排水管道。进入 HF 工艺处理系统前通过格栅去除粗大悬浮物，然后进入调节池，由水泵提升进入腐殖质滤池去除有机物及氮磷等营养元素，出水达标排入水体或消毒后就近回用。

**（四）HF 工艺示范工程冬季运行环境和处理效果**

华威村污水处理站自 2009 年元旦正式运行，当时正值冬季一年中最冷时期，室外

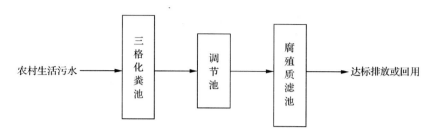

图 3.42　示范工程 HF 工艺流程图

环境最低温度降至－6℃。HF 工艺在冬季采用内圈布水管布水，外圈腐殖填料层作为保温层的运行模式，从而在冬季低温环境时仍可以保持系统内部微生物正常代谢活动所需的温度条件，确保污水处理效果（表 3.47）。

表 3.47　1～2 月 HF 系统进出水水质

| 水质指标 | 进水/(mg/L) | 出水/(mg/L) | 去除率/% |
|---|---|---|---|
| COD | 39.3～64.6 | 3.6～28.0 | 4.3～77.3 |
| TN | 19.5～76.1 | 21.1～61.8 | 22.0～28.0 |
| $NH_3\text{-}N$ | 9.6～24.0 | ND | 100 |
| TP | 0.37～2.87 | 0～0.07 | 98.8～100 |

注：ND 表示低于仪器检测线，下同。

2009 年 1～2 月，扬中市气温在－6～10℃，尤其在 2009 年 1 月 13 日至 1 月 18 日间，气温低至－6～0℃，HF 处理系统内部温度在 7～10℃，且进出水温差不超过 3℃。

冬季运行期间，系统对污水中 $NH_3\text{-}N$ 能完全去除，说明硝化作用没有受到抑制，进一步说明系统具有良好的保温效果。同时对 TP 也具有良好的去除效果，出水 TP 低于 0.1mg/L。

（五）HF 工艺操作参数及系统处理效能

HF 工艺采用间歇进水的模式，干湿比可在 7：2 内按要求变动。对 HF 工艺污水处理站进行了逐步提升水力负荷的试验，干湿比由 11：1 逐渐变为 8：1、5：1、7：2；相应的表面水力负荷由 $0.35m^3/(m^2 \cdot d)$ 逐步提升至 $0.5m^3/(m^2 \cdot d)$、$0.75m^3/(m^2 \cdot d)$、$1m^3/(m^2 \cdot d)$。每个工况至少运行 15 天，并定期采集进出水样进行水质分析。

扬中市华威村生活污水的水质从某种意义上反映了南方水网地区生活污水的水质特征（表 3.48），主要表现为进水 COD 和 TP 浓度偏低，而 TN 浓度偏高，C/N 失衡，碳源严重不足，不利于反硝化过程以及 TN 的去除。主要原因是：

（1）几乎所有的农村集镇的排水系统均采用合流制排水管道，雨水进入排水管道稀释居民排放的生活污水；而村镇居民排水量较城市少，因此混合污水 COD 和 TP 偏低。

（2）农村排水管道因流量小，管道内污泥淤积的现象普遍存在，加上不能定期清淤和疏通，管道内沉积污泥量比较大，污泥腐败因而造成氮的释放，使进水 TN 浓度偏高。

（3）建设年代较早的排水管道通常采用钢筋混凝土排水管和水泥砂浆抹带接口，因施工质量以及不均匀沉降等因素很容易造成管道接口渗漏，如果地下水位高则造成地下水入渗排水管道，导致污水 COD 和 TP 偏低。

表 3.48　各水力负荷条件下系统的去除效果

| 水质指标 | 水力负荷/[m³/(m²·d)] | 0.35 | 0.5 | 0.75 | 1.0 |
|---|---|---|---|---|---|
| COD | 进水/(mg/L) | 15.6~64.7 | 45.3~68.7 | 11.9~61.7 | 25.1~54.0 |
| | 出水/(mg/L) | 3.5~39.6 | 9.4~20.2 | 5.9~25.7 | 15.4~37.7 |
| | 去除率/% | 4.3~84.6 | 69.0~79.2 | 31.6~72.7 | 9.1~57.1 |
| TN | 进水/(mg/L) | 15.0~76.1 | 32.2~42.3 | 14.3~39.6 | 13.9~23.2 |
| | 出水/(mg/L) | 19.0~61.8 | 25.8~36.1 | 19.6~28.4 | 18.3~47.3 |
| | 去除率/% | 21.9~28.0 | 10.2~35.1 | 3.7~33.6 | |
| NH₃-N | 进水/(mg/L) | 9.6~24.0 | 30.5~43.8 | 4.8~33.2 | 6.4~16.7 |
| | 出水/(mg/L) | ND | ND | ND | ND |
| | 去除率/% | 100 | 100 | 100 | 100 |
| TP | 进水/(mg/L) | 0.37~2.87 | 1.24~2.51 | 0.79~2.10 | 0.42~1.60 |
| | 出水/(mg/L) | 0~0.24 | 0.16~0.21 | 0.15~0.77 | 0.29~0.41 |
| | 去除率/% | 77.2~100 | 83.0~92.6 | 56.2~91.9 | 3.1~79.5 |

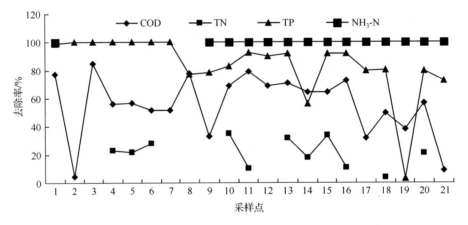

图 3.43　各污染物去除率

由表 3.48 和图 3.43 可以看出，水力负荷提升没有明显改变 HF 工艺的处理效能。HF 工艺对污水中的氨氮能够完全去除；除个别点外，对 TP 的去除率稳定在 60% 以上，出水 TP<0.5mg/L；出水 COD<40mg/L；进水的 COD 本身较低，因此导致系统反硝化所需的碳源不足，因此对 TN 的去除率较低，在 0% 和 40% 之间波动。

由此可见，HF 工艺处理系统出水达到《污水综合排放一级标准》（GB8978-1996）；除了 TN 因进水碳源严重不足未达标，其他指标均优于太湖地区城镇污水处理及重点工业行业主要污染物排放限值要求。

#### （六）示范工程生态安全性研究

##### 1. 腐殖填料浸出毒性试验

示范工程建设所需腐殖垃圾填料采自扬中市垃圾填埋场封场 10 年的填埋单元，现场采用 30mm 滚筒筛进行分选。取示范工程所用腐殖垃圾填料进行浸出毒性的实验（HJ/T299-2007），结果如表 3.49 所示。

表 3.49　腐殖垃圾浸出毒性结果

| 分析元素 | As | Be | Cd | Cr | Cu | Ni | Pb | Ba | Zn |
|---|---|---|---|---|---|---|---|---|---|
| 含量/(mg/L) | ND | ND | ND | ND | ND | ND | ND | ND | 0.03 |

由表 3.49 可知，除了 Zn 外，其余重金属含量均低于仪器检测线，说明示范工程所用腐殖填料在浸出毒性指标方面是安全的。

##### 2. 腐殖填料重金属迁移

定期采集 HF 工艺的进出水水样，通过等离子光谱法（ICP）分析水样中重金属的含量，结果如表 3.50 所示。

表 3.50　系统进、出水中的重金属含量　　　　　（单位：mg/L）

| 样品 | 分析元素 | As | Be | Cd | Cr | Cu | Ni | Pb | Ba | Zn |
|---|---|---|---|---|---|---|---|---|---|---|---|
| 08.12.17 | 进水 | ND | ND | ND | ND | ND | ND | ND | 0.072 | ND |
| | 出水 | ND | ND | ND | ND | ND | ND | ND | 0.069 | ND |
| 09.6.10 | 进水 | ND | ND | ND | ND | ND | ND | ND | ND | 0.84 |
| | 出水 | ND | ND | ND | ND | ND | ND | ND | ND | 0.04 |

注：ND 表示低于仪器检测线。

结果显示，经过污水的浸润和渗透，腐殖填料并未向环境释放重金属，且对重金属具有一定的吸附截留作用。第一次的样品中仅检测出 Ba，且出水的 Ba 含量低于进水；第二次的样品中仅检测出 Zn，且出水的 Zn 含量远远低于进水。

##### 3. 出水生态安全试验

采用扬中地区最常见的沉水植物（狐尾藻）和底栖动物田螺作为出水生态安全性的指示生物，对照 HF 工艺出水与自然河水生长的沉水植物和田螺生长情况，通过生态系统中生物种群体内的特征指标含量，评价 HF 工艺出水的生态安全性。

具体方法是：在 HF 工艺出水排放口处设置 800L 塑料养殖桶，靠近箱口部位设置溢流孔，每天加入 10L HF 工艺出水；自然河段对照试验采用出水排放口上游 250m 和 450m 的河道内等量的田螺和狐尾藻。通过对照指示性生物重金属含量来评价 HF 工艺出水的生态安全性。

将采集的指示性生物样品经 65℃烘干后，将田螺去壳，取田螺肉及狐尾藻叶，磨碎过 80 目筛，取适量样品采用硝酸-高氯酸消解，消解液通过等离子光谱法（ICP）测其重金属含量。实验结果见表 3.51 和表 3.52。

**表 3.51　水桶内和河内的狐尾藻叶中金属含量**　　　（单位：mg/kg）

| | | | | | | | |
|---|---|---|---|---|---|---|---|
| 水桶内 | ND | ND | 1.70 | 6.70 | 6.13 | 8.57 | 137 |
| 河内对照 1# | ND | ND | ND | 30.0 | 14.5 | 29.0 | 264.9 |
| 河内对照 2# | ND | ND | ND | 34.9 | 13.9 | ND | 313.7 |

**表 3.52　水桶内和河内的田螺肉中金属含量**　　　（单位：mg/kg）

| | | | | | | | |
|---|---|---|---|---|---|---|---|
| 水桶内 | ND | ND | ND | 133.9 | ND | ND | 163.6 |
| 河内对照 1# | ND | ND | ND | 79.8 | 15.5 | ND | 284.3 |
| 河内对照 2# | ND | ND | ND | 72.8 | 21.4 | 40.8 | 262.1 |

对比出水养殖桶内和排放口上游河道内指示性生物狐尾藻和田螺肉中重金属的含量，发现河道内对照样品的部分重元素含量高于 HF 工艺出水养殖桶内指示性生物样品的含量，基本可以肯定 HF 工艺出水生态安全性是有保障的。HF 工艺出水养殖桶内指示性生物样品的大部分重金属含量均低于河道内的对照样品，间接反映出华威村河道曾经受过重金属污水的污染，且水环境重金属含量的背景值仍然偏高。

（七）示范工程经济综合分析

HF 工艺华威村生活污水处理示范工程的总投资为 36 万元，其中近 6 万元是为科研需要增加的计量和监控设备和功能软件。按照处理规模 100t/d 计算 HF 工艺村镇生活污水处理系统的吨水投资为 3000 元/t，考虑到腐殖填料规模化生产以及处理系统整体优化和处理效能提升的因素，HF 工艺生活污水处理系统吨水投资可控制在 2000～3000 元/t。

HF 工艺污水处理系统使用一台 1.5kW 潜水泵（每日运行 5.3 小时），0.1kW 的斜流风机（24 小时运行），则理论单位吨水电耗为 0.104kW·h/t。系统实测耗电量为 11.2kW·h/d，则实际单位吨水电耗为 0.112kW·h/t。

不含设备折旧及维护修理费，电价按 0.6 元/(kW·h) 计算，污水处理每吨水运行成本为 0.067 元/t，远远低于地埋式一体化污水处理设备的处理成本。

增加中水回用冲厕系统投资估算包括：① 每户的管道改道费用不超过 100 元，按 100 元计，共 200 户，合计 20000 元；② 室外总管道采用 De110PVC 给水管，单位造价按 5 元/m，总管长度为 600m，合计 3000 元；③ 室外配水支管采用 De32PVC 给水管，单位造价按 3 元/m 计，每户按 40m 计，合计 24000 元，因此中水回用冲厕系统总投资约 47000 元，相当于增加约 500 元的 t 水投资。系统运行费用与 HF 工艺运行费用基本相同，完全可以通过少量收费补偿运行费用，例如，按 0.2 元/t 收费，远远低于自来水价格，而且还略有盈余。

HF 工艺由于遵循"以废制废"和"循环经济"的理念，所以对农村水环境水污染控制及存量生活垃圾再利用均能发挥重要作用。而分散处理模式特别适用于排水管渠极不完善的广大的小城镇和农村地区，既能节省兴建大量污水收集管渠的基建投资，同时也为处理后尾水资源化利用创造了有利的条件，对缓解许多干旱缺水地区水资源短缺的矛盾具有重要的意义。以尾水消毒后回用冲厕的模式为例，通常可以节约 30％的新鲜水。

### 3.3.5　生物/生态组合技术

#### 3.3.5.1　沿海村镇污水生态处理技术

我国沿海村镇污水处理常用的生态处理工艺主要有氧化塘技术、人工湿地技术、地下渗滤处理技术（富立鹏，2009）。

**1. 氧化塘技术**

氧化塘技术是一种古老的污水处理技术，目前已有 40 多个国家成功的应用氧化塘处理城市污水。氧化塘构造简单、易于管理、处理效果稳定可靠。其机理是污水在塘内通过长时间的停留，有机物通过不同细菌的分解代谢作用被生物降解。氧化塘与同规模二级处理厂相比，其基建投资为污泥法的 $1/3\sim1/2$；运行管理费用为后的 $1/5\sim1/4$；但占地却为后者的 15～40 倍。南北方相比，北方地区应用氧化塘，基建费用为南方地区的 1.5～1.8 倍；年经营费用为南方地区的 1.5 倍；占地面积为南方地区的 1.6～1.7倍。因此，氧化塘技术较适合应用于南方地区（董良德，1995）。

**2. 人工湿地技术**

人工湿地是模拟自然湿地的人工生态系统，在一定长宽比和底面坡度的洼地上用土壤和填料（如砾石等）混合组成填料床，并有选择性地在床体表面植入植物，从而形成一个独特的动植物生态体系。当污水在床体的填料缝隙中流动或在床体表面流动时，经砂石、土壤过滤，植物富集吸收，植物根际微生物活动等多种作用，其中的污染物质和营养物质被系统吸收、转化或分解，从而使水质得到净化。

人工湿地建造简单，投资小，维护和运行费用低；同时，湿地内除种芦苇等常规治污植物品种外，还可种植水芹菜等经济作物，带来一定的经济效益，这对于我国广大农村地区来说，占地面积较大的人工湿地污水处理工艺具有很好的应用前景。

**3. 地下渗滤技术**

地下渗滤处理系统是将污水经过腐化池化粪池或酸化水解池预处理后，有控制地通入设于地下距地面约 0.5m 深处的渗滤田，在土壤的渗滤作用和毛细管作用下，污水向四周扩散，通过过滤、沉淀、吸附和微生物作用，使污水得到净化的土地处理工艺。

地下渗滤处理系统具有无损地面景观、不受外界气温影响、易于建设、便于维护、不堵塞、投资省、运行费用低、对进水负荷的变化适应性强、耐冲击、出水可回用等优点。其不足之处在于占地面积相对较大，且在硝化反硝化实现生物脱氮时，硝化反应易受到土壤内部还原性质的影响。

### 3.3.5.2 生物/生态组合技术

#### （一）厌氧池-跌水充氧氧化-人工湿地技术

**1. 适用范围**

适用于居住相对集中且有空闲地、可利用荷塘的村庄，尤其适合于有地势落差或对氮磷去除要求较高的村庄，处理规模不宜超过 150t/d（见图 3.44）。

**2. 工艺流程**

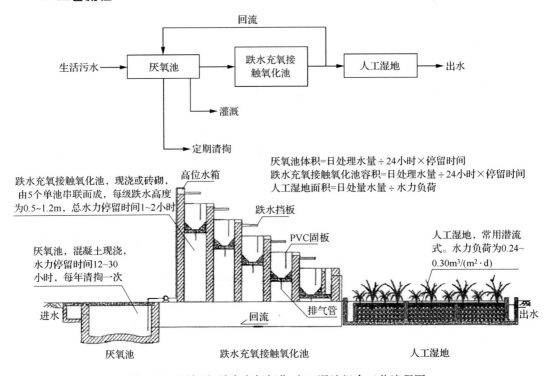

图 3.44 厌氧池-跌水充氧氧化-人工湿地组合工艺流程图

**3. 技术简介**

该组合工艺由厌氧池、跌水充氧接触氧化池和人工湿地 3 个处理单元组成。跌水充氧接触利用水泵提升污水。逐级跌落自然充氧，在降解有机物的同时，去除氮、磷等污染物。跌水池出水部分回流反硝化处理，提高氮的去除率，其余流入人工湿地进行后续处理，去除氮磷。村庄应尽可能利用自然地形落差进行跌水充氧，减少或不用水泵提升，跌水充氧接触氧化池可实现自动控制。

**4. 技术指标**

工艺参数：厌氧池水力停留时间 12～30 小时；跌水充氧一般应有五级以上跌落，水力停留时间不宜少于 2 小时，每级跌水高度为 0.5～1.2m；人工湿地水力负荷为 0.24～0.30m³/(m²·d)。常温下，出水水质可达到《城镇污水处理厂污染物排放标准》（GB18918-2002）一级 B 标准；低温季节，出水水质可达《城镇污水处理厂污染物排放标准》二级标准。

**5. 投资估算**

系统户均建设成本约为 1000～1200 元（不含管网），设备运行费用主要是水泵提升消耗的电费，约为 0.1～0.2 元/t 水。

**6. 运行管理**

厌氧池每年清掏 1 次，跌水充氧可实现自动控制，一般不需手动操作管理，但应落实专人定期查看。高温季节，应及时清理跌水板上形成的较厚生物膜，防止其堵塞跌水孔隙；秋冬季，应及时清理跌水氧化池和人工湿地的枯萎植物、杂物，防止堵塞。

（二）厌氧滤池-氧化塘-生态渠技术

**1. 适用范围**

适用于拥有自然池塘或闲置沟渠且规模适中的村庄，处理规模不宜超过 200t/d（见图 3.45）。

**2. 工艺流程**

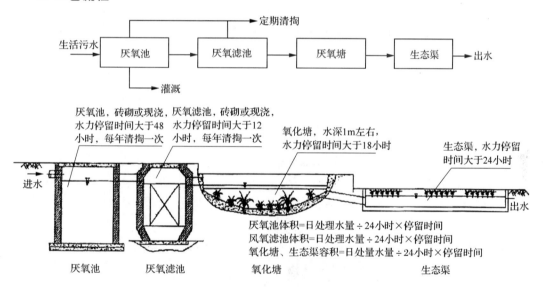

图 3.45　厌氧滤池-氧化塘-生态渠组合工艺流程图

**3. 技术简介**

生活污水经过厌氧池和厌氧滤池，截留大部分有机物，并在厌氧发酵作用下，被分解成稳定的沉渣；厌氧滤池出水进入氧化塘，通过自然充氧补充溶解氧，氧化分解水中有机物；生态渠利用水生植物的生长，吸收氮磷，进一步降低有机物含量。

该工艺采用生物、生态结合技术，可利用村庄自然地形落差，因势而建，减少或不需动力消耗。厌氧池可利用三格式化粪池改建，厌氧滤池可利用净化沼气池改建，氧化塘、生态渠可利用荷塘、沟渠改建。生态渠通过种植经济类的水生植物（如水芹、空心菜等），可产生一定的经济效益。

### 4. 技术指标

工艺参数：厌氧池停留时间≥48小时，厌氧滤池停留时间≥12小时；氧化塘水深1m左右，停留时间≥18小时；生态渠停留时间≥24小时。

处理效果：常温下，出水水质可达到《城镇污水处理厂污染物排放标准》（GB18918-2002）一级B标准；低温季节，出水水质可达《城镇污水处理厂污染物排放标准》二级标准。

### 5. 投资估算

系统户均建设成本约为800~1000元（不含管网），无设备运行费用。

### 6. 运行管理

日常安排专人不定期维护，清理杂物，水生植物生长旺季和冬季及时收割，厌氧池和厌氧滤池每年清掏一次。

### （三）厌氧池-脉冲滴滤池-人工湿地技术

### 1. 适用范围

适用于拥有自然池塘、居住集聚程度较高、经济条件相对较好的村庄，尤其适合于有地势落差或对氮磷去除要求较高的村庄，处理规模不宜小于10t/d（见图3.46）。

### 2. 工艺流程

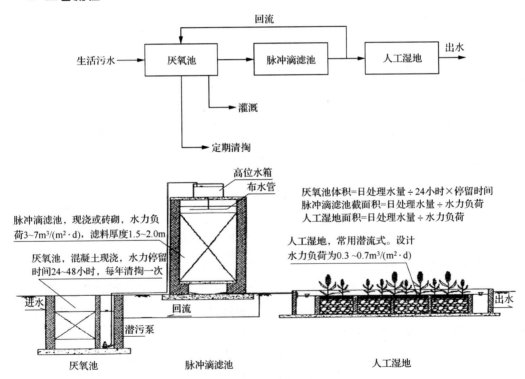

图3.46　厌氧池-脉冲滴滤池-人工湿地组合工艺流程图

### 3. 技术简介

该组合工艺由厌氧池、脉冲滴滤池和潜流人工湿地地3个处理单元组成。污水经过厌氧池降低有机物浓度后，由泵提升至脉冲滴滤池，与滤料上的微生物充分接触，进一步降解有机物，同时可自然充氧，滤后水部分回流反硝化处理，提高氮的去除率，其余流入人工湿地或生态净化塘进行后续处理，去除氮磷。

本工艺中水泵及生物滤池布水均可实现自动控制，有地势落差的村庄可利用和自然地形落差滴滤，减少或不用水泵提升。

### 4. 技术指标

工艺参数：厌氧池水力停留时间 24～48 小时；滴滤池水力负荷 3～7m³/(m²·d)，布水周期为 20min；人工湿地设计水力负荷 0.3～0.7m³/(m²·d)。

处理效果：常温下，出水水质可达到《城镇污水处理厂污染物排放标准》（GB18918-2002）一级 B 标准；低温季节，出水水质可达《城镇污水处理厂污染物排放标准》二级标准。

### 5. 投资估算

系统户均建设成本约为 1200～1500 元（不含管网），设备运行费用主要是水泵提升消耗的电费，约为 0.1～0.2 元/t 水。

### 6. 运行管理

安排专人定期对厌氧池和人工湿地进水口的杂物进行清运；定期对水泵、控制系统等进行检查与维护；厌氧池每年清掏一次。

（四）厌氧池-（接触氧化）-人工湿地技术

### 1. 适用范围
适用于经济条件一般和对氮磷去除有一定要求的村庄（见图 3.47、图 3.48）。

### 2. 工艺流程

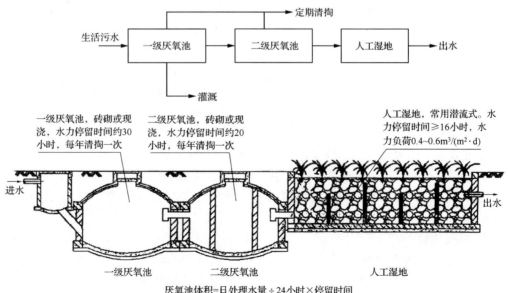

图 3.47　厌氧池-人工湿地组合工艺流程图

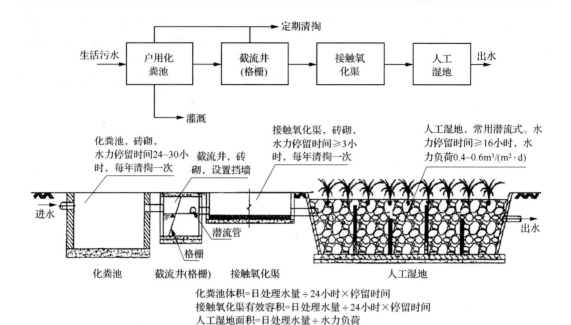

化粪池体积=日处理水量÷24小时×停留时间

接触氧化渠有效容积=日处理水量÷24小时×停留时间

人工湿地面积=日处理水量÷水力负荷

图 3.48　厌氧池-接触氧化-人工湿地组合工艺流程图

### 3. 技术简介

厌氧池-人工湿地技术利用原住户的化粪池作为一级厌氧池，再通过二级厌氧池对污水中的有机污染物进行消化沉淀后进入人工湿地，污染物在人工湿地内经过滤、吸附、植物吸收及生物降解等作用得以去除。厌氧池-接触氧化-人工湿地技术是在厌氧池-人工湿地技术上的改进，通过在厌氧池后增加接触氧化化工艺段，提高有机物的去除率。厌氧池可利用现有的三格化粪池、净化沼气池改建。

该技术工艺简单，无动力消耗，维护管理方便。

### 4. 技术指标

工艺参数：一级厌氧池（厌氧活性污泥）处理，水力停留时间约 30 小时，二级厌氧池（厌氧挂膜）水力停留时间约为 20 小时；化粪池水力停留时间约 24～30 小时，接触氧化渠水力停留时间≥3 小时；人工湿地水力停留时间≥16 小时，水力负荷 0.4～0.6m³/(m²·d)。

处理效果：厌氧池-人工湿地技术处理出水可达到《城镇污水处理厂污染物排放标准》（GB18918-2002）二级标准。改进后的厌氧池-接触氧化-人工湿地技术改善了氨氮的去除效果，整体出水水质优于《城镇污水处理厂污染物排放标准》（GB18918-2002）二级标准。

### 5. 投资估算

厌氧池-人工湿地系统户均建设成本约为 800～1000 元（不含管网），厌氧池-接触氧化-人工湿地技术户均建设成本约为 800～1000 元（不含管网），无设备运行费用。

### 6. 运行管理

安排专人定期（每季度一次）对格栅井和人工湿地进水口的杂物进行清理；一级及

二级厌氧池或化粪池每年清掏 1 次；冬季及时清理人工湿地内枯萎的植物。

### 3.3.5.3　生物/生态组合工艺应用实例

**（一）无锡市惠山区洛社镇铁路桥村（厌氧池-跌水充氧氧化-人工湿地）**

**1. 工程概况**

铁路桥村地处于无锡市惠山区洛社镇，紧邻沪宁铁路，工程按照 600 人规模，处理能力 90t/d 设计（见图 3.49）。

**2. 工艺流程**

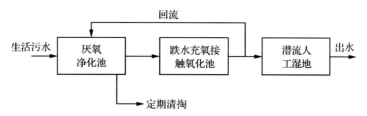

图 3.49　厌氧池-跌水充氧氧化-人工湿地组合工艺流程图

**3. 相关指标**

厌氧净化池 HRT＝5.3 小时；接触氧化池五级跌水，总停留时间为 60min；容积负荷 2.7kgCOD/(m² · d)。

装置建设费用 20 万，其中厌氧池＋跌水充氧接触氧化池建设费用 12 万，人工湿地建设费用 8 万，折合单位建设成本为 2200 元/t（不包括管网建设的费用），设备运行费用约为 0.06 元/t。

**（二）南京市江宁区禄口街道石埝村（厌氧池-氧化塘-生态渠）**

**1. 工程概况**

该工程按照 150 户规模，人均污水排放量 100L/d 设计，设计处理水量 52.5t/d，现有农户 86 户、280 人（见图 3.50）。

**2. 工艺流程**

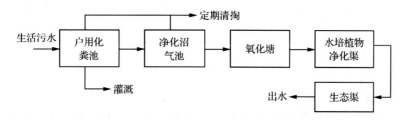

图 3.50　厌氧池-氧化塘-生态渠组合工艺流程图

厌氧滤池利用原有的净化沼气池，氧化塘内设置一台 150W 的小型鱼塘曝气机，间歇运行。水培植物净化渠和生态渠利用原有灌渠进行改造，水培植物净化渠内种植水芹，出水利用自然地势进行跌水，生态渠采用生态混凝土护坡，并种植挺水植物。

**3. 相关指标**

工程处理设施（氧化塘＋植物生态渠）土建费用约 12 万元，每月曝气机运行电费约为 30 元，指定一名环卫工人不定期兼职维护。

工程于 2007 年 11 月开始运行，2008 年 3 月 12 日对其进出水和净化沼气池出水进行监测，主要污染物指标数据如表 3.53 所示：

**表 3.53　主要污染物指标**

| 指标 | pH | COD/(mg/L) | SS/(mg/L) | NH₃-N/(mg/L) | TP/(mg/L) |
|---|---|---|---|---|---|
| 进水 | 7.8 | 314 | 28 | 65.1 | 5.23 |
| 净化沼气池出水 | 7.8 | 177 | 26 | 50.3 | 3.54 |
| 出水 | 8.5 | 68.5 | < 20 | 27.6 | 1.82 |

**（三）无锡市惠山区阳山镇阳山村（厌氧池-生物滤池-人工湿地）**

**1. 工程概况**

工程结合村庄整治和农家乐休闲区建设，设计规模 70 户，设计处理水量 20t/d（见图 3.51）。

**2. 工艺流程**

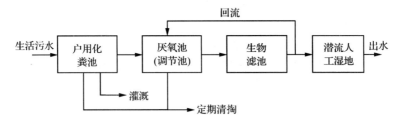

图 3.51　厌氧池-生物滤池-人工湿地组合工艺流程图

**3. 相关指标**

工程建设费用约 10.58 万元，其中调节池 1.52 万元、生物滴滤池 4.01 万元、人工湿地系统 5.05 万元；设备运行成本约为 0.1 元/t。

设计出水标准按照《污水综合排放标准》（GB8978-1996）中的第二类污染物最高允许排放浓度一级标准。

**（四）南京市六合区横梁镇石庙村（厌氧池-接触氧化-人工湿地）**

**1. 工程概况**

该工程为江苏省建设厅科技示范项目，设计人口 530 人，设计处理水量 42.5t/d。

**2. 工艺流程**

采用厌氧池-接触氧化-人工湿地技术，污水利用原有雨污合流制管道收集，厌氧池利用原有三格化粪池（见图 3.52）。

接触氧化沟渠利用自然沟渠建设而成，平面尺寸约 96m×0.6m，深约 0.78m，实

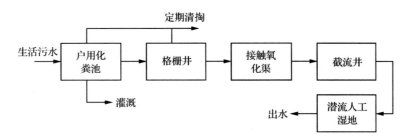

图 3.52　厌氧池-接触氧化-人工湿地组合工艺流程图

际水流深度约 8～10cm，接触氧化沟渠上面加盖板。

人工湿地占地面积约 100m²，平面尺寸约 20m×5m，湿地填料分为 5 级，粒径由粗到细，分为 $\phi$=20～40mm，10～30mm，7～20mm，5～10mm，1～3mm，床体顶部铺设厚 20cm 瓜子片。

**3. 相关指标**

项目总投资 6 万元（接触氧化渠和人工湿地的土建费用），无设备运行费用。

2007 年 9 月 6 日（雨后）、2008 年 1 月 8 日（冬季）对系统的进出水水质监测的结果如表 3.54 所示：

**表 3.54　进出水水质监测结果**

| 检测日期 | 指标 | $COD_{Cr}$/(mg/L) | $NH_3$-N/(mg/L) | TN/(mg/L) | TP/(mg/L) |
|---|---|---|---|---|---|
| 2007-09-06 | 进水 | 58.1 | 20.9 | 24.0 | 2.25 |
| | 出水 | <10.0 | 9.12 | 9.67 | 1.02 |
| 2008-01-08 | 进水 | 247 | 58.9 | 61.8 | 4.41 |
| | 出水 | 61.8 | 22.1 | 23.5 | 4.12 |

### 3.3.6　地埋式一体化技术

#### 3.3.6.1　一体化农村污水处理技术

由于村镇污水水量小，水质、水量波动大，所以投资少、管理方便的一体化水处理技术受到了越来越多的关注。

（一）一体化污水处理技术概念

一体化技术是将传统生物处理工艺中的反应、沉淀和污泥回流集中于一个反应器中完成。不但减少占地面积，提高反应器耐受水质和水量冲击的能力，并可根据要求实现脱氮除磷，是一种村镇污水处理比较适用的技术（王华丽等，2006）。

（二）分类

根据污水在反应器中的时间和空间分布以及反应类型，一体化技术的工艺方法可以分为以下三类：

（1）按时间和多个空间将反应、沉淀和污泥回流等工序调配，最终完成污水的处理。按时间进行调配的工艺有 SBR、循环式活性污泥法 CAST 和 Unitank 等。按空间调配的工艺如三沟式氧化沟等（邓荣森等，2000）。

（2）指不作时间和空间的调配，通过反应器内空间的分区优化完成反应、沉淀等过程，如 MSBR，一体化氧化沟，OCO，厌氧-缺氧-好氧一体化等。

（3）指各种化学、物理、生物等污水处理方法的组合，如生物-化学一体化、化学-生物-物理一体化等工艺组合。

（三）常用的一体化技术

**1. SBR 法**

SBR 法投入应用的时间比连续流活性污泥法早，其每个反应周期的基本操作流程由进水、反应、沉淀、出水和闲置等 5 个阶段，每个阶段都在同一个反应器中进行。该工艺设备简单、造价低、运行方式灵活、可脱氮除磷，具有较强的耐冲击负荷的能力和良好的污泥沉降性能。适用于小流量水的处理。

**2. CAST 法**

CAST 法（循环式活性污泥法）是 SBR 工艺的一种变型，与传统 SBR 法不同的是 CAST 工艺在反应器的进水处设置一生物选择器。它是一容积较小的污水污泥接触区，进入反应器的污水和从主反应区内回流的活性污泥在此相互混合接触，泥水混合液通过主反应区，依次经过缺氧-好氧-缺氧-厌氧环境。其主要优点是工艺流程简单，除磷脱氮的效果显著优于传统的活性污泥法，工艺运行稳定，且占地面积少。

**3. Unitank 法**

Unitank 即一体化活性污泥法又称交替生物池法。它是由 3 个水力相连通的矩形池组成，每个池中均设有供氧设备。在矩形池两侧外边，设有固定出水堰及剩余污泥排放口，该池既可作曝气池，又可作沉淀池，中间的矩形池只作曝气池。进入系统的污水，通过进水闸控制可分时序分别进入 3 只矩形池中任意一只池（羊寿生，1998）。

**4. 三沟式氧化沟法**

三沟式氧化沟是由 3 条平行的同体积环形沟并联组成，在不同时间阶段里每一条沟停留在污水处理的不同状态。三沟式氧化沟运行灵活、稳定，管理方便。

**5. MSBR 法**

MSBR 法综合了 A2/O、SBR、UCT 等工艺的优点，可以根据不同的水质和不同的处理要求灵活地设置运行方式。一般由 6 个功能池组成，分别为厌氧池、缺氧池、主曝气池、泥水分离池和两个序批池。污水经过厌氧、好氧、缺氧、沉淀等过程后出水。该工艺脱氮除磷功能较好，且能实现连续进出水。

**6. 一体化氧化沟**

又称合建式氧化沟。集曝气、沉淀、泥水分离和污泥回流功能为一体，无需建造单独的二沉池。一体化氧化沟技术开发至今迅速得到发展和应用。

### 7. 一体化OCO法

OCO工艺的主要特点是其生物反应步骤在一个圆形反应器中完成的（李德豪等，2004）。原水经过预处理后与回流污泥混合，并在反应器的内圆中进行厌氧反应，回流污泥释磷后，进入缺氧反硝化，最后进入好氧区进行氧化、硝化和吸磷。由于生物反应器的特殊结构，使泥水在运动中，产生良好的湍动效果，有利于有机质与生物充分反应。

### 8. 厌氧-缺氧-好氧一体化法

厌氧-缺氧-好氧一体化复合反应器为一圆柱形塔，底部进水，顶部出水，塔内由下往上依次为厌氧带、缺氧带和好氧带。厌氧部分充满了微生物颗粒，类似于上流式厌氧污泥床反应器；厌氧带和缺氧带用特殊的物质隔离，中间充满了特殊的生物膜，污水以较高速度上流，进水中的有机物被转化成易降解的化合物。缺氧带和好氧带填充塑料环以便生物膜的附着，之间有一部分污水回流，以进行反硝化（Ros and Vitovsek，1998）。

### 9. 生物-化学一体化法

生物-化学一体化处理装置的主要工艺原理是利用活性污泥短暂的（30~120min）曝气阶段，加入高效的化学絮凝剂，使生物氧化与化学混凝强化处理相结合，将固液分离，达到最佳的处理效果（曾妹文，2003）。

#### 3.3.6.2　地埋式一体化技术的优缺点

#### 1. 优点

地埋式一体化生活污水处理技术占地面积小、投资省、处理效率高、噪音低。

#### 2. 缺点

（1）缺少应急排放措施。一般的处理装置往往未考虑应急措施，这给实际运行管理带来不便。当污水量或水质出现较大波动，或处理设备出现故障等紧急情况下，污水仍源源不断的排至污水处理装置，一方面造成污水外溢，另一方面出水不达标，污染水体。

建议在污水处理装置前设一溢流井，当出现上述情况时，污水管内水位抬高，自溢流管流入溢流井。为防止雨水倒灌，可在溢流管装一闸门，紧急时开启，其余时间关闭（李颖等，2005）。

（2）格栅清渣措施不合理。格栅的作用从原来的拦截漂浮物逐步发展到拦截较大的悬浮固体，以取代初沉池的作用。最早的小型生活污水处理装置使用的多为人工格栅，随着机械产品质量的提高及格栅功能的扩大，机械格栅已被广泛用于小型生活污水处理装置，但栅渣的最后搬运仍需人力，特别是当格栅以拦截悬浮物固体为主时，栅渣量很大，增大操作工的搬运强度。

针对上述情况，建议将污泥池与格栅井合建，即机械格栅拦截的漂浮物及悬浮固体通过格栅后部的导板自动落入污泥池，从而减轻操作工的搬运工作量。污泥池内的污泥通过曝气进行好氧硝化，减少污泥量。

（3）曝气方式与处理工艺不匹配。曝气除向水中提供充足的溶解氧外，其另一个主要作用是传质，即将有机物、溶解氧传递至微生物表面。如果采用生物接触氧化法处理工艺，则曝气还有脱膜的作用。

建议采用穿孔曝气管，使曝气均匀、传质及脱膜效果好、氧的利用率高。

### 3.3.6.3　地埋式一体化技术在农村污水处理中的应用

（一）地埋式生物滤池一体化技术

**1. 工程概况**

装置建在宜兴市大浦镇的某村（约 100 户），设计处理能力为 25m³/d。

**2. 工艺流程**

污水首先自流进入圆形缺氧池，缺氧池出水通过半管式溢流布水器自流进入溅水充氧生物滤池。生物滤池出水自流进入沉淀池，上清液通过自吸泵提升后部分回流，其余的排放。

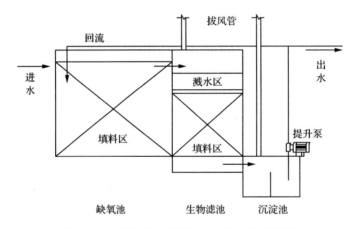

图 3.53　地埋式生物滤池一体化工艺流程图

**3. 相关指标**

装置从 2006 年 8 月初开始调试运行，9 月 20 日开始取样分析（见表 3.55）。

**表 3.55　进、出水水质指标**

| 指标 | COD/(mg/L) | NH₃-N/(mg/L) | TN/(mg/L) |
|------|------------|--------------|-----------|
| 进水 | 147.6 | 21.3 | 27.84 |
| 出水 | 58.94 | 2.78 | 8.23 |

（二）地埋式微动力氧化沟技术

**1. 适用范围**

适用于土地资源紧张、集聚程度较高、经济条件间相对较好的村庄。

## 2. 工艺流程

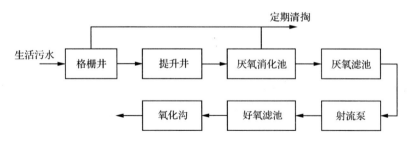

图 3.54 地埋式微动力氧化沟工艺流程图

## 3. 技术简介

该污水组合处理装置利用沉淀、厌氧水解、厌氧消化、接触氧化等处理方法，进入处理设施后的污水，经过厌氧段水解、消化，有机物浓度降低，再利用提升泵提升同时对好氧滤池进行射流充氧，氧化沟内空气由沿沟道分布的拔风管自然吸风提供。已建有三格化粪池村庄可根据化粪池的使用情况适当减小厌氧消化池的容积。该装置全部埋入地下，不影响环境和景观。

## 4. 技术指标

工艺参数：厌氧消化池水力停留时间≥10 小时；厌氧滤池水力停留时间≥16 小时；好氧滤池水力停留时间≥5 小时。

处理效果：出水中的 COD、SS 和总磷指标可达到《城镇污水处理厂污染物排放标准》（GB18918-2002）的一级 B 标准；氨氮去除效果受射流充氧和氧化沟自然拔风效果的影响较大。

## 5. 投资估算

系统户均建设成本约为 1000～1200 元（不含管网），设备运行费用主要是水泵提升消耗的电费，约为 0.2～0.3 元/t 水。

## 6. 运行管理

需安排专人定期对水泵、控制系统等进行检查与维护。

## 7. 示范工程——苏州市吴中区角直镇淞南村

工程共收集淞南村所辖大库老村、袁家滨、富丽新村 3 个农民居住区 209 户居民和农业观光园的生活污水，设计处理水量 200t/d。

出水相关指标：2008 年 3 月 23 日对系统的进出水水质监测的结果如表 3.56 所示。

表 3.56 进、出水水质指标

| 指标 | pH | COD/(mg/L) | SS/(mg/L) | TP/(mg/L) |
|---|---|---|---|---|
| 进水 | 7.8 | 158 | 32 | 2.73 |
| 出水 | 8.4 | 44.1 | <20 | 0.711 |

运行费用：由于地表水位较高，采用二级提升，工程建设费用约为35万元，设备运行成本约为0.2元/t水。

### （三）厌氧滤床-接触氧化工艺净化槽技术

#### 1. 工程概况

厌氧滤床-接触氧化工艺净化槽技术从日本引进用于处理太湖流域分散性生活污水，该处理技术的装置建在无锡太湖湖滨-山水城污水处理厂附近，计划处理污水量6.0m³/d，服务人数30人（高蓉菁、闵毅梅，2007）。

#### 2. 工艺流程

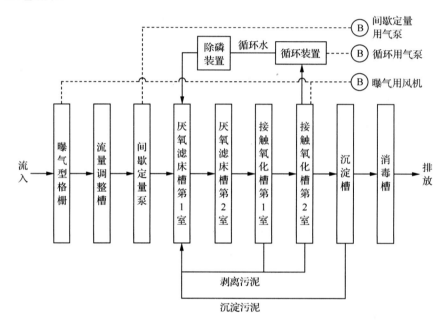

图3.55　厌氧滤池-接触氧化工艺净化槽工艺流程图

#### 3. 工艺简介

使用平推流厌氧生物反应器和全混流生物反应器一体化技术，每日处理水量6m³，污水通过曝气格栅经过流量调整槽，进入厌氧滤床槽，将大部分悬浮物进行分离后截留。厌氧滤床槽内填充着滤料，滤料表面固定着厌氧及兼性厌氧微生物，污水经处理后，流入接触曝气槽。接触曝气槽内填充着滤料，滤料表面附着好氧及兼性好氧微生物处理污水。接触曝气槽内的硝化液按照设定量自动循环到厌氧滤床槽第1室的流入口（最佳循环比为4）。同时，将接触氧化槽的混合液送至沉淀池，上清液与沉淀污泥分离，上清液经消毒池消毒后排放，沉淀污泥回流至厌氧滤床槽第1室。操作简单，易于维护管理，出水水质稳定。

#### 4. 技术指标

技术参数：如表3.57所示。

表 3.57 相关技术参数表

| 设备名称 | 有效容积/m³ | 停留时间/小时 |
|---|---|---|
| 流量调节池 | 7.148 | 28.59 |
| 厌氧滤床槽第1室 | 6.763 | 27.05 |
| 厌氧滤床槽第2室 | 6.031 | 24.12 |
| 接触曝气床槽第1室 | 6.548 | 26.19 |
| 接触曝气床槽第2室 | 4.307 | 17.23 |
| 沉淀槽 | 2.493 | 9.97 |
| 消毒槽 | 0.108 | 0.43 |

处理效果：同时具备去除有机物、氮和磷的能力，在正常运行状况下，BOD≤10mg/L，去除率95％以上，TN≤10mg/L，去除率70％以上和 TP≤1mg/L，去除率60％以上，达到预定的出水水质目标。

**5. 运行成本**

运行一台 6m³/d 的厌氧滤床-接触氧化工艺净化槽每天需 23.5 元，即处理 1t 生活污水达到预定出水水质目标需 3.9 元。可见要想推广净化槽的应用，必须大幅度降低其成本。

（四）无动力、地埋分散式厌氧系统技术

**1. 工程概况**

无动力、地埋分散式厌氧系统技术在浙江省兰溪殿下应村得到了应用，用来处理全村的生活污水，污水量为 127.5m³/d。

**2. 工艺流程**

首先在厌氧阶段，将不易降解的大分子有机物水解成小分子和可溶性化合物，使其更易被微生物降解，并可减少污泥生成量；然后通过兼氧生物池进行过滤，依靠滤料及导流系统，使有机物在生物滤池内不断被截留，并通过滤料上的兼氧菌进行降解，对氨氮具有有效的去除作用（黄武等，2008；图 3.56）。

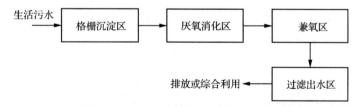

图 3.56 无动力、地埋分散式厌氧系统工艺流程图

**3. 技术介绍**

无动力、地埋分散式厌氧系统是以厌氧为主、兼性生物滤池为辅的生活污水处理系统。"无动力"是指依靠重力驱动污水，不需要水泵等电动装置。"地埋分散式"就是把

设施埋在地下，可采用集中或分散处理的方式，既不占用土地，又可利用池体上部进行绿化，起到美化环境的作用。

**4. 技术指标**

格栅沉淀区水力停留时间约为 3～6 小时；厌氧消化区水力停留时间为 24～36 小时；兼氧区水力停留时间为 12～24 小时；过滤出水区水力停留时间为 6～12 小时。出水主要指标均达到到国家《污水综合排放标准》（GB 8978-1996）一级标准（见表 3.58）。

**表 3.58　进、出水水质指标**

| 指标 | $COD_{Cr}$/(mg/L) | $BOD_5$/(mg/L) | SS/(mg/L) | $NH_3$-N/(mg/L) |
|---|---|---|---|---|
| 进水 | 1070 | 324 | 130.5 | 36.0 |
| 出水 | 91 | 22.5 | 32.5 | 10.7 |

**（五）一体式 MBR 处理技术**

**1. 技术概况**

应用一体式 MBR 技术处理西安市某家属院经化粪池处理过的生活污水，膜生物反应器总容积为 $2m^3$，集水池的容积为 $0.45m^3$。

**2. 工艺流程（见图 3.57）**

生活污水 → 化粪池 → 集水池 → MBR池 → 消毒池 → 出水回用

图 3.57　一体式 MBR 工艺流程图

**3. 工艺简介**

小区的生活污水先流入化粪池；化粪池上部的出水流入集水池，集水池的作用主要是均和水质水量；集水池的出水再进入 MBR 池，在这里污水中的各项污染物得以降解和去除；经 MBR 池处理过的出水进入消毒池中，进行灭菌消毒。最终的出水达标后实现回用。

**4. 技术指标**

一体式 MBR 处理技术出水主要指标均达到到国家《污水综合排放标准》（GB 8978-1996）一级标准（见表 3.59）。

**表 3.59　进、出水水质指标**

| 指标 | $COD_{Cr}$/(mg/L) | $NH_3$-N/(mg/L) | 色度/倍 |
|---|---|---|---|
| 进水 | 300.2 | 85.6 | 180 |
| 出水 | 13.8 | 2.2 | 5 |

**5. 运行成本**

一体式 MBR 处理技术可实现全部自动化，可不计人工操作费用，运行费用主要是电费和膜折旧费，两项费用合计约为 0.84 元/t 污水。

### 3.3.7　分散式生活污水处理技术工程示范应用情况（江苏）

各种分散式生活污水处理技术现今处于不同的应用阶段。净化槽处于少量引进和试验阶段，目前村镇的经济发展水平还不适于其大规模的应用；土地处理在村镇生活污水的处理工程中应用较广，但其占地面积过大的缺陷限制了其在土地资源紧张地区的应用；各种组合工艺在江苏地区得到广泛应用，但其后续人工湿地的使用也同样限制了其在某些土地资源紧张地区的推广。各种分散式污水处理技术在江苏的应用情况见表 3.60。

**表 3.60　分散式生活污水处理技术工程应用情况**（江苏）

| 区域 | 应用技术 | 比例 | 备注（年份） |
|------|----------|------|--------------|
| 南京江宁区 | 厌氧滤池-氧化塘-生态渠 | 52.5 | 2007 |
| 宜兴大浦镇 | 厌氧-跌水充氧接触氧化-人工湿地 | 5～10 | 2004 |
| 无锡惠山区 | 厌氧-跌水充氧接触氧化-人工湿地 | 90 | — |
| 无锡惠山区 | 厌氧-滴滤-人工湿地 | 20 | — |
| 宜兴大浦镇 | 厌氧-滴滤-人工湿地 | 5、7 | 2004，2005 |
| 南京六合区 | 厌氧-接触氧化-人工湿地 | 42.5 | — |
| 苏州吴中区 | 厌氧滤池-好氧滤池-地埋式氧化沟 | 200 | 2007 |
| 宜兴大浦镇 | 高效藻类塘 | 10 | 2004 |
| 无锡太湖 | 净化槽 | 6～20 | 2003 |

现今应用的分散式污水处理工程的设计规模在 5～800m³/d，其中在江苏村镇应用的一般不超过 200m³/d。部分分散式生活污水处理技术的技术经济比较见表 3.60。现有技术一般是数种工艺的组合，且大部分都采取土地处理作为后续深度脱氮除磷的单元，因而增加了工程的占地面积；地埋式微动力氧化沟与净化槽不含土地处理单元，且构筑物设于地下，从而占地相对较少。在处理出水水质方面，表中所列技术的处理出水均能达到《城镇污水处理厂污染物排放标准》（GB18918-2002）的二级排放标准。除地下渗滤外，现有技术都会产生剩余污泥，这会增加运行和维护成本。净化槽建设成本较高，约在 1 万元/人；并且需要专业人员进行定期进行投药和排泥，因而其运行成本较高，约在 3.9 元/m³。其余技术的吨水投资在 600～3000 元/m³，其中以地下渗滤建设成本最低；"厌氧滤池-氧化塘-生态渠"和"厌氧池-人工湿地"由于无需提升设备，因此没有电耗，其他技术的运行成本在 0.1～0.3 元/m³。除净化槽外，表 3.61 中所列技术的维护管理都较为简便，可以达到无需人员值守的要求。

**表 3.61　分散式生活污水处理技术综合比较**

| 类型 | 规模 | 级别 | 沼气 | 特点 | 投资 | 运行成本 |
|---|---|---|---|---|---|---|
| 厌氧滤池-氧化塘-生态渠 | 大 | 一级 B，二级（冬季） | 产生 | 简单，定期维护 无能耗，不投药 | 800~1000 元/户 | 无 |
| 厌氧-跌水充氧接触氧化-人工湿地 | 大 | 一级 B，二级（冬季） | 产生 | 简单，定期维护 能耗低，不投药 | 1000~1200 元/户 | 0.1~0.2 |
| 厌氧池-复合滤料生物滤池-人工湿地 | 大 | 一级 B，二级（冬季） | 产生 | 简单，定期维护 能耗低，不投药 | 1200~1500 元/户 | 0.1~0.2 |
| 厌氧池-（接触氧化）-人工湿地 | 大 | 二级 | 产生 | 简单，定期维护 无能耗，不投药 | 800~1000 元/户 | 无 |
| 地埋式微动力氧化沟 | 中等 | 一级 B | 产生 | 简单，定期维护 能耗低，不投药 | 1000~1200 元/户 | 0.2~0.3 |
| 厌氧-滴滤-人工湿地 | 大 | 一级 B | 产生 | 简单 能耗低，不投药 | 约 1500 元/m³ | 0.15 |
| 地下渗滤 | 大 | 一级 B | 不产生 | 较复杂 能耗低，不投药 | 600~1300 元/m³ | 0.18~0.3 |
| 净化槽 | 中等 | 一级 B | 产生 | 专业团队管理 能耗略高，投药 | 1 万元/人 | 3.9 |

　　适合我国村镇地区的分散式污水处理技术必须具备工程投资省、运行费用低、管理维护方便、处理效果尤其是脱氮除磷效果好的特点，并且不会产生二次污染。我国幅员辽阔，在村镇选择适宜的生活污水处理技术时应该因地制宜，综合考虑当地的地形地貌、水文和气候条件以及经济发展水平等因素。在经济发达人口密集地区，可以采用处理占地较少的处理技术，如净化槽和地下微动力氧化沟；而在土地资源相对充足的地区，则可以采用处理效果较好尤其是脱氮除磷能力强的组合技术如厌氧、好氧工艺与土地处理组合工艺。净化槽可以适用于单户、数户生活污水的处理要求，但投资和运行费用较高，同时需要专业的管理和维护；地下渗滤适用于分散小水量生活污水的处理需求；其他技术则主要适用于村镇相对集中居民点生活污水的处理。

　　总体来说，单元技术的脱氮除磷能力还不高，但组合工艺的使用会增加工程投资和运行管理费用，特别是强化脱氮除磷的土地处理工艺受季节和气候影响较大，实际应用中由于缺乏长效管理机制导致堵塞和短流问题严重，从而限制了其在村镇地区的推广应用。

　　我国村镇分散式生活污水处理技术的发展，在设计规模上需要具备一体化设备可大可小的特点，要求结构紧凑，且小规模处理系统可实现设备化；在系统构成上需要尽量简化，尽量利用当地易于获取的材质，节省工程造价，从而简化管理，降低运行费用；同时还要保证处理效果，特别是氮和磷等营养元素的去除；由于分散式处理一般离生活区较近，二次污染应得到有效控制。这几个方面同时达到最优化是村镇生活污水分散处理的难点所在。综上所述，发展有较高水力负荷，并具备小规模设备化特征，多种生物处理单元复合的创新技术是我国村镇生活污水处理技术发展的主要方向。

# 3.4　沿海重污染行业工业废水处理

## 3.4.1　电镀废水处理

### 3.4.1.1　沿海电镀工业园区的分布与污染现状

（一）沿海电镀工业园区分布

电镀行业是我国的重要加工行业，应用面广、通用性强，主要集中在机器制造业、轻工业、电子工业、航天、航空及仪器仪表工业。电镀种类非常多，常见的有镀锌、铜、镍、铬，其中镀锌占 45%～50%，镀铜、镍、铬共占 30%（管涛，2005）。

随着长三角、珠三角地区经济的腾飞，沿海地区电镀行业飞速发展。但是长期以来，我国电镀工业形成的特点是产点多，分散、规模小、专业化程度低、污染严重的特点。因此，在沿海地区建设电镀工业园区，将分散的、小规模的电镀厂集中在园区内，生产统一规划、污染集中治理，不仅加强了环境保护，还促进了电镀行业发展（冯绍彬等，2005）。

目前，我国沿海地区电镀工业园主要分布在长三角、珠三角和渤海湾。

（二）沿海电镀工业园区的污染现状

电镀产生大量的废水、废气和危险固体废物。其中，电镀废水因其含有的污染物种类多，成为重要的治理对象。

镀铬、钝化及含氰电镀产生的电镀废水中含有大量的六价铬、氰根离子及锌、铜、镍等重金属离子。六价铬是有毒的重金属物质，可通过呼吸道、消化道、皮肤接触等侵入人体，破坏人体的器官组织，引起病变。长期接触会导致癌变。过量的六价铬（超过 10ppm）对水生生物有致死作用。氰化物是剧毒物质，直接或间接进入人体后，会导致中毒，呼吸阻碍等症状。当水体中氰化物浓度超过 0.03mg/L 时，鱼类中毒；当水体中氰化物浓度达到 0.5mg/L 时，2 小时内鱼类死亡 20%，一天内全部死亡。

虽然通过建设电镀工业园区，将分散的电镀厂集中起来，对废水、废气和危险固体废物进行集中处理，实现了生产与治污的相对分离。但由于电镀工业园区内厂家多、电镀种类多、用水量大、化学药品种类多等特点，"三废"产量非常大，对电镀工业园区的"三废"应引起高度重视。一旦污染治理没搞好，电镀工业园区就成了污染集中区，危害将非常大。例如，对广东揭阳电镀工业园的污染调查表明，从 1995 年建立，运行 10 年之久，该电镀工业园大量的含有氰化物、铬、铜、镉等剧毒物质的电镀废水未经深度处理，直接排入几百米外的榕江南河，严重污染了榕江水源。涨潮时，榕江河水倒灌至透溪，导致透溪内鱼虾大量死亡，贝类越来越少，直至绝迹，河两岸弥漫着腐臭的气息。当地村民的鱼塘内由于引用榕江水，经常出现畸形鱼类，鱼虾也大量死亡。当地村民的癌症病例也越来越多了。经过当地村民的反应以及媒体的报道，政府决定在 2007 年底之前关闭该电镀工业园。

### 3.4.1.2　电镀废水来源及性质

#### （一）电镀废水来源

电镀是一种通用性强，应用面广的行业之一。电镀的种类非常多，有镀银、镀铬、镀镍、镀铜、镀锌等。电镀时，以镀层金属作阳极，以镀件作阴极，镀件悬挂在电镀溶液中进行电解，镀层金属在镀液的输送作用下逐渐镀到镀件的表面。电镀的金属镀层主要起装饰、保护改变镀件的某些特性的作用。电镀的基本组成工序如图 3.58 所示（张文娟等，2006）。

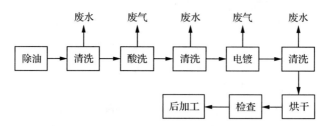

图 3.58　电镀基本工序流程

按照工序流程，电镀废水的主要来源有以下几种（张芳西等，1983；龚美兰，2005；贾金平等，2009）：

（1）清洗废水：镀件清洗是电镀中重要的环节。镀件的镀前预处理、镀后处理以及镀件在不同溶液之间转移时，都需要清洗。清洗废水包括镀件前处理时产生酸碱废水、镀铬及钝化时产生的含铬废水、含氰电镀时产生的含氰废水以及其他镀种产生的重金属废水。镀件清洗水浓度不高，但水量较大，占总废水量的 80% 左右，是电镀废水的主要来源。

（2）渡槽中的废电镀液和镀液过滤：镀液过滤是电镀废水的主要来源。镀液经过长时间使用后，重金属或其他杂质累积，需倒槽过滤或净化处理，保证镀液质量。此时，产生高浓度的镀液废水，废水量较小，但浓度非常高。此部分废水有 3 个来源：第一，镀液过滤后，残留在渡槽底部的底泥和稀释液；第二，过滤后，对滤纸、滤布、滤芯、滤机及渡槽的清洗废水；第三，过滤过程中滤机的渗漏。

（3）镀液的带出：当镀件从一个槽内转移到另一个槽内时，若两个槽之间无挡液板，镀件带出的镀液将滴流在地坪上。或者因挂具设置不合理，停留时间过短，都会增加镀液的带出量。这些带出液最终汇集到混合废水中。

（4）车间地面的冲洗废水，操作过程中的"跑、冒、滴、漏"产生的废水。

#### （二）电镀废水性质

由于电镀种类、镀液组分、操作方式和工艺条件的差别，电镀废水中污染物的种类和性质有所差异。但主要污染因子均为各种重金属离子和酸碱类物质。总体上，电镀废水按其所含的主要污染可以分为四类（清华大学给水排水教研组，1978；李培红等，2001）：

（1）含氰废水：通常来自氰化络合盐溶液镀锌、镀铜、镀镉、镀金和镀银等工艺。含氰废水一般呈碱性，pH 为 8～10。主要污染物为含氰的络合物以及重金属离子。

（2）含铬废水：主要来自镀铬及钝化工艺中的镀件漂洗水。镀铬后漂洗水中 Cr（Ⅵ）浓度在 20～150mg/L，钝化后漂洗水中 Cr（Ⅵ）浓度在 200～300mg/L。由于镀铬液和钝化液主要由酸酐和硫酸组成，因此，含铬废水一般为酸性，pH 为 4～6。

（3）酸性废水：指除含铬废水以外的酸性废水。主要来自 HCl、$H_2SO_4$、$HNO_3$、HF 等配制成的低浓度酸溶液对镀件表面的氧化物薄层进行弱酸腐蚀，去除表层的氧化物的预处理过程。另外，酸性镀铜、镀镍也会产生酸性废水。酸性废水的主要污染物质硫酸、盐酸等酸类物质和铜、镍、铁等重金属离子。

（4）碱性废水：指不含氰的碱性废水，主要来自镀件表面的化学除油的预处理工序。采用 NaOH、$Na_2CO_3$、$Na_2SO_4$ 等组成碱性溶液去除镀件表面的油脂类物质。这类废水的 pH 为 4～6，温度在 60～100℃，主要污染物为氢氧化钠、碳酸钠和重金属离子等。

镀件漂洗废水量很大程度上决定了电镀废水的水量。电镀废水的污染物种类及浓度受化学清洗液浓度、镀液组成和浓度、镀件的形状与大小、漂洗方式、漂洗水量等因素的影响。

电镀废水中含有氰化物，六价铬等有毒物质，同时还含有各种重金属离子。如处理不善，将会对工农业生产和人们身体健康产生重大危害。因此，电镀废水必须先经处理，才能排入相应的接纳水体中。

### 3.4.1.3　电镀废水处理技术

#### （一）处理方法概述

电镀废水处理方法可分为化学法、物理化学法、物理法以及各种方法的组合工艺。化学法具有技术成熟、投资小、费用低、适应性强、自动化程度高等诸多优点，使用于各类电镀金属废水处理。但也存在许多缺点，如试剂投加量大、污泥产量大、出水中含盐量高等。选择何种处理方法，要综合考虑废水水质、各种方法的处理效果、工程投资和占地面积等因素。各种处理方法的综合见表 3.62（吴成宝等，2006；胡翔等，2008；贾金平等，2009；王华同、崔崇威，2009；李建勃等，2009）。

**表 3.62　电镀废水处理方法**

| 废水种类 | 处理方法 | 优点 | 缺点 |
|---|---|---|---|
| 含铬废水 | 亚硫酸盐还原法 | 出水达标，设备操作简单，回收 $Cr(OH)_3$ | 亚硫酸盐货源缺乏，含铬污泥可能引起二次污染 |
| | 铁氧体法 | $FeSO_4$ 来源广，设备简单，无二次污染 | $FeSO_4$ 投加量大，污泥量大，制作铁氧体技术较难控制，耗热能 |
| | 离子交换法 | 操作简单，残渣稳定，无二次污染 | 技术要求高、一次性投资大、回收的铬酸中存在余氯，影响利用 |
| | 电解法 | 适合处理高浓度废水，水质适应性强，操作简单 | 不适合处理低浓度废水，电耗大，成本高 |
| | 吸附法 | 效果好，操作简单，无二次污染 | 活性炭再生效率低 |

| 废水种类 | 处理方法 | 优点 | 缺点 |
|---|---|---|---|
| 含氰废水 | 碱性氯化法 | 设备简单,技术成熟,投资省 | 腐蚀设备,出水中含有余氯 |
| | 离子交换 | 出水水质好,稳定,可回收氰化物和铜离子化合物 | 技术要求高,一次性投资大 |
| | 电解法 | 高效,可自动控制,污泥量少 | 工艺复杂,流程长,投资大 |
| | 硫酸盐法 | 操作简单,处理废水低, | 处理效果低,残渣多且不易分离 |
| 酸、碱废水 | 药剂中和法 | 操作简单,技术成熟,试剂来源广、价格低 | — |
| | 过滤法中和法 | 操作简单,技术成熟,试剂来源广、价格低 | — |

## (二) 含铬废水处理技术

含铬废水是电镀工业中数量最多的一种废水。据有关资料介绍,镀铬中所用的铬酐,在镀件上沉积的只占 10%,其余都是通过不同途径排放于废水中(武贵桃、黄淑娟,2000)。电镀车间排出的含铬废水,一般是指六价铬。六价铬在主要以铬酸根($CrO_4^{2-}$)、重铬酸根($Cr_2O_7^{2-}$)和铬酸氢根($HCrO_4^-$)的形式存在,这主要取决于 pH 以及六价铬的浓度(李岩等,2009)。六价铬废水主要来自镀铬、镀锌和镀镉的铬酸盐钝化,塑料电镀的粗化工艺,镀银和铝氧化的前处理和后处理。污染较大的是镀铬和镀锌的钝化水。六价铬是毒性物质,因此,含铬废水的处理非常重要。

### 1. 化学还原法——亚硫酸盐还原

(1) 基本原理:利用化学药剂为还原剂,在酸性条件下(pH=2.5~3),将废水中 $Cr^{6+}$ 还原为 $Cr^{3+}$。然后投加碱剂,调节 pH(pH=7~9),使 $Cr^{3+}$ 形成沉淀,实现沉淀的分离与废水的净化。常有的还原剂有亚硫酸盐类,包括亚硫酸钠、亚硫酸氢钠、焦亚硫酸钠等。常用的碱剂有氢氧化钠、石灰等(张芳西等,1983;贾金平等,2009)。发生的化学反应如下:

还原反应:

$$2H_2Cr_2O_7 + 6NaHSO_3 + 3H_2SO_4 \longrightarrow 2Cr_2(SO_4)_3 + 3Na_2SO_4 + 8H_2O$$
$$H_2Cr_2O_7 + 3Na_2SO_3 + 3H_2SO_4 \longrightarrow Cr_2(SO_4)_3 + 3Na_2SO_4 + 4H_2O$$
$$2H_2Cr_2O_7 + 3Na_2S_2O_5 + 3H_2SO_4 \longrightarrow 2Cr_2(SO_4)_3 + 3Na_2SO_4 + 5H_2O$$

沉淀反应:

$$Cr_2(SO_4)_3 + 6NaOH \longrightarrow 2Cr(OH)_3 \downarrow + 3Na_2SO_4$$

(2) 处理流程:亚硫酸盐还原法处理含铬废水的基本流程图如图 3.59 所示(李培红等,2001)。当废水水量较小时,采用间歇式进水,停留时间 2~4 小时。当废水水量较大时,应采用连续式进水。

(3) 技术参数:反应槽内先加浓度为 20% 的硫酸,形成 $Cr^{6+}$ 还原为 $Cr^{3+}$ 酸性条件。此过程中,控制废水 pH 为 2.5~3,反应时间控制在 20~30min。药剂投加方式为

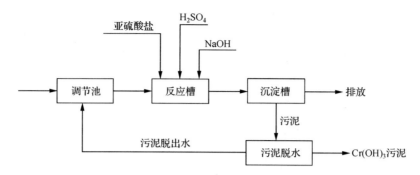

图 3.59　含铬废水处理流程（间歇式）

干投，投加比例一般为 $NaHSO_3 ： Cr（Ⅵ）=（4\sim5）：1$，$Na_2SO_3 ： Cr（Ⅵ）=（4\sim5）：1$，$Na_2S_2O_5 ： Cr（Ⅵ）=（3.5\sim4）：1$。在实际工程中，根据废水水质和水量可作适当调整。加碱（浓度 20％NaOH）沉淀过程中，应控制 pH 在 7～9，反应时间在 15～20min（贾金平等，2009）。

**2. 铁氧体法**

（1）基本原理：铁氧体法适用于处理含铬和多种金属离子的混合废水，将废水中的金属离子形成铁氧体晶粒共沉淀析出，使废水得到净化。铁氧体晶粒是指由铁离子、氧离子以及其他金属离子共同组成的氧化物晶体，属尖晶石结构。最有代表性的化学式为 $MeO \cdot Fe_2O_3$。当 Me 为 Fe 时，即为 $MeO \cdot Fe_2O_3 = Fe_3O_4$，具有磁性。足量的 $Fe^{3+}$、$Fe^{2+}$ 是形成铁氧体的重要前提条件。含铬电镀废水中含有大量的 $Cr^{6+}$，可将外源投加 $FeSO_4$ 中的 $Fe^{2+}$ 氧化为 $Fe^{3+}$，从而补充了 $Fe^{3+}$，同时 $Cr^{6+}$ 被还原为 $Cr^{3+}$。当 $Fe^{2+}：Fe^{3+}=1：2$ 时，即形成铁氧体。铁氧体法主要包括 3 个过程：还原—共沉淀—生成铁氧体晶粒。具体过程如下（张芳西等，1983；吴成宝等，2006；贾金平等，2009）：

还原反应：先向废水中按一定投药量比例加入硫酸亚铁，使酸性废水中 $Cr^{6+}$ 还原为 $Cr^{3+}$，同时 $Fe^{2+}$ 氧化为 $Fe^{3+}$。

$$Cr_2O_7^{2-} + 6Fe^{2+} + 14H^+ \longrightarrow 2Cr^{3+} + 6Fe^{3+} + 7H_2O$$

共沉淀：加 NaOH 调节 pH 为 7～8，使废水中的 $Cr^{3+}$ 与其他重金属离子 $M^{n+}$ 生成氢氧化物沉淀。此时，溶液呈墨绿色。

$$Cr^{3+} + 3OH^- \longrightarrow Cr(OH)_3 \downarrow$$

$$M^{n+} + nOH^- \longrightarrow M(OH)_n \downarrow (M^{n+} = Fe^{2+}、Fe^{3+})$$

$$3Fe(OH)_2 + \frac{1}{2}O_2 \longrightarrow FeO \cdot Fe_2O_3 + 3H_2O$$

$$FeO \cdot Fe_2O_3 + M^{n+} \longrightarrow Fe^{3+}[Fe^{2+} \cdot Fe_{1-x}^{3+}M_x^{n+}]O_4$$

生成铁氧体：加热到 65～75℃，曝气 20min，使氢氧化物转化成含铬的铁氧体。此时，沉淀物呈黑褐色。

$$(2-x)[Fe(OH)_2] + x[Cr(OH)_3] + Fe(OH)_2 \longrightarrow Fe^{3+}[Fe^{2+}Cr^{3+}Fe_{(1-x)}^{3+}]O_4 + 4H_2O$$

（2）处理流程：铁氧体法处理电镀废水的流程如图 3.60 所示。整个流程大致可分为投药反应—加热曝气—离心沉降—污泥脱水。处理流程可以分为间歇式处理和连续式处理。间歇式处理适用于废水水量较小（小于 $10m^3/d$），浓度波动大和铬离子浓度大于35.3mg/L 的废水。连续式处理适用的水质情况则相反。采用连续式处理时，应设置必要的自动检测和投药装置（李培红等，2001；贾金平等，2009）。

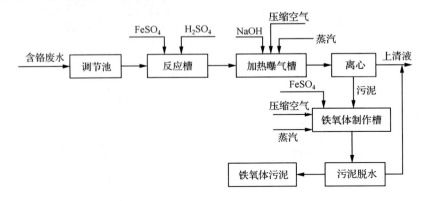

图 3.60　铁氧体法处理含铬废水工艺流程

（3）技术参数：

① 药剂投加量和投加方式。$FeSO_4 \cdot 7H_2O$ 的投加量是工艺控制的关键参数之一。$FeSO_4 \cdot 7H_2O$ 在工艺流程中主要起两个作用：一是将 $Cr^{6+}$ 还原为 $Cr^{3+}$，共沉淀形成 $Cr(OH)_3$ 和其他金属氢氧化物；二是使重金属氢氧化物形成铁氧体。在这两个过程中，完全转化理论需要的投加比例（质量比）为 26.73∶1，其中第一步需要投加的理论比例为 16.04∶1，第二步理论投加量比例为 10.39∶1。在实际应用中，由于废水浓度差异，投加量波动较大，一般可按表 3.63 选用（贾金平等，2009）。药剂投加方式有一次性投入和分两次投入。一次性投入药剂浪费严重、产生的污泥量大、出水中含盐量高，因而不被广泛采用。二次投加药剂时，第一次投加量为总量的 2/3 左右，第二次投加剩余的 1/3。一般间歇式处理采用干法投加，连续式处理采用湿法投加。

表 3.63　制作铬铁氧体的硫酸亚铁投量比

| 六价铬浓度/(mg/L) | 投量比（质量比）Cr（Ⅵ）∶$FeSO_4 \cdot 7H_2O$ |
| --- | --- |
| <25 | 1∶（40～50） |
| 25～50 | 1∶（35～40） |
| 50～100 | 1∶（30～35） |
| >100 | 1∶30 |

② 还原反应时间。药剂投加方式、废水中铬浓度、采用的工艺流程等都将影响反应时间的长短。由于湿法投加时，药剂能与废水迅速混合，反应时间按比较短，为10～15min。干投法的反应时间稍长。

③ 不同反应阶段 pH。在还原反应阶段，用 $3mol/L H_2SO_4$ 溶液调节废水为酸性环境。为了使 $Cr^{6+}$ 较完全地转化为 $Cr^{3+}$，废水的 pH 应控制在 3.16 以下。当 pH 为 2 时，还原反应较为彻底。但是在实际工程中，以降低处理成本优先，一般使废水的 pH 降到

6 以下即可。在共沉淀阶段，需要加入 NaOH 溶液调节废水为碱性，使废水中的 $Cr^{3+}$、$Fe^{3+}$、$Fe^{2+}$ 生成氢氧化物沉淀。当 $pH \geqslant 9$ 时，金属离子能完全沉淀下来。因而在实际工程中，为了节约碱的用量，调节 pH 在 7～8 即可。

④ 生成铁氧体阶段温度和曝气控制。铁氧体的生产需要一定的温度。温度升高，铁的氧化速度增加。较高的温度下氢氧化物胶体容易被破坏，促进了氢氧化物胶体向铁氧体的转化，且形成的铁氧体具有磁性。反之，温度过低，铁氧体形成的周期长，结构松散，弱磁甚至无磁性。但是，温度不能过高。过高的温度会造成 $Fe^{2+}$ 的不足，不利于铁氧体的生产。当反应体系中温度在 70℃时，转化 1～2 小时，沉淀 30～50min，即可得到质量较好的铁氧体。在实际工程中，可将温度适当控制在 65～75℃。

曝气能起到搅拌和加速 $Fe^{2+}$ 氧化的作用，平衡体系中的 $Fe^{2+}$ 和 $Fe^{3+}$ 的浓度。曝气有两种方式，一种是对全部废水曝气，一种是在氢氧化物沉淀后，对残渣进行曝气。通入的空气压力为 0.2～2.0 个大气压。当废水中 $Cr^{6+}$ 的浓度小于 25mg/L 时，可以不曝气；当废水中 $Cr^{6+}$ 的浓度大于 25mg/L 时，通气时间 5～10min（李军，1999；方云如等，1999）。

**3. 离子交换法**

（1）基本原理：离子交换法是利用离子交换剂分离废水中有害物质的方法。含重金属离子的废水通过交换剂时，交换剂中离子同水中的离子进行等价交换，去除废水中的重金属。离子交换法可用来处理含铬和其他重金属的混合电镀废水。目前普遍采用的是双（或三）阴柱全饱和流程。含铬废水中铬的存在有两种形式，$Cr_2O_7^{2-}$ 和 $CrO_4^{2-}$。当调节废水 pH 在 2.3～3 时，六价铬主要以 $Cr_2O_7^{2-}$ 形式存在。阴离子交换树脂可选择苯乙烯强季铵型。苯乙烯强季铵型阴树脂对 $Cr_2O_7^{2-}$ 有很强的选择性，远大于对 $CrO_4^{2-}$ 的选择性。且交换一个 $Cr_2O_7^{2-}$ 离子能去除两个 $Cr^{6+}$。苯乙烯强季铵型阴树脂的再生可用 NaOH 溶液。所以，为了达到最佳的在 pH，在废水进入阴柱前，可设置 H 型阳柱。不仅可以预先去除废水中部分 $Cr^{3+}$ 和其他重金属离子，还能产生 $H^+$，提高进入阴柱的废水的酸性。H 型阳柱的再生可采用 HCl 或 $H_2SO_4$ 溶液。双阴柱出水占一个周期全部出水的 70% 且呈酸性，影响中水回用。因此，再串一级除酸阴柱。三阴柱出水含有大量的铬酸根离子，其中 $Cr^{6+}$ 离子浓度达到 10g/L 以上。为了回收铬酸，增加一个脱钠 H 型阳柱。其再生液采用 HCl 或 $H_2SO_4$ 溶液。综上所述，废水经过一根除杂质（$Cr^{3+}$ 等金属离子）阳柱，两根除铬（主要为 $Cr_2O_7^{2-}$）的阴柱，一根除酸的阴柱和一根脱钠的阳柱后，水质得到净化，出水可自然排放或中水回用（张芳西等，1983）。

反应过程如下：

① 除杂质（$Cr^{3+}$ 等金属离子）H 型阳柱

交换：$3RH + Cr^{3+} \longrightarrow R_3Cr + 3H^+$

再生：$2R_3Cr + 3HCl \longrightarrow 3RH + CrCl_3$

② 除铬阴柱（苯乙烯强季铵型）

交换：$2ROH + Cr_2O_7^{2-} \rightleftharpoons R_2Cr_2O_7 + 2OH^-$

$2RH + CrO_4^{2-} \rightleftharpoons R_2CrO_4 + 2OH^-$

再生：
$$R_2Cr_2O_7 + 4NaOH \rightleftharpoons 2ROH + NaCrO_4$$
$$R_2CrO_4 + 2NaOH \rightleftharpoons 2ROH + NaCrO_4$$

③ 脱钠 H 型阳柱

交换：$4RH + 2Na_2CrO_4 \longrightarrow 4RNa + H_2Cr_2O_7 + H_2O$

再生：$RNa + HCl \longrightarrow RH + NaCl$

（2）工艺流程：处理流程图如图 3.61 所示。在离子交换法处理含铬废水流程中，除铬阴柱分为固定床和移动床两种方式。废水经调节池后，由泵打入预处理过滤柱中，去除悬浮物。然后进入酸性阳柱中，去除 $Cr^{3+}$ 和其他重金属杂志，并降低废水的酸性（pH<4），使废水中的六价铬离子转化为 $Cr_2O_7^{2-}$。阳柱饱和后，采用 HCl 再生。阳柱出水进入 1♯除铬阴柱，去除 $Cr_2O_7^{2-}$。当出水中六价铬离子浓度达到 0.5mg/L 时，串联 2♯除铬阴柱，直到 1♯除铬阴柱基本达到 $Cr_2O_7^{2-}$ 的全饱和时从系统中断开，进行再生。2♯除铬阴柱单独运行，出水中六价铬离子浓度达到 0.5mg/L，与再生后的 1♯除铬阴柱串联。如此循环。除铬阴柱交换饱和后用 NaOH 再生。出水中含有大量的 $Na_2CrO_4$ 且酸性较强。因此，先经过除酸阴柱，提高 pH，以便于中水回用。最后进入 H 型阳柱脱钠，回收铬酸。

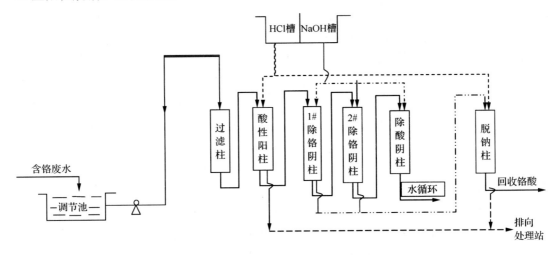

图 3.61　离子交换法处理含铬废水流程图

（3）技术参数：

① 过滤柱：过滤介质粒径为 0.7～1.2mm 的废阳离子树脂或聚苯乙烯树脂白球。滤层厚度为 0.7～1.0m，滤速小于 20m/h，冲洗水强度 10～15L/($m^2$·s)，冲洗时间 10min。

② 除铬阴柱：大孔弱碱性阴离子交换树脂（710-B，D370，D301），交换容量60～70g$Cr^{6+}$/L（R）。也可采用凝胶型强碱阴离子交换树脂，但处理钝化废水时除外。

③ 酸性阳柱：732 型强酸性阳离子交换树脂，交换容量 1200～1300mmol（R）/L（R）。

④ 阴柱再生：NaOH 溶液，其中除铬阴柱为 8%NaOH，除酸阴柱为 4%NaOH。

用量为 2～3 倍树脂体积。淋洗水用去离子水，淋洗量为 4～6L（水）/L（R）。再生流速为 1～2L（水）/L（R）时，710-B 的再生效率可达 90％以上。

⑤ 阳柱再生：4％～6％HCl 溶液，用量为 2～3 倍树脂体积。淋洗水用去离子水，淋洗量为 2～3L（水）/L（R）。再生流速为 3～4L（水）/L（R）。

⑥ 酸性阳柱交换终点控制：当阳柱接近交换饱和时，一般出水 pH 迅速升高，直至与进水 pH 相当，说明树脂上的氢型交换基已基本置换完。实践证明，在实际工程中，可通过监测出水的 pH 来控制酸性阳柱的交换终点（李培红等，2001；贾金平等，2009）。

### 4. 电解法

（1）基本原理：阳极铁板在直流电流作用下不断溶解，产生亚铁离子。在酸性条件下，亚铁离子将废水中的六价铬还原为三价铬，同时自身被氧化为三价铁。电解和还原反应式如下：

阳极反应

$$Fe - 2e \longrightarrow Fe^{2+}$$
$$Cr_2O_7^{2-} + 6Fe^{2+} + 4H^+ \longrightarrow 2Cr^{3+} + 6Fe^{3+} + 7H_2O$$
$$CrO_4^{2-} + 3Fe^{2+} + 8H^+ \longrightarrow Cr^{3+} + 3Fe^{3+} + 4H_2O$$

阴极反应

$$2H^+ + 2e \rightarrow H_2 \uparrow$$

随着电解的进行，$H^+$ 大量被消耗，溶液逐渐呈碱性，$Fe^{3+}$、$Cr^{3+}$ 以氢氧化物形式沉淀下来，从系统去除。反应式如下：

$$Cr^{3+} + 3OH^- \longrightarrow Cr(OH)_3 \downarrow$$
$$Fe^{3+} + 3OH^- \longrightarrow Fe(OH)_3 \downarrow$$

（2）工艺流程：电解法处理含铬废水的工艺流程如图 3.62 所示（张芳西等，1983）。阳极极板可采用普通钢板，悬挂式插入。图中虚线部分表示有成套设备供应。电解槽采用较多的是翻腾式，如图 3.63 所示（李培红等，2001）。采用间歇集水连续进水的运行方式。调节出内的废水由泵定量输送到电解槽中，电解槽中的压缩空气按需要设置。

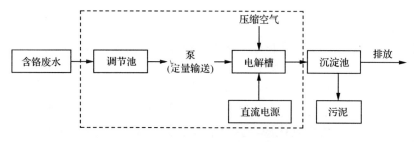

图 3.62　电解法处理含铬废水

（3）技术参数：电解法处理含铬废水的关键因素在提供充足的电量。一般还原 1g$Cr^{6+}$ 理论需要电量 3.09kW·h，实际工程中则需要 3.5～4kW·h。因此，为了节约

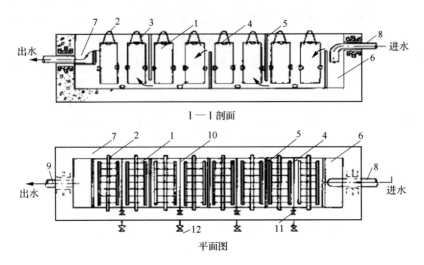

I—I 剖面

平面图

图 3.63　翻腾式电解槽

1. 电极板；2. 吊管；3. 吊钩；4. 固定卡；5. 导流板；6. 布水槽；7. 集水槽；
8. 进水管；9. 出水管；10. 空气管；11. 空气阀；12. 排空阀

成本，在实际操作中要控制好各参数条件，降低耗电量。

① 板间距：板间距越小，耗电量越小。一般净间距多为 10mm。

② 投加食盐量：投加适量的食盐，增加溶液的导电性，减少耗电。同时还可利用食盐中的氯离子的特性吸附性质活化铁阳极，减少阳极表面的钝化。最佳食盐投加量不大于 $0.5g/dm^3$。当采用极小板间距（20mm 以下），处理低浓度废水（$Cr^{6+}<50mg/L$）时，可不投加食盐。

③ 阳极钝化：为了减少阳极钝化，可采用电极换向、投加食盐、降低废水 pH、提高电极间的水流速度等措施。

④ 电解时间：电解时间与电流密度成反比，与废水中铬浓度成正比。实践表明，当极板净距为 5mm 或 10mm，废水中六价铬浓度为 $50mg/dm^3$ 时，电解时间为 5min 或 10min，电流密度为 $0.15A/dm^2$ 或 $0.2A/dm^2$（清华大学给水排水教研组，1978；贾金平等，2009）。

（三）含氰废水处理

含氰废水来源广泛，主要来自氰化镀铜、镀锌、镀镍等，在电镀废水中占有很大比例。含氰废水除含有大量氰化物以外，还含有铜、镍、镉、锌等重金属离子。由于氰化物是剧毒物质，且一般不与其他废水混合处理，所以，含氰废水应分质单独设立一个处理系统。经过处理后，才可以与其他废水混合，进行后序处理。含氰废水的处理方法很多。化学氧化法包括：碱性氯化法、臭氧氧化法、二氧化硫-空气氧化法、$H_2O_2$ 氧化法、活性炭吸附氧化法、电解氧化法等。化学沉淀法有硫酸亚铁法。物理法有离子交换，膜分离技术等。但一般采用化学法为主。

**1. 碱性氯化法**

（1）基本原理：碱性氯化法是利用次氯酸盐中的活性氯，在一定的 pH 条件下，使氰化物（$CN^-$）氧化为氰酸盐（$CNO^-$）。氰酸盐进一步氧化为无毒的二氧化碳和氮气。根据破氰的程度不同，可以分为局部氧化工艺（$CN^-$ 氧化为 $CNO^-$）和完全氧化工艺（$CN^-$ 氧化为 $CNO^-$，再氧化为 $CO_2$、$N_2$）。氧化剂活性氯的来源有两种方式：一是在碱性条件下，直接向废水中投加次氯酸钠；二是投加氢氧化钠和通氯气（李建勃等，2009；贾金平等，2009）。

碱性氯化法的化学反应式如下：

局部氧化：
$$CN^- + OCl^- + H_2O \longrightarrow CNCl + 2OH^-$$
$$CNCl + 2OH^- \longrightarrow CNO^- + Cl^- + H_2O$$

总反应式：
$$CN^- + OCl^- \longrightarrow CNO^- + Cl^-$$

局部氧化产物 $CNO^-$ 的毒性是 $CN^-$ 的千分之一。因此，对某些低浓度含氰废水，局部氧化后直接排入后续处理设施。但是，$CNO^-$ 毕竟是有毒物质，在酸性条件下极易水解生产氨气，污染水体。

完全氧化：在局部氧化的基础上，$CNO^-$ 继续被氧化。
$$2CNO^- + 3ClO^- + H_2O \longrightarrow 2CO_2\uparrow + N_2\uparrow + 3Cl^- + 2OH^-$$

（2）工艺流程：

处理方式可分为间歇式和连续式。废水流量较小、浓度变化较大、无自动化控制仪器时一般采用间歇式处理；废水流量大、浓度变化稳定且能配备相应的自动设施时，可采用连续式处理。不完全氧化可采用间歇式或连续式处理，完全氧化采用连续式处理。目前，应用较多的是不完全氧化间歇式处理。其工艺流程如图 3.64 所示（丛皓、赵永权，2009）。含氰废水在均衡池中均匀水质，与投加的氢氧化钠一起进入混合器中充分混匀。混合废水经 pH 计测定达到适宜的碱度后进入氧化反应池中。为监测反应池中的氧化剂投加量是否恰当，采用 ORP 氧化还原电位自动控制仪。在局部氧化处理中，当ORP 达到 300mV 时，表明反应已基本完成。出水进入沉淀池，可投加絮凝剂促进沉淀，泥饼脱水外运。由于出水中含有大量 $OH^-$，碱度较高，故采用硫酸中和处理后排放。

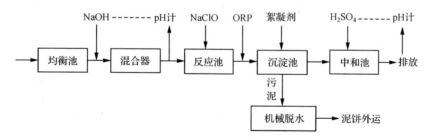

图 3.64 含氰废水间歇式局部氧化处理流程

（3）技术参数：

① pH：局部氧化阶段，CNCl 的生成速率非常快，反应瞬时完成。为了不使 CNCl逸出，该阶段的废水 pH 通过加碱保持在 pH≥10～11。完全氧化阶段，控制 pH≥7～8（张芳西等，1983）。

② 氧化剂投加量：氧化剂的投加量是按产生的活性氯计算的，一般应为废水中含

氰量的 5~8 倍，出水中余氯应在 3~5mg/L，以保证氰的充分氧化。废水中除了氰化物以外，还有其他杂质也会消耗部分氧化剂。氰化物的不同重金属配合物氧化所需的氧化剂也不同。氧化剂的投加量还会影响到 CNCl 的逸出。因此，在实际操作过程中，要根据废水水质，通过试验或生产调式确定最经济的氧化剂投加量。设计过程中使用不同的氧化剂的投加量如表 3.64 所示（贾金平等，2009）。

表 3.64　不同氧化剂的投加量

| 名称 | 局部氧化 | | 完全氧化 | |
| --- | --- | --- | --- | --- |
| | 理论值 | 实际值 | 理论值 | 实际值 |
| $CN^-$ ：$Cl_2$ | 1：2.73 | 1：（3~4） | 1：6.83 | 1：（7~8） |
| $CN^-$ ：$HClO$ | 1：2 | 1：（3~4） | 1：5 | 1：（7~8） |
| $CN^-$ ：$NaClO$ | 1：2.85 | 1：（3~4） | 1：7.15 | 1：（7~8） |

③ 反应时间：

局部氧化：10~15min；

完全氧化：25~30min，其中完全氧化的第二阶段反应时间为 10~15min。

④ 反应温度：在 CNCl 水解生产 $CNO^-$ 的反应式中，废水温度越高，水解速度越快。但温度不宜超过 50℃，避免氯气转化为盐酸，阻碍了氰的分解。因此，实际工程中，温度可控制在 15~50℃。

**2. 活性炭吸附催化氧化法**

（1）基本原理：活性炭吸附催化氧化法是活性炭的吸附位点吸附氰根离子后，利用含氰废水中的溶解氧，在铜离子存在的条件下，氰根离子被催化氧化为氰酸根离子。由于铜的存在，可能形成氰化铜的复合物。氰化铜被活性炭吸附，并能以较高的流速通过炭床。连续加入铜，则加速氰酸盐水解为二氧化碳和氮气。它和铜离子络合形成碳酸铜和氢氧化铜等络合物。这些络合物沉淀在炭粒或残留在炭床上，可通过酸溶解后去除或回收（张芳西等，1983）。活性炭的作用主要有以下两点：一是起催化作用；二是活性炭的吸附作用缩小了反应空间，从而提高了单位体积内分子的碰撞频率（韦朝海、孙寿家，1995）。

主要反应式如下：

$$2CN^- + O_2 \longrightarrow 2CNO^- \quad （活性炭存在的条件下）$$

$$CNO^- + 2H_2O \longrightarrow HCO_3^- + NH_3 \quad （铜离子存在的条件下）$$

$$HCO_3^- + OH^- \longrightarrow CO_3^{2-} + H_2O$$

$$2Cu^{2+} + 2OH^- + CO_3^{2-} \longrightarrow CuCO_3 \cdot Cu(OH)_2$$

活性炭饱和后需要再生。再生液可用 0.5mol/L NaOH 溶液和 5%~6% $H_2O_2$ 溶液配制。将饱和的活性炭浸渍在再生液中 30min，滤出液体，用自来水冲洗活性炭至冲洗水的 pH=9~10。然后用 10% CuCl 和 1mol/L 的盐酸溶液浸渍，20 小时后用水冲洗至 pH=4~5。

（2）工艺流程：活性炭吸附催化氧化可采用三相流化床催化氧化（升流式进水），后接固定床吸附。图 3.65 是广东某电镀废水厂采用三相流化床催化氧化——固定床吸附法处理含氰废水的工艺流程。废水经调节池均质后，经泵打入三相流化床中，进行催化氧化。出水进入饱和活性炭固定床中进行吸附。为了防止三相流化床中 HCN 的逸出，在出口处设置 5%NaOH 溶液吸收。另外，也可采用三级固定床串联运行。其中第一级为活性炭和氧化剂混合柱，第二、三级为活性炭柱，升流式进水，流速在 10m/h 左右。吸附柱用硬聚氯乙烯制作，废水与活性炭的接触时间不少于 10min（韦朝海，1997）。

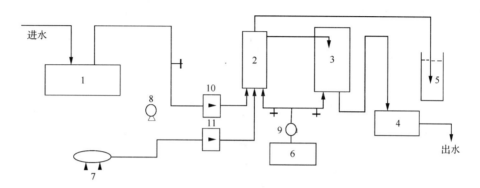

图 3.65 某厂活性炭吸附催化氧化处理含氰废水工艺流程

1. 集水池；2. 三相流化床；3. 固定床；4. 出水池；5. 接收液池；6. 再生液池；
7. 空气压缩机；8. 污水泵；9. 药剂泵；10. 液体流量计；11. 气体流量计

（3）技术参数：

① 活性炭特性参数：该方法选用活性炭粒径 2mm，比表 900m²/g，堆积密度为 400g/L，颗粒密度为 0.75g/cm³，真密度为 2.10g/cm³。活性炭在三相流化床中的填充率为 25%，在固定床中的填充率为 80%。

② 进水水质条件：进水水质 pH 应为 7~9，CN⁻ 浓度在 100mg/L 以下，调整铜氰的摩尔比为 1:(3.5~4.0)。

③ 活性炭的改性：研究表明，活性炭浸铜之后，氰的吸附量效果是未浸铜的活性炭的 26 倍以上。用 3%氯化铜或 5%硫酸铜浸泡活性炭后，水洗晾干后再装柱，可提高除氰效率 2~3 倍；当控制进水 pH 为 6~9 时，CN⁻ 大部分呈络合状态，而活性炭对络合氰化物的吸附能力比对简单氰化物的吸附能力强（李冬、韩敏，2008）。

（4）优缺点：活性炭具有丰富的孔径分布和巨大的比表面积，因而具有很强的吸附能力。此外，活性炭表面含有不同类型的含氧基团和因生产原材料的不同而存在的多种杂质元素及其氧化物，使活性炭表现出活跃的催化性。这是活性炭处理含氰废水的优势。该方法处理含氰废水的投入成本和运行费用低于次氯酸钠法、操作管理方便、处理量大，特别适合中高浓度含氰废水的处理，可连续工作。不使用化学药品，不会带来二次污染。

缺点就是活性炭再生频繁，再生效率低，再生液的综合利用较为困难。

**3. 电解法**

（1）基本原理：电解法处理含氰废水在国外应用较多。特别适合处理较高浓度的含氰废水，且废水中的铜活其他重金属还可以以单质或合金的形式回收。电解法利用电化学氧化还原反应破坏水中的氰化物。废水中的简单氰化物和络合氰化物离子在电解时在阳极失去电子，氧化为氰酸盐、碳酸盐和氨气或铵。在电解质中投加食盐时，氯离子可在阳极被氧化为氯气，进入溶液后生产次氯酸，加强了对氰的氧化作用。废水在碱性条件下电解，防止产生的 HCN 逸出。电解法基本原理为通过离子在电场的作用下取向运动，阴阳离子交换膜的交替排布、隔板的合理装配，使流经淡室的溶液中的离子在电场的作用透过膜进入相邻的浓室，两边的膜恰好阻留对应的离子通过。浓、淡室中的溶液又分别通过各自的流水道，流出渗析器，得到两种不同浓度的溶液（清华大学给水排水教研组，1978；贾金平等，2009）。

电解时，采用石墨板做阳极，不锈钢板做阴极。主要电解反应如下：

阳极反应：

简单氰化物

$$CN^- + 2OH^- - 2e \longrightarrow CNO^- + H_2O$$

络合氰化物（以铜为例）

$$Cu(CN)_3^{2-} + 6OH^- - 6e \longrightarrow Cu^+ + 3CNO^- + 3H_2O$$

$$Cu(CN)_3^{2-} \longrightarrow Cu^+ + 3CN^-$$

$$CNO^- + 2H_2O \longrightarrow CO_2\uparrow + NH_3\uparrow + OH^-$$

$$2CNO^- + 4OH^- - 6e \longrightarrow 2CO_2\uparrow + N_2\uparrow + 2H_2O$$

$$4OH^- - 4e \longrightarrow 2H_2O + O_2\uparrow$$

投加食盐后，氯离子在阳极放电，生产氯气。氯气水解成次氯酸，次氯酸氧化氰根。

$$2Cl^- - 2e \longrightarrow Cl_2\uparrow$$

$$Cl_2 + H_2O \longrightarrow HClO + HCl$$

$$CN^- + HOCl \longrightarrow CNCl + OH^-$$

$$CNCl + 2OH^- \longrightarrow CNO^- + Cl^-$$

$$2CNO^- + 3OH^- + H_2O \longrightarrow 2CO_2\uparrow + H_2\uparrow + 3Cl^- + 2OH^- + N_2\uparrow$$

阴极反应：

$$2H^+ + 2e \longrightarrow H_2\uparrow$$

$$Cu^{2+} + 2e \longrightarrow Cu$$

$$Cu^{2+} + 2OH^- \longrightarrow Cu(OH)_2\downarrow$$

（2）工艺流程：采用石墨为阳极，普通不锈钢钢板为阴极。高浓度含氰废水在调节池中调节 pH 为碱性后，进入电解槽。为了帮助离子扩散，加速电解反应，电解槽内一般采用压缩空气搅拌。向电解槽中投加食盐，不仅可以增加电解液的导电性，还可以加强氰的氧化。含氰废水电解产生的沉淀物比含铬废水电解产生的沉淀物要少得多。因此，当废水中悬浮物较少时，可不设置沉淀池和污泥干化场（图 3.66）。

（3）技术参数：

① 废水 pH：废水中 pH 偏低时，不利于氯对氰根的氧化。且阳极区由于表面的 $OH^-$ 放电，导致 pH 下降，当 pH 下降到 7 以下时，HCN 气体会从体系中逸出。因此，

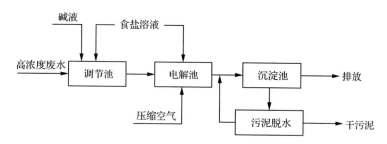

图 3.66  电解法处理高浓度含氰废水工艺流程

通过向废水中投加碱液，控制 pH 在 9～10。在此区间内，$OH^-$ 的阳极放电反应几乎不进行，除氰效果显著。随着 $OH^-$ 离子浓度的增加，少量 $OH^-$ 在阳极放电，使得除氰效果趋于平缓。当 pH>12.5 时，$OH^-$ 放电反应占主导作用，除氰效率降低（姜立强等，2004）。

② 食盐投加量：投加食盐，增加含氰废水的电导率，加速氰根的氧化。实验表明，投加适量的食盐时，除氰效率增大。对于高浓度的含氰废水，本身的导电性交换，$CN^-$ 离子易在阳极直接放电，故所需要加入的食盐量较小。但随着电解的进行，需随时调节废水中食盐浓度。一般含氰浓度在 300～450mg/L 的废水，食盐投加量在 0.5g/L 左右；对于含氰浓度在 25～100mg/L 的废水，投加量为 1～2g/L。

③ 阳极电流密度：在电解过程的不同阶段，要根据氰根离子的浓度变化，调整电流密度，提高除氰效率。当食盐投加量一定时，浓度高，电流密度大；浓度低，电流密度小。实际工程中，可采用 0.4～0.7A/dm² 。

④ 净极距：当电流密度和投加食盐量一定时，净极距越小，处理效果越好。当电解槽容积一定时，缩小净极距，可提高阳极面积与有效水容积之比，即极水比。在实际工程中，可采用 20～30mm 的净极距（贾金平等，2009）。

⑤ 温度和空气搅拌：升高温度，能加速 $CN^-$ 的扩散运动，有利于提高除氰效率。研究表明，温度从 20℃上升到 40℃，除氰效率增加幅度较大。而有 60℃上升到 90℃，除氰效率增加缓慢。当温度大于 70℃时，除氰效率几乎不变。因此，控制温度在 70℃以上时增加了不必要的耗能，且温度过高，氰化物会挥发到空气中，污染环境。所以，电解温度控制在 50～70℃为宜，以 60℃最佳（姜立强等，2004）。

压缩空气搅拌也能帮助离子扩散，加速电解反应。搅拌的空气量不宜过大，以不使悬浮物沉淀为准。否则，由于空气的导电性差，使槽电压增大。

（4）优缺点：适合处理较高浓度的含氰废水，且废水中的铜活其他重金属还可以以单质或合金的形式回收。可作为碱性氯化法等其他化学处理法的前处理，降低氰浓度。该方法占地面积小。污泥量较小，甚至可以不设沉淀池。处理设备操作简单，运行费用较低。

但是因为电解除氰是电流效率低，因此电耗大。另外，在处理过程中还会产生剧毒的催泪气体 CNCl，对操作工人及周围的环境产生较大的不利影响。建议电解槽加盖密封，并采用排气吸收 CNCl 措施。对于电解含氰废水，国外应用较多，国内应用较少，但仍在不断发展中。

（四）含酸、碱及重金属离子的电镀废水的处理

电镀中酸性废水主要来源于镀件表面的氧化物薄层去除的预处理过程，碱性废水主要来源于镀件表层化学除油的预处理过程。由于镀件材质和电镀的工艺的差异，酸、碱废水水质变化较大，且可能还含有各种有机物和表面活性剂，相当数量的铁、铜、铝和少量的锌、镍、镉等重金属离子。酸、碱废水一般可采用中和法处理，也可将酸性废水与含铬废水合并处理，碱性废水与含氰废水合并处理。含铬废水和含氰废水的处理方法前面已有介绍，因此，本节主要介绍中和法处理酸、碱废水。由于电镀工艺中，酸、碱废水混合后一般呈酸性，因此，以中和酸为主。中和法分为自然中和法、药剂中和法和过滤中和法。自然中和法就是将电镀废水中除含铬、含氰等以外的废水集中到中和池中，利用废水本身的酸碱度中和，这种方法一般很难达到排放要求，且其中的重金属离子很难得到处理。因此，药剂中和法和过滤中和法应用较为普遍（张芳西等，1983；贾金平等，2009）。

**1. 中和法基本原理**

中和法就是利用酸和碱的相互作用，最终生成中性的盐溶液。由于废水中还含有各种重金属离子，因此，废水酸、碱中和后，还需要调整 pH，使废水中各种重金属离子以氢氧化物的形式沉淀下来，从而去除重金属离子。若废水中含有表面活性剂等物质时，在废水中和前应先进行除油等预处理。

**2. 药剂中和法**

（1）中和药剂：常有的中和药剂有石灰、苛性钠、碳酸钠、石灰石、电石渣、锅炉灰和软化站废渣等。

石灰来源较广、价格低廉，是酸性废水最常用的中和剂，不仅可以中和任何浓度的酸性废水，而且生产的 $Ca(OH)_2$ 还有凝聚的作用。反应后生成的污泥含水率低，脱水效果好。缺点是用量大，操作强度大。苛性钠、碳酸钠的优点是易溶于水，便于投加，反应速度快。但生成的污泥不易脱水。

（2）药剂中和法工艺流程：废水混合后，若含有表面活性剂等物质，先通过除油程序，再进入调节池。若废水中不含有表面活性剂等，可直接进入调节池。调节池中的废水进入中和反应槽，反应槽设有自动加药设备和 pH 自动检测装置，采用机械搅拌。出水进入沉淀池沉淀，上清液排放（贾金平等，2009；图 3.67）。

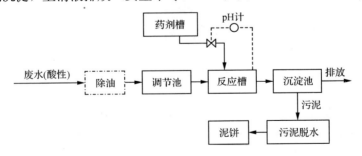

图 3.67　药剂中和法处理含酸、碱及重金属离子电镀废水（连续式）

（3）药剂投加量：药剂投加量因水质的不同而有所不同，另外，使废水中的不同重金属离子沉淀下来的pH也不同。具体投加量和pH调节可参照表3.65和表3.66。

**表 3.65　中和 1kg 酸所需碱中和剂的理论投加量**（贾金平等，2009）（单位：kg）

| 酸种类 | CaO | Ca (OH)$_2$ | CaCO$_3$ | CaCO$_3$·MgCO$_3$ | NaOH | Na$_2$CO$_3$ |
|---|---|---|---|---|---|---|
| H$_2$SO$_4$ | 0.57 | 0.76 | 1.03 | 0.94 | 0.82 | 1.08 |
| HCl | 0.77 | 1.01 | 1.37 | 1.29 | 1.10 | 1.46 |
| 11.2mol/L HCl | 0.27 | 0.36 | 0.48 | 0.45 | 0.39 | 0.51 |
| 15mol/L HNO$_3$ | 0.44 | 0.59 | 0.80 | 0.03 | 0.64 | 0.84 |
| 29mol/L HF | 0.70 | 0.93 | 1.26 | — | 1.0 | 1.33 |

**表 3.66　去除含酸、碱电镀废水中重金属离子的最适合 pH 范围**（张芳西等，1983）

| 金属离子 | pH 范围 | 残留浓度/(mg/L) | 备注 |
|---|---|---|---|
| Cu$^{2+}$ | 7~14 | <1 | |
| Al$^{3+}$ | 5.5~8 | <3 | pH>8 沉淀再溶解 |
| Cd$^{2+}$ | >10.5 | <0.1 | |
| Cr$^{3+}$ | 7~9 | <2 | pH>8 沉淀再溶解 |
| Ni$^+$ | >9 | <1 | |
| Fe$^{3+}$ | 5~12 | <1 | pH>12.5 沉淀再溶解 |
| Sn$^{2+}$ | 5~8 | <1 | |
| Mn$^{2+}$ | 10~14 | <1 | pH>12 沉淀再溶解 |
| Pb$^{2+}$ | 9~9.5 | <1 | |
| Zn$^{2+}$ | 9~10.5 | <1 | pH>10.5 沉淀再溶解 |

### 3.4.1.4　工程实例

在实际工程中，电镀厂排放废水水质多样，有含氰废水、含铬废水、酸碱综合废水等。因此，为了保证处理效果和出水水质，应采取先分质处理后合并处理的方案。具体处理工程实例如下：青岛某金属结构有限公司电镀生产废水处理工程。

**1. 工程概况**

青岛某金属结构有限公司是从事加工热镀锌、电镀锌、电镀铬产品的企业，年加工金属产品1.2万t。电镀过程产生含铬废水和酸碱综合废水，废水总量约为800m³/d。其中含铬废水来自镀铬、钝化等工艺清洗水，主要污染物为Cr$^{6+}$，水量约为300m³/d；酸碱综合废水主要来自生产线的镀件前期处理，电镀、热镀后清洗，冲洗地面以及由于操作不当造成的镀液"跑、冒、滴、漏"等，水量约为500m³/d，主要污染物为酸、Zn$^{2+}$、Cu$^{2+}$、Ni$^{2+}$等离子及悬浮有机物和油类。根据青岛市环境规划的要求，本项目处理后的污水直接排放应满足《污水综合排放标准》（GB8978-1996）一级标准及第一类污染物最高允许浓度标准。原水水质及排放标准如表3.67所示。

**表 3.67  原水水质及排放标准**

| 指标 | pH | 油类<br>/(mg/L) | 总铬<br>/(mg/L) | 六价铬<br>/(mg/L) | 总锌<br>/(mg/L) | 总铜<br>/(mg/L) | 总镍<br>/(mg/L) |
|---|---|---|---|---|---|---|---|
| 进水 | 3～5 | 80 | 40 | 20 | 60 | 20 | 10 |
| 排放标准 | 6～9 | 10 | 1.5 | 0.5 | 2.0 | 0.5 | 1.0 |

### 2. 工艺流程

废水处理工艺流程如图 3.68 所示，主要构筑物及设计参数如表 3.68 所示。

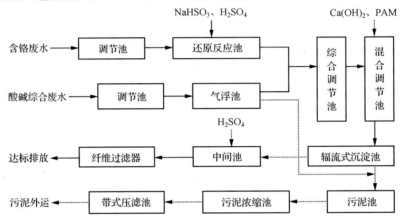

图 3.68  电镀废水处理工艺流程图

**表 3.68  主要构筑物及设计参数**

| 构筑物名称 | 数量 | 设计参数 |
|---|---|---|
| 含铬废水调节池 | 1 座 | 钢筋混凝土结构，尺寸 8m×3.2m×4m，HRT8h，提升泵两台（1 用 1 备），池内壁防腐 |
| 酸碱废水隔油池 | 1 座 | 钢筋混凝土结构，尺寸 8m×3.2m×4m，HRT5h，提升泵两台（1 用 1 备），池内壁防腐 |
| 还原反应池 | 1 座 | 钢筋混凝土结构，尺寸 2m×2.5m×3m，HRT30min，控制 pH 为 2.5～3，配加药机 1 台 |
| 气浮池 | 1 座 | 钢结构，尺寸 10m×3m×2.5m，内装涡凹气浮机两台 |
| 综合调节池 | 1 座 | 钢筋混凝土结构，尺寸 10m×8m×4m，HRT10h，提升泵两台（1 用 1 备），池内壁防腐 |
| 混合反应池 | 1 座 | 钢筋混凝土结构，尺寸 2m×2m×4m，$Q=33m^3/h$，HRT30min |
| 辐流式沉淀池 | 1 座 | 钢筋混凝土结构，尺寸 $\phi=6m$，$H=4m$ |
| 中间池 | 1 座 | 钢筋混凝土结构，尺寸 3m×3m×2m，配 pH 在线监测仪和自动加酸装置 |
| 污泥池 | 1 座 | 钢筋混凝土结构，尺寸 3m×3m×2m |
| 污泥浓缩池 | 1 座 | 钢筋混凝土半地下结构，尺寸 $\phi=6m$，$H=3m$ |
| 纤维过滤器 | 2 台 | ZXJ 型纤维球过滤器两台（1 用 1 备） |
| 带式压滤机 | 1 台 | WDY-Z 型带式压滤机 |

（1）含铬废水：含铬废水中 $Cr^{6+}$ 以 $CrO_4^{2-}$、$Cr_2O_7^{2-}$ 的形式存在，毒性较大，必须将其还原为 $Cr^{3+}$。还原剂一般采用亚硫酸铁、亚硫酸钠等，考虑到处理成本，本工艺采用 $NaHSO_3$，在酸性条件下将 $Cr^{6+}$ 还原成 $Cr^{3+}$。加药时 $NaHSO_3$ 必须采用湿投（谢东方等，2004），质量分数一般为 $5\%\sim10\%$，投药量 $m(Cr^{6+}):m(NaHSO_3)=1:8\sim1:6$（质量比）。

（2）酸碱综合废水：酸碱废水主要来自镀件清洗水，呈酸性。废水中的油类和悬浮颗粒物通过前期气浮预处理去除。经气浮后的酸碱废水与经过还原处理的含铬废水一同进入综合调节池，进行水质水量调节。在混合反应池中，通过添加 $Ca(OH)_2$ 和 PAM，调节 pH9$\sim$10，使其中的金属离子形成氢氧化物沉淀而去除。沉淀池出水需进行 pH 调节和过滤，然后达标排放。

**3. 出水水质**

根据现场调试的检测结果，经本工艺处理后，各种污染物的去除率均在 90％ 以上，处理后出水水质均达到《污水综合排放标准》（GB8978-1996）一级标准及第一类污染物最高允许浓度标准，具体数据见表 3.69。

表 3.69　出水水质状况

| 指标 | pH | 油类/(mg/L) | 总铬/(mg/L) | 六价铬/(mg/L) | 总锌/(mg/L) | 总铜/(mg/L) | 总镍/(mg/L) |
|---|---|---|---|---|---|---|---|
| 出水 | 6$\sim$9 | 8.0 | 1.3 | 0.4 | 1.1 | 0.3 | 0.5 |

### 3.4.2 制药废水处理

医药产业是世界贸易增长最快的五类产业之一，也是世界经济各国竞争的焦点之一。就我国目前的情况来说，医药产业区域发展极不平衡，沿海地区医药产业基础好、规模大、发展快，已成为本地区的支柱产业之一。近年来，沿海地区医药产业蓬勃发展，多个医药科技产业园相继成立。如江苏沿海地区的连云港医药制造业；珠海的三灶医药产业园等。

医药产业的高速发展，给环境带来了很大的压力，目前我国生产的常用药物达 2000 种左右，不同种类的药物采用的原料和数量各不相同，不同药物的工艺方法也不尽相同，因此针对不同药物产生的废水进行分质处理是相当必要的。本书以抗生素制药废水以及中成药废水的处理作为重点，分别对其水质、水量及处理技术进行介绍。

#### 3.4.2.1 制药工业污染概述

（一）制药工业的污染来源

**1. 医药药品分类**

药物种类繁多，常用原料药按治疗用途分类主要有抗微生物药、抗感染药与抗寄生虫药、心血管系统药、消化系统用药、中枢神经系统药、呼吸系统药、甾脑激素及其他药物，大约超过 2000 个品种。医药产品按其生产工艺或产品特点又可分为无机药物、有机药物、中草药、抗生素四大类（丁忠浩，2002）。

无机药物大多为无机盐类，少数为氧化物，个别单体或其他形式。无机药物可以由天然矿物获得，或者利用化学工业副产品经过化学处理工序制成。它们常常含有金属元素，如钾、钠、钙、镁、汞、锌以及非金属元素，如硫、碳、氮、硼等。

有机药物又可分为天然药物和合成药物。天然药物主要有生物碱及其代用品、维生素、激素、萜类及其衍生物、糖类、抗生素等。合成药物主要是以石油化工产品、煤焦油或其他化工中间体为原料，通过有机单元反应合成而制得。按其化学结构和化学性质大致分为含金属的有机物；药用燃料；烃类及卤烃类；醇、醚、醛及酚类；羧酸，取代羧酸及其衍生物；氨基甲酸酯和酰胺类；季铵盐类及生物烷化剂；芳磺酸衍生物；芳胺及芳烃胺衍生物；杂环类合成药物；药用聚合物等。有机药物分类并不是绝对的，许多天然药物如维生素、抗生素等，已能半合成或合成。

中草药类药品分为中草药和中成药，一般采用天然动植物作原料。中草药基本保持原形态，中成药一般是有较复杂的加工过程，中成药产品有片剂、粉剂、水剂、丸剂、膏剂等。

抗生素是微生物、植物、动物在其生命过程中（或利用化学、生物或生化方法）产生的化合物，具有在低浓度下选择性抑制或杀灭其他种微生物或肿瘤细胞能力的化学物质，是人类控制感染类疾病，保障身体健康及防治动植物病害的重要化疗药物。天然抗生素已达 3000 多种，临床常用的约 50 多种，如灰黄霉素、链霉素、氯霉素、多粘菌素、金霉素、头孢霉素、新霉素、土霉素、制霉菌素、四环素、红霉素、螺旋霉素、新生霉素、万古霉素、两性霉素、力复霉素、巴霉素、卡那霉素、林可霉素、庆大霉素、柔毛霉素和博来霉素等，目前都已投入生产。

医药产品按生产工艺过程可分为生物制药和化学制药两种。

化学制药是采用化学方法使有机物质或无机物质通过化学反应生成的合成物。

所谓生物制药是指通过微生物的生命活动，将粮食等有机原料进行发酵、过滤、提炼而成；生物制药在发酵、制备粗产品及提纯的过程中有时也采用很多化学反应。生物制药按生物工程学科范围可分为 4 类：发酵工程制药、基因工程制药、细胞工程制药和酶工程制药。目前发酵工程制药（利用微生物代谢产物生产药物的一种生物制药技术）发展历史最为悠久，技术最为成熟，应用最为广泛，此类药物主要包括抗生素、氨基酸、有机酸、维生素、核酸、辅酶、酶抑制剂、激素、免疫调节物质以及其他生理活性物质。

**2. 医疗药品行业污染来源**

抗生素工业属于发酵工业的范围。抗生素的生产以微生物发酵法进行生物合成为主，少数也可用化学合成方法生产。此外，还可将生物合成法制得的抗生素用化学、生物或生化方法，进行分子结构改造而制成各种衍生物，称为半合成抗生素。抗生素主要用于化学治疗剂，但在生产过程、生产技术、原料和储备等方面都与化学合成制药有很大不同。

抗生素生产要耗用大量粮食，分离过程（特别是溶剂萃取法）要消耗大量有机溶剂。一般说来，每生产 1kg 抗生素需耗粮 25～100kg，同时，抗生素生产耗电约占总成本的 75%。抗生素制药生产的废水主要来自以下 4 个方面：

（1）发酵废水，即提取工艺的结晶废母液。抗生素生产的提取可采用沉淀法、萃取法、离子交换法等工艺，这些工艺提取抗生素后的废母液、废流出液等污染负荷高，属高浓度有机废水。本类废水如果不含有最终成品，$BOD_5$ 为 4000~13000mg/L。高峰时废水的 $BOD_5$ 可高达（2~6）×$10^4$mg/L。

（2）酸、碱废水和有机溶剂废水。该类废水主要是在发酵产品的提取过程中产生，由需要采用的一些提取工艺和特殊的化学药品造成的

（3）中浓度有机废水。主要是各种设备和地板等的洗涤水、冲洗水。洗涤水的成分与发酵废水相似，$BOD_5$ 为 500~1500mg/L。

（4）冷却水和其他废水。废水中污染物的主要成分是发酵参与的营养物，如糖类、蛋白质、脂肪和无机盐类（$Ca^{2+}$、$Mg^{2+}$、$K^+$、$Na^+$、$SO_4^{2-}$、$HPO_4^{2-}$、$Cl^-$、$C_2O_4^{2-}$ 等），其中包括酸、碱、有机溶剂和化工原料等。

中草药制药生产中采用的主要工艺有清理与洗涤、浸泡、煮炼或熬制、漂洗等。因中药制药原料均系天然有机物质，还有木质素、木质蛋白、果胶、半纤维素、脂腊以及许多其他复杂有机物，在煮炼过程中，胶体的成分互相起乳化，水解，复分解和溶解等作用，最终产物有木糖、半乳糖、甘露糖、葡萄糖等碳水化合物。在漂洗过程中，这些有机物都进入废水中。因此，中草药制药生产中浸泡水和漂洗水污染严重，含有大量有机污染物，能大量消耗受纳水体的溶解氧，形成变黑发臭水体，危害鱼类与生物的生存，如果不进行治理，会造成严重环境污染。

（二）制药工业有机废水特征

**1. 抗生素废水水质特征**

水质成分复杂，废水中含有大量酸、碱或无机盐，含有多种有机物，pH 经常变化，温度也较高，带有颜色和异味；COD 浓度高，一般为 5000~8000mg/L。其中主要为发酵残余基质及营养物，溶媒提取过程的萃取剩余液，经过溶媒回收过程后排出的蒸馏釜残液，离子交换过程排出的吸附废液，水中不溶性抗生素的发酵滤液，以及染菌废水、倒灌废液等。有机物呈溶解态、胶体和固体悬浮物形式留置在废水中；废水中 SS 浓度高，一般为 500~25000mg/L。其中主要为发酵的残余培养基质和发酵产生的微生物丝菌体；硫酸盐浓度高，而且废水中存在难生物降解和有抑菌作用的抗生素等毒性物质，并且有生物毒性等；水量小缺间歇排放，冲击负荷较高。表 3.70 列出了几种主要抗生素废水水质特征和主要污染因素。

**2. 中草药废水水质特征**

中草药废水水质成分也很复杂，废水中溶解性物质、胶体和固体物质的浓度都很高，其具体特征如下：

中草药生产的原材料主要来源于中药材，在生产中必须使用一些媒质、溶剂或辅料。因此水质成分复杂；COD 浓度高，一般为 14000~100000mg/L，有些浓渣水甚至更高；中医药废水一般属易于生物降解的废水，BOD/COD 一般在 0.5 以上，相对容易生物处理；废水中 SS 浓度高，主要是动植物类的脆片、微细粒颗粒及胶体；水量间歇

排放，水质波动较大；在制造过程中要用酸或碱处理，pH变化；由于常常采用煮炼或熬制工艺，排放废水的温度较高，带有颜色和中草药气味。

表 3.70　几种主要抗生素废水水质及污染因子

| 抗生素种类 | 废水生产工段 | COD | SS | SO$_4^{2-}$ | 残留抗生素 | TN | 其他 |
|---|---|---|---|---|---|---|---|
| 青霉素 | 提取 | 15000~80000 | 5000~23000 | 5000 | | 500~1000 | PPb |
| 氨苄青霉素 | 回收溶媒后 | 5000~70000 | — | <50 | 开环物 0.54% | NH$_3$-N0.34% | — |
| 链霉素 | 提取 | 10000~16000 | 1000~2000 | 2000~5500 | | <800 | 甲醛<100 |
| 卡那霉素 | 提取 | 25000~30000 | <250 | | 80 | <600 | — |
| 庆大霉素 | 提取 | 25000~40000 | 10000~25000 | 4000 | 50~70 | 1100 | — |
| 四环素 | 结晶母液 | 20000 | | | 1500 | 2500 | 草酸：7000 |
| 土霉素 | 结晶母液 | 10000~35000 | 2000 | 2000 | 500~1000 | 500~900 | 草酸：10000 |
| 麦迪霉素 | 结晶母液 | 15000~40000 | 1000 | 4000 | 760 | 750 | 乙酸乙酯：6450 |
| 洁霉素 | 丁醇提取回收后 | 25000~40000 | 1000 | <1000 | 50~100 | 600~2000 | — |
| 金霉素 | 结晶母液 | 25000~30000 | 1000~5000 | | 80 | 600 | — |

### 3.4.2.2　制药废水处理技术概况

随着制药工业的迅速发展，尤其是在20世纪中叶以后抗生素制药工业的迅速发展，制药废水污染问题开始得到欧洲、美国以及日本等发达国家的重视，制药废水的处理技术研究和应用日趋活跃，出现众多处理方法。但是，从20世纪80年代以后，发达国家将制药工业的重点放在高附加值新药的生产上，大宗常规原料药逐步转移到中国、印度等发展中国家生产，随着生产的转移，发达国家的制药废水处理技术研究和应用逐渐趋于平衡，图3.69为制药废水处理的基本工艺流程（胡晓东，2008）。

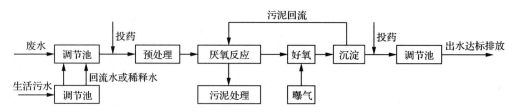

图 3.69　制药废水处理的基本工艺流程图

### （一）抗生素废水处理技术

目前我国300多家企业生产的70多个品种的抗生素占世界产量20%~30%，废水排放量大，水体污染严重，环境压力巨大。常用的抗生素废水处理方法包括：物化法、生化法及其他组合工艺。

**1. 物化法**

（1）混凝法：

抗生素生产废水成分复杂，冲击负荷大，采用生化处理时容易导致出水效果不稳定。吴敦虎等利用自制的聚合氯化硫酸铝（PACS）和聚合氯化硫酸铝铁混凝剂（PAF-CS）处理 COD 为 1000～4000mg/L 的制药废水，分两次混凝投加处理剂时，COD 去除率均在 93% 以上，出水 COD<100mg/L，并且 pH、SS 均可达国家一级排放标准（吴敦虎等，2000）。

饶义平等采用以削减废水抑菌效力和回收有机物的复合絮凝预处理方法进行实验，实验水样为 $COD_{Cr}$ 4800mg/L、SS2000mg/L、色度 860、pH5.8 的废水，水样呈褐色，搅动时产生大量泡沫，有强烈刺激性气味放出，实验后发现含 $Ca^{2+}$ 的复合絮凝剂可大幅度削减废水中所残留的抗生素的抑菌能力，表现在抗生素废水药物效价去除 90%，同时 $COD_{Cr}$ 去除率 71%～77%，SS 去除率 87%～89%，色度去除率 87%～91%，絮凝处理后废水接近普通有机废水，有利于生物处理。

（2）吸附法：

吸附法可作为高浓度有机废水经生物处理后的深度处理。张满生等利用两级炉渣吸附和三级活性炭吸附对青海制药集团原料药生产废水进行深度处理，当进水 COD 为 1145mg/L 时，三级吸附后 COD 可降至 300mg/L 以下（张满生、章劲松，1999）。该方法投资小，工艺简单、操作方便，易管理，较适宜对原有污水厂进行工艺改进。

（3）光降解法：

该技术具有新颖性、高效性、对废水无选择性等优点，尤其适合于不饱和烃的降解，且反应条件温和，无二次污染，具有很好的应用前景。李耀中等以二氧化钛作催化剂，利用流化床光催化反应器处理制药废水，考察了在不同工艺条件下的光催化效果，结果表明，进水 COD 分别为 596mg/L、861mg/L 时，采用不同的试验条件，光照 150min 后光催化氧化阶段出水 COD 分别为 113mg/L、124mg/L. 去除率分别为 81.0%、85.6%，且 BOD/COD 值也可由 0.2 增至 0.5，提高了废水的可生化性（李耀中，2002）。郑玉峰等研究了二氧化钛催化剂投加量与紫外光催化氧化效果的影响，结果表明，催化剂的最佳投加量随制药废水中 COD 初始浓度的增加而增加，但对于任意高浓度的 COD 而言. 在入射光通量一定的条件下投加量有一个上限值，试验中该值为 800mg/L，高于此值，则催化剂投加量不再是降解效率的促进性因素（郑玉峰等，2002）。试验中 COD 的降解过程符合一级动力学的规律，反应速率常数 K 与污染物初始浓度基本上呈 0.5 级的动力学关系。程沧沧的研究结果表明，UV/TiO-Fenton 试剂系统对含有硝基苯类化合物的抗生素废水具有显著的光降解作用，其适宜的 pH 为 8～9（程沧沧等，2001）。

光催化氧化法仍然存在不足。目前应用最多的 TiO 催化剂具有较高的选择性且难于分离回收。因此，制备高效的光催化剂以处理污染物组成复杂、含量高的难降解有机废水是该方法广泛应用于环保领域的前提。

（4）电解法：

电解法是一种较为成熟的工艺。广泛应用于工业废水的处理过程中。张月锋等考察了在甲红霉素废水中加入 NaCl 电解质，电解阳极间接氧化法的处理效果（张月锋等，2002）。结果表明，电解产物 NaClO 具有极强的氧化性。当进水 COD 为 331630mg/L 时。其 COD 去除率可达 46.1%，但此法对废水色度去除所需电解时间较长。

微电解技术是被广泛研究与应用的一项废水处理技术。铁屑中铁和碳组分（或另加入的焦炭等）构成微小原电池，以充入的废水（pH 为 3～6）为电解质溶液，以电化学反应为主，集合多种去污作用，对多种难降解有机废水都有较好的处理效果。邹振扬等在常温常压下利用管长比固定的浸滤柱内加装活性炭—铁屑为滤层，以 $Mn^{2+}$、$Cu^{2+}$ 作催化剂，对四环素制药厂综合废水的处理结果表明，活性炭具有较大的吸附作用。同时在管中形成的 Fe-C 微小电池，将铁氧化成氢氧化铁絮凝剂，使固液分离，浊度降低（邹振扬等，1999）。加入的 Mn、Cu 还可以促进絮凝剂的生成。张亚楠等（2002）、肖利平等（2000）利用微电解法作为无环鸟苷、肌苷、病毒唑和抗感染原料药生产废水生物处理的预处理，均取得了较好的效果。微电解一水（许炉生、朱靖，2003）解酸化一生物接触氧化工艺已成功应用于实际工程中处理呋喃唑酮（痢特灵）生产废水。当原水 COD 为 19507mg/L 时，其出水 COD 可降至 230mg/L。处理后排水各项指标满足《污水综合排放标准》（GB8978-1996）要求。

（5）膜分离法：

近几年，随着膜技术的不断发展，将膜分离技术应用于抗生素废水处理的例子越来越多。该技术主要特点：设备简单、操作方便、无相变、无化学变化、处理效率高和节约能源。纪树兰等利用 NF-4 型纳滤膜对洁霉素废水进行的浓缩实验表明．使用 NF-4 型纳滤膜浓缩废水，经历 60 小时。水样中的洁霉素质量浓度由最初的 211mg/L 浓缩到了 1950mg/L 左右．洁霉素的回收率可达 95%：原水 COD 质量浓度为 12000mg/L，出水 COD 为 2000～3000mg/L，其对 COD 的截留率始终大于 80%（纪树兰等，2001）。张林生等用 NF-90 纳滤膜处理水杨酸废水．COD 为 4000～5000mg/L，去除率达 80% 以上，水杨酸回收后可用于生产。利用该技术对抗生素废水进行浓缩分离，有良好的经济效益和社会效益（张林生、杨广平，2005）。

**2. 生物法**

（1）好氧生物处理法：

欧、美、日等国从 20 世纪 40 年代生产青霉素时就已经开始利用生化法处理该类废水，因受当时处理技术的限制至 20 世纪 70 年代几乎全部采用好氧处理技术。常用的好氧技术包括深井曝气、生物接触氧化、延时曝气、SBR 等。

S. Vansever 在常规活性污泥法处理青霉素废水系统中加入含有絮凝物质（Fe、Mn）和营养物质的复合体 50S，并控制 $m(COD):m(N):m(P)=100:5:2$，在低温操作条件下（<10℃），COD 可降至 100mg/L 以下，系统的污泥沉降性能、COD 去除率及硝化作用都有明显的提高（Vansever，1997）。F. A. El-Gohary 利用延时曝气法处理包括麻醉药、利尿剂、化学试剂在内的生产废水（1050m³/d）和生活污水（8400m³/d）的混合水（El-Gohary *et al.*，1995）。设计工艺参数：初沉池停留时间为 3 小时。曝气时间为 20 小时，污泥回流率为 25%。曝气池中 MLVSS 为 2000～3000mg/L。二沉池停留时间为 3 小时。在进水 COD 为 682～1270mg/L 时，出水 COD 为 49～79mg/L。运行

几年后的出水均能满足卫生要求。李勇智采用序批式生物反应器（SBR）探索了对米菲司酮、孕三烯酮生产废水进行短程生物脱氮的可行性，利用该废水的高氨氮、高 pH 和高碱度的特点，在常温（23±1）℃的条件下，成功地对其进行了短程生物脱氮，脱氮率达 99％以上，达到了节能和节省有机碳源的目的（李勇智等，2003）。对该过程 pH 和氧化还原电位（ORP）的在线模糊控制结果表明，硝化菌比亚硝化菌对游离氨更为敏感，在游离氨质量浓度＞0.2mg/L 时，对硝化菌构成有效的抑制，实现亚硝酸盐的稳定积累。

抗生素废水属高浓度有机废水，仅采用常规的好氧生物处理难以承受 COD 达10000mg/L 以上的废水。需要大量的清水或生活污水对抗生素废水进行稀释，消耗较大的动力，资金投入较大。

（2）厌氧生物处理法：

目前，国内外处理高浓度有机废水主要是以厌氧法为主。用于抗生素废水处理的厌氧工艺包括：上流式厌氧污泥床（UASB）、厌氧复合床（UBF）、一体化两相厌氧反应器、厌氧折流板反应器（ABR）等。

买文宁等将 UASB 和 UBF 进行了对比试验，结果表明，UBF 具有反应液传质和分离效果好、生物量大和生物种类多、处理效率高和运行稳定性强的特征，是实用高效的厌氧生物反应器（买文宁、周文敏，2002）。将 UBF 运用到工程实际（有机废水量为310m³/d）中的结果表明，6 个月的启动运行后，UBF 处理乙酰螺旋霉素生产废水，试验 COD 容积负荷为 6.0kg/（m·d），进水 COD 为 9137mg/L 时，出水 COD 可降至811mg/L。

由于厌氧处理过程中起主要代谢作用的产酸菌和产甲烷菌具有相对不同的生物学特征，因此可以分别构造适合其生长的不同环境条件，利用产酸菌生长快、对毒物敏感性差的特点将其作为厌氧过程的首段，以提高废水的可生化性，减少废水的复杂成分及毒性对产甲烷菌的抑制作用，提高处理系统的抗冲击负荷能力，进而保证后续复合厌氧处理系统的产甲烷阶段处理效果的稳定性。一体化两相厌氧反应器即是由此原理得来，该反应器可分为产酸相和产甲烷相，它们分别为不同的微生物种群提供了各自适宜的pH、氧化还原电位等生态条件，并且不受其他相的影响。利用一体化两相厌氧反应器处理含高浓度硫酸盐的抗生素废水时能够充分利用产酸相的优势，避免 $SO_4^{2-}$ 对产甲烷相的不利影响（祁佩时等，2001）。

ABR 实际上是一种将多个 UASB 集于一个反应器且构造比 UASB 更为简单的多级阶段两相反应器。P. Fox 等应用 ABR 工艺处理 COD 初始质量浓度为 20000mg/L 的含硫 $[m(COD):m(SO_4^{2-})=8:1]$ 制药废水，结果表明，控制 HRT 为 24 小时，COD 去除率为 50％，$SO_4^{2-}$ 去除率可达 95％，且 $SO_4^{2-}$ 在第一隔室中几乎被完全转变成硫化物，沿池长方向硫化物含量逐步增加而 $H_2S$ 含量降低，从而利于后续甲烷化作用（Fox，1996）。陈业钢等经过试验得出采用水解酸化-厌氧工艺处理高浓度含硫酸盐的青霉素生产废水是可行的（陈业钢等，2002）。利用水解酸的优势，能够避免 $SO_4^{2-}$ 对厌氧反应器的不利影响。即使在 $SO_4^{2-}$ 质量浓度达 1325mg/L，系统仍表现了良好的适应性。其水解酸化反应器 COD 容积负荷可达 16.84kg/（m·d），厌氧反应器 COD 容积负荷达 8.75kg/(m·d)。

高浓度有机废水经厌氧处理后，其出水 COD 仍大于 1000mg/L，必须接好氧生化处理以达到排放标准。

（3）厌氧-好氧法：

由于单独的好氧处理或厌氧处理往往不能满足要求，而厌氧-好氧处理方法及其与其他方法的组合处理工艺在改善废水的可生化性、耐冲击性、投资成本、处理效果等方面表现出的明显优于单独处理方法的性能，使其成为制药废水的主要处理方法。

厌氧-好氧组合工艺中，厌氧阶段的容积负荷高，抗冲击负荷能力强，能够降低系统的基建费用，同时还可以回收沼气。好氧阶段的主要作用是进一步降低厌氧系统出水的各项污染指标，以达到排放标准。目前较多采用的是 UASB＋SBR 工艺。陈宏等在 UASB 反应器的顶部加设弹性立体填料，增加了接触面积，能够高效处理抗生素废水，稳定运行时 UASB＋SBR 复合工艺 COD 的去除率可达 98％以上，出水的各项指标均满足一级排放标准（陈宏等，2003）。陆正禹等利用中温 UASB 反应器处理链霉素生产废水并研究了反应器中颗粒污泥的生成，结果表明，试验中颗粒污泥的形成与硫酸盐的存在有一定关系（陆正禹等，19997）。硫酸盐在厌氧过程中被还原为硫化物，与某些金属离子形成不溶性颗粒，为颗粒污泥的形成提供了原始核心，这说明适量硫酸盐（质量浓度＜500mg/L）的存在对于颗粒污泥的形成有一定积极作用。

（4）水解酸化-好氧法：

抗生素废水中的高硫酸盐和高氨氮对产甲烷菌的抑制影响厌氧硝化过程并引起沼气产量降低。另外，废水经厌氧处理后剩余的主要为难降解有机物，导致后续好氧生物处理阶段的 COD 去除率较低，且所需的处理时间较长，增加了运行费用。基于以上原因，近年来研究者们开始尝试以厌氧水解酸化取代厌氧发酵。水解酸化是一种不彻底的有机物厌氧转化过程，并不能大量降解废水中的 COD（通常为 20％～30％），其作用在于使复杂的不溶性高分子有机物经过水解和产酸，转化为溶解性的简单低分子有机物，即提高废水的 BOD/COD 值，改善废水的可生化性。水解酸化菌为兼性厌氧菌和专性厌氧菌群，种类很多，这种菌群世代时间短、增殖快、代谢有机物能力强，对温度、有机负荷的适应性都强于产甲烷菌。在反应器中利用水流的淘汰作用，将厌氧反应控制在产酸阶段，能够降低厌氧反应时间及控制反应温度所需的能耗。所以，水解酸化经常作为其他好氧工艺的预处理方法。

相会强等利用水解酸化-二级接触氧化处理技术处理乙酰螺旋霉素、交沙霉素等抗生素废水的工程运行结果表明：在北方寒冷地区，采用水解酸化-二级生物接触氧化工艺处理浓度较高（COD 为 250～1800mg/L）、成分复杂多变的抗生素废水，出水 COD＜100mg/L，运行稳定。杨俊仕等采用水解酸化＋AB 工艺处理青霉素、四环素等生产废水的试验结果表明：当废水 COD 为 3283.9mg/L，BOD 为 1348.9mg/L，$NH_3$-N22.0mg/L，色度 325 倍时，处理后的出水分别为 287.8、21.3、2.6mg/L 和 70 倍。出水达到国家规定的（GB9678-1988）生物制药行业废水排放标准（杨俊仕等，2000）。

（5）膜生物反应器：

膜生物反应器（MBR）是近年来一种迅速发展的废水生物处理技术。它是一种将污水的生物处理技术和膜过滤技术结合在一起的新型技术。其优点是反应器中污泥浓度高。对有机污染物去除率高。出水中没有悬浮物，污泥产率低，硝化能力强。管理方便。易于实现自动化控制。孙振龙等利用一体式膜生物反应器对 COD 为 2500～4000mg/L 的抗生素废水进行了处理研究。结果表明，膜的截留作用使反应器活性污泥的质量浓度达 15g/L，COD 去除率达到 86%。由于膜截留作用以及反应器内污泥龄良好的可控性，使得硝化菌能够在反应器内大量积累，大部分膜生物反应器都能得到较高的 $NH_4^+$-N 去除率。

（6）生物强化技术：

传统的污水处理工艺由于活性污泥中杂菌多需要消耗较多的氧与养料，制约了正常细菌的生长和作用的发挥。为克服这些缺点，可以抗生素废水为底物，筛选出降解高浓度制药废水的优势菌。对其进行分离纯化后，能获得较高的降解效率。刘燕群等筛选、分离、驯化后得出的优势菌分别为黄杆菌属、产碱杆菌属、假单胞菌属和棒杆菌属（刘燕群等，2003）。将优势菌制成混合菌液。用于处理氯霉素废水时，12 小时降解率达 91%。采用优势菌处理废水有利于降低曝气过程所需能耗。提高处理效率。李尔炀等以乙酸钙不动杆菌 T3 株（Acinetobactercalcoaceticns T3）为受体，恶臭假单胞菌 6～81 株（Pseudomon putida6-81），节杆菌 4 株（Arthrobactersp）为供体，制成工程菌 LEY，以接触氧化方式对废水进行处理，当进水 COD 为 40000mg/L 时，出水 COD 可达 200mg/L 以下（李尔炀等，2001）。

（二）中成药废水处理技术

**1. 物化法**

物化法处理中药废水可作为单独的处理工序，又可作生物法的预处理或后处理工序。根据水质的不同，采用的物理化学法有：混凝法、吸附法、电解法、气浮法等。

（1）混凝法：

混凝法是制药废水处理中常用的物化法，通过投加凝聚剂来降低污染物浓度，改善废水的可生物降解性能。常用凝聚剂有聚合硫酸铁，抓化铁，亚铁盐类，聚合氯化硫酸铝，聚合氯化铝，聚丙烯酸胺（PAM）等，混凝法在制药废水中有着广泛的应用，在中药废水中也有应用。

郑怀礼，龙腾锐等（2002）研究了中药制药废水絮凝处理方法及其作用机理，所选絮凝剂有聚合氯化铝（PAC）、聚合硫酸铁（PFS）以及自制聚合硅酸硫酸铁（PFSS）等。研究结果表明：PFSS 较 PAC 有更好的絮凝效果，PFSS 更适合该类废水的治理。所用絮凝剂都存在一最佳投药量：PFSS、PAC 为 80～100mg/L，液体 PFSS 为 1.0mg/L。有机阳离子高分子絮凝剂对 PFSS、PAC 可增强絮凝处理效果，而对 PFSS 则效果不明显；水温在 20～40℃时对絮凝效果影响不大，pH 是影响絮凝效果的重要因素，如用纯碱或石灰调至碱性范围，可提高处理效果。

（2）吸附法：

吸附法是利用多孔性固体相物质吸附废水中某种或几种污染物以达到废水净化的目的。制药废水处理中，常用燥灰或活性炭处理维生素、双氯灭痛、中成药等生产中产生的废水。受吸附剂的粒径、表面以及结构等的影响，经吸附处理的废水 COD 去除率一般在 20%～40%。色度的去除率则可以达到 80%左右。

（3）气浮法：

气浮法也是制药废水处理工艺中常用的一种方法，包括充气气浮、溶气气浮，化学气浮和电解气浮等多种形式。其中化学气浮法应用较多，使用于悬浮物含量较高的废水预处理。中药废水采用化学气浮处理后，COD 的去除率可达 50%，固体悬浮物的去除率达 80%以上。尽管气浮法投资少、能耗低、工艺简单、维修方便，但不能有效地去除废水中可溶性有机物，需要用其他方法进一步处理。

除了上述物化法，还可用反渗透法、吹脱法、电解法等处理制药废水。这些物化法能去除部分 COD，BOD，SS，$NH_3$-N，改善废水的物理化学性状，常作为生物处理方法的预处理工序。

目前我国利用物化法处理中药废水的实例很少，其原因就是物化处理成本高，劳动强度大，极易引起二次污染，是一种高投入低产出的方法，这体现出该法的局限性。

**2. 生物法**

生物法广泛用于生活污水和工业废水的处理，技术成热、处理设备简单、运行管理方便、费用低廉，中药废水处理工艺也以生物法为主。

（1）厌氧生物法：

厌氧生物法是中药废水最常用的处理工艺，能够去除有机废水中的大部分污染物。现有研究利用两相厌氧消化中的产酸相将大分子有机物分解成小分子物质，改善中药废水的可生物降解性之后，再好氧处理。近年来，有研究者通过改进反应器结构来提高厌氧消化的处理效率。修光利等（1999）利用加压上流式厌氧污泥床 PUASB 处理制药废水。PUASB 通过压力的变化，提高溶解氧的浓度。溶解氧浓度高时。菌胶团中心的厌氧范围缩小，参加生化反应的微生物数量增加，从而加快了基质降解速率，提高了处理效率。当 $P=0.2MPa$，进水 COD＝500～800mg/L，回流比 $R=6$ 时，COD 去除率可以达到 60%～90%，$P=0.3MPa$，进水 COD＝1000～1500mg/L，回流比 $R=6$ 时，去除率可以达 60%～70%。但是采用厌氧法处理废水，进水 COD 浓度和 SS 含量不宜过高，预处理要求严格，设备比较复杂，运行操作条件严格，适用范围受抑制性物质限制。

（2）好氧生物法：

与厌氧生物法相比，好氧生物法处理有机废水反应周期短，运行操作条件易控制，管理简单。生物接触氧化对 COD 有良好的去除效果，进水 COD 浓度不宜超过 1000mg/L，否则会增长曝气时间，增加能耗，最终导致处理费用增加。接触氧化法载体表面积大，单位体积微生物数量大，可在高容积负荷 $[4.5kgCOD/(m^3 \cdot d)]$ 条件下处理高浓度的中药废水。

（3）好氧-厌氧组合工艺：

厌氧生物法和好氧生物法处理中药废水各有优缺点，将这两种工艺进行组合，利用各自的工艺特点实现制药废水净化，是研究的热点。对于高浓度有机废水，厌氧水解酸化具有把大分子及不溶性有机物分解为小分子可溶性有机物的作用。而好氧法则可以为微生物提供较好的外部环境，促使微生物有效地去除污染物。因此，制药废水的主体处理工艺以水解酸化-好氧工艺最为常见。南京大学的袁守军，郑正（2004）等采用水解酸化两级接触氧化法处理出废水的 $COD_{Cr}$，平均浓度为 2233.6mg/L，$BOD_5$ 平均浓度为 1312mg/L 的中药废水，可使出水达到二级排放标准。

（4）固定物化生物法：

近年来，为提高生物法的处理效率，利用优势菌种处理高浓度有机废水的技术得以迅速发展。优势菌株生物膜法、光合细菌处理法及固定化微生物法处理制药废水都有报道。相对而言，固定物化生物法运用较多。该方法是通过筛选分离出高效菌株，或通过生物工程技术培养出特异菌株，将其固定在载体上或定位于限定的空间区域内，保持其生物功能而去除废水中的特定底物。李尔场、史乐文等（2005）采用生物工程技术构建的多功能降解性工程菌 LEY6 对高浓度制药废水进行处理，废水处理工程以接触氧化方式对废水进行处理。工艺采用物化预处理、工程菌深度处理的工艺路线。处理效果：进水 $COD_{Cr}$ 10000mg/L；出水 $COD_{Cr}$ 200mg/L 以下。

### 3. 物化-生物法

以生物法为主体处理工艺，物化法为预处理或后处理工艺的物化-生物法在中药废水治理中有着广泛的应用。物化-生物法一般按照前处理—厌氧处理—好氧处理—后续处理的途径来组合。前处理的目的是使物料的理化性状适合于后续生物法处理的要求，除调节、稳定水量与水质（如 COD、SS、碱度、pH、物料营养比例等）。还有去除生物抑制物质，提高废水可生化性的作用。前处理方法应根据废水特点及试验结果而定，以沉淀、絮凝、过滤等方法为主。但从实践看，化学药品投加量大时，处理成本高且有污泥生成。生物厌氧水解法通常也因为是提高废水可生物降解性的有效方法而用于废水的预处理。厌氧处理的目的是利用高效厌氧工艺容积负荷高、COD 去除率高、耐冲击负荷的优点，减少稀释水量并且大幅度地削减 COD。优先采用的厌氧工艺是升流式厌氧污泥床反应器 UASB 和上流式厌氧污泥床过滤器 UASB＋AF。

好氧处理的目的是保证厌氧出水经处理后达标排放。常用好氧工艺有生物接触氧化、生物流化床和 SBR。这些工艺的优点是污泥不用回流且剩余污泥少，基建投资低且占地面积少，运行稳定且成本低于其他好氧工艺，SBR 还具有适合间歇操作，可以更好地适应中药废水排放水量的特点。当废水经好氧生物法处理后仍不能达标时，还会在其后布置后处理工序，一般以砂滤沉淀法为主。废水经过物化—生物法处理，出水水质一般可以达到制药废水二级排放标准的要求，甚至满足一级排放标准。

成都理工大学的王敏、丁明刚等提出采用气浮-UASB-MBR 组合工艺处理高浓度中药废水的工艺流程，经实际工程检验，在进水浓度 $COD_{Cr}$ 为 2000～5000mg/L。$BOD_5$ 为 800～2500mg/L 时，出水 $COD_{Cr}$ 可稳定低于 100mg/L，$BOD_5$ 稳定低于 200mg/L。

### 3.4.2.3　工程实例——山东淄博某制药厂

#### （一）工程概况

山东淄博某制药厂所排废水中主要含有醇、甲苯、二甲苯、硫脲、氯仿、环己胺和二硫化碳等，其废水水质和出水标准为《山东省小清河流域水污染综合排放标准》（DB37/656-2006）一般保护区域最高允许排放浓度标准，见表 3.71。

**表 3.71　废水进水水质及出水标准**　　　　　　　（单位：mg/L）

| 序号 | 项目 | 进水水质 | 出水水质标准 |
| --- | --- | --- | --- |
| 1 | COD$_{Cr}$ | 20000 | ≤200 |
| 2 | BOD$_5$ | 7000 | 30 |
| 3 | SS | 50 | 100 |
| 4 | NH$_3$-N | 150 | ≤15 |
| 5 | pH | 1~2 | 6~9 |
| 6 | 无机盐 | 15000 | |

#### （二）处理工艺

**1. 工艺流程**

该公司每天排放废水约 300m³，曾建有 800m³ 的调节池，水力停留时间达两天以上。各车间的废水 COD 浓度较高，含盐量较多，又含有难降解的有毒物质，若完全采用物化处理成本太高，直接采用生物处理又不可行，故确定工艺流程的原则是分类、分布处理。将废水分为高盐废水、高浓度难生化废水和综合废水。高盐废水经二效蒸发系统回收钠盐；高浓度难生化废水用臭氧进行预处理，这两种处理后的废水与低浓度的废水在调节池充分混合成为综合废水，再采用两级厌氧-好氧串联运行，加高级氧化相结合的方法进行处理。综合废水处理工艺流程如图 3.70 所示。

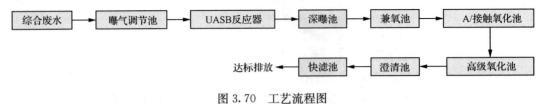

图 3.70　工艺流程图

**2. 各主要构筑物设计参数**

该工程设计进水量 500m³/d，设计参数如下：

（1）曝气调节池（利旧），外形尺寸 23m×10m×5m，有效水深 4.5m，有效池容 1000m³，停留时间两天，内设穿孔曝气管，配置提升泵 2 台（1 用 1 备），在线 pH 监测仪 1 台。

(2) UASB 反应器,结构尺寸 15m×10m×11m,钢砼结构,有效的水深 10m,有效容积 1500m³,总水力停留时间 3 天。内设三相分离器和布水器。

(3) 深曝池,尺寸 15m×20m×11m,钢砼结构,有效的水深 10m,有效容积 3000m³,停留时间 6 天。内设管式曝气器。

(4) 兼氧池,尺寸 15m×10m×11m,钢砼结构,有效的水深 10m,有效容积 1500m³,停留时间 3 天。内设微孔曝气器。

(5) A/接触氧化池,尺寸 15m×10m×11m,有效水深 10m,有效容积 1500m³,停留时间 3 天。钢砼结构,A 段设搅拌机 3 台,O 段设微孔曝气器和填料。

(6) 高级氧化池、澄清池、快滤池为一体化设计,总尺寸 10m×13m×11m,有效水深 10m,有效容积 1300m³。

**3. 工艺特点**

本设计工艺流程分三大系统:

(1) 高盐废水蒸发系统:含有高浓度硫酸钠和高浓度氯化钠废水由于其含盐量太高,不能直接进入生化工段进行处理,先用二效蒸发装置处理,分离出盐类,一效、二效产生的凝结水进入生化处理。

(2) 高浓度废水预处理系统:高浓度废水经格栅自流进入中和池,经过臭氧预处理后,自流进入调节池。经臭氧预处理后废水的 pH 在 3 左右,所以在调节池投加石灰,提高碱度,并加入了铁、钴等物质。

(3) 综合废水处理系统:低浓度废水与处理后的高盐废水、高浓度废水在调节池充分混合成为综合废水。综合废水泵入 UASB,出水自流进入深曝池,深曝池出水自流进入兼氧池,兼氧池出水依次通过 A/接触氧化池、高级氧化池、澄清快滤池后实现达标外排。

所有生化污泥和物化污泥先排入污泥浓缩池,污泥经压滤机脱水后外运处置;浓缩池上清液和滤后水送往调节池再处理。

(三) 调试结果及投资运行成本

**1. 调试结果**

工程于 2007 年 4 月开工,8 月地完成土建及设备安装。2007 年 9 月至 12 月进行了 3 个多月的调试,调试结果见表 3.72。

该项目投产后,将处理公司各车间的生产废水及全厂职工的生活污水,废水处理后排入孝妇河,最终排水 COD 浓度为 98mg/L,满足《山东省小清河流域水污染综合排放标准》(DB37/656-2006) 一般保护区标准要求。COD 排放总量为 10.58t/a,较现有工程 COD 总量削减 11.02t/a,削减率达 51%。

**2. 投资及运行成本分析**

工程投资中土建费 1000 万元,设计、设备等 577 万元,合计 1500 余万元。

运行成本(不含折旧)费用:人工费 60 元/d;电费 639 元/d;药剂费 120 元/d;维修费 100 元/d。直接运行成本(以废水计):10.06 元/t。

表 3.72　出水水质监测结果　　　　　　（单位：mg/L）

| 污染物 | 项目 | 调节池 | UASB | 深曝池 | 兼氧池 | A/接触氧化池 | 高级氧化池 | 快滤池 | 整体工艺 | 排放标准 |
|---|---|---|---|---|---|---|---|---|---|---|
| COD$_{Cr}$ | 进水 | 20000 | 20000 | ≤5000 | ≤1600 | 800 | 500 | 200 | 20000 | |
| | 出水 | 20000 | 5000 | ≤1600 | ≤800 | ≤500 | 200 | 98 | 98 | 200 |
| | 去除率/% | — | 75 | 68 | 50 | 37.5 | 60 | 50 | 99.5 | |
| BOD$_5$ | 进水 | 7000 | 7000 | 1200 | 300 | 100 | 40 | 17 | 7000 | |
| | 出水 | 7000 | ≤1200 | ≤300 | 100 | 40 | 17 | ≤17 | 17 | 30 |
| | 去除率/% | — | 83 | 75 | 66 | 60 | 57 | — | 99.8 | |
| NH$_3$-N | 进水 | 150 | 150 | 150 | 80 | 80 | 40 | 13.5 | 150 | |
| | 出水 | 150 | 150 | 80 | 80 | 20 | 13.5 | 13.5 | 13.5 | 15 |
| | 去除率/% | — | — | 47 | — | 75 | 33 | — | 91 | |
| pH | 进水 | 2.5 | 7~7.2 | 6~9 | 6~9 | 6~9 | 6~9 | 6~9 | 6~9 | 6~9 |

### 3.4.3　化工废水处理

#### 3.4.3.1　沿海化工园区的分布与污染现状

（一）沿海化工园区分布

从我国海岸线北端的渤海湾开始，一路逶迤南行，一直到大西南出海口北部湾，在中国 1.8 万公里海岸线上，诸多地点都矗立着庞大的储油罐、高耸的反应塔、巨型的高炉……这一切，就是我国沿海重化工快速发展的真实写照。

规模小、布局分散。目前，炼油乙烯生产在二十多个省区市"遍地开花"。尤其是在沿海地区，从北到南，石化项目遍布黄、渤、南海。环保部下属机构发表的一份调研报告显示，在我国，重化工业的典型代表石化产业集约化程度较低。我国炼油和乙烯产能虽居世界第二，但最大炼油厂仅为 2050 万 t/a，乙烯厂也只有 100 万 t/a 的生产能力，与世界最大炼油厂（4700 万 t/a）和乙烯厂（280 万 t/a）的生产能力差距甚大。

随着城区范围不断扩大，居民区已开始逐渐"包围"石化园区。例如，南京扬子石化、上海金山石化等石化企业，在其建设初期均远离中心城区十几千米甚至几十千米以外，而目前居民区与石化工业区的距离有些已不足 5km。

（二）沿海化工园区的污染现状

由于我国化工园区分布特点，其对近海的污染以及生态的破坏显得尤为突出，并且受到广泛的关注。

"环渤海地区正在成为中国三大经济圈之一，渤海的生态环境也正承受着前所未有的压力，近海海域局部污染严重、污染范围持续扩大，局部生态系统遭到破坏，渔业资源趋于枯竭，赤潮、溢油等海洋环境灾害频发。"每年遭倾倒 57 亿 t 有毒的肮脏废弃物与 20 亿 t 固体废物。注入渤海的 53 条河流已经有 43 条属于严重污染。中国官方统计数字显示，环渤海水域的重金属含量已经超出正常水平的大约两千倍。在排污口附近方圆几海里内已经没有鱼类生存。

2005 年 8 月 22 日，江苏省环境保护厅发布了 2004 年度《近岸海域环境质量公报》。监测结果表明，2004 年该省近岸污染面积较上年增加了 4980km²，近岸海域的Ⅰ类水比例则从 2003 年的 20% 猛然下降，仅剩下 4%。"渤海早就成了死海。"从正在大兴土木的化工园区和一江黑水向东流的情景来看，任何一个中国海都有成为下一个渤海的可能。

国家海洋局发布的 2007 年上半年中国海洋环境质量通报显示：陆源入海排污口超标排放现象有增无减，排污口邻近海域海水质量持续恶化，渤海沿岸减排压力尤为突出。这份报告称："对全国 500 多个陆源入海排污口的排污状况及邻近海域生态环境实施了全面监测。约 77.1% 的排污口超标排放污染物，比上年同期增加 18.2%，4 个海区中，黄海沿岸超标排放的排污口比例最高，达 82.8%，东海 79.8%、南海 73.0%、渤海 71.7%。排污口日平均排海的污染物总量为 9230t，比上年同期增加 6.7%，主要原因是部分排污口排海污水中的化学需氧量（$COD_{Cr}$）浓度较去年同期增高；排海污染物中，约有 41.6% 进入海水养殖区，只有 10.9% 排入排污区。"

因此，加大的化工废水的治理力度，缓解近海的生态压力以及恢复近海生态环境走可持续发展道路成为现阶段急需解决的问题。

### 3.4.3.2　化工废水来源及性质

**（一）化工废水来源**

总的来说，化工废水一般是在生产过程中产生的，但其产生原因和进入环境的途径多样：① 化学反应不完全所残留的原料；② 副反应产生的废料；③ 冷却水；④ 生产事故排放的废水；⑤ 管道和物料输送过程中的泄漏。概括起来化工废水的主要来源大致分为以下两个方面。

**1. 化工生产的原料、半成品及产品**

（1）化学反应不充分。

目前，所有化工生产中，原料不可能全部转化为半成品或成品，其中都存在一个转化率问题。在实际的化工生产工艺中，虽然人们通过各种途径提高原料的反应效率，实现了部分原料的回收再利用。但是，终究有一部分是回收不完全或是不能被回收而排出的，若原料为有毒有害物质，排放到环境中就会造成环境污染，如农药化工的原料利用率仅为 30%～40%，即有 60%～70% 的将以废物的形式排入环境。

（2）原料纯度。

当原料本身的纯度不够时，其中的杂质一般不需要参与化学反应最后排放到环境中。而且大部分该类物质都是有害的化学物质，这势必将对环境造成重大污染；当然，有的杂质甚至发生一系列的副反应，生成毒性更大副产物，对环境造成严重污染。

由于生产设备，管道封闭不严实，或者由于操作水平和管理水平的限制，物料在储存、运输以及生产过程中往往会造成化工原料、产品的泄漏，称之为"跑、冒、滴、漏"现象。该现象在造成经济上损失的同时，往往带来重大的环境污染事故。

**2. 化工生产过程中的排放**

（1）冷却水。

化工生产过程中除了需要大量的热能外，还需要大量的冷却水。例如生产 1t 烧碱，大约需要 100t 冷却水。在生产过程中，一般有直接冷却和间接冷却两种方式。当采用直接冷却时，冷却水与被冷却物质直接接触，这种冷却方式多会造成水中含有化工物料而成为污染物质。当采用间接冷却时，虽然冷却水不如物料直接接触，但因为冷却水通常缴入一些防腐剂、杀藻剂等化学物质，排出后也会对环境造成污染。

（2）副反应。

化工生产中，在进行主反应的同时，经常还伴随着一些人们不希望发生的副反应。虽然有的副产物经过回收以后可以转化为有用物质，但是由于其数量小，成分复杂，回收的经济效益差，所以多将副产物作为废料抛弃造成环境污染。

如纯碱工业中利用氯化镁和氢氧化钙反应制取氢氧化镁时，同时还生成氯化钙，形成废水：$MgCl_2 + Ca(OH)_2 \longrightarrow Mg(OH)_2 + CaCl_2$

（3）生产事故。

化工生产过程中所采用的原料和辅料一般都具有腐蚀性，容器和管道易被腐蚀。如果不能及时得到维护就会出现"跑、冒、低、漏"等现象。泄漏的原料进入环境造成环境污染事故。同时，反应条件控制不当也可能会造成环境污染事故。

（二）化工废水特点

化工废水是在化工生产过程中所排出的废水，其主要决定于生产过程中采用的原料以及应用的工艺。化工废水的基本特征为：水质成分复杂，副产物多，反应原料常为溶剂类物质或环状结构的化合物，增加了废水的处理难度；废水中污染物含量高，这是由于原料反应不完全和原料、或生产中使用的大量溶剂介质进入了废水体系所引起的；废水色度一般较高；有毒有害物质多，精细化工废水中有许多有机污染物对微生物是有毒有害的，如卤素化合物、硝基化合物、具有杀菌作用的分散剂或表面活性剂等；生物难降解物质多，B/C 低，pH 不稳定，可生化性差。

### 3.4.3.3　化工废水处理技术

在当今经济全球化高速发展的社会，化工废水中的污染物种类、废水量是随着社会经济发展、生活水平的提高而不断增加，用物化工艺将化工废水处理到排放标准难度很大，而且运行成本较高；化工废水的基本特征为极高的 COD、高盐度、对微生物有毒性，是典型的难降解废水，可生化性差，而且化工废水的水量、水质变化大，故直接用生化方法处理化工废水效果不是很理想。

针对化工废水处理的这种特点，传统处理工艺一般先通过物化对废水进行物化预处理，破坏废水中难降解有机物、改善废水的可生化性；再联用生化方法，如多段 A/O 工艺、BAF、MBBR 等，对化工废水进行深度处理。随着科学技术的发展和人们对各种污水处理技术认识的不断深入，一些新的处理技术，如树脂吸附、固定化细胞、光催化氧化、湿法氧化和超临界水氧化等也逐渐展现，并不断完善。

（一）常用生物单元处理技术

**1. A/O 组合工艺**

A/O 工艺法也叫厌氧好氧工艺法，A（Anacrobic）是厌氧段，用与脱氮除磷；O(Oxic)是好氧段，用于除水中的有机物。在废水处理工艺中一段 A/O 工艺很难达到水质处理要求，常需要通过多级 A/O 单元联用实现，废水依次进过多级厌氧好氧单元实现达标排放。多段 A/O 生物处理工艺串联运行，A/O 池为推流式运行，硝化后的废水经沉淀池泥水分离，污泥回流 A 池，O 池混合液也回流 A 池。各厌氧好氧单元的先后顺序和进水方式可根据实际需要变更，如：A²/O 工艺（图 3.71）、多段 A/O 分段进水工艺（图 3.72）等，该工艺还可以设计成塔式滴滤池结构，减少占地面积。

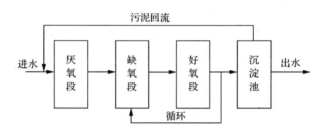

图 3.71　A²/O 工艺流程图

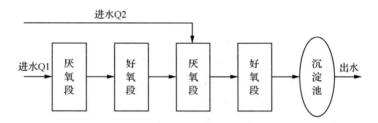

图 3.72　两段 A/O 分段进水工艺

A²/O 工艺充分考虑到了化工废水的特点，废水首先经过厌氧段进行水解，在该阶段一方面，废水中的一些大分子被水解成小分子，大大提高其可生化性；另一方面，通过厌氧段可以大大降低化工废水的毒性，为后续的降解性微生物繁殖创造条件。同时，进入缺氧段后微生物利用进水中的有机物作为碳源进行反硝化，无需外加碳源，反硝化产生的碱能够很好地促进好氧段的硝化反应，通过循环使得好氧段硝化后的废水进入厌氧段进行反硝化反应，然后经沉淀池后达标排出。

分段进水多级 A/O 生物脱氮工艺是国外近年来开发的新技术，多段 A/O 分段进水工艺克服了传统 A/O 工艺的进水口固定无法依据季节温度的改变调整各段进水负荷的缺点，创造性采用多段进水模式。该模式可以依据各段微生物特点通过调节进水 Q1、Q2 的大小和比例实现进水总量和各段进水量的在线控制，充分利用原水中的易生物降解 $COD_{Cr}$，为反硝化提供碳源；此外，缺氧段进水，反硝化消耗大量的可利用碳源，进入好氧段的可利用碳源较少，异养菌的生长受到限制，这有利于自养硝化菌的生长。最终保证该工艺四季稳定高效运行。

多段 A/O 工艺具有以下特点：

（1）灵活性强：多段 A/O 工艺可以根据情况需要通过变更缺好氧状态，最大化各单元的综合处理效率。同时还可以通过分段进水控制不同温度下的进水负荷。

（2）污泥量少：多段 A/O 工艺，通过污泥回流能够实现减量化，一般比单一的处理工艺污泥减量近 1/3。

（3）生物相丰富：多级生化系统具有各自独立的生物相，可针对不同污染物质种类利用不同的微生物进行降解，采用多段 A/O 生化工艺对污染物的去除率能够达到 80% 以上，实际生产中的去除率大于 85%。

### 2. BAF 工艺

曝气生物滤池 BAF 是 20 世纪 90 年代初兴起的污水处理新工艺，BAF 可广泛用于水体富营养化、生活污水、市政污水、生活杂排水、食品加工、酿造、化工、制药、印染等可生化的污水和废水处理已在欧美和日本等发达国家广为流行。该工艺具有去除 SS、COD、BOD、硝化、脱氮、除磷、去除 AOX（有害物质）的作用，其特点是集生物氧化和截留悬浮固体与一体，节省了后续沉淀池，其容积负荷、水力负荷大，水力停留时间短，所需基建投资少，出水水质好，运行能耗低，运行费用省。

BAF 属第三代生物膜反应器，不仅具有生物膜工艺技术的优势，同时也起着有效的空间过滤作用，通过使用特殊的滤料和正确的配气设计，BAF 具有以下工艺特点：采用气水平行上向流，使得气水进行极好均分，防止了气泡在滤料层中凝结核气堵现象，氧的利用率高，能耗低；与下向流过滤相反，上向流过滤维持在整个滤池高度上提供正压条件，可以更好的避免形成沟流或短流，从而避免通过形成沟流来影响过滤工艺而形成的气阱；上向流形成了对工艺有好处的半柱推条件，即使采用高过滤速度和负荷，仍能保证 BAF 工艺的持久稳定性和有效性；采用气水平行上向流，使空间过滤能被更好地运用，空气能将固体物带入滤床深处，在滤池中能得到高负荷、均匀的固体物质，从而延长了反冲洗周期，减少清洗时间和清洗时用的气水量；滤料层对气泡的切割作用事使气泡在滤池中的停留时间延长，提高了氧的利用率；由于滤池极好的截污能力，使得 BAF 后面不需再设二次沉淀池。

在实际工程应用中，综合考虑到实用性和占地面积等因素，BAF 工艺结构和运用形式也在不断优化。通过将单元一体化设计图 3.73，减少了占地面积；曝气形式采用

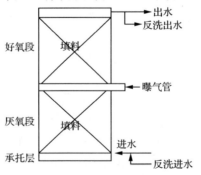

图 3.73 一体式 BAF 结构

多空均匀曝气创造均一的好氧环境，提高出水水质。图 3.74 为某化工企业处理高浓度氨氮废水流程图（潘晋峰，2010）。

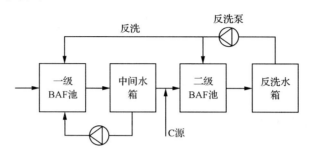

图 3.74　两级 BAF 工艺流程图

该工艺进水水质参数见表 3.73。

表 3.73　工艺进水水质参数　　（单位：mg/L，pH 除外）

| 指标 | COD | BOD$_5$ | 浊度 | NH$_3$-N | TN | pH |
|---|---|---|---|---|---|---|
| 进水 | 242～897 | 50～241 | 70.7～205 | 48.8～197.3 | 67.8～99.1 | 6～9 |

该工艺中选用轻质陶粒滤料，通过粒径的控制、好氧和缺氧段高度比例的调节取得了很好的处理效果，实现废水达标排放其出水 COD 达到 100mg/L 左右，平均去除率为64.69%，出水 NH$_3$-N 平均值是 3.51mg/L，去除率为 95.16%，出水 TN 平均值是29.17mg/L，去除率为 64.29%。

### 3. MBBR 工艺

MBBR（Moving Bed Biofilm Reactor，简称 MBBR）在 20 世纪 80 年代末就有所介绍，并很快在欧洲得到应用，它吸取了传统的活性污泥法和生物接触氧化法两者的优点而成为一种新型、高效的复合工艺处理方法。其核心部分就是以比重接近水的悬浮填料直接投加到曝气池中作为微生物的活性载体，依靠曝气池内的曝气和水流的提升作用而处于流化状态，当微生物附着在载体上，漂浮的载体在反应器内随着混合液的回旋翻转作用而自由移动，从而达到污水处理的目的（图 3.75）。

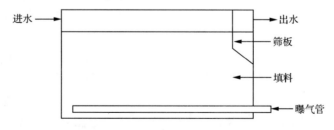

图 3.75　MBBR 结构图

MBBR 工艺效率保证的关键因素是其填料的选择和曝气均匀。通常选用易于随水自由运动，具有有效比表面积大，适合微生物附着生长的填料；在实际操作中，通常会遇到由于曝气不均造成反应器内的填料局部堆积现象。因此，在设计反应器时都要对曝气管道和曝气头布局进行优化，确保填料在反应器中的流化状态。

MBBR 由于其独特的优势被广泛应用，主要表现为以下几点：

（1）抗冲击性强，性能稳定：冲击负荷以及温度变化对 MBBR 工艺的影响较小。当污水成分发生变化或污水毒性增加时，生物膜对此的耐受性很强。

（2）运行稳定，维护管理简单：曝气系统采用穿孔曝气管系统，不易堵塞。搅拌器采用香蕉型搅拌叶片，外形轮廓线条柔和，不损坏填料。

（3）无堵塞，生物池容积得到充分利用：由于填料和水流在整个生物池内都能得到混合，杜绝了生物池的堵塞可能，池容得到完全利用。

（4）投资经济，灵活性强：工艺的灵活性体现在两方面。一方面，可以采用各种池型（深浅方圆均可）而不影响工艺的处理效果；另一方面，可以很灵活地选择不同的填料填充率，达到兼顾高效和远期扩大处理规模而无需增大池容的要求。

MBBR 在处理高浓度化工废水时多采用多级联用或与 A/O、SBR 等工艺联合使用并取得了优越的处理效果。图 3.76 为某化工集团污水处理流程图（楼洪海等，2008）。

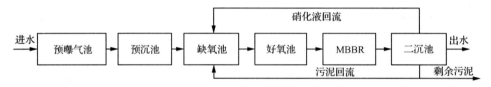

图 3.76　A/O 与 MBBR 联用工艺框图（连续运行）

该工艺采用连续式进水，进水指标如表 3.74 所示。

表 3.74　进水指标　　　　　　　　　　（单位：mg/L，pH 除外）

| 监测项目 | COD | BOD$_5$ | SS | TKN | Ga$^{2+}$ | S$^{2-}$ | pH |
| --- | --- | --- | --- | --- | --- | --- | --- |
| 进水 | 1010 | >606 | <70 | 80～100 | 300～500 | 60～70 | 7～8 |

运行过程中，缺氧池和好氧池的 MLSS 为 4832mg/L，MBBR 池中的悬浮态 MLSS 为 5091mg/L。缺氧池的 DO<0.5mg/L，一段好氧池的 DO 2～3mg/L，MBBR 池中的 DO 3～4mg/L，生化段运行 pH 为 7.4～7.5，保证有利于硝化菌生长条件（李军等，2002）。

在预曝气池内加入 FeSO$_4$，并投加 NaHCO$_3$ 调节 pH，并对出水的 Ca$^{2+}$、S$^{2-}$ 等离子进行控制。预处理对 S$^{2-}$ 能够有效的去除，进入生化段的 S$^{2-}$ 浓度不会对微生物产生抑制。前置反硝化，特别是反硝化阶段对 COD 的消耗较高。进水的凯氏氮质量浓度在 120～220mg/L，去除率达 95% 以上，该工艺对凯氏氮有很好的去除效果。由于后段采用的 MBBR 工艺，池内存在悬浮态和附着态两种形式的污泥。因此，不但增加了污泥浓度，而且加强了系统抗冲击负荷的能力，氨氮负荷为 0.018kg/(kg·d)。

**4. SBR 工艺**

SBR 处理系统是由进水、曝气、沉淀、排水、待机 5 个阶段组成。从开始进水到待机组成一个周期。所有的反应过程均在设有曝气设施的 SBR 反应池内进行。进水阶段是 SBR 反应池接纳废水的过程。在废水开始流入之前，反应池中应存有适量的活性污泥混合液。曝气阶段是当 SBR 反应池处于最大水位时进行射流曝气，利用活性污泥微生物对有机物的降解作用消减水中的污染物。沉淀阶段相当于传统活性污泥法的二沉池，停止曝气，泥水在完全静止的条件下分离。排水阶段是将澄清后的上清液引出 SBR 反应池排放，使 SBR 反应池恢复到进水水位。同时将反应过程中产生的过剩污泥通过污泥泵排到干泥池，只留下适量的活性污泥混合液作为下一个周期的活性污泥使用。

普通活性污泥系统在运行过程中常会因进水负荷的变化、温度变化、溶解氧等原因发生污泥膨胀，造成污泥流失，致使处理效果受到影响，并且导致污泥排入水体，造成生物污染。SBR 反应池采用限制曝气的方式，使池中污泥浓度逐渐增大，在时间上形成较为理想的推流状态，有效地抑制了污泥膨胀的发生。此外，进水和曝气阶段形成缺氧与好氧状态的交替，有效地抑制了好氧丝状菌的过度增殖，使污泥膨胀现象不易发生。

由于 SBR 反应池在进水阶段处于缺氧状态，由废水中带入的有机物可作为脱氮的碳源，使硝态氮发生反硝化反应，达到脱氮的目的。同时硝态氮浓度的急剧降低，又为曝气阶段氨氮的硝化反应创造了有利条件。图 3.77 为某精细化工厂采用 SBR 工艺处理废水流程图（陈如溪等，2009）。

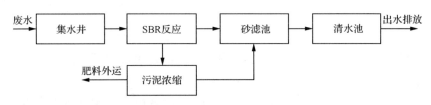

图 3.77　SBR 工艺流程图

在 SBR 反应池本身不改变的条件下，在运行管理上可通过调整曝气时间、增减反应池等各种运行操作达到适应进水负荷变化、排放标准提高以及防止污泥膨胀等目的（张全兴，2007）。SBR 反应池适用于间歇排放的废水，当废水连续排放时，通过 SBR 反应池的交叉作用，使每个反应池都能相互独立地重复其处理周期，实现废水的连续处理。

运行证明，SBR 处理工艺适应性强，运行稳定，操作简单，在进水 $COD_{Cr}$ 为 1000～1200mg/L、$BOD_5$ 为 500mg/L 范围时，出水 $COD_{Cr}$ 去除率达 93%、$BOD_5$ 去除率达 95%（陈如溪等，2009）。

在具体的工程应用中为适应实际情况的需要，SBR 工艺不断发展出许多新的形式。

（二）新型治理技术

**1. 树脂吸附技术**

大孔吸附树脂是 20 世纪 70 年代随着大孔离子交换树脂的发展应运而生的，通常是用单烯和双烯类单体在致孔剂和引发剂的作用下悬浮共聚而成。在此之后，超高交联吸附树脂、复合功能树脂和耐温吸附树脂等新型吸附剂相继研制成功。这些合成材料具有良好的物理和化学性质，已成功应用于多项有机化工废水的治理和资源化，受到了国内外环保界的广泛关注。

树脂吸附的一般步骤：

（1）树脂的预处理：

预处理的目的：为了保证制剂最后用药安全。树脂中含有残留的未聚合单体，致孔剂，分散剂和防腐剂对人体有害。

预处理的方法：乙醇浸泡 24 小时→用乙醇洗至流出液与水 1∶5 不浑浊→用水洗至无醇味→5％HCl 通过树脂柱，浸泡 2～4 小时→水洗至中性→2％NaOH 通过树脂柱，浸泡 2～4 小时→水洗至中性，备用。

（2）上样：

将样品溶于少量水中，以一定的流速加到柱的上端进行吸附。上样液以澄清为好，上样前要配合一定的处理工作，如上样液的预先沉淀、滤过处理，pH 调节，使部分杂质在处理过程中除去，以免堵塞树脂床或在洗脱中混入成品。上样方法主要有湿法和干法两种。

（3）洗脱：

先用水清洗以除去树脂表面或内部还残留的许多非极性或水溶性大的强极性杂（多糖或无机盐），然后用所选洗脱剂在一定的温度下以一定的流速进行洗脱。

（4）再生：

再生的目的：除去洗脱后残留的强吸附性杂质，以免影响下一次使用过程中对于分离成分的吸附。

再生的方法：95％乙醇洗脱至无色，再用 2％盐酸浸泡，用水洗至中性，再用 2％NaOH 浸泡，再用水洗至中性。

注意：再生后树脂可反复进行使用，若停止不用时间过长，可用大于 10％的 NaCl 溶液浸泡，以免细菌在树脂中繁殖。一般纯化某一品种的树脂，当其吸附量下降 30％以上不宜再使用。

当废水中的有毒有机物（溶质）通过吸附树脂（吸附剂）床层时，溶质分子被吸附在吸附剂表面，从而使有毒有机废水得到净化。被吸附的溶质选用适当的方式即可完全洗脱，洗脱液一般可通过一定的方法实现污染物的资源化，洗脱后的树脂即可重复利用。图 3.78 为固定床吸附工艺流程图。

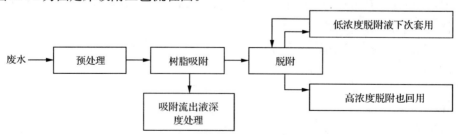

图 3.78　固定床吸附工艺流程图

该流程吸附条件和解吸附条件的选择直接影响着大孔吸附树脂吸附工艺的好坏，因而在整个工艺过程中应综合考虑各种因素，确定最佳吸附解吸条件。影响树脂吸附的因素很多，主要有被分离成分的性质（极性和分子大小等）、上样溶剂的性质（溶剂对成分的溶解性、盐浓度和 pH）、上样液浓度及吸附水流速、温度等。

影响解吸条件的因素有洗脱剂的种类、浓度、pH、流速等。洗脱剂可用甲醇、乙醇、丙酮、乙酸乙酯等，应根据不同物制裁在树脂上吸附力的强弱，选择不同的洗脱剂和不同的洗脱剂浓度进行洗脱；通过改变洗脱剂的 pH 可使吸附物改变分子形态，易于洗脱下来；洗脱流速一般控制在 0.5～5mL/min。

**2. 固定化细胞技术**

经济有效地去除难生物降解有机物和浓度较高的氨氮一直是困扰化工废水处理的难题。自然界中存在的微生物对其降解能力差，不能达到排放标准。传统的物化方法费用往往十分昂贵。采用传统生物处理法中的硝化一反硝化工艺，可经济有效地去除废水中低浓度的氨氮，并已成功地应用在城市污水和生活污水处理中。但某些化工废水中的氨氮浓度很高，当其浓度超过 200mg/L 时，一般的微生物将会受到抑制，使生物硝化脱氮过程失效，而采用物理化学方法，同样存在技术和经济上的问题。

固定化细胞技术（简称 IMC），也叫固定化微生物技术是 20 世纪 70 年代末由固定化酶技术发展起来的，他是指通过物理或化学的手段将游离的微生物固定在限定的空间区域使其保持活性并可反复利用的一项生物技术。固定化微生物由于其具有生物密度大、反应速度快、污泥产量低、耐环境冲击、反应过程比较容易控制等优点，在废水处理方面得到广泛的应用和研究。

固定化微生物技术在废水处理中应用较广，被处理废水的种类主要有：造纸废水、印染废水、含氮废水、含难降解污染物的有机废水、重金属废水（王新等，2005）。

固定化微生物的载体一般要具备以下特点：对微生物细胞无毒、传质性能好、性质稳定、使用寿命长、价格低廉等特点，可分有机载体、无机载体和复合载体。

固定化微生物的制备方法有包埋法、吸附法、包络法、共价结合法和交联法。

（1）包埋法：

包埋法是将微生物菌体包埋在半透性聚合物凝胶或膜内，小分子的底物和产物可以自由出入，而微生物却不会漏出。包埋法可分为高分子合成包埋、离子网络包埋及沉淀包埋，是目前研究最广泛的固定化方法。常用的包埋法固定微生物的载体材料有天然高分子多糖类的海藻酸钙凝胶和卡拉胶、聚乙烯醇（PVA）、聚丙烯酰胺（ACAM）等。其中，天然高分子凝胶对微生物无毒，传质阻力小，但结合强度小；有机合成高分子凝胶强度高，影响微生物的生物活性，同时传质阻力大。

（2）吸附法：

吸附法是利用微生物所具有的可吸附到固体物质表面或其他细胞表面的能力，将微生物吸附在附加剂的表面的方法，这是一种非常廉价和有效、比较常用的微生物固定化方法。吸附法可分为物理吸附和离子吸附。物理吸附是使用具有高吸附能力的物质，如硅胶、活性炭、多孔玻璃、碎石、卵石、铅炭、硅藻土、多孔砖等吸附剂，将微生物吸附在表面使其固定化。离子吸附是利用微生物在解离状态下离子键作用而固定于带有相反电荷的离子交换剂上，常见的离子交换剂有 DEAE 纤维素、CM-纤维素等。

（3）包络法：

20 世纪 90 年代初期，为克服吸附法和包埋法固定微生物的缺点，又提出用包络法固定微生物的新技术。包络法以人工合成生物相容性好的聚丙烯酸酯共聚物基体型多孔颗粒为载体。研究表明，微生物即可在该多孔载体外表面生成机械强度高的生物膜，又可在载体内孔中聚集大量的微生物，增大了微生物的聚集密度，而且提高了生物粒子承受水力负荷的能力。

（4）共价结合法：

共价结合法是细胞表面上官能团和固相支持物表面的反应基团形成化学共价键连接，从而固定微生物。该方法固定化微生物稳定性好，不易脱落，但限制了微生物的活性，同时反应激烈，操作与控制复杂苛刻。

（5）交联法：

交联法是通过微生物与具有两个或两个以上官能基团的试剂反应，使微生物菌体相互连接成网状结构而达到固定化微生物的目的。聚集-交联固定法是使用凝聚剂将菌体细胞形成细胞聚集体，再利用双功能或多功能交联剂与细胞表面的活性基团发生反应，使细胞彼此交联形成稳定的立体网状结构。这样，高效菌体不易流失，生物浓度高，而使处理效果提高。最为常见的交联剂是戊二醛。

应用固定化微生物技术处理重金属离子废水，高效、实用，将在重金属废水处理中发挥越来越重要的作用，但离工业化仍有一定的距离。将在以下几方面进行深入研究：① 寻找高效、廉价、抗毒性强的微生物，进一步研究和开发混合固定化技术；② 开发耐用廉价的微生物固定化载体或包埋材料；③ 研究开发高效的固定化微生物反应器工艺。通过不断研究改进，固定化微生物技术将成为处理重金属废水的一项高效实用的处理技术，并获得广泛的工业化应用。

**3. 光催化氧化**

目前的转化处理方法大多是针对排放量大、浓度较高的污染物，对于水体中浓度较低、难以转化的污染物的净化还无能为力。而近年来逐渐发展起来的光催化降解技术为解决这一问题提供了良好的途径。研究表明，光催化反应能将含有染料、农药、卤代有机化合物、表面活性剂、油污、无机污染物的废水处理为无害水而排放，而且成本不高，无二次污染。

光催化氧化技术是近几十年来快速发展的一项新技术。1972 年日本的 Fujishima 和 Honda 首先发现光电池中光照射 $TiO_2$ 可以发生水的氧化还原反应放出 $H_2$；1976 年，John H. Carey 利用 $TiO_2$ 作为催化剂，在光照条件下使多氯联苯降解脱氯，从此一种新型的水处理方法——光催化氧化法开始发展起来（见图 3.79）。

光催化反应的原理可以用半导体的能带理论来阐述。半导体的基本能带结构：存在一系列的满带，最上面的带称为价带；存在一系列的空带，最下面的空带称为导带；价带和导带之间为禁带。当用能量等于或大于禁带宽度的光照射时，半导体价带上的电子可被激发跃迁到导带，同时在价带产生相应的空穴，这样就在半导体内部生成电子—空穴对。锐钛型 $TiO_2$ 的禁带宽度为 3.2eV，当它吸收了波长≤387.5nm 的光子后，价带

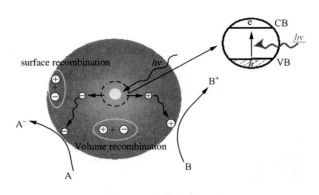

图 3.79　光催化原理图

中的电子就会被激发到导带，形成带负电的高活性电子 ecb－，同时在价带上产生带正电的空穴 hvb＋。由于半导体能带的不连续性，电子和空穴寿命较长，在电场作用下，电子与空穴发生分离，迁移到粒子表面的不同位置。它们能够在电场作用下或通过扩散的方式运动，与吸附在半导体催化剂粒子表面上的物质发生氧化或还原反应，或者被表面晶格缺陷捕获，也可能直接复合。锐钛矿相纳米 $TiO_2$ 光生空穴的电势高，具有很强的氧化性，能够同吸附在催化剂粒子表面的－OH 或 $H_2O$ 发生作用生成·OH。·OH 是一种活性更高的氧化物种，能够无选择地氧化多种有机物并使之矿化，通常被认为是光催化反应体系中的主要活性氧化物种。光生电子也能够与 $O_2$ 发生作用生成 $HO_2$· 和 $O_2^-$ ·等活性氧类，这些活性氧自由基也能参与氧化还原反应。

　　常见的单一化合物光催化剂多为金属氧化物或硫化物，如：$TiO_2$、ZnO、ZnS、CdS 及 PbS 等，它们对特定反应具有突出优点。如 CdS 半导体带隙能较小，与太阳光谱中的近紫外光段有较好的匹配性能，因此可以很好地利用自然光能，但它容易发生光腐蚀，使用寿命有限。相对而言，$TiO_2$ 的综合性能较好，是研究中采用最广泛的单一化合物光催化剂。

　　光催化氧化法具有如下特点：①·OH 是光催化氧化过程中起主要作用的活性氧化物种，氧化能力很强，绝大多数有机污染物可被彻底氧化为 $CO_2$、$H_2O$ 和矿物盐，因此光催化氧化法净化度高，适用范围广，可有效地氧化分子结构复杂的难降解有机污染物。② 没有二次污染，易于控制。③ 低能耗，也可以利用太阳光作为光源，反应条件温和，是一种高效节能型的废水处理技术。

　　工程实例：某生产甲胺磷农药废水中有甲基氯化物、胺化物和含磷有机物，其特点是 COD 值和总磷等含量高，pH 大，属于可生化性差、难降解的有机废水。其水质为：COD42380mg/L；pH 11.5；氨氮 5421mg/L；色度 386 倍；总磷 6283mg/L；SS1892mg/L（王新等，2005）。

　　将该农药废水进行 3 次催化湿式过氧化氢氧化处理后，COD 及总磷等浓度大为降低，可适应于光催化氧化降解反应。光催化氧化处理前的水质为：COD380mg/L；pH 10.5；氨氮 167mg/L；色度 25 倍；总磷 12.6mg/L；SS 82mg/L。其光催化反应器示意图如图 3.80 所示。

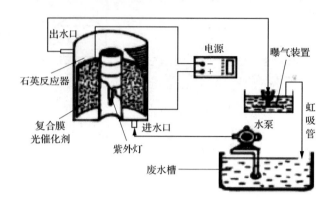

图 3.80　圆柱形 $TiO_2/GeO_2$ 复合膜光催化氧化反应器示意图

　　工艺条件：圆柱形 $TiO_2/GeO_2$ 复合膜光催化氧化反应器，pH＝6.7，$H_2O_2$ 浓度为 400mg/L。在 $TiO_2/GeO_2$ 复合膜光催化氧化体系中投加适当的强氧化剂（如 $O_3$、$H_2O_2$ 或 $ClO_2$）等可明显地促进农药废水中有机物的光催化降解。

　　作为物化处理有机废水的一种后续处理方法，该方法对氨氮化物和总磷的降解率可达 96.2% 以上，COD 降解率可达 85% 以上，色度降解率可达 86% 以上，排放废水的 COD 值降至 57.0mg/L，达到国家工业废水一级排放标准《污水综合排放标准》（GB8978-1996）。

　　光催化氧化作为一种新型水处理技术已越来越多地受到环境治理工作者的关注，有着广阔的应用前景。然而作为新的治理技术，在工业化应用方面还需要做大量深入的开发研究工作，主要的研究内容包括：高效率催化剂的制备和纳米催化剂的合成，载体的选择，开发研制适于工程实用的光催化反应器。

### 4. 超临界水氧化

　　超临界水氧化法（Supereritieal water oxidation，简称 SCOW）是由 Modell 等于 20 世纪 80 年代中期提出的一种新的污水处理方法。该方法以其高效和环保的特点引起人们的关注，在高压、高温下，废水中的有机污染物可以与氧气发生反应，生成无毒的二氧化碳、水及其他化合物，来达到废水处理的目的。这种方式对污染物处理的效果比较好，处理后的水资源利用率比其他方式都要高，不需要或较少需要再进行二次净化。

　　有机物在超临界水中氧化，除发生氧化反应外，还伴随有机物的水解、热解等反应。只含有碳、氢、氧元素的有机物经过复杂的中间产物最终氧化生成 $CO_2$ 和水。含有杂元素 N、S、P 等的有机物在氧化成 $CO_2$ 和水的同时，N 转变为氮气，S、P 分别与其他元素生成硫酸盐、磷酸盐。在湿式氧化基础上提出的自由基反应机理是解释超临界水反应比较典型的机理。尽管这一机理还不能解释所有的超临界水氧化反应，但对临界水中有机化合物的氧化降解有一定的启示。该机理认为，自由基是由氧气进攻有机物分子中合力较弱的 C-H 键产生的：

$$RH + O_2 \longrightarrow R \cdot + HO_2 \cdot$$
$$RH + HO_2 \cdot \longrightarrow R \cdot + H_2O_2$$

过氧化氢进一步被分解成羟基：

$$H_2O_2 + M \longrightarrow 2HO \cdot$$

M可以是均质或非均质界面。在反应条件下，过氧化氢也可热解成羟基。羟基具有很强的亲电性，几乎能与所有的含氢化合物作用：

$$RH + HO \cdot \longrightarrow R \cdot + H_2O$$

上述反应产生的自由基R·能与氧作用生成过氧化自由基，过氧化自由基能进一步获取氢原子生成过氧化物：

$$R \cdot + O_2 \longrightarrow ROO \cdot$$

$$ROO \cdot + RH \longrightarrow ROOH + R \cdot$$

过氧化物通常分解生成较小的化合物，最后生成甲酸或乙酸。甲酸或乙酸最终被氧化成为$CO_2$和水。

超临界水氧化技术处理废水具有如下优点：

（1）反应速度快。SCWO使有机废料和氧气在均相中反应，反应一般几秒至十几分钟就可以完成。

（2）氧化效率高。在SCWO环境中，各种反应物处于均一相中，没有传质阻力，有机物去除率一般在99%以上。

（3）能源消耗小。只要废水中的有机物质量分数在2%以上，就可依靠反应过程中自身产生的热量来维持反应所需的温度，不需要外界补充热量。

（4）无二次污染。超临界水中的有机组分在正常的反应条件下，能被氧化成CO、$H_2O$、N和无机盐等物质，产物清洁，排放物无污染。

（5）产物分离容易。盐类和无机组分在超临界水中溶解度低，容易以固体的形式被分离出去。

在我国，SCWO技术主要应用于处理含芳香族化合物废水及含氮、含硫废水。图3.81为Modell提出的超临界水氧化技术的工艺流程。

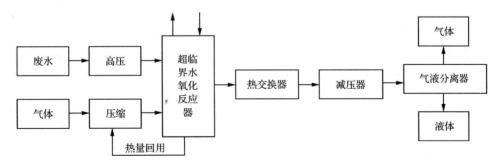

图3.81　超临界水氧化工艺流程图

其氧化反应器内发生的反应有

$$有机物 + O_2 \longrightarrow CO_2 + H_2O$$

$$酸 + NaOH \longrightarrow 无机盐 + H_2O$$

有机化合物中的其他原子 [o] $\longrightarrow$ 酸、盐、氧化物、其他气体

用化学计量式可表示为：$C_i H_j O_m + [2i + j/(2-m)][o] \longrightarrow iCO_2 + j/2H_2O$

超临界水氧化技术对几种典型有机物质的处理效果见表3.75。

表 3.75　超临界水氧化技术对几种典型有机物质的处理效果

| 对象物质 | 温度/℃ | 停留时间/s | 压力/MPa | 处理效果/% |
|---|---|---|---|---|
| 氨 | 450 | <1 | 27.6 | 20~50 |
| 尿素 | 550 | 165.7 | 30 | 95.2 |
| 硫化氨 | 400-500 | 7.64~12.99 | 24~30 | 84.16~100 |
| 苯胺 | >625 | 20~30 | 25 | >90 |
| 对苯二酚 | 400~540 | 6.8~77 | 30~35 | 93~99.4 |
| ε-酸 | 380~420 | 27.6~196.6 | 24 | 58.4~99.9 |
| 苯酚 | 380~420 | 80~489 (g/h) | 24 | 95~99.6 |
| 甲胺磷 | 350~440 | 25.3~131.6 | 20.1~26.1 | 62.2~97.4 |
| 氧化乐果 | 350~400 | 19.1~174.7 | 20.1~26.1 | 40.0~85.6 |
| 乙酸 | 380~420 | 116~427 (g/h) | 24~30 | 92.4~99.0 |
| 乙醇 | 475~550 | 10.5~98.3 | 25 | 91~100 |
| 乙烷 | 650 | 50 | 23 | 99.95 |
| 1，1，1-三氯乙烷 | 495 | 216 | 30 | 99.99 |
| 1，2，4-三氯苯 | 495 | 216 | 30 | 99.99 |
| DDT | 505 | 222 | 30 | 99.997 |
| 4，4-二氯联苯 | 500 | 264 | 30 | 99.993 |
| 富马酸 | 380~430 | 270 | 25 | 70~90 |
| 嘧啶 | 527 | 10 | 25 | 68 |
| 葡萄糖 | 380~400 | 3.72~26.1 (g/h) | 24 | 86.7~98.0 |

　　超临界水氧化技术处理难降解高浓度有机污水具有良好的效果，可使有机污染物快速高效降解，简化了污水处理的工艺流程，为难降解有机污水的处理提供了一种很有希望的解决方案。反应为放热反应，无需外界供热，其产物均为无毒无害物质。超临界水氧化不仅可以用来处置有毒、有害物质，还可以用来进行重油的催化裂解来获得轻质油。但是，从国内的研究状况来看，要达成真正的工业应用还要解决如腐蚀、催化剂、反应器设计以及缺乏完善的在线监控技术等问题。

### 3.4.3.4　工程实例—泰达化工区污水处理厂升级改造工程

（一）背景介绍

　　泰达化工区污水处理设计规模 2000m³/d，水质波动大、难降解物质含量高、pH 不稳定、富营养物质含量高且营养不均衡、存在大量生物抑制性物质等特点。原工程主体采用 A/O-MBR 工艺，出水除 $COD_{Cr}$ 外，其他指标达到《城镇污水处理厂污染物排放标准》（GB 18918-2002）二级标准，按照当地环保局要求，所建的城镇污水处理厂须在 2010 年 12 月 31 日前达到 GB 18918-2002 一级 B 标准，该工程须进行改造。

（二）工程设计简介

改造工程的设计水质按照实测进水水质统计资料 90% 频率统计值确定（见表 3.76）。

表 3.76　泰达化工区污水处理工艺水质参数　　（单位：mg/L，除 pH 外）

| 水质指标 | $COD_{Cr}$ | BOD | SS | TN | $NH_3$-N | TP | pH |
|---|---|---|---|---|---|---|---|
| 进水浓度 | 900 | 280 | 300 | 50 | 35 | 10 | 6～9 |
| 出水浓度 | <60 | <20 | <20 | <20 | <8（15） | <1 | 6～9 |

针对实际进水水质特点及出水水质要求，改造工程增加水解酸化工序以提高进水的可生化性；增加微絮凝＋气浮工序以达到去油和去除 SS 的目的；采用生物流化床技术以强化原有的生化反应池的脱氮功能；增加活性炭吸附工序进一步去除难溶解性难生物降解 COD，保证出水 COD 低于 60mg/L（一级 B 标准）（见图 3.82）。

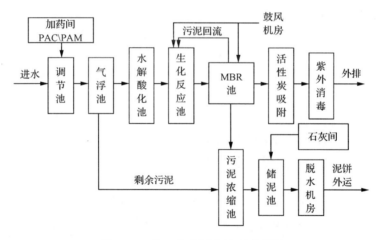

图 3.82　化工废水污水处理流程图

主要构筑物及设备参数：

（1）气浮池：采用两级絮凝＋涡凹气浮一体化设备除油，同时去除悬浮物和部分悬浮态磷功能。其中絮凝池两座，停留时间 3.5 小时，配套搅拌功率 0.55kW。气浮池采用自吸旋流气浮装置，气浮槽 3m×0.8m×1.9m，停留时间 2.85min，曝气机两台，功率 3kW，转速 1450r/min；分离区 6.85m×3m×1.9m，停留时间 25min，表面负荷 4.05m³/（m²·d）。

（2）水解酸化池：原有事故池改造，用以提高废水的可生化性。停留时间 17.5 小时，污泥浓度控制在 3000mg/L。

（3）生化反应池：生化反应池 A/O 工艺，其中缺氧段停留时间 13 小时，好氧段两格，第一格改为生物流化床工艺，单格停留时间为 9.4 小时，内设盘式微孔曝气系统。

（4）活性炭吸附罐：两个，直径 2.8m，填料厚度 2m，接触时间 17min，下流式，流速 6.77m/h，反洗强度 10～14L/（s·m²），持续时间 10min，反洗周期 20 小时。

（5）污泥浓缩池：尺寸 10m×4.5m×4.35m 池底坡度 3%。

（6）鼓风系统：罗茨风机，风量 23m³/min，风压 68kPa，1 用 1 备。

（7）紫外消毒渠：尺寸 11.1m×1.8m×1.75m。紫外模块 1 个，包括灯管 3 支，配套整流柜一个，规格 380V，2kW；空压机 1 台，功率 1.5kW。

工程调试：

第一阶段：（生物流化床系统的启动过程）2009 年 12 月在池中投加 K3 型悬浮填料 300m³，采用污水处理厂脱水后污泥作为接种污泥，投加量 15m³，污泥含水率 85%，进行间歇式进水连续曝气，DO 控制在 1.5mg/L 左右，污泥负荷控制在 0.5kgCOD/（m³·d）左右。12 月 20 日开始每天投加 2kg 絮凝剂，同时刺激生物生长。40 天后流化床系统启动基本完成。

第二阶段：（流化床与 MBR 系统联动调试）1 月 11 日开始，由于气温温稍有提高，污泥负荷提高至 0.7kgCOD/（m³·d），污泥浓度达 2200mg/L 左右，污泥回流比控制在 200%～300%，膜通量控制在 20L/（m³·d）左右，1 月 25 日 MBR 出水 COD 基本控制在 120mg/L 左右，联动调试完成。

第三阶段：（活性炭系统调试）自 1 月 26 日开始由于 MBR 出水的难降解 COD 浓度较高，活性炭选择吸附性能较差，防止活性炭对有机物吸附过量，通过提高过滤水量（虑速 8m/h，接触时间 13min 左右），缩短反洗周期至 12 小时保证出水达标。25 天后系统稳定。

2 月 21 日以后整个系统基本稳定，进水量 85m³/h，生化池水温回升至 10℃，污泥浓度达 3000mg/L；进水 COD 和含油量分别为 643～1778mg/L、2.69～10.13mg/L 时，出水 COD 和含油量均实现达标排放。

（三）工艺投资成本分析

由于化工区排水的季节性变化，进水含油量没有达到设计标准，运行过程中气浮除油装置没有运行，出水能够达到设计标准。在不考虑折旧、大修和人工费的前提下，调试期间的单位处理成本约为 3.89 元/m³，其中电费约为 2.8 元/m³. 实际运行过程中可根据需要适当降低生物反应器的溶解氧以降低运行成本。

# 第三篇　固体废物处置

# 第四章　沿海城镇固体废物处理

## 4.1　海洋垃圾污染状况

### 4.1.1　海洋垃圾概述

海洋垃圾是指在海洋和海岸环境中具持久性的、人造的或经加工的被丢弃的固体物质，包括人们故意弃置于海里和海岸的已使用过的物品，由河流、污水、暴风雨或大风直接携带入海的物件，恶劣天气条件下意外遗失的渔具、货物等（国家海洋局，2009）。

近年来，随着沿海地区经济的快速发展和人口的增长，海洋垃圾逐渐成为一个新的环境问题。海洋垃圾既来自于海上又来自于陆地，统计资料表明，人类活动产生的海洋垃圾数量惊人，全球每年大约有 640 万 t 的垃圾进入海洋，而每天就有大约 800 万件垃圾进入海洋。海洋垃圾进入海洋大约有 70% 沉降至海底，15% 左右长期漂浮于海上，还有 15% 左右滞留在海滩上（万本太，2008）。海洋垃圾不仅影响海洋景观，威胁航行安全，而且对海洋生态系统的健康产生影响，进而对海洋经济产生负面效应。因此，正确认识海洋垃圾的来源，从源头上减少海洋垃圾的数量，加强海洋垃圾污染防治，是改善我国近海海域环境质量的一项重要内容（许林之，2008）。

### 4.1.2　海洋垃圾的来源及现状

2009 年我国海洋垃圾监测统计结果表明，56% 的海滩垃圾来源于人类海岸娱乐活动，其他弃置物占 33%，航运、捕鱼等海上活动产生的垃圾占 6%；47% 的海面漂浮垃圾来源于人类海岸活动娱乐活动，其他弃置物和航运、捕鱼等海上活动产生的垃圾分别占 47% 和 5%。

根据 2009 年中国海洋环境质量公报，海面漂浮垃圾主要为塑料袋、塑料瓶和木片等。漂浮的大块和特大块垃圾平均个数为 0.002 个/100m²；表层水体小块及中块垃圾平均个数为 0.37 个/100m²。海面漂浮垃圾的分类统计结果表明，塑料类垃圾数量最多，占 41%，其次为聚苯乙烯塑料泡沫类和木制品类垃圾，分别占 31% 和 14%。表层水体小块及中块垃圾的总密度为 0.8g/100m²，其中，塑料类和聚苯乙烯塑料泡沫类垃圾密度最高，分别为 0.5g/100m² 和 0.1g/100m²。

海滩垃圾主要为塑料袋、塑料瓶和泡沫快餐盒等。海滩垃圾平均个数为 1.2 个/100m²，其中塑料类垃圾最多，占 41%；木制品类、聚苯乙烯塑料泡沫类和玻璃类垃圾分别占 24%、10% 和 9%。海滩垃圾的总密度为 69.8g/100m²，木制品类、织物类和玻璃类垃圾的密度最大，分别为 17.5g/100m²、14.2g/100m² 和 11.5g/100m²。

海底垃圾主要为玻璃瓶、塑料袋和废弃渔网等，平均个数为 0.02 个/100m²，平均密度为 48.9g/100m²。其中塑料类、橡胶类和织物类垃圾的数量最大，分别占 61%、9% 和 9%。

### 4.1.3　海洋垃圾的危害

海洋垃圾对海洋环境、生态系统、经济发展和人类健康等方面均构成不利影响。主要有以下几个方面：

（1）污染海水，破坏景观，造成视觉污染。

（2）损害海洋生态服务功能，影响海洋生态系统健康。

（3）损害海洋生物，使海洋生物多样性减少。例如，海中最大的塑料垃圾是废弃的渔网，它们有的长达几英里。在洋流的作用下，这些渔网绞在一起，每年都会缠住和淹死数千只海豹、海狮和海豚等。其他海洋生物则容易把一些塑料制品误当食物吞下，在体内无法消化和分解，引起胃部不适、行动异常、生育繁殖能力下降，甚至死亡。

（4）造成外来有害物种入侵，海洋垃圾作为一个附着体，许多外来物种附着在垃圾上，从南到北、从东到西在海上随着洋流漂移，长距离的传输，成为了一个跨国问题。

（5）影响船舶航行安全。废弃塑料会缠住船只的螺旋桨，特别是各种塑料瓶损坏船身和机器，引起事故和停驶，给航运公司造成重大损失（韩伟涛等，2010）。

### 4.1.4　海洋垃圾的防治措施

（1）清理倾倒在沟渠、河道及周边的各类垃圾。凡倾入沟渠、河道及周边的各类垃圾，都要迅速清理并送往处置场。同时要强化责任，定期组织对河道、沟渠、港湾岸边堆放垃圾情况的排查，防止在暴雨季节洪水将垃圾冲刷入海。

（2）实施海域水面垃圾分段拦截清运。按行政区划以及大坝权属实施水面垃圾分段拦截清运。在大型拦河闸坝前以及流域交界水面设置垃圾拦截设施，建立水上垃圾清运保洁队伍，配备打捞船只和垃圾转运车辆，建立层层拦截和日常巡查责任制，做到定时清理和集中处理。

（3）规范海上垃圾处置与管理。相关部门要重点整治过往船舶、作业船只、近海养殖、滨海旅游等活动向近海抛弃各类垃圾。设置海上养殖区域垃圾集中堆放点，建立海上垃圾清运保洁队伍；全面实施垃圾收集处置登记、核查、台账以及巡查监督管理工作制度。

（4）加快环境卫生基础设施建设。要加快海湾沿岸、流域两岸垃圾收集、中转、无害化处理设施的建设。加大海漂垃圾整治重点区域范围的环境卫生基础设施项目的建设力度。

（5）严格沿岸工农业垃圾的监督管理。严格对沿岸工农业生产产生垃圾的处置日常监督管理，加强对固体废弃物综合利用、处置技术的研究；按照采取因地制宜、经济适用的原则，加快固体废弃物综合利用；依法监督工业企业建设规范化固体废弃物堆放场，建立健全管理制度。对违法倾倒和不按规定收集处置固体废弃物的行为，要坚决依法予以严厉查处[①]。

―――――――――――

① 福建省人民政府.2007.批转省环保局关于厦门海域海漂垃圾整治工作方案的通知.闽政文［2007］214 号

# 4.2　沿海城镇固体废物处理

## 4.2.1　沿海城镇固废排放状况

经过二十多年的改革开放，中国沿海城市普遍得到了高速发展，特别是深圳、厦门、宁波、青岛等城市均已发展为当地的重要经济中心。但是，沿海城市自然生态环境脆弱，城市工程建设多，人口密集，消费水平高，使得工业垃圾和生活垃圾日益攀升，严重阻碍了城市经济发展，进而破坏了海域生态环境。2004 年四个沿海城市工业垃圾处理情况见表 4.1。

**表 4.1　2004 年四个沿海城市工业垃圾处理情况**

| 城市 | 产生量/万 t | 综合利用量/万 t | 综合利用率/% |
|---|---|---|---|
| 厦门 | 59.02 | 56.72 | 96.10 |
| 青岛 | 509.91 | 500.65 | 98.18 |
| 上海 | 1810.80 | 1777.80 | 97.20 |
| 宁波 | 354.20 | 274.59 | 77.52 |

## 4.2.2　沿海城镇固废来源

固体废物是指在生产建设、日常生活和其他活动中产生的污染环境的固态、半固态废弃物质，沿海城镇固废主要包括生活垃圾、工业固废、农林渔业垃圾以及危险废物。沿海城市由于其自身特点和一些共性，其固体废物的产生也有其相似性：工业固体废物产生量大，成分复杂，工业的高度密集和产品的多元化，交通业的发达，旅游业的发展，电力、蒸汽、水的生产和供应、化学原料及化学制品制造和造纸及纸制品业等产生大量工业固体废物，汽车、家电行业等也大都集中在沿海城市，例如青岛的海尔、海信；由于交通便利，大量的国外"洋垃圾"运至中国海岸城市，其中很大部分是工业垃圾，在一定程度提高当地居民和外来打工者收入的同时，也给这些城市带来了大量垃圾。

## 4.2.3　沿海工业固废处理现状

我国工业化的高速发展导致了工业固体废物排放量连年增加。近年来我国每年产生工业固体废物约 20 亿 t，比 2003 年产生量翻了一番。如若这些废物任意堆存或不合理处置，不仅会造成大量土地资源浪费，而且污染土地、河流、空气，威胁人们的生活健康，因此必须采取措施，进行合理的处理处置。目前，用于工业固体废物污染控制和资源化利用的方法包括综合利用以及填埋、焚烧等方法（牛冬杰等，2007b）。

### 4.2.3.1　工业固体废物的前处理

工业固体废物产生于不同行业的各种生产车间，其种类组成复杂多样，物质组成、形状、结构、性质各不相同，为了使其转化为更适合于运输、贮存、资源化利用以及某一特定的处理处置方式的状态，往往需要预先进行一些前期准备加工工序，即前处理。固体废物的前处理可分为两种情况：一是在分选之前的预处理，主要是破碎、粉磨、分级、筛分等，目的是使废物单体分离或分成适当的级别，更有利于下一步工序的进行；二是在运输前或最终处理、处置措施前的预处理，主要是破碎、压缩和各种固化方法等，目的是使废物减容以利于运输、贮存、最终处置。前处理过程主要是利用物理、化学或是两个联合的方法进行操作，实现废物中目标组分的集中、分离或稳定，同时可以对其中有效组分进行回收，这对于以"三化"为指导原则的工业固体废物处理思路而言，也是相吻合的。

### 4.2.3.2　工业固体废物的处理技术

工业废物的处理，是指通过物理、化学和生物手段，将废物中对人体或环境有害的物质分解为无害成分，或转化为毒性较小的，适于运输、贮存、资源化利用和最终处置的一种过程，如分离、脱水、废物解毒，有害组分的浓缩分离，对有害组分（如生活垃圾焚烧飞灰中的重金属）进行固化/稳定化以减少在环境中的浸出效应。工业固体废物的处理手段通常有物理处理方法、化学处理方法和生物处理方法。

物理处理包括采用破碎、分选、固化等相分离和隔离技术。破碎是通过外力破坏物体内部的凝聚力和分子间作用力而使物体粒径变小的过程。可以实现废物减容便于贮存和运输；减少占用的填埋空间；对焚烧处置来说，破碎后废物由不均匀的混合状态变得比较均匀，比表面积增加，利于实现安全稳定充分。固体废物的分选是根据废物物料的物理化学性质（如分选物料的粒度、密度、电性、磁性、光电性、摩擦性、弹性以及表面润湿性）的差异性来进行分离，将废物中可回收利用的或对后续处理与处置有害的成分分选出来。分选方法包括筛分、重选、磁选、风选、电选、浮选、拣选、摩擦和弹道分选等。原始废物经过手工分拣可以回收很多有价值的物质，如金属、塑料等。固化/稳定化技术是处理危险废物的重要手段。通过添加固化剂/稳定剂，使废物中所有的污染组分呈现化学惰性或被包容起来，以降低废物毒性和减少污染组分自废物到环境的迁移率，同时改善被处理对象的工程特性。城市污水厂的沉淀污泥、城市垃圾焚烧厂的焚烧飞灰中含有很多有毒有害的组分，在进行处置之前通常要经过固化/稳定化处置，常用的固化剂有水泥固化、石灰固化、熔融固化等。同济大学赵由才课题组研发的 M1 系固化剂对城市污泥中金属的固化效果较好，具有广阔的应用前景。

化学处理方法主要用于处理无机废物，如酸碱性废物、高浓度重金属废液、乳化油等，处理方法有焙烧与烧结，溶剂萃取、析离与浸出，化学中和、沉淀、絮凝，氧化还原，电解，破乳等。工业固体废物经化学处理后，一方面可以回收其中有用的资源，另一方面通过化学处理使废物转变为适合于最终处置的形态，降低其环境危害，便于后续处理处置过程。

生物处理法是利用动物、植物或微生物的生理特性，对废物中污染组分进行消化分解或为后续处理提供条件的技术。如利用蚯蚓的捕食特性来降解城市污泥中污染组分的蚯蚓分解法；适用于有机废物的堆肥法和厌氧发酵法；用细菌提炼钢、铀等金属的细菌冶金法；适用于有机废液的活性污泥法、厌氧消化法；还可以利用植物生长对营养元素的需求来修复被污染的土壤。

### 4.2.3.3　工业固体废物的处置技术

工业废物的处置，是指通过焚烧、填埋或其他改变废物的物理、化学、生物特性等方法，达到减少已产生的固体废物数量、缩小固体废物体积、减少或者消除其危险成分的活动，并将其置于与环境相对隔绝的场所、避免其中的有害物质危害人体健康或污染环境的过程。当前用于固体废物处理和处置的技术主要有资源化利用、卫生填埋、焚烧、堆肥等。这几种处理方法各有优缺点，适用范围也不尽相同，因此根据固体废物的具体特点，选用适宜的处理方法是十分必要的（赵由才等，2006b；牛冬杰等，2007b）。

（一）资源化利用

近年来我国大力推行循环经济的产业发展模式，我国在工业固体废物资源化利用方面也取得了长足进步，如化工碱渣回收技术、SDF 污泥合成燃料技术、磷石膏制硫酸联产水泥技术、煤矸石和煤泥混烧发电技术、建筑垃圾成型制砖技术等工业固体废物资源化利用的水平不断提高。一般来说，工业废物的资源化途径主要集中在以下几个方面：

（1）生产建材，如工业废物制砖、制水泥技术。其优点是耗渣量大、产品质量高、市场前景好；能耗低，无二次污染，可生产的产品种类多。

（2）回收利用其中有用组分，开发新产品或直接作为原料返回生产环节，如煤矸石沸腾炉发电，洗矸泥炼焦做民用或工业燃料，钢渣做冶炼溶剂，从烟尘和赤泥中提取镓、钪等，能起到节约原材料，降低能耗，提高经济效益的效果。

（3）生产农肥或土壤改良，许多工业固体废物中含有硅、钙以及各种植物生长所需的微量元素，经过处理改性后，可作为农肥使用，具有较好的肥效，不但可以提供农作物生长所需营养元素，还有改良土壤，使作物增产的作用。

（4）筑路、筑坝与回填，投资少、耗量大、效果显著、废物可以稳定存在。如在修建 1km 公路可以消耗粉煤灰上万吨，回填后覆土，还可以开垦为耕地、园林用地、建筑用地等。

（二）填埋

工业固体废物的填埋处置是目前我国多数工业固体废物采取的处置方法，具有工艺简单、处理量大、处理费用低、包容性强、适合处理各种类型的固体废物等优点。

根据工业固体废物的种类和对周围土地、水体、大气等环境目标保护程度的不同，填埋场可以分为 4 种类型：① 一级填埋场，主要用于建筑垃圾、工厂日常收集垃圾等惰性废物堆存和处置的填埋场；② 二级填埋场，主要处置矿渣、煤矸石、粉煤灰等矿业工业废物的填埋场；③ 三级填埋场，主要容纳铬渣、汞渣等有害废物的卫生填埋场，该类填埋场需要进行科学的选址、防渗保护处理、周密的填埋计划、规范化的填埋操作、渗滤液的收集与处理、填埋气的收集与处理、最终封场并采取植物土地恢复等多项措施才能完成，同时应建立完善的检测网络，制定事故发生时的应急方案；④ 四级填埋场，即主要处置因其有害性质不能在地面填埋场处置、必须封闭处置的液体、易燃气体、易爆废物以及带有高、中水平放射性废物的安全填埋场，也被称为特殊废物深地质处置库。

随着固体废物卫生填埋技术的日趋成熟，国产化人工合成防渗衬底材料质量性能大为提高，我国 HDPE 膜在填埋场防渗系统中得到广泛应用；填埋场渗滤液的处理技术也不断得到改进，可以达到甚至优于国家排放标准；大、中城市填埋场基本可以做到日覆盖。覆盖材料除了黏土外，新型替代材料的研究工作也取得了新的进展。废物填埋处置的比例也在不断增大。随着土地资源的稀缺，填埋场的选址变得越来越困难，可资源化回收的物质也得不到回收。由于国内许多填埋场填埋操作不规范，产生严重的恶臭污染，渗滤液不能完全达标排放，填埋气得不到有效收集利用，造成很多二次污染问题。因此，近年来，随着资源化技术的提高，发达国家工业固体废物填埋处置的比例正在下降，填埋场有望成为其他处理方式的辅助处理手段，成为一切不能再利用废物的消纳场所。

（三）堆肥化

工业固体废物的堆肥化是利用各种微生物的代谢活动，降解废物中的有机物质和污染组分，使之转化为稳定的有机质和富含氮、磷、钾等营养元素和各种微量元素的有机肥，从而实现废物稳定和资源化利用的生物处理方法。经研究发现，许多工业废物中含有大量营养物质，如在炼钢后废弃的钢渣中含有丰富的 P、Si、Ca、Mg 等元素；粉煤灰的良好理化性能使其具有提高土壤中有效养分含量和保温保水能力；城市污泥中也含有大量有机物和植物生长所需的营养元素和微量元素。造纸污泥、含煤灰渣、钢渣等来自工业领域的许多工业固体废物也正成为堆肥原料的来源。堆肥化也为工业固体废物的处置提供了一种新的思路。工业固体废物堆肥化的流程见图 4.1。

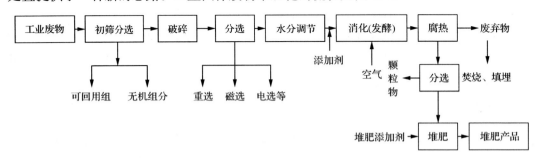

图 4.1　工业固体废物堆肥工艺流程

在工业废物的堆肥化综合处理工艺中，分选是关键。可以用于分选处理的机械设备并不复杂，主要是筛分机、皮带轮磁选机、风力分选机、破碎机等，再配以给料机、运输机、装载机、通风机等。目前存在的问题是如何根据工业废物组成的不同去选择恰当的分选设备，如何把这些分选设备科学地组合成分选能力强、效率高、能耗低、不堵塞、易维修的分选系统。

堆肥化在世界上许多国家都受到足够的重视，但目前堆肥化处置在我国面临了很大的阻力，如，堆肥产品肥效不高，不能达到市场的需求；绝大多数的工业固废废物堆肥产品中含有或多或少的重金属，重金属在农田中积累，容易造成土地的重金属污染。工业废物堆肥遇到的最大阻力是，我国垃圾分类收集体制尚未形成，堆肥原料成分复杂，严重影响了堆肥产品的质量。若能克服上述弊端，相信堆肥化处置会在我国工业固体废物处理处置领域发挥不可替代的作用。

利用粉煤灰、炉渣、赤泥及铁合金渣经堆肥制作硅钙肥，利用铬渣制成钙镁磷肥等，施用于农田均具有较好的肥效，不但提供植物生长所需要的营养元素，还可以改良土壤，提高土壤保持养分涵养水分的能力，使作物增产。

（四）焚烧处置

一个典型的工业废物焚烧过程，应包括废物预处理、焚烧、热能回收、尾气和废水处理等四个基本过程组成。一座大型的焚烧厂一般由以下九大系统组成：废物预处理系统、贮存和进料系统、焚烧系统、废热焚烧系统、发电系统、饲水处理系统、废气处理系统、废水处理系统和灰渣收集系统。如图4.2所示焚烧法处理工业固体废物的常见工艺流程。

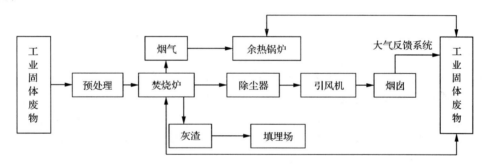

图4.2　工业固体废物焚烧工艺流程示意图

工业固体废物焚烧炉的种类繁多，主要有回转窑焚烧炉、炉排型焚烧炉、炉床型焚烧炉和沸腾流化床焚烧炉等。

工业固体废物各处置方式的对比如表4.2所示。

表4.2　各种工业固体废物处置方式比较

| 处置方式<br>比较项目 | 资源化利用 | 卫生填埋 | 焚烧 | 堆肥 |
|---|---|---|---|---|
| 适合处理废物种类 | 资源含量高 | 无利用价值 | 有燃烧价值 | 有机物质含量高 |
| 投资费用 | 中 | 低 | 高 | 高 |
| 运行费用 | 高 | 低 | 高 | 中 |
| 经济效益 | 高 | 低 | 高 | 高 |
| 占地面积 | 较小 | 大 | 小 | 小 |
| 二次污染物 | 无 | 渗滤液、填埋气 | 烟气、灰渣 | 恶臭 |

### 4.2.4 建筑垃圾处理技术

关于建筑垃圾，根据我国建设部颁布的《城市垃圾产生源分类及垃圾排放》（CJ/T 3033-0996）将城市生活垃圾按其产生源分为九大类，这些产生源包括居民垃圾产生场所、清扫垃圾产生场所、商业单位、行政事业单位、医疗卫生单位、交通运输垃圾产生场所、建筑装修场所、工业企业单位和其他垃圾产生场所。按照此分类方法中的产生源来讲，建筑垃圾就是在建筑装修场所产生的城市垃圾。建设部于 2005 年 3 月 23 日发布了《城市建筑垃圾管理规定》，该规定中指出，建筑垃圾是指建设单位、施工单位新建、改建、扩建和拆除各类建筑物、构筑物、管网等以及居民装饰装修房屋过程中所产生的废土、弃料及其他废弃物（王罗春、赵由才，2004；赵由才等，2006b）。

按照来源分类，建筑垃圾可分为土地开挖、道路开挖、旧建筑物拆除、建筑施工及建材生产垃圾五大类，主要由渣土、碎石块、废砂浆、砖瓦碎块、混凝土块、沥青块、废塑料、废金属料、废竹木等组成。其中建筑施工垃圾是建筑垃圾的最主要来源之一，主要由碎砖、混凝土、砂浆、桩头、包装材料等组成。

统计资料表明，我国每年建筑工程产生的建筑垃圾高达 2.0 亿 t，仅北京、上海、天津等高度发达城市的建筑废弃物日排放量就高达 2.7 万 t。目前，我国建筑总面积约 400 亿 $m^2$，其中城市住宅面积约 100 亿 $m^2$，仅是旧城区改造、新城区建造和建筑装修三项加一起，每年产生建筑垃圾就高达 2 亿 t 以上（不包括工程渣土）。上海每年产生的建筑垃圾和工程渣土高达 2300～2400 万 t，大约是生活垃圾产生量的 3.5 倍，其中大部分建筑垃圾不但得不到资源化利用，反而给环境带来新的压力。建筑垃圾对环境的危害主要表现在侵占土地、污染环境和影响市容 3 个方面。对建筑垃圾进行资源化利用具有深远的环境意义和社会意义。

目前，我国的建筑垃圾资源化仍处于起步阶段，部分地区已经出现了成功的建筑垃圾资源化实践案例。建筑垃圾资源化主要表现在以下几个方面：

（1）混凝土的资源化。废弃混凝土包括废旧建筑混凝土、废旧道路混凝土、废旧特种混凝土等。近年来，随着城市建设、住房建设的加快，新建工程施工和旧建筑修葺、拆除过程中都会产生大量的废弃混凝土，同时混凝土天然骨料来源趋于枯竭，因此，利用废弃混凝土生产再生混凝土技术得到大力推广。

对混凝土的资源化，主要是利用再生混凝土技术将废弃混凝土块经过破碎、清洗、分级后，按一定的比例混合形成再生骨料，部分或全部替代天然骨料配制新混凝土的过程。废弃混凝土经破碎、清洗、分级并按一定的比例混合后形成的骨料，称为再生骨料，其典型的再生工艺如图 4.3 所示。

再生骨料与天然骨料相比，具有空隙率高，吸水性强，强度低等特征，但目前的应用范围很窄，主要用于配置中低强度的混凝土。若要将再生骨料用到钢筋混凝土结构中去，则对其强度、粒径、洁净水平等要求较高，需要对其进行改性处理，这也是目前研究领域比较活跃的研究内容。

（2）建筑砖瓦的资源化。经长期使用的废旧红砖与青砖矿物成分近似，它们在本质上存在被继续利用的基础和价值。目前，主要的利用途径有利用碎砖块生产混凝土砌

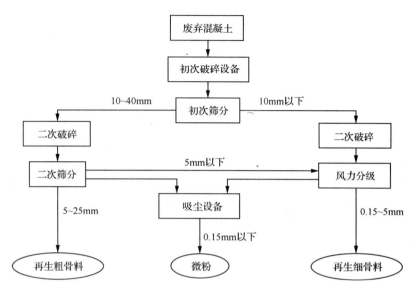

图 4.3　混凝土再生骨料生产工艺原理

块、利用非砖瓦代替骨料配置再生骨料混凝土、利用破碎废砖块制作粗骨料生产耐热混凝土、水泥混合材料以及再生烧砖瓦，均取得了不错的效果。

（3）屋面材料的资源化。屋面材料中有 36% 的沥青、22% 的碎石、8% 的矿粉以及纤维等物质。屋面寿命结束后，废弃的屋面材料可以回收其中的沥青废料用作路面沥青的冷拌或热拌施工，所需的纯净沥青大大减少，且屋面材料中所含的纤维素结构类似石料地面沥青砂胶路面设计中使用的纤维材料，有助于提高热拌沥青的性能，减轻混合物的重荷载对路面造成的冲击。

（4）沥青路面材料资源化。沥青路面在车轮载荷作用下，承受着压应力、剪应力等，同时受到自然界各种因素的作用，致使混合料中的沥青、骨料发生性状改变，使路面的性能下降，路面老化。沥青的再生利用是对老化的沥青路面进行翻挖回收、破碎筛选、投加再生剂和新骨料，与新沥青材料等按适当比例重新配制成新的沥青混凝土，再次用于铺筑路面基层或面层。沥青混凝土的再生利用技术主要有热再生技术和冷再生技术两种，也可以现场再生和回厂再生。

# 4.3　城市生活垃圾处理

## 4.3.1　概况

### 4.3.1.1　沿海城市生活垃圾的来源

我国各垃圾分类试点城市基本上将垃圾分为有机垃圾、可回收垃圾和危险垃圾 3 类。有机垃圾是在自然条件下易分解的垃圾，主要是厨房垃圾；可回收的垃圾是废纸、塑料、金属等；危险垃圾是干电池等废弃物。

　　沿海城市的生活垃圾组成还包括海洋垃圾、海滩垃圾和海底垃圾等几类。海洋垃圾是海洋和海岸环境中具持久性的、人造的或经加工的固体废弃物，是沿海工农业、旅游业、航海运输业等涉海行业发展的产物，也是陆源垃圾向海洋中肆意倾倒的不堪后果。海洋垃圾不仅影响了海洋的景观，威胁了航行的安全，而且破坏了海洋生态系统的健康，从而对海洋经济产生负面效应。由于海洋垃圾具有跨界移动性，易形成浮于海面的海飘垃圾，它对海洋生态的影响比预想的要更严重、涉及的范围也更广。日本与韩国之间就曾因海飘垃圾的问题产生过纠纷。某沿海城市每月定期清理的海漂垃圾可达 3t，其中生活垃圾占 80% 以上，以袋子、瓶子、筷子、快餐盒等为主。这些生活垃圾在陆地上时比较容易集中清理，一旦进入大海，随波逐流便成了难以被清理的海漂垃圾。沿海城市如果不能从陆地上的源头严格控制这些生活垃圾入海，就要付出更大的人力、物力、财力来清理这些海漂垃圾。

　　海滩垃圾主要为烟头、塑料袋、塑料绳索、渔具（渔网、鱼线、浮漂）、塑料餐具、金属饮料罐和玻璃瓶等。平均个数为 0.04 个/m²，其中塑料类最多（34%）；其次为聚苯乙烯泡沫类（11%）；纸类、木制品类、玻璃类和金属类分别占 10%、6%、8% 和5%。海滩垃圾平均密度为 0.59g/m²，木制品类垃圾密度最大（0.27g/m²），塑料类和聚苯乙烯泡沫类的密度分别为 0.24g/m² 和 0.05g/m²。

　　海底垃圾：东营广利港、上海金山城市滨海旅游度假区、潮州柘林渔港和北海银滩旅游度假区等海域的海底垃圾监测结果表明，海底垃圾的主要种类为渔网、塑料袋和金属饮料罐等。海底垃圾的平均个数为 0.3 个/100m²，平均密度为 0.8g/100m²。塑料类垃圾的数量最大，占 38%，木制品类、织物（布）类、玻璃类和金属类分别占 19%、14%、10% 和 10%。

### 4.3.1.2　沿海城市生活垃圾处理现状与挑战

　　快速增长的城市生活垃圾，不仅加重了城市环境的污染，也给城市管理带来了巨大的压力。改变垃圾处理方式，回收利用垃圾中的二次资源，不仅可以节约资源，还能够变废为宝，实现环境效益、经济效益和社会效益的三赢。因此，世界各国纷纷重新审视生活垃圾的管理和处置问题，从垃圾末端处置—循环利用—源头减量向源头减量—循环利用和末端处置方向转变。推行生活垃圾源头分类收集，可以从源头上减少垃圾的产生量，最大限度的实现生活垃圾资源化，也使得垃圾处理工艺得到简化，运输和处理成本显著降低。对垃圾进行分类回收是发达国家普遍采用的管理方法。2002 年国家建设部曾委托北京、上海、广州、深圳、杭州、南京、厦门和桂林 8 个城市进行生活垃圾分类收集试点，先期分类回收废纸、废塑料和废电池。

　　陆源垃圾是海洋垃圾的重要组成，因此在源头对生活垃圾进行分类可以有效控制垃圾入海的行为。生活垃圾分类回收遵循无害化、资源化的原则，是城市生活垃圾管理的基础和前提。国外研究和实践证明，要做好生活垃圾源头分类收集，公众的积极性、参与性、配合性等尤为重要。居民家庭是垃圾分类回收的主体。瑞士是世界上垃圾处理最有效、最彻底的国家之一，瑞士人一般均能自觉进行垃圾分类。在垃圾回收点，经常能看到人们可以准确地将不同的瓶子扔进不同的回收箱。有些回收站离居民点较远，居民仍会开车将废品运来。日本居民将生活垃圾分为五类分别装在不同的塑料袋中，按照规定的时间将垃圾送到指定堆放点（林媚珍、夏丽娜，2004）。

目前国内分析生活垃圾源头分类难以展开的相关研究很多，主要可以归纳为以下几点：居民的环境意识比较差，对垃圾分类的概念比较模糊；居民对于生活垃圾收集、处理处置的知识非常有限，垃圾分类的宣传力度不够；居民没有垃圾分类的道德意识约束，对垃圾分类充满了麻烦感；垃圾分类缺少法律的规范，没有明确的惩罚措施，使得居民的分类意识薄弱；垃圾收运作业不分类，且我国主要以填埋方式处理垃圾，对垃圾分类的要求不高。这些因素不同程度地影响了居民垃圾分类的积极性，阻碍了生活垃圾分类的进程。通过对垃圾分类影响因素的分析，可以识别分类体系建立过程中的阻力和症结，帮助建立生活垃圾的管理框架，为实现我国的生活垃圾分类提供良好的理论基础（卢英方、孙向军，2002；林媚珍、夏丽娜，2004）。我国垃圾处理方式具有以下特点（李金惠等，2007）。

（一）处理方式落后

现阶段中国城市的垃圾处理方式仍以卫生填埋为主，对垃圾分类的要求并不高。城市中随处可见标有"可回收"和"不可回收"的分类垃圾箱，即便市民根据自己的判断对垃圾进行了初级的分类，但环卫工人对垃圾的装运过程仍然是混装。垃圾分类回收对垃圾收运的各个环节均有要求，源头分类后，运输过程中不可以再对垃圾混装，否则就不能实现垃圾的分类回收，源头分类也是毫无意义的。

（二）法律法规缺乏

对于垃圾分类回收，现阶段我国政府的作用主要还停留在提倡和指导阶段，没有形成相关的法律法规，也没有具体的实施办法，监督机制亦不完善。对于居民来说，生活垃圾分类增加了他们的麻烦感，也会增加生活成本。因此，在分类与不分类两种行为的后果一致的条件下，希望通过居民自觉来实现源头分类是很不现实的。即使在发达国家也是通过法律法规来保证生活垃圾的分类回收，包括规范居民的源头分类行为。以"限塑令"为例，自该法令颁布以来，塑料袋的使用得到了有效的控制，取得了一定的成效。由此可见通过法律法规的约束，不仅可以提高居民的环境意识，也可规范居民的环境保护行为。

（三）宣传力度薄弱

现阶段我国关于垃圾处理和垃圾分类方面的宣传和教育非常少。对城市生活垃圾的分类回收的重要性和必要性的认识，大多数居民都还处于模糊状态，并对目前城市生活垃圾处理状况与水平表示了满足和认可。少部分居民对于分类好处和分类的意义有一定的了解，但对于怎样分类才是正确的，依然概念不清晰。

（四）分类价值不足

目前，我国城市中有一群以可回收垃圾为生的拾荒者，他们的存在实现了部分生活垃圾的分类，也大大降低了垃圾的分类价值和经济性。拾荒者捡走了垃圾中的有价值成分比如纸张、金属、玻璃以及塑料等，剩下的主要成分大多是含水率较高的厨余等有机类物质。如果将厨余等有机物用于堆肥，限于肥料质量及成本等因素，其最终出路很难保证。所以垃圾的分类很难得到认可。

（五）理论研究匮乏

明确垃圾的成分是选择后续处理设施和方法的前提，比如是否要配备垃圾焚烧设施，或是采用堆肥处理。不同的城市或季节，垃圾的产生量和成分都会有显著的差异，但目前这方面的研究鲜见报道。

我国城市生活垃圾的处理系统还存在很多问题，因此对垃圾分类回收系统的构建加以细致研究。首先须明确生活垃圾的分类回收的具体负责部门。在我国的很多城市，垃圾填埋场是由环境保护部门来建设的，但具体的城市垃圾的处理却由城建局的环卫部门来管理，如何协调和理顺两个与环境管理有关的职能部门间的关系，是垃圾管理的首要问题。其次垃圾的分类回收将会造成城市里成千上万的拾荒者面临"失业"的危险，这其中不仅有如何合理构建系统的经济学、管理学问题，还存在保证社会稳定的社会学问题（张越、鲁明中，2005；勾英红，2007）。

### 4.3.2 生活垃圾预处理技术

#### 4.3.2.1 生活垃圾分选技术与设备

生活垃圾的分选是垃圾处理的一个操作单元，其目的是将垃圾中可回收利用的或对后续处理与处置有害的成分分选出来。垃圾分选是根据物料的性质，如分选物料的粒度、密度、电性、磁性、光电性、摩擦性、弹性以及表面润湿性的差异来进行分离；分选方法包括筛分、重力分选、磁选、电选、光电选、浮选及最简单最原始的人工分选（边炳鑫等，2005；赵由才等，2006b）。

（一）筛分

筛分是利用筛子将物料中小于筛孔的细粒物料透过筛面，而大于筛孔的粗粒物料留在筛面上，完成粗、细粒物料分离的过程。该分离过程可看作是易于穿过筛孔的颗粒通过不能穿过筛孔的颗粒的物料层达到筛面的过程，即物料分层过程。物料分层是完成分离的条件，细粒透筛是分离的目的。

要使这两个阶段实现，物料在筛面上必须有适当的运动，使筛面上的物料处于松散状态，这样物料层将会产生离析。同时，物料和筛子的相对运动都促使堵在筛孔上的颗粒脱离筛面，有利于颗粒穿过筛孔。一般说来，粒度小于筛孔尺寸 3/4 的颗粒，很容易通过粗粒形成的间隙到达筛面而透筛，称为"易筛粒"；粒度大于筛孔尺寸 3/4 的颗粒，很难通过粗粒形成的间隙，而且粒度越接近筛孔尺寸就越难透筛，这种颗粒称为"难筛粒"。筛子有两个重要工艺指标：一是处理能力，即孔径一定的筛子在一定时间一定单位面积上的处理能力；二是筛分效率，它表明筛分工作的质量指标。

影响筛分效率的因素有包括：物料的性质、筛子的种类和工作参数。物料的性质主要是物料的粒度特性和物料的含水率和含泥率。筛子的工作参数，包括筛子的形状和筛孔尺寸，筛子的运动状态和筛子的大小，筛面的倾角等。

在生活垃圾处理中最常用的筛分设备有以下几种类型：固定筛、振动筛、共振筛、弧形筛、细筛。

（二）重力分选

重力分选简称重选，是根据生活垃圾中不同物质颗粒间的密度差异，在运动介质中受到重力、介质动力和机械力的作用，使颗粒群产生松散分层和迁移分离，从而得到不同密度产品的分选过程。重力分选的介质有空气、水、重液及重悬浮液等。按介质不同，生活垃圾的重选可分为重介质分选、跳汰分选、风力分选和摇床分选等。

各种重选过程具有的共同工艺条件包括：被分离的物质必须存在密度的差异；分选过程都是在运动介质中进行的；在重力、介质动力及机械力的综合作用下，使颗粒群松散并按密度分层；分好层的物料在运动介质流的推动下互相迁移，彼此分离，并获得不同密度的最终产品。

**1. 重介质分选**

重介质是由高密度的固体微粒和水构成的固液两相分散体系，它是密度高于水的非均匀介质。高密度固体微粒起着加大介质密度的作用，称为加重质。重介质的形式可以是重液和重悬浮液两大类，但重液价格昂贵，只能在实验室中使用。在固体废物分选中只能使用重悬浮液。重悬浮液的加重质通常主要是硅铁，其次还可采用方铅矿、磁铁矿和黄铁矿，如表4.3所示。重介质应具有密度高、黏度低，化学稳定性好（不与处理的废物发生化学反应）、无毒、无腐蚀性，能均匀分散于水中，易回收再生等特性。

表 4.3　重悬浮液加重质的性质

| 种类 | 密度 /(g/cm³) | 摩氏硬度 | 重悬液密度 $\rho_{max}$/(g/cm³) | 磁性 | 回收方法 |
|---|---|---|---|---|---|
| 硅铁 | 6.9 | 6 | 3.8 | 强磁性 | 磁选 |
| 方铅矿 | 7.5 | 2.5～2.7 | 3.3 | 非磁性 | 浮选 |
| 磁铁矿 | 5.0 | 6 | 2.5 | 强磁性 | 磁选 |
| 黄铁矿 | 4.9～5.1 | 6 | 2.5 | 非磁性 | 浮选 |
| 毒砂 | 5.9～6.2 | 5.5～6 | 2.8 | 非磁性 | 浮选 |

目前常用的是鼓形重介质分选机，其构造和原理如图4.4所示。该设备外形是一圆筒形转鼓，由四个辊轮支撑，通过圆筒腰间的大齿轮由传动装置带动旋转（转速为2r/min）。在圆筒的内壁沿纵向设有扬板，用以提升重产物到溜槽内。圆筒水平安装。固体废物和重介质一起由圆筒一端给入，在向另一端流动过程中，密度大于重介质的颗粒沉于槽底，由扬板提升落入溜槽内，排出槽外成为重产物；密度小于重介质的颗粒随重介质流从圆筒溢流口排出成为轻产物。

鼓形重介质分选机适用于分离粒度较粗（40～60mm）的固体废物，具有结构简单、紧凑，便于操作，分选机内密度分布均匀，动力消耗低等优点，其缺点是轻重产物

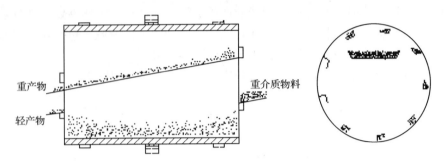

图 4.4 鼓形重介质分选机构造和原理图

量调节不方便。

**2. 跳汰分选**

跳汰分选是在垂直变速介质流中按密度分选固体废物的一种方法。它使磨细的混合废物中的不同密度的粒子群，在垂直脉动的介质中按密度分层，小密度的颗粒群在上层，大密度的颗粒群在下层，从而实现物料的分离。分选介质是水，称为水力跳汰。水力跳汰分选设备称为跳汰机。颗粒在跳汰分选时分层的过程如图 4.5 所示。

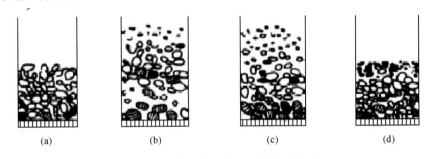

图 4.5 颗粒在跳汰分选时分层的过程
(a) 分层前颗粒混杂堆积；(b) 上升水流将床层抬起；(c) 颗粒在水流中沉降分层；
(d) 下降水流，床层紧密，重颗粒进入底层颗粒在跳汰时的分层过程

跳汰分选时，将固体废物给入跳汰机的筛板上，形成密集的物料层。从底部透过筛板周期性地给入上下交变的水流，使床层松散并按密度分层。分层后，密度大的颗粒群集中到底层；密度小的颗粒群进入上层。上层的轻物料被水平水流带到机外成为轻产物；下层的重物料透过筛板或通过特殊的排料装置排出成为重产物。随着固体废物的不断给入和轻、重产物的不断排出，形成连续不断的分选过程。

跳汰机主要采用无活塞跳汰机。按跳汰室和压缩空气室的配置方式不同，可将无活塞式跳汰机分为两种类型：压缩空气室配置在跳汰机旁侧的筛侧空气室跳汰机和压缩空气室直接设在跳汰室的筛板下方的筛下空气室跳汰机。

跳汰机的入料与操作工艺，对跳汰机的处理量及分选效果有很大的影响。因此，要求入料性质（密度及粒度组成）的波动应尽量小、给料速度应均匀，以保持床层稳定，并在一定的风水制度下保持床层处于最佳的分选状态。同时，给料沿跳汰机入料宽度上分布要均匀，伴随固体废物给入的冲水，一定要使固体废物预先润湿。

（三）磁力分选

磁力分选简称磁选，是利用固体废物中各种物质的磁性差异在不均匀磁场中进行分选的一种处理方法。它在固体废物的处理和利用中通常用来分选或去除铁磁性物质；磁流体分选常用来从工厂废料中分离回收铝、铜、铅、锌等有色金属。磁选有两种类型：一种是传统的电磁和永磁磁系磁选法；另一种是磁流体分选法，它是近二十年发展起来的一种新的分选方法。

将固体废物输入磁选机后，磁性颗粒在不均匀磁场作用下被磁化，从而受磁场吸引力的作用，使磁性颗粒吸在圆筒上，并随圆筒进入排料端排出；非磁性颗粒由于所受的磁场作用力很小，仍留在废物中而被排出（见图 4.6）。

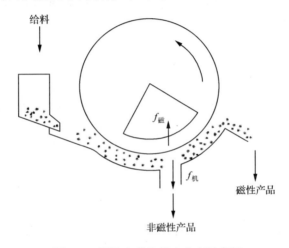

图 4.6　颗粒在磁选机中分离示意图

固体废物颗粒通过磁选机的磁场时，同时受到磁力和机械力（包括重力、离心力、介质阻力、摩擦力等）的作用。磁性强的颗粒所受的磁力大于其所受的机械力，而非磁性颗粒所受的磁力很小，则以机械力占优势。由于作用在各种颗粒上的磁力和机械力的合力不同，使它们的运动轨迹也不同，从而实现分离。磁性颗粒分离的必要条件是磁性颗粒所受的磁力必须大于与它方向相反的机械力的合力。

磁力滚筒又称磁滑轮，有永磁和电磁两种。应用较多的是永磁滚筒（见图 4.7）。这种设备的主要组成部分是一个回转的多极磁系，和套在磁系外面的用不锈钢或铜、铝等非导磁材料制的圆筒。一般磁系包角为 360°。磁系与圆筒固定在同一个轴上，安装在皮带运输机头部（代替传动滚筒）。

将固体废物均匀地给在皮带运输机上，当废物经过磁力滚筒时，非磁性或磁性很弱的物质在离心力和重力作用下脱离皮带面；而磁性较强的物质受磁力作用被吸在皮带上，并由皮带带到磁力滚筒的下部，当皮带离开磁力滚筒伸直时，由于磁场强度减弱而落入磁性物质收集槽中。这种设备主要用于工业固体废物或城市垃圾的破碎设备或焚烧炉前，除去废物中的铁器，防止损坏破碎设备或焚烧炉。

磁流体分选是利用磁流体作为分选介质，在磁场或磁场和电场的联合作用下产生

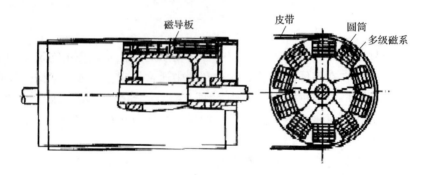

图 4.7　CT 型永磁磁力滚筒

"加重"作用，按固体废物各组分的磁性和密度的差异或磁性、导电性和密度的差异，使不同组分分离。当固体废物中各组分间的磁性差异小而密度或导电性差异较大时，采用磁流体可以有效地进行分离。

（四）电力分选

电力分选简称电选，是利用生活垃圾中各种组分在高压电场中电性的差异而实现分选的一种方法。一般物质大致可分为电的良导体、半导体和非导体，它们在高压电场中有着不同的运动轨迹，加上机械力的协同作用，即可将它们互相分开。电场分选对于塑料、橡胶、纤维、废纸、合成皮革、树脂等与某些物料的分离以及各种导体、半导体和绝缘体的分离等都十分简便有效。

颗粒在电晕-静电复合电场电选设备中的分离过程如图 4.8 所示。物料由给料斗均匀地给入辊筒上，随着辊筒的旋转，颗粒进入电晕电场区。由于空间带有电荷，使导体和非导体颗粒都获得负电荷（与电晕电极电性相同），导体颗粒一面荷电，一面又把电荷传给辊筒（接地电极），其放电速度快，因此，当废物颗粒随辊筒旋转离开电晕电场区而进入静电场区时，导体颗粒的剩余电荷少，而非导体颗粒则因放电速度慢，致使剩余电荷多。导体颗粒进入静电场后不再继续获得负电荷，但仍继续放电，直至放完全部负电荷，并从辊筒上得到正电荷而被辊筒排斥，在电力、离心力和重力分力的综合作用下，其运动轨迹偏离辊筒，而在辊筒前方落下。偏向电极的静电引力作用更增大了导体颗粒的偏离程度。非导体颗粒由于有较多的剩余负电荷，将与辊筒相吸，被吸附在辊筒上，带到辊筒后方，被毛刷强制刷下；半导体颗粒的运动轨迹则介于导体与非导体颗粒之间，成为半导体产品落下，从而完成电选分离过程。

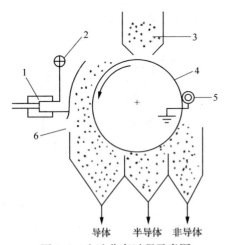

图 4.8　电选分离过程示意图
1. 给料斗；2. 辊筒电极；3. 电晕电极；
4. 偏向电极；5. 高压绝缘子；6. 毛刷

（五）浮选

浮选是在垃圾与水调制的料浆中，加入浮选药剂，并通入空气形成无数细小气泡，使欲选物质颗粒黏附在气泡上，随气泡上浮于料浆表面成为泡沫层，然后刮出回收；不浮的颗粒仍留在料浆内，通过适当处理后废弃。在浮选过程中，固体废物各组分对气泡黏附的选择性，是由固体颗粒、水、气泡组成的三相界面间的物理化学特性所决定的，其中比较重要的是物质表面的湿润性。

垃圾中有些物质表面的疏水性较强，容易黏附在气泡上，而另一些物质表面亲水，不易黏附在气泡上。物质表面的亲水、疏水性能，可以通过浮选药剂的作用而加强。因此，在浮选工艺中正确选择、使用浮选药剂是调整物质可浮性的主要外因条件。

根据药剂在浮选过程中的作用不同，可分为捕收剂、起泡剂和调整剂三大类。捕收剂能够选择性地吸附在欲选的物质颗粒表面上，使其疏水性增强，提高可浮性，并牢固地黏附在气泡上而上浮。起泡剂是一种表面活性物质，主要作用在水-气界面上，使其界面张力降低，促使空气在料浆中弥散，形成小气泡，防止气泡兼并，增大分选界面，提高气泡与颗粒的黏附和上浮过程中的稳定性，以保证气泡上浮形成泡沫层。调整剂的作用主要是调整其他药剂（主要是捕收剂）与物质颗粒表面之间的作用。还可调整料浆的性质，提高浮选过程的选择性。调整剂的种类较多，按其作用可分为以下4种：活化剂、抑制剂、介质调整剂、分散与混凝剂。

国内外浮选设备类型很多，我国使用最多的是机械搅拌式浮选机，其构造见图4.9。大型浮选机每两个槽为一组，第一个槽称为吸入槽，第二个槽为直流槽。小型浮选机多为4～6个槽为一组，每排可以配置2～20个槽。每组有一个中间室和料浆面调节装置。

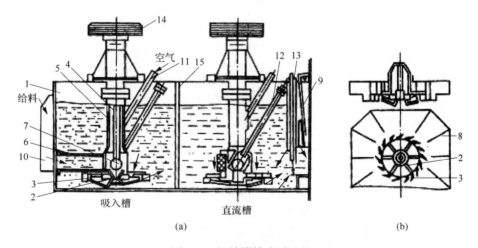

图 4.9　机械搅拌式浮选机

1. 槽子；2. 叶轮；3. 盖板；4. 轴；5. 套管；6. 进浆管；7. 循环孔；8. 稳流板；9. 闸门；10. 受浆箱；11. 进气管；12. 调节循环量的闸门；13. 闸门；14. 皮带轮；15. 槽间隔板

浮选工作时，料浆由进浆管进入，给到盖板与叶轮中心处，由于叶轮的高速旋转，在盖板与叶轮中心处造成一定的负压，空气由进气管和套管吸入，与料浆混合后一起被叶轮甩出。在强烈的搅拌下气流被分割成无数微细气泡。欲选物质颗粒与气泡碰撞黏附在气泡上而浮升至料浆表面形成泡沫层，经刮泡机刮出成为泡沫产品，再经消泡脱水后即可回收。

一般浮选法大多是将有用物质浮入泡沫产品，而无用或回收经济价值不大的物质仍留在料浆内，这种浮选法称为正浮选。但也有将无用物质浮入泡沫产品中，将有用物质留在料浆中的，这种浮选法称为反浮选。

（六）其他分选方法

**1. 摩擦与弹跳分选**

摩擦与弹跳分选是根据固体废物中各组分的摩擦系数和碰撞系数的差异，在斜面上运动或与斜面碰撞弹跳时，产生不同的运动速度和弹跳轨迹而实现彼此分离的一种处理方法。

垃圾自一定高度给到斜面上时，其废纤维、有机垃圾和灰土等近似塑性碰撞，不产生弹跳；而砖瓦、铁块、碎玻璃、废橡胶等则属弹性碰撞，产生弹跳，跳离碰撞点较远，两者运动轨迹不同，因而得以分离。

**2. 光电分选**

光电分选系统及工作过程包括以下 3 个部分：给料系统、光检系统、分离系统。图 4.10 是光电分选过程示意图。固体废物经预先窄分级后进入料斗。由振动溜槽均匀地逐个落入高速沟槽进料皮带上，在皮带上拉开一定距离并排队前进，从皮带首端抛入光检箱受检。当颗粒通过光检测区时，受光源照射，背景板显示颗粒的颜色或色调，当欲选颗粒的颜色与背景颜色不同时，反射光经光电倍增管转换为电信号（此信号随反射

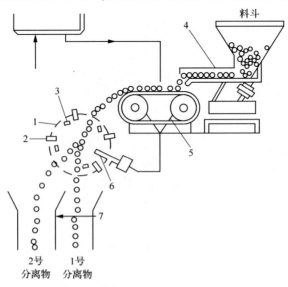

图 4.10　光电分选过程示意图

1. 光验箱；2. 光电池；3. 标准色极；4. 振动溜板；5. 有高速沟的进料皮带；6. 压缩空气喷管；7. 分离板

光的强度变化），电子电路分析该信号后，产生控制信号驱动高频气阀，喷射出压缩空气，将电子电路分析出的异色颗粒（即欲选颗粒）吹离原来下落轨道，加以收集。而颜色符合要求的颗粒仍按原来的轨道自由下落加以收集，从而实现分离。光电分选可用于从城市垃圾中回收橡胶、塑料、金属等物质。

### 3. 风力分选

风力分选简称风选，又称气流分选，是以空气为分选介质，在气流作用下使固体废物颗粒按密度和粒度进行分选的一种方法。它在城市生活垃圾、纤维性固体废物、农业稻麦谷类等废物处理和利用中得到了广泛的应用。

颗粒在水中的沉降规律也同样适用于在空气中的沉降。但由于空气密度较小，与颗粒密度相比之下忽略不计，故颗粒在空气中的沉降末速（$v_0$）为

$$v_0 = \sqrt{\frac{\pi d \rho_s g}{6 \psi \rho}} \tag{4.1}$$

式中，$d$ 为颗粒的直径，m；$\rho_s$ 为颗粒的密度，$kg/m^3$；$\rho$ 为空气的密度，$kg/m^3$；$\psi$ 为阻力系数；$g$ 为重力加速度，$m/s^2$。

当颗粒粒度一定时，密度大的颗粒沉降末速大；当颗粒密度相同时，直径大的颗粒沉降末速大。由于颗粒的沉降末速同时与颗粒的密度、粒度及形状有关，因而在同一介质中，密度、粒度和形状不同的颗粒在特定的条件下，可以具有相同的沉降速度。这样的相应颗粒称为等降颗粒。

颗粒在实际的风选过程中的运动是干涉沉降。在干涉条件下，上升气流速度远小于颗粒的自由沉降末速时，颗粒群就呈悬浮状态。颗粒群的干涉末速（$v_{hs}$，m/s）为

$$v_{hs} = v_0 (1 - \lambda)^n \tag{4.2}$$

式中：$\lambda$ 为物料的容积浓度，$kg/m^3$；$n$ 值大小与物料的粒度及状态有关，多介于 2.33～4.65；$v_0$ 为颗粒对介质的相对速度，m/s。

在颗粒达到末速保持悬浮状态时，上升气流速度（$u_a$，m/s）和颗粒的干涉末速（$v_{hs}$，m/s）相等。使颗粒群开始松散和悬浮的最小上升气流速度（$u_{min}$，m/s）为

$$u_{min} = 0.125 v_0 \tag{4.3}$$

在干涉沉降条件下，使颗粒群按密度分选时，上升气流速度的大小，应根据固体废物中各种物质的性质，通过实验确定。

在风选中还常应用水平气流。在水平气流分选器中，物料是在空气动压力及本身重力作用下按粒度或密度进行分选的。风选在国外主要用于城市垃圾的分选，将城市垃圾中的有机物与无机物分离，以便分别回收利用或处置。

按气流吹入分选设备内的方向不同，风选设备可分为两种类型：水平气流风选机（又称为卧式风力分选机）和上升气流风选机（又称为立式风力分选机）。实践表明，当分选城市垃圾时，水平气流速度为 5m/s，卧式风力分选机的最佳风速为 20m/s。在回收的轻质组分中废纸约占 90%；重质组分中黑色金属占 100%；中重组分主要是木块、硬塑料等。

### 4.3.3 生活垃圾填埋技术

#### 4.3.3.1 概述

(一) 填埋场分类

填埋技术作为固体废物的最终处置方法, 目前仍然是中国大多数城市解决固体废物出路的主要方法。根据环保措施 (如场底防渗、分层压实、每天覆盖、填埋气排导、渗滤液处理、虫害防治等) 是否齐全, 环保标准是否满足来判断, 我国的固体废物填埋场可分为 3 个等级 (赵由才, 2007)。

(1) 简易填埋场。简易填埋场是中国这几十年来一直使用的填埋场, 其主要特征是基本没有任何环保措施, 也不考虑环保标准。目前中国相当数量的生活垃圾填埋场属于这一类型, 可称之为露天填埋场, 对环境的污染也较大。

(2) 受控填埋场。受控填埋场在我国填埋场所占比重也较大, 而且基本上集中于大中小城市。其主要特征是配备部分环保设施, 但不齐全, 或者是环保设备齐全, 但是不能完全达到环保标准。主要问题集中在场底防渗, 渗滤液处理和每天覆土达不到环保要求。

(3) 卫生填埋场。卫生填埋场就是能对渗滤液和填埋气体进行控制的填埋方式, 并被广大发达国家普遍采用。其主要特征是既有完善的环保措施, 又能满足环保措施。

根据填埋场中固废降解的机理, 填埋场可分为好氧、准好氧、厌氧 3 种类型。

(1) 好氧填埋场。好氧填埋场是在固废填埋体内布设通风管网, 用鼓风机向填埋体内送入空气。填埋场内有充足的氧气, 使好氧分解加速, 固废性质较快稳定, 堆体迅速沉降。反应过程中堆体产生较高温度 (60℃左右), 使其中的大肠杆菌等得以消灭, 并可以部分甚至完全消除垃圾渗滤液。因此, 填埋场底部只需作简单的防渗处理, 不需布设收集渗滤液的管网系统。好氧填埋适用于干旱少雨地区的中小型城市, 一般用于填埋有机物含量高, 含水率低的固体废物。该类型的填埋场, 通风阻力不宜太大, 故填埋体高度一般都较低。好氧填埋场结构较复杂, 施工要求较高, 单位造价高, 有一定的局限性, 故其采用不是很普遍。我国包头市有一填埋场属于该类型。

(2) 准好氧填埋场。准好氧填埋场结构的集水井末端敞开, 利用自然通风, 空气通过集水管向填埋层中流通。填埋层中的有机废弃物和空气接触, 由于好氧分解, 产生二氧化碳气体, 气体经排气设施或立渠放出。随着堆积的废弃物越来越厚, 空气被上层废弃物和覆盖土挡住无法进入下层, 下层生成的气体穿过废弃物间的空隙, 由排气设施排出。这样, 在填埋层中形成与放出的空气体积相当的负压, 空气便从开放的集水管口吸进来, 向填埋层中扩散, 扩大好氧范围, 促进有机物分解。但是, 空气无法到达整个填埋层, 当废弃物层变厚以后, 填埋地表层、集水管附近、立渠或排气设施左右部分成为好氧状态, 而空气接近不了的填埋层中央部分等处则成为厌氧状态。

在厌氧状态领域, 部分有机物被分解, 还原成硫化氢, 废弃物中含有的镉, 汞和铅等重金属与硫化氢反应, 生成不溶于水的硫化物, 存留在填埋层中。这种在好氧区域有机物分解, 厌氧区域部分重金属截留, 即好氧厌氧共存的方式, 称为"准好氧填埋"。

"准好氧性填埋"在费用上与厌氧性填埋没有大的差别，而在有机物分解方面又不比好氧性填埋逊色，因而得到普及。

（3）厌氧填埋场。厌氧填埋场在垃圾填埋体内无须供氧，基本上处于厌氧分解状态。由于无须强制鼓风供氧，简化结构，降低了电耗，使投资和运营费大为减少，管理变得简单，同时，不受气候条件、垃圾成分和填埋高度限制，适应性广。该法在实际应用中，不断完善发展成改良型厌氧卫生填埋，是目前世界上应用最广泛的类型。我国上海老港、杭州天子岭、广州大田山、北京阿苏卫、深圳下坪等填埋场属于该类型（见表4.4）。

**表 4.4　固体废物填埋场选址条件**

| 项目 | 名称 | 推荐性指标 | 排除性指标 | 参考资料 |
|---|---|---|---|---|
| 地质条件 | 基岩深度 | >15m | <9m | |
| | 地质性质 | 页岩、非常细密均质透水性差的岩层 | 有裂缝的、破裂的碳酸岩层；任何破裂的其他岩层 | |
| 自然条件 | 地震 | 0~1级地区（其他震级或烈度在4级以上应有防震、抗震措施） | 3级以上地震区（其他震级或烈度在4级以上应有防震、抗震措施） | |
| | 地壳结构 | 距现有断层>1600m | <1600m，在考古、古生物学方面的重要意义地区 | GJJ17 |
| | 地势 | 高地、黏土盆地 | 湿地、洼地、洪水、漫滩 | |
| | | 平地或平缓的坡地，平面作业法坡度<10%为宜 | 石坑、沙坑、卵石坑、与陡坡相邻或冲沟，坡度>25% | |
| | 土壤层深度 | >100cm | <25cm | |
| | 土壤层结构 | 淤泥、沃土、黄黏土渗透系数 $k<10^{-7}$cm/s | 经人工碾压后渗透系数 $k>10^{-7}$cm/s | |
| | 土壤层排水 | 较通畅 | 很不通畅 | |
| 水文条件 | 排水条件 | 易于排水的地质及干燥地表 | 易受洪水泛滥、受淹地区、泛洪平原 | GJJ17 |
| | 地表水影响 | 离河岸距离>1000m | 湿地、河岸边的平地及50年一遇的洪水漫滩 | GB3838-88 标准 I~V类 |
| | 分隔距离 | 与湖泊、沼泽至少>1000m 与河流相距至少600m | 与任何河流距离<50m、至流域分水岭边界8km以内 | GB3838-88 |
| | 地下水 | 地下水较深地区 | 地下水渗漏、喷泉、沼泽等 | GB/T14848-93 |
| | 地下水水源 | 具有较深的基岩和不透水覆盖层厚>2m | 不透水覆盖层厚<2m，$k>10^{-7}$cm/s | GB5749-85 GB/T14848-93 |
| | 水流方向 | 流向场址 | 流离场址 | 相关资料 |
| | 距水源距离 | 距自备饮水水源>800m | <800m | CJ3020-93 |

| 项目 | 名称 | 推荐性指标 | 排除性指标 | 参考资料 |
|---|---|---|---|---|
| 气象条件 | 降雨量 | 蒸发量超过降雨量 10cm | 降雨量超过蒸发量地区应做相应处理 | 相关资料 |
| | 暴风雨 | 发生率较低的地区 | 位于龙卷风和台风经过地区 | |
| | 风力 | 具有较好的大气混合扩散作用下风向，白天人口不密集地区 | 空气流不畅，在下风向 500m 处有人口密集区 | 参照德国标准 |
| 交通条件 | 距离公用设施 | >25m | <25m | 相关资料 |
| | 距离国家主要公路 | >300m | <50m | |
| | 距离飞机场 | >10km | <8km | 参照前〔苏〕资料 |
| 资源条件 | 土地利用 | 与现有农田相距>30m | <30m | GB8172-87 |
| | 黏土资源 | 丰富、较丰富 | 贫土、外运不经济 | 相关资料 |
| | 人文环境条件、人口位置 | 人口密度较低地区>500m，离城市水源>10km | 与公园文化娱乐场所<500m，距饮水井 800m 以内，距地表水取水口 1000m 以内 | CJ3020-93 GB5749-85 |
| | 生态条件 | 生态价值低，不具有多样性、独特性的生态地区 | 稀有、濒危物种保护区 | 《固体废弃物污染防治法》第二十条 |
| | 使用年限 | >10 年 | ≤8 年 | CJJ17 |

不同的填埋场类型和不同的填埋方式，其作业工艺流程基本相同。了解待处理废弃物的性质（如成分、含水率等），对确定填埋场的整体计划以及填埋场的作业工艺是非常重要的。在确定填埋工艺原则前需要确定几个因素：① 计划收集人口数；② 每人每日平均排出量；③ 计划垃圾处理量；④ 垃圾填埋量；⑤ 垃圾压实密度；⑥ 垃圾填埋容量；⑦ 填埋高度；⑧ 覆盖厚度；⑨ 填埋场使用年限；⑩ 填埋终场平地利用率（赵由才等，2006b）。

防止填埋场气体和渗滤液对环境的污染是填埋场中最为重要的部分，对这两个污染因素的周密考虑需要贯穿于填埋场的设计、施工、运行，封场和封场后管理的整个生命周期之中。场底防渗系统是防止填埋气体和渗滤液污染并防止地下水和地表水进入填埋区的重要设施。将筛分的矿化垃圾筛上物作为填埋场终场覆盖层。

（二）可持续填埋技术

填埋场占地面积大，渗滤液处理困难，通常对填埋法的评价都是贬过于褒。如果将填埋场看作一个巨大的生物反应器，其潜在的资源利用价值就不会被忽视。固体废物在填埋场内会发生一系列的生物降解和物理化学转化。固体废物的成分、压实密度、填埋年龄及填埋深度、填埋场地理位置、水文气象条件等均会影响垃圾的降解速度，从而影响填埋场稳定化进程。填埋场封场后，经过 8～15 年，固体废物中的易降解物质已几乎完全降解，产生的渗滤液和气体量极少，可生物降解物质（BDM）也降到3％以下。此时填埋场已达到稳定化状态，所形成的垃圾称为矿化垃圾。我国的矿化垃圾资源非常充足，仅上海市就有至少4000万t（赵由才，2007）。

矿化垃圾有较大的比表面积，其结构松散、水力传导和渗透性能较好、阳离子交换能力较强，且矿化垃圾中有种群丰富的微生物，以多阶段降解性微生物为主。因此，矿化垃圾是一种性能相当优良的生物介质，可以作为生物反应器填料。矿化垃圾可以作为种植草皮和树木的肥料，经济效益十分明显。

每开采10000t矿化垃圾，库容空间可以回填7000～8000t新鲜固体废物。开采出来的矿化垃圾经过筛分分选后，可以得到50％～60％的有机细料，5％～15％的可回收物品，25％～30％的化学纤维和橡胶等。对稳定化的矿化垃圾进行开采，并对开采后的堆场土地进行生态修复，完成矿化垃圾的再利用和固体废物的再填埋，实现填埋场的可持续利用，是适合我国当前社会经济发展水平的固体废物处置途径。图4.11为生活垃圾可持续填埋研究的整体技术思路。

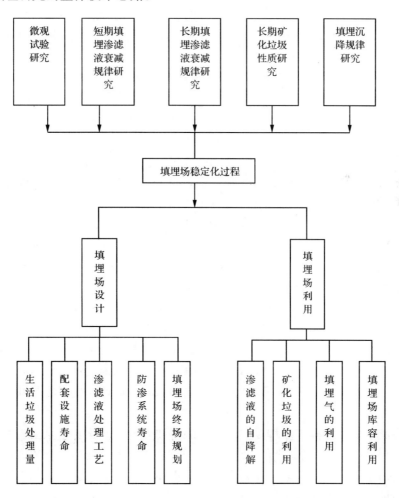

图4.11　生活垃圾可持续填埋技术路线图

### 4.3.3.2　垃圾填埋场稳定化

生活垃圾进入填埋单元后就开始经历一系列机理复杂的稳定化过程，主要表现在有机物的无机化和腐殖化两个方面。一方面，复杂有机物质在填埋单元厌氧微生物的作用下，分解成较为简单的无机物，如 $CO_2$、$CH_4$、$H_2$、$H_2O$、$NH_3$、$H_2PO_4^-$、$SO_4^{2-}$ 等。另一方面有机物降解形成的许多中间产物经缩合而变成新的复杂腐殖质。生活垃圾在填埋单元内的稳定化过程一般可以分为 5 个阶段：调整阶段、过渡阶段、酸化阶段、甲烷化阶段和稳定阶段。

生活垃圾在填埋和覆盖后即进入初始调整阶段。生活垃圾中易降解组分迅速与垃圾所夹带的氧气发生好氧生物降解反应，释放出 $CO_2$、$H_2O$ 和热量，生活垃圾堆体温度快速升高至 $30\sim40\,^\circ\!C$。待到生活垃圾堆体内氧气消耗殆尽后，填埋单元内部环境经由缺氧阶段而最终形成厌氧条件。生活垃圾由好氧降解过渡到缺氧降解，同时在填埋单元内形成以兼性厌氧菌和真菌为主导的优势微生物种群。填埋垃圾中的复杂有机物质也被兼性厌氧微生物转化为有机酸和其他中间产物。由于有机酸的形成及填埋气体中 $CO_2$ 浓度的逐渐升高，填埋垃圾和渗滤液 pH 缓慢下降，生活垃圾的稳定化进程开始进入酸化阶段。

当填埋气体中 $H_2$ 含量达到峰值后，pH 逐渐降低至 5.0 甚至更低，填埋垃圾稳定化即进入酸化阶段。在此转化阶段所涉及的微生物总称为非甲烷菌，由兼性厌氧菌和专性厌氧菌组成。过渡阶段产生的有机酸和其他中间产物被这些微生物转化为低分子量的甲酸和乙酸以及大分子的富里酸或其他更复杂的腐殖酸。

进入产甲烷阶段后，产酸和产甲烷过程同时进行，但有机酸的形成速率明显减慢。产甲烷菌成为填埋单元内的优势微生物种群，产酸菌产生的 $CO_2$、$H_2$ 和有机酸被产甲烷菌转化为甲烷和二氧化碳。填埋单元的 pH 将会升高到 $6.8\sim8.0$ 范围内。渗滤液的pH 也随之上升，而 BOD、COD 和电导率将下降。

当可生物降解组分基本被分解完时，生活垃圾的稳定化进程就进入稳定化阶段。在此阶段，填埋气体的主要组分依然是 $CO_2$ 和 $CH_4$，但填埋气体产率显著降低，渗滤液中含有大量的难降解腐殖酸物质。

随着垃圾降解的进行，渗滤液、填埋气、垃圾表面沉降和降解后的垃圾成分均会发生一系列变化。国内外学者对垃圾填埋场的稳定化作了大量的研究，但在评价固体垃圾的稳定化方面，目前还没有统一的分析指标，垃圾指标的分析方法也还不成熟。同时，生活垃圾组成的非均匀性和波动性给稳定化研究工作造成很大难度。国内外研究一般主要是从填埋气体的组成和产率、渗滤液的产量和浓度、填埋垃圾组成和性质、填埋场地表沉降量指标入手。

垃圾渗滤液的性质随着填埋场的使用年限不同而发生变化，这是由于填埋场的垃圾在稳定化过程中不同阶段的特点而决定的。研究表明，渗滤液污染物浓度随填埋场使用年限的增长而呈下降趋势。表 4.5 是上海、深圳和北京生活垃圾填埋场渗滤液的一些基本性质随填埋时间的变化状况。

**表 4.5　填埋场渗滤液随填埋时间变化情况**

| 地点、时间<br>对比项目 | 深圳 | | 上海 | | 北京 | |
|---|---|---|---|---|---|---|
| | 前 5 年 | 5 年后 | 前 5 年 | 10 年后 | 前 5 年 | 5 年后 |
| $COD_{Cr}$/(g/L) | 20~60 | 3~20 | 20~60 | 3~20 | 12~28 | 1.6~10 |
| $BOD_5$/(g/L) | 10~36 | 1~10 | 10~36 | 1~10 | 4~16 | 0.08~6.2 |
| $NH_3$-N/(mg/L) | 400~1500 | 500~1000 | 400~1500 | 500~1000 | 400~2660 | 400~1300 |
| TP/(mg/L) | 10~70 | 10~30 | 10~70 | 10~30 | — | — |
| SS/(mg/L) | 1000~6000 | 100~3000 | 1000~6000 | 100~3000 | 230~7740 | 40~900 |
| pH | 5.6~7 | 6.5~7.5 | 5.6~7 | 6.5~7.5 | — | — |
| $BOD_5$/$COD_{Cr}$（典型值） | 0.43 | 0.04 | 0.43 | 0.04 | 0.40 | 0.04 |

　　填埋场内垃圾的生物降解使得填埋场在宏观上表现出表面沉降。填埋场地的沉降度与填埋场的初期填埋高度有一定的关系，并随着压实情况和填埋年龄而变化。一般填埋场的沉降要持续 25 年以上，而前 5 年发生的沉降为总沉降的 90%。填埋场的沉降分为三个阶段：初始阶段的沉降是由上层垃圾对下层垃圾的压实造成的；第一阶段的沉降一般发生在填埋完工后 1~6 个月内，主要是由垃圾空隙中的水分和气体由于上层压实作用而散逸所引起的；第二阶段的沉降主要是由垃圾的降解引起的。

　　当垃圾中可生化有机质含量极少时，垃圾的降解速度变得非常慢，产生的渗滤液浓度组成与一般地面水接近，填埋场的表面沉降也非常的小，此时填埋场达到了稳定化状态。

### 4.3.3.3　渗滤液处理

（一）渗滤液的收排系统

　　渗滤液收排系统包括收集系统和输送系统，其作用主要是将填埋场内产生的渗滤液收集起来，并通过污水管或集水池输送至污水处理系统进行处理，以保证在填埋场预设寿命期限内正常运行，避免渗滤液在填埋场底部蓄积。渗滤液的蓄积会引起下列问题：

　　（1）填埋场内的水位升高导致更强烈的浸出，从而使渗滤液的污染物浓度增大；

　　（2）底部衬层之上的净水压增加，导致渗滤液更多地泄漏到地下水-土壤系统中；

　　（3）填埋场的稳定性受到影响；

　　（4）渗滤液有可能扩散到填埋场外。

　　垃圾渗滤液一般通过设置在密封层之上的排水层或者通过敷设在防护层中的排水系统进行排水。设计的排水层要求能够迅速地把渗滤液排掉，这一点十分重要，否则，垃圾中出现壅水会使更多垃圾浸在水中，从而增加了渗滤液净化处理的难度；而且，壅水会对下部密封层施加荷载，有使地基密封系统因超负荷而受到破坏的危险。为了尽量减少对地下水的污染，该系统应保证使衬垫或场底以上渗滤液的累积不超过 30cm（赵由才等，2006b）。

**1. 渗滤液收集系统**

　　渗滤液收集系统的主要部分是一个位于底部防渗层上面的、由砂或砾石构成的排水层，在排水层内设有穿孔管以及防止阻塞铺设在排水层表面和包在管外的无纺布。渗滤液收集系统通常由排水层、集水槽、多孔集水管、集水坑、提升管、潜水泵和集水池等组成。如果渗滤液能直接排入污水管，则集水池也可不要。所有这些组成部分都要按填埋场暴雨期间较大的渗滤液产出量设计，并保证该系统能长期运转而不遭到破坏。渗滤液收集系统各部分的设计必须考虑基于初始运行期的较大流量和在长期水流作用下其他一些使系统功能破坏的问题。为了防止渗滤液在填埋场底部积蓄，填埋场底部应做成一系列坡形的阶地。

根据美国联邦及其一些州的规范要求，当渗滤液从垂直方向直接进入收集管时取最小底面坡降为2%，以加速排放和防止在衬垫上积存。收集管须设在截断流向的1%或稍陡的坡面上。图9.2给出了自流排水的几种地面性状。渗滤液收集系统的最低点必须中止于一个具有提升管或窨井的集水池。

按照渗滤液收集方式，渗滤液收集系统可以分为：① 利用高渗透性的粗大颗粒组成的水平收集系统；② 在填埋区按一定间距设立贯穿垃圾体垂直立管的垂直收集系统。

**2. 输水管道系统**

输水系统的任务是从垃圾底部将渗滤液向外输导。渗滤液输送系统有渗滤液贮存罐、泵和输送管道组成，有条件时可利用地形以重力流形式让渗滤液自流到处理设施，此时可省掉渗滤液贮存罐。

**3. 清污分流**

实行清污分流是将进入填埋场未经污染或轻微污染的地表水或地下水与垃圾渗滤液分别导出场外，进行不同程度处理，从而减少污水量，降低处理费用。

地表水渗入垃圾体会使渗滤大量增加。控制地表径流就是进入填埋场之前把地表水引走，并防止场外地表水进入填埋区。一般情况下，控制地表径流主要是指排除雨水的措施。对于不同地形的填埋场，其排水系统也有差异。滩涂填埋场往往利用终场覆盖层造坡，将雨水导排进入填埋区四周的雨水明沟。山谷型填埋场往往利用截洪沟和坡面排水沟将雨水排出。雨水导排沟一般采用浆砌块石或混凝土矩形沟。此外，地下水导排主要在防渗层下设置导流层。

（二）渗滤液处理

渗滤液的处理工艺从原则上讲有场外处理和场内处理两种方案。

**1. 场外处理**

场外处理主要指渗滤液与适当规模的城市污水处理厂合并处理。这在很多国家得到采用，该法充分利用了城市污水处理厂对渗滤液的缓冲、稀释和调节营养的作用，可以有效节约渗滤液处理系统单独建设的投资和运行费用，还可以降低处理成本。实践表明，只要渗滤液的量小于城市污水处理厂污水总量的0.5%，其带来的负荷增加控制在10%以下，并且地理位置相匹配，那么这种方法具有一定的可行性。但在实际操作中，下面的一些因素将阻碍其顺利运行：一方面，由于垃圾填埋场往往远离城市污水处理厂，渗滤液的输送将造成较大的经济负担；另一方面，由于渗滤液特有的水质及其变化特点，如果不加控制地采用此法，易造成对城市污水处理厂的冲击负荷，影响城市污水处理厂的正常运行。一般情况下为了避免对城市污水处理厂的冲击，渗滤液往往需要先在场内进行预处理，以降低渗滤液中的 $COD_{Cr}$、$BOD_5$、$NH_3\text{-}N$ 和重金属离子，然后再排入城市二级城市污水处理厂，其排放污染物浓度应符合三级纳管标准，具体限度可以与环保部门和市政部门协商，场内预处理一般应采用生物处理为主的工艺，主要目的是减小负荷，同时尽量减少氨氮的排入量。

在正常运行条件下，城市污水处理厂能接纳的渗滤液量是有限的。国外的研究结果表明，渗滤液量一般不超过城市污水量的 0.5%，实际上即使只加入 5% 的渗滤液，污水处理厂的活性污泥负荷也增加了将近一倍。因而，在考虑合并处理方案时，必须研究其工艺上的可行性。对采用传统活性污泥工艺的城市污水处理厂而言，不同污染物浓度渗滤液量与城市污水处理厂的处理规模的比例是决定其可行性的重要因素。

**2. 场内单独处理**

场内单独处理渗滤液的工艺流程在目前应用最为普遍。因为场内单独处理可以降低渗滤液的输送、储存成本，产生的污泥也可以直接填埋处置。合理的垃圾渗滤液处理技术应是以生化处理为主，生化法、物化法与土地处理相结合的工艺。填埋时间较短，新鲜的垃圾渗滤液中有机物浓度高，可生化性好，应以生化处理处理为主；而填埋时间较长的渗滤液，由于其可生化性较差，应该采用生化和物化相结合的处理方式。

由于渗滤液浓度较高，直接采用好氧法处理费用高，厌氧法的负荷高，占地小，能耗低，但出水中的有机物浓度和氨氮浓度还达不到排放标准，因此采用先厌氧后好氧的处理流程较为合理。物化处理是填埋时间较长的渗滤液处理中必不可少的环节，同时，它还可以作为预处理过程去除水中的杂质，降低渗滤液中的重金属、氨氮浓度、调节渗滤液的 pH，以利于后续的生化处理。

在确定渗滤液的处理工艺流程时，应该首先获取渗滤液水质的详细资料，并在实验的基础上进行选择。目前常用的工艺组合有：生物处理-混凝沉淀、生物处理-化学氧化-生物后处理、生物处理-活性炭吸附、生物处理-反渗透-蒸发和干化等。图 4.12 是一个较为典型的渗滤液处理工艺流程。

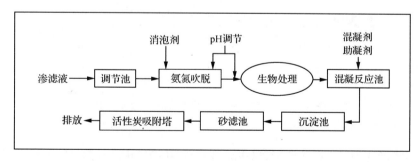

图 4.12　典型的渗滤液处理工艺流程

在实际的运行中，由于各地的渗滤液的水质和排放要求不一样，因此所采用的工艺流程在上述典型的工艺流程基础上应进行相应的调整。下面介绍一些我国部分沿海城市目前采用的一些渗滤液处理工艺。

（1）回罐处理。渗滤液回罐处理法的提出已有多年，但其实际应用则是近 10 多年的事。目前美国已有 200 多座垃圾填埋场采用了此技术。该方法除具有加速垃圾的稳定化、减少渗滤液的场外处理量、降低渗滤液污染物浓度等优点外，还有比其他处理方案更为节省的经济效益。通过回喷可提高垃圾层的含水率（由 20%～25%提高到 60%～70%），增加垃圾的湿度，增强垃圾中微生物的活性，提高产甲烷的速率、垃圾中污染物的溶出及有机物的分解。同时，通过回喷，不仅可降低渗滤液的污染物浓度，还可以因喷洒过程中挥发等作用而减少渗滤液的产生量，对水量和水质起稳定化的作用，有利于废水处理系统的运行，节省费用。

在采用回罐处理方案时，必须注意喷洒的方式和喷洒的量。一方面，喷洒的渗滤液量应根据垃圾的稳定化进程而逐步提高。另一方面，填埋场内不同位置的垃圾可能处于不同的稳定化阶段，因而为保证喷洒的应有效果，应将稳定化程度高的垃圾层区（产甲烷区）所排出的渗滤液回喷至新填入的垃圾层（产酸区）、而将新垃圾层所产生的渗滤液回喷至老的稳定化区，这样有利于加速污染物的溶出和有机污染物的分散，同时加速垃圾层的稳定化进程。

下面以宁波市布阵岭垃圾卫生填埋场为例，说明独立场内渗滤液处理系统回罐的一些运行状况。渗滤液处理装置为一个深 2m、直径 40m、底部呈 2°的倾斜坑，于底部铺设 2 层 30cm 厚的黏土，其中间复合厚 0.75mm 塑料薄膜，黏土层上铺设 20cm 砾石作污水收集导流层。按垃圾填埋方式填入 1523 吨生活垃圾。位于坑下方再建 1 个容积为 3.7m×3.7m×3.4m 渗滤液收集调贮池，同时布设污水回喷装置 1 套。处理工艺见图 4.13。

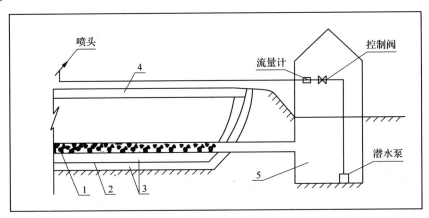

图 4.13　污水回罐法处理渗滤液工艺流程图
1. 碎石导流层；2. 塑膜防渗层；3. 黏土防渗层；4. 黏土覆盖层；5. 渗滤液收集池

首次回喷渗滤液的 $COD_{Cr}$ 为 10900mg/L，经 10 次回喷跟踪监测分析表明，经 8 个月回喷处理，$COD_{Cr}$ 降解约 98%，渗滤液水质达到特种行业污水排放标准。

（2）稳定塘＋芦苇湿地＋化学氧化（或化学混凝）。

设计进水水质为：$COD_{Cr}=12000mg/L$、$BOD_5=3000mg/L$、$NH_3\text{-}N=400mg/L$。处理工艺主要以稳定塘＋芦苇湿地为主，渗滤液经调节池的调蓄、厌氧塘的厌氧处理、兼性塘的缺氧处理和曝气塘的好氧处理后，进入芦苇湿地，利用植物和土壤的吸收、消解作用，进一步净化水质，如果仍不能达标，再进行化学氧化处理后排放（见图4.14）。

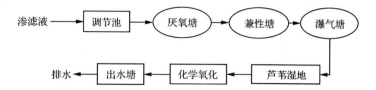

图 4.14　稳定塘＋芦苇湿地＋化学氧化渗滤液处理工艺流程

（3）深圳玉龙山填埋场处理工艺：$A^2/O$ 生化法＋化学混凝。

工艺流程如图 4.15 所示。

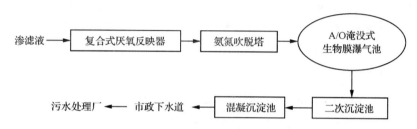

图 4.15　深圳玉龙山垃圾填埋场渗滤液处理工艺流程

该工艺除常规厌氧处理外，增加了氨氮的鼓风吹脱工序，并利用缺氧-好氧（A/O）淹没式生物膜曝气池的反硝化和硝化作用进一步去除 $NH_3\text{-}N$、$COD_{Cr}$ 和 $BOD_5$，最后利用 PAC 进行混凝处理，出水通过市政下水道，进入渗滤液处理厂处理。该工艺脱氮效果好，耐负荷冲击，产泥少，无污泥膨胀和无需污泥回流。

（4）广州大田山垃圾填埋场渗滤液的处理工艺：UASB＋生物接触氧化＋氧化塘。

工艺流程如图 4.16 所示。

图 4.16　广州大田山垃圾填埋场渗滤液的处理工艺流程

在该工艺下，进水 COD 为 8000mg/L，BOD 为 5000mg/L，SS 为 700mg/L，pH 为 7.5。出水水质 COD 为 100mg/L，BOD 为 60mg/L，SS 为 5130mg/L，pH 为 6.5～7.5 考虑到渗滤液水质波动比较大，在厌氧段后加气浮工艺，提高处理能力以应付进水水质偏高的情况。

（5）深圳市下坪固体废物填埋场渗滤液的中试流程：氮吹脱＋厌氧生物滤池＋SBR。

工艺流程如图 4.17 所示。

图 4.17　深圳市下坪固体废物填埋场渗滤液的中试流程

该 SBR 池在没有加厌氧搅拌的情况下，氨氮的去除率可以达到 90％以上，反应器出水总氨在 100mg/L 以下，进水 $COD_{Cr}$ 在 2000～5000mg/L，出水 $COD_{Cr}$ 可以达到 90％以上，$BOD_5$ 去除率在 95％～97％左右。

深圳下坪固体废物填埋场渗滤液的中试流程中采用厌氧生物滤池作为 SBR 的预处理工艺，在厌氧池中，有机物大分子物质厌氧分解为小分子的挥发性脂肪酸，硫酸盐和硝酸盐厌氧状况下被还原为 $H_2S$ 和 $N_2$，重金属离子可以和硫离子反应生成硫化物沉淀而得到去除。这样厌氧池的预处理相对减轻了重金属离子对后续的好氧生物处理的毒害作用，SBR 池融合了 A/O 工艺和其他一些高负荷活性污泥法工艺的优点，具有冲击负荷强，污染物去除效果好的优点，特别是在处理间歇流、小流量高浓度的有机废水方面有独特的优势，它通过调整反应器中曝气和厌氧搅拌的时段和次序，可方便地实现 A/O 工艺的硝化和反硝化的功能。垃圾渗滤液是一种高浓度的有机废水，采用厌氧生物处理能去除大部分的有机组分，后续再接一个好氧生物处理单元即可达到污水国家排放标准（见表 4.6）。

**表 4.6　各种渗滤液处理工艺效果对比**（赵由才，2007）

| 处理工艺 | 应用单位 | 处理效果（去除率） |
|---|---|---|
| 曝气-管道絮凝 | 武汉市流芳垃圾填埋场 | 色度、COD、总磷：>80％，氨氮：60％ |
| 复合厌氧-碱化吹脱-A/O 淹没式生物膜曝气池 | 深圳下坪垃圾填埋场 | COD：83.3％ BOD：88.4％ |
| 微氧曝气池-接触氧化池 | 中山市老虎坑垃圾填埋场 | COD：94.4％，BOD：95％，$NH_3$-N：99.3％ |
| UASBF-SBR 工艺 | 鞍山垃圾填埋场 | COD：94％～98％，$NH_3$-N：>99％ |
| 传统活性污泥法 | 美国宾夕法尼亚州 Fall Township 污水处理厂 | BOD：99％，有机碳：80％ |
| 曝气稳定塘 | 美国 Bryn Posteg Landfill | COD：98％ BOD：91％ |
| 碟管反渗透系统 | 德国 Ihlenberg 市政垃圾处理场 | COD：99.2％，$NH_3$-N：99.9％，重金属：98％ |

**（三）矿化垃圾生物反应床处理渗滤液示范工程研究**

上海老港垃圾填埋场位于上海市中心东南约 60km 的东海之滨，地处市郊南汇区境内，北与长江口相连，南距杭州湾 20km。场地由滩涂经围垦筑堤而成，占地约 340hm² （公顷，$1hm^2 = 10^4 m^2$），三期建设运营总投资为 3.1 亿元。整个填埋场由 40 余个填埋单元组成，每个单元面积约 5 万 m²，垃圾填埋高度 4m。填埋场从 1990 年开始填入垃坂，截至 2003 年年底，已经填埋生活垃圾 3000 万吨。目前每天消纳垃圾 6000～9000t，是我国规模最大的生活垃圾填埋场。根据 2003 年气象资料统计，老港地区年均气温 15.5℃，其中最高气温 38.5℃、最低气温 1.3℃；年降水量 1267.1mm，年蒸发量 1063.4mm；年均相对湿度 82%；年均风速 3.7m/s；年日照百分率 48%（楼紫阳等，2007；赵由才，2007）。

目前老港填埋场渗滤液日产量约 2400t，各填埋单元产生的渗滤液由污水泵打入污水管道，然后依次流经调节池→厌氧塘→兼性塘→曝气塘→芦苇湿地等生物处理设施的过程中得到处理，然后经土壤-植物系统净化后排入东海。

**1. 矿化垃圾生物反应床的设计与构建**

有机污染物在流经矿化垃圾反应床的过程中，其中的悬浮物、胶体颗粒和可溶性污染物在物理过滤与吸附、化学分解与沉淀、离子交换与螯合等非生物作用下，首先被截留在床体浅层（0～60cm）的生物填料表面。在落干期良好的好氧条件下，经生物氧化和降解作用，获得微生物生理生化活动所需的能量，将渗滤液中的营养元素吸收转化成新的细胞质和小分子物质，并将 $CO_2$、$H_2O$、$NH_3$ 和无机盐等代谢产物排出系统之外，或淋溶至兼氧区和厌氧区继续降解。已有的研究结论表明，渗滤液中大部分污染物的去除作用主要发生在好氧区，兼氧区和厌氧区因微生物数量少、活性低，其中的生化反应较为平缓。图 4.18 为矿化垃圾反应床净化渗滤液的原理示意图。

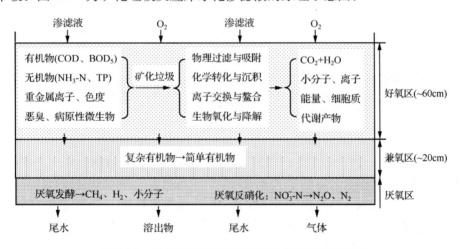

图 4.18　矿化垃圾生物反应床净化渗滤液的示意图

矿化垃圾生物反应床处理渗滤液的工艺属天然基质自净化过程。在结构上主要包括填料层、承托层、配水和排水系统；在形状上，应尽量减少死角和流体短路，并力求使床体构型有利于污染物的降解过程。

（1）填料层

在示范工程中，为便于布水操作，3 个反应床的横截面均为 32m×32m 的方形结构，一级床、二级床、三级床内矿化垃圾的实际装填高度分别为：2m、2.2m 和 2.4m，3 个反应床共装填矿化垃圾约 5400t。

填料层高度与通风状况对反应床的净化效能影响很大。渗滤液 COD、$BOD_5$、

NH$_3$-N 和 TSS 等污染物的去除，主要集中在床体 60cm 以上复氧条件良好的浅层，且沿床层深度由上而下去除效果呈负指数递减趋势。因此填料层厚度太小，水力停留时间短，出水水质差；厚度过大，将大幅增加投资成本，并使床体深层区域的好氧降解作用受到抑制，从而导致单位质量填料对渗滤液的处理负荷下降。

根据反应床的这一特点，基于防止床层堵塞、强化复氧、节省占地、减少重复投资，以及提高处理负荷等方面的考虑，填料层厚度设计为 100cm 左右，采用上下双层结构，中间采用 10cm 厚的碎石层予以隔断，碎石层经由床侧通风管道与大气相通，同时在床层内沿纵横方向每隔 5m 处设置高出床层表面的通风管（$\phi$100mm），以强化床层的通风效果。

（2）配水系统

渗滤液进水直接取自兼氧塘，由高压水泵通过管式大阻力布水系统进行喷灌配水。与表面分配和浇灌分配相比，喷灌分配既具有水力分布均匀、分配效率高、受床层表面平整度影响小、配水/落干时间和配水量易于自动控制等特点，又可使部分挥发性有机物在喷洒中得到逸散去除，同时还强化了液滴在大气中的复氧进程，有利于后续的生物处理。管式大阻力布水系统设计参数如表 4.7 所示。

表 4.7　管式大阻力配水系统设计参数　　　　（单位：mm）

| 干管管径 | 支管管径 | 支管间距 | 配水孔间距 | 配水孔径 | 开孔比 |
| --- | --- | --- | --- | --- | --- |
| 100 | 20 | 500 | 75 | 2 | 0.25% |

（3）排水系统

床体地面基础平整时，需预留 2% 的坡度以利于尾水导排，排水设施采用管径为 200mm 的穿孔集水管。排水系统位于承托层之中，承托层之下铺设有 0.5mm 厚的 HDPE 防渗膜。

（4）承托层

承托层的作用主要有两方面，一是在反应床底部起承托垃圾层的作用，使垃圾层架空，便于滤出水顺畅排出，以利于渗滤过程的持续进行；二是通过滤液的排出和排水口空气的进入，促进垃圾介质层内的气体交换。承托层采用粒径为 10~20mm 的破碎石块铺设，较大石块置于底层，碎石置于上层，总厚度为 300mm 以上。

**2. 示范工程的运行与管理**

（1）运行方式和监测指标

在老港填埋场示范工程中，第一级、第二级、第三级反应床的投入运行日期分别为 2003 年 5 月 20 日、8 月 10 日和 10 月 15 日。示范工程中驯化与正式运行的工艺参数均采用白天（8∶00~20∶00）小周期配水-落干，夜间（20∶00~8∶00）闲置复氧的操作方式。配水操作采用自动和手动控制相结合的方式，白天每隔 2 小时配水 1 次，一天共配水 6 次，通过高压污水泵（额定流量：50m³/h）进行间歇表面喷灌，并根据每次配水持续时间大致确定配水量，实际进水量通过水表读数进行核算，及时补足每日的配水总量。

根据渗滤液水质排放控制标准和现场实时监控条件，日常监控项目为进出水 COD、

$NH_3$-N 和色度，$BOD_5$、TN、$NO_3^-$-N、$NO_2^-$-N、TSS、TP 等为定期监控项目；对床体矿化垃圾的 pH、TP、CEC、孔隙度、有机质含量、细粒物（粒径≤0.25mm 组分）含量、重金属含量、微生物学参数等性质进行不定期抽样监测。

（2）反应床的驯化

为避免因高浓度原水在反应床启动初期对微生物产生异常的毒害或抑制作用，使床层对污染物的吸附截留与生物降解逐步上升并维持在较高的水平上，工艺运行初期，对反应床进行了合理的驯化。

以第一级反应床为例，驯化过程从日配水量 10t/d 开始，以每周 5t 的水力负荷梯度逐步升高，在 4 个月的时间内（2003.5.20～9.26）配水量增至 100t，期间 COD 和 $NH_3$-N 的去除效果如图 4.19 与图 4.20 所示。

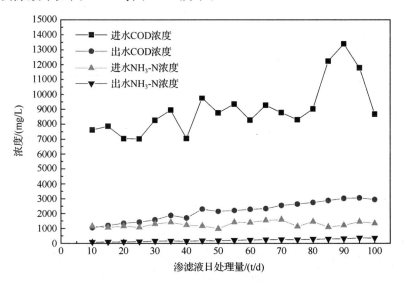

图 4.19　驯化期间进出水 COD 和 $NH_3$-N 的浓度变化（2003.5.20～9.26）

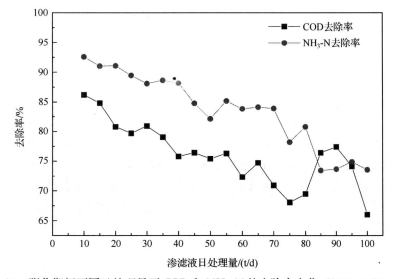

图 4.20　驯化期间不同日处理量下 COD 和 $NH_3$-N 的去除率变化（2003.5.20～9.26）

尽管进水 COD 和 NH₃-N 的浓度分别在 7000～12000mg/L 和 980～1580mg/L 波动剧烈，但随着配水量的逐周增加，经过矿化垃圾反应床处理后，COD 和 NH₃-N 的出水水质均分别在 1000～3000mg/L 和 100～350mg/L。这表明在有机负荷的不断提高下，反应床的驯化作用比较平稳，已逐渐形成了具有较强新陈代谢能力和缓冲强度的微生物区系，可适应进水水质和水量的强烈变化。

（3）运行效果

3 个反应床的构建和驯化工艺相继结束后，示范工程日处理渗滤液量达 100t。表 4.8 列出了在秋末冬初的两个月中，三级反应床进出水 COD 和 NH₃-N 的浓度变化。当 COD 进水浓度为 7000～10000mg/L 时，一级、二级、三级反应床尾水的去除率分别为 52.2%～55.5%、72.4%～76.6% 和 82.5%～88.6%；当 NH₃-N 进水浓度为 980～1420mg/L，一级、二级、三级反应床尾水的去除率分别为 55.1%～61.5%、75.2%～78.6% 和 91.2%～94.8%。

**表 4.8　100t/d 渗滤液处理示范工程运行效果**（2003.10.17～12.26）

| 取样日期 | COD/(mg/L) | | | | 去除率/% | NH₃-N/(mg/L) | | | | 去除率/% |
|---|---|---|---|---|---|---|---|---|---|---|
| | 进水 | 一级 | 二级 | 三级 | | 进水 | 一级 | 二级 | 三级 | |
| 10.17 | 8475.2 | 3846.7 | 1952.2 | 1058.4 | 87.51 | 1154.8 | 456.2 | 250.2 | 78.3 | 93.22 |
| 10.24 | 8742.1 | 3954.1 | 2020.3 | 1025.5 | 88.27 | 1064.0 | 445.2 | 241.2 | 75.1 | 92.94 |
| 10.31 | 7850.4 | 3400.5 | 1900.9 | 1130.1 | 85.60 | 1159.7 | 480.1 | 264.4 | 98.1 | 91.54 |
| 11.7 | 9460.4 | 4020.1 | 2170.1 | 1128.8 | 88.07 | 1065.9 | 470.2 | 230.1 | 80.2 | 92.48 |
| 11.14 | 6987.0 | 3290.1 | 1878.5 | 1045.9 | 85.03 | 1302.9 | 502.2 | 228.1 | 79.5 | 93.90 |
| 11.21 | 7470.1 | 3950.7 | 2085.9 | 1280.7 | 82.86 | 1409.6 | 610.2 | 310.2 | 105.4 | 92.52 |
| 11.28 | 7152.6 | 3275.9 | 1884.7 | 1245.2 | 82.59 | 1228.0 | 510.2 | 275.5 | 80.8 | 93.42 |
| 12.5 | 10370 | 4608.7 | 2320.1 | 1350.1 | 86.98 | 1170.5 | 395.4 | 290.1 | 65.5 | 94.40 |
| 12.12 | 8040.4 | 3825.4 | 1858.7 | 1028.8 | 87.21 | 979.6 | 315.2 | 225.2 | 87.8 | 91.04 |
| 12.19 | 7536.7 | 3512.1 | 1890.7 | 1105.6 | 85.33 | 1416.9 | 589.2 | 295.1 | 110.2 | 92.22 |
| 12.26 | 8742.5 | 4530.5 | 2145.5 | 1254.1 | 85.65 | 1380 | 568.5 | 264.5 | 120.1 | 91.30 |

示范工程在日配水量为 100t 时，三级矿化垃圾反应床出水水质并不理想，其原因可能有如下 4 个方面：① 气温较低，影响了床层内微生物群落和降解酶的生物活性。② 配水时间延长，导致落干时间相对较短，影响了床层与大气交换的复氧进程。③ 配水量较大，引起床层部分区域形成短流现象，渗滤液停留时间太短，未来及与矿化垃圾充分作用。④ 床体表层因悬浮物沉积逐渐形成黑色有机膜。虽然反应床有较稳定的出水效果，但对气候条件、床层管理、运行参数和床体通风结构等均提出了较严格的要求。矿化垃圾反应床适用于污染负荷高、水质波动大的渗滤液的强化处理。

（4）矿化垃圾反应床的日常运行管理

为了保证矿化垃圾反应床系统的稳定运行，须对反应床进行必要的日常运行管理和维护，如床体表面管理、工艺参数控制和运行状况监控等。

① 床体表面管理。渗滤液布水后，常因悬浮物含量过多、环境温度较低、一次配水量过大等原因，使床体表层滤积的有机物和矿物质来不及降解转化而聚结成膜，导致表面结壳发硬，滋生藻类，使床体渗透性能降低，进而对反应床的稳态运行造成不利影响。实践表明，一般冬季约 1 个月左右、夏季约 2～3 个月需翻动床体表层一次，对部分致密层进行铲除、翻挖或更新，使其呈松散土状，恢复床体的渗透性能。

除对床体表面结壳发硬管理外，随着反应床的长期运行，其表面层还会逐渐沉降。当降至一定程度时，需添加新鲜矿化垃圾基质。特别是反应床初始运转的 1～2 个月内，往往需要补充 2～3 次。在其后的运行中，约 6 个月需补充一次新鲜垃圾基质。实践中，三级反应床共补加矿化垃圾约 540t。

② 工艺参数控制。示范工程采取短周期、小水量多次配水、落干的运行方式，白天每隔 2h 配水一次，共配水 5～6 次，一次配水量为 8～10t，配水持续时间 10min。配水采用人工和自动控制相结合的方式，在人工控制时，需设置一定的监督保障措施，以确保工作的可靠执行；当采用自动程控时，需设置两套监控体系（一套备用）。

在工艺运行中，配水支管常因堵塞，导致床层布水不均，需要随时疏通；记录水量的水表常因渗滤液的腐蚀而失真，需要及时校正或更换；高压污水泵、自动控制系统也常因露天操作出现机械故障，需要定期检查。

③ 运行状况监控。反应床日常运行时，可通过 COD、$NH_3$-N 和色度的实时监测判断其处理效能。当发现运行效果异常时，需立即查找原因，进行补救和调整。可能发生的原因主要有：运行参数控制出错、反应床表面管理不及时、布水不均、床体内发生渗滤液短流；进水中有毒有害物质严重超标等。

事故原因排除后，如果床体基质的基本环境未遭大的破坏，正常运行一段时间后，反应床基本可以自行恢复原有性能。但如果通过对床体基质微生物数量、有机质含量等特性的监测，发现床体基质的基本环境已遭大的破坏，则可能需要采取进一步的措施，如停止运行，给反应床一段自行调整恢复期；更换部分矿化垃圾生物填料等。

**3. 示范工程处理渗滤液的经济性分析**

矿化垃圾生物反应床处理工艺在渗滤液的处理上应用前景广阔，其建设运营的总成本由两部分构成：基建投资成本和运行成本（包括折旧费用），以 50t/d 渗滤液处理工程为例，从经济上作如下分析：

（1）基建投资成本

基建成本包括矿化垃圾的开采、筛分和回填，厌氧调节池（1 个）、反应床（3 个）、集水池（3 个）的构建，大阻力配水和自动控制系统安装等，所需主要材料及费用如表 4.9 所示，基建总费用约 66 万元，吨投资成本约为 1.32 万元。

**表 4.9 50t/d 示范工程基建的所需主要材料及费用**

| 序号 | 材料名称 | 所需数量 | 单价 | 小计/元 |
|---|---|---|---|---|
| 1 | 矿化垃圾细料 | 7000m³ | 30 元/m³ | 210000 |
| 2 | 池壁坝体构造 | 380m | 100 元/m | 38000 |
| 3 | 集水池 | 600m³ | 20 元/m³ | 12000 |
| 4 | 碎石 | 1200t | 80 元/t | 96000 |
| 5 | 0.5mm 厚 HDPE 膜 | 4000m² | 11.5 元/m² | 46000 |
| 6 | 网纱布 | 3200m² | 4 元/m² | 12800 |
| 7 | 土工布 | 3200m² | 6 元/m² | 19200 |
| 8 | PVC 集水管 | 210m | 100 元/m | 21000 |
| 9 | PVC 配水干管与支管 | 6500m | 18 元/m | 117000 |
| 10 | 通气管 | 400m | 15 元/m | 6000 |
| 11 | 配水与自动控制系统（含维修） | 4 套（50m³/h） | 6000 元/套 | 34000 |
| 12 | 场地基建、施工安装费 | — | — | 40000 |
| 13 | 不可预见费 | — | — | 18000 |
| 合计 | | | | 660000 |

b）日常运行成本

矿化垃圾反应床工艺具有不产生污泥、无需曝气、动力费用消耗低等优点，仅需几台污水泵将渗滤液依次提升至各级反应床表面即可，日耗电约 10kW·h，电费合计约 5 元/d。反应床需要两个专职工人日常照看，人工费用约 60 元/d。若两个月对反应床修整一次，费用约为 600 元/次，因此，日常运行成本为 75 元/d，吨运行成本为 1.5 元。矿化垃圾生物反应床可长期使用，使用寿命按 30 年计，50t/d 矿化垃圾反应床的折旧费用约为 1.2 元/t。因此，处理 1t 渗滤液，矿化垃圾生物反应床的总运行成本为 2.7 元/t。

### 4.3.4 生活垃圾焚烧技术

#### 4.3.4.1 概述

填埋和焚烧是城市生活垃圾处理的两种主要方式。目前在我国生活垃圾处理处置中，填埋占据着主导位置，但填埋处置过程中二次污染持续时间长、占地面积大，这使得垃圾填埋越来越受到土地资源短缺等因素的制约。2002 年以来，国家和有关部门对垃圾焚烧发电采取了政策税收优惠、政策电价优惠和垃圾处理补偿费等措施，不少企业开始积极投入到垃圾焚烧发电项目中。2006 年，国家发展改革委会同建设部、国家环保总局编制的《全国城市生活垃圾无害化处理设施建设"十一五"规划》指出：在经济发达、生活垃圾热值符合条件、土地资源紧张的城市，可加大发展焚烧处理技术。焚烧具有占地少、处理时间短、减量化显著、无害化彻底以及可回收热能等优点，相对于填埋而言，焚烧在减量化、无害化、资源化等方面具有很大优势，尤其是在人口高度密集、土地资源紧张、垃圾热值较高的大中城市和沿海经济发达地区，垃圾焚烧处理法得到了大力发展，逐渐成为城市生活垃圾处理的首选方案。经过十余年的发展，我国焚烧市场已逐渐形成并逐渐壮大。目前运行的 80％的焚烧厂都为近 5 年建设，其中上海环境集团以 9300t/d 的生活垃圾处理量，占到市场份额的 22％，处于领先地位。根据最新统计资料表明：我国目前正在建设垃圾焚烧发电厂 75 座，其中 72％的焚烧厂集中在东部地区，并且主要集中在经济发达的省份（张益，赵由才，2000；魏刚等，2004；郑晓虹等，2007）。

垃圾焚烧技术经历了一百多年的发展，已日臻完善并得到了广泛的应用。目前通用的垃圾焚烧炉主要有炉排式、流化床式和旋转窑式焚烧炉。国外大量垃圾焚烧经验表明：对于生活垃圾而言，机械炉排焚烧炉与流化床焚烧炉均具有较好的适应性；而对于危险废物，回转窑焚烧炉的适用性更胜一筹。

（一）焚烧技术的特点

由于我国居民生活习惯特点及垃圾混合收运形式，决定了我国生活垃圾呈现出高混杂、高含水率、高无机物含量、低热值的"三高一低"特点，具体包括：① 无机类物质含量较高，特别是混入部分建筑垃圾，使得垃圾中不可燃烧的大块砖石、水泥碎块等含量较大。② 有机类物质中厨余垃圾含量较高，垃圾总体含水率偏高，达到 55％以上。③ 有机类物质中纸张、橡胶等高热值物质少，垃圾低位热值偏低。④ 目前我国大部分城市采用混合收集方式，使得垃圾成分复杂多变。我国生活垃圾的这些特点决定了大部分城市的生活垃圾不能达到自燃的要求，且燃烧效果差，需添加辅助燃料（如柴油）助燃，导致垃圾处理成本增大。再者生活垃圾焚烧过程的着燃点和燃烧特性尚不明确，使得焚烧过程中焚烧温度和辅助燃料的确定带有一定的盲目性，难以达到高效、低污染、高度减容和无害化地处理垃圾目的。

目前生活垃圾焚烧系统中的主要焚烧工艺有流化床和炉排炉两种类型，其所占市场份额比例中，炉排炉与流化床焚烧厂的处理规模约为 43970t/d：24570t/d，即 63：37，炉排炉占主导地位。在机械炉排焚烧炉的建设和运行等方面，国内已有一定的规模和基础，但焚烧过程也面临着大量问题，技术的研发和设备制造方面缺口较大。根据我国的国情以及焚烧建设运行经验，国家建设部、国家环保总局、科技部等发布了《城市生活垃圾处理及污染防治技术政策》，其中建议："垃圾焚烧目前宜采用以炉排炉为基础的成熟技术，审慎采用其他炉型的焚烧炉。禁止使用不能达到控制标准的焚烧炉。"因此，炉排炉是我国生活垃圾焚烧的主导工艺。但目前，我国的焚烧炉排炉主要依靠进口，核心技术主要掌握在国外厂家手中，这使得我国的生活垃圾焚烧投资和运行成本总体较高。不能系统掌握适合我国生活垃圾焚烧的技术，在建设与运行中均缺乏可靠的技术支撑，生活垃圾焚烧研究的系统性和完整性较差，是我国生活垃圾焚烧的另一个难点。生活垃圾焚烧是一个系统工程，垃圾的进料系统、进料性质、烟气处理、炉渣出炉等都直接关系到生活垃圾的正常稳定运行。目前我国关于生活垃圾焚烧的研究项目的立项基本上是基于经费的可获得性，而不是根据焚烧的特点进行整体系统地研究。焚烧中气态污染物的产生过程、垃圾的着火过程和焚烧的强化方式等，国内外亦均没有深入研究，这使得垃圾焚烧的理论研究远远落后于实际应用。而有关垃圾焚烧的热物性数据较分散，迄今仍无商品化的数据库软件可供研究和应用部门使用。

生活垃圾焚烧的第三个难点是焚烧过程的二次污染仍未从根本上解决。一方面，由于生活垃圾燃烧不完全，部分有机物一遇高温环境就挥发因而得不到燃烧，与无机污染物 $NO_x$、$SO_2$、$HCl$ 以及重金属一起直接从烟囱中排出，造成严重的二次污染，其处理成本占焚烧厂总投资的比例大幅度上升。另一方面，垃圾焚烧的能源利用缺乏深入探讨，针对不同规模垃圾焚烧厂所产生的热量如何进行合理利用需要统筹考虑，特别是垃圾热值、焚烧规模、单位时间释放的能量和能源利用方式等对最终确定焚烧厂的热量利用关系，如发电、供热或用于垃圾干燥等。生活垃圾焚烧的设计开始阶段是依据常规燃料燃烧的原理建立起来，但垃圾焚烧与常规燃料的燃烧既有共性，也有不同之处，特别是垃圾焚烧的主要目的是以环境保护为根本出发点，其次才是能源利用。因此，在进行垃圾焚烧研究时，最重要的是环境保护之需要，如高强度的无害化和减容化，二次污染的抑制和治理等。

由于目前我国的焚烧厂炉排主要依靠进口，整套设备的自控水平差距较大（有的甚至完全靠手动进行控制），烟气处理不能满足国家标准要求，焚烧工艺的总体技术水平、运行可靠性、燃烧效果等有待进一步提高。掌握焚烧核心技术的日本、美国、欧盟等发达国家，其经济水平和生活水平均较高，垃圾中的燃烧型有机成分较高，垃圾经过分类收集后，进入焚烧厂的成分相对简单，低位热值高（一般都在 1600kcal/kg 以上），水分含量低，很适合焚烧；而大多数情况下我国生活垃圾低位热值普遍低于 1100kcal/kg，各焚烧厂在设计时均未考虑对进炉垃圾进行预处理脱水。引进的炉排炉因为缺乏对中国低热值、高水分、高灰分垃圾特点的认识，对炉膛的容积热负荷和炉排面积热负荷设计方面缺乏经验，对炉膛的前拱和后拱的辐射及对流传热考虑不足。使得前拱和后拱倾角偏高，炉膛空间过大，炉膛后拱辐射传热效果不明显，垃圾干燥、水分蒸发、挥发分析出和燃烧、固定碳燃烧等各个过程速度均较慢，最终导致炉膛内火焰充满度较差，表现为炉膛内整体温度不高，直接导致垃圾焚烧不充分，二次污染严重（贾其亮等，2004）。同时，国外焚烧炉机械自动化程度高，而我国由于垃圾"三高一低"的特点，使得运行过程中的稳定性效果较差，往往导致能耗较高。

（二）焚烧技术的应用现状和前景展望

今后的 10 年将是我国生活垃圾焚烧发展的黄金时期，我国垃圾焚烧处理的比例将继续稳步提高。虽然在生活垃圾焚烧研究、实践及其推广过程中面临着一系列的问题和难点，但针对生活垃圾焚烧技术从垃圾预处理、焚烧影响因素、焚烧飞灰处理、焚烧烟气处理等方面进行重点研究，生活垃圾焚烧市场前景将十分广阔。

首先针对生活垃圾混合收集的现状，对垃圾进行预分选以去除其中的建筑垃圾等不可燃无机物。通过对生活垃圾进行预处理，对垃圾焚烧厂垃圾储存系统（脱水、堆酵、分类）及其垃圾进料系统的研究改进，解决我国生活垃圾含水率严重偏高的问题，降低进炉垃圾的含水率。垃圾焚烧过程方面的问题主要集中在垃圾混合、干燥段的高速干化，垃圾着火过程以及烟气生成过程，以及这些过程对热值和焚烧效果及二次污染的影响。对于生活垃圾焚烧系统，从垃圾组成—预处理—着火—燃烧—燃尽等全过程进行一体化的优化，根据实际运行中的问题，对焚烧过程的辅助设备进行系统开发，并着手研究适合我国生活垃圾焚烧的国产化炉排炉。在垃圾焚烧热能合理利用方面，主要从垃圾组成—垃圾预处理—焚烧方式—二次污染控制（炉内和炉外）—热能利用方式一体化的角度来研究，开发生活垃圾焚烧余热高效利用和渗滤液厌氧产沼回喷发电技术。

生活垃圾焚烧后的飞灰属于危险固体废物类，通过对其进行系统表征，研究其污染控制及资源化途径。通过研究烟气中不同组分气体的生成过程、分配途径以及性质等，开发适合焚烧厂烟气的高效处理工艺技术。针对生活垃圾焚烧过程产生的二次污染物对焚烧厂周围可能产生的影响及减轻措施等进行系统研究，定量描述其污染现状及确定降低其污染性的关键环节。

焚烧是我国政府大力支持的一种生活垃圾处置方式，机械炉排焚烧工艺将是今后生活垃圾焚烧发展的主流工艺，通过完善现代主流焚烧设备的国产化技术体系，发展焚烧厂二次污染控制相应技术，同时在重视设备制造技术的前提下，提高焚烧管理技术，尤其是技术人才的培养，是满足我国焚烧事业发展的重要保证。我国应在技术、资金、营运等方面做好充分准备，尽快开发出适合我国国情的垃圾焚烧技术，实现生活垃圾焚烧的国产化，从而降低投资、运行成本。因此，通过培育具有相当市场号召力的企业，结合科研院校进行生活垃圾炉排炉焚烧关键技术与应用的系统研究，将为我国生活垃圾焚烧技术的推广提供技术储备和实践经验，为生活垃圾焚烧技术的国产化目标做出重大贡献。

### 4.3.4.2　焚烧过程分析（张益、赵由才，2000；赵由才，2007）

（一）物质平衡分析

生活垃圾焚烧过程中，输入系统的物料包括生活垃圾、空气、烟气净化所需的化学物质及大量的水。生活垃圾在焚烧时，其中的有机物与空气中的氧气发生化学反应生成二氧化碳进入烟气中，并生成部分水蒸气；生活垃圾中所含的水分吸收热量后气化变为烟气中的一部分，其中的不可燃物（无机物）以炉渣形式从系统内排出。进入系统内的空气经过燃烧反应后，其未参与反应的剩余部分和反应过程中生成的二氧化碳、水蒸气、气态污染物以及细小的固体颗粒物（飞灰）组成烟气排至后续的烟气净化系统。进入系统内的化学物质与烟气中的污染物发生化学反应后，大部分变为飞灰排出系统，而净化后的烟气则从烟囱排入大气中。根据质量守恒定律，输入的物料质量应等于输出的物料质量，即

$$M_{1入} + M_{2入} + M_{3入} + M_{4入} = M_{1出} + M_{2出} + M_{3出} + M_{4出} + M_{5出} \qquad (4.4)$$

式中，$M_{1入}$ 为进入焚烧系统的生活垃圾量，kg/d；$M_{2入}$ 为焚烧系统的实际供给空气量，kg/d；$M_{3入}$ 为焚烧系统的用水量，kg/d；$M_{4入}$ 为烟气净化系统所需的化学物质量，kg/d；$M_{1出}$ 为排出焚烧系统的干蒸汽量，kg/d；$M_{2出}$ 为排出焚烧系统的水蒸气量，kg/d；$M_{3出}$ 为排出焚烧系统的废水量，kg/d；$M_{4出}$ 为排出焚烧系统的飞灰量，kg/d；$M_{5出}$ 为排出焚烧系统的炉渣量，kg/d。

一般情况下，焚烧系统的物料输入量以生活垃圾、空气和水为主。输出量则以干烟气、水蒸气及炉渣为主。有时为了简化计算，常以这 6 种物料作为物料平衡计算参数，而不考虑其他因素，计算结果可以基本反映实际情况。

垃圾焚烧后，垃圾中各元素在焚烧产物中的质量分布大不相同，表 4.10 列出了瑞士某垃圾焚烧厂 P、Cu、Cd、Sb、Zn、Pb 6 种元素在焚烧产物中的质量分布情况。结果表明：垃圾经焚烧后，绝大部分的 P 和 Cu 残留在底灰中，80% 以上的 Cd 和 Sb 存在于除尘器飞灰中，而 Zn 和 Pb 则平均分布在底灰和除尘器飞灰中。

**表 4.10　瑞士某垃圾焚烧厂焚烧产物中几种元素的质量分布情况**

| 元素 | 质量百分比（产物中元素质量/垃圾中元素质量）/% | | | |
| --- | --- | --- | --- | --- |
| | 底灰 | 余热锅炉飞灰 | 除尘器飞灰 | 最终排放的气体 |
| P | 89±2 | 3±1 | 8±2 | <0.1 |
| Cu | 96±1 | 0.7±0.2 | 3.6±1.1 | <0.1 |
| Cd | 10±2 | 7±1 | 82±3 | <1 |
| Sb | 13±4 | 6±1 | 80±4 | <1 |
| Zn | 38±6 | 7±1 | 55±5 | <0.2 |
| Pb | 44±7 | 11±4 | 44±6 | <1 |

（二）热平衡分析

从能量转换的观点来看，焚烧系统是一个能量转换设备，它将垃圾燃料的化学能，通过燃烧过程转化成烟气的热能，烟气再通过辐射、对流、导热等基本传热方式将热能分配交换或排放到大气环境中。焚烧系统热量的输入与输出可简单用图 4.21 表示。

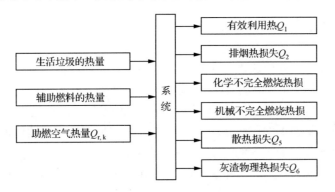

图 4.21　焚烧系统热量的输入与输出

在稳定工况条件下，焚烧系统输入输出的热量是平衡的，即

$$Q_{r,w} + Q_{r,a} + Q_{r,k} = Q_1 + Q_2 + Q_3 + Q_4 + Q_5 + Q_6 \tag{4.5}$$

式中，$Q_{r,w}$ 为生活垃圾的热量，kJ/h；$Q_{r,a}$ 为辅助燃料的热量，kJ/h；$Q_{r,k}$ 为助燃空气的热量，kJ/h；$Q_1$ 为有效利用热，kJ/h；$Q_2$ 为排烟热损失，kJ/h；$Q_3$ 为化学不完全燃烧热损失，kJ/h；$Q_4$ 为机械不完全燃烧热损失，kJ/h；$Q_5$ 为散热损失，kJ/h；$Q_6$ 为灰渣物理

热损失，kJ/h。

（三）固体废物热值的利用

实际应用中，垃圾的焚烧过程是在非理想的焚烧系统中进行的，因此焚烧后可利用的热能要远低于垃圾的理论热值。可利用的热能应从理论热值中减去各种热量损失，如空气的对流辐射、可燃组分的不完全燃烧、炉渣飞灰和烟气的显热。

垃圾焚烧热能的利用包括供热和发电。焚烧发电多采用蒸汽锅炉-蒸汽透平-发电机联合系统，供热采用焚烧炉-废热锅炉系统。当垃圾的低位热值为 1500kcal/kg，垃圾焚烧产生的热量高效吸收以后转换成蒸汽，如果蒸汽全部用于发电，在焚烧厂垃圾焚烧产生的热量中，23％的热量被尾气带走，46％的热量用于汽轮机发电，5％的热量用于取暖、供热水，26％的热量被焚烧厂内的各种设备消耗。汽轮机的发电量为焚烧厂自身电力消耗的 3～4 倍，与汽轮机发电量相当的热量仅为垃圾焚烧产生热量的 4％。一般来说，焚烧锅炉-废热锅炉的典型热效率是 63％，而蒸汽透平-发电机联合系统仅有 30％。因此垃圾的有效热值不高的情况下，通常用于废热锅炉产生蒸汽或热水回收利用。

### 4.3.4.3　生活垃圾焚烧工艺

（一）炉排型焚烧炉焚烧工艺

炉排型焚烧炉形式多样，其应用占全世界垃圾焚烧市场总量的 80％以上。该类炉型的最大优势在于技术成熟，运行稳定、可靠，适应性广，绝大部分固体垃圾不需要任何预处理即可直接进炉燃烧。尤其在应用于大规模垃圾集中处理时，可使垃圾焚烧发电（或供热）。但炉排需用高级耐热合金钢做材料，投资及维修费较高，而且机械炉排炉不适合含水率特别高的污泥，对于大件生活垃圾也不适宜直接用炉排型焚烧炉（赵由才，2006）。

机械炉排炉垃圾燃烧的温度范围在 800～1000℃。垃圾在炉排上的焚烧过程大致可分为 3 个阶段：

第一阶段：垃圾干燥脱水、烘烤着火。一般为了缩短垃圾水分的干燥和烘烤时间，该炉排区域的一次进风均需经过加热（可用高温烟气或废蒸汽对进炉空气进行加热），温度一般在 200℃左右。

第二阶段：高温燃烧。通常炉排上的垃圾在 900℃左右的范围燃烧，因此炉排区域的进风温度必须相应低些，以免过高的温度损害炉排，缩短使用寿命。

第三阶段：燃烬。垃圾经完全燃烧后变成灰渣，在此阶段温度逐渐降低，炉渣被排出炉外。

垃圾焚烧的停留时间有两层含义：一是指垃圾从进炉到从炉内排出之间在炉排上的停留时间，根据目前的垃圾组分、热值、含水率等情况，一般垃圾在炉内的停留时间为 1～1.5s。二是指垃圾焚烧时产生的有毒有害烟气，在炉内处于焚烧条件进一步氧化燃烧，使有害物质变为无害物质所需的时间，该停留时间是决定炉体尺寸的重要依据。一般来说，在 850℃以上的温度区域停留 2s，便能满足垃圾焚烧的工艺需要。

　　炉排式焚烧炉按炉排功能可分为干燥炉排、点燃炉排、组合炉排和燃烧炉排；按结构形式可分为移动式、住复式、摇摆式、翻转式和辊式等。炉排型焚烧炉的特点是能直接焚烧城市生活垃圾，不必预先进行分选或破碎。其焚烧过程如下：垃圾落入炉排后，被吹入炉排的热风烘干；与此同时，吸收燃烧气体的辐射热，使水分蒸发；干燥后的垃圾逐步点燃，运行中将可燃物质燃尽；其灰分与其他不可燃物质一起排出炉外。到目前为止，炉排已广泛应用于城市生活垃圾处理中。

　　（二）流化床焚烧炉焚烧工艺

　　流化床焚烧炉可以对任何垃圾进行焚烧处理。它的最大优点是可以使垃圾完全燃烧，并对有害物质进行最彻底的破坏，一般排出炉外的未燃物均在1%左右，燃烧残渣最低，有利于环境保护，同时也适用于焚烧高水分的污泥类等物质。流化床焚烧炉根据风速和垃圾颗粒的运动状况可分为固定层、沸腾流动层和循环流动层。

　　流化床垃圾焚烧炉主要是沸腾流动层状态。图4.22为流化床焚烧炉的结构。一般垃圾粉碎到20cm以下后再投入到炉内，垃圾和炉内的高温流动砂（650～800℃）接触混合。瞬间气化并燃烧。未燃烬成分和轻质垃圾一起飞到上部燃烧室继续燃烧。一般认为上部燃烧室的燃烧占40%左右，但容积却占流化层的4～5倍，同时上部的温度也比下部流化层高100～200℃，通常也称为二燃室。不可燃物和流动砂沉到炉底，一起被排出；流动砂可保持大量的热量，因此可回流至炉内循环使用。70%左右垃圾的灰分以飞灰形式流向烟气处理设备。

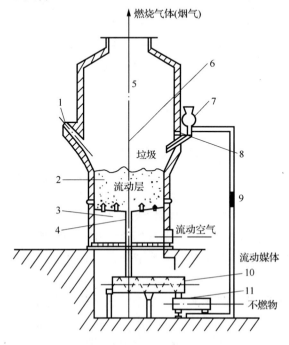

图4.22　流化床焚烧炉的结构

1. 助燃器；2. 流动媒体；3. 散气板；4. 不燃物排出管；5. 二次燃烧室；6. 流化床炉内；7. 供料器；
8. 二次助燃空气喷射口；9. 流动媒体（砂）循环装置；10. 不燃物排出装置；11. 振动分选

流化床炉体较小，焚烧炉渣的热灼减率低（约 1%）。但流化床焚烧炉主要靠空气托住垃圾进行燃烧，在炉内呈完全沸腾状态，因此对进炉的垃圾有粒度要求，一般要求进入炉中垃圾的颗粒不大于 50mm，大颗粒的垃圾或重质的物料会直接落到炉底被排出，达不到完全燃烧的目的。因此，流化床焚烧炉都配备了大功率的破碎装置。另外一方面，垃圾在炉内沸腾全部靠大风量高风压的空气，不仅电耗大，而且将一些细小的灰尘全部吹出炉体，造成锅炉处大量积灰，并给下游烟气净化增加了除尘负荷。流化床焚烧炉的运行和操作技术要求高，若垃圾在炉内的沸腾高度过高，则大量的细小物质会被吹出炉体；相反，鼓风量和压力不够，沸腾不完全，则会降低流化床的处理效率。因此需要非常灵敏的调节手段和相当有经验的技术人员操作。

### 4.3.4.4　烟气污染

#### （一）烟气污染物分类

垃圾焚烧时既发生了物料分子转化的化学过程，也发生了以各种传递为主的物理过程。大部分垃圾及辅助燃料的成分非常复杂，一般垃圾中的可燃组分可用 $C_x H_y O_z N_u S_v Cl_w$ 表示，其完全燃烧的氧化反应可表示为

$$C_x H_y O_z N_u S_v Cl_w + \left( x + v + \frac{y-w}{4} - \frac{z}{2} \right) O_2 \rightarrow$$

$$x CO_2 + w HCl + \frac{u}{2} N_2 + v SO_2 + \left( \frac{y-w}{2} \right) H_2 O$$

固体废物的完全燃烧反应只是理想状态，实际的燃烧过程过程非常复杂，最终的反应产物未必只是 $CO_2$、HCl、$N_2$、$SO_2$ 与 $H_2O$。在实际燃烧过程中，只能通过控制使燃烧反应接近完全燃烧。若燃烧工况控制不良，废物焚烧过程会产生大量的酸性气体、碳烟、CO、未完全燃烧有机组分、粉尘、灰渣等物质，甚至可能产生有毒气体，包括二噁英、多环碳氢化合物（PAH）和醛类等（赵由才，2006）。

#### 1. 粉尘

焚烧烟气中的粉尘可以分为无机烟尘和有机烟尘两部分，主要是垃圾焚烧过程中由于物理原因和热化学反应产生的微小颗粒物质。其中无机烟尘主要来自垃圾中的灰分，而有机烟尘主要是由于灰分包裹固定碳粒形成。焚烧烟气中的粉尘产生的机理见表 4.11。

粉尘的产生量与垃圾性质和燃烧方法有关。机械炉排焚烧炉膛出口粉尘含量一般为 $1\sim6 g/(N \cdot m^3)$，除尘器入口 $1\sim4 g/(N \cdot m^3)$，换算成垃圾燃烧量一般为 $5.5\sim22 kg/t$（湿垃圾）。粉尘粒径的分布十分广。微小粒径的粉尘比较多，$30\mu m$ 以下的粉尘占 $50\%\sim60\%$。粉尘的真密度为 $2.2\sim2.3 g/cm^3$，表观密度为 $0.3\sim0.5 g/cm^3$。由于碱性成分多有一定的黏性，微小粒径的粉尘含有一定量的重金属。

**表 4.11　粉尘产生机理**（赵由才等，2006b）

|  | 炉室 | 燃烧室 | 锅炉室、烟道 | 除尘器 | 烟囱 |
|---|---|---|---|---|---|
| 无机烟尘 | ①由燃烧空气卷起的不燃物、可燃灰分；②高温燃烧区域中低沸点物质气化；③有害气体（HCl、$SO_x$）去除时，投入的$CaCO_3$粉末引起的反应生成物和未反应物 | 气-固、气-气反应引起的粉尘 | ①烟气冷却引起的盐分；②为去除有害气体（HCl、$SO_x$）而投入的$Ca(OH)_2$，反应生成物和未反应物 | — | 微小粉尘（$<1\mu m$），碱性盐占多数 |
| 有机烟尘 | ①纸屑等的卷起；②不完全燃烧引起的未燃碳分 | 不完全燃烧引起的纸灰 | — | 再度飞散的粉灰 | — |
| 粉尘浓度 | — | $1\sim6$ $[g/(N \cdot m^3)]$ | $1\sim4$ $[g/(N \cdot m^3)]$ | — | $0.01\sim0.04$ $[g/(N \cdot m^3)]$（使用除尘器的场合） |

**2. 烟气**

烟囱部位的烟气成分含量与垃圾组成、燃烧方式、烟气处理设备有关。垃圾焚烧产生的烟气与其他燃料燃烧所产生的烟气在组成上相差较大。同其他烟气相比，垃圾焚烧烟气的特点是 HCl 和 $O_2$ 浓度特别高，粉尘中的盐分（氯化物和硫酸盐）特别高，表 4.12 为城市生活垃圾与其他燃料燃烧产生的烟气组成对比。

**表 4.12　垃圾与其他燃料燃烧产生的烟气组成对比**

| 燃料 成分 |  | 颗粒物 /$[mg/(N \cdot m^3)]$ | $NO_x$ /(mg/L) | $SO_x$ /(mg/L) | HCl /(mg/L) | $H_2O$ /(mg/L) | 温度 /℃ |
|---|---|---|---|---|---|---|---|
| LNG、LPG |  | $\sim10$ | $50\sim100$ | 0 | 0 | $5\sim10$ | $250\sim400$ |
| 低硫黄重油原油 |  | $50\sim100$ | 约100 | $100\sim300$ | 0 | $5\sim10$ | $270\sim400$ |
| 高硫黄重油 |  | $100\sim500$ | $100\sim500$ | $500\sim1500$ | 0 | $5\sim10$ | $270\sim400$ |
| 炭 |  | $100\sim25000$ | $100\sim1000$ | $500\sim3000$ | $\sim30$ | $5\sim10$ | $270\sim400$ |
| 城市垃圾 | 除尘器前 | $2000\sim5000$ | $90\sim150$ | $20\sim80$ | $200\sim800$ | $15\sim30$ | $250\sim400$ |
|  | 除尘器后 | $2\sim100$ |  |  |  |  | $200\sim250$ |

根据垃圾的元素分析结果，垃圾中的可燃组分可用 $C_xH_yO_zN_uS_vCl_w$ 表示，固体废物的完全燃烧的氧化反可用总反应式来表示。

$$C_xH_yO_zN_uS_vCl_w + \left(x + v + \frac{y-w}{4} - \frac{z}{2}\right)O_2 \rightarrow xCO_2 + wHCl$$

$$+ \frac{u}{2}N_2 + vSO_2 + \left(\frac{y-w}{2}\right)H_2O$$

在适当或完全燃烧条件下，垃圾中的硫与氧气反应的主要产物是 $SO_2$ 和 $SO_3$。但如果燃料燃烧的过量空气系数低于 1.0 时，有机硫将分解氧化生成 $SO_2$、S 和 $H_2S$ 等气体。垃圾燃烧过程中生成的氮氧化物，主要来燃烧空气和固体废物中的氮在高温下氧化而成。相对空气中氮来说，生活垃圾中的氮元素含量很少，一般可以忽略不计。

固体废物中的有机氯化物的焚烧产物是氯化氢。当体系中氢量不足时，有游离的氯气产生。添加辅助燃料（天然气或石油）或较高温度的水蒸气（1100℃）可以减少废气中游离氯气的含量。

固体废物中的金属元素在焚烧过程可生成卤化物、硫酸盐、磷酸盐、碳酸盐、氢氧化物和氧化物等，具体产物取决于金属元素的种类、燃烧温度以及固体废物的组成（见表 4.13）。

表 4.13　烟气中污染物来源、产生原因及存在形态（赵由才，2006）

| 污染物 | | 来源 | 产生原因 | 存在形态 |
|---|---|---|---|---|
| 酸性气体 | HCl | PVC、其他氯代碳氢化合物 | — | 气态 |
| | HF | 氟代碳氢化合物 | — | 气态 |
| | $SO_2$ | 橡胶及其他含硫组分 | — | 气态 |
| | HBr | 火焰延缓剂 | — | 气态 |
| | $NO_x$ | 丙烯腈、胺 | 热 $NO_x$ | 气态 |
| CO 与碳氢化合物 | CO | — | 不完全燃烧 | 气态 |
| | 未燃烧的碳氢化合物 | 溶剂 | 不完全燃烧 | 气、固态 |
| | 二噁英、呋喃 | 多种来源 | 化合物的离解及重新合成 | 气、固态 |
| | 颗粒物 | 粉末、沙 | 挥发性物质的凝结 | 固态 |
| 重金属 | Hg | 温度计、电子元件、电池 | — | 气态 |
| | Cd | 涂料、电池、稳定剂、软化剂 | — | 气、固态 |
| | Pb | 多种来源 | — | 气、固态 |
| | Zn | 镀锌原料 | — | 固态 |
| | Cr | 不锈钢 | — | 固态 |
| | Ni | 不锈钢 Ni-Cd 电池 | — | 固态 |
| | 其他 | | | 气、固态 |

### 3. 炉渣和飞灰

焚烧过程产生的灰渣（包括炉渣和飞灰），一般为无机物质，它们主要是金属的氧化物、氢氧化物和碳酸盐、硫酸盐、磷酸盐以及硅酸盐。大量的灰渣特别是其中含有重金属化合物的灰渣，对环境会造成很大危害。炉渣、飞灰的产生和特性见表 4.14。

垃圾焚烧设施灰渣的产量，与垃圾种类、焚烧炉型式、焚烧条件有关。一般焚烧 1t 垃圾会产生 100～150kg 炉渣，除尘器飞灰为 10kg 左右，余热锅炉室飞灰的量与除尘器飞灰差不多。

**表 4.14　炉渣和飞灰的产生和特性**

| 项目 | 产生机理与性状 | 产生量（干重） | 重金属浓度 | 溶出特性 |
|---|---|---|---|---|
| 炉渣 | Cd、Hg 等低沸点金属都成为粉尘，其他金属、碱性成分也有一部分气化，冷却凝结成为炉渣。炉渣由不燃物、可燃物灰分和未燃分组成 | 混合收集时湿垃圾量的 10%～15%；不可燃物分类收集时湿垃圾量的5%～10% | 除尘器飞灰浓度的 1/100～1/2 | 分类收集或燃烧不充分时，Pb、$Cr^{6+}$可能会溶出，成为 COD、BOD |
| 除尘器飞灰 | 除尘器飞灰以 Na 盐、K 盐、磷酸盐、重金属为多 | 湿垃圾质量的 0.5%～1% | Pb、Zn：0.3%～3%；Cd：20～40mg/kg；Cr：200～500mg/kg；Hg：110mg/kg | Pb、Zn、Cd 挥发性重金属含量高。pH高时，Pb 溶出；中性时，Cd 溶出 |
| 锅炉飞灰 | 锅炉飞灰的粒径比较大（主要是砂土），锅炉室内用重力或惯性力可以去除 | 与除尘器飞灰量相当 | 浓度介于炉渣与除尘器飞灰之间 | |

**（二）烟气污染物的影响因素**

垃圾焚烧烟气中污染物会对周围环境和人体健康造成严重危害。主要表现：酸性气体（HCl、$NO_x$ 和 $SO_2$等）对周围环境危害严重。HCl 对人体危害很能腐蚀皮肤和黏膜，致使声音嘶哑，鼻黏膜溃疡，眼角膜混浊，咳嗽直至咯血，严重者出现肺水肿以至死亡。对于植物，HCl 会导致叶子褪色进而坏死。HCl 还会危害垃圾焚烧设备，会造成炉膛受热面的高温腐蚀损毁和尾部受热面的低温腐蚀。$NO_x$ 对人体和动物的各组织都有损害，浓度达到一定程度会造成人和动物死亡，危害人类的生存环境。$SO_2$对人体影响是呼吸系统，严重可引起肺气肿，甚至死亡。重金属的危害在于它不能被微生物分解且能在生物体内富集（生物累积效应）或形成其他毒性更强的化合物，通过食物链它们最终对人体造成危害。垃圾焚烧产生的粉尘中含有的重金属元素，在这些污染物中含有致癌、致突变、致畸化合物。焚烧过程汇总，有机物发生分解、合成、取代等多种化学反应，生成一些有毒有害的中间体物质，对环境造成极大的危害。烟气中的二噁英是近几年来世界各国所普遍关心的问题。二噁英等物质有剧毒，易溶于脂肪，易在生物体内积聚，能引起皮肤痤疮、头痛、失聪、忧郁、失眠等症状，即使很微量的情况下，长期摄取也会引起癌症、畸形等。自 1999 年比利时发生动物饲料二噁英污染事件后，二噁英更是备受世人关注，一时成为全球范围的热点。我国正处于垃圾焚烧发展初期，尤其应关注垃圾焚烧的二次污染对人类造成的严重危害，二次污染物的控制技术是垃圾焚烧处理技术中的重要环节。

二噁英（Polychlorinated Dibenzop-dioxin），简写称 PCDDs，两个苯核由两个氧原子结合，而苯核中的一部分氢原子被氯原子取代后所产生，根据氯原子的数量和位置而异，共有 75 种物质，另外，和 PCDDs 一起产生的二苯呋喃 PCDFs，共有 135 种物质。人们通常所说的二噁英指的是多氯二苯并二噁英（PCDDs）、多氯二苯并呋喃（PCDFs）

的统称，共有 210 种异购体。二噁英在标准状态下呈固态，二噁英极难溶于水，易溶解于脂肪，易在生物体内积累，并难以被排出。二噁英是目前发现的无意识合成的副产品中毒性最强的化合物，它的毒性 LD50（半致死剂量）是氰化钾毒性的 1000 倍以上。

（三）垃圾焚烧烟气控制与净化技术

污染物的源头控制和末端净化相结合才能使得垃圾焚烧烟气排放达标成为可能。通过对垃圾焚烧工况的控制，尽量减少污染物的产生量是防止焚烧气二次污染最有效的措施。为了减少焚烧过程中 CO、碳氢化合物和二噁英的产生量，应可能使垃圾中可燃成分充分燃烧。

**1. 粉尘净化**

焚烧烟气中粉尘的主要成分为惰性无机物质，如灰分、无机盐类、可凝结的气体污染物质及有害的重金属氧化物，其含量在 $450 \sim 22500 \text{mg/m}^3$。粉尘颗粒物的去除主要利用除尘器。除尘设备它不仅收捕一般颗粒物，而且收捕直径 $\leqslant 0.5 \mu\text{m}$ 的气溶胶，还能收除吸附在灰分或活性炭颗粒上的二噁英等有机类污染物。

除尘设备的种类主要包括重力沉降室、旋风（离心）除尘器、喷淋塔、文氏洗涤器、静电除尘器及布袋除尘器等，其除尘效率及适用范围列于表 4.15 中。

表 4.15　焚烧尾气除尘设备的特性比较（赵由才，2006）

| 种类 | 有效去除颗粒直径/μm | 压差/cmH₂O | 处理单位气体需水量/(L/m³) | 体积 | 受气体流量变化影响否 | | 运转温度/℃ | 特性 |
|---|---|---|---|---|---|---|---|---|
| | | | | | 压力 | 效率 | | |
| 文氏洗涤器 | 0.5 | 1000~2540 | 0.9~1.3 | 小 | 是 | 是 | 70~90 | 构造简单，投资及维护费用低、耗能大，废水须处理 |
| 水音式洗涤塔 | 0.1 | 915 | 0.9~1.3 | 小 | 否 | 是 | 70~90 | 能耗最高，去除效率高，废水须处理 |
| 静电除尘器 | 0.25 | 13~25 | 0 | 大 | 是 | 是 | / | 受粉尘含量、成分、气体流量变化影响大，去除率随使用时间下降 |
| 湿式电离洗涤塔 | 0.15 | 75~205 | 0.5~11 | 大 | 是 | 否 | / | 效率高，产生废水须处理 |
| 布袋除尘器 | | | | | | | | |
| a. 传统形式 | 0.4 | 75~150 | 0 | 大 | 是 | 否 | 100~250 | 受气体温度影响大，布袋选择为主要设计参数，如选择不当，维护费用高 |
| b. 反转喷射式 | 0.25 | 75~150 | 0 | 大 | 是 | 否 | | |

注：$1 \text{cmH}_2\text{O} = 98.0665 \text{Pa}$。

垃圾焚烧厂的颗粒物净化设备主要有静电除尘器、文氏洗涤器及布袋除尘器等。由于焚烧烟气中的颗粒物粒度很小（$d < 10\mu m$ 的颗粒物含量相对而言较高），为了去除小粒度的颗粒物，必须采用高效除尘器才能有效控制颗粒物的排放。文丘里洗涤器虽然可以达到很高的除尘效率，但能耗高且存在后续的废水处理问题，所以不能作为主要的颗粒物净化设备。

静电除尘器和布袋除尘器静的除尘效率均大于 99%，且对 $d < 0.5\mu m$ 的颗粒也有很高的捕集效率，广泛应用于垃圾焚烧厂对烟气中颗粒物的净化。国外的实践表明，静电除尘器可以使颗粒物的浓度控制在 $45mg/(N \cdot m^3)$ 以下，而布袋器可以使颗粒物的浓度控制在更低的水平，同时具有净化其他污染物的能力（如重金属、PCDDs 等）。布袋除尘器运行温度较低，烟气中的重金属及其氯有机化合物（PCDDs/PCDFs）达到饱和凝结成细颗粒而被滤布吸附去除。在除尘器前边的烟道加入一定量的活性炭粉末，它对重金属离子和二噁英有很好的吸附作用，进一步脱除烟气中重金属物质和二噁英。

### 2. 酸性气体净化

去除垃圾焚烧尾气中的 $SO_2$、HCl 等酸性气体的机理是酸碱中和反应，利用碱性吸收剂 ［如 NaOH、CaO、$Ca(OH)_2$ 等］以液态（湿法）、液/固态（半干法）或固态（干法）的形式与以上污染物发生化学反应，涉及的主要反应如下：

$$HCl + NaOH \longrightarrow NaCl + H_2O$$
$$2HCl + Ca(OH)_2 \longrightarrow CaCl_2 + 2H_2O$$
$$SO_2 + 2NaOH \longrightarrow Na_2SO_3 + H_2O$$
$$SO_2 + Ca(OH)_2 \longrightarrow CaSO_3 + H_2O$$
$$HF + NaOH \longrightarrow NaF + H_2O$$
$$2HF + Ca(OH)_2 \longrightarrow CaF_2 + 2H_2O$$

理论上，强碱性吸收剂与酸性污染物的反应在极短的时间内可以完成，但该反应涉及"气-液"或"气-固"物理传质过程，使得污染物的去除的效果决定于传质效果。在相同条件下，湿法的净化效率高于干法，半干法的净化效率居中。另外，增加吸收剂的比表面积和"吸收剂/污染物"的当量比也可使净化效率增加。在实际操作过程中，往往通过足够的停留时间来保证污染物的高效去除。HCl、$SO_x$、HF 等酸性气体的净化处理方法大致可分为三类：① 湿式洗涤法；② 干法净化；③ 半干法。

$NO_x$ 的净化是最困难且费用最昂贵的技术，这是由于 NO 的惰性（不易发生化学反应）和难溶于水的性质决定的。垃圾焚烧烟气种的 $NO_x$ 以 NO 为主，其含量高达95%或更多，利用常规的化学吸收法很难达到有效去除。除常用的选择性非催化还原法（SNCR）外，还有选择性催化还原（SCR）、氧化吸收法、吸收还原法等。其中，SNCR 法在垃圾焚烧烟气净化中应用最多。

氧化吸收法和吸收还原法都是与湿法净化工艺结合在一起共同使用的。氧化吸收法是在湿法净化系统的吸收剂溶液中加入强氧化剂如 $NaClO_2$，将烟气中的 NO 氧化为 $NO_2$，$NO_2$ 再被钠碱溶液吸收去除。吸收还原法是再湿法系统中加入 $Fe^{2+}$，$Fe^{2+}$ 将 NO 包围，形成 EDTA 化合物，EDTA 在与吸收溶液中的 $HSO_3^-$ 和 $SO_3^{2-}$ 反应，最终放出 $N_2$ 和 $SO_4^{2-}$ 作为最终产物。吸收还原法的化学添加剂费用低于氧化吸收法。

为了减少 $NO_x$ 的产生，可以采取的措施有：① 降低焚烧温度，以减少热氮型 $NO_x$ 的产生，一般要小于 1200℃。有研究表明 $NO_x$ 生成量最大的温度区间是 600～800℃，因此，从减少 $NO_x$ 生成量的角度出发，焚烧温度不应小于 800℃。② 降低 $O_2$ 的浓度。③ 使燃烧在远离理论空气比条件下运行。④ 缩短垃圾在高温区的停留时间。

研究发现减少 $NO_x$ 产生所采取的措施是与减少 CO、$C_xH_y$ 和二噁英产生的措施相矛盾的。一般在焚烧的实际运行中应在保证垃圾中可燃组分充分燃烧的基础上，再兼顾 $NO_x$ 的产生。为了解决上述矛盾，国外目前的措施是在烟气处理系统中增加脱硝装置。

**3. 二噁英类物质净化**

垃圾焚烧是二噁英排放的主要污染源之一。二噁英的产生几乎存在于垃圾焚烧处理工艺的各个阶段：焚烧炉内、低温烟气段、除尘净化过程等。我国新颁布的《生活垃圾焚烧污染控制标准》中对二噁英类物质 PCDDc、PCDFs 的排放浓度有了严格的规定。减少控制 PCDDc、PCDFs 的浓度的主要措施包括以下几方面：

（1）选用合适的炉膛和炉排结构，使垃圾在焚烧炉中得以充分燃烧。烟气中 CO 的浓度是衡量垃圾是否充分燃烧的重要指标，其比较理想的指标是低于 $60mg/(N \cdot m^3)$。

（2）控制炉膛及二次燃烧室内，或在进入余热锅炉前烟道内的烟气温度不低于 850℃，烟气在炉膛及二次燃烧室内的停留时间不小于 2s，氧气浓度不少于 6%，并合理控制助燃空气的风量、温度和注入位置，称为"3T"控制法。

（3）缩短烟气在处理和排放过程中处于 300～500℃温度域的时间，控制余热锅炉的排烟温度不超过 250℃。

（4）选用新型袋式除尘器，控制除尘器入口处的烟气温度低于 200℃，并在进入袋式除尘器的烟道上设置活性炭等反应剂的喷射装置，进一步吸附二噁英。

（5）在生活垃圾焚烧厂设置先进、完善和可靠的全自动控制系统，使焚烧和净化工艺得以良好执行。

（6）通过分类收集或预分拣控制生活垃圾中氯和重金属含量高的物质进入垃圾焚烧厂。

（7）由于二噁英可以在飞灰上被吸附或生成，所以对飞灰应用专门容器收集后作为有毒有害物质送安全填埋场进行无害化处理，有条件时可以对飞灰进行低温（300～400℃）加热脱氯处理，或熔融固化处理后再送安全填埋场处置，以有效地减少飞灰中二噁英的排放。

虽然对二噁英类污染物的捕获机理没有充分认识，但工程实践表明：低温控制和高效的颗粒物捕获有利于二噁英污染物的净化；布袋除尘器对二噁英的捕收效果优于静电除尘器。

**4. 重金属净化**

与有机类污染物的净化相似，"高效的颗粒物捕集"和"低温控制"是重金属净化的两个主要方面。重金属以固态、液态和气态的形式进入除尘器，当烟气冷却时，气态部分转变为可捕集的固态或液态微粒。但是，对于挥发性强的重金属如 Hg 而言，即使除尘器以最低的温度操作，该部分金属仍有部分存在于烟气重。总之，垃圾焚烧烟气净化系统的温度越低，则重金属的净化效果越好，反之越差。

### 4.3.4.5　焚烧飞灰的处理与处置

目前上对飞灰处置的污染控制主要有两个方面：一是重金属的含量（即总量控制），二是评价它的浸出毒性。前者一般采用重金属分离技术，而后者则依靠固化/稳定化方法。

（一）飞灰中重金属的分离

生活垃圾焚烧飞灰中重金属的分离和提取方法主要有：酸提取、水提取、碱提取、高温提取、生物浸提和其他药剂提取等。目前国际上对于酸提取的研究比较多。

（二）固化/稳定化

危险废物固化稳定化处理的目的，是使危险废物中的所有有污染组分呈现化学惰性或包容起来，以便运输、利用和处置。固化/稳定化的基本要求是：有害废物的固化处理后所形成的固化体应具有良好的抗渗透性、抗浸出性、抗干湿性、抗冻腐性及足够的机械强度等；最好能作为资源加以利用，如作建筑基和路基材料等；固化过程中材料和能量消耗要低，增容比（即所形成的固化体体积与被固化废物的体积之比）要低；固化工艺过程要简单、便于操作，应有有效措施减少有害物质的逸出；固化剂来源丰富、价廉易得；处理费用低。以上要求大多是原则性的，实际上没有一种固化/稳定化方法和产品可以完全满足这些要求，但若其综合比较效果尚优，在实际中就可以得到应用和发展。国内外常用的固化/稳定化方法有水泥固化技术、沥青固化法、塑料固化法、水玻璃固化法、烧结法-玻璃固化法、石灰固化。

**1. 水泥固化技术**

水泥是一种最常用的危险废物稳定剂。将飞灰和水泥混合，经水化反应后形成坚硬的水泥固化体，从而达到降低飞灰中危险成分浸出的目的。水泥固化的基本原理在于通过固化包容减少有害固化废物的表面积和降低其可渗透性，达到稳定化、无害化的目的。可以用作固化剂的水泥品种很多，通常有普通硅酸盐水泥、矿渣硅酸盐水泥、火山灰质硅酸盐水泥、矾土水泥和沸石水泥。具体可根据固化处理废物的种类、性质、对固化剂的性能要求选择水泥的品种。

水泥固化是一种比较成熟的有害废物处置方法，它具有工艺设备简单、操作方便、材料来源广、价钱便宜、固化产物强度高等优点，因此被世界许多国家所采用。但其缺点是体积增加倍数较大，一般固化产物的体积要比处理前废物的体积增加 0.5～1 倍。因此使最终处置的费用增加。此外，水泥固化物的抗浸出性能不如沥青固化物好，污染物的浸出浓度有时会升高。

**2. 沥青固化法**

将飞灰同沥青混合，通过加热、蒸发实现固化。沥青固化处理所生成的固化体空隙小、致密度高、难与被水渗透。同水泥固化体相比，沥青固化法使有害物质的沥滤率小了 2～3 个数量级，大约为 $10.4～10.6g/(cm^2 \cdot d)$。采用沥青固化，无论灰渣的种类如何，均可得到稳定的固化体。沥青固化处理后硬化时间很短，而水泥固化须经过 20～

30 天的养护。

另一方面，由于沥青的导热性不好，加热蒸发的效率不高，倘若灰渣中所含的水分较大，蒸发时会有起泡的现象和雾沫夹带现象，容易使排出的废气发生污染。因此，对于水分较大的灰渣，在进行沥青固化之前，可以通过冻融、离心分离等脱水方法是其水分降为 50%~80%。再者，沥青具有可燃性，因此必须考虑到沥青过热会引起大的危险，在储存和运输时也要采取适当的防火措施。

沥青固化方法有多种方式。作为已经可供实用的放射性废物处理装置的主要方式有搅拌加热蒸发法、使用表面活性剂的乳化分离法（应用螺旋桨）、膜式蒸发法（使用膜式刮板蒸发器和立式离心膜式蒸发器）、螺旋桨挤压机法等。

### 3. 塑料固化法

塑料固化是把塑料作为凝结剂，将含有重金属的灰渣固化而将重金属封闭起来，同时又把固化体作为农业或建筑材料加以利用。塑料固化比较适用于灰渣的处理。

### 4. 水玻璃固化法

水玻璃固化法是把水玻璃作为主要试剂使用，硫酸、硝酸、盐酸、磷酸等酸类则作为辅助剂，从而实现废物的固化和自然脱水。用水玻璃进行废物固化，其基础是利用水玻璃的硬化、结合、包容及其吸附性能。水玻璃固化成本较高，不适于大量垃圾焚烧炉渣量的处理。

### 5. 烧结法-玻璃固化法

玻璃的溶解度及其所含成分的浸出率非常低，而减容系数却相当高。因此，可以将含有重金属的灰渣和废液进行玻璃化，使重金属固定在玻璃体中。几乎所有的含重金属的灰渣本身都不能照原来的成分就此烧成玻璃质，因此必须添加形成玻璃质的材料。玻璃固化适用于体积大，有机物含量高，毒性大的物质的固化。

### 6. 石灰固化

石灰固化是以石灰石为主要固化基材的一种方法。其固化机理是根据石灰和活性的硅酸盐物料可与水反应生成坚硬的物质，进而达到包容废物的目的。石灰固化的设备比较简单，同水泥固化类似，操作也比较方便，工艺条件同水泥固化大体相同，各项参数可根据实验条件来确定。

### 7. 化学稳定化

化学药剂稳定化是利用化学药剂通过化学反应使有毒有害物质转变为低溶解性、低迁移性及低毒性物质的过程。用药剂稳定化来处理危险废物，根据废物中所含重金属种类可以采用的稳定化药剂有：石膏、磷酸盐、漂白粉、硫化物（硫代硫酸钠、硫化钠）和高分子有机稳定剂等。药剂处理法处理后，飞灰的重量增加量为 10%~30%，容量可减少 1/3，设备费用和处理成本均较低。药剂处理中的关键是要将灰渣和药剂混合均匀，因此常需要合适的混合机械，常用的有高速混合造粒机、二轴浆式，造粒振动式等（见表 4.16）。

表 4.16　固化/稳定化方法比较（赵由才，2006）

| 技术 | 适用对象 | 优点 | 缺点 |
|---|---|---|---|
| 水泥固化法 | 重金属，氧化物，废酸 | 技术已相当成熟，对废物中化学性质的变动具有相当的承受力；处理成本低，可直接处理，无需前处理 | 特殊的盐类会造成固化体破裂，有机物的分解造成裂隙，增加渗透性，降低结构强度增加固化体的体积和质量 |
| 石灰固化法 | 重金属，氧化物，废酸 | 所用物料价格便宜，容易购得，操作不需特殊设备及技术；在适当的处置环境，可维持 Poz-zolanic 反应的持续进行 | 固化体的强度较低，且需较长的养护时间；有较大的体积膨胀，增加清运和处置的困难 |
| 塑性固化法 | 部分非极性有机物，氧化物，废酸 | 固化体的渗透性较其他固化法低；对水溶液有良好的阻隔性 | 需要特殊的设备和专业的操作人员，废物中若含氧化剂或挥发性物质，加热时可能会着火或逸散，废物须先干燥，破碎后才能进行操作 |
| 熔融固化法 | 不挥发的高危害性废物，核能废料 | 玻璃体的高稳定性，可确保固化体的长期稳定；可利用废玻璃屑作为固化材料；对核能废料的处理已有相当成功的技术 | 对可燃或具挥发性的废物并不适用；高温热融需消耗大量能源；需要特殊的设备及专业人员 |
| 自胶结固化 | 含有大量硫酸钙和亚硫酸钙的废物 | 烧结体的性质稳定，结构强度高；烧结体不具生物反应性及着火性 | 应用面较为狭窄；需要特殊的设备及专业人员 |
| 化学稳定化 | 对重金属稳定效果好 | 一般不改变飞灰的物理状态，投资和运行成本较低，体积增量小（<10%），技术相对较简单，重金属稳定效果好 | 对二噁英和溶解盐的稳定作用较小 |

**（三）飞灰处理工程实例**

上海市嘉定区危险固废填埋场占地 $10hm^2$，目前建有 3 个容积为 3.2 万 $m^3$ 的填埋坑，按照目前每年接收 2.5 万 $m^3$ 固体废弃物计算，预计在 3.7 年内填平。该填埋场场地使用寿命为 47 年，二期工程预计建造 15 个填埋坑。生活垃圾焚烧产生的飞灰在填埋前需经过固化处理，其工艺流程如图 4.23 所示（柴晓利等，2006）。

干飞灰运至填埋场后，需利用气动装置将飞灰从运输容器输送至专用的飞灰储罐，后利用输送机将飞灰运至搅拌仓与水泥等物质掺混。为防止飞灰在输送入储罐时发生泄漏而产生扬尘，储罐的入口管依据运输车辆形式及飞灰输送方式经特别改造。

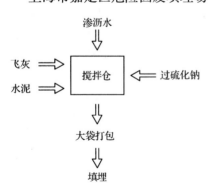

图 4.23　飞灰预处理工艺流程图

若飞灰在运输前已经过加湿处理，运至填埋场后需在保证不产生扬尘的前提下倾倒至飞灰料斗，后利用输送机将湿飞灰运至搅拌仓与水泥等物质掺混。

接收固化处理后的袋装飞灰，填埋后以土壤覆盖。北侧填埋坑目前暂时存放浦东垃圾焚烧厂积存的袋装湿飞灰。南侧填埋坑内铺有中侧及北侧填埋坑的渗沥液收集管，目前注有河水以维持坑内压力平衡。收集的渗沥水经厂内污水处理厂处理后被回用于飞灰的固化处理。三个填埋坑内均采用从美国进口的防渗材料加以铺垫。

目前，该填埋场主要处理浦东御桥、浦西江桥两座生活垃圾焚烧厂产生的飞灰，以及一些小型工业焚烧炉产生的飞灰及底灰。其核心设备——搅拌仓的处理能力为12t/h，浦东御桥、浦西江桥两座生活垃圾焚烧厂产生的飞灰可在 8 小时内完成处理。

填埋场处理费用以入厂灰渣重量计算。目前，浦东厂飞灰处理预付费用为：1110.84 元/t，该填埋场的经济核算中对飞灰处理费用估价为 1860 元/t。

### 4.3.4.6　垃圾焚烧炉渣处理与资源化利用

#### （一）垃圾焚烧炉渣的性质

生活垃圾焚烧炉渣的处理是一个重要的环境生态问题。在我国，炉渣属于一般废物，可直接填埋或作建材利用。但是，由于焚烧的垃圾组成复杂，炉渣中可能含有多种重金属、无机盐类物质，如铅、锡、铬、锌、铜、汞、镍、硒、砷等，在炉渣填埋或利用过程中有害成分会浸出而污染环境。土壤酸性、酸雨、充满 $CO_2$ 的水等都会把不可溶的重金属氢氧化物转化成为易溶的碳酸盐，甚至是含水碳酸盐。欧盟标准委员会第12920 条法规规定城市生活垃圾焚烧灰渣如果不进行前处理，将不能填埋或资源化利用（赵由才，2006）。

欧美等发达国家早已开始采用卫生填埋方式来处理焚烧炉渣，以避免其中含有的可溶有害成分进入土壤。然而，由于卫生填埋的维护费用极高，这样进而增加了整个焚烧过程的费用，因此这种方法在我国现阶段是不可行的。

为了合理地处置日益增加的焚烧炉渣，减轻填埋场场地紧张的压力或省去昂贵的填埋费用，美国、日本和欧洲的许多国家在几十年前就开始从资源利用和环境影响两方面考虑，研究炉渣资源化利用的可行性，力求在经济成本与环境要求中找到最佳平衡点，提供既能减少处理处置费用，又不至于对环境造成不利影响并且技术可行的处理策略。

炉渣主要含有中性成分（如硅酸盐和铝酸盐等，含量占 30% 以上），且物理化学和工程性质与轻质的天然骨料（石英砂和黏土等）相似，因而是很好的建筑原材料。日本、瑞士、美国、法国和荷兰等国家都已采用国家法规的形式来规定垃圾焚烧炉渣的利用。例如：在欧洲，约 50% 的城市生活垃圾的炉渣用于二次建筑材料（天然的粗黏结料，即混凝土中的部分替代骨料）、路基建设或陶瓷工业的原材料。

#### （二）垃圾焚烧炉渣的处理

美国、日本及欧洲一些国家将城市生活垃圾焚烧炉渣或混合灰渣通过筛分、磁选等方式去除其中的黑色及有色金属并获得适宜的粒径后，再与其他骨料相混合，用作石油沥青铺面的混合物。最常见的一种做法是将城市生活垃圾焚烧炉渣、水、水泥及其他骨料按一定比例制成混凝土砖。焚烧炉渣的资源化利用也是符合中国实际情况的一个可行办法。

### 1. 分选回收系统

炉渣中含有黑色金属和有色金属，黑色金属大约占 15%。许多欧美的垃圾焚烧厂都利用筛分和磁选技术从炉渣中提取黑色金属，有些工厂利用涡电流来分离回收有色金属。美国矿山局进行了从城市垃圾焚烧炉渣中回收铁、非铁金属和玻璃的研究，铁回收率达 93%。

### 2. 制作建筑材料

关于焚烧灰渣作建筑材料应用方面有大量报道，用焚烧灰渣制砖、沥青和混凝土骨料以及填充材料等。国外垃圾焚烧炉渣资源化利用的情况见表 4.17。

**表 4.17　国外垃圾焚烧炉渣的资源化利用**（赵由才，2006）

| 国家 | 灰渣种类 | 产生量 /$10^6$ kg | 资源化利用率/% | 用途 |
|---|---|---|---|---|
| 美国（2000 年） | 混合灰渣 | 6000 | — | 填埋场覆盖材料，沥青、混凝土骨料，路基材料等 |
| 加拿大（1993 年） | 炉渣 | 300 | 0 | — |
| | 飞灰 | 20 | 0 | |
| 日本（1991 年） | 炉渣 | 5000 | 10 | 填料、路床、水泥砖及沥青的骨料等 |
| | 飞灰 | 1160 | 0 | |
| 荷兰（1995 年） | 炉渣 | 620 | 95 | 道路路基、路堤等的填充材料，混凝土与沥青的骨料 |
| | ESP 飞灰 | 55 | 30 | 沥青中的细骨料 |
| 丹麦（1993 年） | 炉渣 | 500 | 90 | 停车场、道路等的路基材料 |
| | 飞灰 | 50 | 0 | |
| 德国（1993 年） | 炉渣 | 3000 | 60 | 路基和声障等 |
| | 飞灰 | 300 | | |
| 法国（1994 年） | 炉渣 | 2160 | 45 | 市政工程 |
| 瑞典（1990 年） | 炉渣 | 430 | | 在限定范围内，用于道路铺面，资源化利用十分有限 |
| | 飞灰 | 60 | 0 | |
| 瑞士*（1999 年） | 炉渣 | 520 | — | 作建材、生产水泥和混凝土、道路路基等，现已被禁止 |
| | 飞灰 | 60 | | |
| 英国 | 炉渣 | 800 | — | 1997 年全部填埋 |
| | 飞灰 | 10 | | |
| 意大利 | 炉渣 | — | — | 陶粒烧结激发剂 |
| | 飞灰 | | | |

### 4.3.4.7　垃圾焚烧厂沥滤液处理技术

垃圾渗沥液的产量占垃圾总量的 10%～20%，平均约 15%。进入城市生活垃圾焚烧厂的生活垃圾一般不经过分选和预处理，垃圾成分复杂，含水率高，有机污染高，各类垃圾的比例会随着地区和季节的不同而变化。垃圾渗沥液的水量水质变化大且呈非周期性，这些特性都对有效而稳定的渗沥液处理带来了较大困难。渗沥液属高浓度有机废水，含有烃类及其衍生物、酸酯类、醇酚类、酮醛类和酰胺类等污染物，除此之外还含有重金属和有毒有害物质。一般情况南方沿海城市垃圾渗沥液中 $COD_{Cr}$ 浓度范围 20000～50000mg/L，$BOD_5$ 浓度范围 10000～20000mg/L，SS 约为 2000～3000mg/L，$NH_3$-N 在 2500～4000mg/L，pH 在 4～6。表 4.18 为 2001 南方年某垃圾焚烧厂渗沥液的全分析数据（赵由才，2006）。

表 4.18　2001 年南方某垃圾焚烧厂某次渗沥液全分析数据　（单位：mg/L）

| pH | SS | 油脂 | COD | $BOD_5$ | Cu | Pb | Zn | Cd | Fe |
|---|---|---|---|---|---|---|---|---|---|
| 6.4 | 1120 | 8 | 49800 | 19200 | 0.12 | 0.2 | 1.37 | 0.05 | 28.6 |

| Mn | Ca | Mg | 总汞 | 总磷 | 氨氮 | 磷酸盐 | 氯化物 | 总硬度 |
|---|---|---|---|---|---|---|---|---|
| 2.23 | 100 | 135 | 2.24 | 48 | 1200 | 22 | 2940 | 2340 |

（一）回喷法

回喷法适合于渗沥液产量少、垃圾热值高的焚烧厂。对于热值较低的垃圾不适合回灌，会造成焚烧炉炉膛温度过低、甚至熄火的状况。经计算，对于热值为 1223kcal/kg、含水率为 48% 的城市生活垃圾，理论上渗沥液最大回喷量为垃圾焚烧量的 3.19%。但我国生活垃圾的含水率太高，渗沥液产量大，目前中国所建的众多垃圾焚烧厂均没有采用回喷法处理渗沥液液。

（二）反渗透法处理

反渗透法处理高浓度、高盐分污水已得到广泛应用，在城市生活垃圾填埋场渗滤液的处理中也已有成熟的运行经验。但焚烧厂垃圾渗沥液与填埋场渗滤液不同，其有机物、悬浮物含量要高得多，反渗透浓缩液量也要比填埋场渗滤液大的多。一般来说二级 RO 系统处理填埋场渗滤液的浓缩比可达到 10%，而运用于渗沥液处理时，浓缩比最高只有 50%。反渗透膜极易污染中毒，膜组件的更换频繁，而且预处理系统非常复杂。

焚烧厂渗沥液采用反渗透法处理产生的浓缩液有 50% 以上，而反渗透法产生的浓缩液的处理是一个难点。由于没有填埋场回灌的便利条件，回喷焚烧炉水量又太大，因此用膜处理法处理沥滤液的前提是解决浓缩液的处理问题。

（三）生化处理

垃圾渗滤液通常采用的处理工艺是生化法，但生化法本身固有的技术缺陷也是致命的。比如，渗滤液的水质随填埋场年限的增长而发生较大的变化，可生化性越来越差，必须采用抗冲击负荷能力强的生物工艺系统，因而其处理工艺流程操作管理复杂，运行效果难以得到长期的保证；生化法的采用受地区气候条件制约明显，在北方，冬季基本没有处理效果。经过相当长时间调试好的生化系统，只能在气候适宜的时间段内运行，既造成资金浪费又致使渗滤液在漫长的冬季放任自流。

以生化处理方法去除渗沥液中主要污染物的工艺目前研究较多的是氨吹脱＋UASB＋SBR以及在此基础上增加臭氧氧化、混凝等工艺，较典型的是采用改进的填埋场渗滤液工艺：混凝＋氨吹脱＋pH回调＋厌氧滤池＋SBR＋臭氧消毒。

（四）化学氧化处理

化学氧化工艺主要是依靠化学氧化剂去除污染物。某垃圾焚烧厂曾采用Feton试剂氧化＋氨吹脱＋混凝沉淀＋厌氧＋SBR＋$ClO_2$氧化＋活性炭吸附工艺处理渗沥液，加药正常时出水可以达到国家三级排放标准，但运行费用高达120元/t以上。

（五）CTB工艺处理

CTB（coagulation-thermodynamica-biochemical oxidation）处理工艺采用混凝＋低温多效蒸发＋氨吹脱＋生化处理法。低温多效蒸发和氨吹脱作为本工艺的核心技术，大部分污染物如COD、氨氮等主要在此阶段去除。

经混凝去除悬浮物后的渗沥液经这两道工序处理后，出水COD小于1000mg/L、氨氮小于100mg/L，且其$BOD_5$/COD约为0.6，生化性能良好；再辅之以好氧生化处理单元，其最终出水可满足国家二级排放标准。在此过程中产生的污泥、蒸发残渣等排入垃圾仓，随垃圾进入焚烧炉进行焚烧处理；而吹脱出的氨等气体作为焚烧炉二次风进行高温氧化处理，不会带来新的二次污染。

### 4.3.5　厨余垃圾处理与利用

#### 4.3.5.1　概况

（一）厨余垃圾的概念及特性

餐厨垃圾组成元素中，按含量大小顺序排列依次为碳（C）、氮（N）、钾（K）、钠（Na）、钙（Ca）、磷（P）。其中，总碳含量约为40%；氮元素为第二大组成元素，平均约为1.96%；钾、钠、钙、磷平均含量分别为1.42%、1.17%、1.06%、0.25%；平均C/N为21.6，C/P为202.8，C/Ca为34.3，其中C/N，C/P相对较低，K、Ca、Na含量丰富。餐厨垃圾是一种典型的高固体有机废物，生物质组分极高，同时餐厨垃圾中接近90%以上的成分是植物来源的，植物营养元素丰富，其中米、面食品含量达到60%，蔬菜含量为30%，而肉食品含量仅占总量的10%左右。餐厨垃圾的含水率在83.2%～88.5%，平均为85.3%；总固体含量为11.5%～16.8%，平均总固体含量为14.7%。餐厨垃圾中有机物含量很高，为总固体的86.7%～90.4%；餐厨垃圾干固体中约88.8%的组分为有机物，无机灰分仅占总固体的11.2%左右（赵由才，2006）。

餐厨垃圾的特性随季节并无太大的波动，米饭和面食均为餐厨垃圾废物中的最主要组成，其含量的波动较小。对一个城市来说，餐厨垃圾的发生量、特性值具有相对稳定的规律性。表 4.19 为某城市高校食堂的餐厨垃圾特性分析。

**表 4.19 餐厨垃圾特性分析数据**（赵由才，2006）

| 采样日期 日/月/年 | 含水率 /% | TS /% | VS /%TS | 灰分 | C | N | P | K | Ca | Na |
|---|---|---|---|---|---|---|---|---|---|---|
| 6/11/01 | 85.6 | 14.4 | 90.4 | 9.6 | 42.5 | 1.95 | 0.21 | 1.61 | 0.73 | 1.2 |
| 8/01/02 | 83.2 | 16.8 | 88.4 | 11.6 | 41.5 | 1.87 | 0.20 | 1.84 | 1.80 | 0.9 |
| 18/03/02 | 83.8 | 16.2 | 87.5 | 12.5 | 41.1 | 1.91 | 0.31 | 1.40 | 1.20 | 0.8 |
| 20/07/02 | 88.5 | 11.5 | 86.7 | 13.3 | 40.8 | 2.15 | 0.22 | 1.07 | 0.70 | 1.8 |
| 10/09/02 | 85.6 | 14.6 | 90.8 | 9.2 | 42.7 | 1.92 | 0.29 | 1.20 | 0.88 | 1.2 |
| 平均值 | 85.3 | 14.7 | 88.8 | 11.2 | 41.7 | 1.96 | 0.25 | 1.42 | 1.06 | 1.2 |

**1. 餐厨垃圾的脱水性能**

餐厨垃圾的脱水非常困难，这与餐厨垃圾内部水分的性质有关的。固体颗粒物的水分含量，可分为间隙水、毛细管结合水、表面吸附水和内部水 4 种。不同类型的水分与颗粒的结合力亦不同，一般认为，按脱水难易程度分，内部结合水＞毛细管结合水＞表面吸附水＞间隙水，结合水含量的多少直接显示出固体颗粒表面和水的亲和力的大小，结合水含量越高，其机械去除越困难。钱小青等餐厨垃圾的脱水试验（如图 4.24 所示）表明，餐厨垃圾中大量的水分为米、面食品所吸收结合，多以内部水的形式存在，水分与颗粒的结合力相对强，这决定了餐厨垃圾难以脱水的特性。

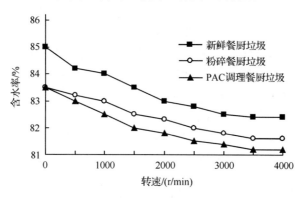

图 4.24 不同离心转速下餐厨垃圾的含水率

**2. 餐厨垃圾的发酵特性**

从理论上看，餐厨垃圾的 C/N 应较适合厌氧发酵的需求；C/P 值稍高，但一般认为厌氧系统中的 C/P 达到 500∶1 即可满足系统要求。在微量元素的含量上，对照餐厨垃圾的特性组成与甲烷菌的细胞构成，餐厨垃圾已测定的微量元素可满足甲烷菌的需求。金属与非金属离子的反向抑制问题，如 NaCl 等，这与发酵过程的含水率控制有一定的关联。

虽然餐厨垃圾物料的营养特性较适宜厌氧微生物的要求，但餐厨垃圾的高有机固体、易酸化特性对其厌氧发酵处理则存在相当不利的影响。甲烷细菌种类少、世代长、对反应的 pH 相对敏感，适宜的 pH 接近中性，可接受的最佳 pH 范围大致为 6.8～7.2。而餐厨垃圾的酸化特性则是易酸化，pH 下降快；对高固体发酵而言，pH 的矛盾会更加剧烈。如何解决此矛盾，是餐厨垃圾厌氧发酵成败的关键因素。可采取的措施有以下几个方面：其一，投加化学药剂，增加碱度；在高固体条件下，酸化程度很高，这需投加大量的药剂而增加成本；同时，大量加入的阴、阳离子又会抑制甲烷菌的活性。其二，调整工艺，进行完全的相分离。而餐厨垃圾中主要组分为米面，机械稳定性差，亲水性强，在酸化和水力冲刷条件下，形成黏稠的浆料，很难实现酸化液的分离；其三，调节负荷，通过控制有机负荷，调节发酵的接种率来实现餐厨垃圾发酵的初期酸化。因此，控制负荷将是餐厨垃圾发酵启动和运行的一个重要的因素。

餐厨垃圾的平均含水率在 85% 左右，从生化反应中微生物的需求来说，其对微生物的生长不存在限制因素。但含水率的变化对反应过程的传质以及物料的输送等方面产生影响。降低含水率可以提高发酵的容器效率，但随着含水率的降低，垃圾中所含盐分以及其他一些可能存在的抑制物质浓度会随之上升，而产生不利影响。因此，餐厨垃圾发酵过程的含水率条件亦是需要进行控制优化的重要因素。

另外，餐厨垃圾氮、硫量亦较高，一定浓度的游离 $NH_3$、$H_2S$ 对甲烷菌均有抑制作用，可视具体情况，通过控制适当的 pH 和投加调理剂对其进行控制。

### (二) 沿海城镇外厨余垃圾产生及处理现状

餐厨垃圾是家庭、宾馆、饭店及机关企事业等饮食单位丢弃的剩余饭菜的通称，是人们生活消费过程中产生的一种固体废弃物。主要包括：米和面粉类食品残余、蔬菜、植物油、动物油、肉骨、鱼刺等。从化学组成上，餐厨垃圾含有淀粉、纤维素、蛋白质、脂类和无机盐，其中以有机组分为主，无机盐中 NaCl 的含量较高，同时含有一定量钙、镁、钾、铁等微量元素。目前世界各国大部分城市的垃圾中约 40% 为餐厨垃圾。2000 年我国餐厨垃圾产生量为 4500 万 t，年新增餐厨垃圾产生量达 500 万 t。餐厨垃圾含水率高而热值低，很难得到妥善的处理和利用，从而大量占据填埋场库容，是填埋场气体和渗滤液产生的主要来源，由此造成填埋场二次污染防治费用大量增加。

餐厨垃圾来自于人类生活过程的各个环节。餐厨垃圾产生的主要源头在居民区、饭店、各种企事业单位的食堂。总体上，餐厨垃圾具有以下特性：

(1) 餐厨垃圾含有大量的植物油和动物油，影响人的视觉舒适感和生活卫生条件。

(2) 餐厨垃圾的含水率较高，约 80%～90%。较高的含水率为餐厨垃圾的收集、运输和处理都带来难度。

(3) 餐厨垃圾中有机物含量高，在温度较高的条件下，能很快腐烂发臭，引发二次污染。

(4) 餐厨垃圾的来源复杂，其中含有大量病毒、致病菌和病原微生物，如不加以适当的处理而直接利用，会造成病原菌的传播、感染等。

(5) 餐厨垃圾富含有机物、氮、磷、钾、钙以及各种微量元素，营养元素全面，适当处理后，是良好的动物饵料。

（6）餐厨垃圾与其他生活垃圾相比，其组成较简单，有毒有害物质（如重金属等）含量少。

传统的餐厨垃圾处置方式是直接应用为动物饲料。餐厨垃圾不能满足安全饲料的要求，与某些动物疾病如口蹄疫等，直接作为动物饲料可引起动物疾病，并形成污染链。上海市已出台有关规定，明确禁止采用餐厨垃圾喂养生猪。为了保护环境，保障人民健康，必须对餐厨垃圾进行适当的处理，并考虑其资源利用。

### 4.3.5.2　厨余垃圾的管理和处置原则

目前我国饮食浪费现象十分普遍，特别在一些重大场合，例如婚宴，铺张浪费的风气十分严重。以北京上海为例，北京城市垃圾中有机废物占65%，其中餐厨垃圾占39%。上海市日均餐厨垃圾产生量约为1000~1200t。我国还没有建立健全的餐厨垃圾处理管理体系，缺乏相应的管理政策和适宜的处理技术，最普遍的处理方式是混在普通垃圾中，直接混合填埋处置或者直接运到农场喂猪。由于没有专门的统一法律法规可供遵循，一些城市制定了自己的处置政策。如上海物价局曾出台餐厨垃圾的收费政策，规定餐厨垃圾产生者可自行处置或委托处置，在目前餐厨垃圾处置市场化起步阶段，对委托收运、处置的费用暂实行最高限价，收运和处置企业可自行下浮。

为了完全消除或使餐厨垃圾对人体健康、市容环境的影响降至最低限度，必须科学、合理地对餐厨垃圾进行处置管理，建立健全、规范、有序的餐厨垃圾处置管理系统。节约是餐厨垃圾源头管理的根本措施之一。对于餐厨垃圾的处理处置，环卫部门除了积极开展餐厨垃圾回收利用的技术和政策研究，更重要的是加大宣传力度，邀请每一位市民的参与配合，人人讲节约，人人珍惜粮食，减少餐厨垃圾的产生。2005年1月13日上海市发布了人民政府令第45号《上海市餐厨垃圾处理管理办法》（见附录一），用法规来促进餐厨垃圾的处理处置和资源化。

### 4.3.5.3　厨余垃圾传统处理技术概述

（一）破碎处理与饲料化处置

**1. 破碎处理**

将餐厨垃圾破碎后直排处理是欧美国家处理少量分散餐厨垃圾的主要方法，如在厨房安装一台破碎机，将家庭产生的少量餐厨废弃物割碎，用水冲入市政污水管网中，与城市污水一起进入污水处理厂进行集中处理。

破碎法对于少量分散产生的餐厨垃圾，具有价格便宜，技术简单的优势，且能降低城市垃圾的含水率，有利于提高城市垃圾的热值。但破碎法也存在很多不足之处：①需要采用较多的水进行冲洗，增大了城市污水的处理量；②在污水管网中，破碎的餐厨垃圾容易沉积、发臭，增加了病菌、蚊蝇的滋生和疾病的传播；③餐厨垃圾中的有机组分不能得到资源化利用，同时增加了城市污水处理厂的处理负荷；④不利于大规模的餐厨垃圾的处理处置。

**2. 饲料化**

餐厨垃圾是食品废物的一种，其营养成分丰富，餐厨垃圾的饲料化处置，能充分利用其中的有机营养成分，主要有以下 3 种形式。

第一种采用餐厨垃圾直接作为动物饲料，由于其不能达到环境安全的要求，多数国家均严格禁止这种处置利用方式。

第二种是餐厨垃圾饲料化必须经过适当的预处理，消除病毒污染，然后才能制成动物饲料，进行资源化利用。预处理主要针对餐厨垃圾中的细菌、病毒等污染物的控制，常用的餐厨垃圾预处理手段为：高温干化灭菌、高温压榨等。日本对餐厨垃圾采用明火加热煮沸的方式，进行消毒。有学者采用太阳能干化器处理餐厨垃圾进而制造饲料；亦有采用分选、蒸煮、压榨、脱油工序进行了餐厨垃圾处理生产蛋白饲料的技术研究工作。

高温、压榨等处理对减少餐厨垃圾的细菌、病毒污染具有明显的效果，但仍然存在一定的安全隐患。Timothy R. Kelley 等进行餐厨垃圾压榨处理后的病原性试验结果表明，大肠菌群等致病菌数量显著减少，但不能完全消除垃圾中的病原菌以及其他残存的微生物。很多报道表明，餐厨垃圾中存在许多微量的有毒有害物质，如作物的农药残留、食品添加剂等，其中许多物质具有很强的环境稳定性和生物累积效应。因此，高温等预处理方法很难解除餐厨垃圾的微量毒害，作为动物饲料，会以很短的周期和途径再次进入食物链的循环，对动物和人类的健康安全均带来不利影响，存在不可确定的安全隐患。

第三种是采用餐厨垃圾饲养特定非食物性生物，然后进行转化物质的提取应用。耿土锁等 80 年代即进行了餐厨垃圾等食品垃圾饲养蚯蚓提取动物蛋白的生产性试验。该法通过餐厨垃圾得到动物蛋白，相比餐厨垃圾直接利用为动物饲料，进入食品循环，具有较高的环境安全性。但在蚯蚓饲养过程中存在环境影响的控制，蚯蚓蛋白的进一步利用途径及安全性等，亦需进一步的研究确证。

（二）好氧生物处理

由于饲料化存在潜在的有害影响，堆肥日益成为处置餐厨垃圾的主要途径，Jane-Jung Lee 等以化学肥料为参照，研究了餐厨垃圾堆肥对土壤微生物、土壤活性以及莴苣生长的影响，在 4～6 周的试验中，施用餐厨垃圾堆肥的新鲜莴苣收获重量达到空白参照样的 3～4 倍，土壤微生物数量以及活性明显提高，植物氮素的吸收利用率也有所增加。

在技术上，单一餐厨垃圾堆肥存在着较大的技术难点。含水率高、有机质含量高，导致堆肥升温慢、容积效率较低，而且餐厨垃圾易腐、颗粒机械稳定性差的特性，需要特殊的填充物提高其空隙率和大量的填充剂调理含水率。此外，餐厨垃圾中含有的大量油脂和盐分会进一步影响微生物对有机物的分解速率。Sung-Hwan Kwon 等的研究指出，由于受餐厨垃圾物料特性的影响，堆肥的有机物转化率低于城市生活垃圾的转化率。Y. W. He 等研究了餐厨垃圾等食品废物好氧堆肥过程中 $CH_4$ 以及 $N_2O$ 等温室气体的排放，结果表明，初期产生 $N_2O$ 的排放高峰，两天后逐步回复到大气环境的本底值；而在牛粪调理的情况下，堆肥的全过程均产生 $N_2O$ 的排放，并形成两次排放高峰，排放尾气中检出 $CH_4$。即使在强制通风的情况下，餐厨垃圾颗粒内部亦存在缺氧和厌氧环境，使得产生甲烷气体。

由于餐厨垃圾堆肥处理的技术复杂性，有研究者尝试进行了餐厨垃圾废物强制导热通风的高温氧化处理研究。高温好氧工艺处理餐厨垃圾，有机物转化率高，反应残余可作为有机肥料。但反应过程保持较高的温度，需消耗大量的能量，同时由于物料中有机物含量极高，需氧量大，充足、高效的供氧设备及其充氧效率是反应成功的关键，大量排放的尾气中含有较多的挥发性有机物。总体上来说，高温好氧工艺运行成本较高，对环境产生较大的影响，不利于大规模的餐厨垃圾的处理。

（三）厌氧发酵处理

目前，有机废物的厌氧发酵处理技术，可分为两大类：其一，是进行低固体含量的浆料或液态发酵，技术相对成熟；其二，进行餐厨垃圾的高固体或半固体厌氧发酵技术。高固体技术在系统投资、设备效率、发酵物料的综合利用等方面具有明显的优势，在发酵理论上亦较成熟。但随着固体浓度的提高，物料中毒性物质以及流态、传质等因素的影响加强，在具体技术应用上尚存在较多的不确定性和难度；发酵工艺以及参数的确定、反应器的构建以及过程的控制等方面是其研究的重点。

厌氧微生物耐盐毒性较强，可以强化餐厨垃圾中油类的分解，不需供氧，节省能耗。因此，从技术分析上，餐厨垃圾的厌氧发酵处理具有节能、高效、可回收资源的优势，但亦存在发酵周期长、初期投资大的不足。

餐厨垃圾含水率在80%左右，物料组成复杂，酸化速率极快，高有机物含量以及高盐分易对厌氧微生物，尤其是甲烷相微生物的活性产生抑制。因而，采用大量加水稀释的方式可以减少物料对微生物的抑制影响，提高反应进程，实现厌氧物料的流态化；在工艺的组合（温度、负荷等）、生物相的分离（单相、两相）、高效反应器（如UASB、ASBR等）的构建应用等方面具有明显的优势。但大量稀释水的加入，增加了反应器体积，也使得投资和运行费用大幅提高。同时，发酵后的大量液体含有较高的COD等环境污染物，需进一步处理才能达标排放。

保持餐厨垃圾原有基质状态或适当调理，进行厌氧发酵处理，相比加水稀释，具有明显的优势，符合餐厨垃圾处理产业化的要求。Jae Kyoung 等进行了餐厨垃圾的甲烷化潜力（BMP）研究，结果表明，餐厨垃圾具有较大的厌氧甲烷化潜力，肉食、纤维素、米饭、卷心菜和混合废物的甲烷化潜力分别为 482mL $CH_4$/gVS、356mL $CH_4$/gVS、294mL $CH_4$/gVS、277mL $CH_4$/gVS、472mL $CH_4$/gVS，厌氧可生物降解性分别为 0.82、0.92、0.72、0.73、0.86，但长期稳定试验效果不佳，产气率远达不到BMP 研究结果。

在餐厨垃圾高固体发酵过程中，物料的酸化过程是影响发酵启动和稳定性的主要原因。餐厨垃圾在发酵的初期迅速产生大量的挥发酸（VFAs），引起系统 pH 的急剧下降，抑制了甲烷化的进行，即使保持系统 pH 在中心范围，在接种率30%的条件下，餐厨垃圾厌氧发酵亦未能达到甲烷化过程。餐厨垃圾酸化液厌氧毒性试验（ATA）表明，餐厨垃圾酸化液是抑制餐厨垃圾废物甲烷化进程的主要原因，当对系统的发酵液进行稀释时，在很短的时间内（1 天）可以微弱恢复产气，继而系统彻底崩溃。而

Ghanem等通过研究认为挥发酸的累积会导致系统产气的停滞，但当减少挥发酸的浓度时，系统产气能力可以得到恢复，甲烷化可以继续进行。

餐厨垃圾中存在的乳酸发酵亦能抑制其他细菌生长，进而影响到垃圾发酵的启动与进程。发酵菌种的驯化、系统快速启动是餐厨垃圾发酵的技术难点。总的说来，餐厨垃圾高固体或半固体厌氧发酵处理，有利于餐厨垃圾的全面资源化，但在工艺技术上还不完全成熟，有待于进一步的系统研究。

餐厨垃圾的厌氧发酵包括脱水、破碎等前处理过程、厌氧发酵、渗液处理、气体净化及贮存等环节。首先是通过离心机等机械进行物料的水分调节。然后利用破碎机对物料中的粗大物体（如骨头等）进行破碎，以利于后续发酵单元的顺利进行。厌氧发酵阶段通过投加兼性和厌氧微生物菌种，强化物料中有机组分的分解，使生成较稳定的发酵产品和以甲烷为主的发酵气体。利用水处理装置对物料脱水形成的有机废水进行处理，防止渗液形成二次污染。另外，甲烷是一种有较高经济利用价值的气体，通过净化装置去除发酵气中 $H_2S$ 等杂质气体，能提高发酵气的利用价值。具体工艺流程见图 4.25。

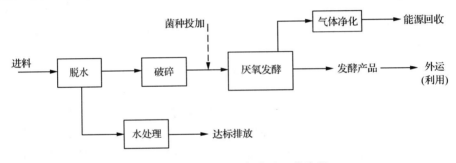

图 4.25　餐厨垃圾厌氧发酵工艺流程

### 1. 法国的 VALOGRA 工艺

VALOGRA 工艺是 20 世纪 80 年代后期开发研制的。由于其具有较好的经济效益和环境效益，取得了较大的成功，在欧洲地区得到了一定的工业运用。垃圾经破碎分选后，有机组分与反应器回流液混合，调成浆状。在中温（35～40℃）或高温（55～60℃）下连续消化 17～25 天，出料压缩后，进一步加工成肥料出售；渗滤液部分回流，调节进料浓度，并起一定的接种作用，多余的渗滤液达标处理后排放；所产生沼气一部分压缩后回流，起搅拌作用，另一部分输出利用。垃圾产气量为 149.6m³/t，其中甲烷含量 54%；COD 去除率为 58%。该工艺最主要的特征是：用压缩沼气来进行搅拌，从而避免了机械搅拌带来的泄漏、机械磨损、消耗动力高等缺点。目前荷兰的提比可垃圾处理厂（年处理量 10 万 t）、法国的爱门司垃圾处理厂（年处理量 5.5 万 t）均采用了这一工艺。

### 2. 丹麦 Car1Bro 工艺

CarIBro 工艺由丹麦 CarIBro 公司开发研制。垃圾破碎分选后，有机组分进入一级反应器；中温 35～37℃停留 2～3 小时，进行酸化，pH 6.5 左右；酸化后，固液分离，固体部分进一步加工成肥料；液体部分进入二级反应器；中温下停留 1～2 天产沼气，气液分离，所产沼气出售给电厂。垃圾产气量 150～175m³/t，固体去除率 60% 以上。

该工艺的主要特点是：① 两阶段消化，把酸化阶段和产沼阶段分离开来，可以节约用地，便于管理；② 处理时间短，仅 3～5 天，降低了投资和成本；③ 渗滤液加工成液肥出售，不但减少了废水处理量．还有了一定收入。1991 年丹麦的世界上第一个工业规模的城市垃圾厌氧处理厂就采用了该工艺。该厂设计处理能力为 20 万 t/a，初期投资为 5500 万丹麦克朗，运行费为 800 万丹麦克/a，收入部分中 66% 来自出售沼气。所生产固体和液体肥料有很高肥效，销路很好。据该公司核算，该垃圾处理厂费用（包括初期投资与运行费用）低于同等规模垃圾整烧厂。

**3. 厌氧-好氧工艺**

厌氧-好氧工艺由美国加利福尼亚大学开发研制。由于厌氧消化后的产物中还含有一定量的可生物降解物质，以及细菌等微生物，对人体和环境有一定危害，不能直接出售或排放。因此，研究者们提出在厌氧消化后，进行好氧堆肥处理，进一步降解有机物质，杀灭细菌。垃圾破碎分选、有机成分进入厌氧反应器，高温（55～60℃）停留25～30 天，厌氧消化产生沼气；消化残渣进入好氧反应器，在 55℃下腐熟，彻底杀死各种病菌等微生物，最终产物性质稳定、化学组成合理，有很高的肥效和热值，可用做肥料或电厂燃料。垃圾产气量为 800m³/t。经两级处理后，固体去除率为 55%～65%。

该工艺的特点是：① 产气量高，是上述几种方法的 5 倍左右；② 最终产品生物化学性质稳定，是很好的有机肥料或燃料；③ 产物对人体和环境无害，完全符合环境标准。

**（四）填埋**

填埋由于操作简便，是目前应用比较普遍的处理方法。餐厨垃圾的产气速度很快，稳定时间比较短，很适合于填埋场气体利用技术。餐厨垃圾的有机物中可生物降解组分比例较高，单位重量的干垃圾的理论产气量较高。但餐厨垃圾过高的含水率导致渗滤液产量的增加，也增加了处理成本。厌氧分解的餐厨垃圾是填埋场中沼气和渗滤液的主要来源，造成了二次污染。在一个设计良好的填埋场里，约有 66% 的沼气可以作为燃料重新利用，但剩余的 34% 将进入大气层。填埋处置方式损失了餐厨垃圾中几乎所有的营养价值，最终很大一部分碳转化为沼气排放。

**（五）厨余垃圾的其他资源化技术——生物发酵制氢技术**

氢被普遍认为是一种最有吸引力的替代能源。氢气不仅热值高，而且是一种十分清洁的能源（燃烧后只产生水）。传统的化学产氢方法采用电解水或热解石油、天然气，这些方法需要消耗大量的电力或矿物资源，生产成本普遍较高。生物制氢反应条件温和，能耗低，主要有两种方法，即利用光合细菌产氢和发酵产氢。

发酵生物制氢是通过产氢发酵细菌的生理代谢进行的，在发酵过程中通过脱氢作用来平衡氧化还原过程中剩余电子，以保证代谢过程的顺利进行。产氢途径主要包括：丙酮酸脱羧作用产氢，其在丙酮酸脱氢酶和氢化酶的作用下进行重组而产生；甲酸裂解的途径产氢；第三种是通过辅酶Ⅰ（NADH 或 NAD⁺）的氧化还原平衡调节作用产氢。

由于细菌种类及不同生化反应体系的生态位的变化，导致形成各种特征性的末端产物，从微观角度上分析，末端产物组成是受产能过程、NADH/NAD$^+$的氧化还原偶联过程以及发酵末端的酸性末端数支配，由此形成了经典生物化学中不同的发酵类型。现有的研究表明，产氢过程从宏观上与发酵的类型具有较为密切的联系，按照发酵产物量的相对比例，发酵类型可简单分为丁酸型发酵、丙酸型发酵和乙醇型发酵三种类型。

丁酸型发酵主要末端产物为丁酸、乙酸、$H_2$、$CO_2$和少量的丙酸，许多可溶性碳水化合物（如葡萄糖、蔗糖、乳糖、淀粉等）底物的发酵以丁酸型发酵为主。理论上，丁酸型发酵的丁酸与乙酸物质的量比约为 2：1，发酵 100mol 葡萄糖，能产生 200mol的氢气，丁酸型发酵末端产物的理论组成见表 4.20。

**表 4.20　100mol 葡萄糖丁酸型发酵的理论产物组成**

| 丁酸/乙酸 | 丁酸/mol | 乙酸/mol | $CO_2$/mol | $H_2$/mol | NADH/mol |
|---|---|---|---|---|---|
| 2 | 80 | 40 | 200 | 200 | 40 |
| 2.5 | 83 | 33 | 200 | 200 | 33 |

丙酸型发酵的特点是气体产量很少，甚至无气体产生，主要发酵末端产物为丙酸和乙酸。含氮有机化合物（如酵母膏、明胶、肉膏等）的酸性发酵往往易发生丙酸型发酵。此外难降解碳水化合物，如纤维素等的厌氧发酵过程亦常呈现丙酸型发酵，与产丁酸途径相比，产丙酸途径有利于 $NADH^+ H^+$ 的氧化，且还原力较强。

此外，任南琪等发现的以拟杆菌属和梭状芽孢杆菌属为优势种群的乙醇型发酵途径，液相产物主要以乙醇和乙酸为主，同时气相中存在大量的 $H_2$。任南琪、刘艳玲等采用糖蜜废水为底物，研究了不同发酵途径下稳定的发酵产物和产氢能力。结果表明，乙醇型发酵的产物组成分配随优势种群的不同而不同，当拟杆菌属为优势种群时，产物以乙醇为主，乙酸以及其他酸的含量均很低，气相中氢气体积含量在 30%～35%；当种群以梭状芽孢杆均属为主时，乙醇和乙酸的含量很高，组成比例约为 1.5：1，两者之和占总产酸量的 50% 以上，此时气相中氢气体积浓度达到 31%～45%。

目前，有机废物生物产氢技术尚在起步发展阶段，生物产氢的研究均停留在实验室小型规模，氢气的比产率、发酵的连续性、稳定性较低。利用餐厨垃圾废物生物制氢等虽然不可能迅速达到技术产业化，但具有非常广阔的研究和发展前景。

# 4.4　农林渔业固体废物处理

## 4.4.1　概述

农业生产为人类提供了粮食、蔬菜及肉蛋奶等农业产品的同时，也产生了很多农业固体废弃物。农业固体废物泛指在整个农业生产过程中被丢弃的有机类物质，主要包括：农业生产过程中产生的植物残余类废弃物，如作物秸秆、果树枝条、杂草、落叶、果实外壳等；牧、渔业生产过程中产生的动物类残余废弃物，主要为畜禽粪便；农业加工过程中产生的加工类残余废弃物和农村城镇生活垃圾等。其中乡镇生活垃圾和人粪便

2.5亿t，农作物秸秆的产生量约每年7亿t，蔬菜废弃物1亿t，畜禽粪便每年约26亿t，在我国农业固体废弃物中占重要的地位（边淑娟等，2010）。中国已经成为世界上农业固体废弃物产出量最大的国家，绝大多数农业废弃物被随意丢弃或者排放到环境中，对生态环境造成了极大的影响。因此实现农业固体废弃物变"废"为"宝"，消除环境污染，改善农村生态环境，对中国全面建设小康社会和实现农业可持续发展具有重大意义（孙永明等，2005；赵由才，2006）。

### 4.4.4.1　农业废弃物的特点

农业固体废物可进行资源化利用的有三大类。其一为农作物秸秆类。农业秸秆是农业固体废弃物中最主要的部分，它是一种宝贵的生物资源，其中含有丰富的有机质、纤维素、半纤维素、粗蛋白、粗脂肪和氮、磷、钾、钙、镁、硫等各种营养成分，可广泛应用于饲料、燃料、肥料、造纸、轻工食品、养殖、建材、编织等各个领域。据报道，我国各类主要农作物秸秆年产量达7亿t左右，其植物能大约占农作物总量的$50\%\sim75\%$，具有很高的利用价值，但目前在我国秸秆的利用率较低，仅为33%左右。其二为蔬菜及瓜果等农副产品加工类。我国在大中小城市周围相继建立了一批菜篮子工程，丰富了城镇居民菜篮子的同时也带来了大量的剩余物。蔬菜食品类的营养成分很丰富，总水分占总重量的$71.8\%\sim85.0\%$，其中蛋白质$1.7\%\sim4.4\%$，油脂$0.4\%\sim1.6\%$，无氮提取物$11.4\%\sim15.5\%$，灰分$1.8\%\sim2.4\%$；另外，每千克蔬菜类废弃物中还有2.5g钙、1.5g磷、$15\sim22$g可消化蛋白。除此以外，大量的有价值的农副产品加工下脚料，如水产品加工过程中剩余的鱼头、内脏、鱼鳞、鱼刺、鱼皮等，大豆的加工时产生大量的豆渣，均被白白丢弃，既浪费了资源又污染了环境。第三类是人畜粪便。据初步统计，目前我国每年畜禽养殖场排放的粪便及粪水总量超过了17亿t，再加上集约化生产的冲洗水，实际排放量远远超过此统计。随着生产的发展和人口的进一步增加，农业废弃物正以年均$5\%\sim10\%$的速度递增（赵由才，2006）。

农业固体废弃物是一种特殊形态的可再生资源，具有巨大的开发潜力。根据其理化特性，通过一定的手段，可有目的地对其进行资源化利用，以满足人们的某些需求。如利用废弃物中的生物质能，将其作为能源开发利用；利用其中的营养成分，制作肥料和饲料以及食品添加剂等；利用废弃物的物理特性，生产质轻、绝热、吸声的功能材料；利用其化学特性，提取有机和无机化合物，生产化工原料和化学制品等。不仅如此，部分农业园区运用农业生态工程，通过一整套废弃物资源化利用技术，将种植业、养殖业和农业相关的其他行业耦合成一个有机整体，从农业系统学的角度来研究农业废弃物的处理与利用问题，不仅提高了资源利用效率，变废为宝，节约自然资源，解决饲料、肥源、能源问题，增加农副产品的价值，而且也减轻了环境处理负荷，全面消除废弃物的直接污染，保护农业生态环境。农业生态工程的建设强化了生态系统中还原者的作用，以较低的物能消耗，取得最佳的生态、经济、社会效益，为农业持续发展和实现生态与经济良性循环发挥巨大的作用。

农业废弃物是一种容易被忽略的资源。在资源和能源短缺的今天，合理利用农业废弃物，可以带来极大的经济效益、环境效益以及生态效益。中国农业废弃物再利用有着悠久的历史，源于中国的堆肥和沼气技术在传统的生态理念指引下被广泛应用，从全国生态农业示范县收集到的 370 多个生态农业实用模式中，就有 1/3 是以农业废弃物的循环利用技术为纽带联结形成的高效生产模式（赵由才，2006；朱立志、邱君，2009）。

### 4.4.4.2　农业废弃物资源化的意义

#### （一）资源化

近些年来，农业废弃物在能源化、肥料化、饲料化和材料化上取得了显著的成绩。

**1. 能源化**

农业废弃物是农村能源的重要组成部分，在解决农村能源短缺和农村环境污染方面有重要的价值。近年来，中国先后对畜禽粪便厌氧消化、农作物秸秆热解气化等技术进行了攻关研究和开发，已经取得了一定成绩，生物质能高新转换技术不仅满足农民富裕后对优质能源的迫切需求，也在乡镇企业等生产领域中得到很好的应用。目前农业废弃物能源化的方向有：高效沼气和发电工程系统研究；组装式沼气发酵装置及配套设备和工艺技术研究；热值秸秆气化装置和燃气净化技术研究；移动式秸秆干燥粮食工艺及成套设备研究；秸秆干发酵及其配套技术研究；秸秆直接燃烧供热系统技术研究；纤维素原料生产燃料乙醇技术研究；生物质热解液化制备燃料油、间接液化生产合成柴油和副产物综合利用技术研究；有机垃圾混合燃烧发电技术；城市垃圾填埋场沼气发电技术；"四位一体"模式和"能源-环境工程"技术农业生态综合利用模式研究等（李想等，2006）。

**2. 肥料化**

农业废弃物（畜禽粪便、秸秆等）和乡镇生活垃圾的肥料化在提高土壤肥力，增加土壤有机质，改善土壤结构等方面有其独特的作用。近年来，农业废弃物肥料化的主要方向有：畜禽粪便开发研制的生态型肥料和土壤修复剂等技术；不同原料好氧堆肥关键技术研究；高效发酵微生物筛选技术研究；以城乡有机肥为原料，配以生物接种剂和其他添加剂，高效有机肥生产技术研究；农业废弃物的腐生生物高值化转化技术研究；畜禽粪便高温堆肥产品的复混肥生产技术研究；秸秆等植物纤维类废弃物沤肥还田技术研究；农作物秸秆整株还田、根茬粉碎还田技术研究（文化，1995）。

**3. 饲料化**

农业废弃物中含有大量的蛋白质和纤维类物质，经过适当的技术处理，便可作为饲料应用。目前，农业废弃物的饲料化主要分为植物纤维性废弃物的饲料化和动物性废弃物的饲料化，前者主要的技术包括，秸秆、木屑等植物废弃物加工制微生物蛋白产品的技术研究；青绿秸秆的青贮饲料化研究；秸秆等废物氨化处理技术研究。动物性废弃物的饲料化主要是畜禽粪便和加工下脚料的饲料化研究，但动物性废弃物的饲料化存在太多的安全隐患，不值得提倡（黄婷，2007）。

**4. 材料化**

利用农业废弃物中的高蛋白质资源和纤维性材料生产多种生物质材料和生产资料，是农业废弃物资源化的又一个拓展领域，有着广阔的应用前景。目前的研究主要包括，利用农业废弃物中的高纤维性植物废弃物生产纸板、人造纤维板、轻质建材板等材料；通过固化、炭化技术制成活性炭技术；生产可降解餐具材料和纤维素薄膜；制取木糖（醇）等。如，秸秆、稻壳经炭化后生产钢铁冶金行业金属液面的新型保温材料；麦草常压水解、溶剂萃取后制取糠醛；利用秸秆、棉籽皮、树枝叶等栽培食用菌；棉籽加工废弃物清洁油污地面；棉秆皮、棉铃壳等含有酚式羟基化学成分制成聚合阳离子交换树脂吸收重金属等。

近年来，为了环境保护和节约成本的需要，对农业废弃物的研究利用越来越多，其中不乏用于处理工业废水中重金属离子的新型原料的研究。农业废弃物成本低、不需再生，采用氧化的方法即可回收其中的重金属和热能；植物性废弃物细胞的毛细管结构使其具有高的表面积（多孔性）和较高的化学活性，易产生高浓度的吸附金属离子的活性基团，容易化学改性；且比纤维材料更加容易交联，不易溶于水，对于重金属离子含量低的废水（如0~100ppm）处理更加有效（孙振均、孙永明，2006）。

目前研究使用的农业废弃物原料包括制糖甜菜废丝、甘蔗渣、稻草、大豆壳、花生皮、玉米芯等。这些原料含有丰富的纤维素、半纤维素、果胶、木素和蛋白质，具有天然交换能力和吸收特性，其结合重金属离子的活性部位是巯基、氨基、邻醌和邻酚羟基，通过共聚和交联作用等化学改性方法可以提高其对重金属的结合能力。如将羧酸盐（马来酸盐、琥珀酸盐和邻苯二甲酸盐）、磷酸盐和硫酸盐基团连接到燕麦壳、玉米芯和制糖甜菜废丝的多糖基上，把羟基氧化成羧基，使阳离子结合能力增加，来制备阳离子交换树脂，见表4.21。

**表 4.21　玉米芯、燕麦和甜菜废丝及它们的衍生物对 $Ca^{2+}$ 的结合能力**（μ当量/g）（赵由才，2006）

| | 未添加 | 邻苯二甲酸盐 | 琥珀酸盐 | 马来酸盐 | 磷酸盐 | 硫酸盐 | 乙醛酸 |
|---|---|---|---|---|---|---|---|
| 玉米芯 | 120 | 1210 | 1393 | 722 | 798 | 1636 | 203 |
| 燕麦 | 110 | 692 | 1282 | 174 | 1169 | 1093 | 139 |
| 甜菜废丝 | 520 | 1315 | 3272 | 559 | 2586 | 3466 | 1242 |

（二）资源化的实施

我国农业生产的物质利用效率低，作物秸秆和畜禽粪便的资源化和循环利用产业规模尚未形成。当前，我国废物的肥料利用率仅为32%~35%，远低于发达国家的50%~60%，大量流失的氮磷向环境中迁移；20%的地膜在使用后残留在土壤中。另外，每年产生的6.5亿t各类作物秸秆60%以上未被有效利用。同时，2004年全国有1.5亿农户未能解决燃料问题，2.4亿多农民采用柴草烧火做饭，热能利用率仅10%。因此，延长农产品加工产业链，建立资源节点的有效连接，因地制宜地发展分散式、高效的资源能源技术和成套设备，推进农村废物资源的循环利用将大大改善农村环境（朱立志、邱君，2009）。

**1. "三化"原则**

"三化"原则是实施新农村建设中固体废物管理的根本原则。我国大部分地区的农业生产还比较传统粗放，缺少有效的农业清洁生产机制，因此农业废物减量化有很大的发展空间。

**2. 因地制宜**

由于我国南北地理环境、气候条件和经济发展水平的差异，不同农村地区固体废物构成和特征差异很大。因此，在农村固体废物处理过程中，需要结合本地的经济社会发展水平、地理特征、环境资源状况等因素，遵循因地制宜的原则，选择处理处置和资源化技术，以满足不同发展特征和发展模式的农村地区需要。

**3. 农业生产一体化**

以零排放为目标，因地制宜选择规模化种植业与养殖业结合、种养一体化模式，实现营养物质的就地循环。按照生态学规律，根据生态环境承载能力，确定养殖规模，确保养殖场产生的粪便、废水等废弃物能被农田吸收利用，在系统内实现物质循环利用，减少对生态环境的影响；确保废弃物的零排放；建立无公害养殖产品认证体系，积极倡导无公害、绿色、有机农产品的消费；有效解决养殖废弃物的出路，同时减少化肥、农药使用量和使用强度，降低土壤重金属含量，改善种植业生态环境，提高农产品质量，保证经济效益；通过立法，在全国推行养殖行业的循环经济模式。

在管理上，要严格养殖场审批过程，控制养殖总量，合理布局。对环境承载能力小以及敏感地区，减少养殖场个数甚至完全取缔，监测采取定期和不定期结合，预防流行性疾病和污染发生，对于长期超标排放的养殖场坚决取缔。

**4. 建立和完善农村固体废物管理体制**

我国农村固体废物管理还在起步阶段，体制建设还在进行之中。目前只有畜禽规模养殖废物出台了专门的法律法规。因此，新农村建设迫切需要建立和完善农村固体废物管理体制。

**5. 制定固体废物利用优惠政策**

发挥政府的导向作用与示范作用，制定一系列优惠政策，扶持与发展循环生态养殖业和种养结合的生态农业，扶持循环生态养殖业和种养结合相关研究，尤其是循环生态养殖和种养结合的生态农业的产品质量保证，实现种养高效结合，饲料中的绿色添加剂等，并开发相应产品。规范养殖场排污管理、严格排污执法，并倡导绿色生活方式和绿色消费模式（孙永明等，2005）。

### 4.4.2 农作物秸秆的资源化利用

#### 4.4.2.1 秸秆的来源及资源量

秸秆是农作物生产过程中产生的固体废弃物，它主要指农作物的根、茎、叶中不易或不可利用的部分。我国农作物秸秆的品种很多、分布很广、产量巨大，仅重要作物秸秆就有近 20 种，年产生总量接近 6 亿 t，如表 4.22 所示。我国的秸秆产量分布不均，部分省区产量大，如山东、四川、河南、江苏等；部分省区则较少，如西藏、海南、青海等。秸秆作为极其特殊的一种"废弃"资源，具有产量巨大、分布广泛而不均匀、利用规模小而分散、利用技术传统而低效等特点（赵由才，2006；黄婷，2007）。

作物的秸秆主要由植物细胞壁组成，含有大量的粗纤维和无氮浸出物，也含有粗蛋白、粗脂肪、灰分和少量其他的成分（表 4.23）。植物细胞壁包含的纤维素和半纤维素较易被生物降解，木质素除本身难以分解外，在植物细胞壁中，还常与纤维素、半纤维素、碳水化合物等成分混杂在一起，阻碍纤维素分解菌的作用，使得秸秆难以被生物所分解利用。

**表 4.22　全国主要农作物秸秆分布情况**

| 作物名称 | 秸秆数量/Mt | 作物名称 | 秸秆数量/Mt |
|---|---|---|---|
| 稻谷 | 168.616 | 夏粮 | 98.496 |
| 小麦 | 106.300 | 棉花 | 19.295 |
| 玉米 | 120.994 | 花生 | 5.042 |
| 谷子 | 5.381 | 油菜籽 | 11.154 |
| 高粱 | 7.891 | 芝麻 | 0.783 |
| 薯类 | 13.600 | 胡麻籽 | 0.926 |
| 大豆 | 15.819 | 向日葵 | 2.560 |
| 其他杂粮 | 18.779 | 烟叶 | 1.637 |

总计：599.273（Mt）

注：秸秆数量为理论值，由 1992 年农业年鉴提供的作物产量乘以相应的秸秆折算系数而求得。秸秆折算系数如下：稻谷 0.9，小麦 1.1；玉米 1.2，大豆 1.6，薯类 0.5，其他谷类 1.6，棉花 3.4，花生 0.8，油菜籽 1.5，其他 1.8。

**表 4.23　秸秆的成分组成**　　　　　　　　（单位：干物质%）

| 秸秆 | 水分 | 粗蛋白 | 粗脂肪 | 粗纤维 | 无氮浸出物 | 粗灰分 | 钙 | 磷 |
|---|---|---|---|---|---|---|---|---|
| 稻草 | 6.0 | 3.8 | 0.7 | 32.9 | 41.8 | 14.7 | 0.15 | 0.18 |
| 小麦秸 | 13.5 | 2.7 | 1.1 | 37.0 | 35.9 | 9.8 | — | — |
| 玉米秸 | 5.5 | 5.7 | 1.6 | 29.3 | 51.3 | 6.6 | 微量 | 微量 |
| 谷草 | 13.5 | 3.1 | 1.4 | 35.6 | 37.7 | 8.5 | — | — |
| 大麦秸 | 12.9 | 6.4 | 1.6 | 33.4 | 37.8 | 7.9 | 0.18 | 0.02 |
| 燕麦秸 | 9.0 | 5.3 | 3.4 | 31.0 | 39.6 | 11.7 | — | — |
| 大豆秸 | 6.8 | 8.9 | 1.6 | 39.8 | 34.7 | 8.2 | 0.87 | 0.05 |

　　按照农业资源循环利用的原理，将秸秆制作转化为肥料、饲料、燃料、培养料等，可以实现农作物秸秆的资源化利用。秸秆的利用有多种途径。直接燃烧秸秆是农村地区长久以来获取生活能源的一种重要手段。高效燃烧技术和热解气化技术的应用可大大提高秸秆的直接燃烧效率。而厌氧发酵制取沼气技术则兼顾了秸秆的综合利用和对环境的保护。秸秆还田发挥了秸秆的有机质功能和肥料功能，是秸秆利用的主要方法之一，在我国得到了重视和推广。秸秆饲料化利用包括微生物处理和饲料化加工两类。目前，全国的秸秆饲料化加工处理量每年约有 1000 多万 t。秸秆作为重要的生产原料亦广泛地应用于造纸行业、编织行业和食用菌生产等。近年，秸秆制炭技术、利用秸秆制成纸质地膜技术也日渐应用起来，成为秸秆利用的有效途径。其中秸秆地膜透气性好，经一段时间腐化后，还可以作为有机肥料，免除了塑料地膜对土壤的污染。

### 4.4.2.2　秸秆还田利用技术

　　秸秆中含有丰富的有机质和氮、磷、钾、钙、镁、硫等肥料养分（表 4.24 所示），是可利用的有机肥料资源。秸秆直接还田作肥料是一种简便易行的方法，对不同地区都可以适用（黄婷，2007）。

**表 4.24　作物秸秆中元素成分**　　　　　　　　　（单位:%）

| 种类 | N | P | K | Ca | Mg | Mn | Si |
|------|------|------|------|------|------|------|------|
| 水稻 | 0.60 | 0.09 | 1.00 | 0.14 | 0.12 | 0.02 | 7.99 |
| 小麦 | 0.50 | 0.03 | 0.73 | 0.14 | 0.02 | 0.003 | 3.95 |
| 大豆 | 1.93 | 0.03 | 1.55 | 0.84 | 0.07 | — | — |
| 油菜 | 0.52 | 0.03 | 0.65 | 0.42 | 0.05 | 0.004 | 0.18 |

秸秆还田可改善土壤结构，使土壤容重下降，孔隙度增加；同时，秸秆覆盖和翻压对土壤有良好的保墒作用，并可抑制杂草的生长，减轻土壤盐碱度。秸秆还田后，由于养分效应、改良土壤效应和农田环境优化效应 3 个方面综合作用，不仅可以增加作物的产量，还可以提高作物的品质。

目前焚烧秸秆的现象仍然十分严重，不但浪费了资源，而且污染空气，有时还会引起火灾。实行秸秆还田对改造中低产农田、缓解土壤氮、磷、钾的比例失调、弥补磷、钾化肥不足有十分重要意义。但应该指出的是，秸秆还田不当也会带来不良后果。我国的人均占有土地面积小，机械化程度较低，耕地夏种指数高、倒茬时间短，加之秸秆碳氮比值高，给秸秆还田带来困难。若翻压量过大、土壤水分不够、施氮肥不够、翻压质量不好，就会出现妨碍就作、影响出苗、烧苗、病虫害增加等现象，严重的还会造成减产。据调查，若秸秆还田量过大，亦会出苗率减少。旱地采用玉米秸覆盖，地下病虫和玉米黑穗病有加重趋势，如果大面积连续多年实施还田，有引起病虫害流行的可能。南方未改造的下湿田、冷浸田和烂泥田透气性差，秸秆翻压后容易产生大量甲烷、硫化氢、二氧化碳等有害气体，毒害作物。

为了利用好秸秆资源、减少环境污染，克服秸秆还田的盲目性，使农民在秸秆还田时有章可循，提高秸秆还田的效益，推动秸秆还田发展，研究各地秸秆还田的适宜条件，制定秸秆还田技术规程十分重要和必要。

### 4.4.2.3　秸秆燃料化技术

农作物秸秆作为柴灶燃料直接燃烧，是当前农村能源的主要来源。但这种方式热能利用率低，会对环境造成污染。积极发展农作物秸秆轩的气化技术，是秸秆等农业废弃物今后的一个发展方向。秸秆气化是指将农作物秸秆通过固定的装置在缺氧状态下进行热化学反应处理，转化为 $CO_2$、$H_2$ 和 $CH_4$ 等高品位燃气的过程。秸秆的气化反应通常在以空气为介质的反应中进行。气化能源具有如下优点：① 挥发组分高。秸秆在比较低的温度（一般在 350℃ 左右）下即能迅速地释放出大约 80% 的挥发组分。相比而言，煤在 600℃ 以上的高温条件下才能释放出 30%～40% 的挥发物。② 炭的活性高。在 800℃、2MPa 及在水蒸气存在下，秸秆的气化反应迅速，经 7min 后，即有 80% 的炭被气化。相同的条件下，泥煤炭与煤炭仅有 20% 及 5% 被气化。③ 硫含量低。④ 灰分低。大多数农业废弃物（除稻壳以外）的灰分含量都在 2% 以下，大大简化了除灰过程。气化炉是秸秆气化的主要设备，包括固定床气化炉、流化床气化炉和携带床气化炉等类型。推广秸秆气化技术不仅能解决直接焚烧秸秆造成的环境污染问题，还可以为农户提供优质、洁净的能源。秸秆气化技术应用主要有两种方式：一种是秸秆气化集中供气技术；另一种是户用型秸秆气化炉。

#### 4.4.2.4　秸秆青贮技术

秸秆青贮是将新鲜的秸秆切短或铡碎，装入青贮池或青贮塔内，通过封堵掩埋等措施造成厌氧条件，利用厌氧微生物的发酵作用，提高秸秆的营养价值和消化率的一种方法，如图 4.26 所示。

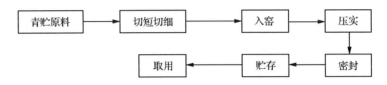

图 4.26　秸秆青贮工艺流程图

秸秆青贮是一个复杂的微生物活动和生化反应过程。在缺氧条件下，乳酸菌通过利用秸秆内的养分而大量繁殖，并进行发酵产生乳酸；乳酸的产生导致 pH 的下降（pH 在 4 左右），从而抑制了腐败细菌和霉菌的生长，并使其慢慢死亡；最后，乳酸菌本身的生长也被累积的乳酸所抑制，青贮过程结束。通过乳酸发酵过程，秸秆的营养成分发生了变化，不易消化的纤维素变成了易于消化的乳酸等成分，从而使秸秆的饲料价值和消化率得到了提高。此外，由于青贮发酵灭杀了细菌和霉菌等有害菌类，可使秸秆长时间保存。

青贮秸秆可以保持青绿多汁秸秆的营养特性，提高作物的利用率，且青贮发酵后的秸秆消化性强，适口性好。青贮秸秆养分损失少，蛋白质、纤维素保存较多，营养价值比干秸秆高。青贮后饲料可以长期保存，若管理得当，可以贮存多年，最长可达 20～30 年。青贮秸秆单位容积贮存量大，不会污染环境，在贮藏过程中，不受风吹、雨淋、日晒等影响，而且操作安全。一般农作物秸秆都可以青贮，其中以玉米秸秆青贮最多。

调制青贮饲料需要的设备比较简单，主要需要有青贮窖、青贮塔、青贮塑料袋等。青贮设备可根据各地条件，因地制宜，就地取材。青贮塔（窖、池）内的适宜温度为 30℃，要保证密封压实，否则青贮原料进入青贮塔（窖、池）后会保持较强的呼吸，碳水化合物氧化成二氧化碳和水，温度继续升高，易导致青贮秸秆腐败。为防止原料营养损失，提高青贮的饲喂价值，特别是青贮量比较大时，往往在青贮制作过程中加入一些青贮添加剂。青贮添加剂主要有三类：一是加入发酵促进剂，可促进乳酸菌发酵，使饲料保鲜贮存；二是添加保护剂，可抑制青贮原料中有害微生物的活动，减少养分损失，防止青贮原料腐败霉变；三是添加含氮的营养性物质，提高青贮原料的营养价值，改善青贮原料的适口性。常用的添加剂有营养添加剂、尿素、石灰粉、氨、酱渣、酸、酵母菌等。表 4.25 为各等青贮饲料的感官鉴定标准（赵由才，2006）。

**表 4.25　青贮饲料感官鉴定标准**

| 级别 | 颜色 | 气味 | 质地结构 |
|---|---|---|---|
| 优等 | 绿色或黄绿色，有光泽 | 芳香味重，给人舒适感 | 湿润、松散柔软、不黏手，茎、叶、花能分辨清楚 |
| 中等 | 黄褐或暗绿色 | 有刺鼻酒酸味，芳香味淡 | 柔软、水分多，茎、叶、花能分清 |
| 低等 | 黑色或褐色 | 有刺鼻的腐败味或霉味 | 腐烂、发黏、结块或过干，结构分不清，不能做饲料用 |

#### 4.4.2.5　作物秸秆氨化技术

作物的秸秆主要是由植物的细胞壁组成。植物细胞壁由纤维素、半纤维素及术质素组成。纤维素和半纤维素可以通过瘤胃微生物的作用为反刍动物消化利用。从理论上说，占秸秆干物质80%以上的成分是可以被消化利用的。但由于纤维素、半纤维素在细胞壁中是与木质素、硅酸盐等以复合体的形式存在，使得实际消化率一般只有40%。作物秸秆的氨化技术是在一定条件下，用含氨源的化学物质（例如液氨、氨水、尿素、碳酸氢铵等）处理作物秸秆，使秸秆更适合草食牲畜饲用的一种方法。将秸秆进行氨化处理，消化率可提高20%左右。氨化后秸秆总的营养价值可提高1倍以上。氨化良好的秸秆质地变软，颜色呈棕黄色或浅褐色，释放余氨后气味糊香。如果秸秆变为白色、灰色，并结块，说明秸秆已经霉变。这通常是由于秸秆含水过高、密封不严或开封后未及时晾晒所致。氨化处理的工艺包括露天堆垛法、氨化炉制法、窖（池）法等（赵由才，2006）。

（一）露天堆垛法

露天堆垛法是我国目前应用最广泛的一种方法。该法在地上铺上厚 0.15mm 以上的聚乙烯薄膜，然后在膜上将秸秆堆成垛，再在垛上覆盖上塑料膜，并将上、下膜的边缘包卷起来埋土密封。氨源可用尿素、碳铵、液氨。

堆垛法在挪威、加拿大、日本等国最先应用。密封草垛的器具一般使用厚 0.2mm 聚乙烯薄膜，铺在草垛下边的薄膜规格为 6m×6m，盖在垛上边的一块为 10m×10m。草垛堆成后的长×宽×高尺寸为 4.6m×4.6m×2m，每边留出塑料薄膜的尺寸为 0.7m，以便密封草垛。当草垛堆完后在顶上放 6～8 捆草，使顶部呈塔尖状便于流水。为了使草垛牢固，每层草捆都要横竖交叉排列，在第三层和第四层之间插入一根木杠，以便为插输氨管留下孔道。如果处理的原料为玉米秸，则要用稍厚一点的塑料薄膜（如4mm 厚）。当堆完草垛并盖上薄膜后，用 4m 长的木杠将三边留出的塑料薄膜上下合在一起卷紧，然后用沙袋压住。在灌注氨之前，第四边暂时不卷起。无水氨用装在拖车上的高压罐运输，通过一根带孔的金属管注入草垛。注氨气时，把金属管插到草垛 3/4 深的地方。注入氨气的工作一结束，立即将留下的一边塑料薄膜卷紧压实。氨是一种味道很不好的气体，且当空气中所含的氨浓度达到 15%～28% 时，遇火就会发生爆炸，应当把草垛放在远离畜舍和其他建筑物的地方。氨蒸发速度很快，喷入草垛后不久就会散布到整个草垛中，可以作用到整个草垛中秸秆的各个部分，草垛上部的温度可迅速升高到 30～40℃，然后在 1～2 天内下降到环境温度。在草垛底部，由于液氨的气化作用吸收热量，开始时温度可降至−20℃以下，需要数天时间才能使温度上升到0℃以上。当外界温度较低时，在塑料薄膜内表面上将有水珠凝聚，并有水向下流，使底层的含水量增加。但这并不影响底部秸秆氨化的质量。

（二）氨化炉制法

氨化炉制法是将打捆切碎的秸秆置于草车中，用相当于秸秆干物质8％～12％的碳铵溶于水后均匀喷洒到秸秆上，调整秸秆含水率至45％左右。然后将秸秆在特制的氨化炉中加温至70～90℃，并维持这个温度10～15小时，然后停止加温并保持密封状态7～12小时，即可完成氨化反应。氨化炉制法不受季节气候的限制，适宜于大型养殖场应用。

（三）窖（池）法

窖（池）法是将秸秆切段，用尿素溶液喷洒后，装窖踏实。秸秆氨化用的小型容器包括窖、池、缸、塑料袋等。若用尿素或碳酸氢镀为氨源，可先将其溶于水与秸秆混匀并最后使秸秆含水量达到40％，然后装入容器内加以密封。若用氨水或液氨为氨源，则先将秸秆的含水量调至15％或30％，然后装入容器，并将容器密封，从所留注氨口注入氨水或液氨后再完全密封。在氨化过程中，可添些脲酶丰富的东西，如豆饼粉等，以提高氨化效果。

窖（池）法适宜于个体农户的小规模经营，而且一般都在环境温度下进行。如果用3％～4％的氨浓度处理作物秸秆，建议采用下列处理时间（见表4.26）。

**表 4.26 窖（池）法氨化秸秆处理时间与环境温度关系**（赵由才，2006）

| 环境温度 | 处理时间 | 环境温度 | 处理时间 |
| --- | --- | --- | --- |
| <5℃ | 8 周以上 | 15～30℃ | 1～4 周 |
| 5～15℃ | 4～8 周 | >30℃ | 1 周以下 |

### 4.4.2.6 秸秆作为原料的利用

秸秆含有一定量的蛋白质和矿物质元素，育菌（食用菌）生物转化率次于棉籽壳。利用稻麦秸秆和甘蔗渣等为原料可生成高质量的中高密度等纤维夹板，即将秸秆等原料混合后经挤压成形，加热并固化后制成夹板，用作包装、保温、建筑和家具材料以及一次性餐具。利用秸秆还可生产一些中低档的纸浆纸板、包装纸等，可弥补木材资源的不足。

以秸秆等植物纤维性废弃物为原料制取化学制品，也是综合利用农业废弃物，提高其附加值的一种有效方法。如甘蔗渣、玉米芯、稻壳等中含有1/4～1/3的多缩戊糖，经水解可制得木糖甘蔗渣、木糖醇渣、玉米芯、稻壳、果壳等，经过炭化、活化后可制成性能很好的活性炭。稻壳可作为生产白碳黑、碳化硅陶瓷、氮化硅陶瓷的原料。秸秆、稻壳经炭化后可作为钢铁冶金行业金属液面的新型保温材料。麦草经常压水解、溶剂萃取反应后可制得糠醛，水解后的固相残渣还可造纸。甘蔗渣、玉米渣皮等可以用来制取膳食纤维。秸秆可以制糠醛，特别是含多缩戊糖半纤维素较多的稻草、玉米秸秆等在酸性催化剂作用下，经升温加压，其中的多缩戊糖先水解、脱水后即成糠醛（赵由才，2006）。

目前，秸秆也较多地应用于造纸和编织行业、食用菌生产等。利用农作物秸秆等纤维素废料为原料，采取生物技术的手段发酵生产乙醇、糠醛、苯酚、燃料油气、单细胞蛋白、工业酶制剂、纤维素酶制剂等，在日本、美国等发达国家已有深入研究和一定的生产规模，我国在这方面的研究和应用相对落后。

### 4.4.3　畜禽粪便的综合利用

#### 4.4.3.1　概述

在畜牧业生产以农户小规模饲养为主的时期，粗放散养的小规模畜牧场饲养家畜头数不多，其粪尿大多数作肥料就地施用，对周围环境污染不大。集约化工厂化规模化的畜牧业生产一方面大幅度地提高了畜牧业生产水平，增加了畜产品的数量；另一方面产生了大量畜禽粪尿、污水等畜牧业生产废弃物，这些废弃物如不经处理，会危害家畜健康和生产，污染周围环境，形成畜产公害。这些污染物有可能通过食物链对人畜健康构成潜在的危害。根据国家环保总局调查估算的结果，1988 年全国畜禽污染物 COD（水污染物化学需氧量）、氮、磷的流失量分别为 455.1 万 t、249.4 万 t 和 23.7 万 t，2001年分别为 689.6 万 t、369.3 万 t 和 29.7 万 t。1999 年，我国畜禽粪便化学耗氧量的排放量已达 7118 万 t，远远超过我国工业废水和生活废水的排放之和。从土地负荷来看，我国总体的畜禽粪便土地负荷警戒值已经达到 0.49，部分地区如北京、上海、山东、河南等地，已经呈现出严重或接近严重的环境压力水平。

畜禽粪便的流失已经对部分区域的环境质量造成了严重的影响。根据南京市环保部门对太湖流域的研究，畜禽粪便流入水体的 COD、氮和磷分别占总污染负荷的 7.13%、16.67% 和 10.1%。随着人民生活水平的日益提高，我国的畜禽养殖业在未来 20 年中将进一步发展，从而带来更大的畜禽污染的压力。有专家预测，2020 年我国的畜禽养殖规模将是 2001 年的 1.67 倍，如果届时畜禽养殖流失的污染物总量维持在 2000 年的水平，流失系数则要降低到目前水平的 60%，畜禽养殖的环境管理压力将非常巨大。

随着畜禽生产由传统小规模向规模化、工厂化方向的迅速发展，畜禽粪便的产生量也急剧增加，而且产出相对集中。目前，我国大中型牛、猪、鸡场约 6000 多家，每天要排出大量的粪便。据估算，目前全国每年畜禽粪便排泄量约 15 亿 t，其中含氮、磷总量分别达 1407 万 t 和 1391 万 t（表 4.27；赵由才，2006）。

表 4.27　畜禽粪便的排泄情况

| | 项目 | 猪 | 家禽 | 牛 | 总计 |
|---|---|---|---|---|---|
| 污染参数 | 粪/[g/(头·d)] | 396 | 8.25~27.38 | 10950 | — |
| | 尿/[g/(头·d)] | 522 | — | 6570 | — |
| | BOD$_5$/(g/L) | 36.54 | 2.46 | 0.74 | — |
| | 氨氮/(g/L) | 6.75 | 0.33 | 0.099 | — |
| | 粪便量/(万 t/a) | 27141 | 18875 | 107533 | 153549 |
| | 总氮/(万 t/a) | 307.5 | 199.64 | 900 | 1407.14 |
| | 总磷/(万 t/a) | 115.9 | 83.49 | 147.1 | 1390.59 |

　　畜禽粪便的成分非常复杂，主要包括以下几类物质：① 食物残渣；② 机体代谢后的产物，包括消化腺体分泌的黏液、胃肠道内膜脱落的上皮、代谢后的废物，由血液通过肠道排出的某些金属（如钙、铁等），以及某些酶、激素和维生素等；③ 大量微生物，如各种病原菌、细菌等，它们有时可占粪便组成的 20%~30%。

　　粪便中微生物主要有普通微生物和病原微生物两类，普通微生物包括大肠杆菌、葡萄球菌、芽孢杆菌和酵母菌等；粪便中含有的病原性微生物包括青霉菌、黄曲霉菌、黑曲霉菌和病毒等，亦含有蛔虫、球虫、血吸虫、钩虫等寄生虫。粪便中的毒物主要来自于两个方面，一是粪中病原微生物和病毒的代谢产物，二是在饲料中添加的药物的残留物，包括重金属、抗生素、激素、镇静剂以及其他违禁药品等。

　　各种家畜的粪尿平均含有约 25% 的有机质，其中全氮（N）平均 0.55%，全磷（$P_2O_5$）0.22%，全钾（$K_2O$）0.6% 左右。各种家畜的粪便由于管理方式、饲料成分、家畜类型、品种与年龄的不同，其氮、磷、钾含量也有很大差异（见表 4.28）。畜禽粪在堆肥过程中会产生高温，为避免腐熟高温对农作物根系产生危害，畜禽粪只有腐熟后才可用作追肥。由于禽粪中的氮素以尿酸形态存在，而尿酸盐不能直接被作物吸收利用，只有经腐熟后才能施用，因此腐熟对禽粪尤为重要。尿酸盐态氮容易分解，如若保管不当，经两个月的时间，氮素几乎会损失 50%。

**表 4.28　各种家畜粪便的主要养分含量**　　　　　（单位：%）

| 畜粪 | 水分 | 有机质 | 氮（N） | 磷酸（$P_2O_5$） | 氧化钾（$K_2O$） |
|---|---|---|---|---|---|
| 猪粪 | 81.5 | 15.0 | 0.60 | 0.40 | 0.44 |
| 马粪 | 75.8 | 21.0 | 0.58 | 0.30 | 0.24 |
| 牛粪 | 83.3 | 14.5 | 0.32 | 0.25 | 0.16 |
| 羊粪 | 65.5 | 31.4 | 0.65 | 0.47 | 0.23 |
| 鸡粪 | 50.5 | 25.0 | 1.63 | 1.54 | 0.85 |
| 鸭粪 | 56.5 | 26.2 | 1.10 | 1.40 | 0.62 |
| 鹅粪 | 77.1 | 23.4 | 0.55 | 1.50 | 0.95 |
| 鸽粪 | 51.0 | 30.8 | 1.76 | 1.78 | 1.00 |

资料来源：张景略、徐本立，1990。

　　猪与牛的粪便中 2/3 的氮与 1/2 的磷或家禽粪便中 1/5 的氮与 1/2 的磷能够直接被作物所利用，其余的氮和磷为复杂的有机物，只有经土壤中的微生物分解后才能逐渐被利用。因而，畜禽粪肥效长，营养丰富。如按作物所需氮肥量计算，种植谷物一般施入氮 150kg/$hm^2$ 即可。一般 1$hm^2$ 农田最多施入 7500~9000kg 禽粪肥。

　　畜禽粪便中的有机质经过微生物的分解和重新合成，最后形成腐殖质。腐殖质肥料对土壤改良、培养地力的作用是任何化肥都无法比拟的。腐殖质具有调节土壤水分、温度、含氧量、促进植物迅速吸收水分、促进植物发芽和根系发育等作用。腐殖质中的胡敏酸具有典型的亲水胶体性质，有助于土壤团粒结构的形成。农田施入畜禽粪便可以增加土壤中有机质含量，提高土壤腐殖质活性，使土壤保持较好的通风透气性；可以提高土壤微生物活性，为土壤微生物提供了丰富的养分，促进土壤微生物的生长增殖，加速微生物分解土壤和粪肥养分的速度，为植物生长提供更全面更充足的养分。施入畜禽粪便，可以向土壤补充有机态氮（蛋白质、氨基酸和氨基糖）、有机磷（如 DNA、RNA 的核酸磷）、钾、锌、锰等，促进土壤微生物和植物生长。

### 4.4.3.2　沿海城镇畜禽粪便的资源化利用

畜禽粪便是农业生产中的宝贵资源，如果大量流失或弃之不用，不仅会造成严重的环境污染，而且也是资源的巨大浪费。畜禽粪便资源化，不仅可以遏制畜禽粪便的随意排放产生的环境污染，对农业种植业生产也有很大的帮助。畜禽粪便的资源化，就是通过一系列的技术处理使之变成有用的资源，变成农业的肥料、饲料和燃料。

（一）肥料化

用粪便作肥料是最传统的粪便利用办法之一。例如，在土地资源比较丰富的美国，非常普遍的做法是利用洒粪车把畜禽粪便洒到草场和农田作肥料。粪便在施用前必须经过处理，以免造成环境污染、传播疾病，常见的处理方法有堆肥、干燥等。畜禽粪便的有机质含量高，氮、磷、钾含量丰富，与化肥相比，它在减少污染、保持和提高土壤肥力、增加产量和改善产品品质等方面具有明显的优势。经合适技术处理的粪肥在"绿色食品"、"有机食品"的生产方面正在发挥着越来越重要的作用。

**1. 堆肥**

粪便堆肥是将畜禽粪便与填充物按一定的比例混合，在适当的水分、通风条件下，使微生物繁殖并降解有机质，同时产生高温，灭杀病原菌，从而达到粪便的稳定化、无害化。根据处理过程中起作用的微生物对氧气的不同要求，可把畜禽粪便的堆肥分为好氧堆肥和厌氧堆肥。厌氧堆肥俗称泡肥或堆沤，它是指在无氧条件下，借助厌氧微生物的作用进行发酵的过程。

现代化的堆肥生产一般采用好氧堆肥工艺。它通常由前处理、主发酵（一次发酵）、后发酵（二次发酵）、后处理及贮藏等工序组成。在畜禽粪便堆肥过程中和结束后，会有臭味气体产生，因此，畜禽粪便的堆肥必须要有脱臭处理设施。与城市生活垃圾的堆肥处理一样，畜禽粪的堆肥也需要考虑水分、供氧、温度、碳氮比和碱度等。在这些条件不能满足要求时，则需要进行调节。前处理的主要目的是调整水分和 C/N，或者添加菌种和酶。一般将温度升高到开始降低为止的阶段称为主发酵阶段。粪肥主发酵期约为 3～10 天，这期间需供给充足的氧气。后发酵通常不进行通风，但应翻堆。堆肥脱臭的方法主要有化学除臭剂除臭、碱水和水溶液过滤、熟堆肥或沸石吸附过滤等。

一般堆肥方法都可用于畜禽粪便的堆肥处理。下面着重介绍一种利用塑料大棚发酵的鸡粪堆肥工艺（图 4.27）。鲜鸡粪经与干鸡粪（或干锯末等）调理剂混合、调节好水分和 C/N 后，进入塑料大棚进行发酵。在塑料大棚内有一往复行走的翻抛机，可对鸡粪进行翻搅、破碎和向前输送，在此过程中，鸡粪与空气接触，达到供氧的目的。经一定时间棚内发酵后，鸡粪由大棚的后端排出。在堆肥过程中，粪便含水率会因高温蒸发而降低。采用塑料大棚发酵，一方面可防止臭味的散发，另一方面还可利用日光温室的作用进行自然加温，有助于加速发酵过程和减少能量消耗。通过该工艺处理，可把

170t 的鲜鸡粪（含水率 75％）发酵成 91t 的鸡粪堆肥成品（含水率 20％）。

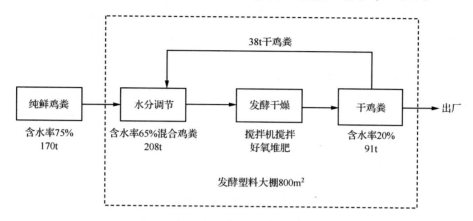

图 4.27　鸡粪塑料大棚堆肥工艺流程

## 2. 干燥

干燥是为了降低畜禽粪便的水分，以便长期保存、运输和使用，获得稳定的肥料产品，因此粪便干燥工艺相对简单。图 4.28 为一典型的畜禽粪便高温快速烘干工艺。

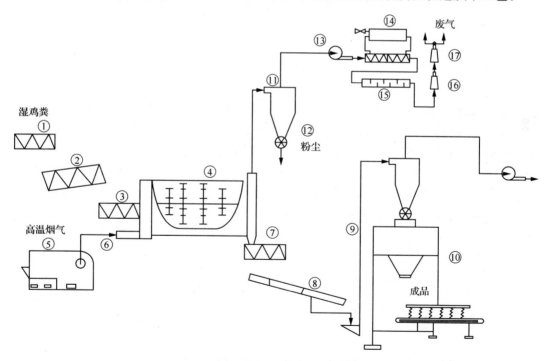

图 4.28　JH 系列鸡粪快速烘干成套工艺设备

1. 喂料器；2. 提升机；3. 进料螺旋；4. 滚筒破碎烘干机；5. 燃料炉；6. 进风管；7. 排料螺旋；8. 除杂筛
9. 冷却输送装置；10. 计量封包机；11. 除尘器；12. 关风器；13. 引风机；14. 余热水箱
15. 吸附槽；16. 一级水浴塔；17. 二级水浴塔

湿鸡粪经喂料器送入滚筒破碎烘干机，燃料炉同时向烘干机提供高温热风（600～650℃），使烘干机内的粪便得到干燥。干燥的粪便排出烘干机后，经除杂筛、冷却输送装置和除尘器处理后，即可获得最终产品。产生的废气经一级、二级水浴塔冷却、洗涤净化后排出。此法可把含水率高达75%的粪便快速干燥成含水率低于13%的干燥产品，干燥后的粪便可直接用作有机肥料，或与化肥一起生产有机无机复合肥料。该工艺曾在我国几百个畜禽养殖场推广应用，为解决养殖场的环境污染问题、实现粪便的肥料化利用起了重要的作用。

（二）饲料化

畜禽粪便用作饲料，亦即粪便资源的饲料化，是畜禽粪便综合利用的重要途径。早在 1922 年，Mclullum's 就提出了以动物粪便为饲料营养成分的观点。此后许多学者就粪便饲料化问题进行了深入细致的研究，一致认为畜禽粪便中所含的氮素、矿物质和纤维素等可以作为畜禽饲料养分加以利用。家畜粪便中最有利用价值的是含氮化合物。由于畜禽粪便携带病原菌，1967 年美国曾限制使用畜禽粪便作饲料。此外，畜禽粪便饲料化的环境效益和经济效益不十分明显，因此畜禽粪便饲料化的发展曾受到一定限制。20 世纪 70 年代以来，随着畜牧业和化肥工业的发展、全球性能源和粮食短缺问题的出现，畜禽粪便的饲料化问题再次受到向度重视，有关技术也不断进步。

对家畜粪便进行资源化处理并用作饲料，可节省耕作和运输等环节的费用，是经济利用畜禽粪便的一种途径。如干燥的鸡粪中残存有12%～13%的纯蛋白质及其他各种养分，经干燥等处理后混入饲料中，仍可用来喂鸡。反刍动物可将鸡粪中的非蛋白态氮在瘤胃中经微生物分解合成菌体蛋白质而被消化吸收利用，干燥鸡粪作为反刍动物（牛、羊）的精料补充料，饲喂效果良好。畜禽粪便营养成分和消化率，主要与动物种类、年龄和生长期等因素有关，粪便营养成分主要包括粗蛋白质、脂肪、无氮浸出物以及 Ca、P 等矿物质元素，除此之外，粪便中还存有大量的维生素 $B_{12}$，例如，干猪粪中维生素 $B_{12}$ 含量高达 $17.6\mu g/g$。鸡粪中的非蛋白氮含量十分丰富，占总氮的47%～64%，这种氮不能被单胃动物吸收利用，但可为反刍动物利用。畜禽粪便的营养成分见表 4.29。

表 4.29　畜禽粪便的营养成分

| 禽畜粪 | 粗蛋白/% | 真蛋白/% | 可消化蛋白/% | 粗纤维/% | 粗脂肪/% | 无氮浸出物/% | 可消化能（反刍动物）/(kJ/g) | 总消化氮（反刍动物）/% | Ca/% | P/% | Cu/(mg/kg) |
|---|---|---|---|---|---|---|---|---|---|---|---|
| 肉鸡粪 | 31.3 | 16.7 | 23.3 | 16.8 | 3.3 | 29.5 | 10212.6 | 59.8 | 2.4 | 1.8 | 98 |
| 蛋鸡粪 | 28 | 11.3 | 14.4 | 12.7 | 2.0 | 28.7 | 7885.4 | 28 | 8.8 | 2.5 | 150 |
| 肉牛粪 | 20.3 | — | 4.7 | 31.4 | 2.5 | 29.4 | — | 16.1 | 0.87 | 1.60 | 31 |
| 奶牛粪 | 12.7 | 12.5 | 3.2 | 37.5 | 8.0 | 38.3 | 123.5 | — | | | |
| 猪粪 | 23.5 | 15.6 | | 14.8 | — | — | 160.3 | 15.3 | 2.72 | 2.13 | 63 |

畜禽粪便中最有价值的是含氮化合物，能量较低。在我国，利用畜禽粪便养鱼，利用鸡粪作猪或牛的饲料等已有相当长的历史。猪、牛粪便的饲用价值较低，一般不作饲料使用。目前，对畜禽粪便饲料化的研究偏重于鸡粪。鸡是无牙咀嚼，且消化道很短，约有40%～70%的饲料没有被吸收即排出体外，因此，鸡的粪便营养价值比家畜的好。鸡粪含粗蛋白25%～33%，其中真蛋白占50%左右，非蛋白氮主要形式是尿酸。反刍家畜可将鸡粪中的非蛋白氮，经瘤胃微生物分解，转化成各种氨基酸为畜体所利用，而且利用率高于尿素。鸡粪中粗蛋白和氨基酸含量较高，其含量不低于玉米等谷物饲料，并含有丰富的微量元素和一些营养因子，这些构成了鸡粪作为畜禽饲料来源的基础（表4.30）。

表4.30　干鸡粪与谷物饲料中营养因子和微量元素比较

| | 干鸡粪 | 大麦 | 小麦 | 玉米 |
|---|---|---|---|---|
| 粗蛋白/% | 28 | 10.9 | 14.5 | 9.6 |
| 赖氨酸/% | 0.5 | 0.37 | 0.32 | 0.25 |
| 蛋氨酸/% | 0.26 | 0.19 | 0.19 | 0.18 |
| 胱氨酸/% | 0.2 | 0.18 | 0.21 | 0.14 |
| 苯丙氨酸/% | 0.67 | 0.2 | 0.55 | 0.37 |
| Ca/% | 7.8 | — | — | 0.03 |
| Mg/% | 0.63 | — | — | 0.11 |
| Cu/$10^6$ | 6.1 | — | — | 3.6 |
| Fe/$10^6$ | 0.2 | — | — | 0.01 |
| Zn/$10^6$ | 3.25 | — | — | 24 |
| Mn/$10^6$ | 2.91 | — | — | 7 |

畜禽粪便中往往含有大量病原菌和由消化道微生物代谢产生的有毒有害物质，故一般不宜直接作饲料，需要经过一定的预处理，如青贮、发酵、热喷、脱水干燥和膨化等，达到无害化的要求后才可作为饲料使用。因此，以无害化处理的畜禽粪便作饲料饲喂畜禽是安全的。控制好畜禽粪便的饲喂量，控制好饲料中药物添加量就可避免中毒现象的发生；禁用畜禽治疗期的粪便作饲料，或在家畜屠宰前不用畜禽粪便作饲料，可以消除畜禽粪便作饲料对畜产品安全性的威胁。将加工后的畜禽粪便作为饲料经包装处理，可以作为商品进行出售，如在德国、美国等国际市场上出现的一种用鸡粪制作的商品名为"托普兰"的饲料，这种鸡粪饲料同玉米粉混合以后，营养价值与一般常见饲料几乎相等，而成本却降低30%，对畜产品无不良影响（安立龙，2004）。

（三）燃料化

畜禽粪便用作燃料的主要方法，一是将畜禽粪便干燥后直接燃烧，这种方法主要在经济落后的牧区使用；二是将畜禽粪便和秸秆等混合，进行厌氧发酵产生沼气，用沼气照明或用作燃料。从理论上讲，厌氧发酵不仅能提供清洁能源，解决我国广大农村燃料短缺和大量焚烧秸秆的矛盾，利用畜禽粪便生产沼气也是大型畜禽养殖场处理和利用废弃物的重要方式。研究表明，家畜只能利用饲料中 49%～62% 的能量，其余 49%～31% 的能量随粪尿排出。畜禽粪便发酵可以充分利用能量，生产沼气可为农户提供能源，沼液可以直接肥田，沼渣可以用来养鱼，形成养殖与种植、渔业紧密结合的物质循环的生态模式。在长期的生产实践中，我国总结了许多建设沼气池的经验，创造出牲畜圈、厕所-沼气池-菜地、农田-鱼塘连为一体的种植-养殖循环体系。这种循环体系的沼气池投资少（沼气池可以是砖和混凝土结构，也可以视当地土质结构直接为黏土结构），效益非常显著，能量也得到了充分的利用，农村庭院生态系统物质实现了良性循环。

在沼气发酵过程中起关键作用的是沼气池中的微生物的活性，微生物活性与温度密切相关，温度过高或过低，都会影响沼气的产生。畜牧场处理粪便进行沼气发酵的适宜温度为 30～40℃，最适温度范围为 35～38℃。温度对沼气池产气率的影响见表 4.31。

表 4.31　温度对产气速度的影响

| 沼气发酵温度/℃ | 沼气发酵时间/天 | 有机物产气率/（mL/g） |
| --- | --- | --- |
| 10 | 90 | 450 |
| 15 | 60 | 530 |
| 20 | 45 | 610 |
| 25 | 30 | 710 |
| 30 | 27 | 760 |

在发酵产沼气过程中，一定要保证厌氧环境。因此，对沼气发酵系统一定要进行密封，防止外界空气进入。判断发酵池厌氧程度的方法是测定氧化还原电位或 pH。在正常进行沼气发酵时，氧化还原电位为 $-300mV$。

沼气正常发酵时的 pH 通常为中性环境，过酸或过碱都会影响产气。在一般情况下，发酵液 pH 大都在 6.5～7.5 范围内时，沼气产量最高。所以，当采用大量产酸原料时，需用石灰或草木灰调节沼液 pH。

发酵开始时，一般都要加入一定数量的发酵菌。畜禽粪便中通常都含有一定量的发酵菌。因此，以畜禽粪便为原料生产沼气，不需要另外接入菌种。研究表明，每立方米发酵池容积，每天加入 1.6～4.8kg 固形物可以满足发酵所需有机物。沼液中总固形物浓度最大不得超过 40%，最小不得小于 10%。不经过稀释的猪粪含固形物 18%，直接入沼气池可发酵产生沼气。

在发酵原料中，当碳氮比为 25～30∶1 时，沼气产气效果最好。畜禽粪便的碳氮比适宜于发酵产生沼气。若发酵原料为农作物秸秆时，需适当增加氮素含量。

发酵沼气池由发酵池、进料口、贮气池、气体通道、池盖等几部分组成。沼气池池身建在地下，一般深 3m、直径 1.5～1.8m 为宜。沼气池要求严格密封。因此，最好用水泥混凝土修建。

将畜禽粪便加入沼气池，按比例加入水或沼液；加盖密封，保证不漏气；安装搅拌设施，每日定期搅拌，可使微生物与有机物充分接触，使沼液环境趋于稳定一致，并促进沼气释放，这样可使产气速度增加 15% 以上；测定出料口沼液 pH，当出料口沼液

pH 过小时，加入适量的石灰或草木灰，以调节沼液的 pH。

对于一般畜牧场，沼气主要用于燃料，为场内生产和职工生活提供清洁能源。目前沼气生产工艺与设备产气量小，气量不稳定，无法实现大规模利用沼气作能源，因此，需要进一步完善沼气生产工艺，提高设备生产性能。从理论上讲，沼气可以用来发电，但缺乏脱硫处理的装置、缺少专用发电机以及发电量不稳定无法并网等因素，限制了沼气发电的使用。

许多实践与研究证明，家畜粪便经沼气发酵处理已实现无害化，残渣中约 95% 的寄生虫卵被杀死，钩端螺旋体、福氏痢疾杆菌、大肠杆菌全部或大部被杀死。沼气发酵残渣中依然有大量的养分，如鸡粪在沼气发酵前蛋白质（占干物质%）为 16.08%，蛋氨酸为 0.104%，经发酵后前者为 36.89%，后者为 0.715%。畜粪发酵分解后，约 60% 的碳素转变为沼气，而氮素损失很少，且转化为速效养分。将沼渣与无机肥制成复合肥，能增加土壤有机质、TN 及碱解氮、速效磷及土壤酶活性，使作物病害降低，减少农药施用量 77.5%，提高农作物产量与质量。如鸡粪经发酵产气后，固形物剩下 50%，沼液呈黑黏稠状，无臭味，不招蚊蝇，施于农田肥效良好。沼渣中含有植物生长素类物质，可使农作物和果树增产；沼渣可作花肥；作食用菌培养料，增产效果亦佳。将沼液喷施于农作物、蔬菜、水果、花卉，可提高农产品品质。

沼液含有 17 种氨基酸、多种活性酶及微量元素，可作畜禽饲料添加剂。沼气发酵残渣作反刍家畜饲料效果良好，对猪如长期饲喂还能增强其对粗饲料的消化能力，如在生长肥育猪配合饲料中添加适量的沼液 [前期 2L/（头·日），后期 3L/（头·日）]，饲喂 120 天，猪平均日增重增加 14.31%。沼液养鱼能提高鱼群成活率将适量的沼气残渣和沼液施入水体，可促进水中浮游生物的繁殖，增加了鱼饵的数量，提高了水产品数量和质量。研究表明，用沼液施肥，淡水鱼类增产 25%～50%，鲢鱼氨基酸含量增加 12.8%，其中赖氨酸含量增加 11.1%。

因此，发展以沼气工程为中心的猪鸡粪尿处理工程系统，可充分利用肥、能源及营养物，投入-产出比可高达 1∶5，投资回收期一般仅为 3 年，具有极其显著的经济、社会、环境效益。

（四）生态化

所谓生态化，是指根据生物共生、能量多级传递和物质循环等生态学原理，结合系统工程方法和现代技术手段，建立起一个农业资源高效利用的生产系统。这种系统将畜牧业和作物生产结合在一起，可进行高效、无污染的清洁生产。

科学规划、设计和布局畜牧场以减少粪便污染包括 3 个方面的内容，一是采用科学的生产工艺，生产过程污染物的产生"减量化"；二是畜牧场生产规模与农田承载能力相适应（即畜牧场产生的粪便和污水能被当地的农田和池塘所消纳），畜牧场废弃物经处理后可用作肥料、饲料或燃料，不对环境产生新的污染，实现废弃物利用"无害化"；三是畜牧场要有完善的粪便和污水无害化处理设施与系统，实现粪便和污水利用"资源化"。因此，应根据畜牧场所产废弃物的数量（主要是粪尿量）以及土地面积的大小，确定各个畜牧场的规模，并使畜牧场科学、合理、均匀地在本地区内分布。若家畜的粪便全部施用，必须计算畜牧场粪量与土地施肥量，即所施用的粪肥的主要养分能为作物所吸收利用而不积累，能使土壤完成基本的自净过程。为防止土壤污染，应控制单位土地面积家畜饲养量。施用畜肥的农田对每亩地饲养家畜的密度，我国尚无具体规定。表 4.32 为德国规定，以畜禽粪便消纳量计算，每平方公里土地能承载家畜数量。

**表 4.32　德国每平方公里土地承载畜禽数量家畜种类**

| 家畜种类 | 数量/(只/a) |
| --- | --- |
| 成年牛 | 741 |
| 青年牛 | 1483 |
| 犊牛（3 月龄内） | 2224 |
| 繁殖与妊娠猪 | 1483 |
| 肥猪 | 3707 |
| 火鸡 | 74100 |
| 肥育鸭 | 111204 |
| 蛋鸡 | 74100 |
| 肉鸡 | 222400 |
| 羊 | 4448 |
| 马 | 741 |

资料来源：李震钟，2000。

福建省南平市大横农业生态园区养猪场根据污水的水质特性，设计采用固液分离—厌氧生物技术和厌氧—还田生态循环利用模式。该模式由预处理系统、达标处理系统和资源化生态利用系统等组成。

预处理系统包括人工清扫固态物、格栅分离、固液分离设备和酸化调节池等，系统中使用的固液分离机对污水中固态物的去除效果明显，污水中 $COD_{Cr}$ 和 $BOD_5$ 单项去除率分别达到 70% 和 66%。达标处理系统包括上流式厌氧发酵塔、沉淀储液池、曝气跌水氧化沟等。资源化生态利用系统包括堆肥处理系统，沼气收集装置，沼液还田灌溉利用。

该工程自 2003 年 4 月 23 日启用后，运行效果稳定，出水水质良好，污水处理达到了预定的设计目标；沼液还田效果良好。

图 4.29 为杭州浮山养殖场建成的鸡粪和猪粪处理及综合利用的生态工程。鸡粪和猪粪所产沼气除可供 262 户村民用做生活燃料外，还用来炒制茶叶、加工蔬菜、鸡舍增温等。鸡粪沼气发酵残留物沼渣、沼液用作猪或鱼的饲料；而猪粪经沼气发酵后，沼渣、沼液用作稻田、茶叶的肥料或水生动物（鱼类）的饲料等。从整个系统来看，实现了污染物的处理和循环综合利用，系统无污染物排出，是一个系统的生态工程。

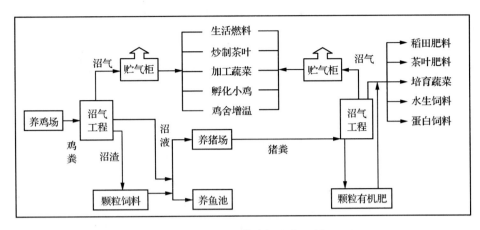

图 4.29　浮山养殖场生态工程

### 4.4.4　农业塑料的综合利用

塑料是一种高分子材料，它具有不易腐烂、难于降解的性能。因此塑料散落在土地里会造成永久性污染。实验表明，塑料在土壤中被降解需要 200 年之久。而目前我国年产农用地膜 30 多万 t，使用的土地面积达 900 多万 hm²，而随着用量的增加，残留在土地中的地膜也日益增多。仅北京地区的调查资料显示，土地中的地膜残留量即达 4000 多 t（赵由才，2006）。

#### 4.4.4.1　农业塑料残留农田后的不良影响

农用地膜残片对土壤容重、土壤含水量、土壤孔隙度、土壤透气性、透水性等都有显著影响。残留农膜碎片越大，影响越重，但对土壤硬度影响不大（表 4.33）。

表 4.33　农膜残留对土壤物理性状的影响

| 农膜残留量/(kg/hm²) | 含水量/% | 容量/(g/m) | 密度/(g/cm) | 孔隙度/% |
| --- | --- | --- | --- | --- |
| 0（对照） | 16.2 | 1.21 | 2.58 | 53.0 |
| 37.5 | 15.5 | 1.24 | 2.60 | 52.4 |
| 75 | 15.8 | 1.29 | 2.61 | 50.5 |
| 150 | 14.7 | 1.36 | 2.65 | 48.6 |
| 225 | 14.3 | 1.43 | 2.63 | 45.7 |
| 300 | 14.5 | 1.54 | 2.67 | 42.3 |
| 375 | 14.4 | 1.62 | 2.66 | 39.2 |
| 450 | 14.2 | 1.84 | 2.70 | 35.7 |

农田中的残膜多聚集在土壤耕作层和地表层，更易阻碍土壤毛细管水的移动和降水的浸透。由于农膜残片的阻碍，土壤水分、养分和空气运行受阻，造成减产。每公顷地残留地膜 45kg，则蔬菜产量减少 10%，而小麦产量每公顷减产 450kg。如表 4.34～表 4.36 所示，土地中残留农膜对小麦、玉米及蔬菜的影响（赵由才，2006）。

**表 4.34　残留农膜对小麦产量的影响**

| 农膜残留量 /(kg/hm²) | 穗长 /cm | 穗粒重 /(g/穗) | 成穗 /(个/m²) | 穗粒数 /(粒/穗) | 千粒重 /(g/千粒) | 小区产量 /(kg/区) | 单产 /(kg/hm²) | 与对照对比 /(kg/hm²) |
|---|---|---|---|---|---|---|---|---|
| 0（对照） | 7.8 | 1.73 | 390 | 31.7 | 45 | 3.70 | 5550 | — |
| 37.5 | 7.7 | 1.73 | 316 | 35.5 | 45 | 3.35 | 5025 | −525 |
| 75 | 7.5 | 1.57 | 273 | 34.0 | 45 | 2.82 | 4230 | −11320 |
| 150 | 7.3 | 1.59 | 265 | 34.0 | 44.9 | 2.70 | 4050 | −1500 |
| 225 | 7.1 | 1.52 | 253 | 33.5 | 44.8 | 2.53 | 3795 | −1755 |
| 300 | 7.0 | 1.46 | 255 | 31.7 | 44.2 | 2.38 | 3570 | −1980 |
| 375 | 6.8 | 1.45 | 246 | 31.8 | 44.2 | 2.30 | 3450 | −2100 |
| 450 | 6.5 | 1.43 | 240 | 31.0 | 43.7 | 2.17 | 3255 | −2295 |

**表 4.35　残留农膜对玉米产量影响试验结果**

| 残留农膜 /(kg/hm²) | 穗长 /cm | 穗粗 /cm | 穗粒数 /(粒/穗) | 百粒重 /(g/百粒) | 小区产量 /(kg/区) | 单产 /(kg/hm²) | 与对照对比 | |
|---|---|---|---|---|---|---|---|---|
| | | | | | | | 减量 /(kg/hm²) | 减产比例 /% |
| 0（对照） | 20.5 | 5.10 | 295 | 29.2 | 4.30 | 6450 | — | — |
| 37.5 | 20.2 | 4.97 | 276 | 28.6 | 3.85 | 5775 | −675 | −10.5 |
| 75 | 20.0 | 4.94 | 268 | 28.3 | 3.70 | 5550 | −900 | −13.9 |
| 150 | 19.1 | 4.87 | 259 | 27.9 | 3.45 | 5175 | −1275 | −19.8 |
| 225 | 18.3 | 4.68 | 256 | 27.8 | 3.35 | 5025 | −1425 | −22.1 |
| 300 | 17.5 | 4.65 | 255 | 27.3 | 3.20 | 4800 | −1650 | −25.6 |
| 375 | 16.7 | 4.61 | 237 | 26.4 | 2.80 | 4200 | −2250 | −34.9 |
| 450 | 14.6 | 4.58 | 225 | 25.1 | 2.40 | 3600 | −2850 | −44.2 |

**表 4.36　残留农膜对茄子、白菜生育性状影响**

| 项目 | 茄子 | | | | 白菜 | |
|---|---|---|---|---|---|---|
| 残留农膜量 /(g/m) | 地上鲜重（果实） /(g/株) | 根鲜重 /(g/株) | 主根长 /cm | 株高 /cm | 根鲜重 /(g/棵) | 主根长 /cm |
| 2.5 | 577.4 | 116.7 | 14.5 | 95.7 | 23.6 | 12.3 |
| 5.0 | 551.0 | 107.4 | 13.9 | 96.1 | 23.1 | 11.6 |
| 7.5 | 516.9 | 101.1 | 13.1 | 95.5 | 21.2 | 10.6 |
| 10.0 | 388.7 | 71.5 | 10.8 | 87.8 | 20.4 | 9.5 |
| 0（对照） | 671.0 | 127.5 | 19.5 | 103.1 | 34.6 | 17.6 |

## 4.4.4.2　防治残留农膜污染的技术措施

近年来国内许多单位积极研究开发能在大气环境中发生氧化、光化和生化作用的各种降解塑料，期待以此来解决塑料的"白色污染"，保护农田及生态环境。目前国内降解塑料的研制和生产单位较多，但是由于没有统一的评价试验方法和标准，田间试验和实际应用时间短，分解产物的安全性尚没有完全确定，因此要生产出完全符合农业生产、环保要求的降解塑料尚需进一步的研究和探索。近几年，我国研制的淀粉基生物降解塑料，在性能方面尚存在缺陷，如吸湿性低，不易生产太薄的产品，因此在农地膜制作方面受到限制，缺乏竞争力。

国外的生物降解塑料主要用于各种容器、垃圾袋和一次性包装材料，用作农膜的很少，因而对农膜的应用基础缺少研究。而我国需要和引进的技术大都为农膜的开发，故在应用过程中遇到很多暂时不易解决的问题，如诱导期太短、降解周期不易控制、成本过高等。根据我国有关单位的研究，作为农膜的降解塑料，诱导期必须在 60 天以上，同时要提高埋土部分的降解能力。因此我国降解塑料的开发，必须在吸收国外先进技术的基础上创造出符合我国国情的特色产品。

为了控制和减少农膜的污染，应大力推广应用新型自分解农膜，并采用不同的农膜清除方式，因地制宜，分类回收，同时推广膜侧栽培技术，将农膜覆盖在作物行间，作物栽培在农膜两侧。自分解农膜一种是双降解农膜，这种农膜不仅保持了高压膜的特点和使用性能，而且经过一段时间，在光照和土壤微生物作用下能自行分解。另一种可降解膜是可溶性草纤维农膜，这种农膜是由农作物秸秆为原料加工制成的。它同一般的超薄农膜相比，厚度相同，仅 0.08mm；透光率、保温性能及纵横拉伸强度可和一般超薄农膜相比，其残膜随耕地埋入土壤，2～3 个月后就可分解转化为有机质成为肥料，从根本上消除了塑料薄膜对土壤造成污染（赵由才，2006）。

### 4.4.4.3　废地膜的回收及加工利用

根据对废膜回收的时间不同，一般分为以下 3 种回收方法。一是在作物收获之前回收废膜。这种回收方法多用于拔根收获的作物，并且根部较大、侧支根多、植株较大或枝桠较多，上下不易脱去地膜以及覆盖于作物顶部的膜。二是先收作物后收膜，这种回收多用于割茎收获的作物。从地上根茎部割去植株后，垄面上的废膜易揭收。三是收获作物与回收废膜同时进行，一般用于植株不易阔地膜分离的作物，如花生等。为了便于废膜的捆包、运输和存放，回收废膜时应尽量保持膜的完整性，将拾拣的废膜残片稍加叠整，卷成筒状，系上绳子。目前还没有回收废膜的机械，只能用手、钩、耙等人工手法。锦州市农机研究所于 1983～1984 年先后研制了花生 3DF-1 和 4HW-680 两种型号的挖掘收获机，配合这种机具，废膜回收率可达 80% 以上。

回收的废膜上带有很多泥土，在加工之前必须用清水洗净晾干或风干。为了节约用水，又能保证洗膜质量，最好建 3 个水池，将废膜分作 3 次洗。水池可建成圆筒形，内直径 1.5m，高 1.0m，在池内 1.0m 深处放置一个直径 1.5m 的铁算子，筛孔长宽各 3.3cm，以不漏掉废膜为宜。水池的底部安装一个放水孔闸，以便冲洗池底泥沙和更换净水用。利用机械洗膜，工效可以提高多倍。一般带土膜洗后质量减轻 1/3 左右。洗净的废膜，要堆放在斜坡或草堆、石头上晾干或风干。

加工的第一道工序是将废膜粉碎，加温熔融，经机械挤压成塑料泥。然后进入第二道工序，将塑料泥放入挤塑机，制成直径为 3～4mm 的塑料条，经水冷却后盘起来。第三道工序是造粒。需要一台小型造粒机，将塑料条切割成 7～8mm 长的塑料颗粒。到此，即完成了废膜加工的初制产品。一般净膜出粒 97% 左右。塑料颗粒是塑料工业的原料，每吨售价 1100～1500 元，每吨颗粒的原料成本 600 元左右（包括运输、购膜、损耗、代购奖励等），除去加工、管理等费用，每吨纯利润 250～300 元。一套塑料颗粒加工机械价格为 8000 元左右。根据型号不同，一般日加工能力 300～600kg，月产 7～15t，年产 100t 左右；1300～2000hm² 的地膜面积即可保证一个小型加工厂点的一年用料。

颗粒经过再加工，可生产塑料产品。目前，农民加工生产的有塑料桶、盆、盒、盘、勺、管、地板、桌面、洗衣搓板等。颗粒塑料的销售市场主要是国有企业，而再加工的产品，其市场则主要是广大农村地区。

废膜回收加工利用是地膜回收新技术带来的新产业，其原料充足，产品销路广，经济效益高，发展前景广阔，为农民增辟了一条致富渠道。据不完全统计，已有 9 个省、市的 80 多个厂点摘废膜加工利用，其中辽宁省有 30 多个（赵由才，2006）。

# 4.5　危险废物处置

## 4.5.1　概况

### 4.5.1.1　沿海城镇危险废物的来源及种类

危险废物是指被列入《国家危险废物名录》或者根据国家规定的危险废物鉴别标准和鉴别方法认定为具有危险特性的废物。根据对环境危害程度的大小和危害时间的长短，固体废物大体上可以分为四类：① 对环境无危害的惰性固体废物，如矿山的剥离废石、煤矸石、建筑废物、燃烧炉熔渣等；② 对环境有轻微、暂时影响的固体废物，如各类矿业废物、粉煤灰、钢渣等；③ 在一定时间内对环境有较大影响的工业废物，如各类化工废渣、冶金废渣等；④ 在很长时间内对环境有较大影响的工业废物，如有毒污泥、矿物油渣、有机聚合废物、含重金属的危险废物和有放射性的工业废渣等。

### 4.5.1.2　沿海城镇危险废物的处置现状

危险废物由于危险性较大，应特别注重管理。《中华人民共和国固体废物污染环境防治法》中规定了对危险废物的管理要求：对于危险废物应遵循分类管理；强制处理；对危险废物的收集、贮存、转移和处置等重点环节重点控制；对于危险废物实行集中处置的原则进行管理。危险废物的管理是一项复杂的系统工程，对危险废物的管理过程中应综合考虑环境、社会、经济、技术、行业等各种因素，需要遵循以下几项原则（代江燕等，2006）：

（1）源头减量原则，明确产生者责任，鼓励清洁原料的使用，促进生产工艺的革新，推动清洁生产，从危险废物的源头上减少其产生量，减轻管理体系的负荷。

（2）重点管理原则，把危险废物分为不同的危险等级，对重点废物重点管理。

（3）分类管理原则，鉴于各类废物的性质、产生量、危害程度、处理、处置、回收利用方式不同，应分别进行分类收集、分类管理、分类处理。

（4）全过程管理原则，建立完善的管理网络，实行从产生、收集到处理、处置的全过程管理，对每个环节进行严格管理，避免危险污染物质泄漏而污染环境，推行联单制度，明确管理者责任。

（5）集中处理处置原则，危险废物的处理、处置和综合利用需要较高的技术，且只有达到较大规模时在经济运行上才能够接受。宜在全国建立几个集中的、较大规模的、技术先进的处理、处置和回收利用场所，对于危险废物进行集中处理、处置和回收利用，以避免各地小规模、分散处置可能造成的不良后果。

危险废物管理应实行从收集、运输、贮存到中间处理、最终处置的全过程管理制度，遵从分类集中处理、处置原则。在每个阶段都应通过相应的管理措施，实现危险废物的可控化（赵由才，2006）。

**1. 收集、运输**

根据危险废物分类原则，产生危险废物的单位、部门或个人在危险废物产生后，应相应将其投放到对应的安全装置中，并加以保管，待达到一定累积量后，直接由厂方运往收集站或处置场，或者在环境保护行政单位的指导下由专门的收集车运出。通常情况下，工业源危险废物产生较为集中，由工业组织负责定点收集；而社会源危险废物产生较为分散，收集比较困难，需要建立完善的社会收集网络，由专门的部门收集（见图4.30）。

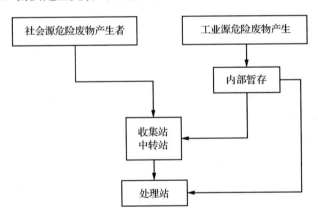

图 4.30　危险废物收集运输方案

由于危险废物所特有的有害属性，可导致对环境和人类生活的深远影响，其收集和运输过程中需采用不同于一般工业固体废物的方式，采用的容器必须是特制密封容器，禁止使用与所装载的废物反应的材料的容器。所有装载完毕的容器外壁应清楚标明，内装物的名称、类别及危害等详细信息，认真检查容器的安全状况，严防在装卸车、搬运、运输及贮存过程中出现溢出、渗漏、挥发等现象。

**2. 收集站、中转站**

收集、转运站的位置应综合考虑废物产生源分布、处置场所的位置、收集难易等条件，建在交通便利的地区，并设隔离带与周围环境隔开。在站内设置进站控制系统、废物贮存库房、初步处理系统等，各车间均应砌筑防火墙并铺设混凝土地面，废物贮存库房应保证室内的空气流通，防止毒性气体或爆炸性气体积聚。

对进站车辆应详细记载其运进废物的类型和数量，分不同性质分别妥善存放，工作人员认真将收集的废物分门别类存放，初步对不稳定的危险废物进行简单处理，并及时装进运往处置场的运输贮罐。图 4.31 为某收集站内的运作程序。

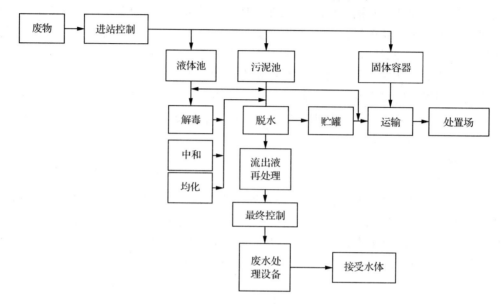

图 4.31　危险废物转运站的内部运行系统

### 3. 处理站

危险废物的处置场是危险废物的最终处置场所，其安全性直接决定了危险废物对环境的危害程度，所以最终处置环节应实行最严格最安全的措施，防止危险废物对环境的直接破坏。以危险废物安全填埋场为例，首先安全填埋场的选址应符合各方面的要求；其次应严格限制入场的废物，确保达到填埋条件后方可入场；应设计完善的防渗系统，及时进行日覆盖、中间覆盖和终场覆盖并保证覆盖的质量；设置完善的环境监测系统，制定详尽的污染发生时的应急方案，降低环境风险。

### 4.5.2　危险废物的危害与特点

电子废弃物俗称电子垃圾，包括废旧电脑、通信设备、家用电器以及被淘汰的各种电子仪器仪表等。随着科学技术的发展，电脑和手机等办公和通信设备日益普及，录像机、电视、冰箱、微波炉、组合音响等家用电器也在不断更新。人们在充分享受高科技带来的方便舒适之余，也随之产生了大量的现代垃圾——"电子垃圾"。据估计，电子废弃物产出量以每年 13%～15% 的速度增长，其增速是普通生活垃圾的 3 倍。电子垃圾中富含铜、汞、铅、镉、金等贵金属，可资源化程度较高，电子废弃物再循环利用有着较高的经济价值和环境价值，因此在美国、欧盟和日本等电子产业发达的国家和地区，加快发展循环经济，促进电子废弃物的资源化成为实现可持续发展战略的重要选择之一。同时，由于电子产品中含有大量的有害化学物质，如开关和液晶显示器中含有汞；老式电容器中含有多氯联苯（PCBs）；印刷线路板、机箱塑料面板、电缆及聚氯乙烯绝缘护套中含有溴化阻燃剂等，因此，电子废弃物若处置不当将对环境安全和人类健康带来极大的危害。特别是电视、电脑、手机、音响等产品，存在大量的有毒有害物质。因此，各级政府、环保、环卫部门和电子企业等有关方面应围绕电子垃圾的环境影响和再循环利用，采取多种措施寻求切实有效的电子垃圾的资源化方案，以减少和防止电子废弃物对环境的污染（牛冬杰等，2007a）。

### 4.5.3　特殊危险废物的处置

电池是把物理化学反应产生的能量转换成电能的装置，广泛应用于我国工业生产和人民生活的各个领域，随需求量的不断上升，我国已经成为了电池生产和消费大国，每年电池的生产与销售量达到了 140 亿只，占世界总量的 1/3。按能量来源及使用方式的不同，电池主要包括原电池、蓄电池、燃料电池、原子能电池和太阳能电池等几类。由于经济技术原因，目前我国市场上广泛使用的主要是原电池（一次电池）和蓄电池（二次电池），主要种类包括铅锌电池、铅锰电池、纽扣电池、铅酸蓄电池、镍镉电池等，其中，国内绝大部分的电池为锌锰电池，约占我国电池总量的 96%，而在国外该电池也占到了电池总量的 80%。不同种类电池的组成及在国内外的消费比例见表 4.37（刘新有等，2007；王群、李智勇，2008）。

**表 4.37　主要种类电池的成分与国内外消费比例**

| | 名称 | 阴极 | 电解质 | 阳极 | 电池容器 | 国外消费含量 | 国内消费含量 |
|---|---|---|---|---|---|---|---|
| 一次电池 | 锌-二氧化锰酸性电池 | $MnO_2$ | $NH_4Cl_2/ZnCl_2$ | Zn | 钢板 | 80% | 96% |
| | 锌-二氧化锰碱性电池 | $MnO_2$ | KOH/NaOH | Zn | 钢板 | — | — |
| | 汞电池 | HgO | KOH/NaOH | Zn | 钢板 | — | — |
| | 银电池 | $Ag_2O$ | KOH/NaOH | Zn | 钢板 | 4% | — |
| | 锌-空气纽扣电池 | $O_2$ | KOH（30%） | Zn | 钢板 | — | — |
| | 锂电池 | $CF_2/MnO_2$ | $LBF_2$ | Li | 钢板 | 1% | — |
| 二次电池 | 铅酸蓄电池 | $PbO_2$ | $H_2SO_4$ | Pb | 塑料 | 7% | — |
| | 镍-氢电池 | NiO | KOH/NaOH | Ti/Ni | 钢板 | — | — |
| | 镍-镉电池 | NiO | KOH/NaOH | Cd | 钢板 | 8% | — |

注：我国其他电池消费量依次为镍镉电池＞银锌纽扣电池＞镍氢电池＞锂电池＞锂离子电池。

电池使用寿命结束后即成为废电池，按照巴塞尔公约中有关危险废物的控制规定，许多种类的电池如铅酸蓄电池、含汞电池等都属于危险废物，电池中含有大量的重金属如汞、铅、锌、锰、铜等和一些贵重稀有金属如银、镍等以及酸、碱等有毒有害的物质，一旦不慎泄漏到环境中，其对环境的污染和破坏都是巨大的，如一节纽扣电池可以污染 $600m^3$ 的水；即使是一个完全符合标准的低汞电池（指汞含量小于电池重量 0.025% 的电池），被扔到 $1m^3$ 水中，会使水的汞含量超标 25 万倍。

对于废旧电池的污染问题，各国政府均给予了高度重视，纷纷出台相关的法规和标准，控制废电池对环境造成的污染。1997 年 12 月 31 日，国家环保总局联合国家工商局、国家商检局、国家经贸委、国家技术监督局、海关总署、外贸部、贸易部、中国轻工业总会九部委发布了《关于限制电池产品汞含量的规定》的通知，对含汞电池的进口、生产进行了一些限制，禁止汞含量超过 0.025％的电池的生产、进口、销售与使用。从环境保护的角度来看，对于大量废电池的应采取分类有区别处理处置方式。其中的含汞、含铜、含铅废电池是应该加以重点回收的电池类别。这些种类的电池应受到生产与使用的控制，并进行再生利用或环境无害化处置，而最佳办法仍是采用合理技术，进行再生与资源化利用。目前对于废旧电池的回收与资源化技术，主要是借助于冶金技术提取金属物质，其次是处理过程中废气、废液、废渣的处理处置。冶金回收技术主要与湿法冶金、火法冶金或两种冶金方法的结合（牛冬杰等，2007a）。

**1. 湿法冶金回收技术**

废干电池的湿法冶金回收过程中基于锌、二氧化锰等可溶于酸的原理，使锌-锰干电池中的锌、二氧化锰与酸作用生成可溶性盐而进入溶液，溶液经过净化后电解生产金属锌和电解二氧化锰、或生产化工产品（如立德粉、氧化锌等）、化肥等。湿法冶金回收工艺主要有焙烧浸出法和直接浸出法两种，其典型的工艺流程见图 4.32。

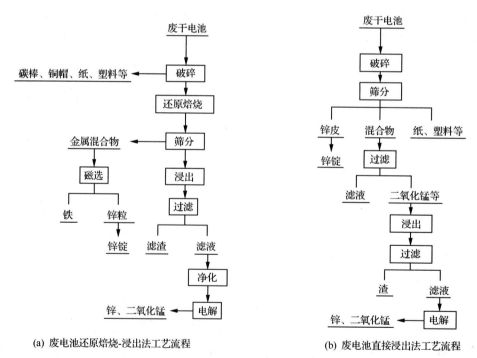

(a) 废电池还原焙烧-浸出法工艺流程　　　　　(b) 废电池直接浸出法工艺流程

图 4.32　废电池的湿法冶金回收技术工艺流程

**2. 火法冶金回收技术**

火法冶金回收技术是在高温下使废干电池中的金属及其化合物氧化、还原、分解和挥发及冷凝的过程。火法又分为传统的常压冶金法和真空冶金法两类。火法冶金回收技术是处理废干电池的最佳方法，对汞的处理回收最有效。

废旧电池中各种金属具有不同的沸点（见表 4.38），因此，可以通过将废电池准确的加热到一定的温度，使所需分离的金属蒸发气化，然后再收集气体冷却。

**表 4.38　回收金属的熔点和沸点**　　　　　　　　（单位：℃）

| 金属 | 熔点 | 沸点 | 金属 | 熔点 | 沸点 |
|---|---|---|---|---|---|
| 汞 | −38 | 357 | 镍 | 1453 | 2732 |
| 镉 | 321 | 765 | 铁 | 1535 | 2750 |
| 锌 | 420 | 907 | | | |

镉和汞沸点比较低，镉的沸点 765℃，而汞仅为 357℃，因此均可通过火法冶金技术分离回收。通常先通过火法分离回收汞，然后通过湿法冶金回收余下的金属混合物，其中铁和镍作为铁镍合金回收。

**3. 湿法、火法冶金相结合的回收技术**

用湿法、火法冶金相结合的电池回收技术处理废旧电池，并回收其中的各种重金属物质，综合了湿法和火法回收技术的优点，可以用于处理混合收集电池。

瑞士 Recytec 公司利用火法和湿法结合的方法，处理混合废电池，从中回收其中的各种重金属。在其工艺流程中，混合废电池首先在 600～650℃ 的负压条件下进行热处理，将热处理产生的废气进行冷凝处理，其中的大部分组分集中在冷凝液里。冷凝液经过离心分离分为 3 个部分：含有氯化铵的水、液态有机废物以及汞和镉。用铝粉进行置换沉淀去除废水中微量汞后，通过蒸发进行回收。从冷凝装置出来的废气通过水洗后进行二次燃烧以去除其中的有机成分，然后通过活性炭吸附，最后排入大气。洗涤废水同样进行置换沉淀去除所含微量汞后排放。图 4.33 为处理流程图。

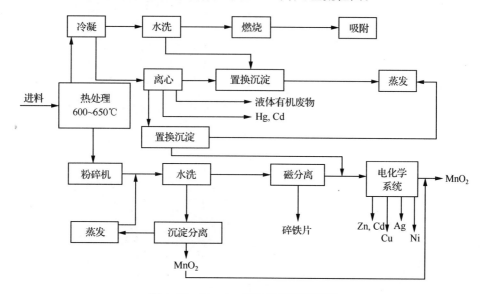

图 4.33　Recytec 废电池处理流程图

　　热处理剩下的固体物质首先要经过破碎，然后在 20～50℃的温度下水洗，使得氧化锰在水中形成悬浮物，同时水洗液中含有溶解性锂盐、钠盐和钾盐。水洗液经过沉淀去除氧化锰，然后经过蒸发，部分回收碱金属盐。废水进入其他过程处理，剩余固体通过磁选回收铁。最终的剩余固体进入被称为"Recytec™电化学系统和溶液"（Recytec™ Electrochemical Systems and Solutions）的工艺系统中。这些固体是混合废电池的富含金属部分，主要有锌、铜、镉、镍以及银等金属，还有微量的铁。在这一系统中，利用氟硼酸进行电解沉积。不同的金属用不同的电解沉积方法回收，每种方法都有它自己的运行参数。酸在整个系统中循环使用，沉渣用电化学处理以去除其中的氧化锰。整个过程没有二次废物产生，水和酸闭路循环，废电池组分的 95％被回收。但是回收费用较高。

# 第五章　面源污染控制

## 5.1　概　　述

### 5.1.1　面源污染分类、一般特征与危害

面污染源包括大气干湿沉降、降雨径流、合流制下水道溢流、水土流失等。降雨径流污染即通常意义（狭义）上的面源污染，是指溶解的或固体的污染物从非特定的地点，随降雨产生的地面径流进入受纳水体（河流、湖泊、水库、海湾等）引起的污染。径流发生地包括：农业耕作区、城区、林区、矿区等（武发元，2004）。

根据面源发生的区域和过程特点，可将污染分为城市面源污染和农业面源污染。城市面源污染是指城区降雨径流污染，即降雨冲刷城市地表，携带地表沉积物中的污染物质，对城市周边受纳水体造成的污染。城市面源污染是城市生态环境系统失调的结果，所产生污染物分布广、数量大、成分复杂。从时间角度上来看，城市面源污染源排放具有间断性，污染物于晴天累积，雨天排放；而在空间上，城市面源污染源受排水系统影响，小尺度呈现点源特征，较大尺度上表现为面源污染。农村面源污染主要包括农村禽畜粪便的污染、农业生产过程中的化肥和农药的污染、农村未经收集处理的生活垃圾和生活污水等。由于污染的分散性、隐蔽性、随机性、不易监测、难以量化等特征，农村面源污染的工程性治理成本很高。农村的面源污染问题正日益加重，已经直接威胁到我国的粮食、蔬菜等农产品的生产安全（陈华东，2005）。

引起降雨径流污染的物质包括城市垃圾、建筑工地垃圾、农村家畜粪便、化肥农药、天然植被的残余物、露天采矿的灰尘、大气干湿沉降物等。根据污染发生源的不同，面源污染也可分为土壤侵蚀和流失污染、地表径流污染、农村化肥农药粪便污染、大气干湿沉降污染等。土壤侵蚀和流失损失了土壤表层有机质层和颗粒物质，随其他污染物一起进入水体，是规模最大、危害程度最重的一种面源污染。降雨导致的地表径流是最主要的面源污染源，主要指城区径流及农村地区、矿山、林地、草地等的径流（刘华祥，2005）。农药、化肥、家畜粪便和垃圾堆放是重要面源污染源之一，许多研究表明，农药和化肥施用是一些水体污染和富营养化的最主要的原因。大气中的有毒、有害污染物可以直接降落至地面和水体中，也可随降雨和降雪进入土壤和水体，不仅直接破坏建筑物和植被，还会污染土壤和水体。

相对于点源和线源污染的排放固定性，面源污染呈现出其广泛、分散、随机的特征（贺缠生等，1998）。随着经济的发展，人工合成的许多化学物质逐年增多，这些人类智慧的体现却无法为自然环境所接受，并随着生活和工农业生产广泛分布于地表，随径流进入水体中，其所产生生态环境影响深远而广泛。与点源污染集中性相反，面源污染具有分散性特征，污染源复杂，时空分布广，涉及面积大，单个污染源信息很难获得。

面源污染与区域降水过程密切相关。由于降水随机性和其他影响因子的不确定性，面源污染的形成有较大的随机性。无论地表径流，还是土壤侵蚀流失，其规模和强度均与降水过程密切相关。面源污染的排放时间和方式均不确定，使其具有明显的分散性、突发性、大流量及浓度无规律等特点，难于监测（贺缠生等，1998）。

面源污染具有一定的滞后性。以农药、化肥施用为例，施用后，若无降水或灌溉，所导致的面源污染程度较低。一旦降水或灌溉开始，大量未被利用的农药化肥便随径流进入到水体当中，造成污染。农药和化肥在农田存在的时间长短也影响面源污染形成的滞后性的长短，通常一次农药或化肥的施用所造成的面源污染将是长期的（贺缠生等，1998）。

面源污染具有潜伏性。以城市地表径流污染为例，在无降水条件下，散落在城市空间的许多固体污染物、垃圾对水体的危害十分有限。若出现降水时，污染物随着径流进入水体将会形成严重的面源污染。城市中的垃圾或其他附着于建筑物表面的污染物均是潜在的面源污染源。

由于面源污染的来源复杂、污染面积广阔、污染呈现随机不确定性，且具有一定的滞后性和潜伏性，使得面源污染的研究和控制难度很大。

土壤侵蚀和流失带来了大量泥沙入湖，使得湖泊淤积，水体纳水量降低，导致湖泊萎缩，加速湖泊衰老进程。地面径流亦携带大量氮、磷元素等营养元素及有害物质进入水体，引起湖泊及近海岸海域的富营养化，甚至引发赤潮，危害水体生物，破坏水生生物生存环境，造成水生生态系统失衡。随径流等途径进入水体的病原微生物等亦可通过食物链危害人类的身体健康。

农产品产地生态环境因农业面源污染呈恶化趋势，受污染农田大面积增加，部分地区生产的蔬菜、水果中的硝酸盐、农药和重金属等有害物质残留量超标，农产品安全问题十分突出，农产品出口贸易严重受阻。同时农业面源污染会造成大气、水体、土壤、微生物污染，危害人居环境。

以天津近海岸海域的污染情况为例，天津市莅临渤海湾，海岸线135.3km，属于近封闭式、大陆架浅海，平均水深18m。其特点为湾口窄、内径大，海水交换能力差。天津市海岸带地处渤海西岸，海河水系与蓟运河水系尾间，是海陆交互作用强烈地带，为典型的粉砂淤泥质平原海岸。海岸带总地势自北、西、南向渤海缓倾，坡降0.1‰～0.6‰，面积686.744$km^2$。海岸带主要由陆域堆积平原、潮间带（滩涂）、水下岸坡3个地貌基本单元组成。天津海域主要污染问题是无机氮和活性磷酸盐。沿海岸的数万亩虾池废水排放，陆域耕地施用的大量化肥、农药是造成沿海海域氮污染严重的主要因素，也是富营养化的原因之一。天津施用的化肥中氮肥所占比重占总量的50%，而平均利用率却仅在30%左右；农药施用量大且逐年增加，利用率仅有30%～40%，其余的60%～70%农药挥发或随径流流失。随着养殖技术的快速发展和养殖带来的利益驱动，天津近岸水产养殖过密，超出海域负荷，进一步加重了海域水污染。潮流的加入使得污染影响区域垂直于海岸线方向拓展，而天津海湾潮流作用较弱，单纯波浪作用时污染容易相对集中。

面源污染的另一个重要表现为酸雨。随着近代工业的高速发展，大气中的$CO_2$和

$SO_2$的含量迅速增加，由此导致的酸雨在全球范围内愈演愈烈。酸雨的形成，不仅对地表植被形成直接的影响，破坏生态环境，而且还会对建筑物和衣物造成腐蚀，形成直接的经济损失。

## 5.1.2　沿海城镇面源污染控制与管理

面源污染起源于分散、多样的土地区，其地理边界和位置难以识别和确定，与点源污染相比，其危害规模大，防治困难。国外于 20 世纪 60 年代开始研究农业面源污染，由欧、美等发达国家率先开展，20 世纪 70 年代后世界各地逐渐重视起来。在美国，面源污染已经成为环境污染的第一因素，60% 的水资源污染起源于面源污染，美国是开展面源污染研究最多的国家。

对面源污染的控制和管理包括三个方面，其一是源头排放控制，通过各种技术和法规将面源污染物的排放控制在最低限度；其二是途径控制，通过研究面源污染物的扩散机理，采用一定方法，减少污染的排放量；其三是末端治理，对已经形成的面源污染，采取积极的治理措施，将污染的危害控制在最小。

面源污染控制工程及管理技术对面源污染的逐渐控制非常重要。对于不同的面源污染类型，应采取不同的控制措施。在农业面源污染控制中，应强调农药、化肥施用量的减少，城市面源污染控制的重点在于保持地面的清洁，减少污染物的散落，以此降低径流携带的污染。20 世纪 70 年代末美国提出"最佳管理措施"BMPs（Best Management Practices）是控制面源污染的重要措施，EPA 将 BMPs 定义为：任何能够减少或预防水资源污染的方法、措施或操作程序，包括工程、非工程措施的操作和维护程序。目前已经提出并应用的最佳管理措施有，少耕法、免耕法、防护林、草地过滤带、禽畜粪便合理施用、综合病虫害防治等。BMPs 通过技术、规章和立法等手段有效减少农业面源污染，其着重于源管理。此外，美国自 BMPs 后相继出台了清洁水法案（CWA）、面源污染实施计划-CWA319 条款、最大日负荷（TMDL）计划、国家河口实施计划等进行农业面源污染控制与管理。加拿大、英国、澳大利亚、德国等也开展了大量工作。目前我国对面源污染的治理尚处于起步阶段，缺乏大量的控制、治理行动和有效管制措施，即使在"三河三湖"重点治理工程"十一五"规划中，面源污染的治理也多处于调查可研阶段，或小范围的示范，并无完整、成熟的面源污染治理规划、实施方案和相关经济政策和管制手段（武发元，2004；金可礼等，2007）。

利用生态工程措施控制面源污染是另一个有效的手段。在农田与水体之间建立合理的草地、林地过滤带，可以大大减少水体中氮磷的含量。利用不同农作物对营养元素的吸收互补性，采取合理的间作套种，可以大大减少氮磷等元素的流失和对水体的污染（董凤丽，2004）。

利用数学模型模拟面源污染的形成是研究面源污染来源和扩散的有效手段。在土壤侵蚀模拟实验方面，修改后的通用土壤侵蚀方程式（Revised USLE）是研究土壤侵蚀最为广泛的一种模型。面源污染环境影响评价模型、农业面源污染模拟模型等用来模拟地表径流产沙过程和面源污染的形成过程。城市地表径流数学模型包括 SWMM 模型（Storm Water Management Model）和 STORM 模型（Storage Treat-ment，Over flow Runoff Model）。在模拟化肥和农药在土壤中的迁移方面，现有的数学模型包括农业管理系统中化学污染物径流负荷与流失模型、农田系统地下水污染负荷效应模拟模型。
Canale 建立了大肠杆菌数学模型用来预测城市地表径流中大肠杆菌的变化和管理。利
用 GIS 较强的数据处理功能，提取模型所需参数，大大促进了对面源污染的研究，He
C. 在模拟预测密歇根州某农业流域土壤侵蚀及营养元素（氮和磷）流失情况的基础上，
提出了农业最佳管理措施，如少耕法、免耕法及作物残茬覆盖对控制土壤侵蚀和养分流
失的作用（武发元，2004）。

　　控制技术主要通过各种工程手段措施，控制水土流失和土壤侵蚀、处理各种污染物
并减少其排放、修复已污染的生态环境防止其进一步恶化等，如表 5.1 所示各种面源污
染控制工程技术。管理技术主要通过各种管制手段提高作物对化肥、农药和牲畜废弃物
的利用率，降低污染物流向地表和地下水体的程度，从而降低污染环境的风险。管理技
术可以促使生产者在生产过程中考虑环境与经济因素影响，从源头遏制面源污染的发
生，面源污染控制管理技术见表 5.2。

表 5.1　面源污染控制工程技术一览表

| 措　施 | 概　述 |
|---|---|
| 工程修复，拦沙坝等技术结合草林复合系统，复土植被等 | 主要针对山地水土流失区及侵蚀区，通过土石工程结合生物工程方法，控制水土流失和土壤侵蚀，恢复良好生态系统 |
| 前置库和沉砂池工程技术 | 主要应用于台地及一些入湖支流自然汇水区，利用泥沙沉降特征和生物净化作用，增加径流在前置库塘中滞留时间，一方面泥沙和颗粒态污染物沉降；另一方面生物对污染物也有吸附利用 |
| 拦砂植物带技术和绿化技术 | 拦沙植物带技术利用生物拦截，吸附净化作用可滞留泥沙，N、P 等污染物。绿化技术可广泛应用于堤岸保护，坡地农田防护等 |
| 人工湿地与氧化塘技术 | 主要应用于污染农业区，特别适用于处理农田灌溉水和村落污水的混合废水 |
| 生物净化及少废农田工程技术 | 主要适用于土地利用强度较大，施肥量大的湖滨农田区 |
| 农田径流污染控制和农业生态工程技术 | 通过生态农业工程，农业污染物进入生态循环，减少污染物排放，控制径流污染 |
| 村落废水处理，农村垃圾与固体废弃物处理处置技术 | 适于农村自然村落废水处理、垃圾处理，地表径流污染物流失的治理 |
| 林、草、农、林间作技术 | 应用于山地水土流失区，主要用于解决生态性质的立体条件 |
| 截砂工程、截洪沟、土石工程、沟头防护、谷坊工程等技术 | 应用于强侵蚀区污染控制和生态恢复 |

　　资料来源：刘之杰等，2009。

表 5.2　面源污染控制管理技术

| 管制要素 | 控制措施 | 管制活动、管制手段 | 制度形式 |
|---|---|---|---|
| 土地利用类型的规定 | 土地利用规划的规定 | 教育 | 所有权/土地制度 |
| | 土地利用类型边际的规定 | 经济激励 | 机构变更 |
| | | 规章制度 | |

续表

| 管制要素 | 控制措施 | 管制活动、管制手段 | 制度形式 |
|---|---|---|---|
| 控源（农田内） | 耕作方式 | 教育 | 推广示范服务 |
| | 化学物使用的受限 | 行政管制 | 所有权/土地制度 |
| | 轮作制 | 经济激励 | 土壤保护机构 |
| | 等高耕作 | 责任归属 | 综合防治机构 |
| | 作物布局 | 研究与开发 | — |
| 截留（农田外） | 防护林 | 教育 | 推广示范服务 |
| | 岸边保护带 | 技术援助 | 土壤保护机构 |
| | 堤坝 | 经济激励 | 生态保护机构 |
| | 植被缓冲带 | 公共设施维护 | 水资源保护机构 |

资料来源：刘之杰等，2009。

面源污染的管理比点源污染复杂困难，需要考虑多种负荷发生的源及对策。各种负荷包括自然负荷管理、大气负荷管理、降雨负荷管理、交通形式负荷管理、土壤负荷管理、农田径流负荷管理。管理技术包括有害生物综合治理、综合肥力管理、农田灌溉制度等。

### 5.1.3　美国面源污染控制与管理经验

#### 5.1.3.1　面源污染控制的有关法律法规

（1）清洁水法规(The Clean Water Act)。清洁水法规中有 13 项条文涉及对面源污染的研究、管理和控制。第 319 号条文直接明确规定，对未达到水质要求的水体，必须详尽描述面源污染的种类及污染物，并提出对此准备采用的最佳管理措施，这个计划如得到 US EPA 的批准，州政府即可得到财政支持。用于流域范围内面源污染管理与控制项目的资金来源主要是联邦政府的专项拨款。

（2）联邦政府安全饮用水标准（Federal Safe Drinking Water Act）。这项法规设专款支持州和其他地方政府提出饮用水源（Well head）保护项目。通过识别、调查区域面源污染及点源污染的类型和特点，建立地方性水体保护条例。

（3）面源污染管理项目。美国农业部设立的农业保护项目，用专款支持农场主采用水土保持措施减少面源污染。湿地保护项目，拨专款鼓励把已用作农田的湿地还原。在水土保持方面，美国自然资源保护局提供技术指导，帮助地方政府控制土壤侵蚀，改善水质，减少污染，保护自然资源。联邦高速公路管理局设有专款支持高速公路两旁的水土保持、绿化、湿地保护等环境项目。此外，美国内政部也有一系列项目涉及面源污染的管理，如全国水质评价，水资源数据库建立、海岸湿地规划、保护和恢复项目，土地和水资源保护等，通过面源污染的监测、评价及通过购买某些具有保护价值的土地来控制面源污染。美国大气海洋管理局（NOAA）设有海滩管理条例，要求邻近海岸的州必须制订面源 污染管理计划，保护海滩资源和水质，且管理计划必须上报 EPA 和大气海洋管理局批准。这些项目一般由联邦政府机构提供主要财政资助，州和地方政府分摊部分经费开支，以鼓励地方政府参与项目的规划、制订和实施（贺缠生等，1998）。

### 5.1.3.2 面源污染的组织管理

美国的面源污染控制项目一般由州政府的环境保护厅、水资源厅或自然资源厅的水资源处全权负责，协同农业厅、卫生厅、交通厅等部门制订 10～20 年的综合法规方案，确定具体目标和所需经费，报 EPA 批准。州政府一般只负责审批面源污染的规划和实施方案，具体的工程设计和实施则由私立咨询公司完成，避免了政府机构的臃肿和庞大。面源污染控制项目一般由联邦政府和州政府提供前 3～5 年的工程费用，后期绿化、操作和维护费用则由地方政府承担。州政府和地方政府管理部门定期检查项目进展，评价项目质量和效益，以确保项目按计划实施。如项目实施不能达到计划要求，州政府和地方政府将协同分析存在的问题，提出解决方案。为了项目的正常管理，州政府和地方政府的项目管理人员需要接受系统的培训，以正确理解联邦政府和州政府的新法规和政策。公众也需要接受教育，以改变日常不合理的行为、减少污染。联邦政府提供法律和技术指导，以确保面源污染控制项目的成功。联邦政府有关机构除定期举办培训班和讲座，介绍面源污染控制的新政策、新要求和新技术外，还经常访问各州有关机构，回答解决有关疑难问题。面源污染控制涉及面广、难度大、时间尺度长、所需经费多。联邦政府和州政府每年都拨出大量资金用于支持面源污染研究，包括规划、设计、实施、最佳管理措施的效益评价等。为解决经费短缺问题，美国各级政府一般通过专项税收和收费，设立了各种专项基金，如材料基金、环境基金、汽油基金等，用于环境保护。此外，通过向社会，特别是大公司、大财团募捐，来缓解了联邦政府和地方政府项目资金短缺问题，如 1993 年美国的公司和基金会用于社会和环境的基金达 150 亿美元（贺缠生等，1998）。

# 5.2　陆域面源污染控制

## 5.2.1　沿海城市面源污染控制

面源污染的研究始于 20 世纪 70 年代的美国。在此之前，人们一直认为点源污染是造成水体污染的主要原因。为保护水资源，美国国会于 1972 年通过了《水污染法案》，规定 1985 年达到零排放，即要求排入江河的污水必须经过处理，使水体达到当地地表水原有的水质标准，不得增加江河的污染物负荷，并期望以此达到完全控制污染的目的。在俄亥俄河、五大湖区域，当所有工业废水和城镇生活污水被收纳处理之后，水体污染问题并未得到解决，由此发现暴雨径流把广阔地面上的各种污染物都带入了水体，造成污染。于是美国 EPA 在 1977～1981 年的科研计划中，正式提出了降雨径流污染控制的研究课题，开始了对面源污染的研究。其研究范围既包括广大农村地区地表降雨径流引起的水体污染，也包括城市地表降雨径流引起的水体污染。1987 年美国国会重新修订了《水污染法案》，加入了对来自工厂和城市的降雨径流进行控制的条文，将全国污染排放许可系统从点源污染扩大到一些面源污染，使 EPA 能依法参与包括对城市降雨径流在内的一些管理。2003 年，EPA 颁布了相关限制径流排放的法规，使得城市降雨径流这一面污染源越来越受到重视。除美国之外，德国、英国、日本等发达国家自 20 世纪 80 年代起也对城市降雨径流开展了大量的测试及控制研究工作，业已取得了很多珍贵的监测数据和理论研究成果。在我国，面源污染方面工作的重点主要是针对农村耕作区水土流失、大量农药化肥使用等引起的农业面源污染问题，对于城市面源污染尚未给予足够的重视（武发元，2004）。

城市面源污染定义为在降水条件下，雨水和径流冲刷城市地面，使污染物进入受纳水体引起的环境问题。在基本完成城市污水二级处理后的城市，受纳水体中的污染物大部分来自降雨径流。目前，暴雨径流造成的城市面源污染已引起各国的高度重视。由降水造成的面源污染随机性大，管理和控制难度大，加之城市的暴雨径流排水主要依靠地下管网和地表河道完成，在城市建设基本完成以后，很难对排水系统进行大规模的改建。因此面源污染控制的"最佳管理措施"实施中遇到难以克服的困难。我国的城市面源污染研究开始于 20 世纪 80 年代，主要是调查城区面源污染的宏观性质和基于国外模型的污染负荷研究。面源污染的控制是我国环境控制领域的薄弱环节（刘华祥，2005）。

### 5.2.1.1 沿海城市面源污染特点

城市面源污染的特征是：污染源时空分布离散性、污染途径随机多样性、污染成分的复杂多变性、污染源和污染成分监控困难性等。面源污染最终主要以雨水径流的形式产生，城市面源的径流系数较大，建筑屋面与道路的径流系数可达 0.9。雨水形成径流的时间短，地下入渗量小，对污染物的冲刷强烈。径流形式以短时的地表径流和较长时间的管内流为主（少量的明渠和河道）。

散落在城市地表的污染物一般在晴天积累，雨天排放。降雨径流污染的形成过程主要包括 3 个方面：地表污染物的累积、冲洗和输送（刘华祥，2005）。

**1. 污染物的累积**

污染物的累积过程发生在两次降雨之间，其累积速率在降雨之后的最初几天最快，之后则逐渐减小；冲刷过程中，一般径流排污浓度随累计径流量单调递减。地表污染物的累积过程受大气降尘、土地使用功能、交通量、人口密度等因素的影响。很多有毒金属，特别是铅的累积，一般是由于汽车废气以及零件和轮胎与地表的磨损造成。路面的污染物与城市的工业种类以及附近地区的地质条件有关。屋面上沉积物主要来自于日光照射时屋面防水材料老化分解析出物的累积以及大气的干沉降。

**2. 污染物的冲洗**

地表污染物的冲洗过程与污染物的性质有关，如可溶性和非可溶性物质的冲洗过程不同，此外与地表透水性能的差异也有关系，因为不同区域地表径流的水深和流速的不同，直接影响冲洗污染物的能力。不透水面积上的可溶性污染物首先被冲洗，松散的污染物受到雨滴冲击而溅起，加速了溶解过程。一旦地面湿透开始形成径流，填充了地面坑洼低地。随着地表径流的形成和流动，各种可溶性污染物不断被带走。对于非可溶性污染物，当水流流速超过起动流速时，地面一些固体颗粒开始运动，吸附在这颗粒上的污染物随之运动。由于颗粒大小不同,其运动方式也有差异,小颗粒形成悬浮状的悬移质,较大颗粒则沿地面移动形成推移质,还有一些介于两者之间的可沉降颗粒跳跃式运动。虽然这些污染物的运动方式不同,但最终都成为悬浮物质随雨洪径流进入雨水口,并通过管网向下运动。在透水面积上,由于雨水部分渗透到土中,使一部分可溶性和非可溶性污染物吸附在当地表层土壤颗粒上,同时有一小部分可能随渗流进入地下水。当降雨强度超过土壤下渗能力而形成地表径流时,降雨径流中夹带有可溶性和非可溶性的污染物,最终流入雨水排放口。

**3. 污染物的输送**

城市表面污染物的输送是随着径流的流动而迁移的,径流迁移的过程即是污染物输送的过程。屋面的降雨径流一般经过雨落管,与空地、绿地、道路降雨径流汇集,进入雨水排放口或通过明暗渠直接排入受纳水体。而城市道路的雨水流至路边的边沟汇集,经雨水排放口进入下水道系统中,再通过管网排入受纳水体。一般未进入排水管网的径流都是漫流至低洼处或明暗沟后再排走。如果没有污染物拦截和处理措施,大部分污染物将随着径流直接进入受纳水体而污染水体。

城市降雨径流排污量与径流量存在一定的关系,径流量增大,对地表沉积污染物的溶解和携带量增大,合流制管道溢流雨污水量也增大,进入水体的污染物量增大。而径流量与城市表面的径流系数正相关,因此可以通过降低径流系数,即增大可透水地表面积或减少不透水地表面积来减少径流量,从而减少径流污染物的输出量和溢流污水的污染物量。目前国外研究的路面径流的污染控制措施有很多应用了这一原理。

城市地表径流中的污染物有物理类、化学类和生物类。美国 EPA 1983 年度研究报告提出了城市暴雨径流的主要污染评价指标,$COD_{Cr}$、$BOD_5$、悬浮固体、有机物、植物营养物和重金属等,并指出美国城市及不同区域之间暴雨径流水质的统计结果无明显区别,污染成分的加权平均浓度与城市、地理位置和地面条件等没有明显关系,但各种指标的变化范围很大。城市道路和屋面降雨径流的污染物质以 COD 和 SS 为主,COD 以非溶解性有机物为主,且 COD 和 SS 一般都有较好的线性关系。TN、TP、Pb、Zn 与 SS 也有较好的相关性,相关系数变化不同,受降雨强度、雨量、降雨历时等的影响。径流中这些污染指标与 SS 的相关性表明,有效地控制悬浮固体 SS 可以大大降低其他污染物的浓度(刘华祥,2005)。

### 5.2.1.2　沿海城市面源污染控制模式

**1. 集中控制模式**

城市面源污染控制模式主要有集中控制、源头分散控制和多层复合控制模式。国外城市面源污染控制模式多为集中控制模式,主要从两方面考虑,在源头上采取非工程方法和在径流迁移的途径或汇流的末端采取集中处理的工程性措施(见表 5.3)。城市面源污染控制措施中以美国的暴雨最佳管理措施(BMP)最为系统和全面,应用也最为广泛。BMP 包括非工程措施和工程措施两类,具体控制过程如图 5.1 所示。通过一系列工程措施后污染物基本得到控制,径流流量峰值大大削减(武发元,2004)。

**表 5.3　美国城市降雨径流最佳管理措施**（刘华祥，2005）

| BMPs 体系 | |
| --- | --- |
| 工程措施 | 非工程措施 |
| 植草渠道、植被缓冲带 | 相关法规制定实施 |
| 雨水调节池 | 控制管道非法连接 |
| 渗滤系统 | 土地使用规划管理 |
| 过滤系统 | 材料使用限制（如除冰盐等） |
| 湿地系统 | 地面垃圾和卫生管理 |
| 其他特殊设施（旋风分离器等） | 控制废物倾倒与废物回收 |
| | 对工程检测、管理、维护 |
| | 雨水口的维护管理 |
| | 志愿者清理与监督、公众教育等 |

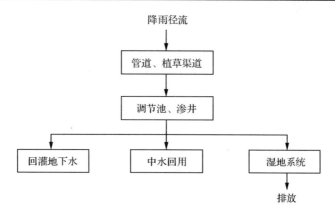

图 5.1　国外城市面源污染集中控制模式

　　非工程措施，也可以称之为管理措施，包括制度、教育和污染物预防措施，目的是减少源头上污染物和径流的产生，也被称之为"源头控制措施"。非工程措施具体来说就是法律制度、环保教育、路面清扫、不透水面分割、无害化农药等。清扫街道、对地面垃圾废物进行管理对于去除颗粒物十分有效，常规的路面清扫可以去除 30%～50% 的污染物。在某些大气降尘严重、交通繁忙的路段加大清扫频率，在某些特定时间段加强路面清扫，对于面源污染的控制是十分必要的，也是十分有效的。在北方寒冷地区，城市道路上撒布大量除冰剂如 NaCl、$CaCl_2$ 等盐类和砂粒、煤渣等以加速冰雪的溶解，同时也加剧了路面和轮胎的磨损，形成了很多的颗粒物质，随冰雪径流排出，使径流水中 Cl 含量大大增加。据国外的研究报告结果，冬季除冰剂撒布后，径流水中 $Cl^-$ 的峰值浓度达到 650mg/L，SS 的峰值浓度达到 5500mg/L。因此限制除冰盐的大量使用可以有效减缓这种污染。土地合理规划可以减少大量不可渗透地面，从而减少径流和污染物的产生。控制管道非法连接以及雨水口的维护管理能有效地减少雨污混排夹带的污染物的量。同时加强公众教育、制定相关法规、鼓励市民参与在控制进入径流中污染物的量的过程中均能起到很重要的作用（张宏艳，2004）。

工程措施是指通过工程设施来控制和减少暴雨径流的排放量和污染物在径流中的浓度和总量，如修建雨水调节池、植被缓冲带、植草渠道、砂滤系统等，主要是在径流形成和流动过程中采取的措施，也被称为"径流控制措施"。除了非工程（管理）措施用于在源头减少污染物和径流的产生外，工程措施在国外控制城市降雨径流污染的过程中是起着决定性作用的，尤其是沿管线设置雨水调节池得到了最广泛的应用。非工程措施与工程措施间并没有严格的界限，比如用于降低不透水路面连接度的植被，既可以是一种预防措施，也可以视为一种工程技术（张宏艳，2004）。

国外控制城市面源污染的模式是一种倾向于集中后采用工程性措施的控制体系，其主要优点有：① 迁移途径和汇流末端的工程性措施处理效率比较高；② 迁移途径控制措施可以同时达到削减径流洪峰流量和去除污染物的目的；③ 由于降雨量年际分配均匀，调节池等措施能充分发挥作用，包括滞蓄径流、去除污染物、中水利用等；④ 措施集中，便于管理；⑤ 利用渗透设施实现雨水回灌，可涵养和补充地下水。

**2. 源头分散控制模式**

对于经济欠发达地区，城市污水雨水管网铺设不尽合理，集中控制体系存在投资管理费用高、利用率低、处理效果不稳定等特点。城市面源污染源头分散控制是从小区域污染控制的角度提出的，适合在城市各区域采用。城市道路的路面是典型的不透水面，也是城市降雨径流及其污染产生的重要来源之一。在源头采取分散措施控制城市道路降雨径流需要同时考虑滞留降雨径流和控制降雨径流的污染，基于这一原则，可以充分利用城市道路建设中预设的中间和两旁的一定宽度的道路绿化带的蓄渗和净化能力，将道路绿化带改造成复合生态渗流系统，使其同时具备景观、集水、净化的功能。源头分散控制技术措施只能在径流汇集进入管道系统前削弱部分径流和减少径流中部分污染物，同时部分径流未经处理直接进入了管道系统，因此它并不能完全控制整个城市降雨径流对水体环境的影响。

**3. 多层耦合控制模式**

我国对城市面源污染的控制偏向于靠"雨污分流"和截流部分雨水进入污水处理厂来解决问题，一般雨水管道的设计指导思想也仅以及时、迅速地排除降雨形成的地面径流，减少洪灾为目的。目前国外的城市面源污染控制模式并不适应我国城市地形复杂、土地紧缺、生态系统破坏严重、排水体制落后、经济滞后、径流水质差、降雨时间集中等现状，存在很多缺陷和需要改进的地方。我国城市降雨径流水质较国外差，影响各种措施的稳定性和去除效果。且我国城市面源污染控制研究整体水平并不高，集中式工程性处理措施在去除污染物机理和有效性方面还有待论证和提高，如人工湿地受进水不稳定的影响，其出水常常浊度比较高、悬浮物含量大，而在发达国家人工湿地的出水部分直接排入了受纳水体；利用渗滤池、低洼地、沼泽地截污时，缺乏对其截污机理的深刻认识，在暴雨过程中截污效果不稳定等。

随着城市对环境要求的不断提高，源头分散控制模式很难实现控制目标，必须对经过源头控制后的径流和未经过处理的部分径流进行进一步的处理。我国城市面污染源分散、复杂，降雨时间集中且径流水质差，污染的随机性、冲击性强。因此在控制城市面源污染时，将源头分散控制和集中控制这两种控制模式进行耦合，在各措施中分散控制污染物，逐层削减污染物和径流量，从而减少每一处理措施的污染负荷，提高处理效果。多层耦合控制模式正是基于这一逐层消减的控制思路而提出的，如图5.2所示。经源头分散控制后的径流和部分未得到处理的径流汇集，通过管道或渠道排除。根据径流迁移和汇流的特点在其迁移途径和汇流末端因地制宜地采用工程的集中处理措施来削减径流及其污染物量，使城市降雨径流的污染得到有效控制。在采取控制措施时，根据各城市面源污染控制要求，结合城市自身的地理特征、排水体制、径流特征、经济条件等，以源头分散控制为重点，灵活地选择简化流程。

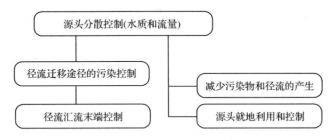

图 5.2　城市面源污染控制的多层耦合控制模式

　　我国城市输送径流主要依靠管道和沟渠，少量径流通过地表漫流直接进入天然水景或自然水体，可采取种植草皮、铺设碎石、设置雨水调节池等在径流迁移途径对面源污染进行控制，汇流末端的雨水可采用湿地系统和植被缓冲带进行处理，如表5.4所示多层耦合控制模式的工程措施。经过多层控制模式处理后，径流中污染物逐层得到削减，最终达到排放水质的要求。

表 5.4　多层耦合控制模式的工程措施（武发元，2004）

| 工程实施环节 | 工程措施 | 控制目的 |
| --- | --- | --- |
| 径流迁移途径 | 向阳明渠内种植草皮 | 延缓径流和截留部分污染物 |
| | 背阴的明渠和暗渠底部铺砌鹅卵石、碎石等 | 就地促进渗流 |
| | 城市边缘地带和空旷地带建设雨水调节池 | 减少管道系统的输送压力和合流制排水系统雨污水的溢流 |
| 汇流末端 | 湿地系统 | 水质水量调节预处理 |
| | 岸边植被缓冲带 | 去除径流中的污染物 |

### 5.2.1.3　沿海城市面源污染控制工程措施

　　面源污染物在雨水径流的汇流过程中，将产生溶解和扩散过程，污染物活性被激活，污染得以扩散，使城市地表在暴雨之后受到普遍性的污染，大量分散污染物在短时间内被径流携带入城市水体，严重影响城市水体水质改善和生态环境。我国传统的雨水排放系统以尽快汇集与排除地面径流为目标，加剧了雨水向城市各条河道的汇集，使河道洪峰流量迅速形成，对低洼地带造成了很大的压力。我国城市的另外一个特征是地表水严重污染和地下水过量开采，导致部分城市区域性地下水位下降、地面大面积沉降。

城市人口的大量增加和工业生产的规模化，污水量大幅度增加，使城市地表水环境受到严重污染；而大量的雨水径流经庞大的管道系统排走，更加加剧了城市水资源危机（赵建伟等，2007；刘鹏，2009）。

**1. 植被控制系统**

植被过滤是一种利用地表密植的植物对地表径流中的污染物进行截流的方法，主要控制以薄层水流形式存在的地表径流，既可输送径流，也可以去通过吸附、沉淀、过滤、共沉淀和生物吸收等去除径流中的重金属、营养元素等污染物。密植的植被不但有助于减少径流的流速，提高沉淀效率，过滤悬浮固体，提高土壤的渗透性，而且能够减轻径流对土壤的侵蚀，去除径流中的污染物，是一种简单有效的径流污染控制方法。

植被过滤可分为草地过滤和植草洼地，也可分为湿式过滤带和干式过滤带。根据植被控制区域的不同，植被过滤可分为植草渠道和植被缓冲带两种。植草渠道在径流输送的水渠中密植草皮，用以防止土壤侵蚀并提高悬浮固体的沉降效率。主要是在径流输送的过程中将污染物从径流中分离出来，能够比较有效的去除径流中的 SS、COD、重金属和油脂等污染物，因此一般用来实现对降雨径流的预处理，使到达后续处理设施的径流水质获得明显的改善。植被缓冲带是过滤带理论的应用，在坡度较小的带状地面密植草皮使水流发散成为面流，从而延缓径流和去除径流中污染物，一般有选择性的设计在受纳水体的岸边或附近，用于处理人工湿地的出水和周边的地表漫流。植被控制适合于各种不同的环境，在设计和实施过程中具有很大的灵活性，而且耗费也较省，是一种很有效的径流污染控制方法。

**2. 滞/持留系统**

滞/持留系统包括水塘、涵管、地下水池、雨水调节池等，其中滞留系统用于径流流量的控制，而持留系统同时控制水质和流量。滞留系统暴雨期间储存雨水径流，利用暴雨间歇期将蓄水排入雨水处理设施。滞留系统可以沉降径流中的一部分颗粒物质，下次暴雨来临时，沉于池底的颗粒物质会因径流的扰动再次悬浮起来，不利于水质的净化；但滞留系统可以调控径流流量，降低河道下游的流量峰值，以保护下游河道。

持留系统中储存的雨水径流具有较长的停留时间，水生植物和微生物可以更充分地吸收或吸附水流中的重金属、营养物质等，也避免了沉积颗粒物的再次悬浮，强化了系统对污染物的去除效果。持留系统同时具有控制流量和调节水质的功能。

雨水调节池，又称雨水滞留池，是目前应用最广泛的径流污染控制措施。一般建在管道溢流口或污水处理厂附近，用来暂时储存管线系统的雨污水，减少合流制溢流雨污水量，或存储、滞留和处理周围区域收集到的径流，经沉淀处理后再慢慢排入雨水管道排放，或由重力流或泵抽升返回管网系统。部分缺水城市将调节池储存的雨水处理后用作城市杂用水。

雨水调节池也分为干式和湿式两种。干式雨水调节池在径流控制中主要用于削减洪峰流量，属于滞留系统。干式调节池一般建在土地紧张或含重污染径流的地区，修建维护费用较高。湿式调节池中保持一定量的水，容许径流以一定的速度流入后再与原来的池水混合流出，池内可以放养水生动物和植物，对径流中颗粒态和溶解性的污染物均有较好地去除效果，是一种径流的持留系统。在实际应用中，往往采用湿式调节池。雨水在调节池中的停留时间和池的容积是影响去除效率的关键因素，需要根据区域降雨特征、径流特征、径流中悬浮固体的沉降速度以及流域面积来设计合理的停留时间和池容。

设计合理的雨水调节池具有较高的污染物去除率，并具备景观、动物栖息等多重价值，在控制城市面源污染的过程起着非常重要的作用。雨水调节池一般用来调节和处理超过管道输送能力的径流和雨污混合水，同时也可作为其他系统的预处理设施，在径流迁移的途径和管网末端都得到了很好的应用。雨水调节池的主要缺点是占地面积较大，适合在城市大型绿地周围、低洼地、空旷地带、边缘地带使用。

**3. 渗滤系统**

渗滤系统是在暴雨期间使降雨径流暂时存储起来，并逐渐渗透到地下的一种暴雨径流管理方法，它在雨水径流原位处理方面具有较突出的优势。渗滤系统通常包括渗滤池、渗渠、渗透管、渗井、多孔路面等。国外通常将渗滤系统作为一种处理暴雨径流的可选方案，可以单独使用，也可以与其他方法结合使用，主要用以去除溶解性有机物。设计良好的渗滤系统对径流中污染物有很好的去除作用，并能补充地下水资源。

土壤渗透胜能良好时，一般利用城市周边的低洼地作为地面渗滤池。地面渗滤池有季节性水池和常年存水池，池中宜种植植物。相对于地面渗透池来说，地下渗透池、渗透管、渗渠更便于在生活小区设置，是利用碎石空隙来贮存雨水的地下贮水装置。建设地下贮水装置时，要求地下水至少低于渗透表面 1.2m，土壤渗透率不小于 $2 \times 10^{-5}$，径流悬浮物含量小，否则容易发生堵塞和造成地下水污染。汇集的雨水通过透水性管渠进入碎石层，并进一步向四周土壤渗透，碎石层具有一定的贮水调节作用；装置埋于地下，地表可以植草美化。由于渗渠等地下贮水装置的容积有限，不适宜处理流量较大的径流，且对径流的水量削减较少。德国将地面渗滤池和渗渠组合使用，最后的出水可以达到饮用水标准。

多孔路面也是一种渗滤系统，它是为控制路面径流水量和水质而设计的一种特殊路面形式。多孔路面由多孔沥青或有空隙的混凝土修筑，透水能力比地面渗滤池和渗渠小，易堵塞，使用范围有限，通常用于人行道、加油站和停车场等场所。多孔路面能够允许径流通过，并使水渗透存储在路面下的碎石垫层中，最终慢慢渗入土壤。美国 Benjamin 等的研究表明，多孔路面能够有效去除径流水中的重金属和有机物，且路面持久耐用。

渗滤系统对于地下水位低和土壤渗透性好的城市区域是非常适用的，既能达到控制径流污染、削弱洪峰流量的目的，又能回补地下水。但是渗滤设施建设管理费用较高，且对进水要求高，容易发生堵塞，因此一般不大规模使用。

**4. 湿地系统**

近年来，湿地技术被广泛应用于暴雨径流的处理。地下水位位于地表或接近地表的水池，或有足够空间形成一层浅水层的凹地，都可以人工建筑成湿地系统。湿地是一种复杂的生态系统，通常出现在陆地与水体的交界处，其植物生长茂盛，对营养的需求量大，分解速率高，沉积物及生化基质的氧含量低，且生化基质具有较大的吸附表面。湿地技术可以与其他工程技术灵活组合使用。

湿地系统是一种高效控制降雨径流污染的措施，可以同化径流中大量的悬浮物或溶解态物质，依靠植物吸附、截留、吸收、降解和填料过滤的共同作用去除径流污染物，且出水水质较好，一般可以直接或经植被缓冲带处理后排入受纳水体。湿地系统是目前用来处理汇流末端径流的最主要的控制措施，具有对各种污染物都有良好去除能力且其效果持久、抗面源污染负荷冲击能力强、所需费用较少等优点。但其应用时占地面积比较大。暴雨径流湿地系统选种的植物应能耐受冲击，能适应长期干旱或浸泡的环境。

**5. 过滤系统**

过滤系统一般以砂粒、碎石、卵石为过滤介质，木屑、堆肥后的碎叶、矿渣等也可以作为介质使用。过滤系统主要进行径流水质的控制，用以去除其中的小颗粒物，可以与其他水量控制措施组合使用，如在系统前加滞留塘或对径流进行预处理，以减少大颗粒物对介质的堵塞。过滤系统通常包含表层砂滤器和地下砂滤器两种类型，主要采用地下管道收集出水。出水可排放至下游河道或经进一步处理后回收利用。过滤系统多用于处理初期径流或较小汇水面积上的重污染径流，若维护不当则易堵塞，在应用时应避免大流量径流的冲击，以延长其使用寿命。

除了上述控制措施外，部分城市区域选择在雨水调节池的出水端设置充有一定体积过滤介质如沙、泥煤等的过滤处理设施或特殊装置，如旋风分离器，用来进一步去除径流中的污染物质，并取得了很好的去除效果。通过上面各种工程技术措施的分析可知，单一的控制措施很难达到控制污染的目的，因此需采取组合和集成的措施。一般雨水调节池与植草渠道结合起来在径流迁移的过程中去除部分污染物质，作为径流进入过滤系统、渗滤系统或湿地系统前的预处理，保障后续处理的稳定运行，避免其受到污染负荷的冲击。如植草渠道（雨水调节池）-湿地系统-植被缓冲带、植草渠道（雨水调节池）-渗滤系统（过滤系统）等组合均得到了广泛和成功的应用。

## 5.2.2　沿海乡镇农业面源污染控制

农业生产活动，如施用化肥、农药等，是水体污染和富营养化的最主要来源，是最大的面源污染。美国 EPA 在提交国会的报告中指出，美国 64% 的河流和 57% 的湖泊受到了农田径流的污染。目前，世界各国都在积极实施对农业资源、乡村环境保护、基础设施建设、农业科技教育、农产品市场信息等方面的支持政策，增加农业结构调整等方面的补贴。我国农村普遍缺乏污染防治的基础设施；面源污染的综合整治大多限于清除生活垃圾、治理河道等；农民很难得到既能控制面源污染又能有益于农民收入的实用技术，比如科学的施肥方法、灌溉方法等，导致化肥施用量过高、肥料配比不合理、农药利用率低、农用地膜逐年累积、畜禽粪便随意堆放排放等问题长期存在，农业面源污染问题得不到有效的解决。

### 5.2.2.1　沿海乡镇农业面源污染控制对策

农业面源污染防治及管理具有系统性和复杂性，其管理体系的构建措施包括：采用税费/补贴等经济手段刺激农户改变生产生活方式，强化面源污染环境管理的职能，加强污染的监测，实施系统的环境保护规划，加强面源污染技术支撑体系的建设，增加农业面源污染防治法规条例，强化面源污染的单项管理制度等。我国农业面源污染可采用的管理控制方式为"以经济刺激为主，行政管理为辅"，管理模式为"以源头治理为主，末端治理为辅"，管理手段为"生态补偿为主，生态税费为辅"，切实构建起农业面源污染的管理控制体系，如图 5.3 所示（李海鹏，2007）。

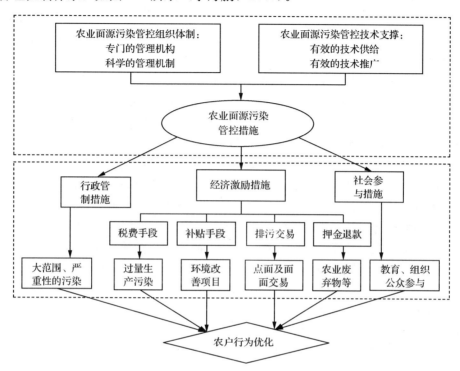

图 5.3　中国农业面源污染管理控制体系框架

### 1. 面源污染税收/补贴制度

为了解决化肥和农家肥的面源污染问题，从环境经济学的角度可以考虑对化肥施用者征收污染税，并给予农家肥施用者一定的补贴，用经济的手段来刺激施用者选择对环境影响较小的肥料（张宏艳，2004）。考虑到我国农村的分散性和农民收入不均衡等特点，目前征收统一的面源污染税尚有困难。若按每单位有机肥施用量产生的正外部性而对单个农户进行补贴，信息和管理成本非常高。较为可行的方式，是对化肥征收环境附加费，以遏制滥用化肥的现象。收取的附加费注入专项基金，用来推进农家肥的使用和化肥的减量化，基金的用途如表 5.5 所示。

表 5.5　农业面源污染税收基金用途

| 序号 | 控制化肥施用 | 控制农药施用 |
| --- | --- | --- |
| 1 | 补贴有机肥料的资源化研究和开发 | 补贴生物农药的研发和推广 |
| 2 | 补贴有机肥料的生产厂 | 改革化肥剂型，变撒施为深施 |
| 3 | 补贴转产混合肥和复合肥的化肥厂 | 鼓励建立起秸秆还田制度 |
| 4 | 资助解决农家肥减量化和无臭化的技术开发 | |
| 5 | 鼓励农业生产资料的经销商经营有机肥料 | |
| 6 | 免费提供适用技术的信息和指导 | |

**2. 城乡一体化**

目前，经济较发达的农村地区，种植业和畜牧业并不是农民谋生的唯一手段。从长远来看，农村地区要扮演为都市提供各种服务功能的角色，这也是在城市化进程中拓展农村发展空间的一条绿色通道。未来在城乡一体化的框架中，农村要利用它的自然资本创造并体现出景观价值、传统文化价值，维护城市环境质量的价值，保护生物多样性，体验、娱乐、教育等方面的价值，农村经济应该从产量经济转向质量经济，从物品经济转向服务经济。保护好城市外围的农地、森林、水系和湿地等自然资源，同时进行生态修复，让农村资源的价值在城乡一体化格局中得以提升。

以日本为例，1992 年，日本出台了"新农政"，其指导思想是对过去"效率至上主义一边倒"的反省，转而提倡"效率主义、环境主义、地域主义结合"的新理念。通过对农村自然资源的保护和发展，提升了农村资源价值。通过道路铺装、普及水道、污水、粪便和垃圾处理系统、村落公园等基础设施等的乡村建设，使得农村在城乡一体化格局中获得了新的发展机遇。目前我国沿海发达地区，特别是浙江、江苏、山东和广东以及上海等省市已经具备了大规模整治农村生活环境和基础设施的实力，城市对农村的援助实质上是城市为了其自身的发展和生存而必须进行的投资，因此必须加强对农村生产基础设施整备和农村环境改善的财政援助的认同，加强村落、农田、河流和山林的规划，注重培育和保护农村环境价值和景观价值，加大对农地、森林和河流等景观和生态功能的投入，培育宜人度高的农村资源，更好地为城市提供服务（张宏艳，2004）。

**3. 发展有机农业**

遏制农业面源污染和形成农业可持续发展的最基本而有效的方法之一是发展有机农业。发展有机农业可以有效化解化肥和农家肥双重污染的矛盾，增加农民的收益。除了财政上的补贴，政府需要建设和完善有机产品的市场，使有机产品能够以合理的价格卖出去（张宏艳，2004）。

首先，政府需要对有机产品的生产基地、生产技术和生产过程进行审查和认定，并扶持和保护有机产品的品牌地位。确立农业生态环境质量和有机产品质量评价体系和标准；规范深加工、储藏、保鲜、储运、净菜包装等生产技术和工艺流程；建立有机产品认证长效管理机制，参照国际、国家、部门行业标准制订符合地区实际、能与国际接轨的质量和卫生标准；要严格监督和惩罚假冒伪劣有机产品的生产和销售，对产品进行认证之后要不定期地抽检，加强有机产品认证的长效管理。为了解决监督小生产者的管理成本过高等问题，政府机构可以通过一定机构将农户组织起来。近年来，我国出现了一些新型的农业产业化组织方式，诸如公司＋农户、经济合作组织＋农户、专业批发市场＋农户。这些组织对农户发挥了引导、组织和服务的功能，以某种现实与农户结成了利益共同体，但这些组织方式缺乏中心市场的引导，在质量改善、树立品牌和结构调整方面能力不强，检查监督的能力有限。

有机产品成本高、产量较低，农民需要承担一定的风险，因此有机农业的发展必须得到政府的大力支持。施用有机肥能减少对环境的污染，具有很强的正外部性，政府应当给予补贴；对从事有机产品生产加工的企业给予贷款、税费减免的优惠，或对有机产品进行价格补贴，实现经济外部性的内部化。在我国化肥生产厂家长期获得国家的各种补贴，化肥生产成本较低，使得农户使用化肥的边际成本降低，化肥的施用量增加，加剧了水源和土壤的面源污染。施用化肥具有很强的负的外部性，政府应当管制。

### 4. 建设生态农村

生态系统的服务功能是指生态系统与生态过程所形成及所维持的人类赖以生存的自然环境条件与效用，其内涵包括有机质的合成与生产、生物多样性的产生与维持、调节气候、营养物质贮存与循环、土壤肥力的更新与维持、环境净化与有害有毒物质的降解、植物花粉的传播与种子的扩散、有害生物的控制、减轻自然灾害等许多方面。农村生态服务的价值是指农村利用土地、森林、水系和湿地等自然资本创造并体现出景观价值、传统文化价值，维护城市环境质量的价值，保护生物多样性，体现娱乐、教育等方面的价值。在欧美的众多城市周围保留大片湿地，并且利用湿地调蓄雨水、净化污水，许多湿地还具有生物多样性保护、城市绿化和休闲娱乐的价值。1991 年日本三菱综合研究所在其报告——"水田外部经济效果报告"中计算了农田的公益功能，计算方法为代替法，例如，水田的防洪机能如以防洪工程代替，其费用就是水田防洪方面的外部经济效果等，计算结果见表 5.6（张宏艳，2004）。

**表 5.6　日本农村的外部经济效果**　　　　　　（单位：亿日元/年）

| 生态服务功能 | 效益 | 评价额 | | |
|---|---|---|---|---|
| | | 水田 | 旱田 | 合计 |
| 防洪 | 减轻灾害 | 19527 | 3881 | 23408 |
| 涵养水源 | 安定河流，保证地下水供给 | 7398 | 236 | 7634 |
| 防止土壤侵蚀 | 减灾 | 472 | 55 | 527 |
| 净化土壤 | 减少废弃物处理费用 | 45 | 37 | 82 |
| 农村景观 | 都市居民访问 | 17116 | 14581 | 31697 |
| 大气净化 | 吸收污染气体 | 1717 | 1465 | 3182 |
| 合计 | | 46275 | 20255 | 66530 |

生态环境建设的过程就是公共物品生产的过程，应当建立政府主导、政策引导、宏观调控、市场运作的机制，调动全体公民和全社会共同参与的运作机制。

### 5. 推广农村技术服务体系

我国拥有种植业、畜牧业、水产业、农业机械化、林业技术和水利技术推广体系六大体系，是中国农业科技推广的中坚力量。但随着我国计划经济向市场经济的转轨，部分地区不同程度地对农业技术推广机构减拨或停拨事业费，对农业技术推广组织与机构造成了较大程度的冲击，是我国农业技术推广事业进一步发展与农业科技进步的主要障碍。同时，农技服务和推广管理体制不明确，影响了农技推广体系的发展。

具体到农村的面源问题，当前我国农村十分缺乏对农民合理施用化肥和农药的科学知识普及和指导，以及缺乏农家肥减量化和无臭化的技术开发和施用。在日本，农业协同组织自下而上按地域范围分为 3 个层次，即市町村层次、都道府层次和全国层次，该农协负责组织农民从事农产品生产、加工、销售，向农民提供生产资料购买、金融、共济、技术经营指导等产前、产中、产后服务，为促进农村城市化发挥了积极作用。我国可以效仿日本成立类似的农协组织，使农业科技指导、农业生产资料购买、有机农产品生产和销售等环节连贯起来，把农民有组织地推向市场。另一方面，政府要加大对农业教育、科研和技术推广等方面的投入和财政支持，开发出来既能控制面源污染又能有益于农民收入的实用技术。

### 6. 公众参与

行政法令和一定的经济手段，是污染管理框架中的两项重要措施，公众参与是与之并重的第三个管理措施。通过宣传教育，鼓励农户改变不环保的生产和生活方式，积极参与污染源的减排，是农村面源污染控制灵活有效的手段。越来越多的国家开始尝试新的控制农业径流污染方法"合作协议"，为了保护水质，各利益团体或个人自愿参与，在相互签订契约或其他形式的自愿协商基础上，采取措施，自我规范，是一种自下而上的运作体系。自愿参与、协商合作与法律法规手段相比，具有更大的环境效益和经济效益，也更具灵活性（张宏艳，2004）。

#### 5.2.2.2　沿海乡镇农业面源污染控制工程技术

农业面源污染的来源包括：可以被冲入径流的村庄固体废弃物、滞留在地上的污水污泥、大量施肥的农田土壤、未能利用的残留农药等。农业面源污染的治理从两个方面来考虑：其一是污染源头控制，指减少潜在运移的污染物数量，其二是污染物迁移途径的控制，指在污染物的运移途径中通过滞留径流、增加流动时间减少进入水体的污染物量。源头控制的措施包括：保护性耕作、等高线耕作、保护性轮作、生态施肥、营养物管理、有害物管理、梯田建设和水渠改道、水土保持等。污染物迁移途径控制措施有泥沙滞留工程、缓冲带、人工湿地和人工水塘等。

### 1. 泥沙滞留工程

泥沙滞留工程用于拦截和收集泥沙，是干扰泥沙迁移的工程措施。其主要原理是利用重力来转移泥沙。泥沙过滤池占地面积非常大，可以收集大范围的水流。但该工程所需维修费用很高，容易将有用资源过滤，且很难阻止可溶营养物、杀虫剂等迁入下游水体（王晓燕，2003）。

### 2. 缓冲带技术

缓冲带，全称保护缓冲带（conservation buffer strip），指利用永久性植被拦截污染物或有害物质，是由美国农业部国家自然资源保护局向美国公众推荐的土地利用保护方式。1997 年 4 月，美国农业部自然资源保护局发出自然资源保护缓冲带倡议，承诺到2002 年帮助全国修建 320 万 km 长的保护缓冲带。自然资源保护缓冲带倡议鼓励农牧业粪便管理中接受缓冲带。同时，自然资源保护缓冲带倡议鼓励农牧民了解缓冲带的经济和环境利益（董凤丽，2004）。

根据已经建成的缓冲带的分布位置与主要作用，缓冲带可以分为以下几个类型：① 滨岸缓冲带；② 草地化径流带；③ 等高缓冲带；④ 防风带或遮护缓冲带；⑤ 混合耕种；⑥ 缓冲湿地。缓冲带防治农业面源污染主要是通过滞缓径流、沉降泥沙、强化过滤和增强吸附等功能来实现的，能有效降低各种污染物（包括氮、磷、悬浮物、稀有金属、有机质、病原体等）的浓度，包含了沉积作用、过滤作用、化学作用、吸附作用、微生物间的相互作用等，是控制面源污染物迁移的最佳工程措施。如果没有合理的维护措施，缓冲带在 10 年的作用期后就可能成为面源污染的源头。

被施用到土壤中各种形态的氮在化学和微生物活动作用下，首先转变为 $NH_4^+$，然后转变为 $NO_3^-$；$NO_3^-$ 若不能被植物完全吸收，就会产生淋溶。N 在缓冲带内被截留主要是随泥沙沉降、微生物的反硝化作用、植物的吸收和微生物的代谢，发现主要包括 3 种生物方法：① 植物吸收和存储；② 微生物固定和存储；③ 通过反硝化作用转化为气态氮。反硝化作用能有效减少地下水中硝态氮的含量，这是去除地下水中含氮量的主要方法。

土壤磷素流失的主要形态为溶解性磷和固相态磷两种。如果地表径流发生在不施肥时期，土壤中溶解性磷的流失主要是通过地表径流解吸、溶解等作用来实现。而在土壤施磷季节，地表径流或农田排水中的溶解磷主要来自于溶解于径流或农田排水中的磷肥，并且随着排水次数的增加，径流中的溶解磷含量呈指数下降。地表径流通过雨蚀作用剥离表土层的土壤，从而产生地表径流固相态磷的流失。其浓度与负荷取决于降雨强度、土壤性质、地表植被等因子。

磷在缓冲带内的截留主要是磷随泥沙的沉降及溶解态磷在土壤和植物残留物之间的交换，主要由以下几种过程组成：① 土壤吸收；② 植物对固相态无机磷的吸收；③ 微生物的吸收。磷的最大截留量往往出现在缓冲带的起始部位。当缓冲带中的磷饱和时，就会观测到磷酸根离子的淋溶现象。

农田与水体之间存在的植被缓冲带可以将农田与水体隔开。当地下水从农田流向水体时，植被缓冲带对地表径流起到滞缓作用，调节入河洪峰流量，并能有效地减少地表和地下径流中固体颗粒和养分含量。通过沉积作用、过滤作用、化学作用、吸附作用、微生物间的相互作用等，缓冲带能明显降低各种污染物（包括氮、磷、悬浮物、稀有金属、有机质、病原体等）的浓度。

缓冲带对不同种类的农药亦具有较好地去除效果，可防止水体中有害物质的聚集。研究学者对广泛应用的多种农药如杀虫剂、除草剂等开展了深入的研究，通过缓冲带的实验研究，发现缓冲带可以有效地减少这些毒害型污染物的排放，其最高去除率可达100%。其中不同种类物质的去除效果差异较大，甚至于在不同实验中，同种农药的去除率也相差较大。这也表明了缓冲带效果不稳定的特性。

缓冲带可以建立在保护性耕作田地坡度最下端，帮助减少细小颗粒和可溶解污染物。若将缓冲带与沉积物过滤池、人工湿地组合在一起处理畜牧废弃物，可以达到非常高效的处理目标。

缓冲带技术是采用生态工程原理和方法，利用生态系统中物种共生、物质循环原理、结构和功能协调原则，建立缓冲带生态系统，防治面源污染的一项技术。当缓冲带位于污染区域和被保护水体之间时，它们对水体总会提供一定的保护作用。但是如果希望缓冲带能够滞留农药、营养物质等物质时，则缓冲带必须处在径流流经的方向才有效。具有一定坡度的缓冲带可以增加水流与缓冲带剖面基质的接触时间，增加缓冲带对水中悬浮物质及溶解物质的吸附和吸收效果。缓冲带的坡度一般控制在 5% 以内，当坡度超过 15% 时，流经缓冲带的水流很难成为均匀的片流。研究表明，缓冲带离所需处理区域越近，处理的效果也就越明显。因此，缓冲带的处理效果与它所处的位置十分相关。当缓冲带位于丘陵区或是容易形成集中水流的区域时，需要采取工程措施，降低流动速率，使其呈片流状流经缓冲带，减缓聚集径流对缓冲带处理产生的影响。通常采用的方法为垂直于径流建立小型水道，使径流通过水道，从而减缓流速。

　　缓冲带的宽度是指水流垂直经过缓冲带的距离。缓冲带宽度的设计必须考虑其设计功能需要、位置条件、经济可行性等角度出发。对于人均占地面积较少的中国来说，过宽的设计不具可行性。国外研究证明，狭窄至 1~5m 的缓冲带可以清除多达 50% 的沉积物、TSS、磷酸盐和氮，缓冲带主要在 5m 内发生作用。

　　目前在缓冲带上种植的主要植被种类一般主要分成木本物种和多年生草本植被。为了建立稳定、健康的缓冲带生态系统，在缓冲技术应用中往往采用的都是本地植物，有利于整个生态系统的抗逆性和当地生物的生存。

　　20 世纪 80 年代，上海市工业点源污染逐步得到有效控制，但郊区农业面源污染越来越严重，对水环境的污染日益显著，严重影响并威胁着群众的身体健康。2002 年，上海的化肥使用量约为 17.68 万 t（纯养分量），施用的化肥中 80% 约为氮肥，远高于 174kg/hm² 的全国平均用量，远远超过 126kg/hm² 的发达国家水平。目前，上海郊区的水环境几乎全部受到污染影响，河流水质普遍在 IV 类以上，来自农业面源污染的比重已经超过了工业污染，对蔬菜等农产品的安全性也构成了直接的威胁。上海是平原水网地区，经济发达，土地缺乏，河道水流受潮水影响很大。若在农田与受纳水体之间建立滨岸缓冲带，利用土壤-植被体系削减农田面源污染物进入水体的污染负荷，对缓冲带的设计和管理有特殊的要求。

　　董凤丽、袁峻峰等在对滨岸缓冲带污染物去除效果研究的基础上，得出以下最适宜上海郊区防治面源污染的滨岸缓冲带设计模式：① 缓冲带坡度可根据地形和地理位置需要，控制在 2%~8%；② 缓冲带宽度可控制在 5m 左右；③ 缓冲带位置处于农田与水体之间，需要简易的工程施工，使污染的径流形成片流和地下潜流，减少对植被和表土的冲刷；④ 缓冲带植被选用本土植物——禾本科的黑麦草属植物，成本低且具有更好的适应性，也减少了生物入侵的危险。一般情况下，使用多年缓冲带，如果不收割植物，氮就在已形成的缓冲带氮库生态系统中循环，减少对外源氮的吸收，因此定期对缓冲带进行维护是必要的，使缓冲带保持长久的生命力。

　　根据对国内外缓冲带建设、研究的经验，上海市郊区缓冲带管理和维护主要需要参考以下管理要点：① 缓冲带植被种植初期，覆盖稻草席、减小土壤表面昼夜温差、洒水等，以保持坡面湿润；② 定期对缓冲带进行植被、土壤（N、P、K 含量、微生物量和种类等要素）、水质分析监测，测定其对营养物的去除效果和缓冲带自身的状况；③ 建立缓冲带控制区和非控制区，对控制区的植被在适度情况下进行收获或砍伐，对于控制区减少人为活动，进行保护；④ 对于滨岸带护堤植被需要加强监控，特别是在多雨季节之前，需预测当年水量，从而采取有效措施保护堤岸；⑤ 定期监测缓冲带滨岸带植被的生长状态，从而确定是否需要对其采取进行清理维护等手段；⑥ 监测缓冲带周围农田施肥类型和总量的变化情况，从而可以针对其动态变化，对缓冲带所需要植被进行调整。建立滨岸缓冲带可作为减少农业面源污染、保护水环境的工程措施之一，可在水源保护区和河道景观建设中进一步试验推广。

# 5.3　海洋面源污染控制

## 5.3.1　海洋石油污染控制

### 5.3.1.1　概述

（一）海洋石油污染现状

海洋水体污染的类型有海洋油污染、海洋重金属污染、海洋热污染、海洋放射性污染等。其中，石油作为全球性的污染物，目前正以大大超过其他污染物的量进入海洋，在过去的几十年里已经成为海洋水生环境最大的破坏因素。

目前中国外海环境尚处于良好状态，但是，沿岸区环境质量逐年退化，近海污染范围不断扩大。当前我国近海油类含量超过一、二类海水水质标准的海域面积达到 5.6 万平方公里，沿海地区海水含油量仍已超过国家规定的海水水质标准 2~8 倍（见表 5.7、表 5.8）。

**表 5.7　2001~2007 年中国近岸海域海水石油类污染**

| 年份 | 最大值/（mg/L） |
| --- | --- |
| 2001 | 1.27 |
| 2002 | 0.97 |
| 2003 | 0.85 |
| 2004 | 0.37 |
| 2005 | 0.28 |
| 2006 | 0.019 |
| 2007 | 0.020 |

引自中国海洋环境质量公报。

**表 5.8　2006~2007 年中国近岸海域各海区海水石油类污染物超标倍数**

| 年份 | 渤海 | 黄海 | 东海 | 南海 | 全国 |
| --- | --- | --- | --- | --- | --- |
| 2006 | 6.2 | 2.5 | 4.8 | 1.4 | 6.2 |
| 2007 | 5.1 | 5.1 | 5.1 | 5.1 | 6.8 |

（二）海洋石油污染来源

海洋水体油污染的来源可以分为天然和人为两方面。造成的海洋石油污染的天然来源包括海底油藏中的石油通过地层断裂或裂隙渗出进入海洋水体；河流径流将从陆地含油沉积岩侵蚀下来的油搬运输入海洋；陆地和海洋生物合成的烃类（生源烃），并通过大气和水循环汇集到海洋。海洋水体油污染人为来源很多，而且也是造成海洋污染的主要原因，如海上石油生产、海洋运输、大气输送、城市污水排放、都市地表径流排放、河流及沿海石油工业排放以及大洋倾倒等（陈国华，2002）。

海洋水体油污染的来源按照输入类型也可分为突发性输入石油污染和慢性输入石油污染。突发性输入包括油轮溢油事故、海上石油开采的泄漏与井喷事故和输油管道泄漏事故，慢性长期输入则有港口和船舶的作业含油污水排放、天然海底渗漏、含油沉积岩遭侵蚀后渗出、工业废水和生活污水排放、含油废气沉降等。

随着人们对石油重要性认识的加强和连续的战后石油危机以及航海技术的发展，大量石油的开采、运输、使用和石油化工业生产等使海洋石油污染空前严重。每年通过各种渠道泄入海洋的石油和石油产品，约占全世界石油总产量的5‰，倾注到海洋的石油量达 $2×10^6 \sim 1×10^7 t$。其中，有45%的石油污染来自石油勘探开发、油轮溢油和输油管道泄漏事故，36%则来自城市及工业废水排放，如表5.9所示。

表 5.9　海洋石油污染的来源

| 污染源 | 所占比例/% | 石油量/（万 t/a） |
| --- | --- | --- |
| 城市、农村及工业污废水排放 | 36.3 | 11.8 |
| 油泄露 | 45.2 | 14.7 |
| 大气中的石油烃 | 9.2 | 3 |
| 自然溢油 | 7.7 | 2.5 |
| 其他 | 1.5 | 0.5 |
| 合计 | | 32 |

资料来源：陈国华，2002。

### 1. 油田勘探与开发

油田开发给人们带来重要能源和化工原料的同时，对临近水体造成石油污染，特别是海上石油的勘探开发，由于其开发难度及事故风险较大，且环境管理与治理困难，往往更容易造成环境的污染。全世界海上采油平台溢油事故排入海洋的石油每年至少达到0.95万 t。2010年4月20日，英国石油公司租赁的"深水地平线"海上石油钻井平台在路易斯安那州附近的墨西哥湾水域发生爆炸并沉没，导致了美国历史上最严重的漏油事故，约410万桶原油泄露，这些油污的清理工作将耗时近10年，造成的经济损失将以数千亿美元计（李巍等，2005）。

油田勘探开发过程中，产生石油污染物的环节主要包括：

（1）生产废水。主要是随原油天然气一起从地下开采出来的生产水，其量的大小取决于生产规模和各油井含水率或注水量。一般海上油田每生产一桶原油伴随有0.8桶水采出。这些生产水不但含油量大，且排放时间长，成为油田污染的最大污染源。生产水中除主要成分石油烃外，还含有一些非烃类有机物（大部分为羧酸盐）和溶解性芳香烃类，以及氨氮等无机物。虽然这些采油废水在排海前多通过撇油、水力旋流等污水处理工艺处理，但由于是持久大量的排放，数量十分可观。

（2）泥浆钻屑。在海上油田钻井过程中会产生大量的泥浆和钻屑，由于回收困难，一般当其含油率小于10%～15%时，是允许排海的。这些泥浆和钻屑成分复杂，主要的污染物包括石油类、盐类、可溶性金属元素、有机硫化物和有机磷化物等。其中大量用于调节水基泥浆性能的油类润滑剂排入海洋，一部分部分沉降到钻井平台邻近的海床，对局部海床造成一定的污染，另一部分会随海流漂移扩散，造成水体污染。

（3）船舶和采油平台排放废水。船舶排出的包括舱底水、压载水、洗舱水、净油机、校正油、油泥等废物在内的油水混合物，和钻井开采平台上的清洗水。这些压载水、洗舱水中含有的油污量占到船舶油污染污总量的75％。现代大型油轮上一般都装备有油水分离机，舱底水、压载水和洗舱水等须经处理达标后方能排放。但是，由于船舶和采油平台清洗水中含有大量的洗涤剂，难于处理，故而向海上排放的情况较多。

（4）落地原油。在采油作业中未入平台大罐或集输管线而落入海中的原油，主要出现在石油试采时、井下作业起下钻杆、抽出油杆/管时或管线阀门泄漏等事故中。

**2. 油轮溢油和输油管道泄漏事故**

随着世界工业的不断发展，海上石油运输也日益繁忙，规模越来越大。但同时由于技术水平低下、操作不当、环保手段缺失或突发性事故频发等，造成溢油事故对海洋环境的污染危害越来越大，石油泄漏已成为海洋污染的超级杀手。全世界因油轮事故溢入海洋的石油每年约为39万t，而非油轮事故溢油每年约1.7万t；1973年至2006年，中国沿海共发生大小船舶溢油事故2635起，其中溢油50t以上的重大船舶溢油事故69起。当前，造成溢油污染发生频率越来越高，事故危害越来越大的原因，主要有以下几个方面（阎季惠，1996；程东、蒋廷虎，2000）：

（1）石油的海上运输频繁使海上溢油事故发生几率增大。包括我国在内的一些发展中国家，油轮以单壳船、小船、旧船居多，油轮船队明显存在规模小、吨位少、船型结构不合理，油轮管理操作人员安全环保意识淡薄和技术水平不高等问题，发生灾难性船舶溢油事故的可能性比发达国家还大。

（2）石油是重要的战略能源，为了应对突发事件，确保经济的稳定增长，世界上的一些大国正纷纷建立和实施国家能源安全战略，逐步建立和完善石油储备制度。在这当中，建立进口石油储运基地是重要的战略环节，这些基地大都选址在沿海地区，都需配套建造大型的油库和油码头。随着码头和油罐的兴建和启用，港口装卸油作业频繁，增加了溢漏油的隐患，油码头周边水域势必会受到石油污染。

（3）油轮的大型化增添了发生重大海上溢油事故的可能性，提高了溢油处理的难度。1989年3月美国21.4万t巨型油轮"埃克松·瓦尔迪兹"号在阿拉斯加触礁致使原油泄漏约3.5万t；1993年1月满载原油的25万t级丹麦油轮在苏门答腊岛北方海域与另一油轮相撞而泄漏原油2.9万t；2002年底西班牙海域发生的"威望号"油轮断裂事件，造成7.7万桶燃油泄漏。在我国，2002年11月，装载8万t原油的马耳他籍"塔斯曼海"轮在渤海湾因撞船而造成大量原油泄漏。

**3. 河流及沿海石油化工废水排放**

石油是现代工业的血液，随着社会对石油产品的品质和需求量不断提高以及规模经济的严格要求，石油化工企业及其单元设备的生产规模和加工深度也在不断增大，其生产过程中的用水量和排水量将进一步增长。目前国外发达国家和较发达的产油国家炼油厂炼 1t 原油产生 0.5～1t 废水，而我国炼油厂工艺较落后，炼 1t 原油要产生 0.7～3.5t 废水。1997 年，我国石化系统废水排放总量为 $8.75 \times 10^8 \mathrm{m}^3$，占全国工业废水排放总量的 3.83%；2002 年我国石油化工废水排放总量达 $33.7 \times 10^8 \mathrm{m}^3$，达到全国工业废水排放总量的 17.8%。在石油工业废水中，石油炼制废水中的含油量最大，其组成成分复杂，包括原油、成品油、润滑油及少量有机溶剂和催化剂等。这些石油烃类以浮油、分散油、乳化油及溶解油的状态存在于废水中，处理难度大，降解困难，排入水体后对环境安全产生了巨大的危害（王天普，2006）。

（三）海洋石油污染存在形态

原油进入水体环境后以 4 种形态存在：漂浮在水面的油膜；溶解分散状态，包括溶解和乳化状态；凝聚态残余物，包括海面漂浮的焦油球和沉积物中的残留物。石油烃类在表层海水中的含油量比深层水高，近海区海水中油的浓度高于远洋海区海水中的浓度。在污染不严重的洋区中，碳氢化合物的含量为 $0.5～5 \mu \mathrm{g/L}$，大西洋与太平洋中碳氢化合物的含量为 $1.5 \mu \mathrm{g/L}$，发生溢油的海域水样中烃类浓度可高达 $1.0 \mathrm{mg/L}$。

短期上看，分散于水体中的石油烃类会受到溶解、分散和凝聚等迁移作用，逐渐分布到海洋生物、海水和表层沉积物中，也分布于海洋大气中。石油烃类首先在海面扩散形成油膜，通常 1 t 石油可在海上形成覆盖 $12 \mathrm{km}^2$ 范围的油膜。随着扩散和风、波、流的作用，油膜一边蒸发一边扩散和溶解，油膜越来越薄，溶解状态和乳化状态的油分散在水体中，剩下凝聚态残余油根据其密度大小可以漂浮于水体中或发生各种降解沉淀，沉于水底沉积物中。据联合国环境规划署（UNEP）资料。若泄漏到海面的初始石油量为 100 单位，则在 10 天后有 25 单位离开海面进入大气，30 单位漂浮在水面上或随潮贴岸，40 单位分散在水体中，另约 5 单位发生化学转化，溶解的约 0.3 单位，进入底部沉积物的约占 0.1 单位（陈国华，2002）。

5.3.1.2　海洋溢油的控制与回收

随着世界工业的不断发展，油污排放日益增加，油品泄漏的途径和机会也越来越多，特别是海上采油平台和输油管道泄漏事故，远洋航运中的溢油事故等，对海洋水体环境的危害巨大。此类事故中溢油的量是相当可观的，全世界每年排入海洋水体的石油污染物中，有 45% 的石油污染来自钻井井喷、油轮溢油和输油管道泄漏事故，其危害也远大于慢性输入，污染面积可达数百到数千平方公里，海洋水体环境短期内难以恢复，将造成巨大的环境和社会危害。

针对海面突发石油污染事故，必须第一时间控制溢油和扩散，回收溢油进行处理，减少油污染的危害。目前常规的处理方法主要有物理处理法、化学处理法和燃烧法。

（一）物理处理法

物理处理法是借助于物理性质和机械装置，围堵、回收海面上残留的石油，消除海面和海岸油污染的方法，包括围油栏、油回收船、油吸引装置、网袋回收装置、油拖把、吸油材料吸油和磁性分离法等。目前利用物理方法和机械装置消除海面及海岸带油污的效率最高，是国内外溢油处理的主要手段和方法，对于较厚油层的回收处理效果较好，但是，受风浪、黏度等因素的影响较大，对于厚度小于 0.3cm 的薄油层和乳化油效果较差。在溢油事故处理中实际应用的物理处理法有以下几种：

**1. 围栏法**

当石油泄漏到海面后，应首先用围栏将其围住，阻止其在海面扩散，然后再处理、回收。围栏法主要用来处理一些突发性的油泄漏及海洋石油开采的喷油事故等。

围油栏应具有滞油性号、随波性强、抗风浪能力强、使用方便、坚韧耐用、易于维修、易于水洗、海生物不易附着等性能。发生溢油时，根据溢油的性状、水文气象条件及周围环境可选择不同的方式布设围油栏，不仅要防止油在水平方向扩散，也要很好将其汇聚，便于回收。当原油蒸出轻组分形成残留物后，可能在垂直方向扩散，此时，可用围油圈在垂直方向堵截。

围栏可以分为四类：

(1) 帘式围栏，主要在海面平静的海岸状况良好的条件下使用；

(2) 篱式围栏，主要在水流速度较大的海区使用；

(3) 密封式围栏，用于周期性潮汐海域；

(4) 防火围栏，在与焚烧技术结合使用时使用。

围油栏的材料一般有耐油的聚乙烯、氯丁橡胶等。近几年，围油栏向快速、轻便、便于操作方向发展。但是围栏法一般仅用于海湾，在海况恶劣时使用困难，效果较差。

除了机械围油栏以外，还有气幕法围油栏。它是由空压机、多孔管构成。多孔管铺设在水下，由空压机供给压缩空气，当压缩空气从管孔逸出时在水中形成气泡上浮，同时伴随产生上升的水流，利用上升水流的表面流，防止溢油扩散。空压机设在船上，多孔管由船舶布放，可随时收或放，使用方便。气幕法围油栏多用于海港、运河地区，潮流在 0.6km 以下适用。其优点是使用方便迅速、受风浪的影响较小、造价低；但多孔管气孔容易被泥沙、沉淀物及海生物堵塞，需及时清理。

**2. 油回收船**

油回收船的种类繁多，按船体分，有单体船和双体船。单体船的回收装置有单侧和双侧两种；双体船的回收装置在双体船之间，这种形式对油的回收很有利。油回收船上的油回收装置主要有倾斜板式、吸引式、可变堰流入式、皮带式、转筒吸附式、旋转圆板式、离心式、自然流入式、刮板式及混合式等。油回收船在平静的海面和对油层厚的轻质油的收油效果好。德国要求其溢油回收设备能在有效波高 3m，风速 10m/s 时作业，具有回收油 4000t/h 的能力。

**3. 撇油器**

撇油器是在不改变石油的物理化学性质的基础上将石油回收，是机械回收溢油的主要方法。根据撇油器的机械原理不同，采用不同的结构形式，可设计多种多样的撇油器，其技术性能和适用范围也大不相同，常根据溢油状况、海况、清污功能选用设备。一般说来，绝大多数撇油器在风速小于 10m/s，波高小于 0.5m 时均可正常使用，但随海况和气象条件的变化，撇油器的回收能力变化较大，条件越恶劣，工作效率越低。

通常将撇油器按照收油的原理进行分类，主要包括以下几种：

(1) 抽吸式撇油器，主要类型有真空撇油器、韦式撇油器、涡轮撇油器。

抽吸式撇油器根据流体力学原理设计，运用真空油槽车或小型真空设备，通过吸管连接一个撇油头，吸油的同时吸入空气，吸管口及管内空气高速流动，高速空气从水面上将油带走，然后转移到回收槽。由于吸管内的摩擦损耗，真空抽吸只是对轻质油有效，对于重质的油品几乎是无效的。

(2) 亲油-黏附式撇油器，主要类型有带式撇油器、转鼓式撇油器、毛刷式撇油器、圆盘式撇油器、拖把式撇油器。

亲油-黏附式撇油器的工作原理是利用对油具有黏附性质，能够反复使用的吸油材料（如聚丙烯、聚氨酯等），让浮油吸附在一个运动的表面上，被运动部件带出水面，通过刮擦或挤压滚柱，将吸附的油转移至储油槽或输油泵中，然后再次从溢油区吸油，如此反复。这种形式的撇油器可以是旋转的盘片、鼓或刷子，也可以是吸油带、拖绳或硬毛刷。亲油-黏附式撇油器对于低黏度的油且油层较厚以及无风浪情况下非常有效，当前，小型盘式和拖布式撇油器已在全球的近岸、港口和湖泊溢油处理中广泛应用。但是，使用亲油-黏附式撇油器时不能同时使用消油剂。

(3) 堰式撇油器。堰式撇油器的工作原理就是通过特别设计的带折堰的堰缘使油溢入撇油器中，而水则被拦截在撇油器外，就像用汤勺将油从汤中撇出来一样。堰缘可以根据油水界面的变化而在水的作用下在垂直方向上调整，溢油通过堰缘不断进入收油器的腔体中，大多数堰式撇油器是通过自调节型的堰缘来完成的，它可以随泵的流量而或高或低。由于体积小且重量轻，堰式撇油可承受 12m/s 的风和高达 2~2.5m 的大浪，在开放海域或近海，堰式撇油器应用分布最广。

(4) 过滤式撇油器。过滤式撇油器是利用过滤、机械截留传输以及吸附的原理工作的。高黏度的溢油或凝固点高的原油遇海水冷却凝成块状、片状，尤其在冬季温度低时更易凝固，对于这样的溢油，如采用油拖网回收，随着油水的流动，油水一起进入网袋中，水通过网眼流出，油由于黏滞性等而被截留下来。过滤式撇油器可以很好的回收黏度超过 104cSt 的油，主要是回收大块的重油，如沥青、重油、焦油球等，另外，使用胶凝剂胶凝高黏度原油或重油后也凝成块状、片状，也可用过滤式撇油器回收处理。

不同类型的撇油器性能评价对比，见表 5.10。

表 5.10　各种类型撇油器的特点及适应性对比

| 撇油器类型 | 适用黏度 | 适用场合 | 运行效果 |
|---|---|---|---|
| 抽吸式撇油器 | 中、低 | 用在静水中，用在波动的水面效率低 | 平静水面下含水率低，存在波浪时含水率大。油的黏度较高、比重越大，效果越差 |
| 亲油-黏附式撇油器 | 高、中。理想黏度范围 100~1000cSt | 带式、转鼓式、圆盘式撇油器可用于相对平静的水面；毛刷式和拖绳式撇油器可用于含碎冰的水域 | 盘、绳式对中黏度，较厚油层效果好；带、刷式对高黏度厚油层效果好；如果油层较薄则效果差 |

续表

| 撇油器类型 | 适用黏度 | 适用场合 | 运行效果 |
|---|---|---|---|
| 堰式撇油器 | 高、中、低。理想黏度范围 $30\sim40000$ cSt | 用在 12m/s 的风和 $2\sim2.5$ m 的大浪中 | 静水下效果好；油层较薄，风浪较大时容易回收较多水 |
| 过滤式撇油器 | 高、中。理想黏度范围为 $10\sim10^5$ cSt | 对波浪不太敏感，适应从平静浅水和近岸到 8m/s 风速、1.5m 的浪，可连续回收溢油 | 在静水中回收油的含水率低，但会随着波幅、带速和油黏度的增加而增加 |

**4. 吸油材料**

吸油材料具有亲油憎水性，其表面可以吸附石油。吸附法就是采用吸油材料将油吸附，然后通过回收吸油材料方式回收石油，以达到清理油污染，回收泄露油的目的。吸油材料主要用在靠近海岸和港口的海域，是一种简单有效的治理溢油的方法，使用安全，材料简单易得且价格低廉。制作吸油材料的原料有以下三类：

（1）高分子材料，聚乙烯、聚丙烯纤维、聚氨酯泡沫、聚苯乙烯纤维、聚醋等；

（2）无机多孔材料，硅藻土、珍珠岩、浮石和膨润土等；

（3）天然纤维，木棉、纸浆、稻草、锯末、麦秆、木屑、草灰、芦苇等。

这三类吸油材料原料来源广、价格较低、使用安全，在含油废水的净化处理中发挥着重要的作用。其中聚丙烯纤维是当前使用最为广泛的吸油材料。但是，吸附法存在吸油量少、体积大、受压后会再度漏油的问题，而且吸油的同时还吸水，不适于水面浮油回收，特别是对海上大规模油泄漏事故的处理难以奏效，仅适用于浅海和海岸边等海况相对较平静的场所，用于处理小规模溢油。

开发新型的油水选择性高、保油性好的吸油材料已经成为新的发展方向。油吸着性树脂是一种兼有吸附和吸收作用的自溶胀型功能高分子材料，是在高吸水性树脂的基础上开发出来的，两者具有类似的三维交联网状结构，吸油机理与吸水机理基本相同，差别在于吸水靠的是较强的氢键作用，而油吸着性树脂是过树脂内部大分子链上的亲油基团与油分子的相互作用而溶胀吸油。油吸着性树脂具有吸油倍率高、可吸油品多、油水选择性高、压力下保油性好、而且吸油前体积小的众多优点，不但可以替代前述传统吸油材料用于废油处理，而且适于海上泄漏油的处理，回收水面浮油，正逐渐得到人们的青睐。

**5. 磁性分离**

美国研究出亲油憎水的磁性微粒，当将它撒播在被污海域，磁性微粒迅速溶于油中而使油呈磁性，继而被回收装置清除。

（二）化学处理法

化学处理法主要是投加油化学处理剂，现代化学处理法指用化学处理剂改变海中油的存在形成，使其凝为油块为机械装置回收或乳化分散到海水中让其自然消除。油化学处理剂有乳化分散剂（又称消油剂或油分散剂）、凝胶剂（或称溢油固化剂）、集油剂（或称聚油剂、化学围油栏）。主要利用化学药剂改变溢油物理性质便于溢油回收处理或减少油污染危害。油化学处理剂主要用于机械、物理方法处理后无法再处理的薄油层处理，但是在海况恶劣的场合，无法用机械、物理方法处理时，也可作为单独的方法处理。在特定条件下（如气象、海况比较恶劣时）它也可成为治理溢油事件的主要手段而大量地、大面积地被使用（李习武等，2004）。

**1. 分散法**

溢油分散剂是由表面活性剂、渗透剂、助溶剂、溶剂等组成的均匀透明液体。其中表面活性剂促进油乳化形成 O/W 型乳化液，并分布在油滴界面，防止小油滴重新结合或吸附到其他物质上。目前采用的表面活性剂主要为非离子型（常用脂肪酸、聚氟乙烯酯、失水山梨醇等）。另外，分散剂的组成成分中，溶剂的主要作用是溶解活性剂并降低石油黏度，加速活性剂与石油的融合。溶剂材料主要采用正构烷烃等，这些物质毒性较低。

对于厚度≤3mm 的薄油层，喷洒分散剂可以打碎油膜，成为细小的油珠分散在水中，这些油珠易于与海水中的化学物质反应，或被能降解石油烃的微生物所降解，最终转化成 $CO_2$ 和其他水溶性物质，加速了海洋对石油的净化过程。消油剂的优点是见效快，使用方便，在恶劣的天气情况下，可以短时间内处理大面积的溢油。

但是，分散剂可能产生二次污染，并通过食物链影响海洋动植物生态环境，所以在使用时必须考虑它本身的毒性。各个国家对分散剂的使用都有专门的条例限制。在我国，根据 GB18188.1-2000，溢油分散剂作为一种符合环保要求的产品，应达到如表 5.11 所示性能指标。

表 5.11　溢油分散剂性能指标

| 项目 | 指标 |
| --- | --- |
| 外观 | 橙黄，清澈 |
| pH | 6~7.5 |
| 燃点/℃ | ＞70 |
| 运动黏度/[30℃/(mm²/s)] | ＜50 |
| 30S 乳化率/% | ＞60 |
| 10min 乳化/% | ＞20 |
| 鱼类急性毒性半致死时间/小时 | ＞24 |
| 生物可降解性 $BOD_5/COD$/% | ＞30 |

其中鱼类急性毒性指标是为了防止造成二次污染，而生物可降解性要求消油剂能够在自然界微生物作用下降解。

**2. 凝固法**

凝油剂能够通过增大油水界面张力将溢油包起来。凝固法就是采用凝油剂迅速提高油的黏度，使油膜胶凝成黏稠物甚至是果冻状的油块，从而便于通过机械方法回收。采用凝油剂的优点是毒性低，溢油可回收，不受风浪流影响，能有效防止油扩散，与围油栏和回收装置配合使用，可提高溢油的回收效率。

**3. 化学围栏法**

与凝油剂产生的胶凝作用不同，集油剂中所含的表面活性成分可大大降低水的表面能，改变水-油-空气三相界面张力平衡，驱使油膜变厚，聚集形成一种"化学围栏"的作用，控制油膜扩散，以利于及时采用机械方法回收溢油。集油剂控制溢油污染适用于港湾等平静水域，对于厚度小于 1～1.5cm 的油层能够起到替代铺设围油栏的作用。聚丙烯酰胺系列、丙烯酰胺系列、聚乙烯醇系列等是目前开发较多的集油剂产品。

（三）燃烧法

过去，在溢油应急反应中，人们一直注重研究喷洒化学药剂，布置围油栏对海面溢油进行围控，同时采用撇油器等机械手段回收这些溢油。然而，随着近年来大型溢油事故的频繁发生，人们逐渐意识到仅仅采用这些物理、化学方法处理海洋溢油是不够的。由于天气和海况等原因，溢油在水面上漂移扩散很快，一旦溢油着岸，还需要进行艰苦的岸线溢油清除作业（Zengel，2003）。

现场燃烧是指在溢油现场燃烧漂浮在水面上的油。1967 年，在处理"托里坎荣"号油轮溢油事故时，英国当即采取了物理围控和喷洒大量化学分散剂的方法，但是并不能有效控制大量溢油的扩散，最后，英国政府使用了包括各种炸弹、火箭和其他燃烧器等在内的许多燃烧方法。但是，由于溢油挥发速度快、风和海况、剧烈的点火方式和缺少围控措施等原因，这次燃烧溢油没有取得成功，反而造成英、法两国海岸的严重污染，蒙受巨大经济损失。

燃烧过程中，采用各种助燃剂，使大量溢油能在短时间内燃烧完，清污效率高，无需复杂装置，后勤支持少，处理费用低。现场燃烧技术能够进行快速、安全和有效地燃烧处理近海石油勘探、生产、海上输油管线、油轮事故等发生的溢油事故，有时候也适用于特定的河流环境中发生的溢油事故。在某些情况下，现场燃烧可能是快速而安全地消除大量溢油的唯一方法。

需但是考虑到燃烧产物对海洋生物的生长和繁殖的影响，对附近船舶和海岸设施可能造成损害，而且燃烧时产生的浓烟也会污染大气，因此处理对象一般为大规模的溢油和北冰洋水域的石油污染，处理地点一般为离海岸相当远的公海才使用此法处理。其优点是需要后勤支持少，高效，迅速；缺点是可能会对生态平衡造成不良影响，并且浪费能源。

溢油的燃烧并不能代替溢油的围控和溢油的自然消失。无论在什么情况下，人们都会使用传统的围油栏和撇油器进行围控和机械回收技术，且能安全有效地发挥围油栏和撇油器的作用。

5.3.1.3　*海洋石油污染的生物修复*

当前，生物治理技术已经在各项环境保护工作中得到了广泛的应用，其治污范围包括水污染、土壤污染、海洋油污染、放射性污染、矿山金属污染、工厂排污污染等。近年来，海洋石油资源的开发，河流和沿海石油化工业的繁荣，海上溢油事故频发和地区性战争等因素，使得全球大面积的海洋环境受了到严重的石油污染，造成了灾难性的生态破坏。海洋环境生物处理技术正受到广泛的关注。

生物法处理海洋石油污染，是通过微生物来加速降解和分解污染油中的石油烃，使之转化为无毒或低毒的物质，从而达到去除海洋水体石油污染的目的。某些天然存在于海洋或土壤中的微生物有较强的氧化分解石油的能力，可以利用微生物的这一特性来清除海上的石油污染。目前，已知可降解石油的细菌和真菌有 70 多个属，约 200 多种（Chhatre et al.，1996）。

### （一）海洋水体石油烃类污染的生物修复技术

生物修复是指利用生物的代谢活动催化降解有机污染物，从而去除或消除环境污染的一个受控或自发进行的过程。1989 年，处理美国阿拉斯加"埃克松·瓦尔迪兹"号油轮泄漏造成的海岸石油污染是海洋溢油生物修复技术的首次大规模成功应用，被称为修复史上的里程碑。在"埃克松·瓦尔迪兹"号石油泄漏的处理中，水冲、真空抽取和撇清等物理清洁措施首先被采用，但有些石油仍然附着在岩石及其他表面或砾石的基质中。最后采用生物治理技术，通过外加营养等手段促进烃降解菌的生长，使得近百里海岸的环境质量获得极大改进（Prince et al.，2003）。

生物修复技术的优点是高效、经济、安全、无二次污染；特别是对机械装置无法清除的薄油层而且化学药剂被限制使用时，生物法处理溢油的优越性更加显著。缺点是一旦出现大规模的溢油或是油层比较厚时，营养和氧气供应不足，细菌的生长受到抑制由此会影响生物法处理石油烃类的效果。针对石油的自然生物降解过程速度较慢的情况，可采取多种措施强化这一过程，常用的技术包括：投加分散剂（表面活性剂）促进微生物对石油烃的利用；提供微生物生长繁殖所需的条件（提供 $O_2$ 或其他电子受体，施加N、P 等营养源）；添加能高效降解石油污染物的微生物。

### 1. 投加分散剂（表面活性剂）

石油烃类基本上不溶于水，但通常烃类物质只有在水溶性环境中与微生物充分接触才能被更好地利用。分散剂（即表面活性剂）是集亲水基和疏水基结构于同一分子内部的两亲化合物，通过添加分散剂，可以使油形成很微小的油颗粒，同时了增加石油烃的表面积，使得其与微生物和 $O_2$ 充分接触。这样提高了石油烃类的生物可利用性，从而促进降解菌的生长和石油物质的生物降解。

但不是所有的分散剂都有促进作用。因为分散剂除了能增加烃的水溶性外，还能对细菌表面产生直接作用，抑制某些菌类对石油的降解速率。另外，许多分散剂由于其毒性和持久性会对海洋水体造成新的污染。例如在 1967 年"托里坎荣"油轮触礁事件中，英国政府撒用了 10000t 的分散剂，结果造成了严重的生态破坏。

近些年来，人们尝试利用微生物产生无毒害的表面活性剂来加速石油烃类的微生物降解。生物表面活性剂是用生物方法合成的，由微生物在一定培养条件下产生的一类集亲水基和亲油基于一体的具有表面活性的代谢产物，可分为糖脂类、脂肽类、磷脂类、脂肪酸、中性油脂、聚合物等，这种物质可增强非极性底物的乳化作用，促进微生物在非极性底物中的生长，而高分子量的生物表面活性剂可以作为抑制油滴凝聚的生物分散剂。由于生物表面活性剂的反应产物均一，常温常压下即可反应，有较好的热与化学稳定性和较宽的 pH 适应范围（一般在 5.5~12 都可保持稳定性），比化学表面活性剂更有效，更具选择性。同时，由于微生物发酵生产工艺简便，成本低廉，环境友好等优点，生物表面活性剂的应用极具发展潜力（Pelletier *et al.*，2004）。

**2. 添加营养盐和电子受体**

研究表明，限制生物降解速率的主要环境因素是氧分子、磷和固定化氮（包括铵、硝酸盐和有机氮）的浓度，在波浪起伏的海面及海滩表面，N 和 P 营养的缺乏是海洋石油污染物生物降解的主要限制因子。

在海洋石油污染生物修复技术中，投加营养盐是一种最简单而有效的方法，特别是在低温地带，烃降解菌的活性很低，所以加入肥料可以大大增加石油烃的降解速率。

目前使用的营养盐有 3 类：缓释型肥料、亲油型肥料和水溶型肥料。亲油肥料要求其营养盐可以溶入油中。水溶性肥料可以与海水混合，但是在海岸带进行溢油清除时要考虑风浪等作用对溶解营养盐的影响，以水溶型盐的形式加入氮和磷会迅速溶解而被其他不能降解石油烃的细菌摄食，也可能对环境造成污染；而缓释肥料要求肥料具有适合的释放速率，可以将营养物质缓慢的释放出来。在"埃克松·瓦尔迪兹"号石油泄漏的生物治理计划中，撒播了适量含磷、氮的化肥以刺激降解微生物的生长。结果发现，石油降解的程度、广度和速度都有了显著提高，可以使降解速率高出 3~4 倍，促进作用非常明显。

但是，由于营养盐还可能对海洋生物产生毒性影响或造成富营养化，因此施加肥料要适度。另外，有时有机营养的加入反而抑制了微生物对有机污染物的生物降解，这可能是由于添加的有机营养物比有机污染物更容易被微生物利用等原因造成的。

微生物的活性除了受到营养盐的限制外，环境中污染物氧化分解的最终电子受体的种类和浓度也极大地影响着污染物降解的速度和程度。环境中的石油烃类多以好氧生物降解进行，因此 $O_2$ 对微生物而言是一个极为重要的限制因子。在海洋环境中，微生物每氧化 1L 的石油就要消耗掉 $320m^3$ 海水中的溶解氧。此时 $O_2$ 的迁移往往不足以补充微生物新陈代谢所消耗的氧气量。因此有必要采用一些工程措施，比如人工通气，以改善环境中微生物的活性和活动状况。另外，在石油污染水体中建立藻菌共生系统，通过藻类的光合作用，可以有效地增加水体中的溶解氧，在藻类和细菌等微生物的联合作用下，石油的降解速率能够得到显著提高。

**3. 投加高效降解菌**

用于生物修复的微生物有土著微生物、外源微生物和基因工程菌。目前，在大多数修复工程中实际应用的都是土著微生物，土著微生物的降解潜力巨大，但通常生长缓慢，代谢活性低，受污染物的影响，土著菌的数量有时会急剧下降。而且由于微生物对石油的降解具有选择性，即一种细菌只对一种或几种烃类易发生降解作用，或者一种烃在某个地方不易降解，但是在另一个地方却能被微生物迅速降解。污染地区的土著微生物很可能无法降解复杂的石油烃混合物。因此，常常需要接种一些降解污染物的高效菌来促进降解过程的进行，这些石油降解菌大多是来自该石油原产地被污染的地点，经过筛选和大规模培养而获得的。在 1990 年墨西哥湾和 1991 年得克萨斯海岸实施微生物接种后，生物修复处理获得了明显的成功。但是接种外来微生物在生态学上存在风险，接入的降解菌必须经过详细的分类鉴定，以确定其不会对人类和其他生物造成危害。

　　基因工程菌是通过现代生物技术，将能降解多种污染物的降解基因转移到一种微生物的细胞中，获得分解能力得到几十倍甚至是上百倍提高的菌种。如美国生物学家曾应用遗传工程创造出一种多质粒的超级菌，利用这种超级菌可在几小时内就把母菌需一年才能代谢完的原油降解完。然而，如果基因工程菌作为外来物种侵入环境，无疑将凭借其快速的物质利用性和广谱的底物利用范围成为优势种群，从而使环境中的土著菌渐渐消失，破坏当地的生态环境。因此，在开放的环境释放基因工程菌一直是引起争论的问题，在许多国家都受到立法上的限制（Pelletier et al.，2004）。

　　（二）海洋石油污染生物修复技术的发展方向

　　在海洋水体石油污染处理技术中，生物修复技术的发展潜力巨大，特别是在生态敏感区和掩蔽型的潮滩，生物修复技术相比较于传统的或现代的物理、化学修复方法，更是显示出了其强大的优势：生物修复不会引起二次污染，能够使污染物最终分解为二氧化碳和水，对人和环境造成的影响最小；生物处理法可以和其他添加剂结合使用，加快生物修复过程；生物修复费用低廉，仅为传统物理、化学修复的30%～50%。但目前仍然存在一些问题，如见效慢，受理化及环境因子影响较大，前期研究困难且费用昂贵，毒性和安全性问题等。在今后的工作中，还需要从以下几方面进行进一步探索：

　　（1）加强选育适宜海洋生态环境的高效烃降解菌的研究，但应综合考虑其与海洋土著微生物之间的协同作用。

　　（2）加强环境友好型海洋石油污染生物修复剂（包括高效烃降解菌、生物表面活性剂、营养缓释剂及其组合复配）的研发。

　　（3）进行海洋石油污染生物修复室内模拟试验和海上围隔现场修复试验，建立海洋石油污染生物修复处理评价体系，考察修复菌剂对海洋生态环境的影响。

　　（4）进一步研究基因工程菌的安全性和有效性。

　　（5）将生物修复技术与物理和化学方法有机结合起来，使其能够更有效的发挥作用。

### 5.3.1.4　石油化工废水的主要处理技术

　　石油化工污水的成分复杂，污染物种类多，如硫化物、挥发酚、氰化物、NH$_3$-N、各种结构的石油类化合物等，污染物的浓度较高，pH变化大，对环境的危害特别重。

　　石化废水处理技术按治理程度分为一级处理、二级处理和三级处理。一级处理所用方法包括隔栅、沉砂、调整酸碱度、破乳、隔油、气浮、粗粒化等，其主要目的是去除废水中阻碍生化处理进行的部分有机污染物和无机污染物，如砂粒、油类、酚、氰等。二级处理方法主要是生物处理，如活性污泥法、生物膜法、生物滤池、生物氧化、接触氧化、氧化塘、厌氧生物处理等，其主要目的是去除废水中大部分的有机物和无机物，如BOD、COD、氮、磷。

　　如图5.4所示，炼油废水治理工艺流程基本上是在隔油、浮选与生化处理老三套工

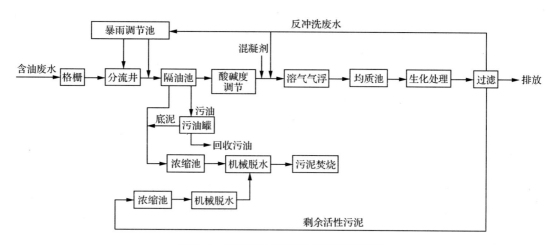

图 5.4　典型石油炼制废水的处理过程

艺基础上的改进。经过"隔油—浮选—生化"等二级处理后的出水,俗称"外排水",一般可以达到国家排放标准,但 COD、$NH_3$-N、$BOD_5$、SS、浊度、色度、油、细菌等含量仍然较高而且波动大,直接回用于以循环冷却水系统为主的工业用水领域将引起管道内细菌大量孳生而产生微生物黏泥、腐蚀以及结垢,导致管网系统的腐蚀速度加剧而危害生产过程;当外排水回用于生活及办公杂用水时,除了引起用水管网堵塞外,色度和臭味等感官指标差,难以为人们所接受;达标外排水一般可以回用于绿化领域,但当污水处理系统运行不稳定时,外排水的硫化物、酚、油等某些指标容易超标而威胁植物的生长。因此外排水必须经过三级处理也就是深度处理才能回用于工业生产与生活领域。

当前流行的三级处理方法有吸附法、化学氧化法、膜法等,其主要目的是进一步去除水中的有机污染物和无机污染物,使废水达到深度处理和回用的目的。面临着不断紧张的水资源状况和国家更为严格的排污政策,我国将会有越来越多的石化企业采用废水深度处理和回用技术。

（一）预处理

由于石化废水成分复杂,污染物浓度高,且往往具有毒性,因此在进行生化处理前必须首先进行预处理,以达到生化处理系统进水的要求。石油化工废水处理过程中常见的预处理技术如图 5.5 所示。

（二）生化处理技术

经过预处理的石化废水性质较为稳定,可以进一步进行二级处理。在石油化工废水处理中,生化处理是常见的处理技术。污染物在生物处理过程中通过一种或多种机制被去除,这些机制包括吸附、吹脱和生物降解。

**1. 活性污泥法**

活性污泥法的目的是去除废水中溶解的和非溶解的有机物,并把这些有机物转化为易于沉淀的絮状微生物悬浮物,以便使用固液分离技术来分离。这类处理方法既有传统

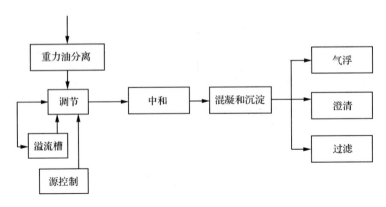

图 5.5　常见的预处理技术

的合建式曝气池，也有分建式活性污泥法。

合建式曝气池是石化废水生化处理过程中一种常见的处理设施，废水与污泥一起进入曝气区，与池内的混合液快速混合，形成均匀的污泥混合液，具有耐冲击、运转稳定、容积负荷大、生物效率高等特点。目前较常见的曝气池为圆形表面曝气池，亦可称为加速曝气池，其主要特点是，二沉池与曝气池合建在一起。但是该工艺不但硝化效果差，且无法实现脱氮的目的，所以要与其他工艺相配合使用。

20 世纪 80 年代后期我国石化企业开始采用分建式曝气池，并逐步走向二级好氧生化工艺，即 O/O 工艺，该工艺较传统活性污泥法处理的效果好，二级好氧处理的功能分区明确，一级好氧主要功能是降解 COD，而二级好氧主要功能则是降解氨氮。

**2. A/O 工艺**

A/O 是厌氧好氧两段式处理废水工艺，其特点是充分发挥两种状态下的各自优势。废水首先进入厌氧段，在无分子态氧条件下，通过厌氧微生物（包括兼性微生物）作用，水解酸化将废水中难降解的有机物转化为易降解的有机物，把长链的有机物转化为短链的脂肪酸、醇类、醛类等简单的有机物，从而提高废水的可生化性，为下步好氧处理创造条件。废水在厌氧菌作用下可以去除一部分 COD，同时在产氢及甲烷菌的作用下，部分有机物被分解转化为 $H_2$、$CH_4$、$CO_2$ 等，产生另一种能源。废水然后进入好氧段，在充足供氧的条件下，废水中的脂肪酸、醇类、醛类、短链烃被好氧微生物氧化成为 $CO_2$、$H_2O$ 等无机物，从而降低废水中的 COD 和油含量。

郝超磊等（2005）对冀东油田两段式串联 A/O 工艺进行的研究表明，该工艺对废水中石油类物质、COD、硫化物去除效果明显。高一联合站及柳一联合站污水经处理后，石油类去除率分别为 90.6% 和 96.0%；COD 去除率分别为 86.0% 和 91.6%；硫化物去除率分别为 94.8% 和 98.2%，处理后的污水均达到一级排放标准；另外，采用厌氧—好氧工艺的成本相对较低，处理费用低于 0.5 元/$m^3$。

Guan W. S. 等（2000）强化了 A/O 工艺中厌氧处理的功能。他们采用上流式厌氧污泥床和好氧曝气池处理含高浓度挥发酚和乳化油的炼油废水。UASB 在中温和 HRT 为 24h 的条件下，COD 容积负荷达 5.2kg/($m^3$·d)，$BOD_5$ 去除率超过 85%，沼气产率达到 1.34$m^3$/($m^3$·d)。通过投加适量的颗粒活性炭和 $FeSO_4$，促进了污泥的颗粒化，

UASB 的污泥浓度达到了 60g/L，大部分易降解污染物都在 UASB 被去除（对难降解有机物如二甲基酚、乙基酚也有很好的去除效果）。这样，后段曝气生物处理池的 HRT 可以缩短，且大大降低了曝气量。该组合工艺比单独好氧曝气处理的去除效率高 20%～30%。

"缺氧—好氧—好氧"工艺又称为 $A/O_1/O_2$ 工艺，是对 A/O 工艺的改进，90 年代开始被我国炼油厂污水处理系统所采用。该工艺不但对 COD 有良好的降解能力，且对 $NH_3$-N 有很好的去除能力，同时由于工艺中 $O_2$ 出水回流至 A 池，从而实现了反硝化，使总氮得到较好的控制。$A/O_1/O_2$ 工艺具有完整的除 COD、$NH_3$-N 和 $NO_3$-N 流程。

### 3. 氧化沟系统

氧化沟是一种封闭式环形生物反应器，是活性污泥法的一种改良方法。我国石油炼厂 20 世纪 80 年代末开始引进氧化沟工艺，其主要功能是除磷脱氮。氧化沟工艺通过控制沟内各段的溶解氧含量，自身达到"好氧—缺氧—厌氧—……"的反复循环处理过程，既能降解 COD，同时又增进了硝化、反硝化的效果。

氧化沟污水处理技术与传统的活性污泥系统相比，在技术、经济上具有一系列的优点：处理流程简单，构筑物少，比普通活性污泥系统少建初沉池、污泥消化池，甚至二沉池和污泥回流系统；处理效果好且稳定可靠，不仅可满足 $BOD_5$ 和 SS 的排放要求，且可实现脱氮、除磷等深度处理的要求；采用的机械设备少，运行管理十分简单，可实现完全自动化；对高浓度石油化工废水有很好的稀释能力，能承受水量、水质的冲击负荷，对不易降解的有机物也有较好的处理效果；由于泥龄长，污泥生成较少，且已在沟中得到好氧稳定，排出的污泥浓缩没有臭味且浓缩脱水快；由于氧化沟水力停留时间长，污泥负荷低，较传统曝气方法，对低温有更大的适应性；基建费用较一般活性污泥法低，运行费用和动力成本也较低。

虽然氧化沟工艺在国内炼油厂得到了广泛的应用，但是处理效果并不能令人满意。侯增勇指出，氧化沟工艺处理含油废水，在运行中，必须对生物量、溶解氧、废水温度、有机碳等主要技术参数进行适量控制，特别是对溶解氧的控制极为重要。一般情况下，溶解氧上升，硝化率、反硝化率下降。对于氧化沟工艺来说，好氧区溶解氧控制在 1.5～2.0mg/L，缺氧区低于 0.5mg/L 时，处理效果最好（陈吕军、钱易，1993）。

### 4. 序批式活性污泥法（SBR）

序批式活性污泥法（SBR）是传统活性污泥法的改进，是一种新型的高效废水处理技术。它集进水、反应、沉淀于一池，能在同一处理构筑物内完成去除有机物、脱氮和除磷的功能。序批式生物反应器具有污泥浓度高、固液分离效果好、抗冲击能力强、温度影响小（5～65℃）适应范围广等优点。

王赞春等研究了 SBR 法处理炼油废水的最佳工艺条件：当反应温度为 25～40℃，pH 为 6.0～8.5，反应时间为 8～12 小时，活性污泥浓度为 2000～4000mg/L 的工艺条件下时，对 COD 的去除效果最好；当好氧曝气和缺氧搅拌交替进行 3 次以上，废水的脱氮率可以达到 90%（王赞春、夏洁，2002）。通过实验研究筛选出对石油类物质有较强降解能力的微生物菌株，与 SBR 工艺结合，采用投菌 SBR 法处理炼油厂隔油池出水，废水可以不经过气浮除油而直接从隔油池进入生化装置，即用微生物除油代替了气浮除油，同时，废水中的氮得到了有效的去除。该工艺可以达到除油和脱氮的双重目的，解决了"老三套"工艺存在的问题，具有较强的实用价值。

### 5. 活性污泥法的改进

近年来，国内外针对传统的活性污泥法在治理石油化工污水方面，对水质变化和冲击负荷的承受能力较弱，易发生污泥膨胀、中毒等特点开展了大量的工作，对传统的活性污泥法进行革新。半推流式活性污泥系统，集前段的多点进水和后段的推流式于一体，具有抗冲击负荷强、处理深度大、不易产生污泥膨胀、运行费用低等特点，在含油污水领域的应用取得了良好的效果。厌氧序批间歇式反应器（ASBR）是 20 世纪 90 年代由 Richard R. Daqut 等在"厌氧活性污泥法"等研究基础上提出并发展的一种新型高效厌氧反应器。它由一个或几个 ASBR 反应器组成。运行时，污水分批进入反应器中，经过与厌氧污泥发生生化反应，到净化后的上清液排出，完成一个运行周期。它具有固液分离效果好、出水澄清、工艺简单、占地面积少、建设费用低、耐冲击负荷、适应力强、温度影响小、适应范围广（5～65℃）、污泥活性好及易于处理等优点。根据水量大小和排放方式，ASBR 法可通过单个或串、并联方式有效地进行处理（谢磊等，2003）。

### 6. 曝气生物滤池

与普通活性污泥法相比，生物膜法具有抗冲击负荷能力强、污泥沉降性能好易于维护操作等优点。当前石油化工行业广泛使用的生物膜工艺主要形式有：生物滤池、生物转盘、生物接触氧化法和生物流化床技术。

曝气生物滤池是最常见的生物膜工艺形式。废水通过布水器均匀分布在滤池表面，滤池中装满石子、陶粒或聚丙烯酰胺等填料。废水和空气在填料表面流过，与其上生长的生物膜接触，使污染物得到降解。该工艺具有占地小、出水水质好、运行稳定等优点。

肖秀梅等采用设计规模为 600m³/d 的三级上向流曝气生物滤池对某石油加工企业排放的废水进行处理（肖秀梅、吴星五，2007）。运行结果表明，对废水进行预处理后，进入 BAF 中的石油类及 SS 含量很低，对 COD 及 $NH_3$-N 的去除率均可达 94% 以上。

### 7. 生物流化床

生物流化床处理技术是借助流体使表面生长着微生物的固体颗粒呈流态化，同时进行去除和降解有机污染物的生物膜法处理技术。影响其处理效果的因素有：载体的选择，菌种的筛选等。从这两方面改进流化床法的研究取得了一定效果。崔俊华（2002）等在"老三套"工艺上添加了三相生物流化床部分；且采取高效原油降解菌及漂浮和悬浮填料并用的措施，使出水含油量为 3.5～4.9mg/L，达到国家排放标准。据文献报道，用常规功能菌筛选和诱变方法获得 5 株高效降解原油菌，将此高效菌接种到三相流化床中，在适宜降解条件下可使废水中的油含量从 44.4mg/L 降至 4.0mg/L，平均去除率提高至 91.0%。研究者还确定了高效菌的适宜降解条件：初始 pH 为 5.5～7.0，温度为 25～35℃，DO 为 5.7～7.2mg/L。

### 8. 生物接触氧化法

接触氧化法的特点是高效率，兼顾了生物膜法和活性污泥法的优点，既有生物膜工作稳定、操作简单的优点，又有活性污泥悬浮生长、与废水接触良好的特点。在含油废水深度处理中，接触氧化法是一种被广泛采用、渐趋成熟的生物深化处理技术。在不同的含油污水中，人们使用的工艺组合有所差异。在采油废水方面，气浮-生物接触氧化工艺被普遍运用。王吉从（2002）的研究表明：生物技术处理采油废水是可行的，废水中COD和油的去除率分别达到40%和85%以上，最后出水能达标排放。接触氧化法不仅可降低COD，对氨氮也有去除作用，比较适合用于炼油废水的净化。李鑫钢（2000）以新型高效填料固定微生物处理炼油废水，得出结论：用接触氧化工艺处理$COD_{Cr} \leqslant$ 500mg/L的炼油废水时，硝化细菌是优势菌；该工艺能同时有效去除氨氮和COD。

### 9. 生物膜法的发展和改进

生物膜处理含油废水近年来取得了较大的进展，工程中为了提高生物滤池的效率，采用了高孔隙率、高附着面积和高二次布水性能的新型塑料模块，同时对滤床上微生物进行选择、优化。此外，还在工艺上进行了改进、重组，如取消滤池回流系统，采用膜泥法A/O工艺，以及缺氧-好氧高性能生物滤池组合工艺等，即传统的初沉池预处理被厌氧或缺氧水解池取代。某油田针对采油污水可生化性能差的特点，采用厌氧水解-高负荷生物滤池进行污水处理，使$BOD_5$、COD、SS和油达到了排放标准（李德豪，2000）。

### 10. 膜生物反应器工艺

膜生物反应器（MBR）工艺是生物处理技术和膜分离技术的有机结合。一方面，该工艺简化了处理流程；另一方面由于固液分离的效果显著提高，使生物处理池的污泥浓度可以保持在30g/L以上，大大强化了生物处理的功能，因而污染物的去除效率很高，同时良好的出水水质可以满足回用要求。MBR非常适用于炼油厂的碱渣废水、酸洗废水等高浓度废水的处理或深度处理。

雍文彬等（2005）利用MBR处理炼油污水，MBR系统内的污泥浓度高，达到10g/L以上、污泥龄长（60～100天），使得生长繁衍缓慢的硝化菌得以在反应器内富集，从而保证了系统良好的硝化效果和较强的抗冲击负荷能力。MBR利用膜的高效截流作用，去除全部悬浮物和部分大分子溶解性有机物，确保稳定的优质出水；大分子难降解有机物被截流，反应时间延长，有利于专性菌的培养，降解率大大提高。并且对高浓度石油和酚有很强的适应能力和很好的去除效果。

彭若梦等采用A/O膜生物反应器处理炼油废水取得了较好的效果，出水水质达到了国家工业循环冷却回用水的指标要求，经过活性炭吸附处理，可使水中$COD_{Cr}$降至20mg/L以下（彭若梦、王艳，2002），能满足更为严格的回用要求。Chih-Ju G. Jou等研究采用一种固定膜生物反应器处理炼油废水，相比较传统的活性污泥法有不少优势。它能承受高有机负荷，去除污染物能力好；脱氮效果好；二次污染少，产生污泥量少；系统稳定性好，抗冲击能力强（Chih-Ju and Huang，2003）。

另外，最近出现了微孔膜生物反应器，该装置由微孔膜组件和生物反应器构成，用无机微孔膜组件替代沉淀池，实现泥水分离，可大大提高反应装置内的污泥浓度，有利于提高反应器的容积负荷，减小占地面积。有研究将其用于处理含高凝固油废水，运行实践表明，该装置处理效果稳定，抗冲击负荷能力强，操作简便（鲍建国，2002）。

（三）外排废水深度处理与回用技术

废水的深度处理又称为废水的高级处理，通常是为了去除二级处理出水中残存的难去除的污染物质。这种处理工序可以是物理、化学、生物方法，也可以是这些方法的组合。石化污水经深度处理后可回用于循环冷却水补充水、工艺用水等（何群彪等，2003）。

**1. 物理法**

物理法处理主要包括沉淀、过滤、吸附、空气吹脱、膜分离等。

（1）沉淀：主要用于澄清水质，固液分离，去除大颗粒的絮体或悬浮物。这是最常用的一种深度处理方法，往往与絮凝技术结合使用。

（2）过滤：利用有孔隙的粒状滤料，截留水中杂质，去除大于 $3\mu m$ 的悬浮物，使水得到澄清的过程。它的主要原理是机械筛滤作用、沉淀作用和接触絮凝作用，过滤的作用不仅能够进一步降低水的浊度，而且水中有机物、细菌等也将随浊度的降低而被大量去除。在污水的深度处理流程中，常把过滤作为预处理，使后序处理设施免于经常堵塞，提高处理效率。在废水处理中，常用的滤料有石英砂、无烟煤粒、石榴石粒、陶粒、聚苯乙烯发泡塑料球、核桃皮及活性炭等。其中以石英砂使用最广，具有一定的优势，石英砂的机械强度大，化学稳定性好。过滤的方式很多，有采用单层滤料过滤的，也有采用双层或多层滤料过滤等。常用的滤池有快滤池、虹吸滤池、无阀滤池、压力滤罐等，但都属于间断运行的过滤设施。目前已开发出一种无需停车反洗、在运行过程中自动连续清洗的动态过滤系统。

（3）吸附：利用活性炭或某些材料的巨大表面能吸附大分子有机物、去除色度、降低 COD 和去除某些无机离子，常用的吸附材料有活性炭、碳纤维以及某些新型材料。目前污水深度处理中用得最多的是生物活性炭处理，即通过某种方式在活性炭的表面培养微生物，有机地把活性炭的吸附性能和微生物的再生作用结合起来，既提高了活性炭使用周期，也降低污水深度处理费用。

（4）膜分离：膜分离技术是以半渗透膜进行分子过滤来处理废水的一种新方法，它可以有效去除水中的溶解性固体、大部分溶解性有机物和胶状物质。膜技术已被广泛应用于污水的深度处理。

**2. 化学处理法**

化学处理法主要有絮凝、化学氧化、消毒、离子交换、石灰处理、电化学和光化学处理等，能够有效去除水中的大分子物质、某些离子、降低硬度、杀灭病原微生物等。

（1）絮凝：投加无机或有机化学药剂使胶体脱稳，凝结悬浮物、絮体等，去除悬浮物和胶体，常与沉淀、过滤等结合使用。

（2）化学氧化：去除 COD、BOD、色度等还原性有机物或无机物，常与其他方法结合使用。废水经过化学氧化处理，可使废水中所含的有机、无机有毒物质转变成无毒或毒性不大的物质，从而达到废水深度处理的目的。化学氧化常用方法如下：

臭氧（$O_3$）氧化是一种应用非常广泛的氧化技术，对大分子有机物特别有效。但是 $O_3$ 单独使用，不但 COD 难以彻底去除，而且运行费用高，尾气处理麻烦，所以 $O_3$ 一般与其他方法联合使用。臭氧氧化与生物活性炭处理联合使用，臭氧能够将大分子有机物氧化分解为小分子有机物，然后进行生物活性炭处理，提高了活性炭的使用周期，而且能够去除水中的微量有机物，并能有效地脱色、除臭。

过氧化氢是一种比较常见的氧化剂，其氧化还原电位比氯气高，比臭氧低。过氧化氢对浊度、细菌及大肠菌群均有较好的去除作用，而且过氧化氢在水中残余量较高，可维持比臭氧更长的消毒杀菌效果，防止二次污染。从成本考虑，过氧化氢成本与传统氯气相当，远远低于二氧化氯和臭氧的成本。因此，过氧化氢作为氧化剂具有很大的应用前景。

高级氧化是指利用羟基自由基 OH・有效破坏水中污染物的化学反应。高级氧化具有如下特点：羟基自由基具有极强的氧化性，氧化能力仅次于氟，对多种污染物能有效去除；属于游离基反应，反应速度快；可操作性强，设备相对比较简单；对污染物的破坏程序能达到完全或接近完全。高级氧化系统的基本技术原理是利用光催化氧化、光化学氧化技术所产生的自由基在短时间内迅速分解水中的有机污染物，特别是能够高效分解水中剧毒物质氰化物和氨氮。氰化物通过高级氧化系统可完全分解，其降解产物是二氧化碳、氮气、二氧化氮和硝酸根；对氨氮的分解其产物为氮气、二氧化氮、硝酸根。同时该系统对其他有机化合物有着极高的分解能力，对酚类物质、醛类物质和卤化烃类物质，该系统能迅速分解这类物质。羟基自由基的产生方法一般采用加入氧化剂，催化剂或借助紫外线等。目前被认为比较突出的高级氧化技术有 $UV/TiO_2/H_2O_2$（过氧化氢与多相光催化结合）、$UV/TiO_2/O_2$（多相光催化氧化）、$UV/H_2O_2$（过氧化氢加紫外光）（孙贤波等，2002）。

（3）消毒：利用 $Cl_2$、$ClO_2$、$O_3$ 等杀生剂，UV 和电化学方法杀灭细菌，藻类、病毒或虫卵，常用于饮用水、回用水灭菌、循环水杀生等。

（4）离子交换：去除水中的阴、阳离子，可用于咸水或半咸水脱盐。

（5）石灰处理：沉淀钙、镁离子，降低水的硬度，防止结垢，用于高硬度水的深度处理。

（6）电化学、光化学处理：去除水中的难降解物质。如 UV 催化氧化或辐照处理，电水锤技术、脉冲电晕技术等，常与化学氧化结合应用。

（7）臭氧-生物活性炭联用深度处理技术

臭氧氧化与常规水处理方法比较具有显著的特点：$O_3$ 氧化能力极强，对于生物难降解物质处理效果好；降解速度快，占地面积小，自动化程度高；剩余 $O_3$ 可迅速转化为 $O_2$，无二次污染，并能增加水中的溶解氧；浮渣和污泥产生量较少；同时具有杀菌，脱色，防垢等作用。但是 $O_3$ 单独使用，不但 COD 难以彻底去除，而且运行费用高，故 $O_3$ 一般与其他方法联合使用。

活性炭通常是以木质和煤质果壳核等含碳物质为原料，经化学或物理活化过程制成。活性炭微孔发达，拥有巨大的比表面积，一般 $700 \sim 1600 m^2/g$。活性炭处理是利用活性炭的多孔性和表面化学或物理作用吸附废水中残存的溶解态有机污染物，而达到深度净化的目的，在净水过程中对水中有机物、无机物、离子型或非离子型杂质都能有效去除。一般活性炭对溶解性有机物吸附的有效范围为分子大小在 100~1000 埃，分子量 400 以下的低分子量的溶解性有机物。极性高的低分子化合物及腐殖质等高分子化合物难于吸附。有机物如果分子大小相同，芳香族化合物较脂肪族化合物易吸附，支链化合物比直链化合物易吸附。活性炭化学性质稳定，能耐酸、碱、耐高温高压、因此适应性很广。商品活性炭按形状分主要有粉末状和颗粒状两种。粉末状活性炭由于不能再生，用于水处理中成本较大，颗粒状活性炭可再生，现广泛用于给水深度处理及微污染水的处理中。

活性炭吸附污染物一段时间后，在温度及营养适宜的条件下，活性炭炭层中滋长出好氧微生物，而这些微生物在废水处理中发挥着重要的作用。将活性炭的吸附作用与微生物的氧化分解作用相结合，即形成了所谓的"生物活性炭"（BAC）。生物活性炭不但提高了处理的效率，而且在一定程度上延长了活性炭的使用周期。

将 $O_3$ 氧化与 BAC 联合使用，$O_3$ 氧化的对象是大分子有机物，主要作用为：提高了水中溶解氧，为生物活性炭中的微生物创造了良好的生长条件；氧化水中有机物降低活性炭的吸附负荷，将憎水性物质亲水化，从而提高可生物降解性；去除溶解性有机碳；杀死细菌和病毒；氧化分解螯合物等。活性炭吸附的主要对象是中间分子量的有机物，主要作用为：吸附难降解物质和分解产物；吸附水中残余的臭氧，以提供充足的溶解氧。微生物作用的对象是小分子的亲水性有机物，主要作用为降低可同化有机碳、去除 $NH_3$-N 以及通过微生物同化分解吸附质使活性炭再生。

$O_3$-BAC 联用技术，集 $O_3$ 氧化及消毒、活性炭吸附、微生物降解为一体，成为污水深度处理技术的主流（Berne，1992；谷俊标，2004）。

### 3. 生物深度处理技术

生物法在污水的回用深度处理中应用非常广泛，能够降解多种污染物，处理成本低、运行稳定可靠，抗冲击能力很强。常用的生物处理法有生物过滤法、生物接触氧化法、氧化塘以及土地过滤处理等。这些生物处理工艺很多在石油炼厂废水的二级处理工艺中也广泛应用，通过改变工艺条件，调整运行参数，这些处理技术可以进一步去除回用水中的污染物质，提高回用水水质。

生物过滤法是利用过滤材料上培养的微生物聚合体—生物膜来氧化分解污染物，净化水质，如曝气生物滤池。曝气生物滤池技术（BAF）应用于炼油污水的深度处理在技术上可行，氨氮的去除率较高，COD 有一定的去除率。不过，BAF 的出水稳定性受进水水质的影响较大（程文红等，2003）。

生物接触氧化法结合了生物膜法和活性污泥法的优点，既有良好的除污染效果，又能够用于不同的处理规模。填料是微生物附着生长的基质，因此填料的好坏是影响其处理效果的关键因素。悬浮载体生物反应器工艺是生物接触氧化工艺的进一步发展，悬浮载体的密度与水相近，能够浮动于生物处理池的不同位置，正常曝气状况下，就能处于流化状态，制作与安装简单，既可提高传质的效果，又能加快填料上生物膜的更新速度，避免了常规生物膜法填料堵塞的难题。因而，悬浮载体生物接触氧化法还具有生物流化床的某些特点，国内外对此工艺用于污水处理的研究和生产性应用正逐渐成为热点。此外，悬浮载体在适当的曝气强度下始终处于流化状态，传质的效率高，微生物附着生长的膜很薄，填料不必定期反冲洗。因此，生物处理装置的运行与管理十分方便（夏四清等，2001）。

土地过滤法主要利用土地微生物的氧化分解和地层的过滤作用去除污染物，可单独使用或用于污水深度处理。石化废水深度处理出水，用人工土层快速渗滤土地处理法进行深度净化效果明显，再生水质达到预期目标，回用于循环冷却水系统补水具有显著的环境和经济效应。

（四）国内外炼油污水深度处理及其回用技术的发展情况

20 世纪 70 年代以来，国外对炼油污水深度处理和回用开展了大量的研究。一些先进而成熟的水处理技术如 A/A/O 工艺、厌氧-好氧生物处理工艺、氧化沟、序批式生物反应器（SBR）、生物滤池、生物流化床等先后出现在炼油污水的处理系统中，新型曝气方式和新的填料在处理装置中的应用使污水的外排不仅可以达到标准，而且部分水质指标与回用要求相近，污水处理的回用研究也受到广泛重视。20 世纪 90 年代以后，臭氧氧化、生物活性炭法（BAC）、膜分离、膜生物反应器（MBR）、光化学及电化学等水的深度处理技术在炼油污水的深度领域德研究和应用日渐广泛，出水的水质完全能回用于工业生产和生活中。

在我国石化行业，对水的循环使用、重复利用和废水回用等工作尚未达到较高的水平，向大自然提取的水量（即通称新鲜水用量）也随着大幅度增长。当前，全球和我国均面临水资源紧缺的突出矛盾，为更好的节约用水、合理用水和保护环境，我国各石油化工企业纷纷开始探索更高效更符合可持续发展要求的水处理技术。国内炼油污水的处理及回用实践已有近 30 年的历史。20 世纪七八十年代以来，国内几家炼油厂先后开始研究将经过处理的外排水直接回用于循环冷却水系统，由于水质等原因，长期应用的效果不理想。20 世纪 90 年代以来，膜分离、生物深度处理和化学氧化是国内炼油污水回用研究的热点。

生物深度处理能够有效去除还原性污染物，除污染的种类多、效率高、抗冲击能力强且运行费用低等，进一步深度处理后能够获得良好的回用水，这是浓度较高的外排水深度处理时需优先考虑的技术。目前，臭氧氧化技术被广泛应用在炼油污水深度处理中。尽管 $O_3$ 有污染物除去彻底等优点，但处理的费用太高。同济大学研究表明，利用 $O_3$ 部分氧化大分子物质，中间产物再通过微生物来降解，运行的费用显著降低。电化学技术、光化学技术如电解氧化、电解絮凝和电催化氧化等用于除 COD、油、金属离子的效果突出，微电解技术还具有杀菌、除藻和除垢的作用，该技术用于深度处理出水的消毒和灭菌效果非良良好；紫外光氧化、光催化氧化、射线辐照法用于水中大分子物质的去除有较好的效果。电化学和光化学法常与氧化剂如 $H_2O_2$、$O_3$、$Cl_2$ 等结合使用，但由于能耗和处理费用较高，生产上尚未大量应用。

目前，国内炼油企业正进入污水深度处理与回用的生产性应用阶段。哈尔滨炼油厂采用臭氧氧化和膜过滤技术对二级处理外排水进行深度处理，总处理水量为 $4000 m^3/d$。该处理系统由一系列罐组成，处理出水的水质较好。其中约 70% 回用到循环水系统，有 30％的处理出水再经过精密过滤和超滤（UF）后回用作动力装置的补水。武汉某石油化工厂采用"悬浮填料生物处理系统"处理炼油废水，结果投加悬浮填料不仅提高了污泥浓度，而且改善了硝化菌的生存环境，因而提高了对 $NH_3$-N 和 COD 的去除效果。由于填料内缺氧微环境的存在，反应器内发生了明显的同步硝化反硝化现象。同济大学城市污染控制国家工程中心课题组研究并开发了集生物深度处理、臭氧部分氧化与生物活性炭处理于一体的炼油污水深度处理工艺，在小试、中试成功的基础上，将中国石油大港石化公司原有废弃的污水处理厂改建成了规模为 7000～8000m³/d 的污水回用深度处理工程，处理效果稳定可靠。该工艺处理后的出水水质大大优于工业和生产性回用的标准，而且处理成本低、运行维护简单。

### 5.3.2　海上养殖污染控制

#### 5.3.2.1　概述

近 20 多年来，我国海水养殖业发展十分迅速，2004 年海水养殖产量已达到 1302 万 t。预计到 2030 年，我国海水养殖产量将达到 2500 万 t。然而，随着海水养殖业的迅猛发展，盲目扩大规模和投入的负面效应日益严重，养殖环境不断恶化，养殖生物病害发生频繁。海水养殖造成的环境污染不仅制约了我国海水养殖业的健康发展，也对养殖区及其邻近海域的生态环境产生了重要的影响。面积约 37 万 km² 的我国近岸海域，近年来随着沿海经济的高速发展和海洋资源开发利用力度的不断加大，污染程度日益加剧，整体环境质量不断下降，环境灾害频繁发生。2009 年，我国近岸海域一类和二类海水比例为 72.9％，四类和劣四类海水占 21.1％，比上年上升了 2.8％。赤潮发生则由 20 世纪 70 年代的每年 1～2 次增加到 20 世纪 90 年代每年 20 多次，2009 年全海域共发生赤潮 68 次，累计面积约 14100km²。海水养殖已成为近岸海域重要污染源。本章从外源污染、内源污染、药物污染、生物污染及其环境效应等方面综述了关于海水养殖环境污染的概况，并提出了相应的控制对策。

#### 5.3.2.2　海水养殖的污染源概况

（一）养殖水域的外源污染

**1. 生活污水污染**

近年来，由于城乡人口的不断膨胀，人民生活水平的大幅度提高，生活污水的排放量日益增加。大量生活污水直接排入养殖水体或海域中，其中氮、磷等营养物质可造成一些水体和海域严重富营养化，增加水体和海域生态环境压力，对渔业资源造成严重破坏。生活污水中产生的铁和锰等氢氧化物悬浮物引起的浑浊度，尽管对水体不产生直接危害，但因水体浑浊减少了太阳辐射，使水体初级生产力下降。

**2. 工业废水污染**

工业废水对渔业水体的污染是毁灭性的。例如，造纸厂废水中的硫化物、农药厂的产品和原料、冶金矿山废物中的重金属等都会对鱼类等水生动植物产生毒性。皮革厂、肉类加工厂废水排入水体中，可使水色加深、浊度加重，减少了太阳辐射，影响鱼类的正常生活。过量的铜会使鱼类的腮部受到破坏，出现黏液、肥大和增生，使鱼窒息，还可造成鱼体消化道收到损伤，过量的铅可导致红细胞溶血、肝脏损害，雄性性腺、神经系统和血管损伤。

### 3. 油类污染

石油是污染海洋的主要物质，石油污染的主要来源有沿海工矿企业排放的废水、港口油库设施的泄漏、船舶在航行中漏油、海滩事故、海底石油开采及油井以及拆船工业的油扩散、大气石油烃的沉降等。

油类对水体和海域生态环境的危害主要表现在：油类中的水溶性组分对鱼类有直接毒害作用，可使鱼类出现中毒甚至死亡；油膜附着在鱼鳃上会妨碍鱼类的正常呼吸，对鱼虾的生存、生长极为不利；油类附在藻类、浮游植物上会妨碍光合作用，造成藻类和浮游植物死亡，进而降低水体的饵料基础，对整个生态系统造成损害；沉降性油类会覆盖在底泥上，破坏底栖生态环境，妨碍底栖生物的正常生长和繁殖；油类可直接使鱼类附着臭味或随食物进入鱼、虾、贝、藻类体内后使之带上异味，影响其经济价值，危害人们的健康；油类还可降低鱼类的繁殖力，在受油类污染的水体中，鱼卵难以孵化，即使孵出鱼苗也多呈畸形，死亡率高。

### 4. 热污染

热污染是指工业热废水排入自然水域，使水温升高，破坏自然生态环境，影响水生生物的正常生长，甚至使渔业生物死亡的污染现象。一般情况下，在局部水域，如果常年有高于该水域正常水温4℃以上的热废水排入，就会产生热污染。

热污染对渔业的危害主要表现在减少水中的溶氧量、导致水体缺氧、影响水生生物正常生存、增加有害物质的毒性以及改变渔场底质环境等。因为热废水本身就是缺氧的水体，大量热废水排入，必然使局部水域溶解氧含量降低。热污染还能干扰水生生物的生长和繁殖，例如，在热污染的水域中绿藻、红藻、褐藻可能消失。此外，由于热污染促进了生物初期的生长速度，使他们过早地成熟，以致完全不能繁殖，从而造成生物个体数量减少。热污染还会加大水体中许多有害物质的毒性。水温升高能使水域中的悬浮物质易于分解，泥沙易于沉淀。长期排放热废水，可影响局部水域渔场环境，影响渔业生产。

### 5. 酸碱污染

水体中的酸主要来自矿山排水及工业废水，如各种酸洗废水、黏胶纤维和酸法造纸废水。雨水淋洗污染空气中的二氧化硫也会产生"酸雨"污染水。水体中的碱主要来自制碱工业、碱法造纸、化学纤维、制革及炼油等的工业废水。酸性废水和碱性废水相互中和进一步产生各种盐类污染物。

酸碱污染使水体中的 pH 发生变化，当 pH 小于 6.5 或大于 8.5 时，水中的微生物生长受到抑制，使水中自净能力降低。酸可以腐蚀鱼类的鳃，降低其吸氧功能。有些酸可以透过鱼类的体表，进而改变血液的 pH，降低红血球与二氧化碳的结合能力，从而影响整个机体的呼吸代谢能力。酸还可以腐蚀鱼类的内脏，使血液发生滞流，排泄器官失去作用。碱性污染物会引起鱼类消化道黏膜糜烂、出血，甚至穿孔。如果水体长期受到酸碱污染，将破坏水生生物的食物网，扰乱生态平衡，使水生生物的种类发生变化，鱼类减产，甚至绝迹。

### 6. 放射性污染

放射性污染是指人类活动排放的放射性污染物使局部环境的放射性水平高于天然本地或超过国家规定标准的现象。水体中放射性污染物质，有天然放射性物质和人工放射性物质。前者存在于自然界，后者是人类活动造成的。他们主要来源于核试验人工放射性同位素及其大气沉降，稀土金属、稀有金属油矿的开采、洗选、冶炼提纯过程中的废物，原子能反应堆，核电站，核动力潜艇运转时或泄漏的废物，核潜艇失事，载有核弹头飞机坠毁，原子能工业排放出的废弃物等。放射性物质进入水体之前，先是停留在海面上，后经各种生物所富集，在经海流等因素的作用，胶体和悬浮物的聚沉，海面上的放射性物质逐渐向水域下层移动。同时，随着表层生物的死亡、分解和下沉，也将吸收的放射性物质带进海底，从而造成海洋底质的放射性污染。

水生生物受放射性污染有两种方式：一种是外照射，通过体表吸收；另一种是内照射，通过对鳃和体表的渗透吸收，或者由摄食饵料经消化后吸收，在体内富集，导致一些水生生物体内核素的浓度比周围水体高得多。放射性污染对渔业的危害：一是对鱼类生长、繁殖产生不良影响。鱼类的血液系统和生殖系统对辐射较敏感，水体放射性核素超过一定剂量时，对鱼卵和稚鱼的发育、生长产生明显不良影响，如胚胎发育较慢、死亡率上升，稚鱼生长减退、死亡率增加，胚胎孵化出来的稚鱼畸形，鱼类寿命缩短，辐射还可以破坏成鱼的生殖系统，影响鱼类的繁殖等。二是降低了水产品的食用价值。水生生物对放射性物质都有强烈的富集作用，水产品受到放射性污染，使用价值降低，甚至消失。人类如果大量使用被严重污染的水产品，将直接影响健康。

### 7. 病原微生物污染

病原微生物是指引起疾病的病原菌，包括细菌、病毒、真菌、支原体、衣原体、螺旋体等。水体中的病原微生物主要来自生活废水、医院废水、制革、屠宰、洗毛等工业废水以及畜牧污水。病原微生物污染对渔业可带来严重危害，渔业生物受到病原微生物污染，渔业生物可能死亡，即使不死亡，其水产品也不能食用。

### 8. 固体废弃物污染

固体废弃物对渔业的危害，主要是指固体废弃物可减少水体的光照，妨碍水体中绿色植物的光合作用，影响水域表面与大气中氧气的交换。漂浮的固体废弃物中的颗粒，不仅会伤害鱼鳃呼吸，甚至导致鱼类死亡。大量的固体废弃物倒入水中，将会改变原有水域的生态平衡，或覆盖海底，迫使鱼、虾和贝类等底栖生物离开，使传统渔场受到破坏，甚至荒废。特别是中国沿海都是浅海水域渔场，岛屿众多，海峡狭窄而封闭，不论是海水的交换能力，还是自净能力，都比较弱，因此更应注意和防止这方面的污染对渔业的危害。

（二）海水养殖的内源污染

### 1. 饵料污染

在现行海水养殖模式下，其对生态环境的污染主要来自于饵料、粪便等。养殖过程中，人工合成饵料的投喂、残饵、养殖生物的排泄物等，都富含各种营养物质。若按照年饵料效率为 15%～20%，饲料系数为 2 计算，我国年产 20 万 t 对虾，则有上万吨以上的排泄物注入大海。Braaten 研究发现，海水网箱养殖鲑鱼中，投喂的干湿饲料有 20%未被食用，成为输出废物。Beveridge 等鲑鳟鱼消化 100g 饲料，其粪便排泄量为 25～30g（干重）。这些未被摄食的饲料，鱼类粪便及排泄物进入水体，沉积到底层，使底部异养生物耗氧增加，导致网箱沉积物多的海底耗氧率高于对照区两倍多。残饵溶生的氮、磷营养物质是对虾池及其邻近浅海的主要污染源，而海水养殖的自身污染为赤潮生物提供了适宜的生态环境，使其繁殖加快，诱发赤潮。

在深水网箱中，饵料未摄食部分和鱼类排泄物是浅海普通网箱的几倍。因深水网箱投放水域较深、生产者很难对饵料投放、用药量、网具清洗等进行科学管理。深水网箱比普通网箱养殖将产生数倍的污染。

**2. 化学污染**

1）营养盐污染。

（1）硝酸盐类污染。养殖水体中含氮化合物主要为 $NO_3\text{-}N$、$NO_2\text{-}N$、$NH_4^+\text{-}N$，它们能直接被浮游植物所利用，也是引起水体富营养化的主要原因之一。若以饲料中氮的含量 100%计，双壳贝类排放到水体中的氮占总投入氮的 75%，鲍鱼、鲑鳟鱼和虾类排放到水体中的氮分别为投入氮的 60%～75%、70%～75% 和 77%～94%。

据 Hall 等调查，每生产 1t 鲑鱼，排放到环境中的 N 有 92～102kg，占总输入 N 量的 72%～79%，其中又以溶解性无机 N 为主，占总输入 N 的 58%～78%。大量溶解态氮的输入造成养殖区水体中的 N 含量很高，大鹏湾南澳养殖区水体中 $NH_4^+\text{-}N$ 最高时达 $4.92\mu mol/L$，$NO_3\text{-}N$ 达 $10.29\mu mol/L$。珠江口内伶仃水域、杭州湾、象山港、桂山湾、深圳湾的鱼、虾、贝、藻类养殖区的无机氮 100%超标。另外，N 也会在沉积物中积累，但只占总输入的 12%～20%。N 在沉积物中的污染具有区域性，在离养殖区 200m 处 N 的沉积率仅为养殖区的 1/10，微生物活动也会导致氨氮在沉积物中积累并成为底质中无机氮的主要存在形态。

（2）磷酸盐类污染。海水养殖中，P 的来源主要是饲料及粪便，高密度的海水养殖常造成环境中 P 浓度的净增加。在瑞典 Gull mar 湾，每 $1000m^2$ 网箱的平均鱼产量在 1.7～2.3t，投入的总 P 中有 78%～81%进入到环境中，其中颗粒态形式的大部分 P 最终沉积到水底。另外，排放到环境中的 P 会随养殖鱼种不同而差异较大。如养殖 1t 虹鳟鱼，每年有 40～45kg 的 P 进入环境中，而生产 1t 鲑鱼，环境中的 P 只增加 9.0～9.5kg，输入的 P 大部分最终沉积到沉积物中。据调查，珠江口牛头岛深湾养殖区的上覆水与底质沉积物中磷酸盐含量相差很大，水体中平均为 $0.94\mu mol/L$，而沉积物中平均达 $126.52\mu mol/L$，两者相差两个数量级。计新丽等认为，由于养殖活动造成水体富营养化而导致沉积物缺氧或无氧状态，微生物的活动加速了无机盐从底质向上覆水的释放，加快了水体营养盐的循环过程，P 重新悬浮的比例增加，尤其在污染严重的养殖区。经过一段时间的无氧状态后，沉积物溶解态 P 的释放量可以达到上覆水中 P 的 18%。

（3）其他营养盐污染。除 N、P 营养盐外，养殖水体中还含有碳酸盐、硅酸盐类等。水体中 C 的负荷大小与水体的 C 输入输出过程有关，如沉积物悬浮、生物扰动、细菌降解及摄食等。C 增加对养殖水体的影响有正负两方面，初期促进底栖生物群发展，但长时间高 C 负荷则会引起细菌大量繁殖，导致养殖区中大量有机物质的存在，累积会造成生物分解加剧，使水体中 DO 下降，当水体中 DO 小于 4mg/L 时，就会抑制生物的生长。另一方面，在养殖区沉积物中还积累约 18%～23%的 C，其表层 3cm 内含 21%～30%的 TOC，且随深度增加还略有上升。与 N、P 相似，C 污染也存在区域性，沉积物中的 C 含量从 3m 处的 9.35%减少到 15m 处的 3.99%。

2）硫化物污染。硫在养殖水域中的存在形式、含量及分布与养殖生物的活动和环境密切相关。养殖环境底质中的硫可分为有机硫和无机硫两大类。其硫化物的含量是衡量底质环境优劣的重要指标，尤其与有机物硫化物负荷量成正相关，与生物量呈负相关关系，并对耗氧量速率产生影响。养殖环境底质中的硫化物主要是通过硫酸盐的氧化还原过程而形成的，硫酸盐的氧化还原是硫酸根离子被微生物还原成硫化氢的过程。当养殖环境底质—水界面处在一个缺氧还原态时，硫酸盐在细菌（硫酸盐还原菌，SRB）作用下被有机物还原为硫化物。养殖环境底质中硫化物的另一个来源是生物的代谢产物、残饵等有机质中的含硫氨基酸在沉降到底质的过程中被微生物分解利用而产生。

养殖环境底质中硫化物的形成还与环境条件有很大关系。夏季水温很高时，硫化物形成的速度也很快，这主要是因为较高水温可促使底质中氧的消耗和硫酸盐还原菌的生长繁殖，同时底质 COD、pH 等对硫化物的影响也很大。养殖环境底质中硫化物可通过释放、水体对流等方式进入水环境，从而影响养殖生物的生存。

3）化学试剂及药品污染。

在海水养殖中常使用化学药物（如消毒剂、杀虫剂、治疗剂、抗生素和防腐剂等）来防治病害，消除敌害生物等。据 Sollbc 报道，英国水产养殖中使用的化学药物有 23 种，而挪威 1990 年在养殖生产中使用的抗生素比在农业中使用的还多。我国水产养殖病害多达 170 种，曾使用的中西药品近 500 种。富含消毒剂和抗菌素的养殖废水排放后，对近岸水域微生物的生态分布将产生直接影响。在海水网箱养殖中，许多化学药物可以直接入海，如治疗皮肤病和鳃病的外用药；药物也可以间接入海，主要是通过饲料溶失和排粪等途径。有资料表明养殖使用的抗生素仅有 20%～30%被鱼类吸收，70%～80%的抗生素会进入水环境中，如土霉素（OTC）掺入饲料，约 70%～90%溶入海水中，虹鳟饲料中的氯霉素 90%以上进入水体。另外，在生产上普遍存在滥用药物现象。药物的施用及残留在杀灭病虫害的同时，也使水中浮游生物、有益菌等受到抑制、杀伤或致死。若大量重复使用，可能会使细菌发生基因突变或转移，使部分病原生物产生抗药性。Russell 等通过加入人工海水改进的培养基来培养网箱鲑鱼养殖的表层沉积物中的细菌，用细菌总数来说明沉积物中的细菌对土霉素、羟氨苄青霉素和 Rome R30 3 种抗生素的抗药性情况，结果表明海洋沉积物中有约 5%的可培养细菌对上述 3 种抗生素产生了抗药性。

**3. 生物污染**

生物污染包括生物主动蔓延和人为的盲目引进物种，造成包括食物捕食、竞争、寄生等中间关系的破坏，有害生物或病原体等的携带及与原有自然种群或近缘种杂交而导致的基因污染等。引种或移植具有方法简便、成本低和见效快等特点，对丰富水产种质资源、增加养殖种类、增加产品结构、丰富水产品市场起到了积极作用，但人为的盲目引进或移植物种可能会造成生物污染。在西欧，一种北美虾病严重侵袭当地虾种，致使它们在河流中消失。此外，海水养殖中还存在基因污染的潜在威胁。种质资源是养殖生产中最为重要的物质基础。当前养殖所用苗种，尤其是海水鱼类，绝大多数是多代近亲繁育，忽视选种，尚未形成人工定向培育。由于环境污染日益恶化，种质受到严重损害，许多优良性状急剧退化。在养殖过程中当人工繁育异原群体逃逸或放流，与天然群体杂交，造成种质混交，给天然基因库带来基因污染，甚至造成优良性状和纯度不可逆转的破坏，导致严重的生物污染。

### 5.3.2.3　海水养殖污染控制体系

随着水产养殖业尤其是海水养殖业的迅速发展，养殖方式也由半集约化向高度集约化发展。随之产生的养殖废水成分复杂，当其大量被排放后，可导致养殖水及邻近水域富营养化或水质恶化。为保持人类活动与环境和谐，走可持续发展道路，养殖水域污染的控制势在必行。

（一）外源污染控制管理

养殖水域的污染外源为生活污水、工业废水、油类、热、酸碱、放射性、病原微生物、固体废弃物。近年来，沿海经济飞速发展，由此带来了不小的环境压力。陆源污染物占全部入海污染物的 80%。保护海洋环境，强化陆源治理，控制和削减陆源污染物入海总量工作势在必行。

**1. 治海先治陆**

陆源污染给养殖水域所带来的影响巨大。在陆源水系流域实施总量控制，制定污染防治规划，完成水环境承载力与生态安全指标体系研究，制定总量排放控制计划，并分配到各排污口。只有按要求实现废水达标排放，才可减少陆源污染。

**2. 治根治表两手抓**

针对于区域性行业污染，尤其对于工业污染，通过相关的污水处理工艺使水质达标排放，严格控制其污染物排放总量。不能达标排放企业应以严惩。控制污染最有效途径应为实施产业结构调整，大力推广清洁生产，促进工业化与生态化相协调，从根本上改变工业污染的排放情况，获得更大的经济效益与环境效益。

**3. 着力控制农业面源**

农业面源给养殖水体带来大量的营养物质，易造成水体富营养化。高度重视农药化肥污染问题，加快生态有机生产模式，大力推进安全、优质、绿色、有机农产品生产，加强农村环境综合治理，控制农业污染源对水体的影响。

**4. 加强入海河流的全流域控制**

"海纳百川"，海上养殖水源于众多的入海河流。上流水域的水质状况、污染物输送情况对养殖水影响很大。改善入海河流水质，需对全流域进行控制。河流污染主要来自于工业和生活废水以及农业非点源污染。工业排污与生活排污都需经过污水处理，经处理达标后的水才可直接排入河流。严格控制流域各排放口的排放情况使之达标。农业污染应从控制农药、化肥的使用入手，减少 N、P 的排放。同时，需加强绿化，防止水土流失。

**5. 做好环境功能区划管理，对较封闭海域实施污染物总量控制**

近岸海域的盲目开发与无节制利用使海域资源不能得到很好的利用。不合理的产业结构反而造成环境恶化。据不同的生态分布特点，对近岸海域统一规划、合理布局、因地制宜、陆海兼顾，使经济效益社会效益与环境效益相统一。

对于较封闭的河口港湾，应按相关的规划，功能区划，研究环境容量，进行污染物排放总量控制。在总量控制时，应充分养殖业所需的环境容量，满足海上养殖为一需求，减小其对养殖水的污染程度。

（二）内源污染控制管理

污染内源主要来自于养殖自身，养殖水与海区水交换能力，养殖方法与技术，养殖品种，品种结构间的协调发展和对疫病防治能力都将影响养殖水体。其主要污染源为饵料、磷酸盐、其他营养盐（硫化物、化学试剂、药品）和生物污染。

**1. 科学配方、合理投饵**

从优化饵料营养结构及投喂方式来看，由于大多数水产养殖废物来自饲料，要降低由此产生的废物应注意饲料营养成分和投喂方式。易消化的碳水化合物的加入会提高蛋白质利用率。通过选择饲料中所含的能量值与蛋白质含量的最佳比，可以减少饲料中 N 的排泄，其结果是单位生物量所排泄的能量减少。此外饲料中非蛋白的组成也具有一定的重要性。对于投喂过程来讲，减少饲料的损失，仔细地监控食物摄入是非常重要的。

**2. 利用生物和理化调节技术改善养殖水质**

生物学技术是在生态系各营养级上选择和培育有益和高效的生物种类作为饲料或调控水质。目前采用的技术有混养一些滤食性动物，如加光合细菌、移植底栖动物、培养大型海藻等。适量的滤食性动物，如扇贝、牡蛎和罗非鱼等，可滤食浮游生物。光合细菌可分解有机质，加速物质循环，改善水质。虾池中纳入、培育沙蚕可摄食对虾的残饵、粪便，改善低质环境状况。养殖一些大型藻类可吸收水中溶解的无机盐，降低养殖水水中溶解的无机盐，降低养殖水体的营养负荷。随着现代生物技术的快速发展，传统的微生物学与现代生物技术有机结合，大大提高了降解效力，扩大了降解范围。引入外来生物时需注意结构功能的协调发展，防止生物污染的产生。

物理和化学措施包括施用改良水质的物质、换水、使用增氧设备等。其目的是为有益生物种类和生态学的旺盛及良性运转创造最佳条件。适当使用理化技术是必要的，但常伴有一定的副作用或大幅度增加养殖成本。而生物调控技术利用的生物基本无副作用，有些本身还是经济产品或养殖动物的饲料生物。

**3. 用动力改善水质的方法**

（1）用泵改善水质。该方法是用泵选择性地抽取底层污染水到海面曝气。泵的吸水口需设于密度跃层的下方，以不带走上层水的流量和流速进行抽水。

（2）用压缩空气改善水质。该方法是以压缩空气在水底层喷出气泡，造成气泡幕，供给氧气，增加海水交换，使底层缺氧水团上升，促使其表面曝气。受到这种表面曝气的表层水潜入下层，由此往底层补充溶解氧，防止还原层发生。由压缩空气产生的气流与潮汐流叠加，因此可以增大跟外海的海水交换。水越深，气泡越小，效率越高。

**4. 发展综合养殖模式**

从养殖模式来看，单品种、高密度、高投饲率的养殖方式加之盲目发展所产生的恶果已让人们饱尝。而采用混养等养殖模式利用养殖生物间的代谢互补性来消耗有害的代谢物，减少养殖生物对养殖水域的自身污染，对于保护环境是有益的。如虾、鱼、贝及藻类综合养殖模式，不仅有利于养殖生物和养殖水域的生态平衡，而且能利用和发挥养殖水域的生产潜力，增加产量具有明显经济效益。贝藻间养也已在大范围进行，成效显著。随着养殖技术的提高，水产养殖集约化程度也会越高，但对节约资源、减少污染、防治病害的要求更高。大力推进浅海深水网箱养殖，这种养殖模式是将网箱置于深水，水体交换较好，病害少，放养密度大（每口投苗 2 万尾左右），每口网箱可养量达 12～15t，属高投入、高产出项目。海水循环养殖，整个循环系统由对虾池、贝类池、净化池和蓄水池 4 部分组成，对虾池养殖虾类，其残饵、排泄物随水体进入贝类池；贝类池中的贝类滤食对虾的残饵、排泄物，起到净化水质作用；净化池添加生物杀菌剂，对贝类池流入的水体进行再次净化，然后继续用于养殖对虾；蓄水池用于储备干净海水，以补充养殖过程中水量的损耗。在这个循环系统中，海水处于封闭状态，基本上避免了残饵、排泄物直接进入海区，另外，养殖过程中不需要换水，可减少病源进入养殖池，一般无病害发生，不用施药。

（三）政府调控

**1. 政府机构间的职责**

目前，我国对水产养殖执法实行的是多头管理，并没有一个专门负责水产养殖执法的管理机构，水产养殖证件、水产苗种是由渔业行政主管部门负责执法管理，渔业水域环境由环保和渔业行政主管部门负责执法管理，渔药、水产饲料由农业、林业行政主管部门负责管理，水产品质量则由质量技术监督、工商、经贸、环保、卫生、渔业行政主管部门共同管理。尽管管理部门很多，但大家都不重视，有些地方互相扯皮、互相推诿，见到利益都抢，遇到问题都让，执法效果可想而知。因此，我国政府应明确划分同级政府机构之间和上、下级政府之间的职责。

**2. 完善环境立法，加大执法力度**

继续研究和出台配套的法律法规、政策和管理办法，把"保护海洋环境免受陆源污染"工作纳入法制化轨道，对不执行环境影响评价、违反建设项目环保设施"三同时验收"、不正常运转污染治理设施、超标排污、不遵守排污许可证规定、造成重大环境污染事故等不法行为，依法予以严肃查处。

**3. 建立地方环境标准体系**

着力开展环境质量和工业企业污染治理地方标准研究，解决国家标准缺失或可操作性不强问题，逐步形成具有特色的地方环境标准体系。在化工、医药、印染、畜禽养殖等行业开展制订相关污染物排放标准，通过实施地方环境标准，促进产业升级优化，削减污染排放，提高污染治理和监管水平。

**4. 科学规划海水养殖，完善养殖海域环境调控**

养殖水域大面积的网围精养，密集网箱养殖，导致大量外源营养物质输入，超出水体自身能力，严重破坏水资源。因此，必须对水体不同的使用功能，养殖水面进行科学规划。研究各养殖区自净能力，确定水体对网围精养或网箱养殖的负载能力，有条件的地方建立海水养殖环境信息系统。综合利用各种相关的数学模型，最终确定水体的养殖容量，以便科学规划养殖水面，尤其要确定合理的网围、网箱面积、网箱密度等，实现养殖水体的可持续利用。

**5. 提供资金保障**

多渠道筹措资金，加大对环境基础设施建设的投入。全面开征城镇污水处理费用，运用市场机制降低治污成本，提高治污效率。制定生态补偿政策，引导和支持欠发达地区处理好加快经济建设与加强生态保护的关系，探索生态环境容量转化为经济资源的有效途径。对超标排污、擅自停用治污设施等违法行为课以更为严厉的经济处罚，提高违法成本。将排污费、罚没款等真正用于治污和生态建设补助。强化环保资金使用的绩效评估，不断提高资金的使用效率。以经济杠杆促进排污总量削减、海洋保护和可持续发展。

### 5.3.2.4　海水养殖废水处理

（一）国外研究现状

国外在海水养殖废水处理工艺选择、运行参数及处理效果等方面做了大量工作，研制了许多商品化的海水养殖废水处理设备和工艺，可以部分或全部实现养殖海水的循环使用。利用大型藻类和浮游藻类净化海水养殖废水的研究和应用也比较多。在大型海藻和养殖对象共养的水体中，通过控制海藻的生物量可以降低营养物的浓度，维持水体中溶解氧，降低养殖对象发生窒息和水质恶化的危险性。一些耐盐植物和水生蕨类植物也可用于处理养殖废水。将植物种植在集约化或封闭式的养殖系统中，对营养盐进行吸收过滤，达到净化水质的目的，而且作物本身的经济价值可以增加养殖者的收入。C. Forni 的研究表明，春夏季节，利用种植水生蕨类植物（Azolla）能够去除养殖废水中的大部分营养盐，特别是对氮的去除最有效。

（二）国内研究现状

在国内，一些学者已经认识到海水养殖废水治理的必要性，并且开展了一些研究工作。中国水产科学研究院黄海水产研究所袁有宪等率先提出对养殖环境进行生物修复，即应用微生物降解技术消除养殖水体底泥中有机污染物，改善养殖环境，取得了一些进展（李秋芳等，2000）。

在海水养殖废水处理工艺研究方面，徐宾铎提出用微滤机、光合细菌和海藻塘的三级处理系统处理海水工厂化养鱼排污水的设想，并作出工程设计。何洁采用沙子、活性炭与沸石作为生物滤器载体对牙鲆养殖废水进行处理，此种生物滤器对废水中氮的去除率分别为 34.79g/($m^3$·d)、35.60g/($m^3$·d) 和 36.17g/($m^3$·d)，有机物降解速率分别为 1.760g/(m³·d)、2.134g/(m³·d) 和 2.420g/(m³·d)，都取得了明显的效果，其中沸石生物滤器效果最好。马悦欣提出一种自净式养殖方式，通过在牙鲆养殖系统池底增设生物净化床，使每个养殖池都有净化能力，从而达到净化水质的效果。谭洪新构建藻皮净化装置作为养殖废水处理系统的组成单元，提高对闭合循环水产养殖系统和水族馆生态系统中氮、磷营养元素的控制能力，可以使养殖系统中的平均氨氮浓度维持在 0.24mg/L 以下，亚硝氮维持在 0.25mg/L 以下，硝氮维持在 3.02mg/L 以下。此外，青岛理工大学环境工程实验室建立了一种海水硝化细菌的培养方法，可在短时间内（16～18 天）获得硝化速率为 7.49mg/[g（MLSS）·h] 的硝化细菌制剂，该制剂可有效地去除海水养殖环境中的氨氮，具有较好的应用前景。

### 5.3.2.5　海水养殖废水处理技术

与工业废水和生活污水相比，海水养殖产生的废水具有两个明显的特点，即潜在污染物的含量低和水量大，加之海水盐度效应，以及养殖废水中污染物的主要成分、结构与常见陆源污水的差异，增加了养殖废水的处理难度。因此，对普通污水处理技术和工艺加以改进才能达到所需效果。通常养殖废水中的营养性成分、溶解有机物、悬浮固体（SS）和病原体是处理的重点。以下是一些海水养殖水的一般净化技术和一些新技术。

（一）pH 的调节

海水与淡水不同，海水中存在着更多的溶解盐类，它们在水中形成的动态平衡使海水 pH 保持稳定，基本上在 7.5～8.5。若 pH 很高，则生物发生氨氮中毒；pH 过低，大多数水生生物的腮组织和表皮遭到破坏，降低血液载氧能力，因而新陈代谢降低，抵抗力下降，植物的光合作用强度也减弱，硝化过程被抑制，有机物被大量累积，造成环境恶化。因此海水自身较强的缓冲能力可使水生生物免受 pH 急剧变化带来的损害。

当 pH 的变得过高或过低时，常采用以下方法来调节：① 定期、定量换水；② 将石灰投入水中，提高水体 pH 添加量应根据水中硫化氢的含量而定；③ 加入光合细菌，使其在池内繁殖，既可达到净化水质的作用，又为鱼虾提供更丰富的食物。

（二）臭氧杀菌

近年来臭氧杀菌技术的研究应用发展非常迅速，而且杀菌效果不错，其主要优点为：① 臭氧具有强氧化性，可快速有效地杀死养殖水体中病毒、细菌及原生动物，是其他消毒剂无法比拟的；② 臭氧的产物是氧气，可被养殖生物利用，不会产生二次污染；③ 臭氧在应用中更方便、安全、可靠、经济。如孙晓华等曾报道由臭氧处理的海水培养的十几种藻类饵料均接种成功，且生长状况良好，同时对太平洋牡蛎育苗、刺参育苗和鲍鱼养殖等试验均取得了良好的应用效果。

值得注意的是，海水中存在着许多微量元素，用臭氧进行处理海水时，臭氧会与这些元素特别是溴离子起反应生成次亚溴酸离子（BrO）及溴酸离子（BrO₃），并可相当长时间残留于鱼体内，对鱼造成危害。经测定，残留的强氧化剂衰减一半的时间为 22h 以上。如强氧化剂浓度为 0.03mg/L，经 20～40min 曝气处理，70～105cm 的黑绸在

50~90min 就会死亡。为此必须采用硫代硫酸钠等还原剂或活性炭等将臭氧或臭氧合成物去除后再用于养殖。

但日本青森县水产养殖中心在养殖试验中发现，通过活性炭后的活菌数又增加了，几乎与原来饲育水无差别，不过细菌群的成分发生了变化，属病原菌的革兰氏阴性菌减少，无病原性革兰氏阳性菌及色素产生的细菌增加，可采用紫外辐射杀死该菌。这可能是臭氧在杀菌的同时也消灭了水中的所有饵料生物，如硝化细菌等一类有用的微生物，所以他们建议采用投加合理浓度的光合细菌以促使水体中有益微生物的生长。

目前普遍使用臭氧杀菌的地方主要是在大型海洋水族馆中，及河蟹育苗、刺海参育苗、鲍鱼育苗等。

也有人提出臭氧与生物滤池结合使用，可提高去除氨氮和有机物的效果。

（三）膜集成技术

由于膜净化技术具有无相变、常温操作，可以截留病毒细菌等特点，国家海洋局杭州水处理中心率先利用膜集成技术净化海水养殖废水，先用聚砜、醋酸纤维素等超滤膜将有机物、细菌和病毒等除去，而保留了海水中对养殖生物有用的盐分，然后利用紫外辐射和臭氧氧化处理，达到既杀菌又增加水中的溶解氧的目的（张国亮等，2001）。由表 5.12 可以看出，超滤膜的除菌效果是非常好的。因此膜集成技术用于海水养殖水将具有广阔的前景。

**表 5.12　不同类型胶对细菌总致的脱除率**

| 水样 | 原卤水细菌总数 | 聚 9 超滤膜出水中细菌和脱除率/% | 醋酸纤维素超滤膜出水中细菌和脱除率/% |
|---|---|---|---|
| 未加饵料水 | $1.3 \times 10^3$ 个 | （未检出）100 | （13 个）99.0 |
| 加饵料水 | $3.2 \times 10^3$ 个 | （24 个）99.3 | （$2.7 \times 10^2$ 个）91.6 |

注：水温 21℃，每次取样时间 2 小时，全过程膜未更换。

（四）泡沫分离技术

泡沫分离技术的分离原理是向水中通入空气，使水中的表面活性物质被微小的气泡吸附，并借助气泡的浮力上升到水面形成泡沫，从而除去水中溶解物和悬浮物、细菌及酸性物质等（罗国芝等，1999）。根据气泡产生、气液接触及收集方式的不同，其类型主要有直流式、逆流式、射流式、涡流式和气液下沉式。

由于淡水养殖水中缺乏电解质、有机物分子与水分子之间的极性作用小，气泡形成的几率小，气泡的稳定性也差，因此泡沫分离法不适用淡水养殖，而主要用于海水养殖水水质处理。但泡沫分离法也将水中有益的痕量元素一并去除，所以应随时注意水中痕量元素的变化，并加以调整。

（五）海洋生物技术

虽然天然微生物制剂能够降低养殖环境中的氨氮、硫化氢、亚硝酸盐、提高溶解氧等，对养殖环境起一定的修复作用，但受环境因素的影响很大。因此目前生物修复技术正朝着构建能够快速分解某种特定污染物的工程菌的方向发展。如为清除油污染，将TOL（甲苯）质粒导入TOD（甲苯酸甲氧酶）降解途径中的某些关键酶的基因缺陷型菌株，使TOD途径的一些中间产物进入TOL途径，从而把假、起来，达到完全降解这类芳香化合物的目的。美国专家采用生物技术培育的"嗜油"超级细菌，其清除油污的能力比天然微生物高上万倍。

（六）沙床截留

G. L. Palacios 提出使用沙床来截留可溶性磷，磷的截留率可达 93%，而硅灰石的截留率达 98%。而用生物接触氧化性填料床 A/O（缺氧/好氧）工艺进行净化处理，具有良好、稳定的净化处理效果，在适宜的水力停留时间（4 小时）出水的 $BOD_5$、$NO_2$、$NO_3$；等污染指标远低于罗氏沼虾育苗用水指标。该技术在节约水资源，降低饲料费用，减少环境污染等方面有着重要意义。

（七）混养法

采用混养养殖模式是利用养殖生物间的代谢互补性来消耗有害的代谢物，减少养殖生物对养殖水域的自身污染，不仅有利于养殖生物和养殖水域的生态平衡，而且能利用和发挥养殖水域的生产能力，增加产量具有明显经济效益。

（八）其他技术

**1. 加氯法**

加氯杀菌虽具有一定的效果，但会产生致癌物及二次污染。

**2. EDTA 螯合剂**

EDTA 可与水中的重金属螯合，降低重金属对幼体的毒害，但其螯合物更易被生物幼体吸收，同时，EDTA 在光照下被一些生物降解后，最后产物是 CO 和 $NH_3$，而 $NH_3$ 是影响水质的主要因素，并会产生致癌物—亚硝胺的仲胺，因此常规应用 EDTA 来螯合重金属离子并非一种好方法。

**3. 高分子吸附剂**

可基本去除水中的重金属离子、而且设备简单、经济、可重复再生使用，不产生水的二次污染是一种被看好的养殖水处理。

**4. 甜菜碱**

甜菜碱作为重要的饲料添加剂被大量应用于养殖业中，尤其是水产养殖业中，具有诱食、防渗剂（海水中无机盐浓度很高，甜菜碱有利于海洋生物维持体内较低的盐浓度，不断排除或补充流出细胞的水分，发挥渗透调节作用。也可以使淡水鱼适应海水环境）、抗脂肪肝作用（甜菜碱提供甲基给氨基乙醇生成胆碱，胆碱是合成磷脂的原料，而磷脂有利于脂肪酸的消化吸收）。因此甜菜碱在调节养殖生物自身抵抗力适应水质变化具有很好的作用。

但是单一技术往往并不能解决所有问题，通常将两种或两种以上技术方法结合起来，效果更佳。例如将臭氧技术与泡沫分离技术结合起来，效果比任何单一技术都好。

### 5.3.2.6　对虾养殖废水的处理

近些年来，由于疾病和水质恶化的原因，用传统的池塘养虾方法的产量下降了。为了防止病原微生物的侵入、减少水产养殖对环境的影响、节省水源，工厂化循环水养殖得到了发展。一个典型的循环水养殖系统是包括了化学、生物和机械三方面技术的综合系统。在工厂化养殖中，由于放养密度高，需大量投喂饲料，饵料残余及水产动物的排泄物溶解在水中，会使水中氮含量升高，对养殖对象造成危害。因此，生物转盘（RBC）、生物流化床、生物菌剂等方法用在养殖水处理中去除水中的氨态氮。但是去除水中的悬浮物质、有机物，防止病原微生物的入侵，提供充足的溶氧也同样重要。因此，循环水系统的结构和功能应该是养殖池培育养殖品种、生物滤池去除氨态氮、过滤装置去除悬浮颗粒、臭氧发生装置消毒和去除有机物、曝气装置去除二氧化碳。

对虾养殖为例，介绍对其养殖污染的两种处理方式。

### （一）封闭循环水对虾养殖系统的水处理

目前国内外正在研究和应用的对虾封闭循环水养殖系统均比较多，但不同的系统相互之间的结构和处理效果均差别较大。本文以笔者进行的相关研究为例来说明这种水处理方式及其处理效果。

#### 1. 养殖池和水处理系统

设计建造了两个温室进行对虾养殖实验，1号温室有20个养殖池是生产池，2号温室有22个池子是实验池。每个池子安装了过滤筛，池底安装了进水、出水管，还有12个曝气头，曝气充氧量是5L/h。池子为八角形，体积是12m³，面积是12m²。

图5.6是本实验设计的水处理系统。养殖池出来的养殖废水汇聚在沉淀池（体积98m³），停留2小时后一些大的颗粒会沉淀在池底，然后水被抽到两个筛绢过滤器里进一步除去悬浮物质，筛绢的孔径分别是200目和300目。泡沫浮选装置用来进一步去除悬浮颗粒和溶解的有机物。其后是生物滤池，共有3个，体积是54m³，水停留时间是0.5～1小时。生物滤池的载体填料是聚酰胺，淹没在水中，生物菌膜以自然挂膜为主，人工挂膜为辅，在处理净化的水重新进入养殖池之前，要经过臭氧发生器和石英砂的消毒和调温加温。

#### 2. 对虾的养殖密度与水质测定

设计了4个凡纳滨对虾（Litopenaeus vannamei）养殖密度来研究分析其对水质的影响。对虾的放养密度分别是7000尾/池、10000尾/池、14000尾/池和20000尾/池，放苗时虾的体长平均是6mm，投喂饲料的含氮量6.9%。在投饵后的3小时，每隔1小

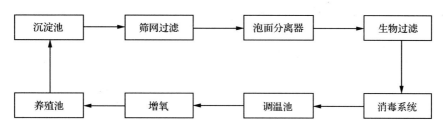

图 5.6　循环水养殖水处理系统组成

时取水样对水质状况进行测定，每 3 天重复 1 次。取样地点为各处理的沉淀池、生物过滤从开始到 2007 年 6 月 20 日投饵时间是每天的 0：00 、6：00 、12：00 、18：00 共计 4 次，从 6 月 21 日开始，每天投喂 6 次，以适应虾的迅速生长。不定期地向养殖池和生物滤池中添加光合细菌。养殖池的溶氧（DO）和 pH 每天测 1 次。

### 3. 投饵对水质的影响

投饵对水质的影响如表 5.13 所示。结果表明，水质在投饵后的 3 次取样间没有显著不同（$LSD_{0.05}$），投饵对养殖池的 $NH_3$-N、$NO_2$-N 和 $COD_{Mn}$ 的影响很小。在投饵后 2 小时内水质参数有轻微的上升趋势，但 2h 后又轻微的下降。这些可能是因为养殖池中的光合细菌和曝气装置起了作用，使得水质稳定在安全范围内。

表 5.13　水质参数在不同的养殖密度和不同时间的变化

| 水质参数 | 池养密度/尾 | 投饵后 1 小时 | 投饵后 2 小时 | 投饵后 3 小时 | $LSD_{0.05}$ |
|---|---|---|---|---|---|
| $NH_3$-N/(mg/L) | 7 000 | 0.102±0.047 | 0.104±0.046 | 0.106±0.049 | 0.038 |
| | 10 000 | 0.171±0.132 | 0.160±0.115 | 0.126±0.068 | 0.089 |
| | 14 000 | 0.176±0.108 | 0.186±0.122 | 0.137±0.070 | 0.083 |
| | 20 000 | 0.191±0.114 | 0.204±0.136 | 0.155±0.079 | 0.091 |
| $NO_2$-N/(mg/L) | 7 000 | 0.185±0.132 | 0.194±0.143 | 0.176±0.115 | 0.109 |
| | 10 000 | 0.195±0.126 | 0.215±0.126 | 0.217±0.127 | 0.110 |
| | 14 000 | 0.211±0.153 | 0.237±0.156 | 0.235±0.153 | 0.134 |
| | 20 000 | 0.252±0.174 | 0.254±0.167 | 0.245±0.153 | 0.144 |
| $COD_{Mn}$/(mg/L) | 7 000 | 4.65±1.09 | 4.46±1.02 | 4.10±0.70 | 0.822 |
| | 10 000 | 4.69±1.92 | 4.59±1.23 | 4.03±0.73 | 0.929 |
| | 14 000 | 4.53±1.21 | 4.64±1.07 | 4.25±0.69 | 0.880 |
| | 20 000 | 4.85±1.11 | 4.72±0.89 | 4.31±0.54 | 0.765 |

### 4. 养殖密度对水质的影响

在 3 个月的养殖期间，$NH_3$-N、$NO_2$-N 和 $COD_{Mn}$ 在不同的养殖密度下的含量如表 5.14 所示。实验结果表明，$NH_3$-N、$NO_2$-N 和 $COD_{Mn}$ 在 4 个不同的养殖密度间没有显著不同（$LSD_{0.05}$）。由于消毒（6 月 10～28 日），氨态氮和亚硝态氮在 4 个密度间区别不大，消毒结束后，重新投入光合细菌，不同养殖密度间的水质差异趋于明显。但是 COD 无此趋势。这表明，尽管养殖密度不同，但循环水处理系统为每个池子提供同样的净化水，并且在同样的日常管理条件下，如添加光合细菌、曝气、吸污等，水质条件差异不大。

**表 5.14　不同密度养殖池的水质参数**

| 水质参数 | 每池放养密度/尾 | | | | LSD$_{0.05}$ |
| --- | --- | --- | --- | --- | --- |
| | 7000 | 10000 | 14000 | 20000 | |
| NH$_3$-N/(mg/L) | 0.095±0.040 | 0.136±0.083 | 0.159±0.089 | 0.176±0.100 | 0.064 |
| NO$_2$-N/(mg/L) | 0.178±0.109 | 0.217±0.131 | 0.244±0.150 | 0.253±0.151 | 0.107 |
| COD$_{Mn}$/(mg/L) | 4.68±1.090 | 4.84±1.370 | 4.88±1.310 | 4.88±1.090 | 0.920 |

**5. 生物滤池的作用**

在养殖过程中，生物滤池中也要经常加入光合细菌。因为从 6 月 10～28 日养殖池进行消毒，在此期间没有加光合细菌，生物膜被破坏，所以这段时间生物滤池没有起到去除氮的作用。在此之后，重建了生物膜并大约在 7 月 20 日成熟，去除氨态氮的作用越来越明显，这段时期的平均硝化率是 58%，最大的硝化率是 85%（8 月 8 日，沉淀池是 0.402mg/L，经过生物滤池后却为 0.059mg/L），对亚硝态氮的去除率也较明显，最大去除率是 39%（8 月 1 日，沉淀池是 0.634mg/L，经过生物滤池后是 0.391mg/L）。

但系统对 COD 的作用不太明显，只有 20%。在养殖期间，亚硝态氮的变化呈现了"低—高—低"的变化规律符合生物膜的成熟规律。

**6. 氨态氮、亚硝态氮和 COD 的变化趋势**

NH$_3$-N、NO$_2$-N 和 COD$_{Mn}$ 在 3 个月的养殖期间呈逐渐增加的趋势。在开始的时候，NH$_3$-N、NO$_2$-N 的含量比较低是因为幼虾摄食量低。亚硝态氮的增加较慢是因为硝化细菌和亚硝化细菌繁殖得慢。由于后来虾的生长和生物滤池的失效，氨态氮和亚硝态氮逐渐积累直到生物膜再次成熟。因为养殖密度不同，氨态氮和亚硝态氮在密度越高的池子里增加的幅度越大。生物膜再次成熟后，氨态氮和亚硝态氮的含量逐渐降低，生物滤池对它们的去除率越来越大。

Menasveta 等和 Millamena 等曾成功地用循环水来育苗和养殖幼虾，但没有进行成虾养殖实验。Kuo-Feng Tseng 等认为封闭循环水系统不适合用于成虾养殖。但本实验结果却表明：工厂化封闭循环水养殖系统可以成功地用于凡纳滨对虾的养殖，长期用循环水没有对对虾生长产生什么不利影响。水处理系统效果显著，可以保持良好水质。投饵的次数和量都可以再增加以更快地促进虾的生长，因为在日常排水、循环水条件下，投饵对水质的影响不大。放养密度也可以适当加大，因为高密度养殖池的水质也保持在良好状态，并且对虾体长和体重也没有负面影响，而高密度池（20000 尾/池）的最终产量是 21.15kg/池，另外 3 个密度的养殖池的最后产量分别是：14000 尾/池为 20.25kg/池；10000 尾/池为 14.15kg/池；7000 尾/池为 10.35kg/池。用循环水养殖节约了水源，每日仅需 5% 的加水量，而 95% 水是循环水，提高了水资源的利用效率；并且很少有水排放到环境中去，最大限度地减少了对水体的污染。

（二）高效微生物菌剂对对虾养殖污水的处理

**1. 采取封闭与半封闭控水方式**

采用封闭与半封闭控水方式进行对虾养殖。池塘经常规清塘处理后注水（进水水质如表 5.15 所示）、消毒，施放水产养殖专用肥料和有益微生物，营造良好的养殖生态，虾苗养殖过程使用有益微生物调控养殖环境；养殖前期（30～45 天）内基本不换水，视情况逐渐注水至水深达 1.5～2.0m；从养殖中期起，视养殖池塘的水质、水位和水源质量适量换水。对虾采取这种养殖方式，水的利用率提高，废水排放量大幅度减少，既可以防控外源污染，也可以削减养殖废水对环境的污染。例如，以养虾池平均水深1.6m，每 hm² 平均水体为 1.6 万 m³，全年养殖 2 茬，每茬养殖 120 天，从养殖 35 天起每隔 15 天换水 10%，共换水 12 次，收获时排干池水，每 hm² 虾池养殖废水的年排放量 5.12 万 m³。

**表 5.15 实际进水水质**

| 项目 | 数值 |
| --- | --- |
| COD/(mg/L) | 最高为 7600，平均为 3600 |
| BOD$_5$/(mg/L) | 最高为 2300，平均为 2000 |
| TKN/(mg/L) | 100～300 |
| SS/(mg/L) | 1100 |
| NH$_3$-N/(mg/L) | 最高为 160，平均为 80 |
| pH | 6.5 |
| 动植物油/(mg/L) | 最高为 1260，平均为 300 |
| TP/(mg/L) | 4 |
| 色度/倍 | 128 |
| Cl-/(mg/L) | 2300 |

对虾采取这种养殖方式，水的利用率提高，废水排放量大幅度减少，既可以防控外源污染，也可以削减养殖废水对环境的污染。例如，以养虾池平均水深 1.6m，每 hm²平均水体为 1.6 万 m³，全年养殖 2 茬，每茬养殖 120 天，从养殖 35 天起每隔 15 天换水 10%，共换水 12 次，收获时排干池水，每 hm² 虾池养殖废水的年排放量 5.12万 m³。

**2. 及时降解、转化代谢产物，促进再循环利用**

（1）养殖前期培育良好的浮游藻相和有益菌相。培育优良单细胞藻类和有益微生物种群是养殖早期营造良好养殖生态的关键。优良的浮游单细胞藻类如硅藻、绿藻等，可以增加养殖水体的溶解氧，吸收有毒、有害物质，营造良好水色和合适的透明度，抑制有害藻类的生长，使水质清爽。有益微生物能够快速降解对虾养殖生产中所产生的代谢产物，促进优良浮游单细胞藻类的繁殖，加速养殖环境中物质的良性循环，减少养殖生产自身水污染，同时能够有效抑制病原菌和致病菌的孳长，抑制蓝藻等有害藻类的繁殖。培育良好浮游藻相和有益菌相所使用的养殖投入品主要是水产养殖专用肥料和有益微生物（芽孢杆菌和肥水型光合细菌）。底质干净的池塘，包括新挖池塘、沙底池塘、铺地膜池塘、水泥底池塘，可施用有机无机复合肥料加芽孢杆菌制剂，也可酌情使用肥水型光合细菌。底质有机物丰富的池塘，包括已经实施养殖而未清淤的池塘、农田开发的土池，可施用无机复合肥料加芽孢杆菌制剂。

（2）养殖中后期维护有益细菌的菌群优势。

养殖中后期的关键是保持水质稳定，关联的因子主要是水色、透明度、微生物、溶解氧、pH、氨氮、亚硝酸盐等，所使用的投入品主要有芽孢杆菌、光合细菌、中微量元素肥料等。

① 定期使用芽孢杆菌制剂。在养殖过程中定期定量使用芽孢杆菌制剂，一般隔7～15天使用1次。在养殖前期，多使用以有机物为载体的芽孢杆菌制剂。养殖中期以后，养殖密度不大、池水比较清爽的，继续使用以有机物为载体的芽孢杆菌制剂；养殖密度大、池水富营养化的，可以使用以无机物为载体的芽孢杆菌制剂。

② 不定期使用光合细菌制剂。光合细菌具有与浮游单细胞藻类相似的特性。在浮游单细胞藻类繁殖过度时使用光合细菌，使其与浮游微藻争夺营养，保持水质清爽；在阴天或池水混浊和"倒藻"时使用光合细菌，吸收利用氨氮、亚硝酸盐，保持良好水质。

③ 视情况使用中、微量肥料和肥水型光合细菌。在养殖过程中往往出现浮游微藻突然死亡的情况，可能是浮游微藻突变大量繁殖造成微量元素供应不足所致。此时，需要补充中、微量元素肥料和肥水型光合细菌，以促进浮游微藻繁殖，重新调节水色。

**3. 减少饲料投喂污染**

（1）投喂营养均衡、加工工艺优良的配合饲料。优质的配合饲料应含有丰富的蛋白质和均衡的氨基酸、维生素、微量元素、高度不饱和脂肪酸、胆固醇、消化酶、有益微生物等物质，营养成分全面，并要求外观整齐，颗粒均匀，粒度与虾的摄食能力相符，水中软化快，稳定性强，不易溃散，腥香味浓郁，适口性好。对虾养殖选择优质的配合饲料，不仅使虾生长快，蜕壳正常齐整，蜕壳后复原迅速，虾体肥满结实、体色好、抗病力强，而且饲料利用率高，残存饲料和虾的排泄物等自身污染物少，减轻对池塘环境的污染。

（2）科学投喂。投喂饲料时宜全池均匀投撒，少量多次，每天投喂3～4次，以投饲后1小时食完且虾基本吃饱为度。为了准确掌握饲料的投喂量，在每口虾池设置4～5张饲料观察网，投饲后1小时左右，根据网内的残存饲料情况调整投喂量。

（3）使用益生菌。益生菌菌体粗蛋白含量高，且富含多种维生素、氨基酸、钙、磷和多种微量元素、辅酶Q等机体所需的营养成分，同时还可以促进机体对营养的消化、吸收以及促进肠道内正常菌群的生理作用，提高消化效率。适合对虾饲喂的益生菌有芽孢杆菌、光合细菌、乳酸菌、酵母菌等。芽孢杆菌可形成内生孢子，能耐受对虾饲料高温、高压的生产条件，在进入对虾消化道后可再度萌发、复活，因此适合在对虾饲料生产中直接添加使用。其他不能产生内生孢子的益生菌，则可添加于饲料中投喂。

**4. 养殖废水、淤泥的无害化排放**

表 5.16 是经过上述一系列投加高效微生物菌剂后，对虾养殖水体净化后的水质状况。该水质符合《污水综合排放标准》（GB8978-1996）中的二级标准。上述过程充分说明通过向水体中投加直接以目标降解物质为主要碳源和能源的高效微生物菌剂来增加生物量，强化生物处理系统对目标污染物质的去除能力。高效微生物菌剂在水产养殖中的应用研究方兴未艾，国内外很多学者已成功地分离到可抑制病原菌、除污，同时可促进养殖生物生长的菌株，有些已实现了商品化并在水产养殖中得到越来越广泛的应用。

**表 5.16 对虾养殖废水净化出水水质**

| 项目 | COD | BOD$_5$ | SS | NH$_3$-N | TP | 挥发酚 | 动植物油 |
|---|---|---|---|---|---|---|---|
| 原水/(mg/L) | 3261 | 1926 | 1123 | 78 | 3.6 | 1.5 | 347 |
| 出水/(mg/L) | 134 | 48 | 164 | 18 | <0.7 | <0.39 | 16 |

实行集约化对虾养殖废水（物）无害化排放处理，是当前养殖业应急切探讨和研究的重要课题。欧美等发达国家对水产养殖废水处理已展开了一系列的研究，并建立了一整套排放标准。日本在渔场生态环境保护、养殖废水、养殖污泥处理等方面展开了广泛的研究，并取得了显著的成效，如用底栖生物吞食有机碎屑来修复养殖场环境。美国、加拿大、日本先后开展了利用微生物降解技术处理石油污染的海岸、池塘、湖泊。泰国建立了对虾养殖废水生态处理模式，通过在排放沟渠里吊养贝类，降低排放水的富营养化程度，再通过红树林的净化才排入海区。

目前，我国已开始启动养殖废水无害化排放的研究。林继辉等在小水体中研究了翡翠贻贝、细基江蓠繁枝变种、活菌制剂对养殖废水中各种水质指标的影响效果；陆斌等报道了采用软性填料床缺氧—好氧生物脱氮工艺净化罗氏沼虾养殖污水水质的研究；贾晓平等进行了芽孢杆菌和光合细菌降解对虾粪便和排放废水的研究。目前广东省重大科技专项"集约化对虾养殖废水（物）无害化生态处理技术研究"也已立项，李卓佳等已开展了一系列研究。今后，应开展养殖废水再循环利用、封闭系统循环水利用和多品种、多层次养殖系统循环水利用、养殖废水无害化处理后排放等方面的研究。

（三）通过养殖系统结构优化降低对虾养殖水体污染

自然的海洋生态系统经过漫长的发展历史，生产、消费和分解过程的各环节都形成了良好的结构和功能，处于相对稳定的平衡状态。对虾海水养殖生态系统与海洋自然生态系统有着程度不同的差异，属半人工生态系统。其共同的结构特点是养殖的动物在生物群落中占绝对优势，这一优势是在人工扶持下形成的，它们的变动对水体的生物和理化环境有较大影响，除牧食链、腐屑链外，在食物关系中又增加了饲料链。这些系统的结构与功能也发生了一定的改变，同时也决定了这些系统的低生态缓冲能力和脆弱性。对虾池塘投饵养殖系统是典型的例子，其庞大的养殖动物生物量造成生态金字塔畸形，系统中生物多样性指数变化，水质时常出现较大波动。为维持该不稳定系统的延续仅靠天然初级生产和自然系统的调节是远不够的，还需要对养殖结构优化及其他人工辅助措施，如饲料的投入、换水、增氧等。

养殖结构优化就是将在生态关系方面基本上既不相互捕食，也不相互竞争，而在利用生境与饵料资源上有互补作用的经济生物，以适宜的比例关系养殖于同一池塘或水域内，也就是基于生态系统的一种养殖方式。在对虾池塘中配养滤食性的动物和大型海藻就是很好的例子（张起信等，1985；Wang et al.，1997；杨红生，1998；王吉桥等，1999）。这样的养殖结构基本上与养殖水域的饵料资源的结构、形态和理化特点相适应。投入系统中的饲料等物资，不但可以得到不同营养级和生态位上的各种养殖生物的多层次的利用，而且可以在物质的再循环中得到多次的利用，因此，利用率必然可以得到大幅度的提高。利用率大幅度提高的一个必然结果是养殖水域水质会得到明显的改善、排污减少。

例如，王继业等将微生物修复技术应用到优化结构的对虾养殖系统（对虾与底栖滤食性贝类、菊花新江蓠 Gracilaria lichevoides 等），通过合理的设计与搭配，充分利用了贝类能很好地处理水体中的颗粒污染物，微生物能加快污染物的矿化速度以及通过硝化、反硝化作用处理污染物，大型藻类等植物能吸收水体中的富营养化成分的特点，从而整合了 3 种生物的各自优点，弥补各自的不足，取得了非常显著的效果。在不影响对虾产量的前提下，同时增加了贝类和江蓠的产量，并显著降低了水体中的 N、P 含量以及底质中 N、P 沉积。与对照相比，水体 TN、TP 降低了 21％～41.6％和 10.5％～37.5％，底质有机物积累减少 32.5％～239.8％，系统的 N、P 利用率则提高了 24.5％～109.8％和 17.7％～252.8％。

# 参 考 文 献

安立龙. 2004. 家畜环境卫生学. 北京:高等教育出版社

安郁琴,王红玲. 1995. 超滤-厌氧技术治理草浆黑液污染的研究. 西北轻工学院学报,10:43~49

鲍建国. 2002. 微孔膜生物反应器处理含油废水. 中国给水排水,18(2):74~76

边炳鑫,张鸿波,赵由才. 2005. 固体废物预处理与分选技术. 北京:化学工业出版社

边炳鑫,赵由才,周正,李帅. 2007. 矿化垃圾生物反应床处理渗滤液技术. 环境工程,25(1):52~55

边淑娟,黄民生,李娟,陈晓丽. 2010. 基于能值生态足迹理论的福建省农业废弃物再利用方式评估. 生态学报,30(10):2678~2686

曹湘洪,黄鉴. 2001. 进口原油评价数据集. 北京:中国石化出版社

曹旭辉. 2001. 反渗透膜的清洗. 有色冶炼,5:69~72

岑可法,倪明江,骆仲泱. 1998. 循环流化床锅炉理论设计与运行. 北京:中国电力出版社

柴晓利,赵爱华,赵由才等. 2006. 固体废物焚烧技术. 北京:化学工业出版社

陈国华. 2002. 水体油污染治理. 北京:化学工业出版社

陈宏等. 2003. 厌氧-SBR工艺处理制药废水工程实践. 桂林工学院学报,23(1):79~81

陈洪斌. 2002. 炼油污水深度处理回用技术及应用研究. 同济大学环境科学与工程学院博士后科研工作报告

陈洪斌,屈计宁等. 2004. 炼化外排水深度处理的生产性应用研究. 中国给水排水,2004,20(5):1~4

陈华东. 2005. 农业面源污染的社会成因探讨. 河海大学硕士学位论文

陈家军,张俊丽,王红旗等. 2003. 考虑悬浮物吸附沉降作用的海湾放射性核素迁移数值模拟. 海洋环境科学,22(2):28~33

陈吕军,钱易. 1993. 氧化沟技术在处理石化废水中的应用. 石油化工环境保护,4:1~4

陈鸣. 2000. 城市污水处理厂污泥最终处置方式的探讨. 中国给水排水,(16):8~13

陈如溪,詹耀才,林杰. 2009. 间歇式活性污泥处理精细化工废水. 广东化工,36(4):136~138

陈伟琪,张珞平,洪华生等. 1999. 近岸海域环境容量的价值及其价值量评估初探. 厦门大学学报(自然科学版),38(6):896~901

陈业钢等. 2002. 水解酸化-厌氧工艺处理高浓度抗生素废水研究. 上海环境科学,22(8):463~465

成先雄,严群. 2005. 村镇生活污水土地处理技术. 四川环境,24(2):39~43

程沧沧等. 2001. UV/TiO₂-Fenton试剂系统处理制药废水的研究. 环境科学研究,14(2):33~35

程东,蒋延虎. 2000. 溢油应急处理的优化决策. 海洋环境科学,19(1):35~39

程文红,徐传海,蒋翠珍. 2003. 曝气生物滤池技术在炼油污水深度处理中的应用. 石油化工环境保护,26(2):28~32

丛皓,赵永权. 2009. 电镀废水处理的新工艺与流程. 节能,(2):9~10

崔福义,张兵,唐利. 2005. 曝气生物滤池技术研究与应用进展. 环境污染治理技术与设备,6(10):1~7

崔姣. 2008. 陆源污染对海洋环境的影响及其防治. 金卡工程·经济与法,(9):36

崔俊华. 2002. 高效原油降解菌和内循环-3PBFB处理油田采出水的研究. 环境科学学报,22(14):465~468

代江燕,李丽,王琪. 2006. 中国危险废物管理现状研究. 环境保护科学,32(4):47~50

戴志军,任杰. 1999. 我国海洋污染成因及防治. 中山大学研究生学刊(自然科学版),20(4):45~51

邓荣森,许俊仪,谭显春. 2000. 城市污水处理与一体化氧化沟技术. 给水排水,26(11):28~31

丁德文,石洪华,张学雷等. 2009. 近岸海域水质变化机理及生态环境效应研究. 北京:海洋出版社

丁恒如等. 2002. 膜技术在我国电厂水处理中的应用现状和前景. 上海电力学院学报,18(3):24~28

丁亚兰. 2000. 国内外废水处理工程设计实例. 北京:化学工业出版社

丁忠浩. 2002. 有机废水处理技术及应用. 北京:化学工业出版社. 371~373

董秉直. 2003. UF膜与混凝联用处理淮河水的中试研究. 给水排水,29(7):32~34

董凤丽. 2004. 上海市农业面源污染控制的滨岸缓冲带体系初步研究. 上海师范大学硕士学位论文

董俊明. 2007. TiO₂/GeO₂复合膜光催化氧化降解农药废水的研究. 环境工程学报,1(3):75~79

董良德. 1995. 我国氧化塘废水处理的现状简述. 污染防治技术,8(1):52~55

樊耀波,王菊思. 1995. 水与废水中的膜生物反应器技术. 环境科学,16(5):79~81

范晓虎. 2006. Carrousel2000氧化沟工程实例. 工程建设与设计,4:79~80

方云如,张智宏,杨建男等. 1999. 铁氧体法处理含铬和含镉废水研究. 江苏石油化工学院学报,11(4):
　　8~10

冯克亮. 1984. 浅谈海洋的面源污染. 海洋环境科学,3(1):78~79

冯绍彬,商士波. 2005. 建立工业园区是电镀业持续发展的有效途径. 电镀与精饰,27(3):29~31

富立鹏. 2009. 我国村镇污水生态处理技术综述. 科技资讯,(5):162

高俊发,王社平. 2003. 污水处理厂工艺设计手册. 北京:化学工业出版社

高蓉菁,闵毅梅. 2007. 厌氧滤床-接触氧化工艺净化槽处理太湖流域分散性生活污水的可行性研究. 环
　　境工程学报,1(11):59~63

耿贯一. 1979. 流行病学. 北京:人民卫生出版社

龚佰勋. 2004. 环保设备设计手册--固体废物处理设备. 北京:化学工业出版社. 70~75

龚海宁等. 2002. 接触砂滤与超滤组合工艺处理淮河水研究. 化学世界,增刊:165~167

龚美兰. 2005. 电镀工业废水污染及其最小化途径. 福建化工,(3):31~35

勾红英. 2007. 生活垃圾分类收集方案的优化. 四川理工学院学报(自然科学版),20(4):108

谷晋川,蒋文举,雍毅. 2008. 城市污水厂污泥处理与资源化. 北京:化学工业出版社

谷俊标. 2004. 臭氧/活性炭处理炼油废水的初步研究. 辽宁化工,33(5):273~275

管涛. 2005. 我国电镀工业的现状. 金属世界,(1):8~9

桂平等. 1998. 膜-复合式生物反应器组合系统操作条件及系统稳定运行特性. 环境科学,19(2):30~35

郭强,柴晓利,程海静,赵由才. 2006. 矿化垃圾生物反应床处理含酚废水工艺研究. 环境污染与防治,
　　28(11):822~826

国家海洋局. 1998. 海洋环境保护与监测. 北京:海洋出版社

国家海洋局. 2001. 2000年中国海洋环境质量公报. 中国海洋信息网

国家海洋局. 2002. 2001年中国海洋环境质量公报. 中国海洋信息网

国家海洋局. 2003. 2002年中国海洋环境质量公报. 中国海洋信息网

国家海洋局. 2010. 2009年中国海洋环境质量公报. 中国海洋信息网

国家技术监督局. 2003. GB3097-1997海水水质标准. 北京:中国标准出版社

韩伟涛,吴倩倩等. 2010. 潍坊市海滩海洋垃圾调查研究初探. 齐鲁渔业,27(6)

郝超磊,宣美菊等. 2005. 厌氧-好氧工艺在含油废水生化处理中的应用. 油气田环境保护,15(1):
　　21~23

何德文. 2003. 城市生活垃圾管理及决策支持系统的研究. 同济大学博士学位论文

何刚,霍连生,战楠,赵立新. 2007. 新村镇污水治理工作的探讨. 水环境,(6):22~25

何群彪,陈洪斌,庞小龙等. 2003a. 炼化废水再生过程微量有机物的去除研究. 同济大学学报,31(10):

1223~1228

何群彪,刘坤,屈计宁等. 2003b. 炼油污水回用深度处理的工艺研究. 环境工程,21(4):20~22

贺缠生,傅伯杰,陈利顶. 1998. 非点源污染的管理及控制. 环境科学,19(5):87~91

侯增勇,李润海等. 1999. 氧化沟污水处理技术在炼油厂的实际应用. 石油化工环境保护,4:54~55

胡翔,陈建锋,李春喜. 2008. 电镀废水处理技术研究及展望. 绿色电镀及表面处理新技术,(12):5~9

胡晓东. 2008. 制药废水处理技术及工程实例. 北京:化学工业出版社

黄敬. 2001. 炼油污水回用技术的研究. 北方环境,4:48~49

黄康宁,黄硕琳. 2010. 我国海岸带综合管理的探索性研究. 上海海洋大学学报,19(2):246~251

黄梅. 2009. AB工艺在城市污水处理中的应用. 广州化工,37(4):155~157

黄婷. 2007. 秸秆综合利用途径研究. 安徽农业科学,35(36):12004~12005

黄武,陈明晖等. 2008. 无动力、地埋分散式厌氧系统处理村镇生活污水. 中国给水与排水,24(20):
43~45

姬凤玲,吕擎峰,马殿光. 2007. 沿海地区废弃疏浚淤泥的资源化利用技术. 安徽农业科学,35(15):
4593~4595

纪树兰等. 2001. 纳滤膜浓缩回收制药废水中洁霉素的试验研究. 环境科学学报,21(增刊):133~136

贾金平,谢少艾,陈虹锦. 2009. 电镀废水处理技术及工程实例. 北京:化学工业出版社

贾其亮,陈德珍,张鹤生. 2004. 高水分垃圾焚烧热回收和烟气净化系统的合理布置. 环境工程,22(4):
34~37

贾绍春. 2008. 电镀工业园区电镀废水处理该扩建工程. 工业用水与废水,39(1):94~97

江苏省建设厅. 2008. 村镇生活污水处理适用技术指南(2008年试行版)

姜力强,郑精武,刘昊. 2004. 电解法处理含氰含铜废水研究. 水处理技术,30(3):153~156

金可礼,陈俊,龚利民. 2007. 最佳管理措施及其在非点源污染控制中的应用. 水资源与水工程学报,
18(1):37~40

金文标. 2002. 高效降解原油细菌的筛选和处理效果. 中国给水排水,18(3):51~53

荆国林,霍维晶,崔宝臣. 2007. 超临界水氧化的技术研究进展. 环境科学与管理,32(10):69~73

蓝方,张友纯. 2004. 遗传算法在污水管网优化中的应用. 现代计算机,(12):12~15

冷罗生. 2009. 我国面源污染控制的立法思考. 环境与可持续发展,(2):22~23

黎松强,吴馥萍,李红山. 2002. 炼油污水深度处理研究. 环境污染治理技术与设备,3(5):41~44

李博. 2009. MBBR移动床在污水处理技术中研究应用. 煤矿现代化,(4):65~66

李德豪. 2000. 膜泥法A/O工艺处理炼油污水工艺探讨. 环境科学与技术,88(1):27~29

李德豪,周锡堂,林培喜等. 2004. 一体化OCO工艺处理生活污水研究. 给水排水,30(8):17~20

李冬,韩敏. 2008. 活性炭吸附在废水处理中的应用. 洛阳理工学院院报,18(1):33~36

李尔扬,史乐文,周苇圣,严文瑶. 2005. 工程菌处理制药废水. 水处理技术,24(7):287~289

李国学,张福锁. 2001. 固体废物堆肥化与有机复合混肥生产. 北京:化学工业出版社. 55~60

李海鹏. 2007. 中国农业面源污染的经济分析与政策研究. 河海大学硕士学位论文

李华,赵由才. 2000. 填埋场稳定化垃圾的开采、利用及填埋场土地利用分析. 环境卫生工程,8(2):
56~61

李卉. 2008. 废弃印刷线路板基材资源化研究. 同济大学硕士学位论文

李惠萌. 2008. 城市工业固体废物循环经济模式构建方法及其应用研究. 湖南大学硕士学位论文

李佳等. 2009. 移动床生物膜反应器MBBR方案及其应用. 中国给水排水,25(20):63~66

李建勃,蔡德耀,刘书敏等. 2009. 含氰废水化学处理方法的研究进展及其应用. 能源与环境,(4):
84~85

李建国. 2002. 城市垃圾处理工程. 北京:科学出版社出版

李金惠,王伟,王洪涛. 2007. 城市生活垃圾规划与管理. 北京:中国环境科学出版社. 22

李景贤,罗麟,杨慧霞. 2007. MBBR工艺的应用现状及其研究进展. 四川环境,26(5):97~101

李军. 1999. 铁氧体沉淀法处理重金属废水. 电镀与环保,19(1):30~31

李军,刘伟岩,杨晓东等. 2002. 曝气生物滤池应用和研究中的几个关键问题. 中国给水排水,24 (14):10~14

李培红,张克峰,王永胜等. 2001. 工业废水处理与回收利用. 北京:化学工业出版社

李培泉等. 1983. 海洋放射性及其污染. 北京:科学出版社

李巍,张震,闫毓霞. 2005. 油田生产安全评价与管理. 北京:化学工业出版社. 26~34

李习武,刘志培,刘双江. 2004. 新型复合生物乳化剂的性质及其在多环芳烃降解中的作用. 微生物学报,44(3):373~377

李先宁,李孝安,蒋彬. 2007. 吕锡武. 溅水充氧生物滤池处理村镇生活污水的优化研究. 中国给水与排水,23(23):15~18

李想,赵立欣,韩捷等. 2006. 农业废弃物资源化利用新方向--沼气干发酵技术. 中国沼气,24(4):23~28

李鑫钢. 2000. 生物膜法处理炼油废水. 化学工程,28(4):41~44

李旭祥. 2004. 分离膜制备与应用. 北京:化学工业出版社

李亚新. 2006. 活性污泥处理理论与技术. 北京:中国建筑工业出版社

李岩,李亚林,郑波. 2009. 含铬电镀废水的资源化处理. 环境科学与技术,32(6):145~148

李耀中等. 2003. 光催化降解三类难降解有机工业废水. 中国给水排水,19(1):5~8

李颖,何俭,陈迎. 2005. 城市生活污水地埋式一体化处理工艺现状. 宁波工程学院学报,17(2):14~18

李勇智等. 2003. 高氨氮制药废水短程生物脱氮. 化工学报,54(10):1482~1485

李玉春,李彦富,董卫江,刘旭. 2007. 城市生活垃圾堆肥处理技术发展方向探讨. 城市管理与科技,(1):39

李震钟. 2000. 畜牧场生产工艺与畜舍设计. 北京:中国农业出版社

联合国海洋污染科学问题专家组. 1984. 海洋健康状况评价. 北京:海洋出版社

梁嘉晋,董申伟. 2009. 分散式村镇生活污水处理技术. 广东化工,36(7):168~169

林媚珍,夏丽娜. 2004. 广州城市生活垃圾分类收集处理方法初探. 广州大学学报,(5):438~442

刘帮华等. 2009. 生物接触氧化法在生活污水处理中的应用. 石油化工应用,28(6):69~72

刘东. 2003. 垃圾收运系统规划设计的分析. 环境卫生工程,11(2):94~97

刘海洋,戴志军. 2001. 中国近海污染现状分析及对策. 环境保护科学,27(106):6~8

刘华祥. 2005. 城市暴雨径流面源污染影响规律研究. 武汉大学硕士学位论文

刘锦明. 1987. 控制污染物入海量问题初探. 海洋环境科学,6(2):9~18

刘亮,张翠珍. 2006. 污泥燃烧热解特性及其焚烧技术. 长沙:中南大学出版社

刘鹏. 2009. 浅谈生态工程在农业面源污染控制中的应用. 现代农业科学,16(6):123~126

刘晓红等. 2005. 用层次分析法对延安市区生活垃圾处理方案的优选. 水土保持研究,12(1):98~100,121

刘新有,史正涛等. 2007. 废旧电池污染的科学处理与综合治理. 江西农业学报,19(8):129~131

刘燕群等. 2003. 处理氯霉素废水优势菌的筛选. 环境污染治理技术与设备,4(4):43~45

刘瑀,马龙,李颖等. 2008. 海岸带生态系统及其主要研究内容. 海洋环境科学,27(5):520~522

刘之杰,路竞华,方皓,张义安. 2009. 非点源污染的类型、特征、来源及控制技术. 安徽农学通报,15(5):98~101

楼洪海,王琪,胡大锅等. 2008. MBBR工艺处理化工废水中试研究. 环境工程,26(6):61~62

楼紫阳,赵由才,张全. 2007. 渗滤液处理处置技术与工程实例. 北京:化学工业出版社

卢英方,孙向军. 2002. 中国城市生活垃圾分类收集对策探讨. 环境卫生工程,10(1):15~17

陆正禹等. 1997. UASB处理链霉素废水颗粒污泥培养技术探索. 中国沼气,15(3):11~15

陆志波,邓德汉,陈巧燕,赵丽敏. 2009. 蚯蚓处理污泥的环境适应性. 同济大学学报自然科学版, 37(5):646~650

罗仁才,姚晓军. 2006. 德国包装废弃物循环利用研究. 中国资源综合利用,(2):39~40

马立平. 2000. 层次分析法. 北京统计,7(125):38~39

马庆华. 2009. 农村生活垃圾处理的现状与对策. 现代农业科学,16(9):124~125

马晓茜. 1999. 回转窑式医院垃圾焚烧炉设计. 工业锅炉,10(4):10~12

马雁林. 2000. 焦化废水生物脱氮处理开工调试. 给水排水,26(12):50~53

买文宁,周荣敏. 2002. 厌氧复合床处理抗生素废水技术. 环境污染治理技术与设备,3(5):23~27

明玲玲. 2008. 某石化公司炼油废水深度处理回用实验研究. 同济大学环境科学与工程学院硕士学位 论文

缪茂辈. 2009. 村镇生活污水治理分析. 中国高新技术企业,(15):134~135

倪艳芳. 2008. 城市面源污染的特征及其控制的研究进展. 环境科学与管理,33(2):53~56

牛冬杰,马俊伟,赵由才. 2007a. 电子废弃物的处理处置与资源化. 北京:冶金工业出版社

牛冬杰,孙晓杰,赵由才. 2007b. 工业固体废物处理与资源化. 北京:冶金工业出版社

潘晋峰. 2010. "水解酸化一体BAF"组合工艺处理高浓度氨氮废水的试验研究. 能源与环境,62~63

裴相斌,赵俊琳. 2001. 海岸带环境系统与海岸带信息系统. 地球信息科学,(3):43~47

彭若梦,王艳. 2002. A/O膜生物反应器处理炼油废水并回用. 中国给水排水,18(8):78~80

平冈正胜,吉野善弥. 1990. 污泥处理工程学. 宗永平,林喆译. 上海:华东化工学院出版社

祁佩时等. 2001. 一体化两相厌氧反应器处理抗生素废水研究. 给水排水,27(7):49~52

清华大学给水排水教研组. 1978. 废水处理与利用. 北京:中国建筑工业出版社

邱慎初. 1991. AB污水处理工艺. 中国给水排水,7(1):25~29

区岳州. 2005. 氧化沟污水处理技术及工程实例. 北京:化学工业出版社

全向春,杨志峰,汤茜. 2005. 生活污水分散处理技术的应用现状. 中国给水排水,21(4):24~27

饶义平,唐文浩. 1996. 复合絮凝处理抗生素废水对其抑菌效力的影响. 上海环境科学,15(8):37

仁以顺. 2006. 我国近岸海域环境污染成因与管理对策. 青岛科技大学(社会科学版),22(3):106~111

邵芳,张鼎国,赵由才. 2002. 矿化垃圾生物反应床处理畜禽废水的试验研究. 环境污染治理技术与设 备,3(2):32~36

邵刚. 2002. 膜法水处理技术及工程实例. 北京:化学工业出版社

史义雄. 2009. 基于关联矩阵的污水管网优化研究. 中国农村水利水电,(9):28~31

衰守军,郑正,孙亚兵. 2004. 水解酸化一两级接触氧化法处理中药废水. 环境工程,22(4):22~23

司马勤,李双陆,张传贵. 2002. 平洲污水处理厂上流式曝气生物滤池工艺设计. 中国市政工程,(4): 42~43

宋凤敏,刘筠. 2007. 汉中城市污水处理厂工程设计. 水处理技术,33(6):88~89

宋玉,赵由才. 2007. 废汽车回收处理技术的研究进展. 有色冶金设计与研究,28(2-3):103~108

苏良湖. 2010. 底泥重金属稳定化和多环芳烃降解的研究. 太原理工大学硕士研究生论文

苏志远,徐宝柱,尚龙. 2005. 炼油污水的深度处理. 工业安全与环保,31(5):33~35

孙力平. 2001. 污水处理新工艺设计及计算实例. 北京:科学出版社

孙贤波,赵庆祥等. 2002. 高级氧化法的特性及其应用. 中国给水排水,18(5):33~35

孙永明,李国学,张夫道等. 2005. 中国农业废弃物资源化现状与发展战略. 农业工程学报,21(8): 169～174

孙振钧,孙永明. 2006. 我国农业废弃物资源化与农村生物质能源利用的现状与发展. 中国农业科技导报,8(1):6～13

孙振龙等. 2003. 一体式平片膜生物反应器处理抗生素废水研究. 工业用水与废水,34(1):33～36

谭章荣. 2002. 混凝-粉末炭-超滤技术处理长江原水. 给水排水,18(8):51～52

唐圣钧. 2005. 污泥作为生活垃圾填埋场日覆盖材料的工程应用研究.同济大学硕士学位论文

陶渊,黄兴华,邱江. 2003. 生活垃圾收运模式研究. 环境卫生工程,11(4):211～213

田刚. 2000. 半推流式活性污泥系统工程应用特点分析. 环境科学,21(4):98～101

田金,李超,宛立等. 2009. 海洋重金属污染的研究进展. 水产科学,28(7):413～425

万本太. 2008. 加强海洋垃圾污染防治,进一步推进海洋环保工作. 环境保护,10A:60～61

万田英,李多松. 2006. MBBR工艺及其运行中易出现问题的探讨. 电力环境保护,22(1):35～36

王饭,丁明刚等. 2006. 离浓度中药废水处理工程设计. 水处理技术,32(7):79～91

王华丽,刘长青,张亚雷,杨海真. 2006. 小城镇污水处理一体化技术现状与展望. 江苏环境科技,19(2):31～33

王华同,崔崇威. 2009. 含氰废水处理技术发展现状及实验研究. 化学工程师,(3):19～23

王红莉,姜国强,陶建华. 2005. 海岸带污染负荷预测模型及其在渤海湾的应用. 环境科学学报,25(3):307～312

王惠卿,张长华,王日东. 1998. 大连市近岸海域污染控制目标及保护对策. 辽宁城乡环境科技,18(6):1～5

王吉从. 2002. 采油废水气浮-生物处理方法研究. 油气田环境保护,12(1):22～24

王凯军,贾立敏. 2001. 城市污水生物处理技术开发与应用. 北京:化学工业出版社

王兰娟,张才菁. 1998. 含乳化油污水的超滤膜分离模型. 石油大学学报,22(3):79～81

王罗春,赵由才. 2004. 建筑垃圾处理与资源化. 北京:化学工业出版社

王茂军,栾维新,宋薇等. 2001. 近岸海域污染海陆一体化调控初探. 海洋通报,20(5):65～71

王淼,胡本强,辛万光等. 2006. 我国海洋环境污染的现状、成因与治理. 青岛:中国海洋大学学报(社会科学版),(5):1～6

王庆永. 2009. 村镇污水处理现状及处理模式探讨. 农技服务,26(3):141～142

王群,李智勇. 2008. 废旧电池的现状、危害及其预防对策. 山东化工,37(11):36～39

王天普. 2006. 石油化工清洁生产与环境保护技术进展. 北京:中国石化出版社

王晓峰,陈鹏飞. 2009. 社会主义新村镇生活污水处理设施的选择探讨. 小城镇建设,(4):56～58

王晓燕. 2003. 农业非点源污染及其控制管理. 全国农业面源污染与综合防治学术研讨会论文集,9～13

王新,宋守志等. 2005. 固定化微生物技术在环境工程中的应用研究进展. 环境污染与防治,27(7):535～537

王新文. 2008. 村镇污水处理设施建设探讨. 安徽农业科学,36(22):9686～9716

王修林,李克强. 2006. 渤海主要化学污染物海洋环境容量. 北京:科学出版社

王赞春,夏洁. 2002. SBR法处理炼油废水的研究. 新疆环境保护,24(3):28～31

王之晖,宋乾武,代晋国,刘飙. 2006. 排水管网系统平面布置的优化设计研究. 给水排水,32(5):100～103

韦朝海. 1997. 活性炭催化氧化处理电镀厂含氰废水. 环境科学与技术,(3):19～22

韦朝海,孙寿家. 1995.活性炭处理含氰废水作用机理及分析研究. 环境科学与技术,(2):1～5

魏刚,王晓梅,张媛. 2004. 国内外垃圾焚烧发电项目最新进展. 天津化工,18(6):36～38

文化. 1995. 北京市农业废弃物和畜禽粪便资源化综述. 北京农业科技,13(5):8～13

吴成宝,胡小芳,罗韦因等. 2006. 浅谈铁氧体法处理含铬废水. 电镀与涂饰,25(5):51～55

吴敦虎等. 2000. 混凝法处理制药废水的研究. 水处理技术,26(1):53～55

吴国旭,杨永杰,王旭. 2009. 生物接触氧化法及其变形工艺. 工业水处理,29(6):9～11

吴振斌,陈辉蓉,贺峰. 2001. 人工湿地系统对污水磷的净化效果. 水生生物学报,25(5):28～35

伍发元. 2004. 我国城市面源污染多层控制模式研究. 武汉大学硕士学位论文

武贵桃,黄淑娟. 2000. 离子交换法去除与回收电镀废水中铬酸的实验研究. 河北省科学院学报,17(1):43～45

袭德昌. 2009. 村镇生活污水处理技术与展望. 环境安全,(5):41～42

夏金雨,吴军,周正伟等. 2009. 腐殖质含量对填料净化污水效能的影响. 环境工程学报,3(03):422～426

夏四清,高廷耀,周增炎. 2001. 悬浮填料生物反应器石化废水生物硝化研究. 同济大学学报,29(4):448～452

相会强等. 2002. 水解酸化-生物接触氧化工艺处理制药废水. 给水排水,28(1):54～56

向连城. 2005. 中国分散型污水处理系统的现状及发展. 北京建筑工程学院学报,21(4)

肖利平,李胜群,周建勇等. 2000. 微电解-厌氧水解酸化-SBR串联工艺处理制药废水试验研究. 工业水处理,20(11):25～27

肖秀梅,吴星五. 2007. 曝气生物滤池在含油废水处理中的应用. 中国给水排水,23(4):55～57

谢磊,胡勇有,仲海涛. 2003. 含有废水处理技术进展. 工业水处理,23(7):4～7

熊志斌,邵林广. 2009. 曝气生物滤池技术研究进展. 当代化工,38(1):61～64

修光利,吴生等. 1999. 加压上流式好氧污泥床(PUASH)法处理制药废水初探. 环境科学,20(1):47～50

徐洪斌,张林生. 2001. 反渗透与超滤及其在水处理中的应用. 电力环境保护,17(3):51～54

徐强. 2003. 污泥处理处置技术及装置. 北京:化学工业出版社

许林之. 2008. 我国海洋垃圾监测与评价. 环境保护,10A:67～68

许炉生,朱靖. 2003. 微电解-水解酸化-生物接触氧化工艺处理抗生素废水. 江苏环境科技,16(2):9～11

许振良. 2000. 污水处理膜技术的研究进展. 净水技术,19(1):3～7

薛雄志,杨喜爱. 2004. 近岸海域污染的生态效应评价. 海洋科学,28(10):75～81

严六四. 2006. 国内外河道疏浚工程施工技术发展. 水利水电施工,4:33～40

阎季惠. 1996. 海上溢油与治理. 海洋技术,3:29～34

颜家保,董志军,夏明桂. 2004. 悬浮填料生物系统处理炼油废水试验. 中国给水排水,20(10):46～48

羊寿生. 1998. 一体化活性污泥法UNITANK工艺及其应用. 给水排水,24(11):16～19

阳小霜,柴晓利,黄希,潘忠胜,赵由才. 2008. 填埋场矿化垃圾的分选实验研究. 四川环境,27(2):1～4

杨宏军,吴学伟. 2005. 改进单亲遗传算法应用于污水管网的布局优化. 广州大学学报(自然科学版),4(2):188～192

杨慧芬. 2003. 固体废物处理技术及工程应用. 北京:机械工业出版社

杨俊仕等. 2000. 水解酸化＋AB生物法处理抗生素废水的试验研究. 重庆环境科学,26(6):50～53

姚丹郁,张妍,杨庆洲等. 2004. 炼油污水的深度处理回用技术的工业应用. 石油炼制与化工,35(8):76～78

姚铁锋,程永玲,赵树冬. 2009. 村镇生活污水处理工艺应用现状和发展前景. 广西轻工业,(11):

105～106

易彪,陶涛,朱鹏. 2007. 曝气生物滤池处理城市污水的工程应用. 中国给水排水,23(20):60～62

易少金,向兴发,肖稳发. 2002. 海面浮油的生物处理技术. 油气田环境保护,12(2):4～6

尹澄清. 2006. 城市面源污染问题:我国城市化进程的新挑战. 环境科学学报,26(7):1053～1056

雍文彬,邬向东,李力. 膜生物反应器(MBR)处理炼油污水. 水处理技术,2005,31(11):79～81

于尔捷,张杰. 1996. 给水排水设计快速手册 2-排水工程. 北京:中国建筑工业出版社

余彬泉,陈传灿. 1998. 顶管施工技术. 北京:人民交通出版社

袁圆. 2003. 污泥化学调理和机械脱水方面的研究进展. 上海环境科学,22(7):499～503

曾姝文. 2003. 生物-化学一体化装置处理生活污水的研究. 工业水处理,23(6):23～26

张芳西,周淑芬等. 1983. 实用废水处理技术. 哈尔滨:黑龙江科学技术出版社

张和庆,谢健,朱伟等. 2004. 疏浚物倾倒现状与转化为再生资源的研究-中国海洋倾废面临的困难和
　　对策. 海洋通报,23(6):54～60

张宏艳. 2004. 发达地区农村面源污染的经济学研究. 复旦大学硕士学位论文

张建,黄霞. 2002. 地下渗滤处理城镇生活污水的中试. 环境科学,23(6):57～61

张景丽. 2003. 移动床生物膜特点、研究现状及发展. 工业安全与环保,29(4):13～15

张林生,杨广平. 2005. 水杨酸废水纳滤处理中操作压力的影响. 水处理技术,31(6):76～78

张满生,章劲松. 1999. 物理吸附法处理制药废水. 青海环境,9(3):106～108

张萍等. 2002. 用超滤膜去除二级出水中的 COD 和色度. 环境卫生工程,10(4):192～195

张青年. 1998. 中国海岸带的资源环境及可持续发展. 湖北大学学报(自然科学版),20(3):302～307

张全兴. 2007. 有机化工废水治理及资源化技术新进展. 中国农药,(4):28～30

张诗华,郑俊. 2007. 曝气生物滤池及其设计. 市政技术,25(4):270～272

张统. 2003. SBR 及其变法污水处理与回用技术. 北京:化学工业出版社

张文娟,刘玲,历成梅. 2006. 我国电镀工业污染及处理. 工业安全与环保,32(10):35～36

张西旺,金奇庭. 2003. 一体式 MBR 处理高氨氮小区生活污水中试研究. 环境工程,21(1):23～26

张学洪,王敦球,程利等. 2003. 铁氧体法处理电解锌厂生产废水. 环境科学与技术,26(1):36～37

张鸭方. 2009. 生物接触氧化法处理生活污水的应用. 云南冶金,38(4):64～66

张亚楠等. 2002. 铁屑法预处理制药废水的研究. 生态科学,21(1):62～64

张益,赵由才. 2008. 生活垃圾焚烧技术. 北京:化学工业出版社

张英等. 2003. 超滤膜在工业循环冷却排污回用中的应用. 工业水处理,23(1):27～29

张月锋,金中,徐灏. 2002. 电解阳极间接氧化法处理制药废水的研究. 业水处理,22(11):22～24

张越. 2004. 城市生活垃圾减量化管理经济学. 北京:化学工业出版社

张越,鲁明中. 2005. 城市生活垃圾综合管理模式的涵义及其应用方向. 科研管理,23(3):57～60

张自杰. 2000. 排水工程. 北京:中国建筑工业出版社

张自杰. 2002. 废水处理理论与设计——GB50014-2006 室外排水设计规范. 北京:中国建筑工业出
　版社

章显,赵晴,黄健平. 2006. 超临界水氧化技术处理化工废水的研究. 河南化工,23(9):4～6

赵保国,刘玉存. 2007. 超临界水的性质及其氧化反应机理. 山西化工,27(4):13～17

赵建伟,单保庆,尹澄清. 2007. 城市面源污染控制工程技术的应用及进展. 中国给水排水,23(12):
　　1～5

赵庆祥. 2002. 污泥资源化技术. 北京:化学工业出版社

赵由才. 2002. 实用环境工程手册——固体废物污染控制与资源化. 北京:化学工业出版社

赵由才. 2006. 危险废物处理技术. 北京:化学工业出版社

赵由才. 2007. 可持续生活垃圾处理与处置技术. 北京:冶金工业出版社

赵由才,宋玉. 2006. 生活垃圾处理与资源化技术手册. 北京:冶金工业出版社

赵由才,仝欢欢. 2009. 超大型生活垃圾离岸焚烧发电设施建设的可行性研究. 中国城市环境卫生,4:33~39

赵由才,柴晓利,牛冬杰. 2006. 矿化垃圾基本特性研究. 同济大学学报(自然科学版),34:1360~1364

赵由才,牛冬杰,柴晓利. 2006. 固体废物处理与资源化. 北京:化学工业出版社

赵云英,杨庆霄. 1997. 溢油在海洋环境中的风化过程. 海洋环境科学,16(1):45

赵章元,张永良,章燕. 1997. 我国区域性污水海洋处置度分区规划研究. 海洋环境科学,16(3):15~23

正伟,吴军,夏金雨,曹丽华,王娟. 2009. 我国南方村镇生活污水处理技术的研发现状. 山东建筑大学学报,24(3):261~266

郑洪波,刘素玲,陈郁等. 2010. 区域规划中纳污海域海洋环境容量计算方法研究. 海洋环境科学,29(1):145~147

郑怀礼,龙腾锐等. 2002. 絮凝法处理中药制药废水的试验研究. 水处理技术,28(6):339~342

郑俊,吴浩汀. 2002. 曝气生物滤池污水处理新技术及工程实例. 北京:化学工业出版社

郑晓虹,陈顺玉,陈力勤. 2007. 福州市的生活垃圾焚烧处理状况分析. 中国流通经济,(2):40

郑玉峰等. 2002. 光降解制药废水的试验研究. 环境保护科学,28(1):16~18

中国 21 世纪议程管理中心,环境无害化技术转移中心. 2007. 工业园区固体废物可持续发展管理工具指南. 北京:化学工业出版社

中国环境保护产业协会固体废物处理利用委员会. 2005. 我国固体废物处理利用行业发展状况. 中国环保产业,12:39~41

中国市政工程东北设计研究院. 2000. 给水排水设计手册(第 5 册)城镇排水(第二版). 北京:中国建筑工业出版社

中华人民共和国国家统计局,中华人民共和国环境保护部. 2008. 2008 年中国环境统计年鉴

周兵,王占华. 2009. 我国电子垃圾资源化处理对策研究. 吉林建筑工程学院学报,26(3):37~40

周少奇. 2002. 城市污泥处理处置与资源化. 广州:华南理工大学出版社

周文波,程杭平,尤爱菊. 2001. 浙江沿海地区城市河道综合治理规划中几个问题的探讨. 河北工程技术高等专科学校学报,12(4):6~10

周玉文,赵洪宾. 2000. 排水管网理论与计算. 北京:中国建筑工业出版社

周正立,张悦. 2006. 污水生物处理应用技术及工程实例. 北京:化学工业出版社

朱静. 2007. 近岸海域水污染物输移规律及环境容量研究. 河海大学硕士学位论文

朱静,王靖飞,田在峰等. 2009. 海洋环境容量研究进展及计算方法概述. 水科学与工程技术,(4):8~11

朱立志,邱君. 2009. 农业废弃物循环利用. 污染减排,418(4B):8~10

朱跃姿,林建,黄文沂. 2001. 福州市城市垃圾发电前景刍议. 福建能源开发与节约,(3):35~38

竺建荣. 1999. 厌氧-好氧交替工艺处理辽河油田废水的试验. 环境科学,20(1):62~64

祝天林,石香玉,付克明. 2000. 含氰废水的处理与综合利用. 资源节约和综合利用,(2):32~33

邹振扬等. 1999. Fe-C 层加催化剂治理制药废水中有机污染物新方法研究. 化学研究与应用,11(1):91~95

Ahn Y H. 2006. Sustainable nitrogen elimination biotechnologies:a review. Process Biochemistry,41(8):1709~1721

Al-Ahmad M et al. 2000. Biofouling in RO membrane systems part1:fundamentals and control. Desalination,132:173~179

Arnot T C,Field R W,Koltuniewicz A B. 2000. Cross-flow and dead-end microfiltration of oily water e-mulsions. Journal of Membrane Science,169:1~15

Bai R,Sutanto M. 2002. The practice and challenges of solid waste management in Singapore. Waste management,22:557~567

Bellantoni J,Garlitz J,Kodis R,O'Brien Jr A,Passera A. 1979. Deployment requirements for US coast guard pollution response equipment. Voll,US Department of Transportation, Washington D C

Berne F. 1992. Physical chemical methods of Treatment for oil containing effluents. Water Science and Technology,14 (9-11):1195~1207

Buist S G. 1992. Offshore testing of booms and skimmers. Proceedings of the 11th Arctic and Marine Oil Spill Program Technical Seminar,229~265

Chhatre S,Purohit H,Shanker R et al. 1996. Bacterial consortia for crude oil spill remediation. Water Science and Technology,34(10):187~193

Chih-Ju G J,Huang G C. 2003. A pilot study for oil refinery wastewater treatment using a fixe film bio-reactor. Advances in Environmental Research,7:463~469

Chul P,John T. 2007. Novak. Characterization of activated sludge exocellular polymers using several cation associated extraction methods. Water Research,41:1679~1688

Cole H A. 1979. The Assessment of Sublethal Effects of Pollutants in the Sea. London:The Royal Society

Daniel H,Lena J. 2003. Evaluation of small wastewater treatment systems. Water Science and Technology,48(11-12):61~68

Deegaard H. 2000. Advanced compact wastewater treatment based on coagulation and moving bed bio-film processes. Water Science and Technology,42(12):33~48

Duursma E K,Dawson R. 1981. Marine Organic Chemistry. New York:Elsevier Scientific Publ

El-Gohary F A et al. 1995. Evaluation of biological technologies for waste water treatment in the pharmaceutical industry. Water Science and Technology,32(11):13~20

Feng X,Deng J C,Lei H Y,Bai T,Fan Q J,Li Z X. 2009. Dewaterability of waste activated sludge with ultrasound conditioning. Bioresource Technology,100:1074~1081

Fox P. 1996. Coupledanaerobic/aeorbic treatment of high-sulphate wastewater reduction and biological sulphte oxidation. Water Science and Technology,34(5-6):359~366

Frolund B,Palmgren E R,Keiding K,Nielsen P H. 1996. Extraction of extracellular polymers from activated sewage sludge using a cation exchange resin. Water Research,30:1749~1758

Futselaar H et al. 2003. Ultrafiltration Technology for Potable Process and Wastewater Treatment. Membrane Science & Technology,23(4):246~254

Guan W S,Lei Z X. 2000. Petrochemical wastewater treatment by biological process. Environmental Science,12(2):220~224

Harvey H W. 1957. The Chemistry and Fertility of Seawater. London:Cambridge University Press

Johnston R. 1976. Marine Pollution. London:Academic Press

Jordan R E,Payne J R. 1980. Fate and Weathering of Petroleum Spills in the Marine Environment. Ann Arbor Science

Liu H,Fang H H P. 2002. Extraction of extracellular polymeric substances (EPS) of sludges. Journal of Biotechnology,95 (3):249~256

Li H J,Zhao Y C,Shi L,Gu Y Y. 2008. Three stage aged refuse biofilter for the treatment of landfill leachate. Journal of Environmental Sciences,21:70~75

Li X Y,Yang S F. 2007. Influence of loosely bound extracellular polymeric substances (EPS) on the flocculation,sedimentation and dewaterability of activated sludge. Water Research,41:1022~1030

Medell M. 1985. Processing methods for the oxidation of organics in supercririeal water. U S Patent 4543190

Mihoubi D. 2004. Mechanical and thermal dewatering of residual sludge. Desalination,167:135~139

Mohammed R S,Audrey P,Magali C,Christophe D. 2009. Pre-treatment of activated sludge: Effect of sonication on aerobic and anaerobic digestibility. Chemical Engineering Journal,148(2-3):327~335

Ohma T I,Chaea J S,Kima J E,Kima H K,Moon S H. 2009. A study on the dewatering of industrial waste sludge by fry-drying technology. Journal of Hazardous Materials,168:445~450

Patin S A. 1982. Pollution and the BiologicalResources of the Oceans. London:Butter worths Scientific

Pelletier E,Delille D,Delille B. 2004. Crude oil bioremediation in subantarctic intertidal sediments:chemistry and toxicity of oiled residues. Marine Environmental Research,57: 311~327

Peng W H et al. 2004. Effects of water chemistries and peoperties of membrane on the performance and fouling-a model development study. Journal of Membrane Science,238: 33~46

Prince R C,Lessard R R,Clark J R. 2003. Bioremediation of marine oil spills. Oil & Gas Science and Technology,58(4):463~468

Riley J P,Skirrow G. 1975. Chemical Oceanography,2nd ed,Vol 2. London:Academic Press

Ros M,Vitovsek J. 1998. Wastewater treatment and nutrient removal in the combined reactor. Water Science and Technology,38(1):87~95

Sankai T,Ding G,Emori N et al. 1997. Treatment of domestic wastewater mixed with crushed garbage and garbage washing water by advanced gappei-shori johkaso. Water Science and Technology,36(12): 175~182

Shao L M,He P P,Yu G H,He P J. 2009. Effect of proteins,polysaccharides,and particle sizes on sludge dewaterability. Journal of Environmental Science,21:83~88

Sieburth J M. 1979. Sea Microbes. London:Oxford Univ Press

Sylwia M,Maria T,Antoni W M. 2006. Application of an ozonation-adsorption-ultrafiltration system for surface water treatment. Desalination,190:308~314

Thapa K B,Qi Y,Clayton S A,Hoadley A F A. 2009. Lignite aided dewatering of digested sewage sludge. Water Research,43:623~634

Tony M A,Zhao Y Q,Tayeb M A. 2009. Exploitation of Fenton and Fenton-like reagents as alternative conditioners for alum sludge conditioning. Journal of Environmental Sciences,21:101~105

Torero J L,Olenick J P et al. 2003. Determination of the Burning Characteristics of a Slick of Oil on Water. Spill Science & Technology Bulltin,8(4):379~390

Vansever S. 1997. Improvement of activated sludge performance by the addition of Nutrilfok 50S. Water Research,31(2):366~371

Ventikos N P. 2002. Development of an evaluation model for the importance,the causes and the consequences of oil marine pollution:the case of maritime transport in the Greek seas and in the Gulf of Saronikos. National Technical University of Athens,Greece

Watanabe Y,Kubo K,Sato S. 1999. Application of amphoteric polyelectrolytes for sludge dewatering. Langmuir,15:4157~4164

Windon H L,Duce R A. 1976. Marine Pollutant Transfer. Lexington:Lexington Books,D C Heath

& Co

Yang C L. 2007. Electrochemical coagulation for oily water demulsification. Separation and Purification Technology,54 (3):388~395

Yin X,Lu X P,Han P F,Wang Y R. 2006. Ultrasonic treatment on activated sewage sludge from petro-plant for reduction. Ultrason,44:397~399

Yu G H,He P J,Shao L M,He P P. 2008. Stratification structure of sludge flocs with implications to dewaterability. Environmental science technology,42:7944~7949

Zengel S A,Michel J. 2003. Environmental effects of in situ burning of oil spills in inland and upland habitat. Spill Science & Technology Bulletin,8(4):373~377

# 附录  上海市餐厨垃圾处理管理办法

**第一条 (目的和依据)**

为了加强本市餐厨垃圾处理的管理，维护城市市容环境整洁，保障市民身体健康，根据有关法律、法规和《上海市市容环境卫生管理条例》，制定本办法。

**第二条 (有关用语的含义)**

本办法所称餐厨垃圾，是指除居民日常生活以外的食品加工、饮食服务、单位供餐等活动中产生的餐厨垃圾和废弃食用油脂。

前款所称的餐厨垃圾，是指食物残余和食品加工废料；前款所称的废弃食用油脂，是指不可再食用的动植物油脂和各类油水混合物。

**第三条 (适用范围)**

本办法适用于本市行政区域内餐厨垃圾的收集、运输、处置及其相关的管理活动。

**第四条 (管理部门)**

上海市市容环境卫生管理局（以下简称市市容环卫局）负责本市餐厨垃圾处理的管理；区、县市容环境卫生管理部门（以下简称区、县市容环卫部门）负责本辖区范围内餐厨垃圾处理的日常管理。

本市环保、工商、公安、农业、经济、食品卫生、质量技监等有关管理部门按照各自职责，协同实施本办法。

**第五条 (减量化和资源化)**

本市倡导通过净菜上市、改进加工工艺等方式，减少餐厨垃圾的产生量。

本市鼓励对餐厨垃圾进行资源化利用。

**第六条 (义务主体)**

食品加工单位、饮食经营单位、单位食堂等餐厨垃圾产生单位（含个体工商户，下同），应当承担餐厨垃圾收集、运输和处置的义务。

**第七条 (产生申报)**

餐厨垃圾产生单位应当每年度向所在地区、县市容环卫部门申报本单位餐厨垃圾的种类和产生量。

### 第八条 (收集要求)

餐厨垃圾产生单位应当按照《上海市城镇环境卫生设施设置规定》，设置符合标准的餐厨垃圾收集容器；产生废弃食用油脂的，还应当按照环境保护管理的有关规定，安装油水分离器或者隔油池等污染防治设施。

餐厨垃圾产生单位应当将餐厨垃圾与非餐厨垃圾分开收集；餐厨垃圾中的餐厨垃圾和废弃食用油脂应当分别单独收集。

餐厨垃圾产生单位应当保持餐厨垃圾收集容器的完好和正常使用。

### 第九条 (自行收运和处置)

餐厨垃圾产生单位自行收运餐厨垃圾的，应当符合市市容环卫局规定的条件，并在首次收运前向区、县市容环卫部门备案。

餐厨垃圾产生单位自行利用微生物处理设备处置餐厨垃圾的，其微生物处理设备应当按照《上海市市容环境卫生管理条例》的规定向市市容环卫局或者区、县市容环卫部门办理有关手续。

除按照本条第一款、第二款规定自行收运、处置的情形外，餐厨垃圾应当由本办法第十条、第十三条规定的收运、处置单位进行收运、处置。

### 第十条 (收运单位)

经市市容环卫局或者区、县市容环卫部门招标确定的生活垃圾收运单位为同一区域餐厨垃圾的收运单位，负责区域内餐厨垃圾的收运。

### 第十一条 (收运要求)

从事餐厨垃圾收运的单位收运餐厨垃圾时，其收运的餐厨垃圾种类和数量应当由餐厨垃圾产生单位予以确认。

从事餐厨垃圾收运的单位将餐厨垃圾送交处置单位时，应当由处置单位对送交的餐厨垃圾种类和数量予以确认。

餐厨垃圾应当实行密闭化运输，在运输过程中不得滴漏、撒落。

餐厨垃圾运输设备和工具应当保持整洁和完好状态。

### 第十二条 (收运台账)

从事餐厨垃圾收运的单位应当建立收运记录台账，每季度向区、县市容环卫部门申报上季度收运的餐厨垃圾来源、种类、数量和处置单位等情况。

### 第十三条 (处置单位)

餐厨垃圾处置单位由区、县市容环卫部门通过招标的方式确定；废弃食用油脂处置单位由市市容环卫局通过招标的方式确定。废弃食用油脂处置单位应当在加工工艺上具备全过程封闭化处置的条件。

市市容环卫局和区、县市容环卫部门应当向社会公布招标确定的餐厨垃圾处置单位和废弃食用油脂处置单位（以下统称餐厨垃圾处置单位）的名称、处置种类、经营场所等事项。

### 第十四条 （处置要求）

从事餐厨垃圾处置的单位应当按照城市生活垃圾处置标准，实施无害化处置，并维护处置场所周围的市容环境卫生。

从事餐厨垃圾处置的单位应当按照国家和本市环境保护的有关规定，在处置过程中采取有效的污染防治措施；使用微生物菌剂处置餐厨垃圾的，应当按照《上海市微生物菌剂使用环境安全管理办法》的规定，使用取得环境安全许可证的微生物菌剂，并采取相应的安全控制措施。

### 第十五条 （处置台账）

从事餐厨垃圾处置的单位应当建立处置记录台账，每季度向区、县市容环卫部门申报上季度处置的餐厨垃圾来源、种类、数量等情况。

### 第十六条 （申报信息汇总）

区、县市容环卫部门应当及时将有关单位申报的餐厨垃圾产生、收运、处置等情况汇总后，报送市市容环卫局。

### 第十七条 （处理费用）

除自行利用微生物处理设备处置餐厨垃圾的情形外，餐厨垃圾产生单位应当按照收运单位收运的餐厨垃圾的种类、数量等，向所在地区、县市容环卫部门指定的机构缴纳餐厨垃圾处理费。具体的缴费标准和办法，由市价格主管部门会同市市容环卫局另行制定。

市市容环卫局或者区、县市容环卫部门应当按照收运种类、数量，向餐厨垃圾收运单位支付收运费用；按照招标处置的有关协议，向餐厨垃圾处置单位支付处置费用。

### 第十八条 （禁止行为）

在餐厨垃圾收集、运输、处置过程中，禁止下列行为：

（一）将废弃食用油脂加工后作为食用油使用或者销售；

（二）擅自从事餐厨垃圾收运、处置；

（三）将餐厨垃圾作为畜禽饲料；

（四）将餐厨垃圾提供给本办法第十条、第十三条规定以外的单位、个人收运或者处置；

（五）将餐厨垃圾混入其他生活垃圾收运；

（六）将餐厨垃圾裸露存放。

### 第十九条 （监督检查）

市市容环卫局和区、县市容环卫部门应当加强对餐厨垃圾收集、运输、处置活动的监督检查；对违法收运、处置餐厨垃圾等行为，可以会同工商、环保、农业等相关管理部门联合查处。

被检查的单位或者个人应当如实反映情况，提供与检查内容有关的资料，不得弄虚作假或者隐瞒事实，不得拒绝或者阻挠管理人员的检查。

### 第二十条 （投诉和举报）

市市容环卫局和区、县市容环卫部门应当建立投诉举报制度，接受公众对餐厨垃圾收集、运输、处置活动的投诉和举报。受理投诉或者举报后，市市容环卫局或者区、县市容环卫部门应当及时到现场调查、处理，并在 15 日内将处理结果告知投诉人或者举报人。

### 第二十一条 （监管档案和奖惩措施）

市市容环卫局和区、县市容环卫部门应当加强对餐厨垃圾产生单位、收运单位和处置单位的监督检查，并建立相应的监管档案。

餐厨垃圾产生量连续 3 年低于同行业平均产生量的单位，由市市容环卫局公布其名单，并可以给予一定的奖励。具体的奖励办法，由市市容环卫局另行制定。

本市对违反餐厨垃圾收运、处置规定的行为，除依法给予行政处罚外，实行累计记分制度。对累计记分达到规定分值的餐厨垃圾收运、处置单位，市市容环卫局或者区、县市容环卫部门可以解除与其签订的招标收运、处置协议；被解除协议的单位 3 年内不得参加本市垃圾收运、处置的招标。具体的记分办法，由市市容环卫局另行制定。

### 第二十二条 （行政处罚）

对经营性活动中违反本办法的行为，除法律、法规另有规定外，由市容环卫部门或者市容环卫监察组织按照下列规定予以处罚：

（一）违反本办法第七条规定，未办理申报手续的，责令限期改正；逾期不改正的，处以 100 元以上 10 元以下的罚款。

（二）违反本办法第八条第一款、第三款规定，未设置餐厨垃圾收集容器或者未保持收集容器完好、正常使用的，责令限期改正；逾期不改正的，处以 300 元以上 2 元以下的罚款。

（三）违反本办法第十二条、第十五条规定，未建立收运、处置台账或者未申报收运、处置情况的，责令限期改正；逾期不改正的，处以 100 元以上 1000 元以下的罚款。

（四）违反本办法第十七条第一款规定，未缴纳餐厨垃圾处理费的，责令限期补缴；逾期不补缴的，可按每吨（不满 1 吨的，以 1 吨计）500 元处以罚款，但最高不超过 3 万元。

（五）违反本办法第十八条第（一）项规定，将废弃食用油脂加工后作为食用油使用或者销售的，责令限期改正，可处以 1 万元以上 3 万元以下的罚款。

（六）违反本办法第十八条第（二）项、第（三）项、第（四）项规定，擅自从事餐厨垃圾收运、处置，将餐厨垃圾作为畜禽饲料或者提供给本办法第十条、第十三条规定以外的单位、个人收运或者处置的，责令限期改正，可处以 3000 元以上 3 万元以下的罚款。

在非经营性活动中有前款所列情形之一的，除法律、法规另有规定外，由市容环卫部门或者市容环卫监察组织责令限期改正；逾期不改正的，处以 100 元以上 1000 元以下的罚款。

### 第二十三条（违反环境保护规定的处理）

餐厨垃圾处置过程中不符合环境保护要求的，由环境保护部门按照国家和本市的有关规定处理。

### 第二十四条（复议和诉讼）

当事人对有关管理部门的具体行政行为不服的，可以依照《中华人民共和国行政复议法》或者《中华人民共和国行政诉讼法》的规定，申请行政复议或者提起行政诉讼。

当事人对具体行政行为逾期不申请复议，不提起诉讼，又不履行的，作出具体行政行为的部门可以依法申请法院强制执行。

### 第二十五条（施行日期和废止事项）

本办法自 2005 年 4 月 1 日起施行。1999 年 12 月 29 日上海市人民政府令第 80 号发布的《上海市废弃食用油脂污染防治管理办法》同时废止。